高等学校计算机专业系列教材

计算机网络

第3版

蔡开裕 陈颖文 蔡志平 周寰 编著

机械工业出版社
CHINA MACHINE PRESS

本书是“十二五”普通高等教育本科国家级规划教材，同时也是国防科技大学“计算机网络”国家精品课程指定教材。本书按照ISO/OSI参考模型的层次结构采用自底向上的方法讨论计算机网络系统，同时以TCP/IP为例详细讨论各种网络协议，最后讨论网络安全和软件定义网络。在内容组织上，本书注重原理与实例相结合，力求反映网络技术的最新发展，具有很强的系统性和实用性；在写作方法上，本书尽量做到深入浅出、通俗易懂、简洁明了。

本书适合作为高等院校相关专业本科生或研究生“计算机网络”课程的教材，同时也可作为从事网络设计、开发和管理的工程技术人员的参考书。

图书在版编目（CIP）数据

计算机网络 / 蔡开裕等编著 . — 3 版 . —北京：机械工业出版社，2024.7
高等学校计算机专业系列教材
ISBN 978-7-111-74992-9

Ⅰ. ①计…　Ⅱ. ①蔡…　Ⅲ. ①计算机网络 – 高等学校 – 教材　Ⅳ. ① TP393

中国国家版本馆 CIP 数据核字（2024）第 033988 号

机械工业出版社（北京市百万庄大街 22 号　邮政编码：100037）
策划编辑：姚　蕾　　　　　　责任编辑：姚　蕾　郎亚妹
责任校对：樊钟英　薄萌钰　　责任印制：任维东
天津嘉恒印务有限公司印刷
2024 年 7 月第 3 版第 1 次印刷
185mm × 260mm · 28.75 印张 · 643 千字
标准书号：ISBN 978-7-111-74992-9
定价：79.00 元

电话服务　　　　　　　　　　网络服务
客服电话：010-88361066　机　工　官　网：www.cmpbook.com
　　　　　010-88379833　机　工　官　博：weibo.com/cmp1952
　　　　　010-68326294　金　　书　　网：www.golden-book.com
封底无防伪标均为盗版　　机工教育服务网：www.cmpedu.com

前　言

随着微电子、计算机和通信技术的迅速发展和相互渗透，计算机网络已成为当今热门的学科，在过去的几十年里取得了长足的发展，在近十几年更是发展迅猛。21 世纪，计算机网络特别是因特网已经改变了人们的生活、学习、工作乃至思维方式，并对政治、经济、科学、文化乃至整个社会都产生了巨大的影响，各个国家的经济建设、社会发展、国家安全乃至政府的高效运转都越来越依赖于计算机网络。

第 3 版在沿用第 2 版的基本框架和写作方法的基础上，结合作者多年来从事计算机网络教学和科研的心得体会，以及计算机网络技术的最新发展，在内容上进行了较大的更新，以反映网络技术的最新发展。

考虑到大部分计算机专业的学生缺乏数据通信知识，并且为了保持本书在内容上的相对完整，第 3 版仍然保留了一章（第 2 章）来介绍数据通信基础知识。为了反映网络技术的最新发展，我们增加了第 9 章。

第 3 版仍然按照 ISO/OSI 参考模型的层次结构采用自底向上的方法讨论计算机网络系统，同时以 TCP/IP 为例详细讨论各种网络协议，最后讨论了网络安全和软件定义网络。全书共分为 9 章，各章的具体内容如下。

- 第 1 章（绪论）介绍计算机网络的组成 / 应用 / 分类、网络体系结构、网络参考模型、标准化组织、互联网标准和管理机构、计算机网络和互联网的发展历史。
- 第 2 章（数据通信基础）讨论了数据通信基础理论、传输介质、编码与调制、多路复用、扩频和接入网。
- 第 3 章（分组交换网）讨论了帧定界、检错编码、可靠传输协议、HDLC 协议、PPP、交换、虚电路和数据报以及分组交换网性能。
- 第 4 章（直连网络）讨论了局域网参考模型、以太网、快速以太网、千兆以太网、万兆以太网、40G/100G 以太网、无线局域网以及网桥与局域网交换机。
- 第 5 章（网络互联）讨论了路由器、IPv4 协议、IP 地址、IP 报文转发、路由算法和协议、互联网路由以及 IPv6 协议。
- 第 6 章（端到端协议）讨论了网络进程通信、UDP、TCP 和 QUIC 协议。
- 第 7 章（网络应用）讨论了客户－服务器模式和套接字编程接口、DNS、远程登录协议、文件传输协议、电子邮件、万维网、获取网页过程、P2P 和网络管理。
- 第 8 章（网络安全）讨论了密码学基础、机密性、认证、数字签名、密钥分发和公钥证书、互联网安全、防火墙和入侵检测系统以及 DDoS 攻击及其防范。
- 第 9 章（软件定义网络）讨论了软件定义网络的数据平面、控制平面和应用平面。

本书的特色是以 ISO/OSI 参考模型为线索，以 TCP/IP 协议栈为实例讨论计算机网络协议。本书在内容组织上，注重原理与实例相结合，力求反映网络技术的最新发展，具有很强的系统性和实用性；在写作方法上，尽量做到深入浅出、通俗易懂、简洁明了。

本书是普通高等教育“十二五”国家级规划教材，同时也是国防科技大学“计算机网络”国家精品课程指定教材。本书适合作为高等院校相关专业本科生或研究生“计算机网络”课程的教材，同时也可作为从事网络设计、开发和管理的工程技术人员的参考书。

本书在编写过程中，得到了国防科技大学计算机学院领导们的大力支持和帮助。感谢所有使用过前两版的读者，感谢长期关心、支持本书编写和出版的同事。

由于计算机网络技术发展非常迅速，涉及的知识面较广，加之作者水平有限，书中难免会有疏漏之处，欢迎广大读者批评指正。作者的 e-mail 地址是 kycai@nudt.edu.cn。

目　录

第1章　绪　　论

因特网是21世纪人类社会最重要的基础设施之一。因特网改变了世界上几十亿人的学习、工作、生活和娱乐方式，成为人们进行商业、金融、教育和娱乐活动的场所。人们的日常学习、工作、生活甚至思维无不打上了因特网的烙印。借助因特网，人与人之间的交流变得更加方便和快捷。

目前，人们既可以通过台式计算机、笔记本计算机、平板计算机上网，也可以通过手机甚至电视机上网；既可以通过有线方式（比如以太网、闭路电视电缆或电话线）接入因特网，也可以通过无线方式（比如4G/5G或Wi-Fi）接入因特网；既可以在网上浏览新闻、听音乐、看电视以及购物，也可以在网上发微博或微信，甚至可以通过因特网拍卖物品。人们还可以通过百度或高德地图搜索任何一个地点的地理信息、出行线路，并进行导航。总之，因特网几乎无处不在、无时不用，人们每天的学习、工作、生活、娱乐都依赖于因特网。

因特网是世界上规模最大的计算机网络。本书将以因特网为例，通过因特网阐述计算机网络的核心概念、工作原理、相关协议和关键技术。我们希望做到使读者不仅理解和掌握今天的网络，而且能够理解和掌握明天的网络。

1.1　计算机网络的组成

计算机网络是指独立自治、相互连接的计算机集合。自治是指每台联网的计算机其功能是完整的，可以独立工作，并且其中任何一台计算机都不能干预其他计算机的工作，任何两台计算机之间没有主从关系（这就将主–从备份系统和主机–终端系统排除在计算机网络之外）。相互连接是指计算机之间在物理上是互连的，在逻辑上能够彼此交换信息（这涉及通信协议）。确切地讲，计算机网络就是用通信线路将分布在不同地理位置上的具有独立工作能力的计算机连接起来，并配置相应的网络软件，以实现计算机之间的数据通信和资源共享。

1.1.1　直连网络

很明显，网络必须首先提供若干计算机之间的连通性（connectivity）。网络的连通性可以在不同层次上实现。在最底层，网络可以由两台或多台计算机通过某种物理介质（如双绞线或光纤）直接连接，我们称这种物理介质为链路（link），并称被连接的计算机为节点（node），如图1-1所示。物理链路有时限于一对节点，这样的链路称为点到点链路（point-to-

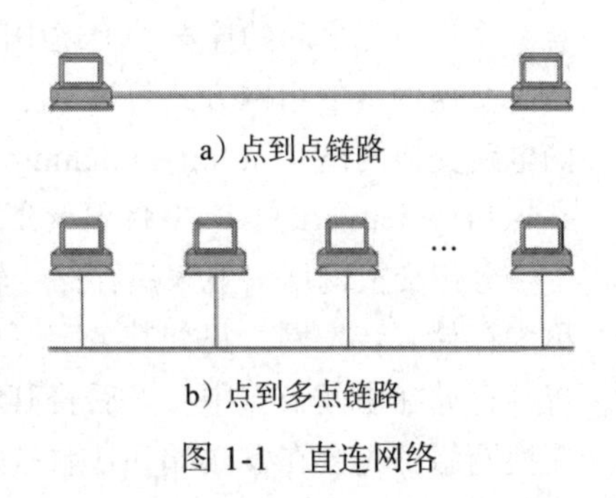

图1-1　直连网络

point link)；有时多个节点可以共享一条物理链路，这样的链路称为多路访问链路（multi-access link）或点到多点链路（point-to-multipoint link）。

无论直连链路是支持点到点访问还是多路访问，连通性都依赖于节点连接到链路上的方式。多路访问链路的连通范围通常还会受到一些限制，包括所能覆盖的地理范围和所能连接的节点数量。卫星链路是一个例外，它可以覆盖很广阔的地理范围。

如果要求计算机网络中的所有节点都彼此直接进行物理连接，那么每个节点所需要的网络接口卡（Network Interface Card, NIC）和链路数量会非常多，这样不仅增加了连网成本，也限制了网络所能连接的节点数量。

1.1.2 交换网络

好在两个节点之间的连通性并不一定要求它们之间采用直接物理连接来实现连通，我们可以通过一系列中间节点（intermediate node）的合作来实现任意两个端节点（end node）之间的连通性。

下面通过图 1-2 给出的例子说明如何使计算机之间实现间接连通。

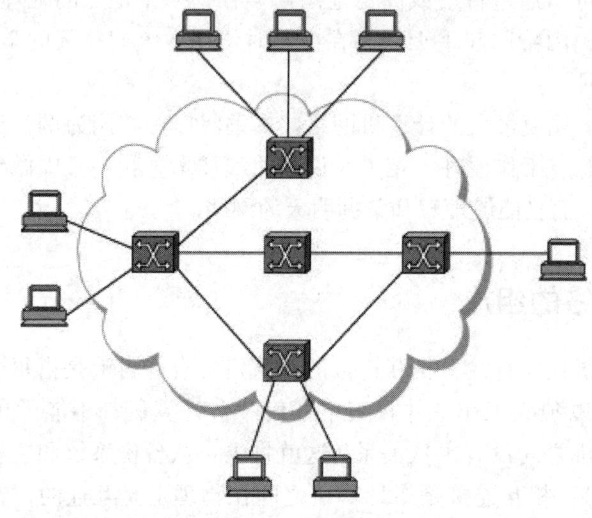

图 1-2 交换网络

在图 1-2 中，中间节点即网络设备（如交换机或路由器）之间通过点到点链路或多路访问链路相互连通，端节点（如计算机）和中间节点之间也通过点到点链路或多路访问链路直接连接。中间节点将从某条链路接收到的数据转发到另一条链路，从而完成任意两个端节点之间的连通。上述中间节点形成一个交换网络（switched network）。

交换网络的组网方式可以基于不同的交换技术。最常见的交换网络是用于电话系统的电路交换网络（circuit-switching network）和用于计算机网络的分组交换网络（packet-switching network）。本书将重点介绍用于计算机网络的分组交换网络。

分组交换网络一般采用存储 – 转发（store-and-forward）方式，因此分组交换网络也称为存储 – 转发网。正如其名字一样，存储 – 转发网中的每个中间节点先接收数据，并将其存储在中间节点中，然后将其转发给下一个节点。与分组交换网络不同的是，电路交换网络首先会在发送端和接收端之间建立一条专用电路，然后通过这条专用电路将发送端的数据发送给接收端。计算机网络使用分组交换技术而不使用电路交换技术的主要原因是资源的利用效率高，后面将重点讨论此问题。

图 1-2 中云形图内的中间节点通常称为交换机，它的唯一功能就是存储和转发数据，而云形图之外的节点就是计算机，用于运行用户程序。还要注意，图 1-2 中的云形图是计算机网络中最重要的图标之一。通常我们用云形图来表示任何类型的网络。无论网络是一条点到点链路、一条多路访问链路，还是一个交换网络，都可以用云形图来表示。这样，可以把本书中任何一个图中的云形图看作一种网络技术的表示。

1.1.3 互联网络

实现计算机之间间接连通的第二种方式如图 1-3 所示。在这种情况下，一些彼此独立的网络（云形图）互连形成一个互联网络（internetwork 或 internet)。连接两个或多个网络的节点设备通常称为路由器（router)。路由器的功能与前面介绍的交换机大致相同，它从一个网络接收数据并将其转发到另一个网络中去。

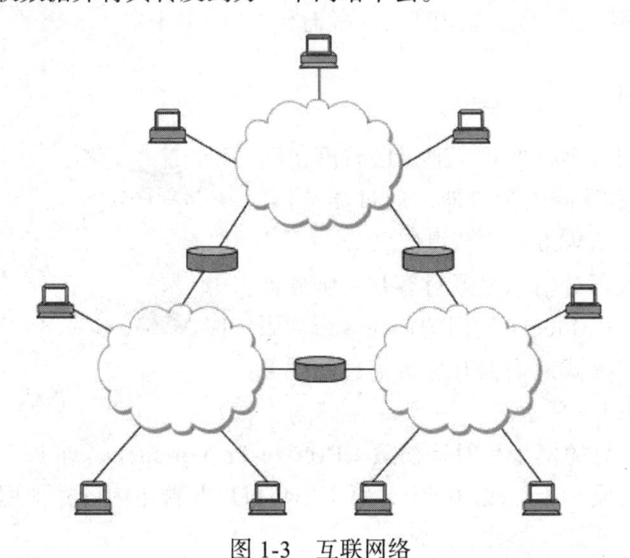

图 1-3 互联网络

仅仅将主机彼此直接连接或间接连接并不意味着已经成功地提供了主机到主机的连通性。最终每个主机节点必须说明它希望与网络上的哪些其他节点通信，通过给每个节点指定一个地址（address）可以做到这一点。如果发送节点和接收节点不是直接连接的，中间节点（如交换机或路由器）将使用地址来确定如何将数据转发到目的节点。根据地址来确定如何将数据转发到目的节点的过程称为路由（routing)。

通过以上讨论，读者应该明白可以将多个节点通过物理链路相连，或者将两个或多个网络相连。提供网络连通性的最关键问题在于为每个网络节点分配地址，网络节点通过该地址进行路由，将源节点的数据正确地发往目的节点。

1.2 计算机网络的应用

计算机网络最基本的功能是在不同计算机的应用进程之间提供数据通信，在此基础上，计算机网络为用户之间的资源共享提供支持，以解除人们之间“地理上的束缚”。

在开始讨论网络技术之前，我们先花一点儿时间来说明为什么人们对于网络很感兴趣，以及人们通过各种网络尤其是因特网可以做什么事情。毕竟，如果人们对网络没有那么感兴趣的话，就不会建设那么多网络，而全球最大的计算机网络——因特网也不会发展得那么快。

计算机网络及因特网的兴起和发展是我们在信息时代创造出的伟大奇迹之一，它深刻地改变了人们的生活、学习和工作方式。只要看看我们身边发生的一切就知道，没有什么事物能像因特网那样深入个人生活、人际交往、教育培训、游戏娱乐、企业管理、金融商贸、国际交流乃至爱情婚姻、生老病死等各个层面，也没有什么事物能像因特网那样同时将全世界数以亿计的不同肤色、不同种族、不同背景的人吸引到一个虚拟的大世界里。

随着人们对信息化需求的不断增加，技术的不断进步，因特网应用开始走向更广阔的天地。今天人们对因特网的热情以及对更新、更好的网络应用的期盼似乎从来都没有减弱过，可以说网络已进入“应用为王”的时代。

1.2.1 信息访问

对信息的访问有多种形式。通过因特网访问信息最常用的方式是使用浏览器，通过浏览器，用户可以从各种各样 Web 站点获得信息。

因特网上的大部分信息是通过客户－服务器模型（Client-Server Model）访问的，在客户－服务器模型中，客户显式地向拥有特定信息的服务器发出请求，如图 1-4 所示。

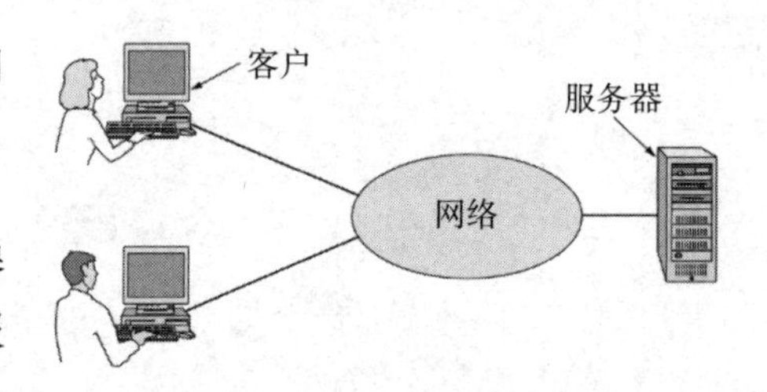

图 1-4 客户－服务器模型

另一种访问信息的模型是**对等模型**（**Peer-to-Peer model**），即 P2P 模型。在这种模型中，多个用户构成一个松散的群组，每个用户可以与群组内的其他用户通信，每个用户既是客户又是服务器，如图 1-5 所示。

图 1-5 P2P 模型

P2P 模型的一个重要的目标是让所有的用户都能提供资源，包括带宽、存储空间和计算能力。因此，当有心的用户加入且对系统请求增多时，整个系统的容量也会增大。这是具有一组固定服务器的客户－服务器模型所不能实现的，因为在客户－服务器模型中，客户端的增加意味着所有用户的数据传输速度更慢。P2P 模型通过在多个节点上复制数据，也增加了网络的健壮性；在纯 P2P 网络中，网络不需要依靠一个中心索引服务器来发现数据。在后一种情况下，系统也不会因为单点故障而崩溃。

1.2.2　电子商务

电子商务通常是指在全球各地广泛的商业贸易活动中，在因特网开放的网络环境下，基于客户 – 服务器应用方式，买卖双方不谋面地进行各种商贸活动，实现消费者的网上购物、商户之间的网上交易和在线电子支付以及各种商务活动、交易活动、金融活动和相关的综合服务活动的一种新型商业运营模式。电子政务是指国家机关在政务活动中，全面应用现代信息技术、网络技术以及办公自动化技术等进行办公、管理和为社会提供公共服务的一种全新的管理模式。表 1-1 列出了电子商务和电子政务领域常见术语及示例。

表 1-1　电子商务和电子政务领域常见术语及示例

简称	全称	示例
B2B	企业对企业	汽车制造商向供应商订购配件
B2C	企业对消费者	网上购物
C2C	消费者对消费者	在线拍卖
G2G	政府对政府	政府间网上往来
G2B	政府对企业	政府网上采购
G2C	政府对公民	网上办证

电子商务是以信息网络技术为手段、以商品交换为中心的商务活动。其中，“电子”是一种技术、一种手段，而“商务”才是最核心的目的，一切手段都是为了达成目的而产生的。

在电子政务中，政府机关的各种数据、文件、档案等都以数字形式存储于网络服务器中，可通过计算机检索机制实现快速查询、即用即调。

1.2.3　社交网

社交网即社交网络，源自网络社交，网络社交的起点是电子邮件。互联网本质上就是计算机之间的联网，早期的电子邮件解决了远程邮件传输的问题，至今它仍是互联网上普及的应用。BBS 则更进一步，把“群发”和“转发”常态化，理论上实现了向所有人发布信息并讨论话题的功能。

BBS 把网络社交推进了一步，从单纯的点对点交流成本的降低推进到点对面交流成本的降低。即时通信（Instant Messaging，IM）和博客（Blog）更像电子邮件和 BBS 工具的升级版本，前者提高了即时效果（传输速度）和同时交流能力（并行处理），后者则具备社会学和心理学的理论——信息发布节点开始体现越来越强的个体意识，因为在时间维度上的分散信息可以被聚合，进而成为信息发布节点的“形象”和“性格”。

社交网络涵盖以人类社交为核心的所有网络服务形式，互联网是一个能够相互交流、相互沟通、相互参与的互动平台，互联网的发展早已超越了当初 ARPANET 的军事和技术目的，社交网络使互联网从研究部门、学校、政府、商业应用平台扩展为一个人类社交的工具。

网络社交更是把其范围扩展到移动手机平台领域，借助手机的普遍性和无线网络的应用，利用各种交友、即时通信、邮件收发器等软件，使手机成为新的社交网络载体。社交网络，也就是社交+网络的意思。通过网络这一载体把人们连接起来，从而形成具有某一特点的团体。

1.2.4 物联网

物联网（Internet of Things，IoT）是一个基于互联网、传统电信网等的信息承载体，它让所有能够被独立寻址的普通物理对象形成互联互通的网络。

物联网即“万物相连的互联网”，是在互联网基础上延伸和扩展，将各种信息传感设备与网络结合起来而形成的一个巨大网络，实现任何时间、任何地点人/机/物的互联互通。

物联网是新一代信息技术的重要组成部分。物联网的核心和基础仍然是互联网，物联网的终端延伸和扩展到了任何物品与物品之间，进行信息交换和通信。因此，物联网的定义是通过射频识别、红外感应器、全球定位系统、激光扫描器等信息传感设备，按约定的协议把任何物品与互联网相连接，进行信息交换和通信，以实现对物品的智能化识别、定位、跟踪、监控和管理的一种网络。

1.3 计算机网络的分类

现在我们把注意力从计算机网络应用转移到与网络设计有关的技术问题上来。关于计算机网络的分类，目前还没有一种被普遍接受的分类方法和标准，原因是计算机网络非常复杂，人们可以从各个角度来对计算机网络进行分类。比如，人们可以按照网络所使用的传输介质，将网络分为有线网和无线网；也可以按照网络所使用的拓扑结构，将网络分为总线型网、环形网、星形网以及树形网等类型；还可以按照网络的传输速度，将网络分为高速网、中速网和低速网等类型。其中，计算机所覆盖的物理范围影响到网络所采用的传输技术、组网方式以及管理和运营方式。因此，人们把计算机网络所覆盖的物理范围作为网络分类的一个重要标准。

按网络覆盖的物理范围的大小，我们将计算机网络分为个域网、局域网、城域网、广域网和互联网，如表1-2所示。

表1-2 计算机网络的分类

网络种类	物理距离	覆盖范围
个域网	10m左右	房间内
局域网	几百米～十几千米	建筑物、校园
城域网	十几千米～几十千米	城市
广域网	几百千米～几千千米	国家
互联网	几千千米～几万千米	洲或洲际

1.3.1 个域网

个域网（Personal Area Network，PAN）的通信范围通常在10m左右。由于通信范围有限，因此个域网通常取代导线用于设备之间的连接。

蓝牙（bluetooth）是目前流行的**个域网**技术，它运行于2.4GHz～2.485GHz的免许可波段，其链路的典型带宽是1～3Mbit/s。通过蓝牙，人们可以将耳机、扫描仪、打印机以及其他设备连接到计算机上，如图1-6所示。

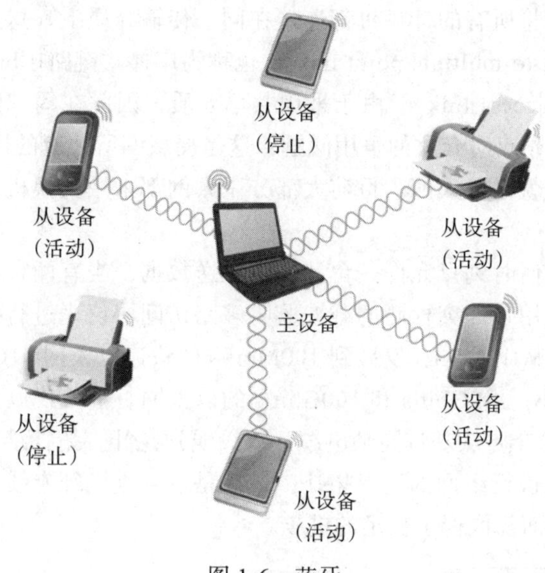

图1-6　蓝牙

蓝牙技术是当时5大科技公司——爱立信（Ericsson）、诺基亚（Nokia）、东芝（Toshiba）、国际商用机器公司（IBM）和英特尔（Intel），于1998年5月联合宣布的一种无线通信新技术。蓝牙设备是蓝牙技术应用的主要载体，常见的蓝牙设备有计算机、手机等。蓝牙设备的连接必须在一定范围内进行配对，这种配对搜索被称为短程临时网络模式，也被称为皮可网（piconet），可以容纳最多8台设备。蓝牙设备连接成功后，主设备只有一台，从设备可以有多台。

蓝牙技术规定，每对设备之间进行蓝牙通信时，必须有一个设备为主角色，另一个设备为从角色，才能进行通信，通信时，必须由主端进行查找，发起配对，成功建立连接后，双方即可收发数据。理论上，一个蓝牙主设备可同时与7个蓝牙从设备进行通信。一个具备蓝牙通信功能的设备，可以在两个角色之间切换，平时工作在从模式，等待其他主设备来连接，必要时转换为主模式，向其他设备发起呼叫。一个蓝牙设备以主模式发起呼叫时，需要知道对方的蓝牙地址、配对密码等信息，配对完成后，可直接发起呼叫。

蓝牙技术具备射频特性，采用了TDMA结构与网络多层次结构，在技术上应用了跳频技术、无线技术等，具有传输效率高、安全性高等优势，所以被各行各业所应用。由于蓝牙具有低功耗、低代价和比较灵活等特点，越来越多的设备开始使用蓝牙技术。

还有一套无线网技术可以用于构建**个域网**，这就是ZigBee技术，ZigBee已经被IEEE标准化，编号为802.15.4。ZigBee技术适合于低带宽应用，可用于组建无线传感器网络。

1.3.2　局域网

局域网（Local Area Network，LAN）是指物理距离为几百米到十几千米的办公楼群或校园内的计算机相互连接所构成的计算机网络。局域网被广泛应用于连接校园、工厂以及机关内的计算机，以便人们可以共享资源和交换信息。局域网一般情况下由某个单位单独拥有、使用和维护。局域网的数据传输速率通常比较高，数据延迟比较小，大约为毫秒数量级。

传统局域网一般将所有的计算机都连接在同一传输介质上，这种线路配置方式称为点到多点链路（point-to-multiple point link），也称为广播式链路（broadcast link）或多路访问链路（multiple-access link）。由于采用共享介质，因此在局域网中，必须引入介质访问控制协议来解决站点对介质的争用问题，这是局域网所特有的性质。

最典型的局域网就是以太网。目前大部分以太网都采用交换机将主机连接起来，如图 1-7a 所示。

在以太网中，任何时刻只允许一台计算机发送数据，当有两台或多台计算机想同时发送数据时，需要采用带冲突检测的载波监听多路访问协议来进行控制。现在以太网在数据传输速率上已经从 10Mbit/s 发展到 100Mbit/s 的快速以太网、1Gbit/s 的千兆以太网、10Gbit/s 的万兆以太网、40Gbit/s 和 100Gbit/s 的以太网。下一代以太网的数据传输速率将是 400Gbit/s。传输介质从基带同轴电缆、双绞线到光纤。拓扑结构也从总线型拓扑到采用集线器或交换机进行组网的星形拓扑，最后是点 – 点光纤专线。以太网在性能、可靠性以及组网方式方面都取得了长足的进步。

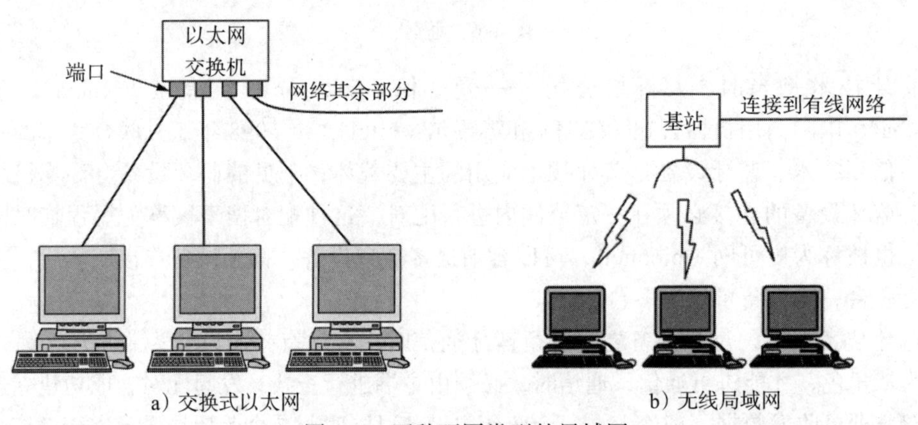

图 1-7 两种不同类型的局域网

另外一种典型的局域网是**无线局域网**（**Wireless Local Area Network，WLAN**），也称为 Wi-Fi 网络，如图 1-7b 所示。无线局域网已经被 IEEE 标准化，标准编号是 802.11。802.11b 是第一个成功实现商业化的无线局域网技术，它运行于 2.4GHz 频段，并能提供 11Mbit/s 的数据传输速率。802.11g（运行于 2.4GHz 频段）及 802.11a（运行于 5GHz 频段）将数据传输速率提高到 54Mbit/s。目前常见的“双频”Wi-Fi 无线网卡可以同时支持 802.11a、802.11b、802.11g 中的两种。广泛使用的 IEEE 802.11ac 的数据传输速率已达到 3.5Gbit/s，新的 IEEE802.11ad 的数据传输速率已达到 7Gbit/s。

Wi-Fi 联盟是专门负责 Wi-Fi 认证及兼容性测试的机构，可对新产品与 802.11 系列标准是否兼容进行测试和认证。

1.3.3 城域网

城域网（Metropolitan Area Network，MAN）是在一个城市范围内建立的计算机网络。城域网主要用作城市骨干网，通过它将位于同一城市内不同地点的局域网或各种主机和服务器连接起来。MAN 不仅用于传输数据，还可用于传输话音、图像以及视频等信息。

城域网既不同于局域网，又不同于广域网。城域网与局域网的区别首先是网络覆盖范围不同，局域网的覆盖范围一般为几百米到十几千米，而城域网的覆盖范围一般为十几千米到几十千米。其次是城域网与局域网的归属和管理不同，局域网一般为某个单位所有，属于专用网，而城域网是面向公众开放的，属于公用网。最后是城域网与局域网的业务不同，局域网主要用于单位内部的数据通信，而城域网可用于单位之间的数据、话音、图像以及视频通信等。

当因特网开始吸引大量用户时，有线电视网络运营商也意识到要提供因特网服务，将原来只传送电视节目的单一模式演变成一个 MAN，如图 1-8 所示。

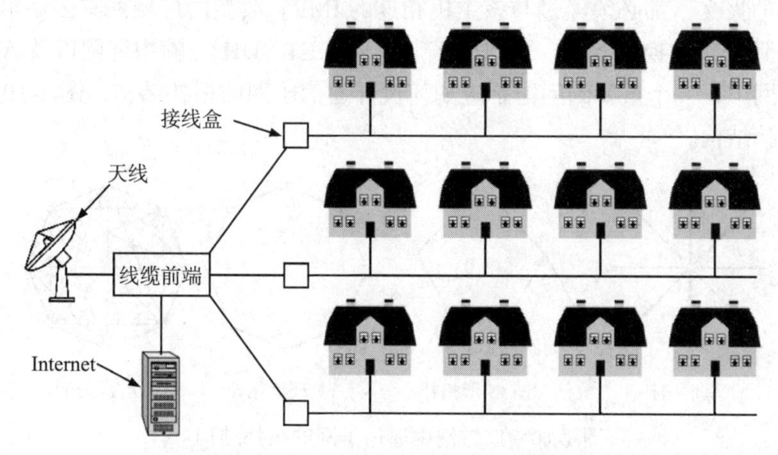

图 1-8　基于有线电视网的 MAN

城域网与广域网（1.3.4 小节将介绍）都属于公用网，都支持数据、话音、图像以及视频通信业务，而且都需要提供电信级服务水平。城域网与广域网的唯一不同是覆盖范围，广域网的覆盖范围一般可达几百千米甚至几千千米。

正因如此，目前大部分城域网的组网技术就是直接采用广域网技术。随着以太网速度和服务质量的不断提高，可以将以太网用于城域网组网，这就是城域以太网。

1.3.4　广域网

广域网（Wide Area Network，WAN）是指覆盖范围广阔（通常可以覆盖一个省甚至一个国家）的网络，有时也称为远程网。广域网具有如下特点。

- 主要提供面向通信的服务，支持用户使用计算机进行远距离的信息交换。
- 覆盖范围广，通信距离远，需要考虑的因素增多，如传输线路的带宽、成本和冗余等。
- 一般由电信公司负责组建、管理和维护，并向全社会提供有偿通信服务。

按照 ARPANET 的定义，广域网由主机和通信子网组成。主机（host）用于运行用户程序，通信子网（communication subnet）用于将用户主机连接起来，如图 1-9 所示。

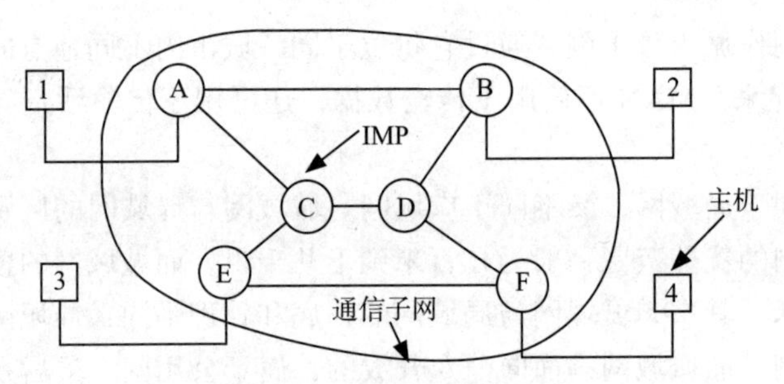

图 1-9 广域网的拓扑结构

通信子网一般由交换机和传输线路组成。传输线路用于连接交换机，而交换机负责在不同的传输线路之间转发数据。在 ARPANET 中，交换机被称为接口信息处理机（Interface Message Processor，IMP）。在图 1-9 中，每台主机都至少连着一台 IMP，所有进出该主机的报文，都必须经过与该主机相连的 IMP。典型的广域网有公用电话交换网（PSTN）、公用分组交换网 X.25、同步光纤网（SONET/SDH）、帧中继网以及 ATM 网。

在广域网中，一个重要的问题是应如何设计通信子网的拓扑结构，图 1-10 展示了几种可能的拓扑结构。

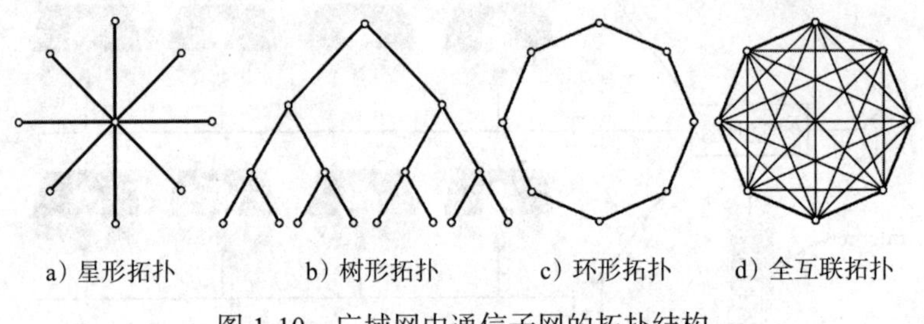

图 1-10 广域网中通信子网的拓扑结构

1.3.5 互联网

目前世界上有许多计算机网络，我们把由计算机网络相互连接构成的计算机网络集合称为互联网（internet）。图 1-11 给出了 3 个网络，这 3 个网络用 3 台路由器互联从而构成一个互联网。

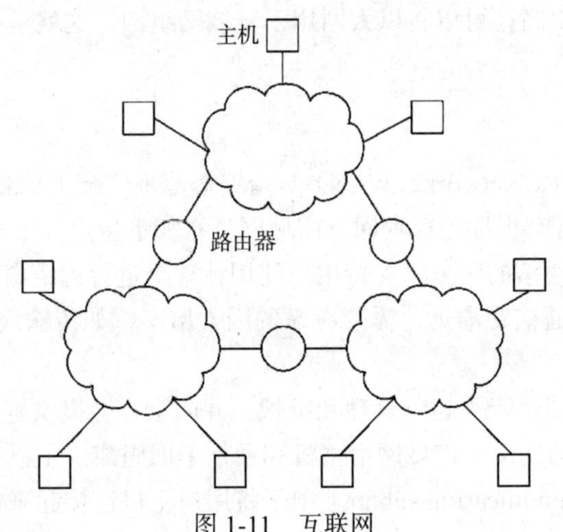

图 1-11 互联网

需要注意的是，图 1-11 中用云形图来表示任何类型的网络，如各种广域网和局域网，也可以是一条点到点链路。互联网最常见的形式是通过广域网将多个局域网连接起来，比如国防科大校园网和清华大学校园网通过电信或网通的广域网互联起来，构成互联网，中国教育和科研计算机网（CERNET）就是这样构建起来的。

按照惯例，本书将一般意义上的互联网用以小写 i 开头的 internet 表示，中文称为互联网，将当前人们正在使用的国际互联网用大写 I 开头的 Internet 表示，中文称为因特网，即国际互联网。因特网是世界上最大的计算机网络。

1.4 网络体系结构

为了减少网络设计和实现的复杂性，人们提出网络体系结构的概念用来指导网络的设计和实现，本节主要讨论分层模型、网络协议和网络服务等概念。

1.4.1 分层模型

很显然，两台联网的计算机之间要完成数据通信，必须有密切的合作。我们并不是把完成这一任务的所有功能以单一模块的形式实现，而是将这一任务划分成一些子任务，不同的子任务由不同的模块单独完成，而且这些模块之间形成单向依赖关系，即模块之间是单向的服务与被服务的关系，从而构成层次关系，这就是**分层**（**layering**）。

分层有两个优点：第一，它将建造网络这样一个复杂的任务分解为多个可处理的部分；第二，分层模型提供了一种更为模块化的设计。

为了便于大家更好地理解分层的概念，我们先以邮政系统分层模型为例进行说明，如图 1-12 所示。

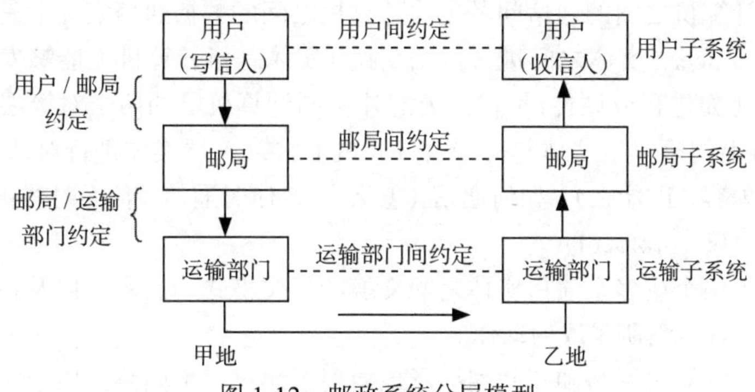

图 1-12 邮政系统分层模型

人们平常写信时都有些约定成俗的习惯。比如，我们写信时必须采用通信双方都懂的文字，信的开头是对方称谓，最后是落款和日期等，这就是对信件的格式和内容的要求。这样，对方收到信后，才可以看懂信中的内容，知道是谁在什么时候写的。当然还可以采用一些特殊约定，如间谍们采用特殊的密写方式写信，但是这些特殊的约定必须是双方都能够明白的，否则就需要第三方进行翻译。

写好信之后，如果收信人与写信人离得很近，写信人就可以直接将写好的信交给收信人。但是更多情况下，收信人与写信人相距很远，于是双方必须通过邮局进行信件转交。为此，写信人将信件装到信封里并交由邮局寄发，这时写信人和邮局之间有约定，这就是邮局所规定的关于信封的书写格式以及写信人必须向邮局付费（通过贴邮票的方式实现）。比如在中国境内寄信，写信人必须在信封上填写邮政编码、收信人地址和姓名以及写信人的地址和姓名。

邮局接到写信人交来的信后（含信封和信纸），首先对信件进行分类和分拣，然后将不同类别、不同目的地的信（含信封和信纸）装到不同的邮政包裹里面，再交由相关的运输部门进行运输，如航空公司、铁路部门或公路运输部门等。这时，邮局和运输部门也有约定，如运输部门对邮政包裹形式的要求，而邮局对运输部门也有相应的要求，如包裹的到达目的地的时间等。

邮政包裹经过运输部门运输到目的地后，首先由运输部门将邮政包裹送到邮局（或者由邮局派人到运输部门来领取邮政包裹，这取决于运输部门和邮局之间的事先约定），然后邮局派人将信送给收信人，收信人收到信后就可以打开信封，取出信并阅读此封信，至此就完成了一次完整的邮政通信。

在上面给出的邮政系统的例子中，主要包含三个子系统，分别是用户子系统、邮政子系统和运输子系统。在用户子系统中，用户之间有约定（关于如何写信的约定）；在邮政子系统中，不同地区的邮局之间也有约定；在运输子系统中，不同地区的运输部门之间也有约定。在同一个地区的邮政用户、邮局和运输部门之间也有约定。很显然，这两种约定是不同的。一种是同等机构间的约定，如用户之间的约定、邮局之间的约定和运输部门之间的约定，这些约定为部门内部的约定；另一种是不同机构间的约定，如用户与邮局之间的约定、邮政与运输部门之间的约定。

1.4.2　网络协议

下面回到计算机之间的通信问题上。计算机之间的数据通信实际上是指计算机上的对等层（peer-to-peer）实体之间进行数据交换（实体是指计算机上能够发送和接收数据的任何事物，比如进程或硬件设备）。要想让不同计算机上的两个对等层实体顺利通信（即一台计算机上的第 N 层实体与另一台计算机上的第 N 层实体进行对话），两个实体之间必须就通信内容（讲什么）、如何通信（怎么讲）、何时通信（什么时候讲）等事项达成一致，这就是协议（protocol）。

协议定义了两个或多个通信实体之间交换的报文格式和次序，以及在报文传输、报文接收或其他事件方面所采取的动作。

一般来说，计算机网络和互联网广泛地使用了协议。不同协议用于完成不同的通信任务。当阅读完本书之后你将会知道，一些协议简单且直接，而另外一些协议复杂且难懂。掌握计算机网络领域知识的过程就是理解网络协议的构成和原理的过程。

实际上，协议就是控制和管理两个实体之间数据通信过程的一组规则和约定，如图 1-13 所示。

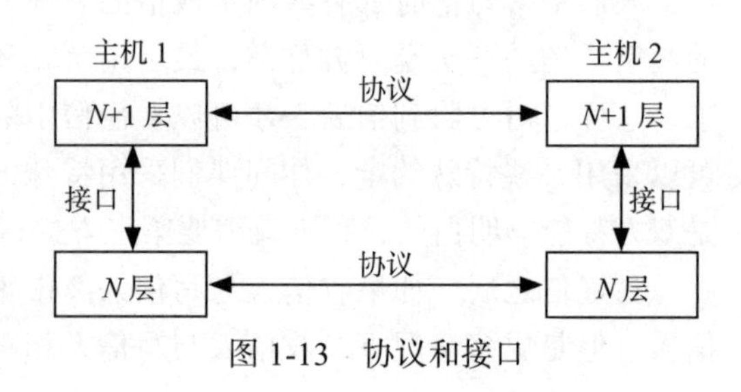

图 1-13　协议和接口

同一台计算机上相邻层之间（即不同实体之间，如不同进程之间）的通信也有约定，我们称这种约定为接口（interface）或服务接口（service interface），即下层通过接口向上层提供服务。接口定义了上层如何调用下层提供的服务。当网络设计者决定在一个网络中应该包含多少层以及每一层应该提供哪些功能时，其中最需要清楚地定义好不同层之间尤其是相邻层之间的接口。为了做到这一点，网络设计者应准确定义好每一层要完成的特定功能。良好的接口定义除了可以尽可能地减少层与层之间要传递的信息的数量以外，还可以方便人们用某一层协议的新实现来代替原来的实现或者用新的协议来代替原来的旧协议。

需要注意的是，协议通常由协议规范（protocol specification）来描述，例如可以用文字、伪代码、状态转换图等形式来描述协议。而同一个协议规范可以由不同人员在不同的软硬件平台上采用不同的方法来实现，即同样的协议规范可能有不同的实现。如果某个协议规范的两个不同实现（即不同的软硬件）能够成功地交换信息，我们就称这两个协议实现彼此是可互操作的（interoperable），协议实现之间的互操作是非常重要的特性。

我们将网络中层次和协议的集合称为网络体系结构（network architecture）。实际上，网络体系结构包括网络的层数、每一层所必须完成的功能以及每一层使用的协议等。对网络体系结构的描述必须包括足够的信息，使实现者可以为每一层进行软硬件设计与实现，并使之符合相关协议。协议实现的内部细节和接口规范不属于网络体系结构的内容，因为它们隐藏在机器内部，对外界是不可见的。一个特定的网络系统所使用的一组协议（每一层至少有一个协议）称为协议栈（protocol stack）。

下面来考察一个五层网络示例，看看在图 1-14 给出的五层网络中，下层是如何向上层提供通信服务的。

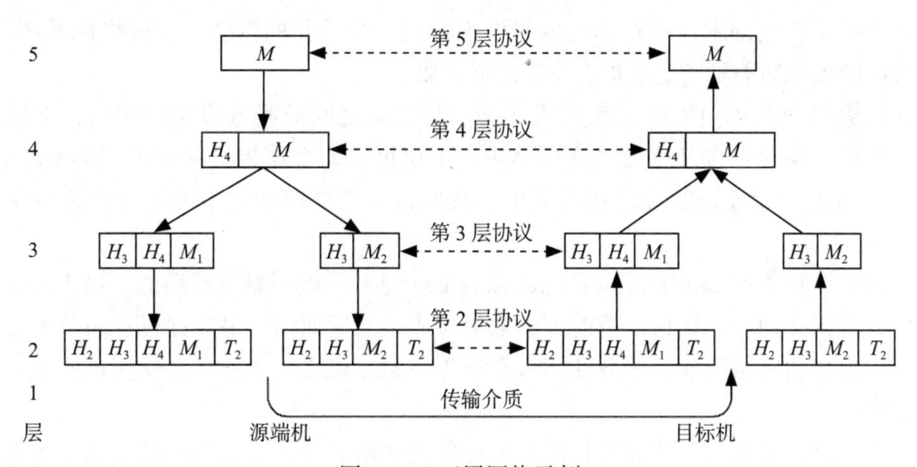

图 1-14　五层网络示例

在第 5 层运行的某应用进程产生了消息 M 并把它交给第 4 层进行发送。第 4 层在消息 M 前加上一个报头（header），报头主要包括控制信息，如序号，以便目标机器上的第 4 层在下层不能保持消息顺序时，把乱序的消息按原来的顺序组装好。

在很多网络中，第 4 层对接收的消息长度没有限制，但在第 3 层通常存在一个限度。因此，第 3 层必须将接收的消息分成较小的单元，如报文（packet），并在每个报文前加上一个报头。在本示例中，消息 M 被分成两部分：M_1 和 M_2。

第 3 层确定主机之间的通信使用哪一条路径，然后将报文传送给第 2 层。第 2 层不仅给每个报文加上头部，还要加上尾部信息，构成新的数据单元，通常称为帧（frame），然后将其传送给第1层进行实际的物理传输。在接收端，数据每向上递交一层，该层的头部就被剥掉。

在图1-14中，除了在最下层对等实体之间直接通过一条物理链路进行通信外，其他层对等实体之间的通信是间接的。我们称最下层对等实体之间的直接通信为物理通信（physical communication），而其他层对等实体之间的间接通信为虚拟通信（virtual communication）。

比如，第4层的对等进程，在概念上认为它们之间的通信是水平方向地应用第4层协议。每一方好像都有一个叫作“发送到另一方”和一个叫作“从另一方接收”的过程，尽管实际上这些过程是跨过3/4层接口与下层通信而不是直接与另一方通信。

对等通信这一抽象概念对网络设计是至关重要的。有了这种抽象技术，就可以把网络设计这种难以处理的大问题划分成几个易于处理的小问题，这就是分层的设计。

在上面给出的分层网络示例中，还涉及一个关于报文封装的概念。第4层在接收到第5层交给它的消息 M 时，要加上一个头部，从而构成第4层的报文。一般来说，头部是一个小的数据结构，大小为几个字节到十几个字节，用于对等层实体之间的通信。另外，在有些情况下，对等层通信所需要的控制信息还可以加在消息的尾部（tailer），图1-14所示的第2层的报文中就有一个尾部。不管某层协议的控制信息在头部还是尾部，其确切的格式和含义都由该层协议规范来定义。

1.4.3 网络服务

服务这个普通的术语在计算机网络中无疑是一个重要的概念。在网络体系结构中，下层协议的主要功能是向上层提供特定的通信服务。

网络分层中的单向依赖关系使得网络中相邻层之间的服务也是单向的：下层是服务提供者，上层是服务使用者。在网络中，下层可以向上层提供两种不同类型的服务：面向连接服务和无连接服务。在本节中，我们将介绍这两种类型的服务并比较两者的区别。

面向连接服务（connection-oriented service）是基于电话系统模型的。当人们打电话的时候，首先必须拿起话机，拨对方的电话号码，然后通话，最后挂机。简单来说，要使用面向连接的网络服务，服务使用者必须先与对方建立一个连接，使用该连接，最后释放连接。

所谓连接，是指发送端和接收端在进行数据传输之前，发送端、接收端以及网络必须就某些参数进行协商（negotiation），比如最大报文长度、缓存区大小等。通常情况下，由发送端提出建议，接收端接受或拒绝该建议，或者提出自己的建议，最终达成一致。而且，提供面向连接服务的网络一般能够提供可靠的数据传输服务。可靠的服务通常是这样实现的：接收端每接收到一个正确的报文，就向发送端返回一个确认报文；如果发送端没有接收到确认报文，就重发该报文。确认报文的引入增加了额外的负载和延迟，一般情况下是值得的，也是必要的，但有时也不尽然。

相反，无连接服务（connectionless service）是基于邮政系统模型的。每个报文都携带了完整的目的地址，每个报文单独发送。一般来说，当两个报文被发送给同一个目的地址的时候，先发送的报文将会先到达目的地。然而，先发送的报文被延迟从而导致后发送的报文先到达的情况也有可能发生。

我们可以用服务质量（Quality of Service，QoS）来描述上述两种不同服务的特征。对于面向连接服务，服务是可靠的，也就是说面向连接服务提供的数据传输服务从来不丢失、不出错、不乱序、不重复，但是面向连接服务会引起额外的延迟。无连接服务一般是不可靠的，但是它的延迟比较低。

1.5 网络参考模型

前面一般性地讨论了分层协议和网络体系结构。下面将具体分析和讨论两个重要的网络体系结构，即ISO/OSI参考模型和TCP/IP参考模型。

1.5.1 ISO/OSI参考模型

在网络发展的初期，许多研究机构、计算机厂商和公司都大力发展计算机网络，自从ARPANET出现后，市场上出现了许多商品化的网络系统。但是这些网络系统在体系结构上差异很大，它们之间互不相容，难于相互连接以构成更大的网络系统。为此，许多标准化机构积极开展了网络体系结构标准化方面的工作，其中最为著名的就是国际标准化组织（International Standard Organization，ISO）提出的开放系统互连参考模型（Open System Interconnection/Reference Model，OSI/RM）。ISO/OSI参考模型是国际标准化组织制定的一个用于计算机或通信系统间互联的标准体系。

ISO/OSI参考模型将计算机网络分为七层，如图1-15所示。我们将从最底层开始，依次讨论ISO/OSI参考模型各层所要实现的功能。

应用层
表示层
会话层
传输层
网络层
数据链路层
物理层

图1-15 ISO/OSI参考模型

1. 物理层

物理层的主要功能是完成相邻节点之间比特传输。物理层关心的问题包括物理层接口使用什么样的电磁信号来表示“0”和“1”、“0”和“1”持续的时间有多长、比特传输能否在两个方向上同时进行、节点之间的物理连接是如何建立起来的、完成通信后如何终止连接、物理层接口（插头和插座）有多少个接头，以及接口的电气特性和功能特性如何。

物理层协议设计涉及物理层接口的机械、电气、功能和过程特性等问题，还涉及电子工程和通信工程等领域内的一些问题。物理层接口的例子有EIA RS-232、RS-422、RS-530、RJ-11、RJ-45、USB接口以及各种光接口。

2. 数据链路层

数据链路层的主要功能是在不可靠的物理线路上保证相邻节点之间数据的可靠传输。为了保证数据传输的可靠性，发送端把高层数据封装成帧（frame），并按顺序发送每个帧。由于物理线路是不可靠的，因此发送端发出的帧有可能在物理线路上遭到破坏，引起错误，甚至丢失（所谓丢失实际上是数据帧的帧头或帧尾出错），从而导致接收端不能正确接收到数据。为了保证让接收端能正确接收到数据，首先必须让接收端对接收到的数据是否正确进行判断，为此发送端为每个数据帧计算检错码（比如 CRC）并加入帧中，这样接收端就可以通过重新计算检错码判断接收到的数据是否正确。如果发送端发送的数据不能被接收端正确接收，则发送端必须重传该数据。然而，相同数据帧的多次重传也可能使接收端收到重复帧，因此数据链路层还必须解决由帧的损坏、丢失和重发所带来的重复帧的问题。

数据链路层要解决的另一个问题是防止发送端发送数据的速度快于接收端接收数据的速度，这样有可能引起数据的丢失。因此数据链路层需要某种机制来协调发送端和接收端之间的收发速度。

对于局域网来说，数据链路层又分为逻辑链路控制（Logical Link Control，LLC）子层和介质访问控制（Media Access Control，MAC）子层。在局域网中，逻辑链路控制子层的功能相当于数据链路层，用于提供两个节点之间的可靠数据传输；而介质访问控制子层则用于控制局域网中的多个节点如何访问共享介质。

3. 网络层

网络层的主要功能是完成网络中不同主机之间的数据通信。网络层交换的数据单元一般用报文（packet）来表示。

在网络中的两台主机之间可能存在不止一条路径，因此网络层涉及的关键问题是如何为发送端主机和接收端主机选择一条合适的路径，以保证发送端主机发送的报文正确到达接收端主机，这就是路由。

网络层需要解决的另一个关键问题是：如何防止主机将过多的报文注入网络中，从而引起网络拥塞，导致报文传输的延迟过大，甚至造成报文丢失。

另外，如何将不同的物理网络连接起来，使其逻辑上看起来像一个统一的网络，这就是网络互联，也是网络层的功能之一。

4. 传输层

传输层的主要功能是完成网络中不同主机上用户进程之间的数据通信。传输层交换的数据单元一般用报文段（segment）来表示。

传输层要决定网络向上能够提供什么样的服务。传输层可以提供可靠的数据通信，也可以提供不可靠的数据通信。传输层协议是端到端（end-to-end）的，即传输层协议是支持端用户进程之间进行数据通信的。在传输层以下的各层中，各层协议是每个节点与它的直接相邻节点之间（主机－IMP、IMP–IMP）的协议，而不是最终的发送端主机和接收端主机之间（主机－主机）的协议。也就是说，在 ISO/OSI 参考模型中，物理层、数据链路层和网络层协议都是跳到跳（hop-by-hop）协议，而从传输层开始都采用端到端（end-to-end）协议。

由于目前绝大多数机器都采用多用户操作系统，因此一台机器上会同时运行多个用户进程，这意味着需要某种命名机制，使机器内的进程能够清楚说明它希望与哪台机器的哪个进程建立传输连接。另外，传输层协议还必须引入流量控制机制，以避免发送端主机发送数据速度过快而导致接收端主机来不及处理，从而造成数据丢失。

5. 会话层

会话层允许不同机器上的用户之间建立会话关系。会话层允许进行类似传输层的普通数据的传送，在某些场合还提供了一些有用的增值服务。会话层允许用户利用一次会话在远端的分时系统上登录或者在两台机器之间传输文件。

会话层提供的服务之一是会话管理。有些网络服务允许信息双向同时传输（类似于物理信道上的全双工模式），而有些网络服务只允许信息单向传输（类似于物理信道上的半双工模式），此时，会话层将进行有效控制。一般采取的会话控制方式是令牌管理（token management），会话层让令牌在会话双方之间来回移动，任何一方要想发送数据必须首先持有令牌，这样双方可以通过交替拥有令牌而实现数据的半双工传输。

会话层提供的另一种服务是同步。例如，在每隔一段时间就有可能出现故障的网络上，两台机器之间要进行长时间的文件传输会出现什么样的问题？在每一次的文件传输过程中都会由于网络故障不得不重传整个文件。为了解决这个问题，会话层提供数据传输过程中插入同步点的服务，这样当网络出现故障后，发送端只需要重传最后一个同步点以后的数据，而不需要重传整个文件。当然，如果网络中没有会话层提供的增值服务，主机之间的数据通信仍然是可以正常进行的。

6. 表示层

表示层完成某些特定的功能，对这些功能人们常常希望找到普遍的解决办法，而不必由每个网络应用来解决。值得一提的是，表示层以下各层只关心如何将发送端主机上某用户进程的数据可靠地传送到接收端主机上的用户进程，而表示层关心的是用户进程所传送数据的语法格式和语义（含义或意义）。

表示层提供的典型服务是对数据进行统一编码。大多数用户程序之间并非交换任意组合的比特串，而是交换人名、日期、货币数量和发票之类的数据，甚至是音频、视频等多媒体数据。这些数据对象用字符串、整型数、浮点数的形式，以及由几种简单类型组成的复杂数据结构来表示。

另外，不同的计算机可能采用不同的数据表示方式，所以需要在数据传输时进行数据格式的转换。例如，不同的机器可能会用不同的代码来表示字符串（如大部分计算机用 ASCII 码来表示，但是有些早期的计算机可能用其他编码来表示），采用不同字节顺序来存放数据，等等。为了让采用不同数据表示法的计算机之间能够相互通信并交换数据，我们可以在数据通信过程中使用抽象的数据结构（如 ISO 提供的抽象语法表示 ASN.1）来抽象地表示要传送的数据，而在机器内部仍然采用各自的编码方式。管理这些抽象数据结构、在发送端将机器的内部编码转换为适合网上传输的传送语法以及在接收端做相反的转换等工作都是由表示层来完成的。

另外，表示层的工作还涉及数据的压缩和解压、数据的加密和解密等。

7. 应用层

应用层是用户与网络的接口。应用层支持各种不同的网络应用，每种网络应用都使用不同的应用层协议。

比如，PC 用户通过使用仿真终端软件可以远程登录到某台主机上使用该远程主机的资源。这个仿真终端程序通过虚拟终端协议将 PC 键盘输入的信息传送到远程主机，由远程主机来解释键盘命令并执行，同时将结果回送到 PC 的屏幕上。

再比如，当某个用户想要获得远程计算机上的一个文件拷贝时，他要向本机的文件传输软件发出请求，该软件与远程计算机上的文件传输进程通过文件传输协议进行通信，这个协议主要处理文件名、用户许可状态和其他文件访问等细节。

ISO/OSI 参考模型可以很好地描述广域网的体系结构，图 1-16 给出了两台主机通过广域网进行通信对应的 ISO/OSI 参考模型。

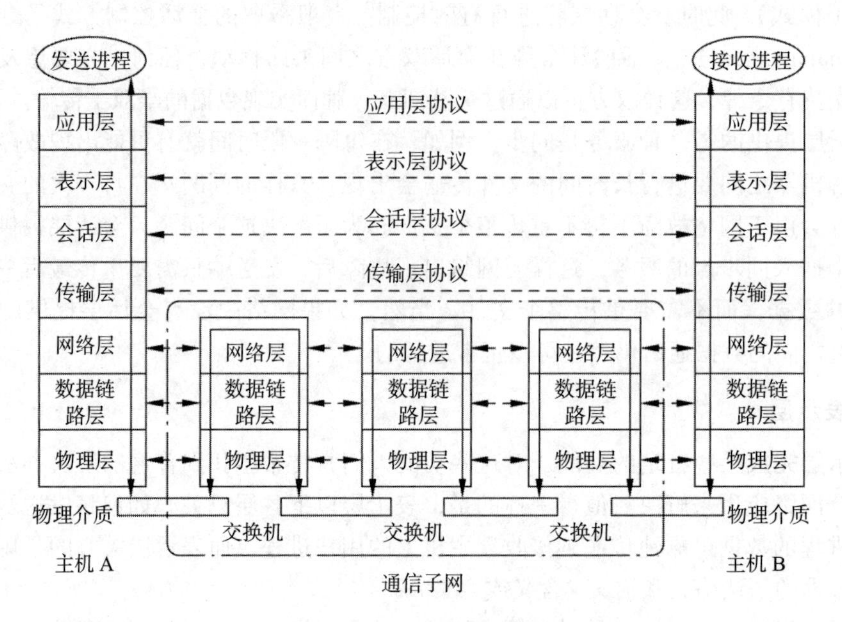

图 1-16 广域网参考模型

在图 1-16 中，广域网由通信子网和主机构成，主机之间通过通信子网进行通信。通信子网由通信介质和交换机构成。

值得注意的是，ISO/OSI 参考模型本身不是网络体系结构的全部内容，它并未确切地描述用于 ISO/OSI 参考模型各层的协议，而仅仅规定了 ISO/OSI 参考模型每一层必须完成的功能。不过，ISO 为各层制定了相应的标准，但这些标准并不是 ISO/OSI 参考模型的一部分，它们是作为独立的国际标准发布的，只是目前已经不常引用 OSI 协议标准了。

1.5.2 TCP/IP 参考模型

现在我们从 ISO/OSI 参考模型转到另一个参考模型，即 TCP/IP（Transmission Control Protocol/Internet Protocol）参考模型，如图 1-17 所示。

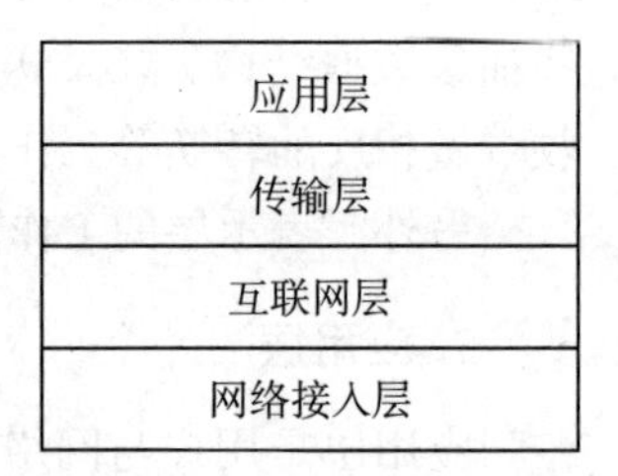

图 1-17 TCP/IP 参考模型

TCP/IP 参考模型只有四层，下面分别讨论这四层的功能。

1. 网络接入层

网络接入层是 TCP/IP 参考模型的最底层，它的主要功能是负责底层物理网络的接入。比如：接收互联网层交来的IP报文，将IP报文封装成物理网络需要的格式然后发送到物理网络中；或者从物理网络接收IP报文，然后把它交给互联网层。

网络接入层连接的可以是各种类型的物理网络，如各种广域网、局域网和点到点线路（包含拨号线路和专线）。

2. 互联网层

互联网层是TCP/IP参考模型中最关键的一层，它将TCP/IP参考模型上下层贯穿在一起。互联网层的主要功能是实现任意两台主机之间的IP报文传送。TCP/IP参考模型在互联网层只定义了一个协议，即互联网协议（Internet Protocol，IP）。IP定义了IP报文的格式，它支持将各种不同的物理网络互联成一个统一的逻辑网络。

为了实现主机之间IP报文的传送，路由器必须完成对IP报文的正确转发，这就涉及IP路由。

3. 传输层

TCP/IP参考模型传输层的功能与ISO/OSI参考模型传输层的功能是一样的，即在发送端主机和接收端主机的两个应用进程之间提供端到端的数据通信服务。

TCP/IP参考模型在传输层提供了两个传输层协议，即传输控制协议（Transmission Control Protocol，TCP）和用户数据报协议（User Datagram Protocol，UDP）。TCP支持面向连接服务，提供可靠的数据传输。UDP是一个无连接的传输层协议，只提供不可靠的数据传输服务。

4. 应用层

TCP/IP参考模型的应用层包括所有的应用层协议。早期的网络应用主要有远程登录、文件传输和电子邮件，现在的网络应用更多基于WWW。图1-18给出了TCP/IP参考模型中每一层常用的协议。

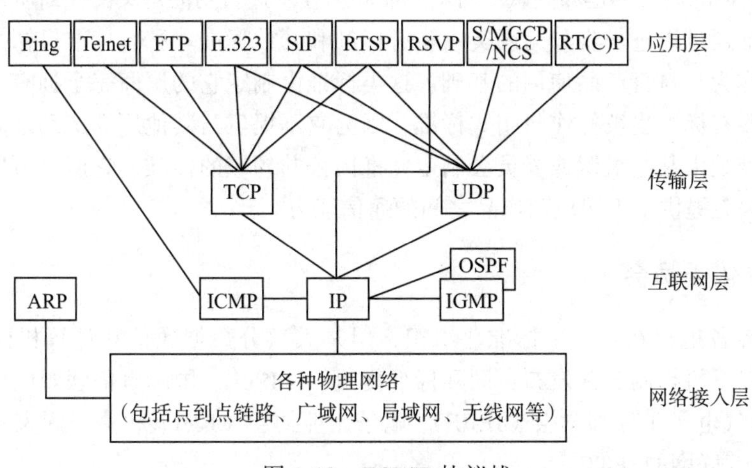

图1-18　TCP/IP协议栈

在图1-18中，我们可以看到IP是互联网的核心。在互联网中，对于高层协议而言，通过统一的IP协议层屏蔽了各种底层物理网络（如各种点到点链路、广域网、局域网和无线网等）技术的差异，实现了“IP over everything”的目标。IP技术成功的关键是其概念、方法与思想，如层次结构的包容性与开放性，以及简单、实用、有效的原则。目前互联网的另一个目标是实现“everything over IP”，其中的“everything”是指所有业务，包括数据、图像和话音等，这些业务既有实时的也有非实时的。要实现这样的目标，对于目前的IP技术来说是相当困难的，需要新技术来帮助解决。

1.5.3 两者的比较

通过前面的讨论，大家已经看到ISO/OSI参考模型和TCP/IP参考模型有许多相似之处，例如，两种模型中都包含能提供应用进程之间可靠数据通信的传输层。

ISO/OSI参考模型是在其协议开发之前设计出来的，这意味着ISO/OSI参考模型不是基于某个特定的协议集而设计的，因而它更具有通用性。但是由于ISO/OSI协议栈过于复杂，因此ISO/OSI在协议实现方面存在很大不足，这也是ISO/OSI协议栈和网络从未真正流行的原因。

TCP/IP参考模型正好相反。先有TCP/IP协议栈，TCP/IP模型只是TCP/IP协议栈的归纳总结，因而TCP/IP参考模型与TCP/IP协议栈非常吻合。但TCP/IP参考模型不适合描述其他协议栈。

虽然ISO/OSI协议栈和网络并未获得巨大的成功，但ISO/OSI参考模型在计算机网络的发展过程中起了非常重要的指导作用，而且它对今后计算机网络朝标准化、规范化的方向发展仍然具有指导意义。

1.6 标准化组织

标准可以分为两大类：法定标准和事实标准。法定标准是指那些被官方认可的组织所制定的标准。未被官方认可的组织所确认，但却在实际应用中被广泛采用的标准，称为事实标准。事实标准通常都是那些试图对新产品和新技术进行功能定义的厂商所建立的。

事实标准还可以进一步分为两类：私有标准和开放标准。私有标准最初是由某个厂商制定的，作为其自身产品使用的基础。这类标准由制定它的厂商完全拥有，所以称为私有标准。私有标准也被称作封闭式标准，因为它不提供与其他厂商产品之间的通信能力。开放标准是由某些组织或委员会制定并推向公共领域的标准，它们之所以被称为开放标准，是因为提供了不同厂商产品之间的通信能力。

1.6.1 标准化委员会

尽管世界各地存在着许多标准化组织，但是大部分数据通信和计算机网络方面的标准主要由以下机构制定并发布：国际标准化组织（ISO）、国际电信联盟电信标准化部（ITU-T）、电气电子工程师学会（IEEE）、电子工业协会（EIA）和美国国家标准化协会（ANSI）以及互联网的IETF。

1. 国际标准化组织

国际标准化组织（International Organization for Standardization，ISO）主要由世界各

国政府的标准制定委员会的成员参加，是一个国际性组织。该组织创建于1947年，是一个完全志愿的、致力于国际标准制定的机构。作为一个国际性组织，它的目标是为国家之间的产品和服务交流提供一种能带来兼容性、更好的品质、更高的生产率和更低的价格的标准模型。该组织在促进科学、技术和经济领域的合作上十分活跃。前面介绍的开放系统互连参考模型（OSI-RM）就是国际标准化组织在信息技术领域的工作。

2. 国际电信联盟

早在20世纪70年代就有许多国家开始制定电信业的国家标准，但是电信业标准的国际性兼容性几乎不存在。因而联合国为此在它的国际电信联盟（International Telecommunication Union，ITU）组织内部成立了一个委员会，称作国际电报电话咨询委员会（CCITT）。这个委员会致力于研究和建立适用于一般电信领域或特定的电话和数据系统的标准。1993年3月，该委员会的名称改为国际电信联盟电信标准化部（ITU-T）。

国际电信联盟电信标准化部分为若干个研究小组，各个小组注重电信业的不同方面。各国的标准化组织（类似于美国国家标准化协会）向这些研究小组提出建议。如果研究小组认可，建议就被批准为四年发布一次的ITU-T标准的一部分。

ITU-T制定的标准中最广为人知的是公用分组交换网X.25和综合业务数字网（ISDN）。

3. 电气电子工程师学会

电气电子工程师学会（Institute of Electrical and Electronics Engineers，IEEE）是世界上最大的专业工程师团体。作为一个国际性组织，它的目标是在电气工程、电子、无线电以及相关的工程学分支中促进理论研究、创新活动和产品质量的提高。负责为局域网制定802系列标准（如IEEE 802.3以太网标准）的委员会就是IEEE的一个专门委员会。

4. 电子工业协会

电子工业协会（Electronic Industries Association，EIA）是一个致力于促进电子产品生产的非营利组织。它的活动除制定标准外还有公众观念教育等工作。在信息技术领域，EIA在定义数据通信的物理接口和信号特性方面做出了重要贡献，尤其值得指出的是，它定义了串行通信接口标准EIA RS-232-D、EIA RS-449和EIA RS-530。

5. 美国国家标准化协会

美国国家标准化协会（American National Standards Institute，ANSI）是一个非营利组织，它向ITU-T提交建议并且是ISO中代表美国的全权组织。ANSI的目的是为美国国内自发的标准化过程提供一个全国性的协调机构，推广标准采纳和应用以及保证对公众利益的参与和保护。ANSI的成员来自各种专业协会、行业协会、政府和管理机构以及消费者。ANSI涉及的领域包括ISDN业务、信令和体系结构，以及同步光纤网（SONET）。

1.6.2　论坛

虽然标准的制定是某项技术被广泛接纳的关键，但事实表明，一个标准的通过并不意味着这项技术就一定会被市场所接纳。要被市场广泛接纳，就必须克服互操作性和部署成本等障碍，其中互操作性尤其重要。互操作性意味着最终用户可以购买自己偏好的产品，产品拥有自己想要的特点，并知道该产品如何与其他认证过的类似产品一起工作。要真正获得市场，产品必须首先被认证是符合标准的，还必须证明它们是可以互操作的。但克服上述障碍并不是标准化组织的职能，需要由业界来做。为了推动标准化进程，许多有专门兴趣的团体成立了许多由感兴趣的公司组成的论坛。论坛能够加速某项技术在市场的推广和应用过程，同时论坛将它们的结论提交给标准化组织。

历史上比较活跃的论坛包括帧中继论坛、ATM 论坛以及 WWW 论坛，目前比较活跃的论坛有城域以太网论坛、Wi-Fi 联盟以及 WiMAX 联盟等。下面简单介绍这几个论坛。

1. 城域以太网论坛

城域以太网论坛（Metro Ethernet Forum，MEF）成立于 2001 年 6 月，是一个专注于解决城域以太网技术问题的非营利性组织，MEF 的目的是将以太网技术作为交换技术和传输技术广泛应用于城域网建设，加速发展运营商级以太网和业务。MEF 主要从四个方面开展研究工作，即城域以太网的架构、城域以太网提供的业务、城域以太网的保护和 QoS，以及城域以太网的管理。

2. Wi-Fi 联盟

无线相容性认证（Wireless Fidelity，Wi-Fi）联盟的建立是为了认证无线局域网 IEEE 802.11b 产品的互操作性，Wi-Fi 联盟是一家非营利性的国际协会组织，在世界各地拥有 250 家成员，包括中兴、联想、华为、UT 斯达康等公司。Wi-Fi 联盟的主要目的是在市场上大力地推动 Wi-Fi 技术，提高整个市场对于 Wi-Fi 技术的认知度。而 Wi-Fi 互操作认证是 Wi-Fi 联盟工作的核心之一，也是 Wi-Fi 取得成功的关键的要素。正是有了 Wi-Fi 认证，来自不同厂商的产品才能够互操作。

3. WiMAX 联盟

2001 年 4 月成立的全球微波接入互操作性（Worldwide Interoperability for Microwave Access，WiMAX）联盟是一个非营利的工业贸易组织。WiMAX 的主要职能是根据 IEEE 802.16 标准形成一个可互操作的全球统一标准，保证设备商开发的系统构件之间具有可认证的互操作性。截至目前，WiMAX 论坛组织已有 323 家企业成员，其中包括多家服务供应商、系统供应商、零部件公司和芯片制造商。

1.7 互联网标准和管理机构

互联网标准是经过充分测试的规范，而且是必须遵守的。互联网协议规范要达到互联网标准的状态需要经过严格的评审和测试。互联网标准最开始以互联网草案（Internet Draft）的形式出现。互联网草案属于工作文档（正在进行的工作），不是正式的文档，它的生存期最长为 6 个月。当互联网管理机构认为互联网草案已经比较成熟，就把互联网草案以 RFC（Request For Comment）的形式进行发布。每一个 RFC 在发布时都会指定一个唯一编号，任何感兴趣的人都可以得到它。

1.7.1　RFC 成熟等级

RFC 在生存期间总是处于 6 个成熟等级之一，即建议标准、草案标准、互联网标准、具有历史意义的、用于试验的和用于提供信息的，如图 1-19 所示。

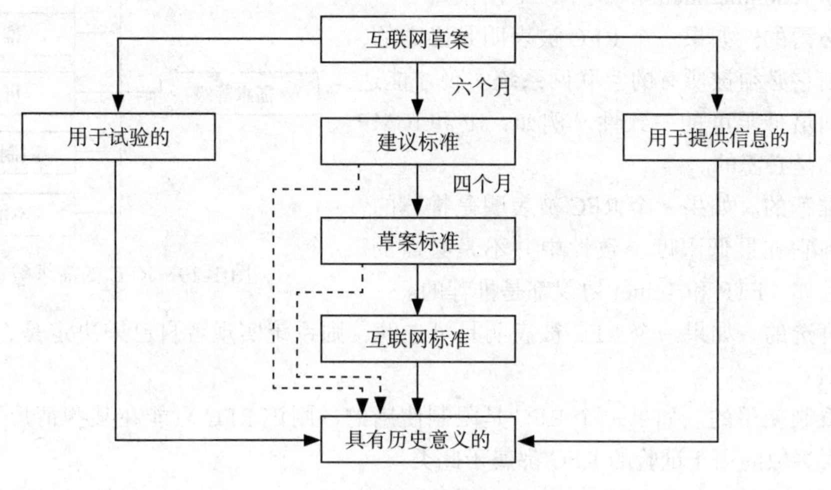

图 1-19　RFC 的成熟等级

1. 建议标准

从互联网草案上升到建议标准（proposal standard），必须是稳定的、被广泛了解的并且能够引起大家广泛关注的协议规范。

2. 草案标准

从建议标准上升到草案标准（draft standard）至少要实现两个独立版本并且已经进行互操作测试。

3. 互联网标准

草案标准经过长期实践验证后，就可以成为最终互联网标准（Internet standard）。

4. 具有历史意义的

从历史角度来看，这种 RFC 文档是很有意义的。这种类型的 RFC 或者是被后来更新的协议规范所取代，或者是从未达到必要的成熟等级。

5. 用于试验的

被列入用于试验的 RFC表示它的工作属于试验范围，这种试验不影响互联网的正常运行。

6. 用于提供信息的

用于提供信息的 RFC 包括一些与互联网有关的一般性的、历史性的或有指导意义的信息。这种 RFC 通常由非互联网机构（如设备供应商）提供。

1.7.2 RFC 需求等级

RFC 分为 5 个需求等级，分别是必需的（required）、推荐的（recommended）、可选的（elective）、限制使用的（limited use）和不推荐的（not recommended），如图 1-20 所示。

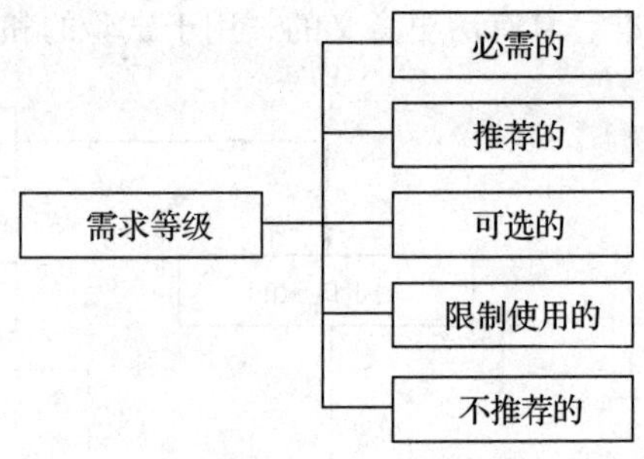

图 1-20 RFC 的需求等级

- **必需的**。如果一个 RFC 被表明是必需的，则它必须被所有的互联网系统实现才能达到最低限度的一致性。例如，IP 和 ICMP 都是必需的。
- **推荐的**。如果一个 RFC 被表明是推荐的，则它在最低限度一致性中并不是必需的。例如，FTP 和 Telnet 协议都是推荐的。
- **可选的**。如果一个 RFC 被表明是可选的，则系统实现者自己来决定是否选用该 RFC。
- **限制使用的**。如果一个 RFC 是限制使用的，则该 RFC 只能在某些情形下使用。大多数的用于试验的 RFC 都属于此类。
- **不推荐的**。如果一个 RFC 被表明是不推荐的，则该 RFC 一般情况下不能使用。通常具有历史意义的 RFC 都属于此类。

1.7.3 互联网管理机构

主要用于科学研究和教学的互联网现在已经演进到用于社会生活的各个方面，包括大量的商业应用都基于互联网。很多互联网管理机构正在努力协调互联网存在的各种问题并且引领着互联网的发展。互联网管理机构如图 1-21 所示。

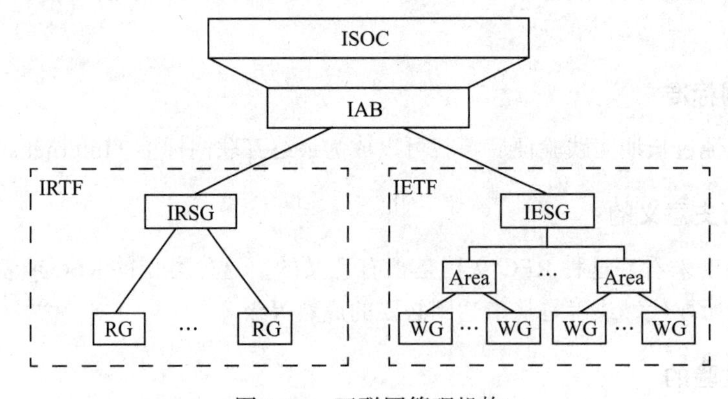

图 1-21 互联网管理机构

1. ISOC

互联网协会（Internet SOCiety，ISOC）是成立于 1992 年的国际性的非营利组织，用来提供对互联网标准化过程的支持。ISOC 是通过支持其他一些互联网管理机构（如 IAB、IETF、IRTF 及 IANA）来实现上述目标的。ISOC 还推进与互联网有关的研究以及其他一些学术活动。

2. IAB

互联网体系结构委员会（Internet Architecture Board，IAB）是ISOC的技术顾问。IAB的主要任务是保证TCP/IP协议族的持续发展以及通过技术咨询向互联网的研究人员提供服务。IAB通过其下属的两个主要机构，即互联网工程部（Internet Engineering Task Force，IETF）和互联网研究部（Internet Research Task Force，IRTF），来完成此任务。IAB的另一项工作就是管理RFC文档，同时IAB还负责与其他标准化组织和技术论坛的联系。

3. IETF

互联网工程部（IETF）受互联网工程指导小组（Internet Engineering Steering Group，IESG）领导并主要关注互联网运行中的一些问题，对互联网运行中出现的问题提出解决方案。很多互联网标准都是由IETF开发的。IETF的工作被划分为不同的领域，每个领域集中研究互联网中的特定课题。目前主要是集中在9个领域，即应用、互联网协议、路由、运行、用户服务、网络管理、传输、IPng（Internet Protocol next generation，下一代互联网协议）和安全。

4. IRTF

互联网研究部（Internet Research Task Force，IRTF）受互联网研究指导小组（Internet Research Steering Group，IRSG）领导并且主要关注互联网协议、应用、体系结构和技术等长期研究题目。

5. IANA 和 ICANN

互联网号码分配机构（Internet Assigned Numbers Authority，IANA）是受美国政府支持的，负责互联网域名和地址管理。1998年10月后，这项工作由美国商务部下属的互联网名字与编号分配机构（Internet Corporation for Assigned Names and Numbers，ICANN）负责。ICANN是一个集合了全球网络界商业及学术各领域专家的非营利性国际组织，负责IP地址分配、协议标识符的指派、通用顶级域名（generic Top-Level Domain，gTLD）和国家代码顶级域名（country code Top-Level Domain，ccTLD）系统的管理，以及根域名服务器的管理。而实际管理工作由全球五大地区注册中心（Regional Internet Registry，RIR）来具体负责，RIR主要负责IP地址（包含IPv4和IPv6）和自治系统（AS）号等Internet资源的分配和注册。全球五大地区注册中心是北美互联网号码注册中心（American Registry for Internet Numbers，ARIN）、欧洲IP地址注册中心（Reséaux IP Europeéns，RIPE）、亚太地区网络信息中心（Asia Pacific Network Information Center，APNIC）、拉丁美洲及加勒比网络信息中心（Latin American and Caribbean Network Information Center，LACNIC）以及非洲注册中心（Africa Network Information Center，AfriNIC）。ARIN负责北美和加勒比海部分地区，RIPE负责欧洲、中东（Middle East）和中亚（Central Asia）地区，APNIC负责亚洲和太平洋地区，LACNIC负责拉丁美洲及加勒比海部分地区，AfriNIC负责非洲地区。

中国互联网注册和管理机构称为中国互联网络信息中心（China Internet Network

Information Center，CNNIC），它成立于1997年6月，是一个非营利管理与服务机构，行使国家互联网信息中心的职责。中国科学院计算机网络信息中心承担CNNIC的运行和管理工作。它的主要职责包括域名注册管理，IP地址、AS号分配与管理，目录数据库服务，互联网寻址技术研发，互联网调查与相关信息服务，国际交流与政策调研。

1.8 计算机网络和互联网的发展历史

世界上第一台电子计算机的诞生在当时是很大的创举，但是任何人都没有预测到七十多年后，计算机在社会各个领域的应用和影响是如此广泛和深远。当1969年12月世界上第一个分组交换网络ARPANET出现时，也没有有人预测到时隔五十多年，计算机网络在现代信息社会中扮演了如此重要的角色。ARPANET已从最初的四个节点发展为横跨全世界一百多个国家和地区、挂接有几十万个网络、四亿台计算机、全球有大约58%的人成为其用户的因特网。因特网是当前世界上最大的计算机网络，而且还在发展之中。回顾计算机网络的产生和发展历史，对预测这个行业的未来有一些有益的启示。

1.8.1 计算机网络的发展历史

计算机网络是通信技术和计算机技术相结合的产物，它是信息社会最重要的基础设施，并将构筑成人类社会的信息高速公路。

通信技术的发展经历了一个漫长的过程。1835年，莫尔斯发明了电报，1876年，贝尔发明了电话，从此开辟了近代通信技术发展的历史。通信技术在人类生活和两次世界大战中都发挥了极其重要的作用。

1946年诞生了世界上第一台电子数字计算机，开创了向信息社会迈进的新纪元。20世纪50年代，美国利用计算机技术建立了半自动化的地面防空系统，它将雷达信息和其他信号经远程通信线路送至计算机进行处理，第一次利用计算机网络实现远程集中控制，这是计算机网络的雏形。

随着计算机技术和通信技术的不断发展，计算机网络也经历了从简单到复杂、从单机到多机的发展过程，其发展过程大致分为几个阶段。

终端–主机通信网络是早期计算机网络的主要形式，它将一台主机经通信线路与若干终端直接相连。在简单的终端–主机通信系统中，主机负担较重，既要进行数据处理，又要承担通信功能。为了减轻主计算机的负担，20世纪60年代出现了在主机和通信线路之间设置通信控制处理机（或称为前端处理机，简称前端机）的方案，前端机专门负责通信控制的功能。此外，在终端聚集处设置多路复用器（或称集中器），组成终端群–低速通信线路–集中器–高速通信线路–前端机–主机的结构。美国20世纪60年代初期建成的航空公司飞机订票系统SAVRE-1，就是终端–主机通信网络的典型代表。

1969年，美国国防部的高级研究计划局建立了世界上第一个分组交换网——ARPANET，即国际互联网的前身，这是一个只有4个节点的采用存储转发方式的分组交换广域网，1972年，ARPANET的远程分组交换技术首次在首届国际计算机通信会议上公开展示。

ARPANET有五大特点，即支持资源共享、采用分布式结构、采用分组交换技术、使用通信控制处理机和采用分层协议。以通信子网为中心，多台计算机通过通信子网构成一个有机的整体，原来单一主机的负载可以分散到全网的各个机器上，单机故障不会导致整个网络系统的全面瘫痪。

20世纪70年代，计算机网络也开始向体系结构标准化的方向迈进，即正式进入网络标准化时代。1974年，IBM公司提出了系统网络体系结构（System Network Architecture，SNA）7层标准；1975年，DEC公司公布了数字网络体系结构（Digital Network Architecture，DNA）9层标准；众多不同的专用网络体系标准给不同网络之间的互连带来了很大的不便。鉴于这种情况，国际标准化组织于1977年成立了专门的机构从事“开放系统互连”问题的研究，目的是设计一个标准的网络体系模型。1984年，ISO颁布了OSI参考模型。OSI参考模型的提出引导着计算机网络走向开放的标准化的道路，同时也标志着计算机网络的发展步入成熟阶段。其中最大的体现就是国际互联网的飞速发展和TCP/IP参考模型的成熟。

20世纪70年代末到80年代初，微型计算机得到了广泛的应用，各机关和企事业单位为了适应办公自动化的需要，迫切要求将自己拥有的为数众多的微机、工作站、小型机等连接起来，以达到资源共享和相互传递信息的目的，而且迫切要求降低连网费用，提高数据传输效率。这有力地推动了计算机局域网的发展。

因此20世纪70年代，剑桥大学开发了剑桥环网，1976年，施乐发明了以太网，1980年，IBM发明令牌环网。可以说，20世纪80年代是计算机局域网时代，其间局域网开始得到大规模的发展，研究工作开始向产品化、标准化的方向发展，电气电子工程师学会（Institute of Electrical and Electronics Engineers，IEEE）专门成立了802委员会（1980年2月成立，所以称为802委员会）来负责制定局域网标准。

近年来，随着光纤通信技术的出现，计算机网络技术得到了迅猛的发展。光纤作为一种高速率、高带宽、高可靠性的传输介质，在各国的信息基础建设中使用越来越广泛，这为建立高速的网络奠定了基础。10G以太网已经被用于局域网和城域网，40G/100G以太网标准已制定。单波长带宽已达到40G的数量级，复用波数已超过160个，因此单根光纤的带宽已经超过T比特级。当前国内各大电信运营商的传输干线网普遍采用80/160波、单波速率为2.5Gbit/s或10Gbit/s的DWDM系统。网络带宽的不断提高进一步刺激了网络应用的多样化和复杂化，网络应用正迅速朝着宽带化、实时化、智能化、集成化和多媒体化的方向不断发展。

1.8.2 国际互联网的发展历史

1957年，苏联发射了人类第一颗人造地球卫星Sputnik。作为响应，美国国防部（DoD）组建了美国国防高级研究计划局（Defense Advanced Research Projects Agency，DARPA），开始将科学技术应用于军事领域

1969年，DARPA资助建立了世界上第一个分组交换网ARPANET，ARPANET的建成和不断发展标志着计算机网络发展的新纪元。

1964年，RAND公司的Paul Baran发表论文“On Distributed Communications Networks”。1966年，MIT的Lawrence G. Roberts发表论文“Towards a Cooperative

Network of Time-Shared Computers”。1967 年，Lawrence G. Roberts 发表第一篇关于 ARPANET 设计的论文“Multiple Computer Networks and Intercomputer Communication”。

20 世纪 70 年代末到 80 年代初，计算机网络蓬勃发展，各种各样的计算机网络应运而生，如 MILNET、USENET、BITNET、CSNET 等。1982 年，DARPA 为 ARPANET 制定传输控制协议（TCP）和网际协议（IP），作为一组协议，通常称为 TCP/IP。由此第一次引出了关于互连网络的定义，即互联网（internet）被定义为使用 TCP/IP 连接起来的一组网络；因特网（Internet）则是通过 TCP/IP 连接起来的 internet。美国国防部宣布将 TCP/IP 作为国防部标准网络协议。

1983 年 1 月 1 日，ARPANET 开始采用 TCP/IP。后来出现的工作站大多使用包含 IP 的 Berkeley UNIX（4.2 BSD）操作系统。

1984 年引入域名系统（DNS）。1984 年，因特网的主机数超过 1000 台。

1986 年，美国国家科学基金会（National Science Foundation，NSF）资助建成了基于 TCP/IP 的主干网 NSFNET，用于连接美国的若干超级计算中心、主要大学和研究机构。IAB 成立互联网工程部（IETF）和 Internet 研究特别工作组。IETF 第一次会议于 1986 年 1 月在 San Diego 召开。

1987 年，德国和中国采用 CSNET 协议建立了连接，9 月 20 日从中国发出了第一封电子邮件。1987 年，因特网的主机数超过 10 000 台。

1988 年 11 月 2 日，莫立斯蠕虫在 Internet 上蔓延，60 000 个节点中的大约 6000 个节点受到影响。蠕虫事件促使 DARPA 建立了 CERT/CC（计算机紧急响应组 / 协调中心）以应付此类事件

1989 年，因特网的主机数超过 1 000 000 台。1990 年，ARPANET 停止运营。

20 世纪 90 年代初期，欧洲粒子物理实验室（CERN）的 Tim Berners-Lee 开发了万维网（World Wide Web，WWW）。1993 年，美国伊利诺伊大学国家超级计算机中心开发成功了网上浏览工具 Mosaic，Mosaic 进而发展为 Netscape。随着 Web 技术和相应的浏览器的出现，互联网的发展和应用出现了新的飞跃。

1992 年，IAB 更名为 Internet Architecture Board，并成为 Internet 协会的一部分。因特网主机数超过 1 000 000。

1993 年，因特网开始引起商业界和新闻媒体的注意。1993 年，.gov 和 .org 域名开始被使用。

1995 年，NSF 建立超高速主干网服务（vBNS），连接超级计算中心 NCAR、NCSA、SDSC、CTC、PSC，新的 NSFNET 诞生。1995 年被认为是网络商业化的第一年，SSL（安全套接字层）加密是由 Netscape 开发的，使在线金融交易（如信用卡支付）更加安全。

1996 年，MCI 公司为 Internet 主干网升级，增加了大约 13 000 个端口，使主干网有效速率从 155Mbit/s 升至 622Mbit/s。Internet 特设委员会宣布计划增加 7 个新的顶级域名（gTLD）：.firm、.store、.web、.arts、.rec、.info 和 .nom。WWW 浏览器之间的战争爆发，主要是在 Netscape 和 Microsoft 之间展开，这带来了软件开发的新时代，如今 Internet 用户急于测试即将发布的软件，使得每个季度都有新版软件发布。

1998 年，谷歌上线，开始改变人们在线查找信息的方式。Napster 的推出打开了通过互联网共享音频文件的大门。

2000 年是互联网泡沫破灭的一年，给众多投资者造成了巨大损失。数百家公司倒闭，其中一些从未为投资者带来利润。上市大量受泡沫影响的科技公司的纳斯达克，曾一度达到 5000 多点的顶峰，随后一天内下跌 10%，最终于 2002 年 10 月触底。

2001 年维基诞生，这是为集体网络内容生成 / 社交媒体铺平道路的网站之一。

2003 年，MySpace 诞生，一度成为最受欢迎的社交网络（后来被 Facebook 取代）。

2004 年，Web 2.0 诞生，允许用户创建和共享内容，相互联系的站点和网络应用程序的社交媒体在这一时期开始；Facebook 向大学生开放。

2005 年，YouTube 推出，为大众带来免费的在线视频托管和共享。

2006 年，Twitter 推出，它最初被称为 twittr（受 Flickr 启发）。

2007 年，电视节目被放到网上，提供在线观看的热门电视节目。

2007 年的最大创新是 iPhone 的发布，它标志着智能手机的诞生和移动互联网时代的到来。

2008 年，谷歌发布了 Chrome 网络浏览器。

2010 年，注册域名数量达到 2 亿。

2011 年，互联网用户达到 20 亿。

2012 年，亚马逊成为最大的主机托管站点，拥有 118 000 台面向网络的计算机。

2013 年，移动设备占所有网页浏览量的 18%。

2014 年，Facebook 以 190 亿美元收购了 WhatsApp。

2015 年，一场关于网络中立性的辩论吸引了公众的注意力。

今天，随着 20 世纪所有的技术进步，因特网特别是移动互联网已经成为我们日常生活中不可分割的一部分。

1.8.3 中国互联网的发展历史

1987 年 9 月，CANET在北京计算机应用技术研究所正式建成中国第一个国际互联网电子邮件节点，并于 9 月发出了中国第一封电子邮件 Across the Great Wall we can reach every corner in the world（越过长城，走向世界），揭开了中国人使用互联网的序幕。

1994 年 4 月初，中国向美国国家科学基金会重申连入 Internet 的要求得到认可，4 月 20 日，中国正式接入国际互联网，开启了中国互联网的时代。

1994 年 5 月 15 日，中科院高能物理研究所建立了国内第一个 Web 服务器。

1994 年 5 月 21 日，在钱天白教授和德国卡尔斯鲁厄大学的协助下，中国科学院计算机网络信息中心完成了中国国家顶级域名（CN）服务器的设置，改变了中国的 CN 顶级域名服务器放在国外的历史。

1995 年 1 月，邮电部电信总局分别在北京、上海设立的通过美国 Sprint 公司接入美国的 64k 专线开通，并且通过电话网、DDN 专线以及 X.25 网等方式开始向社会提供 Internet 接入服务。

1995 年 5 月，张树新创办北京瀛海威科技有限责任公司，主营 ISP（互联网服务提供商）业务；1996 年 12 月，瀛海威的 8 个主要节点建成开通，初步形成了全国性的主干网。

1996年4月12日，成立一年多的YAHOO!上市，彻底激发了中国企业的互联网创业潮：1996年6月，新浪网的前身"四通利方网站"开通；1996年8月，搜狐的前身"爱特信信息技术有限公司"成立；1997年5月，网易公司成立；1998年11月，腾讯公司成立；1999年3月，阿里巴巴成立；1999年5月，中华网成立；2000年1月，百度公司成立。

1996年底至2000年初，形成中国互联网商业格局的公司基本在这一时期成立，其中多以"网站建设"为主，也就是我们说的门户时代。

在2000—2002年的互联网泡沫期，"移动梦网"帮助中国互联网企业实现盈利。在此期间，中国互联网企业也在不断探索新的商业模式。后期，中国移动强制改革分成模式，因为其当时的垄断地位是无法撼动的，这让很多互联网企业很无奈，所以建立更多新的商业模式势在必行。

2002年，互联网泡沫期渐渐地过去，人们对于互联网的热情随时间的推进变得越来越高涨。截至2005年，中国网民规模迅速增长到1亿多。这代表互联网的概念已经深入人心，成熟的盈利模式可以开始实施，互联网的商业价值得以实现。典型的商业模式有四种，即广告、网游、搜索引擎和电商。

2005年，博客的盛行标志着Web 2.0的到来，由门户和搜索时代转向社交化网络，大批的社交型产品诞生：博客中国、天涯社区、人人网、开心网和QQ空间，以及国外的Facebook。网民的地位开始由被动转向主动，他们不光是信息的接收者，也成为信息的创造者和传播者。

同时，Web 2.0时代赋予了互联网新的意义：社会价值和主体地位。在互联网的商业价值和社会价值都得以实现后，中国互联网的商业格局基本确定。搜索有百度，社交有腾讯，电商有阿里，门户有新浪、网易和后起的腾讯网。互联网生态已经形成，后期的发展都是以既定的商业格局为基础继续拓展。

比如微博初期就获得了快速的增长，根据CNNIC的统计，截至2013年中，中国的微博用户超过3.3亿，微博在网民中的渗透率达到56.0%。

尽管网民规模仍以指数级增长，互联网的载体仍然以PC为主、手机为辅。直到2012年，手机网民首次超越PC，成为中国网民的第一上网终端，这预示着移动互联网的爆发。

移动互联网时代的模式是移动App与消息流型社交网络并存。这个阶段的主要形式是内容与服务并重。内容提供方式则主要是信息流，其中以消息流为主，以内容流为辅。这个阶段的内容发现机制借助于各种App，用户直面服务。换句话说，App成为内容和服务的中心，用户已不需要仅仅使用搜索引擎或内容流型社交网络。

接下来市场上层出不穷的App，其产品发展模式的本质基本相同，只不过其服务聚焦的点各有不同，细分于不同领域，如O2O、社交类、视频类、金融、出行、直播、外卖、知识付费、支付等。

2015年3月5日，在十二届全国人大三次会议上，李克强在政府工作报告中首次提出"互联网+"行动计划：制订"互联网+"行动计划，推动移动互联网、云计算、大数据、物联网等与现代制造业结合，促进电子商务、工业互联网和互联网金融健康发展，引导互联网企业拓展国际市场。

2017 年至今，互联网渗透到各行各业。互联网相关的创业公司众多；自媒体大热，知识付费崛起；出现了区块链、人工智能、新零售等概念；共享经济大火，出现了共享单车、共享汽车、共享电动车，甚至共享马扎、共享雨伞、共享充电宝等。

习题

1. 什么是计算机网络？什么是互联网？
2. 计算机网络应用主要有哪几种？
3. 按照网络覆盖范围可以将网络划分哪几类？每一类各有什么特点？
4. 为什么网络协议要分层？分层有什么优缺点？
5. 网络协议和网络服务的区别是什么？
6. 简述 ISO/OSI 参考模型中每一层的名称和功能。
7. 简述 TCP/IP 参考模型中每一层的名称和功能。
8. 比较 ISO/OSI 和 TCP/IP 参考模型的异同点。

第 2 章 数据通信基础

数据通信是计算机网络的基础。本章首先介绍数据通信的基本概念和相关术语，然后介绍数据通信基础理论、传输介质、编码与调制、多路复用、扩频、接入网。通信基础理论的主要内容包括信号、信号频谱与带宽、信号带宽和传输率的关系、信道截止频率与带宽以及信道容量。

2.1 引言

自古以来人们都在用自己的智慧解决远距离通信的问题，而衡量人类历史进步的尺度之一是人与人之间传递消息的能力，尤其是远距离传递消息的能力。例如，古代的烽火台、金鼓、旌旗，近代的灯光、旗语，现代的电话、电报、传真和电视等都是传递消息的手段。通信技术的发展使人类社会产生了深远的变革，为人类社会带来了巨大的利益。

在当今和未来的信息社会中，通信是人们获取和交换信息的重要手段。随着大规模集成电路技术、激光技术、空间技术、计算机技术的不断发展和广泛应用，现代通信技术日新月异。近四十年来出现的光纤通信、卫星通信和数据通信是最具有代表性的通信技术。在这些新技术中，数据通信技术尤为重要，它是现代通信系统的重要基础。本节主要介绍数据通信的基本概念和术语。

2.1.1 信息与数据

信息（information）是客观事物属性和相互联系特性的表征，它反映了客观事物的存在形式和运动状态。数据（data）是信息的数字化形式。狭义的数据通常是指具有一定数字特性的信息，如统计数据、气象数据、测量数据及计算机中区别于程序的数据等。但在计算机网络中，数据通常被广义地理解为在计算机网络中存储、处理和传输的二进制数字编码。话音、图像、文字以及从自然界直接采集的各种自然属性（如温度、湿度等）均可转换为二进制数字编码，以便于在计算机网络中存储、处理和传输。计算机网络中的数据库、数据处理和数据通信所包含的数据通常就是指这种广义的数据。

数据分为模拟数据和数字数据两种。模拟数据（analogy data）的值一般是连续的。模拟数据最常见的例子是音频（audio），音频以声波的形式被人们直接感受到。模拟数据另一个常见的例子是视频（video）。要产生屏幕上的一幅画，电子束必须从左至右、从上到下地扫描屏幕表面。对于黑白电视来说，在某一点产生的亮度（从黑到白取值）与扫过这一点的电子束的强度成正比。因此，某一时刻的电子束具有一个连续值，它对应屏幕上的某点产生适当的亮度。同时，当电子束不断进行扫描时，这个值也连续不断地变化。因此，可以将视频图像看作随时间改变的模拟信号。

数字数据（digital data）的值一般是离散的。数字数据的一个常见实例是文本（text）或者字符串。虽然文本数据对人类来说是最方便的，但是以字符的形式表示的数据既不容易存储，也不容易被数据处理系统处理以及被通信系统传输。因为计算机系统和通信系统是被设计用来处理二进制数据的。人们因此发明了许多编码方法，通过这些编码方法，字符被表示成比特序列。最早的常用编码可能要算莫尔斯电报码了。今天，最常用的字符编码是国际基准字母表（International Reference Alphabet，IRA）。IRA 是在 ITU-T 建议书 T.50 中定义的，在早期以国际字母表 5（International Alphabet 5）闻名。在这种编码中，每一个字符用 7 位二进制表示，因此一共可以表示 128 个不同的字符。其中，有些用来表示不可打印的“控制字符”。IRA 的美国国家版本称为美国信息交换标准代码（American Standard Code for Information Interchange，ASCII）。

2.1.2　信号

信号（signal）是数据的电磁编码。在计算机或通信系统中，我们常常使用电压值和光强度来表示信号。

信号可以分为连续信号（continuous signal）和离散信号（discrete signal）。连续信号是时间的连续函数，而离散信号是时间的离散函数。所有维度上均连续的信号是模拟信号（analog signal），所有维度上均离散的信号是数字信号（digital signal），数字信号是通过对模拟信号时间、幅度和维度上离散化产生的，如图 2-1 所示。

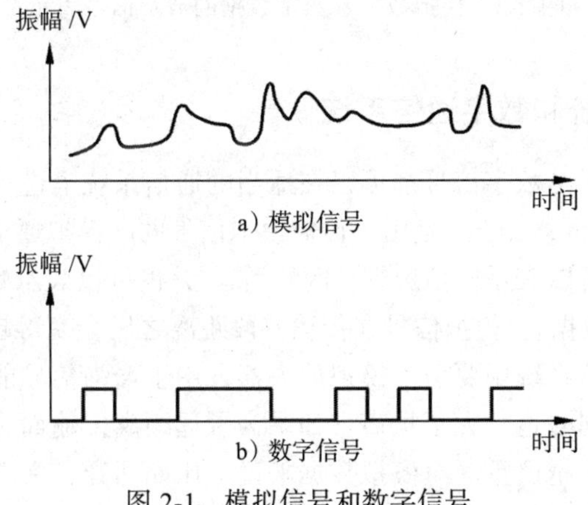

图 2-1　模拟信号和数字信号

虽然模拟信号与数字信号在表现形式上有着明显的差别，但二者在一定条件下是可以相互转化的。通过使用一种称为调制解调器的设备，数字数据可以用模拟信号表示。调制解调器将二进制的电压脉冲（只有两个值）序列转化成模拟信号，这种转化是把数字数据调制到某个载波频率上去。调制后所得的信号是以载波频率为中心的具有特定频谱的信号，并且能够在合适的介质上传输。最常见的调制解调器是将二进制数字数据用话音信号表示，如图 2-2 所示，这样二进制数字数据可以在普通的音频电话线上传输。而在电话线的另一端，调制解调器从话音信号中解调出原始的二进制数字数据。

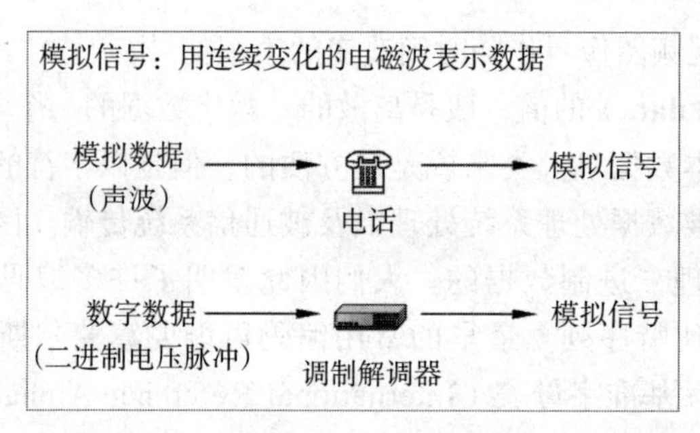

图 2-2 模拟数据和数字数据的模拟信号表示

另外，模拟数据也可用数字信号表示，如图 2-3 所示。我们可以通过一个称为编码解码器的设备将模拟话音数据编码成比特流，然后通过数字通信系统传输到接收端；在接收端，通过编码解码器将这个比特流重建为模拟话音数据。

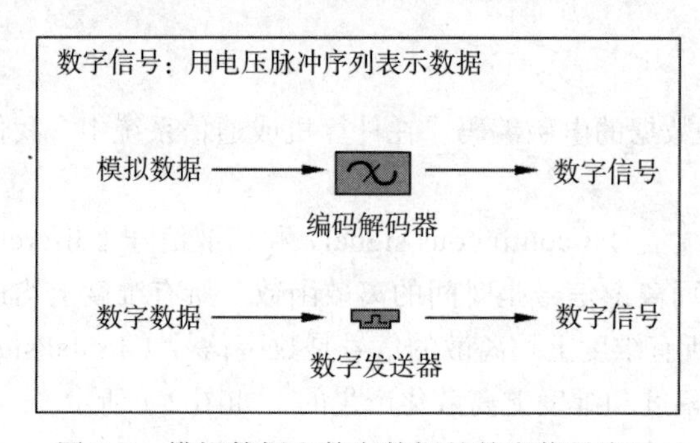

图 2-3 模拟数据和数字数据的数字信号表示

2.1.3 模拟通信系统和数字通信系统

无论是模拟信号还是数字信号都可以在适当的通信系统上进行传输。模拟通信系统（analogy communication system）是用于传输模拟信号的。模拟通信系统通常不考虑信号的内容。模拟信号既可以表示模拟数据（例如话音），也可以表示数字数据（例如经过了调制解调器的二进制数据）。模拟信号在传输一段距离之后会变得越来越弱。为了实现远距离传输，在模拟通信系统中要引入模拟放大器，用于增强信号能量，遗憾的是，模拟放大器在放大信号的同时也放大了噪声。如果为了远距离传输而将放大器级联起来，那么信号的失真就会越来越严重。对模拟数据来说，比如话音，失真比较严重时还是可以容忍的（人还是可以辨别出来）。但是对于数字数据来说，级联放大器会引起比特差错，需要进行纠错。

与模拟通信系统相反的是，数字通信系统（digital communication system）在传输数字信号时要考虑到信号时的内容。数字信号只能传送很短的距离，要想让数字信号传输到较远的距离就必须使用转发器（也称中继器，repeater）。转发器接收数字信号，并将其恢复为 1、0 序列，然后产生一个新的数字信号，这样就克服了衰减。

那么哪一种通信系统比较好呢？这个问题自然会引起人们的注意。相对来说，数字通信系统在技术上优于模拟通信系统，理由如下。

- 数字技术普及。大规模集成电路（Large Scale Intergrated，LSI）和超大规模集成电路（Very Large Scale Intergration，VLSI）的出现，使数字器件和设备无论在体积上还是在价格上都不断下降。而模拟器件和设备则没有这种迹象。

- 数据完整性。在数字通信系统中不使用放大器而使用转发器，则不会引起噪声或其他损伤的积累。采用数字传输方式，就能实现在保证信号完整性的同时远距离地传输数据，并且对传输线路质量的要求也不是很高。
- 容量利用率。利用卫星通信和光纤通信技术可以比较方便地建立各种高速链路。但我们需要使用更高级的复用技术以便有效地利用这些链路的带宽容量，要做到这一点，采用数字复用技术（如时分复用）比采用模拟复用技术（如频分复用）更容易，也更便宜。
- 安全和保密（security and privacy）。对数字数据的加密可以采用各种数据加密方法，而对模拟数据的加密还必须首先对它进行数字化处理。
- 综合性（integration）。通过数字传输技术，可以做到在一个网络中传输各种类型数据，向用户提供电话、传真、视频以及数据通信等业务，这种网络称为综合业务数字网（Integrated Service Digital Network，ISDN）。

2.1.4　数据传输方式

数据传输方式是指数据在信道上传送所采取的方式。按数据代码传输的顺序可以分为并行传输和串行传输，按数据传输的同步方式可分为同步传输和异步传输，按数据传输的方向和时间关系可分为单工、半双工和全双工数据传输。

1. 并行传输与串行传输

在数字通信中，按照数字信号码元排列方法的不同，数据传输有串行传输和并行传输两种类型。串行传输是指组成字符的各个比特按顺序一位接一位地在一条线或一个信道上以串行的方式传输，如图 2-4 所示。

通常串行传输的传输顺序为由高位到低位，传完这个字符再传下一个字符，因此收、发双方必须保持字符同步，使接收方能够从接收的数据比特流中正确区分出与发送方相同的一个一个的字符。这是串行传输必须要解决的问题。串行传输只需要一条传输信道，易于实现，节省投资，但通常需要进行串并变换，增加了转换设备以及同步的复杂性。

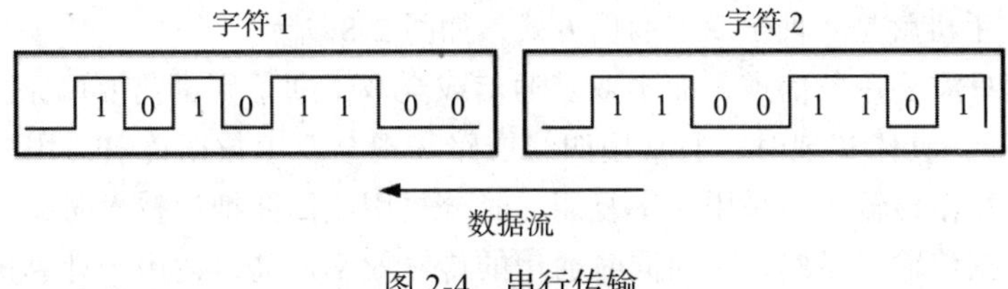

图 2-4　串行传输

并行传输是指将数据以成组的方式在两条以上的并行信道上同时传输，如图 2-5 所示。例如，采用 8 单位代码字符时可以用 8 条信道进行并行传输，另加一条“选通”线用来通知接收器，以指示各条信道上已出现某一字符的信息，可对各条信道上的电压进行取样。并行传输的缺点是需要的传输信道多、设备复杂、成本高，故在远程通信中较少采用，一般适用于在距离较近的设备之间采用，例如在计算机和其他高速数字传输系统内部使用。

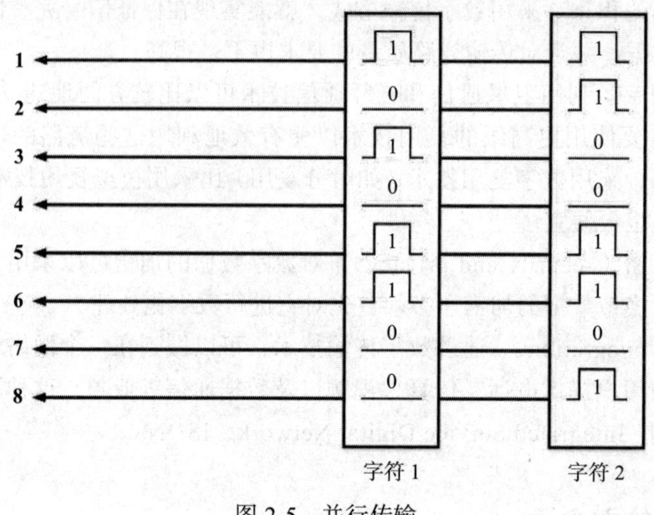

图 2-5 并行传输

2. 单工、半双工和全双工

按数据传输的方向与时间不同，通信的工作方式可分为单工通信、半双工通信及全双工通信。

- 单工通信，又称为单向通信，即通信系统的两端数据只能沿一个方向发送和接收，而没有反方向的交互。如图 2-6a 中，数据只能由 A 传送到 B，不能由 B 传送到 A。无线或有线电广播以及电视广播就属于这种类型。计算机与监视器以及键盘与计算机之间的数据传输也是单工传输的例子。
- 半双工通信，又称为双向交替通信，即通信的双方可以双向通信，但双方不能同时发送或同时接收数据，这种通信方式往往是一方发送另一方接收，如图 2-7 所示。例如，使用同一载频工作的普通无线电收发报机就是半双工通信的例子。当 A、B 端进行对话通信时，半双工通信最有效。另外，问询、检索、科学计算等数据通信系统也适用于半双工数据传输。
- 全双工通信，又称为双向同时通信，即通信双方可以同时发送和接收信息。普通电话、手机就是一种全双工通信方式，如图 2-8 所示。

单工通信只需要一条信道，而半双工通信或全双工通信则都需要两条信道（每个方向各一条信道）。具体实现时，通常用四线线路实现全双工数据传输，用二线线路实现单工或半双工数据传输。在采用频率复用、时分复用或回波抵消技术时，二线线路也可实现全双工数据传输。显然，双向同时通信的传输效率最高，适用于计算机之间的高速数据通信系统。

许多系统的正向信道传输速率较高，反向信道传输速率较低，例如，远程数据收集系统（如气象数据的收集）。在这种数据收集系统中，大量数据只需要从一端传送到另一端，而另外需要少量联络信号（也是一种数据）通过反向信道传输。

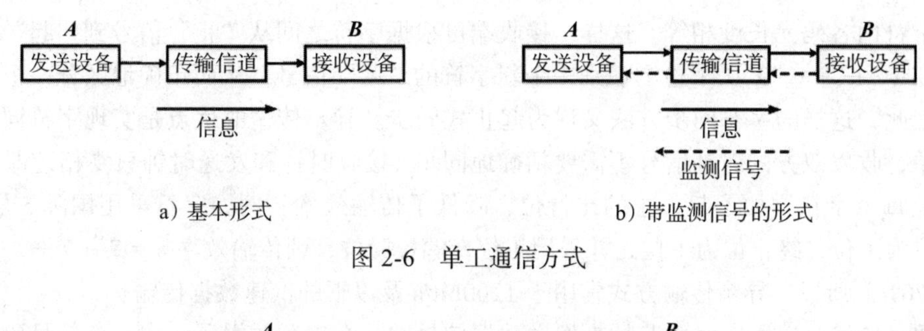

图 2-6　单工通信方式

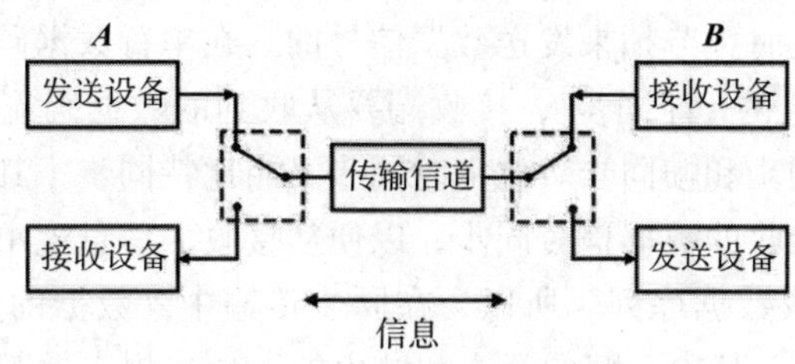

图 2-7　半双工通信方式

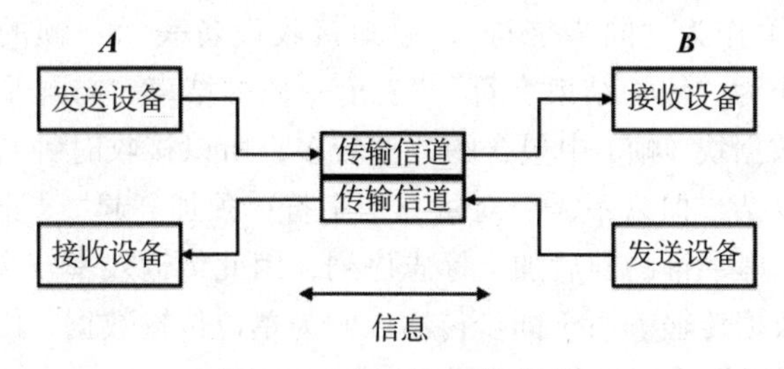

图 2-8　全双工通信方式

3. 异步传输与同步传输

发送设备和接收设备间的同步问题，是数据通信系统中的重要问题。通信系统能否正常有效地工作，很大程度上依赖于正确的同步。同步不好将会导致误码增加，甚至使整个系统不能正常工作。

在进行串行传输时，接收端从串行数据码流中正确地划分出发送的一个个字符所采取的措施称为字符同步。根据实现字符同步方式的不同，数据传输分为异步传输和同步传输两种方式。所谓异步传输，是指数据传送以字符为单位，字符与字符间的传送是完全异步的，位与位之间的传送基本上是同步的。电传机就采用这种传输方式。图 2-9a 表示异步传输的情况，无论字符所采用的代码是多少位（通常为 5 ～ 8 位），每次传送一个字符代码，即在发送每一个字符代码的前面均加上一个“起”信号（又称空号），极性为“0”，规定其长度为传输一码元的时间。被编码的字符后面通常附加一个校验位（用奇偶校验），然后添加一个“止”信号（又称传号），极性为“1”，表示一个字符的结束。对于国际电报 2 号码，“止”信号长度为 1.5 个码元的时间长度；对于国际 5 号码或其他代码，“止”信号长度为 1 或 2 个码元的时间长度。字符可以连续发送，也可以单独发送。不发送字符时，连续发送“止”信号，即线路处于“传号”状态，只要接收端收到“起”信号，就清楚地表明字符的开始。

因此，每一个字符的起始时刻可以是任意的（这正是称为异步传输的原因），但在同一个字符内各码元长度相等。这样，接收端可根据字符之间从“止”信号到“起”信号的跳变（“1”→“0”）来检测识别一个新字符的“起”信号，从而正确地区分一个个字符。因此，这样的字符同步方法又称为起止式同步。异步传输的优点是实现字符同步比较简单，收发双方的时钟信号不需要精确地同步（接收时钟和发送时钟只要相近即可）；缺点是每个字符增加了起、止的比特位，降低了传输效率。例如字符采用国际5号码，起始位为1位，终止位为1位，并采用1位奇偶校验位，则传输效率 $\eta = 7/(7+1+1+1) = 70\%$。所以，异步传输方式常用于1200bit/s及以下的低速数据传输。

同步传输是以固定时钟节拍来发送数据信号的。在串行数据码流中，各信号码元之间的相对位置都是固定的（即同步），接收端要从收到的数据码流中正确区分发送的字符，必须建立位定时同步和帧同步。位定时同步又叫比特同步，其作用是使接收设备的位定时时钟信号和其接收的数据信号同步，以便从接收的信息流中正确识别出一个个信号码元，从而产生接收数据序列。所以，在同步传输中，数据的发送以一帧（数据块）为单位，如图2-9所示。其中一帧的开头和结束加上预先规定的起始序列和终止序列作为标志。这些特殊序列的形式决定于所采用的传输控制规程。在ASCII代码中用SYN（码型为“0110100”）作为“同步字符”，通知接收设备表示一帧的开始，用EOT（码型为“0010000”）作为“传输结束字符”，表示一帧的结束。与异步传输相比，同步传输因为一次传输的数据块（帧）中包含的数据较多，所以接收时钟与发送时钟要求严格同步，实现技术较复杂，但它不需要对每一个字符单独加“起”“止”码元作为识别字符的标志，只是在一串字符的前后加上标志序列，因此传输效率较高。通常用于速率为2400bit/s及以上的数据传输。由于同步传输以帧为单位传输数据，因此数据终端用这种方式发送和接收数据通常需要配备缓冲器以存储字符块。

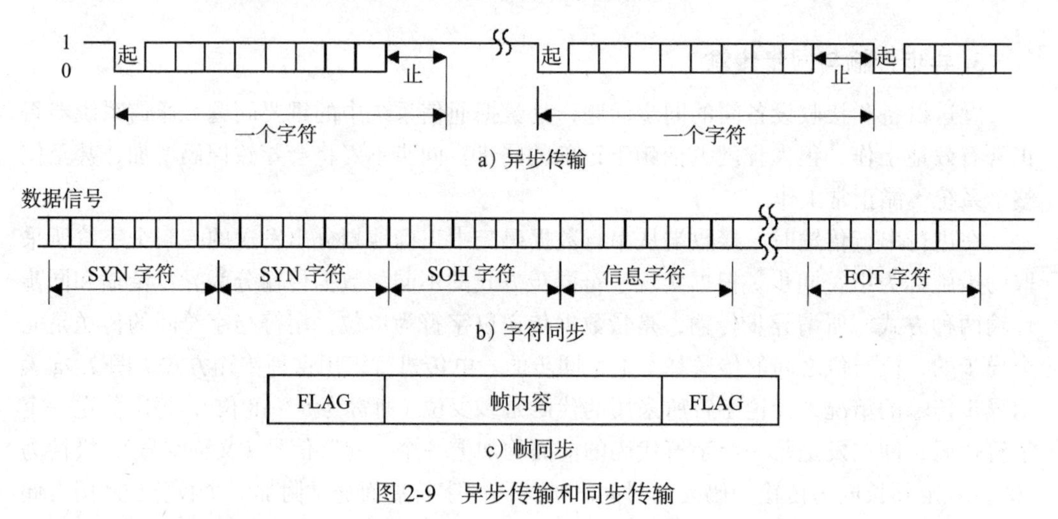

图2-9 异步传输和同步传输

2.2 数据通信基础理论

通信的任务既然是将表示消息的信号经过信道从信源传递到信宿，那么我们必须研究信号和信道的特性。本节首先对信号进行分析，然后对信道进行分析，最后分析在已知信道的传输参数的情况下，求信道所能支持的最大数据率。

2.2.1　周期信号

最简单的信号是周期信号（periodic signal），它是指经过一段时间，不断重复相同信号模式的信号。图 2-10 所示的例子就是一个模拟信号（正弦波）和一个数字信号（方波）。

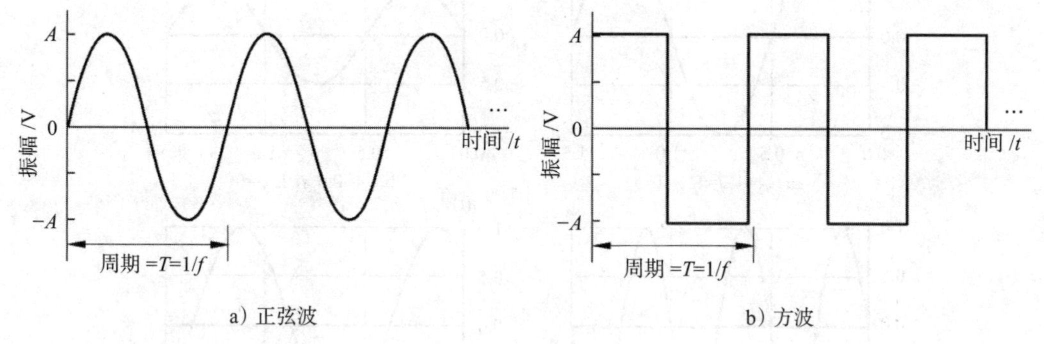

a）正弦波　　b）方波

图 2-10　周期信号

从数学的角度看，当且仅当信号 $s(t)$ 可表示为：

$$s(t+T)=s(t) \quad -\infty<t<+\infty$$

时，信号 $s(t)$ 才是周期信号。这里的常量 T 是周期信号的周期（T 是满足该等式的最小值），否则该信号就是非周期的。

正弦波是最基本的周期信号。简单正弦波可由三个参数表示，即峰值振幅（A）、频率（f）和相位（φ）。峰值振幅（peak amplitude）是指一段时间内信号值或信号强度的峰值，通常这个值的单位是伏特（volt）。频率（frequency）是指信号循环的速度，通常用赫兹（Hz）表示，与频率相关的参数是信号的周期 T，信号周期 T 是指信号重复一周所花的时间，因此 $T=1/f$。相位（phase）表示信号周期内信号在不同时间点上的相对位置，这将在后面详细解释。

正弦波一般可表示成如下形式：

$$s(t)=A\sin(2\pi ft+\varphi)$$

图 2-11 显示了三个参数分别变化时对正弦波的影响。在图 2-11a 中，频率为 1Hz，也就是周期 T 为 1s。在图 2-11b 中，正弦波的频率和相位不变，但振幅只有原来的 1/2。在图 2-11c 中，正弦波的频率 f 为 2Hz（是原来的 2 倍），对应的周期 T 为 0.5s。图 2-11d 中，显示了正弦波相位移动 π/4 个弧度时的效果，也就是移动了 45°（2π 个弧度等于 360°，等于一个周期）。

图 2-11 的横坐标轴是用时间刻度来度量的，因此图中信号在某个点上的值可以用时间的函数来表示。对于这几个图，只要将图中的横坐标轴改用空间刻度来度量，那么图中信号在某个点上的值可以用距离的函数来表示。例如，对于一个正弦曲线来说，某一时刻信号的强度是距离的函数，并以正弦波的形式变化（假设是距离广播天线一段距离的一个无线电波或者是距离喇叭一段距离的一个声波）。

这两种正弦波一个以时间为横坐标轴，一个以空间为横坐标轴，它们之间存在简单的数学关系。定义信号的波长（wave length）λ 为信号循环一个周期所占的空间长度，或换句话说，是信号的两个连续周期上相位相同的两点之间的距离。假设信号的传播速度

是 v，那么波长与周期的关系就是 $\lambda = v \times T$ 或者是 $\lambda \times f = v$。与此处讨论相关的一个特例是 $v = c$，c 是自由空间中的光速，也就是每秒三十万千米，即 3×10^8m/s。

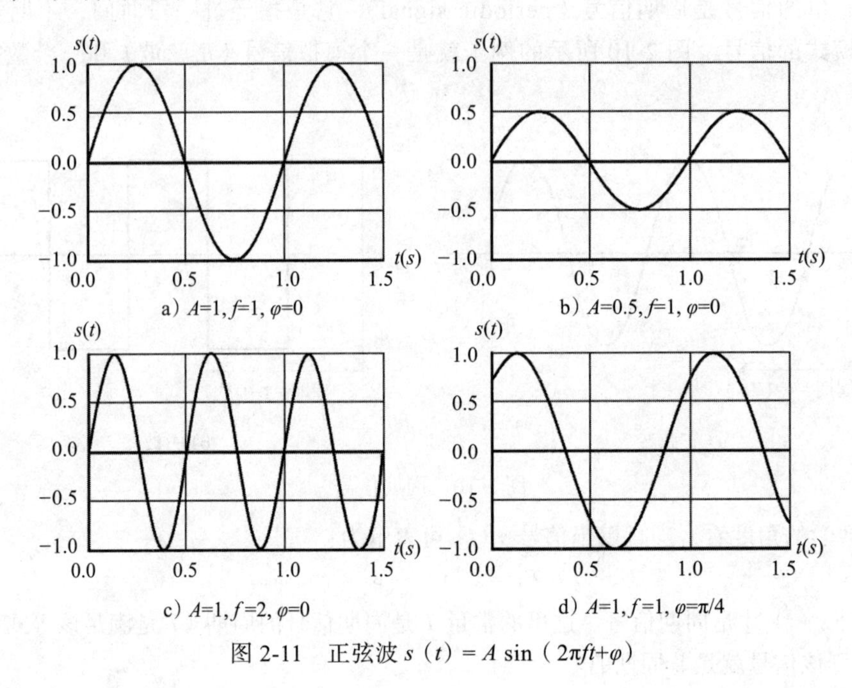

图 2-11　正弦波 $s(t) = A\sin(2\pi ft+\varphi)$

2.2.2　信号频谱与带宽

实际上，任何信号都是由多种频率的正弦信号分量组成的，如图 2-12c 所表示的信号。

$$s(t) = (4/\pi)[\sin(2\pi ft) + (1/3)\sin(2\pi(3f)t)]$$

$s(t)$ 信号的分量只有频率为 f 和 $3f$ 的正弦信号，如图 2-12a 和 2-12b 所示。

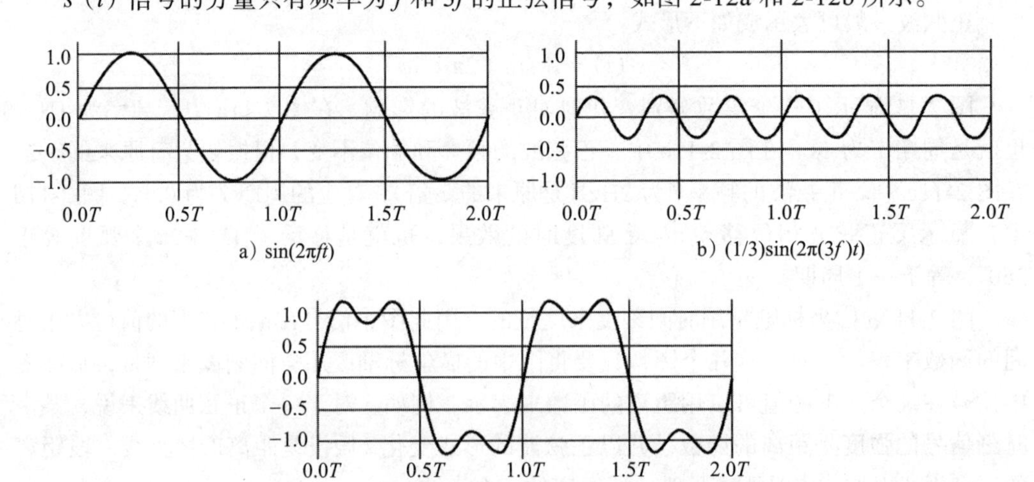

图 2-12　信号 $s(t) = (4/\pi)[\sin(2\pi ft) + (1/3)\sin(2\pi(3f)t)]$ 的分解

从图 2-12 中可以发现一些有趣的现象。信号 $\sin(2\pi(3f)t)$ 的频率是信号 $\sin(2\pi ft)$

的频率的整数倍。当一个信号的所有正弦信号分量的频率都是某个频率的整数倍时，则后者称为基频（fundamental frequency)。信号的周期就等于基频信号分量的周期。对于图 2-12c 的信号，由于信号分量 sin（$2\pi ft$）的周期是 T=1/f，因此信号 s（t）的周期也是 T=1/f。

事实上，早在 19 世纪初期，法国数学家傅里叶（Jean-Baptiste Fourier）已经证明：任何一个周期为 T 的函数 $g(t)$ 都可以展开成多个（可能无穷多个）正弦和余弦函数的和：

$$g(t) = \mathrm{C}_0 / 2 + \sum_{n=1}^{\infty}(a_n \sin 2\pi nft + b_n \cos 2\pi nft) = \mathrm{C}_0 / 2 + \sum_{n=1}^{\infty}\mathrm{C}_n \cos(2\pi nft + \theta_n)$$

其中：

$$a_n = \frac{2}{T}\int_0^T g(t)\sin(2\pi nft)\mathrm{d}t$$

$$b_n = \frac{2}{T}\int_0^T g(t)\cos(2\pi nft)\mathrm{d}t$$

$$\mathrm{C}_0 = \int_0^T g(t)\mathrm{d}t$$

$$\mathrm{C}_n = \sqrt{a_n^2 + b_n^2}$$

$$\theta_n = \mathrm{arctg}(-b_n / a_n)$$

此处 $f = 1/T$ 是基频，a_n 和 b_n 是 n 次正弦谐波和余弦谐波的振幅，C 是常数。

现在可以认为对每个信号 s（t）都存在一个频域函数 S（f)。图 2-13 显示了图 2-12c 中信号 s（t）的频域函数 S（f)。

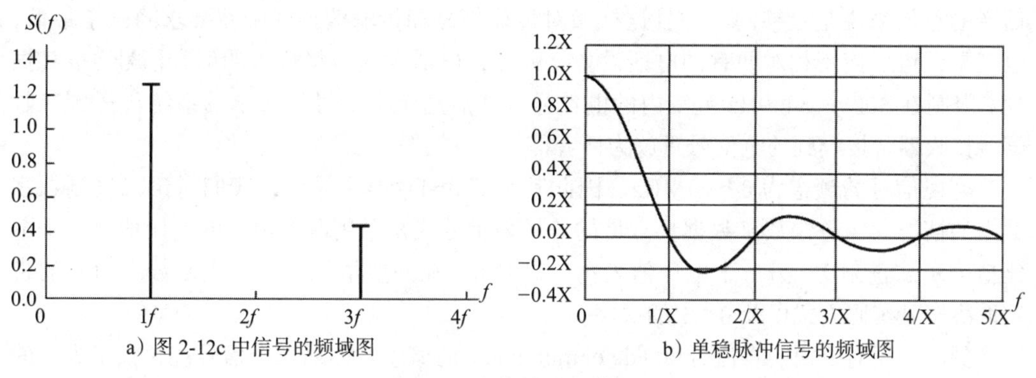

a）图 2-12c 中信号的频域图　　b）单稳脉冲信号的频域图

图 2-13　信号的频域图

信号的频谱（frequency spectrum）是指它所包含各种频率分量的范围。对于图 2-12c 中的信号来说，其频谱是从 f 延伸到 $3f$。信号的绝对带宽（absolute bandwidth）是指它的频谱宽度。在图 2-12c 的例子里，该信号的带宽是 $3f - f$，等于 $2f$。对于许多信号来说，其带宽往往是无限的，如理想单稳脉冲信号的带宽就是无穷大。但是，许多信号的绝大部分能量都集中在相当窄的频带内，这个频带就称为信号的有效带宽（effective bandwidth)，一般情况下，有效带宽直接简称为带宽（bandwidth)。

下面分析常见信号的频谱和带宽。图 2-14 显示了人类说话时话音和音乐的频谱及动态范围。典型的话音信号的频率范围大致为 100Hz ～ 7kHz。电话线路上的话音信号频率一般被限制为 300 ～ 3400Hz。典型的话音信号大约有 25 分贝（10log10 功率比）的动态范围，也就是说最大话音的能量可以比最小话音的能量大 300 倍。

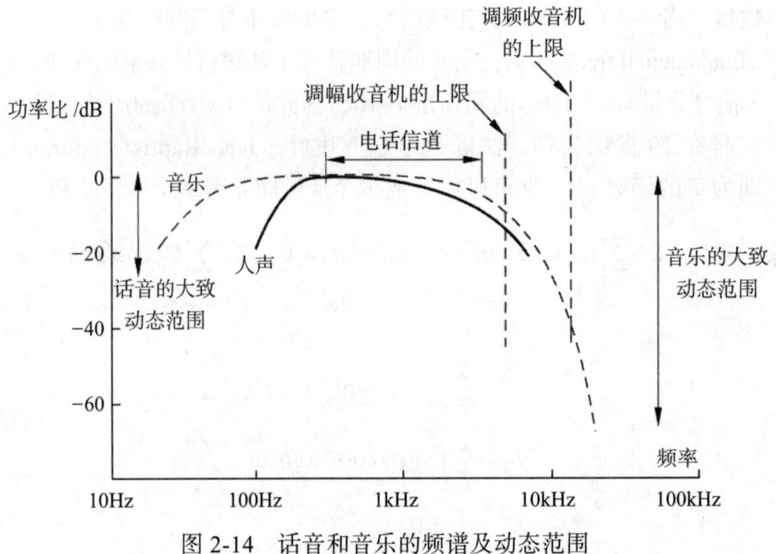

图 2-14 话音和音乐的频谱及动态范围

对于音频数据（话音和音乐），它们可以直接由具有相同频谱的电磁信号表示。但是，此时的话音数据是以电信号的方式传输的，我们必须在话音保真度和传输带宽之间进行折中（trade-off），因为信号传输带宽越大，话音的保真度越高，对信道的要求也越高。虽然，前面曾提到话音的频谱范围大约为 100Hz ～ 7kHz，但即便是使用窄得多的带宽也足以生成可接受的重放话音。而话音信号的标准频谱范围为 300 ～ 3400Hz，这对话音的重放来说是足够的，并且这样做对传输信号和传输信道的带宽要求降到了最低，也就是说可以使用相对便宜的电话设备。因此，电话发送器将输入的话音信号（空气振动）限制在 300 ～ 3400Hz 范围内的电信号，然后这个电信号经过电话系统传送到接收器，接收器将接收到的电信号重放为话音信号（空气振动）。

电视信号的频谱为 0 ～ 4MHz，因此其带宽为 4MHz。最后，我们讨论二进制数字数据的情况。二进制数字数据最常见的信号表示方式是采用两个恒定的电压值，一个电压值表示二进制 1，另一个电压值表示二进制 0。在一般情况下，二进制数字信号的带宽取决于其编码方式以及 0、1 的次序。

最后，还需要说明直流分量（dc component）的概念。如果一个信号包含频率为 0 的信号分量，那么这个信号分量就称为直流分量。图 2-15 所示就是在图 2-12c 所示的信号上叠加一个直流分量后得到的结果。如果没有直流分量，一个正弦信号的平均振幅为 0。具有直流分量的信号在 f=0 的频率项处有数值，且该信号的振幅平均值不为 0。

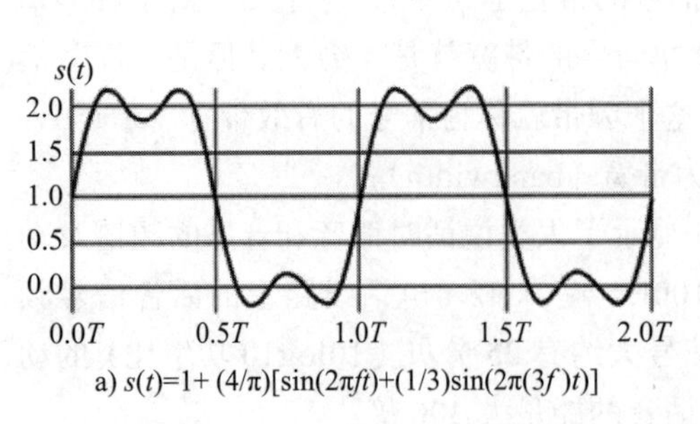

a) $s(t)=1+(4/\pi)[\sin(2\pi ft)+(1/3)\sin(2\pi(3f)t)]$

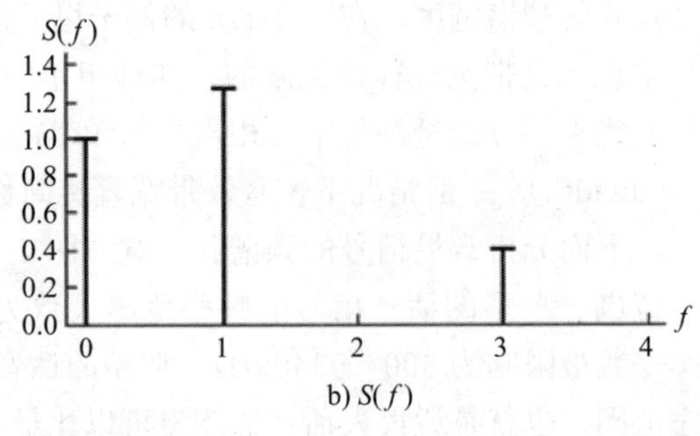

b) $S(f)$

图 2-15 具有直流分量的信号

2.2.3　信号带宽与数据率的关系

信号单位时间传输的比特数称为**数据率**（**data rate**），单位为比特每秒（bit/s）。数据率的提高意味着传输每一比特所用时间的减小。

信号的有效带宽是指包含信号的绝大部分能量的那部分谐波。虽然某些信号所包含的谐波分量的频率范围可能非常宽，但关键问题是任何传输介质或传输信道的带宽都是有限的，都只能允许通过一定带宽的信号。也就是说，在传输介质或传输信道带宽有限的情况下，必须限制信号带宽，而限制了信号带宽也就限制了信号的数据率。

要解释数据率与信号带宽两者之间的关系，下面来看一下图 2-10b 中的方波。假设正脉冲表示二进制“1”，负脉冲表示二进制“0”，那么该波形就表示二进制数据 1010…，其中每个脉冲持续的时间为 $1/2f$，因此数据率为 $2f$ bit/s。但是这个信号的带宽是多大呢？或者说这个信号所含谐波分量的频率范围是多少呢？要回答这个问题，可以再看一下图 2-12。图 2-12c 中的信号波形与图 2-10 中的方波波形非常相似，而图 2-12c 的信号通过将频率为 f 以及频率为 $3f$ 的两个正弦波叠加而成。我们继续上述过程，对图 2-12c 的信号再叠加一个频率为 $5f$ 的正弦波，得到的信号波形如图 2-16a 所示。如果在此基础上再叠加一个频率为 $7f$ 的正弦波，得到的信号波形如图 2-16b 所示。当不断叠加 f 的奇数倍的正弦波，并按比例对这些正弦波的振幅加以调整后，将得到与方波越来越相似的波形。

事实上，图 2-10b 中振幅为 A 和 $-A$ 的方波信号可以表示成：

$$s(t) = A \times \frac{4}{\pi} \times \sum_{k=1,3,5,\cdots} \frac{\sin(2\pi kft)}{k}$$

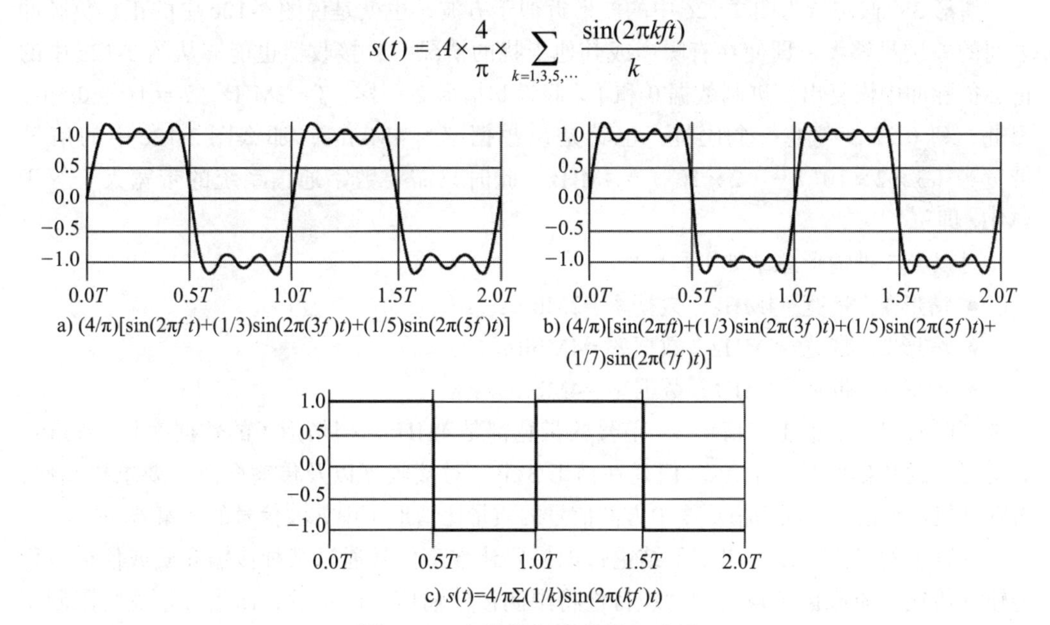

a) $(4/\pi)[\sin(2\pi f t)+(1/3)\sin(2\pi(3f)t)+(1/5)\sin(2\pi(5f)t)]$

b) $(4/\pi)[\sin(2\pi ft)+(1/3)\sin(2\pi(3f)t)+(1/5)\sin(2\pi(5f)t)+(1/7)\sin(2\pi(7f)t)]$

c) $s(t)=4/\pi\Sigma(1/k)\sin(2\pi(kf)t)$

图 2-16　方波的频率分量组成图

因此，从理论上看，方波信号具有无穷多个谐波分量，显然方波信号的带宽也是无穷大。但是方波信号的绝大多数能量集中在最前面的几个谐波分量中，如果将信号的带宽限制在最前面的三个频率分量上会发生什么呢？我们已经在图 2-16a 里看到了答案。图 2-16a 的波形与图 2-16b 的方波波形已经非常相近了。

下面用图 2-12 和图 2-16 来说明数据率与带宽的关系。假设使用的数字通信系统的带宽为 4MHz，即该传输系统能够传输的信号带宽不超过 4MHz。让我们试着传输一组如图 2-16a 所示的 1、0 交替的二进制数字序列。那么数据率能达到多少呢？请看下面三种情形。

情形 1：把方波近似地看成是图 2-16a 所示的波形。虽然这个波形是"失真"的方波，但它与方波足够相似，接收器应该能够区分出二进制 1 和 0，现在如果让 f=10^6 周 / 秒 =1MHz，那么信号

$$s(t)=\frac{4}{\pi}\left[\sin(2\pi\times10^6)t+\frac{1}{3}\sin((2\pi\times3\times10^6)t)+\frac{1}{5}\sin((2\pi\times5\times10^6)t)\right]$$

的带宽就是（5×10^6）-10^6= 4MHz。请注意，由于 f = 1MHz，那么基频信号的周期就是 T=$1/10^6$s = 10^{-6}s = 1μs。因此，如果把这个波形看成是 0 和 1 的比特序列，那么每 0.5μs 产生一个比特，也就是说数据率为 2×10^6 = 2Mbit/s。所以对 4MHz 带宽的信号来说，数据率可以达到 2Mbit/s。

情形 2：现在假设我们所使用的数字通信系统能够以 8MHz 的带宽传输信号，再来看看图 2-16a，但是这次基频 f = 2MHz，而信号的带宽为（$5\times2\times10^6$）−（2×10^6）= 8 MHz，可以通过该数字通信系统传输。但此时 T = 1/f = 0.5μs。因此，每 0.25μs 产生一个比特，也就是说数据率为 4Mbit/s。所以，假设其他条件不变，传输系统带宽加倍意味着数据率加倍。

情形 3：假定认为图 2-12c 中的波形近似于方波，也就是说图 2-12c 中的正、负脉冲之间的差别足够大，即使在有噪声或其他干扰的情况下，接收器也能够从图 2-12c 中的正、负脉冲中恢复出二进制数据 0 和 1。假设和情形 2 一样，f = 2MHz，T = 1/f = 0.5μs。因此，每 0.25μs 产生一个比特，也就是说数据率为 4Mbit/s，那么图 2-12c 中的信号带宽为（$3\times2\times10^6$）−（2×10^6）= 4MHz，此时只需要数字通信系统的带宽大于等于 4MHz 即可。

对以上 3 种情形总结如下。

- 情形 1：带宽 =4MHz，数据率 =2Mbit/s。
- 情形 2：带宽 =8MHz，数据率 =4Mbit/s。
- 情形 3：带宽 =4MHz，数据率 =4Mbit/s。

可以看出，情形 1 和情形 3，信号的带宽都是 4MHz，但情形 1 的数据率是 2Mbit/s，而情形 3 的数据率是 4Mbit/s。但是在情形 3 中，对接收器以及传输介质的要求更高些，否则可能发生错误，因为情形 3 中方波信号的质量比情形 1 中方波信号的质量差一些。

从以上的讨论可以得出如下结论：如果要让数字信号通过某种传输介质或信道进行传输，传输介质或信道自身的物理特性将限制被传输信号的带宽，而信号带宽的限制将引起数字信号的失真，信号带宽越受限制，失真就越严重，接收器出错的概率就越大。一般情况下，如果信号数据率为 W bit/s，当其带宽为 2W Hz 时，该信号就可以很好地表示原始数据信号，接收端也就很容易从中恢复出原始数据。然而，只要传输介质的噪声不是很严重，即使信号带宽是 W Hz，接收端仍然可以从该信号中恢复原始数据（上面的情形 3）。

因此，数据率与信号带宽之间有着直接的联系：一般情况下，数据率越高的信号，其带宽越大。

下面从另外一个方面来简单讨论信号带宽与数据率的关系。如果将信号的带宽看成是以某些频率为主构成的，其中的某个频率称为中心频率（center frequency），那么，一般情况下，信号的中心频率越高，带宽就越大，支持的数据率就越高，对传输介质或信道的带宽要求也越高。假定某个信号的中心频率是 2MHz，一般情况下，该信号的最大带宽就是 4MHz。

2.2.4 信道的截止频率与带宽

根据傅立叶分析的结果可以知道，如果一个信号的所有频率分量都能完全不变地通过信道传输到接收端，那么在接收端由这些频率分量叠加起来而形成的信号与发送端的信号是完全一样的，即接收端完全恢复了发送端发出的信号。但现实世界中，没有任何信道能毫无损耗地通过所有频率分量。如果所有的傅立叶分量被等量衰减，那么接收端接收到的信号虽然在振幅上有所衰减，但没有发生畸变。然而实际情况是，所有的信道和传输设备对信号的不同频率分量的衰减程度是不同的，频率较低的谐波分量衰减小一些，频率较高的谐波分量则衰减大一些，因而导致输出信号发生畸变。通常，频率从 0 到 fc 赫兹范围内的谐波分量在经过信道传输过程中发生的衰减在某个范围内，而在 fc 频率上的所有谐波在传输过程中衰减幅度比较大。我们把信号在经过一定距离的信道传输过程中某个分量的振幅衰减到原来的 0.707（即输出信号的功率降为输入信号的一半）时所对应的频率称为信道的截止频率（cutoff frequency），相应地，该信道的带宽为 fc。信道的截止频率和带宽反映了信道本身所固有的物理特性。

2.2.5 信道容量

由前一节的内容我们知道，即使二进制数字信号通过带宽有限的理想信道时也会产生失真，而且当输入信号的带宽一定时，信道的带宽越小，输出信号的失真就会越大。换个角度说，当信道的带宽一定时，输入信号的带宽越大，输出信号的失真就越大，因此当数据率提高到一定水平时（即信号带宽增大到一定程度），在信道输出端，信号接收器根本无法从已失真的输出信号中恢复所发送的数字信号。也就是说，即使是一条理想信道（即无噪声信道），它的传输能力也是有限的。

早在 1924 年，AT&T 的工程师奈奎斯特（Henry Nyquist）就认识到了这个基本限制的存在，并推导出一个公式，用来推算无噪声的、有限带宽信道的最大数据率。1948 年，香农（Claude Shannon）把奈奎斯特的工作进一步扩展到了信道受到随机噪声干扰的情况。这里我们不加证明地引用这些现在视为经典的结果。

1. 码元速率和数据率

在介绍奈奎斯特定理和香农定理之前，先介绍几个关于通信速率的术语以及它们之间的关系。

首先介绍**码元**（**code cell**）。从直观意义上讲，码元是信号编码单元。对于数字通信系统而言，一个数字脉冲就是一个码元。对于模拟通信系统而言，载波的某个参数或某几个参数的变化就是一个码元。

码元速率是指每秒钟信号变化的速率，也称为调制速率或信号速率。码元速率的单位是波特。

信号速率（symbol rate）是指每秒钟信号变化（如波形变化）的次数，也称为波特率（baud rate）或者调制速率（modulation）。

不管是数字通信系统还是模拟通信系统，一个码元信号所携带的比特数是由码元信号的状态数决定的。比如，对于4相位调制方式（4-PSK），即一个码元信号有4种状态，M=4，因此一个码元信号可以携带2比特信息（一个码元信号有4种状态，因此需要用2比特来表示）。

如果用比特率（单位是bit/s）来表示信号每秒钟传输的比特数，即数据率，那么比特率和波特率在数量上的关系是：比特率 = 波特率 $\times \log_2 M$。这里的 M 是码元信号的状态数。对于4相位调制方式（4-PSK），比特率 =2 × 波特率。

如果我们用高速公路设计的车流量（每小时通过的车辆数）来做比喻，高速公路的车流量就相当于码元速率。假设每辆车可以坐2个人，那么高速公路的人流量（相当于比特率）就是车流量（码元速率）的2倍；如果每辆车可以坐3个人，人流量就是车流量的3倍；以此类推。一般情况下，高速公路的车流量是固定，但是可以通过让每辆车多载人来提高高速公路的人流量。

2. 奈奎斯特定理

在信息论中，信道无差错传输信息的最大信息速率为信道容量，记为C。从信息论的观点来看，各种信道可概括为两大类：离散信道和连续信道。离散信道是指输入与输出信号都是取值离散的时间函数；连续信道是指输入和输出信号都是取值连续的时间函数。可以看出，前者就是广义信道中的编码信道，后者则是调制信道。

针对平稳、对称和无记忆的离散信道，奈奎斯特证明，一个带宽为 BHz 的无噪声理想信道，其最大码元（信号）速率为 $2B$ 波特，其中平稳、对称是指任一码元正确传输和错误传输的概率与其他码元一样且不随时间变化。这一限制是由于存在码间干扰。如果被传输的信号包含 M 个状态值（信号的状态数是 M），那么 BHz 信道所能承载的最大数据率（信道容量）是：

$$C = 2B\log_2 M\text{(bit/s)} \tag{2-1}$$

假设带宽为 BHz 信道中传输的信号是二进制信号（即信号两个值），那么该信号所能承载的最大数据率是 $2B$bit/s。例如，使用带宽为3kHz的话音信道通过调制解调器来传输数字数据，根据奈奎斯特定理，发送端每秒最多只能发送 2 × 3000=6000 个码元，如果信号的状态数为2，则每个信号可以携带1比特信息，则话音信道的最大数据率就是6kbit/s。如果信号的状态数是4，则每个信号可以携带2比特信息，则话音信道的最大数据率就是12kbit/s。

因此，对于给定的信道带宽，可以通过增加信号单元的状态数来提高数据传输率。然而这样会增加接收端的负担，因为接收端每接收一个码元，它不再只是从两个可能的信号取值中区分一个，而是必须从 M 个可能的信号取值中区分一个出来。传输介质上的

噪声将会限制 M 的实际取值。

当一个信道受到加性高斯噪声的干扰时，如果信道传输信号的功率和信道的带宽受限，则这种信道传输数据的能力将会如何？这一问题，在信息论中有一个非常肯定的结论，即高斯白噪声下关于信道容量的香农（Shannon）公式。

3. 香农定理

奈奎斯特考虑了无噪声的理想信道，而且奈奎斯特定理指出，当所有其他条件相同时，信道带宽加倍则数据率也加倍。但是对于有噪声的信道，情况将会迅速变坏。现在考虑数据率、噪声和误码率之间的关系。噪声的存在会破坏数据的一个比特或多个比特。假如数据率增加了，那么每比特数据就会变“短”，因而噪声会影响到更多比特，则误码率就会增加。

对于有噪声信道，我们希望通过提高信号强度来提高接收端正确接收数据的能力。而由于衡量信道质量好坏的参数是信噪比（Signal-to-Noise Ratio，S/N），信噪比是信号功率与在信道某一个特定点所呈现的噪声功率的比值。通常信噪比在接收端进行测量，因为我们是在接收端处理信号并试图消除噪声。为了方便起见，信道的噪声一般用分贝来表示。

$$S/N_{db}=10\log_{10}（信号功率/噪声功率）\tag{2-2}$$

S/N 表示有用信号相对于噪声的比值，以分贝为单位，S/N 的值越高表示信道的质量越好。

对于通过有噪声信道传输数字数据而言，信噪比非常重要，因为它设定了有噪声信道一个可达的数据率上限，即对于带宽为 B 赫兹、信噪比为 S/N 的信道，其最大数据传输率（信道容量）为：

$$C = B\log_2(1 + S/N)\ (\text{bit/s})\tag{2-3}$$

这就是信息论中具有重要意义的香农公式，它表明了当信号与作用在信道上的起伏噪声的平均功率给定时，具有一定频带宽度 B 的信道上，理论上单位时间内可能传输的信息量的极限数值。

例如，对于一个带宽为 3kHz、信噪比为 35dB 的话音信道，无论其使用多少个电平信号，其数据率不可能大于 34.8kbit/s。值得注意的是，香农定理仅仅给出了一个理论极限，而实际应用中能够达到的速率要低得多。其中一个原因是香农定理只考虑了热噪声（白噪声），没有考虑脉冲噪声以及衰减失真等因素。

香农定理给出的是无误码数据率。香农还证明，假设信道的实际数据率比无误码数据率低，那么使用一个适当的信号编码来达到无误码数据传输率在理论上是可能的。遗憾的是，香农并没有给出如何找到这种编码的方法，但是香农定理确实提供了一个用来衡量实际通信系统性能的尺度。

通常，把实现了极限信息速率传送（即达到信道容量值）且能做到任意小差错率的通信系统，称为理想通信系统。香农只证明了理想通信系统的“存在性”，却没有指出具体的实现方法，但这并不影响香农定理在通信系统理论分析和工程实践中所起的重要指导作用。

2.3 传输介质

传输介质通常分为有线传输介质（或有界传输介质）和无线传输介质（或无界传输介质）。有线传输介质将信号约束在物理导体之内，如双绞线、同轴电缆和光纤；无线传输介质则不能将信号约束在某个空间范围之内。有些传输介质支持单工传输方式，而有些传输介质支持半双工或全双工传输方式。

2.3.1 双绞线

双绞线（twisted pair）是由两条相互绝缘的导线按照一定的规格互相缠绕（一般以顺时针方向缠绕）在一起而制成的一种传输介质。双绞线过去主要用来传输模拟信号，现在同样适用于数字信号的传输。把两根绝缘的铜导线按一定规格互相缠绕在一起，利用电磁感应相互抵销的原理来消除电磁干扰。将一对或多对双绞线安置在一个套桶中，便形成了双绞线电缆。

双绞线分为屏蔽双绞线（Shielded Twisted Pair，STP）和非屏蔽双绞线（Unshielded Twisted Pair，UTP）两种。

屏蔽双绞线一般由 4 对铜线组成，每对铜线都是由两根铜线绞合在一起形成的，而每根铜线都外裹不同颜色的塑料绝缘体。每对铜线包裹在金属箔片（线对绝缘层）里，而整个 4 对铜线又包在另外一层金属箔片（整体绝缘层）里，最后在屏蔽双绞线的最外面还包有一层塑料外套，如图 2-17a 所示。

非屏蔽双绞线一般也由 4 对铜线组成，每对铜线也是由两根铜线绞合在一起形成的，而每根铜线都外裹不同颜色的塑料绝缘体，4 对铜线的最外面包有一层塑料外套，如图 2-17b 所示。

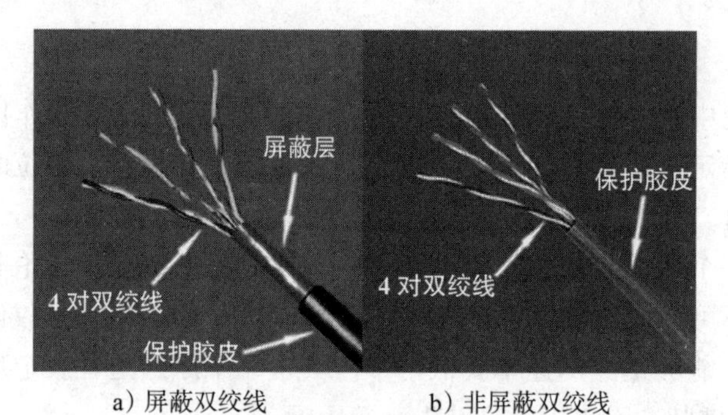

a）屏蔽双绞线　　b）非屏蔽双绞线

图 2-17　双绞线

屏蔽双绞线的优点是抗电磁干扰效果比非屏蔽双绞线好。其缺点是屏蔽双绞线比非屏蔽双绞线更难以安装，因为屏蔽层需要接地。如果安装不当，屏蔽双绞线对电磁干扰可能非常敏感，因为没有接地的屏蔽层相当于一根天线，很容易接收各种噪声信号。

非屏蔽双绞线具有直径小、安装容易（不需要接地）、价格便宜等优点。非屏蔽双绞线的主要缺点在于它抗电磁干扰能力比较差，而且它的最大传输距离一般比较小。非屏蔽双绞线使用的接头叫作 RJ-45。

美国电子工业协会（Electronic Industries Association，EIA）的电信工业分会

（Telecommunication Industries Association，TIA），即通常所说的 EIA/TIA。EIA/TIA 负责“CAT”即 Category 系列非屏蔽双绞线标准的制定。大多数以太网在安装时使用符合 EIA/TIA 标准的非屏蔽双绞线电缆。EIA/TIA 为用于计算机组网的非屏蔽双绞线电缆定义了不同质量的型号。

- 3 类（CAT-3）：指目前在 ANSI 和 EIA/TIA568 标准中指定的电缆。该电缆的传输频率为 16MHz，用于语音传输及最高传输速率为 10Mbit/s 的数据传输，主要用于 10BASE-T。
- 4 类（CAT-4）：该类电缆的传输频率为 20MHz，用于语音传输和最高传输速率为 16Mbit/s 的数据传输，主要用于 100BASE-T 的快速以太网。
- 5 类（CAT-5）：该类电缆增加了绕线密度，外套一种高质量的绝缘材料，传输频率为 100MHz，用于语音传输和最高传输速率为 100Mbit/s 的数据传输，主要用于 100BASE-T 和 10BASE-T 网络，这是最常用的以太网电缆。
- 超 5 类（CAT-5e）：该类衰减小、串扰少，并且具有更高的衰减与串扰的比值（ACR）和信噪比、更小的时延误差，性能得到很大提高。
- 6 类（CAT-6）：主要用于 10BASE-T/100BASE-T/1000BASE-T。传输频率为 250MHz，传输速度为 10Gbit/s，标准外径为 6mm。
- 扩展 6 类（CAT-6A）：主要用于 10GBASE-T。传输频率为 500MHz，传输速度为 10Gbit/s，标准外径为 9mm。
- 扩展 6 类（CAT-6e）传输频率为 500MHz，传输速度为 10Gbit/s，标准外径为 6mm。
- 7 类（CAT-7）：传输频率为 600MHz，传输速度为 10Gbit/s，单线标准外径为 8mm，多芯线标准外径为 6mm。

用于计算机组网的双绞线一般采用 RJ-45 接头。TIA/EIA-568-A 或 TIA/EIA-568-B 标准规定了双绞线的 8 根线接入 RJ-45 接口时的线序。TIA/EIA-568-A 和 TIA/EIA-568-B 两个标准的区别是：发送信号的一对线与接收信号的一对线交换了位置。

2.3.2　同轴电缆

另一种常用的传输介质是同轴电缆。同轴电缆中用于传输信号的铜芯和用于屏蔽的导体是共轴的，同轴之名由此而来。同轴电缆的屏蔽导体（外导体）是一个由金属丝编织而成的圆形空管，铜芯（内导体）是圆形的金属芯线，内外导体之间填充着绝缘介质，而整个电缆外包一层塑料管，起保护作用，如图 2-18 所示。同轴电缆内芯的直径一般为 1.2 ～ 5mm，外管的直径一般为 4.4 ～ 18mm。内芯线和外导体一般都采用铜质材料。

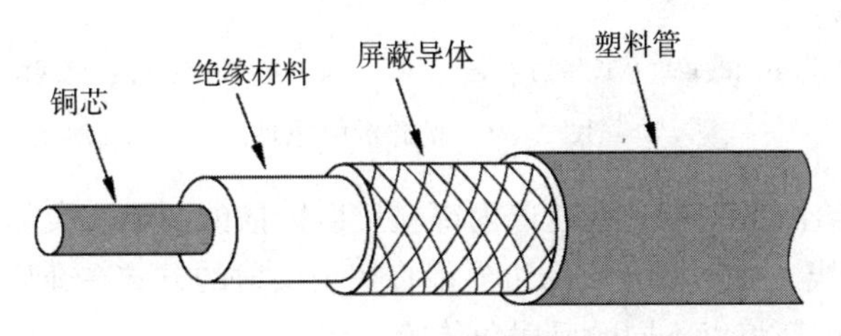

图 2-18　同轴电缆

目前广泛使用的同轴电缆有两种。一种是阻抗为 50Ω 的基带同轴电缆，另一种是阻抗为 75Ω 的宽带同轴电缆。

基带同轴电缆可直接传输数字信号，主要是用作 10Mbit/s 以太网的传输介质。以太网使用的基带同轴电缆又分为粗以太电缆和细以太电缆两种，它们之间最主要的区别是支持的最大段距离是不同的。

宽带同轴电缆用于传输模拟信号。宽带这个词最早来源于电话业，指比 4kHz 话音信号更宽的频带。宽带同轴电缆目前主要用于闭路电视信号的传输，一般可用的有效带宽大约为 750MHz。

同轴电缆的低频串音及抗干扰性不如双绞线电缆，但当频率升高时，外导体的屏蔽作用加强，同轴电缆所受的外界干扰以及同轴电缆间的串音都将随频率的升高而减小，因而特别适用于高频传输。由于同轴电缆具有寿命长、频带宽、质量稳定、外界干扰小、可靠性高、维护便利、技术成熟等优点，其费用又介于双绞线与光纤之间，因此在光纤通信没有大量应用之前，同轴电缆在闭路电视传输系统中一直占主导地位。

2.3.3 光纤

随着光通信技术的飞速发展，人们可以利用光导纤维来传输数据。人们用光脉冲来表示“0”和“1”。由于可见光所处的频率段为 108MHz 左右，因此光纤传输系统可以使用的带宽范围极大。事实上，目前光纤传输技术使人们可以获得超过 50THz 的带宽，而且还可能更高。目前通过密集波分复用（Dense Wavelength Division Multiplexing，DWDM）技术可以在单根光纤上获得超过 1Tbit/s 的数据率。目前限制光纤数据率提高的原因主要是光 / 电以及电 / 光信号转换的速度较慢。如果今后在网络中实现光交叉和光互联，即构成全光网络，则网络的速度将成千上万倍地增加。

实际上，如果不是利用一个有趣的物理原理，光纤传输系统会由于光纤的漏光而变得没有实际利用价值。我们知道，当光线经过两种不同折射率的介质进行传播时（如从玻璃到空气），光线会发生折射，如图 2-19a 所示。假定光线在玻璃上的入射角为 α_1 时，则在空气中的折射角为 β_1，折射量取决于两种介质的折射率之比。当光线在玻璃上的入射角大于某一临界值时，光线将完全反射回玻璃，而不会射入空气，这样，光线将被完全限制在光纤中，而且几乎无损耗地向前传播，如图 2-19b 所示。

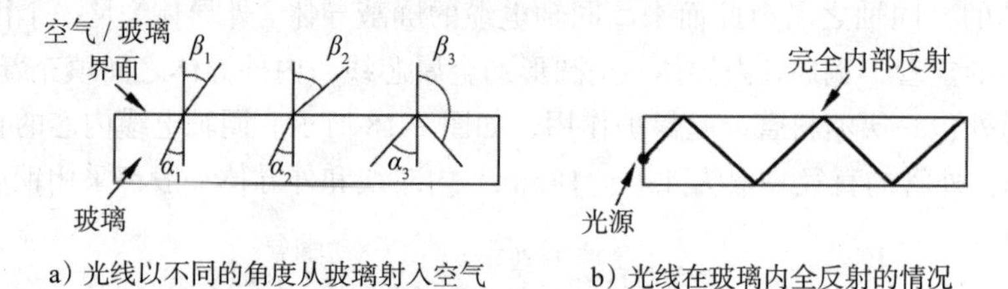

a）光线以不同的角度从玻璃射入空气　　b）光线在玻璃内全反射的情况

图 2-19　光的折射原理

图 2-19b 中仅给出了一束光在玻璃内部全反射传播的情形。实际上，任何以大于临界值角度入射的光线，在不同介质的边界都将按全反射的方式在介质内传播，而且不同频率的光线在介质内部将以不同的反射角传播。

光纤传输系统一般由三部分组成：光纤、光源和检测器。光纤就是超细玻璃或熔硅纤维光源，可以是发光二极管（Light Emitting Diode，LED）或激光二极管，这两种二极管在通电时都发出光脉冲。检测器就是光电二极管，当光电二极管检测到光信号时，它会产生一个电脉冲。

光纤介质一般为圆柱形，包含有纤芯和包层，如图 2-20 所示。纤芯直径约为 5 ～ 75μm，包层的外直径约为 100 ～ 150μm，最外层的是塑料，对纤芯起保护作用。纤芯材料是二氧化硅掺以锗和磷，包层材料是纯二氧化硅。纤芯的折射率比包层的折射率高 1% 左右，这使得光局限在纤芯与包层的界面以内向前传播。

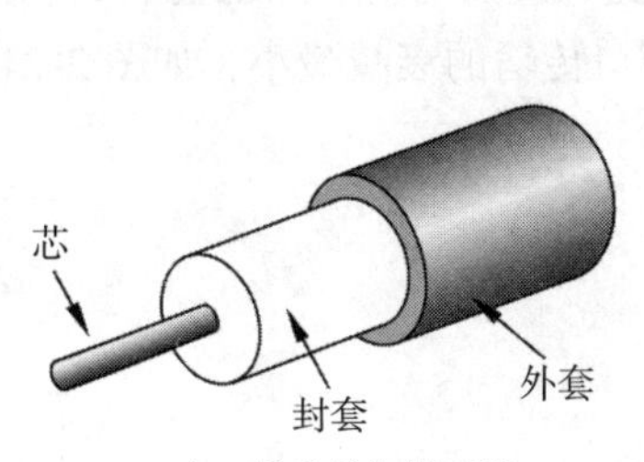

a）1 根光纤的侧面图

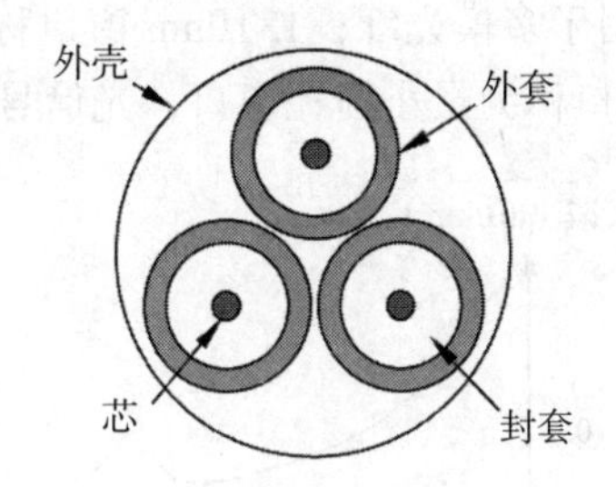

b）1 根光缆（含 3 根光纤）的剖面图

图 2-20　光纤

我们根据光纤纤芯直径的粗细，可将光纤分为多模光纤（multi-mode fiber）和单模光纤（single-mode fiber）两种。如果光纤纤芯的直径较粗，则当不同频率的光信号（实际上就是不同颜色的光）在光纤中传播时，就有可能在光纤中沿不同传播路径进行传播，我们将具有这种特性的光纤称为多模光纤。如果将光纤纤芯直径一直缩小，直至光波波长大小，则光纤此时如同一个波导，光在光纤中的传播几乎没有反射，而是沿直线传播，这样的光纤称为单模光纤。单模光纤的造价很高，且需要激光作为光源，但其无中继传输距离非常长，且能获得非常高的数据率，一般用于广域网主干线路。相对来说，多模光纤的无中继传播距离较短，而且数据率要小于单模光纤，但多模光纤的价格便宜一些，并且可以用发光二极管作为光源，多模光纤一般用作局域网组网时的传输介质。单模光纤与多模光纤的比较如表 2-1 所示。

表 2-1　单模光纤与多模光纤的比较

项目	单模光纤	多模光纤
距离	长	短
数据率	高	低
光源	激光	发光二极管
信号衰减	小	大
端接	较难	较易
造价	高	低

光纤的主要的传播特性为损耗和色散。损耗是光信号在光纤中传输时发生的信号衰减，其单位为 dB/km。色散是到达接收端的延迟误差，即脉冲宽度，其单位是 μs/km。光纤的损耗会影响传输的中继距离，色散会影响数据率，两者都很重要。自 1976 年以来，人们发现使用 1.3μm 和 1.55μm 波长的光信号通过光纤传输时的损耗幅度大约为

0.5 ~ 0.2dB/km，而使用 0.85μm 波长的光信号通过光纤传输时的损耗幅度大约为 3dB/km。使用 0.85μm 波长的光信号在多模光纤中传输时，色散可以降至 10μs/km 以下，而使用 1.3μm 波长的光信号在单模光纤中传输时，产生的色散近似于零。单模光纤在传输光信号时，产生的损耗和色散都比多模光纤要低得多，因此单模光纤支持的无中继距离和数据率比多模光纤都要高得多。

需要说明的是，并不是任意波长的光信号在光纤中都可以很好地工作。科学家们通过大量实验发现，只有 3 个波长的光信号在光纤传输时具有极低的衰减，它们分别是 850nm、1310nm 和 1550nm 窗口，我们称之为光纤的 3 个低损耗窗口。其中，850nm 窗口主要应用于多模光纤；1310nm 窗口称为零色散窗口，光信号在此窗口传输色散最小；1550nm 窗口称为最小损耗窗口，光信号在此窗口传输的衰减最小；如图 2-21 所示。

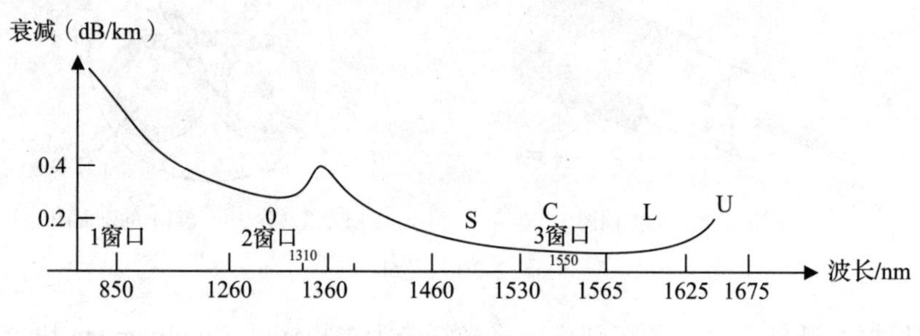

图 2-21 光纤的低损耗窗口

光纤传输系统一般由三个部分组成：光纤、光源和检测器。光纤就是超细玻璃或熔硅纤维，光源可以是发光二极管（Light Emitting Diode，LED）或激光二极管，这两种二极管在通电时都发出光脉冲。检测器就是光电二极管，当光电二极管检测到光信号时，它会产生一个电脉冲，从而完成光 / 电转换。

光纤信道既可以传送模拟信息，也可以传送数字信息。目前由于光源特别是激光器的非线性比较严重，模拟光纤系统用得较少，广泛采用的是数字光纤信道，即用光载波脉冲的有无来代表二进制数据。要传送的电信号（可以是模拟信号）经处理变成可以对光进行调制的电信号，例如二进制电信号。从光源发出的光和该电信号输入光调制器，输出的已调光信号能够反映电信号的变化，然后耦合到光纤线路中去。在接收端的光探测器检测到光波，将其转换（解调）成相应的电信号，并经处理输出给用户可以接收的信号形式。图 2-22 给出了光纤传输系统传输信息的基本过程。

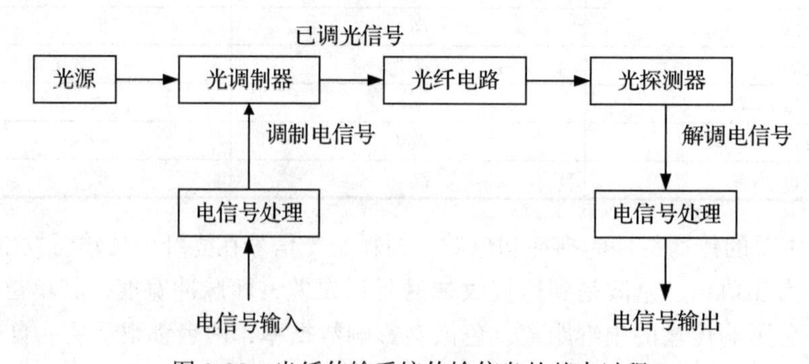

图 2-22 光纤传输系统传输信息的基本过程

光纤通信频带宽，传输容量大，重量轻，尺寸小，不受电磁干扰和静电干扰，保密性强，原材料丰富。因而，光纤介质已经成为当前主要的传输介质。

2.3.4　无线传输介质

无线通信的传输介质，即是无线信道，更确切地说，无线信道是基站天线与用户天线之间的传播路径。天线感应电流而产生电磁振荡并辐射出电磁波，这些电磁波在自由空间或空中传播，最后被接收天线所感应并产生感应电流。电磁波的传播路径可能包括直射传播和非直射传播，多种传播路径的存在造成了无线信号特征的变化。了解无线信道的特点对于理解无线通信是非常必要的。

无线传输介质不使用电或光导体进行电磁信号的传输，而是利用电磁信号可以在自由空间中传播的特性传输信息。无线传输介质实际上是一套无线通信系统。在无线通信系统中，为了能够区分不同的信号，通常以信号的频率作为标志，因此在无线通信中频率是非常重要的资源。世界各国都有相关的无线电管理部门来负责管理本国的无线频率资源，唯有如此，才能保证各种无线信号在各自规定的频率范围内工作而不发生冲突。另外，在无线通信中常常需要传输的数据基带信号本身是低频信号，但为了能够依照频率的划分来区分各种信号，需要对信号进行调制，即把低频信号通过一定的调制方式附着在特定频率的高频信号上，然后再进行发送，以便信号能够进行远距离传输，同时避免造成信号之间的干扰。无线通信根据所占频带的不同可分为无线电波通信（包括无线电广播、地面微波、卫星通信、移动通信等）、红外线通信和激光通信等。

1. 无线电波

根据无线电波在自由空间的传播特性，可人为地将无线电波分为长波（波长为 1000m 以上）、中波（波长为 100 ～ 1000m）、短波（波长 10 ～ 100m）、超短波和微波（波长为 10m 以下）等，如表 2-2 所示。

表 2-2　无线电波频段划分

频段（Hz）	名称	波长范围	主要应用
30 ～ 300k	LF（低频）、长波	1000 ～ 10000m	导航
300 ～ 3000k	MF（中频）、中波	100 ～ 1000m	商用调幅无线电
3 ～ 30M	HF（高频）、短波	10 ～ 100m	短波无线电
30 ～ 300M	VHF（甚高频）、超短波	1 ～ 10m	甚高频电视、调频无线电
300 ～ 3000M	UHF（超高频）、微波	100 ～ 1000mm	超高频电视、地面微波
3 ～ 30G	SHF（特高频）	10 ～ 100mm	地面微波、卫星微波
30 ～ 300G	EHF（极高频）	1 ～ 10mm	实用点到点通信

电磁波在自由空间的传播方式大体可分为三种：靠地面传播的称为“地波”，靠空间两点间直线传播的称为“空间波”，靠地球上空的电离层反射到地面的单跳或多跳方式传播，称为“天波”。

地波沿大地与空气的分界面进行传播，如图 2-23a 所示。传播时无线电波可随地球表面的弯曲而改变传播方向，传播比较稳定，且不受昼夜变化的影响。根据波的衍射特性，当波长大于或相当于障碍物的尺寸时，无线电波才能明显地绕到障碍物的后面。由于地面上的障碍物一般不太大，长波可以很好地绕过它们，中波和中短波也能较好地绕过，而短波和微波由于波长过短，绕过障碍物的本领很差。所以长波、中波和中短波通常用来进行无线电广播（频率从几百千赫到数兆赫），如民用广播从535kHz至1605kHz频段，每10kHz左右一个节目频段。但沿地表传播的地波，会因电磁波跳跃性传播产生感应电流，从而受到地面这种非良导体衰减，且频率越高，集肤效应越明显，损耗就越大，因此地波频率通常控制在3MHz以下。在传播途中的衰减大致与距离成正比。中波和中短波的传播距离一般在几百千米范围内，收音机在这两个波段一般只能收听到本地或邻近省市的电台。长波沿地面传播的距离要远得多，但发射长波的设备庞大、造价高，所以长波很少用于无线电广播，多用于超远程无线电通信和导航等。另外，用中、低频无线电波进行数据通信的主要问题是它们的通信带宽较低，能携载的信息量较少。

天波是靠电磁波在地面和电离层（大约100～500km高）之间来回反射而传播的，如图2-23b所示，频率范围在高频段（3～30MHz），天波是短波的主要传播途径。短波信号由天线发出后，经电离层反射回地面，又由地面反射回电离层，可以多次反射，因而传播距离很远，可达上万千米，这与天线入射角的大小有关。由于电离层会对反射的电磁波进行吸收、衰减，电离浓度越大则损耗越大，且对不同波长的电磁波表现出不同的特性。波长超过3000m的长波几乎会被电离层全部吸收。对于中波、中短波、短波，波长越短，电离层对它吸收得越少而反射得越多。因此，短波最适宜以天波的形式传播。但是，电离层是不稳定的，白天受阳光照射时电离程度高，夜晚电离程度低。因此夜晚它对中波和中短波的吸收减弱，这时中波和中短波也能以天波的形式传播。收音机在夜晚能够收听到许多远地的中波或中短波电台，就是这个原因。

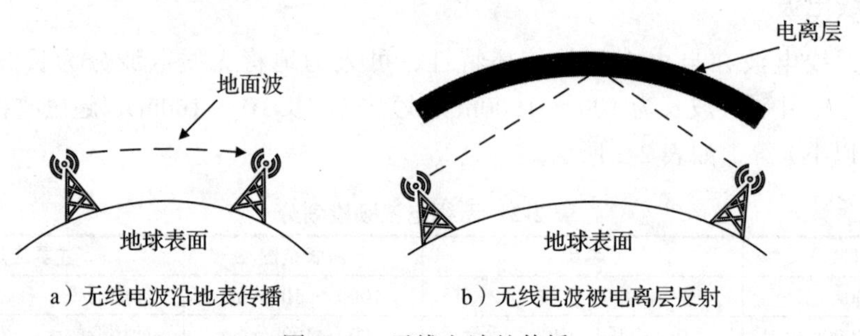

a）无线电波沿地表传播　　b）无线电波被电离层反射

图2-23　无线电波的传播

频率高于30MHz的电磁波（微波波段）将穿透电离层，不能被反射回来，且电离层对它的吸收很少。它只能进行视线传播，即直线传播。典型的应用是利用微波接力站进行微波通信。天线越高，传播距离越远，如卫星通信，电磁波可穿透电离层传播到卫星，这种空间波传播与光类似。

微波通信系统主要分为地面微波与卫星微波两种。尽管它们使用同样的频段，又非常相似，但能力上有较大的差别。

地面微波一般采用定向抛物面天线，发送方与接收方之间的通路不能有较大障碍物，或者说要求视线能及。地面微波系统的频率一般为4～6GHz或21～23GHz。几百米的短距离系统较为便宜，甚至采用小型天线进行高频传输即可，超过几千米的系统价格则相对贵一些。

微波通信系统无论大小，它的安装都比较困难，需要良好的定位，并要申请许可证。传输率一般取决于频率，小的微波通信系统的传输率为 1 ～ 10Mbit/s，衰减程度随信号频率和天线尺寸而变化。对于高频系统，长距离会因雨天或雾天而增大衰减，短距离则不受天气变化的影响。无论是短距离还是长距离，微波对外界干扰都非常敏感。

卫星微波利用地面上的定向抛物天线，将视线指向地球同频卫星，卫星微波传输可跨越陆地或海洋。同步通信卫星信道是一种特殊的无线信道，在地球赤道上空约 3.6 万千米的太空中均匀分布着三个同步卫星（运行方向与地球自转的方向相同，运行速度约为地球自转的角速度 3.1km/s），可以通过它们的转发器（transponder）实现除两极外的全球通信（如图 2-24a 所示）。自 20 世纪 60 年代初（1962 年）问世以来，至今稳定使用上行 6GHz、下行 4GHz 频点的系统，总带宽为 500MHz，并提供带宽各为 36MHz 的 12 个转发器，各能容纳 1200 路数字电话或 25 ～ 150 个窄带会议电视。一个转发器可支持五六个 HDTV（高清晰度数字电视）的传输。由于跨洋卫星通信需经过两个卫星的转发器与双方地球站沟通信息，因此通信延迟较高。目前国内卫星通信已开办大量业务，如卫星电视节目、远程教育等。

低轨道卫星（如图 2-24b 所示）主要用于移动通信，一般距地面约 1000km，由于卫星的轨道高度低，卫星形成的覆盖小区在地球表面快速移动，绕地球一周约需两个小时。低轨道卫星传输延时短，路径损耗小，若干数量的卫星组成空间移动通信网，在任一时间和地球上的任一地点都有至少一颗卫星可以覆盖。卫星之间实行空间交换，以保证陆地、海洋乃至空中的移动通信不间断地进行。

卫星设备费用相当昂贵，但是对于超长距离通信，它的安装费用比电缆安装费用要低。由于涉及卫星这样的现代空间技术，它的安装要复杂得多，地球站的安装要简单一些。同地面微波一样，卫星微波会由于雨天或大雾，使衰减增加较大，抗电磁干扰性能也较差。

上述无线通信均通过自由空间（包括空气和真空）传播，为了合理使用频段，各地区各种通信又不致互相干扰，ITU 科学地分配了各种通信系统所适用的频段，各频段频率与其波长对应值及其名称由国际电信联盟无线电委员会（ITU-R）颁布，各国、各地区和城市均设有相应的无线电管理委员会，负责无线频点的合理协调。

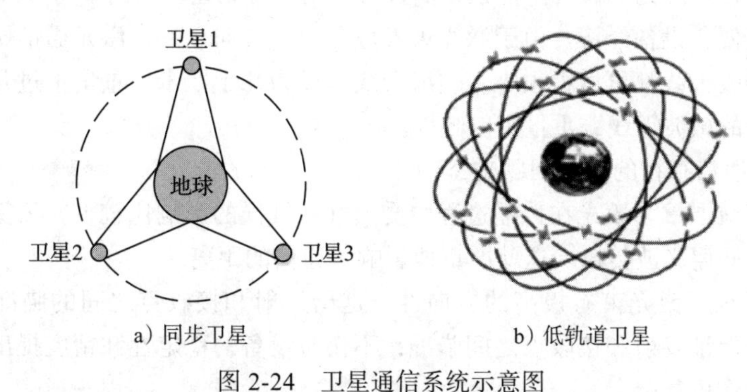

a）同步卫星　　b）低轨道卫星

图 2-24　卫星通信系统示意图

此外，电磁波也可以在水中传播，但在水中有着不同于空气中的传播特性。海水对电磁波能量的吸收作用很强，但对于不同波长的电磁波又有所不同，波长越短，衰减越大。水的电导率越高，衰减也越大，一般来说，长波可穿透水的深度是几米，甚长波穿透水深是 10 ～ 20m，超长波穿透水深是 100 ～ 200m。因此，极低频段用于海底通信通常有较好的传输性能。

2. 红外线

红外传输系统是建立在红外线信号之上的。采用光发射二极管、激光二极管来进行站与站之间的数据交换。红外设备发出的光非常纯净，一般只包含电磁波或小范围电磁频谱中的光子。传输信号可以直接或经过墙面、天花板反射后，被接收装置收到。

红外信号没有能力穿透墙壁和一些其他固体，每一次反射都要衰减一半左右，同时红外线也容易被强光源盖住。红外波的高频特性可以支持高速度的数据传输，它一般可分为点到点与广播式两类传输。

- 点到点红外系统：这是我们最熟悉的，如常用的遥控器。红外传输器使用光频（大约 100GHz ～ 1000THz）的最低部分。除高质量的大功率激光器较贵以外，一般用于数据传输的红外装置都非常便宜，然而安装必须精确到点对点。目前它的传输率一般相对较低，根据发射光的强度、纯度和大气情况，衰减有较大的变化，一般距离为几米到几千米不等。聚焦传输具有极强的抗干扰性。
- 广播式红外系统：广播式红外系统是将集中的光束以广播或扩散的方式向四周散发。这种方法也常用于遥控和其他消费设备。利用这种设备，一个收发设备可以与多个设备同时通信。

3. 激光

激光是一种方向性极好的单色相干光。利用激光来有效地传送信息叫作激光通信。激光通信依据传输介质的不同，可分为光纤通信、大气通信、空间通信和水下通信四类，其中最常见、发展最成熟的是大气激光通信和光导纤维通信。激光大气通信主要具有如下优点。

- 与光纤通信类似，通信容量极大。在理论上，激光通信可同时传送 1000 万路电视节目和 100 亿路电话。
- 保密性强。激光不仅方向性强，而且可采用不可见光，因而不易被敌方所截获。
- 结构轻便，设备经济。由于激光束发散角小，方向性好，激光通信所需的发射天线和接收天线都可做得很小，一般天线直径为几十厘米，重量不过几公斤，而功能类似的微波天线，重量则以吨计。

激光大气通信存在的主要问题是：

- 大气衰减严重。激光在传播过程中受大气和气候的影响比较大，云雾、雨雪、尘埃等会妨碍光波传播。这就严重地影响了通信的距离。
- 瞄准困难。激光束有极高的方向性，这给发射和接收点之间的瞄准带来不少困难。为保证发射和接收点之间瞄准，不仅对设备的稳定性和精度提出了很高的要求，操作也复杂。

激光通信系统包括发送和接收两个部分。发送部分主要有激光器、光调制器和光学发射天线，接收部分主要有光学接收天线、光学滤波器、光探测器。在发送端，要传送的信息被送到与激光器相连的光调制器中，光调制器将信息调制在激光上，通过光学发射天线发送出去。在接收端，光学接收天线将激光信号接收下来，送至光探测器，光探测器将激光信号变为电信号，经放大、解调后变为原来的信息。

大气激光通信不但可以传送电话，还可以传送数据、传真、电视和可视电话等。现在的研究主要集中在增大通信距离、提高全天候性能和传输速率以及实现移动通信等方面。据报道，苏联早已建造了一条直线距离为 160 ～ 180km 的大气通信系统，美国海军电子中心则在 17.6km 二氧化碳激光通信中实现了可通信率为 99% 的准全天候通信，日本用氦氖激光器在 2km 线路上的传输速率达到 1.544Kbit/s。此外，美激光系统公司研制的系统中，装有高倍双目望远镜，可将活动目标放大 20 倍，从而解决了移动通信问题，可用于各种移动车辆、舰艇、高速直升机的移动通信。可见，激光大气通信已成为现代保密通信的得力工具。

无线通信具有有线通信不可替代的优点，具有不受线缆约束，自由自在、随处随地均可通信的特点。但与有线通信相比，其保密性差、传输质量不高、易受干扰、价格贵、速度低。主要技术难题是：无线频率是不可再生的资源且十分有限，信道复杂，传输环境恶劣。需要设计复杂的通信协议而且效率低，因此性能不好且不稳定。但近年来，编码和调制技术及 DSP 算法和硬件的突破性进展使无线通信技术得到蓬勃发展，无线通信技术也是将来通信技术开发和研究的主要方向。

2.4　编码与调制

数据在通过传输介质发送之前，必须转换成不同的物理信号，信号的转换方式依赖于数据的原始格式和通信硬件采用的格式。

数字数据在计算机中以二进制 0 和 1 的形式存储。为了将数据从一个地方传送到另一个地方（计算机内部或计算机外部），通常要将数字数据转换成特定的数字信号以便进行传输，这就是数字 – 数字编码。一般来说，把数字数据编码成数字信号的设备比从数字到模拟的调制设备更简单、更廉价。

有时为了利用数字通信系统传输模拟数据，我们必须将模拟信号转换成数字信号，这种转换称为模拟到数字的转换或模拟信号数字化，或者是模拟 – 数字编码。将模拟数据转换成数字信号后，就可以使用先进的数字通信系统。

而有些时候，我们需要在为传输模拟信号设计的传输系统上发送来自计算机的数字信号（例如，利用电话线将两台计算机连接起来），需要将计算机生成的数字信号转换成模拟信号，这种转换称为数字到模拟的转换或数字 – 模拟调制。

为了将电台的声音或音乐进行远距离传输，我们可以利用高频信号作为载波，将声音或音乐等模拟信号调制到高频载波上去，这种转换称为模拟 – 模拟调制。

2.4.1　数字 – 数字编码

数字 – 数字编码或转换就是用数字信号表示二进制数据。在这种编码下，由计算机产生的二进制数据 0 和 1 被编码成物理信号在导线上传输。图 2-25 显示了数字 – 数字编码的工作原理。

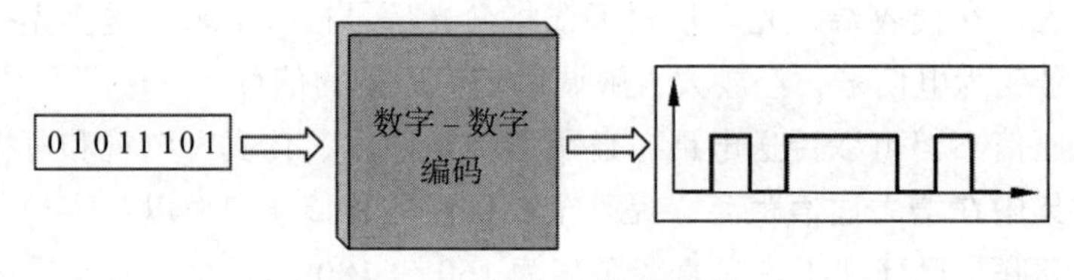

图 2-25 数字－数字编码

最简单的编码方案就是将二进制数 1 映射为高电平，将二进制数 0 映射为低电平，这就是不归零制（Non-Return to Zero，NRZ）编码方案，如图 2-26 所示。

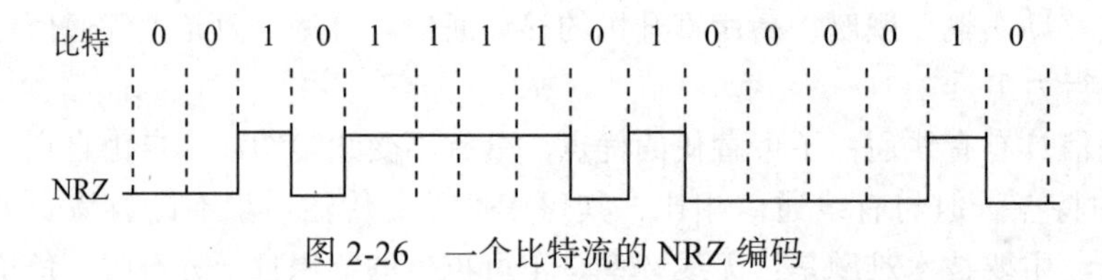

图 2-26 一个比特流的 NRZ 编码

对于 NRZ编码，几个连续的 1 意味着信号在一段时间内保持高电平，类似地几个连续的 0 意味着信号在一段时间内保持低电平。一长串的连续 0 或 1 带来两个基本问题。第一个问题是，它会导致基线漂移，尤其是当接收方采用一种它所看到的信号的平均值，然后用这个平均值去区分高、低电平的方法时。当接收方收到的信号远低于这个平均值时，接收方就判定为 0；同样地，当接收方收到的信号远高于这个平均值时就判定为 1。问题是连续 1 或 0 使信号平均值发生改变，这样导致很难检测显著变化的信号。第二个问题是，经常性地从高到低或从低到高的信号变化对于时钟恢复（clock recovery）是必需的。直观上讲，时钟恢复问题就是编码还是译码过程都是由时钟来驱动的，发送方每个时钟周期发送 1 比特，接收方每个时钟周期接收 1 比特。为了使接收方能恢复出发送方发送的比特，接收方的时钟必须与发送方的时钟精确同步。如果接收方的时钟比发送方的时钟稍快或稍慢，那么接收方就不能正确地解码信号。当然，工程师们也可以采用另外一条链路上用于发送方发送时钟给接收方的方法来实现时钟同步，但是这种方案会导致成本增加，所以改由接收方从收到的信号中提取时钟，这就是时钟恢复过程。无论何时，只要信号从 1 到 0 或从 0 到 1，接收方就知道这是在时钟周期的边界上，它就能够进行时钟同步。若长时间没有这样的跳变就会导致接收方时钟漂移。所以，无论传输什么数据，时钟恢复都依赖于信号跳变。

有一种编码方案可以在某种程度上解决这个问题，这就是不归零反转（Non-Return to Zero Inverted，NRZI）编码。在 NRZI 编码方案中，发送方将当前信号跳变编码为 1，将当前信号保持编码为 0，如图 2-27 所示。NRZI 编码解决了连续 1 的问题，但是没有解决连续 0 的问题，而曼彻斯特编码（Manchester encoding）创造性地将 NRZ 数据信号与本地时钟信号（把本地时钟看作一个从低到高变化的内部信号，把一对低 / 高信号电平看作一个时钟周期）进行异或操作，如图 2-27 所示。注意，曼彻斯特编码将 0 编码为低到高的跳变，将 1 编码为高到低的跳变，因为无论是 0 或 1 都导致信号的跳变，所以接收方能有效地恢复时钟。还有一种曼彻斯特编码的变种，称为差分曼彻斯特编码（differential Manchester encoding），其方法是若信号的前一半与前一比特的后一半信号相同则编码为 1，若信号的前一半与前一比特的后一半信号相反则编码为 0。

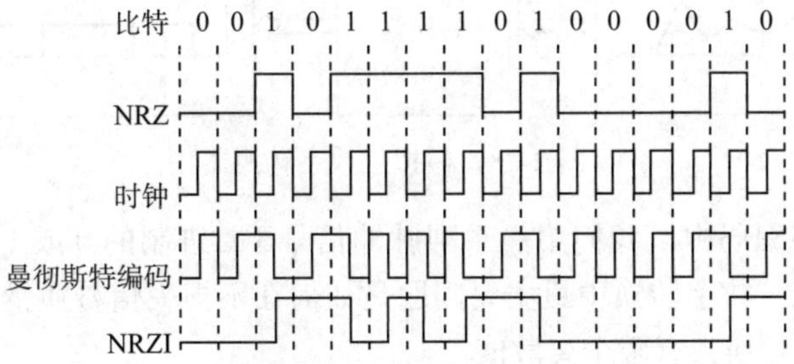

图 2-27　不同的编码方案

曼彻斯特编码方案存在的问题是链路上信号跳变的速率加倍，这意味着接收方有一半的时间在检测信号的每一个脉冲。在曼彻斯特编码中，比特率是波特率的两倍，所以编码的效率仅为 50%。

最后，我们来看 4B/5B 编码，它力求解决曼彻斯特编码的低效问题。4B/5B 编码的基本思想是在比特流中插入额外的比特以打破一连串的 0 或 1。准确地说，4B/5B 编码就是用 5 比特来编码 4 比特的数据，4 比特数据的 5 比特编码规则是：每组编码最多有 1 个前导 0，并且末端最多有 2 个 0。因此，发送方发送的数据中，任何一个 5 比特中连续 0 的个数最多不超过 3。然后，将重新编码后的 5 比特数据按照 NRZI 编码发送出去。由于 NRZI 编码解决了连续 1 的问题，而 4B/5B 编码又解决了连续 0 的问题，因此 4B/5B 编码也就解决了时钟恢复问题，而且 4B/5B 编码的效率为 80%。

表 2-3 给出了 16 个可能的 4 比特数据符号对应的 5 比特编码。注意，5 比特数据有 32 个编码，而我们只用了 16 个，剩下的 16 个编码可用于其他目的，比如，11111 可用于表示线路空闲，00000 表示线路不同，00100 表示停止。在剩下的 13 个编码中，7 个是无效的（因为它们违反了 1 个前导 0 或 2 个末尾 0 的规则），另外 6 个代表各种控制符号。在本书后面我们将会看到，某些组帧协议会使用这些符号。

表 2-3　4B/5B 编码

4 比特数据符号	5 比特编码	4 比特数据符号	5 比特编码
0000	11110	1000	10010
0001	01001	1001	10011
0010	10100	1010	10110
0011	10101	1011	10111
0100	01010	1100	11010
0101	01011	1101	11011
0110	01110	1110	11100
0111	01111	1111	11101

2.4.2　模拟 – 数字编码

有时，我们需要将模拟信号数字化。本节将讨论模拟 – 数字编码或转换的几种方法。图 2-28 显示了一个模拟 – 数字转换器，我们称之为编码解码器。

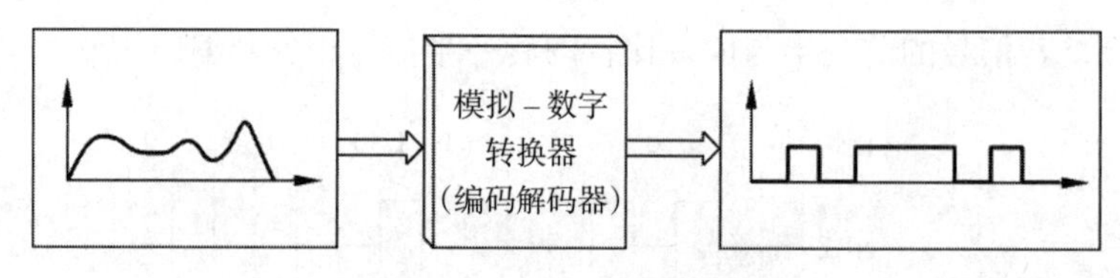

图 2-28　模拟 – 数字转换器

在模拟 – 数字编码中，我们用一系列脉冲信号（二进制的 0 或 1）来表示连续波形中的信息。而模拟 – 数字转换中最主要问题是如何在不损失信号质量的前提下，将信息从无穷多的连续值转换为有限个离散值。

1. 脉冲振幅调制

模拟 – 数字转换的第一步是脉冲振幅调制（Pulse Amplitude Modulation，PAM）。脉冲振幅调制，即脉冲信号的幅度随模拟信号变化的一种调制方式。通过脉冲振幅调制技术对模拟信号进行采样，然后根据采样结果产生一系列脉冲，如图 2-29 所示。根据前面介绍的奈奎斯特定理，当采用 PAM 技术时，为保证得到足够精度的原始信号的重现，采样频率应该至少是原始信号最高频率的两倍。因此如果需要对最高频率为 4000Hz 的话音信号进行采样，只需要每秒 8000 次的采样频率就可以了，相当于每隔 125μs 采样一次。

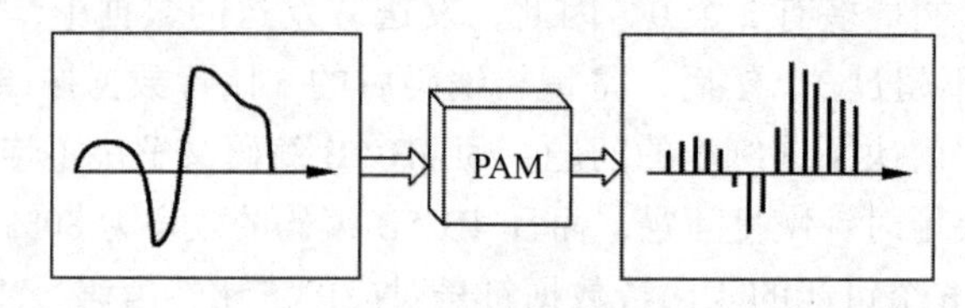

图 2-29　脉冲振幅调制

2. 脉冲编码调制

脉冲编码调制（Pulse Code Modulation，PCM）是将脉冲振幅调制所产生的采样结果变成完全数字化的信号。为实现这一目标，PCM 首先对 PAM 的脉冲进行量化，即进行模拟 / 数字（A/D）转换，得到二进制数字数据。然后，这些二进制数字数据通过某种数字编码技术转换成适合于数据通信的数字信号。量化涉及用多少比特来表示采样后的样本值，这取决于所需的精度，即要使重现后的信号能在振幅上满足预期的精度。

3. 差分脉冲编码调制

差分脉冲编码调制（Differential PCM，DPCM）是对 PCM 的改进。差分脉冲编码调制的思想是，根据上一个采样值去估算下一个采样值的幅度大小（这个值称为预测值），然后对实际信号值与预测值之差进行量化编码，这样就减少了表示每个采样信号的位数。不同的是，PCM 是直接对采样信号进行量化编码，而 DPCM 是对实际信号值与预测值之差进行量化编码，存储或者传送的是差值而不是幅度绝对值，这就降低了传送或存储的数据量。

4. 增量调制

增量调制（delta modulation，简称 ΔM）或增量脉码调制方式，是继 PCM 后出现的又一种模拟信号数字化的方法。1946 年，它由法国工程师 De Loraine 提出，目的在于简化模拟信号的数字化方法。增量调制主要在军事通信和卫星通信中广泛使用，有时也作为高速大规模集成电路中的 A/D 转换器使用。

增量调制是一种把信号上一个采样的采样值作为预测值的单纯预测编码方式，是预测编码中最简单的一种。它将信号瞬时值与前一个采样时刻的量化值之差进行量化，而且只对这个差值的符号进行编码，而不对差值的大小进行编码。因此，量化只限于正和负两个电平，只用一比特传输一个采样值。若差值为正就发送“1”，若差值为负就发送“0”。因此，数字“1”和“0”只是表示信号相对于前一时刻的增减，不代表信号的绝对值。同样，在接收端，每收到一个“1”，译码器的输出就相对于前一个时刻的值上升一个量阶，每收到一个“0”，译码器的输出就相对于前一个时刻的值下降一个量阶。当收到连续的“1”时，表示信号连续增长；当收到连续的“0”时，表示信号连续下降。

2.4.3　数字 – 模拟调制

数字 – 模拟调制或转换是基于以数字信号（二进制的 0 或 1）表示的数字数据来改变模拟信号特征的过程。例如，当通过一条电话线将数字数据从一台计算机传送到另一台计算机时，由于电话线只能传输模拟信号，因此必须将计算机发出的二进制数据进行转换，将二进制数据调制到模拟信号上。图 2-30 显示了数字数据、数字 – 模拟调制硬件以及调制后的模拟信号关系。

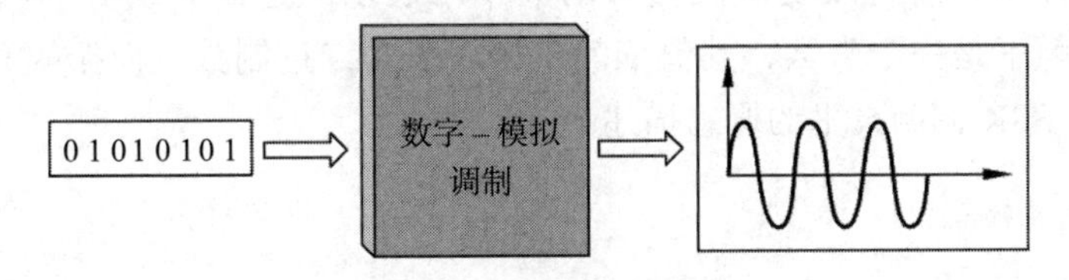

图 2-30　数字 – 模拟调制

正如前面所提到的，一个正弦波可以通过三个参数来表示，即振幅、频率和相位。当我们改变其中任何一个参数时，就有了波的另一个形式。如果用原来的波表示二进制 1，那么波的变形就可以表示二进制 0，反之亦然。波的三个参数中的任意一个都可以用这种方式改变，因此我们至少有三种将数字数据调制到模拟信号的机制：幅移键控（Amplitude-Shift Keying，ASK）、频移键控（Frequency-Shift Keying，FSK）以及相移键控（Phase-Shift Keying，PSK）。另外，还有一种将振幅和相位变化结合起来的机制，叫作正交调幅（Quadrature Amplitude Modulation，QAM）。其中正交调幅的效率最高，它也是现在调制解调器中经常采用的技术。下面详细介绍各种不同的调制技术。

1. 幅移键控

在幅移键控技术中，通过改变载波信号的强度来表示二进制 0 或 1。0 用什么电平来表示、1 用什么电平来表示则由系统设计者来决定。比特持续时间表示一个比特所占的时间区段。在每个比特持续时间中信号的最大振幅是一个常数，其值与所代表的比特有关。采用 ASK 调制技术的数据率受传输介质的物理特性所限。图 2-31 给出了关于 ASK 调制技术的概念描述。

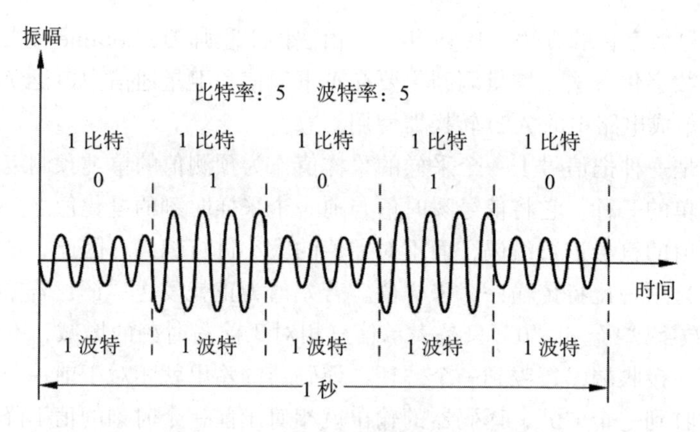

图 2-31　ASK 调制技术的概念描述

不幸的是，ASK 调制技术受噪声的影响很大。噪声是指在数据传输过程中由于产生的热、电磁感应等现象而引起线路中不期望的噪声信号，这些噪声信号改变了载波信号的振幅。在这种情况下，0 可能变成 1，1 可能变成 0。可以想象，对于一个主要依赖于振幅来识别比特的 ASK 调制方法，噪声会是一个较大的问题。噪声通常只影响振幅，因此 ASK 是受噪声影响最大的调制技术。

2. 频移键控

在频移键控中，通过改变载波信号的频率来表示二进制 0 或 1。在每比特持续时间内，信号的频率是一个常数，其值依赖于所代表的二进制数，而振幅和相位都不变，图 2-32 给出了 FSK 调制技术的概念描述。

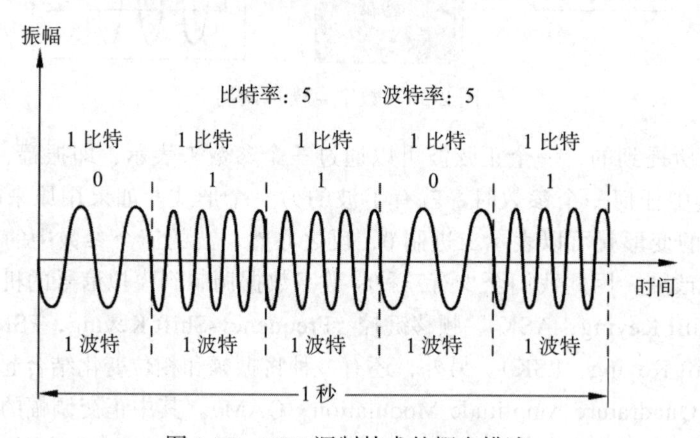

图 2-32　FSK 调制技术的概念描述

3. 相移键控

在相移键控中，通过改变载波信号的相位来表示二进制 0 或 1。在相位改变时，信号的最大振幅和频率都不改变。例如，如果我们用 0 度相位来表示二进制 0，就可以把相位改变到 180 度来表示二进制 1。在每个比特持续时间内，相位是一个常数，其值依赖于所代表的比特值（0 或 1），图 2-33 给出了 PSK 调制技术的概念描述。

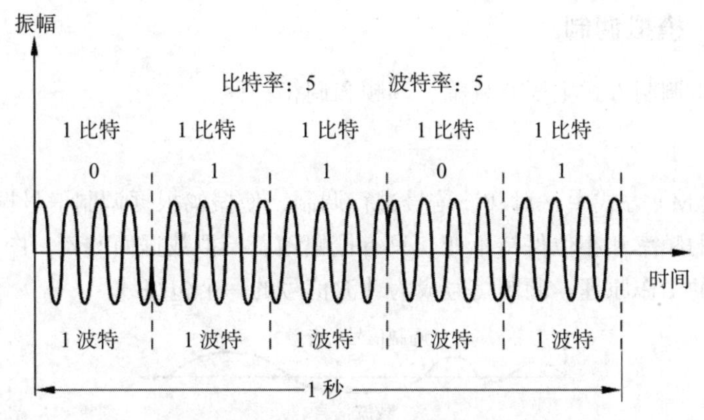

图 2-33　PSK 调制技术的概念描述

4. 正交调幅

到目前为止，我们都是只是一次变动了正弦波三个参数中的一个，如果同时改变其中两个参数会有何结果？带宽限制使 FSK 调制技术与其他调制技术的结合在实际中不太可行的。通常的做法是将 ASK 和 PSK 两种调制技术结合起来，因此在相位上有 x 种变化，在振幅上有 y 种变化，于是总共就有了 $x * y$ 种可能的变化和对应每个变化的相应比特数。正交调幅技术正是如此，QAM 技术使得在双位、三位组等之间具有最大的反差。

QAM 可能的变化是无数的。理论上讲，振幅变化的可能数量可以和相位变化的可能数量结合在一起。图 2-34 给出了两种可能的配置：4-QAM 调制和 8-QAM 调制。

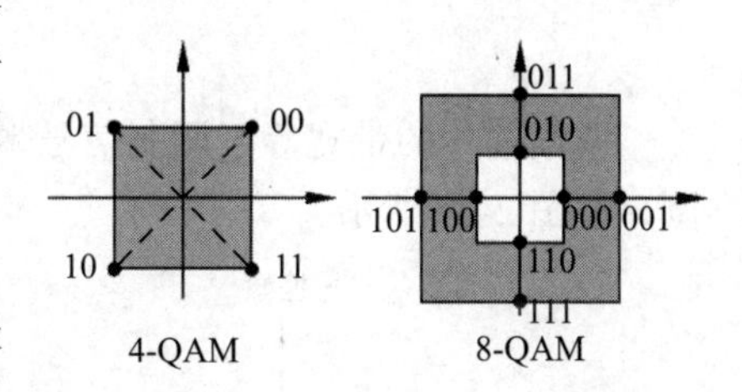

图 2-34　4-QAM 和 8-QAM 星座图

在图 2-34给出的两种配置中，振幅变化的数量都小于相位变化的数量。振幅变化比相位变化更容易受噪声影响，因此不同的振幅值之间需要更大的距离，QAM 技术中所使用的相位变化的数量是比振幅变化的数量要多。图 2-34 中 8-QAM 信号相应的时域图如图 2-35 所示。

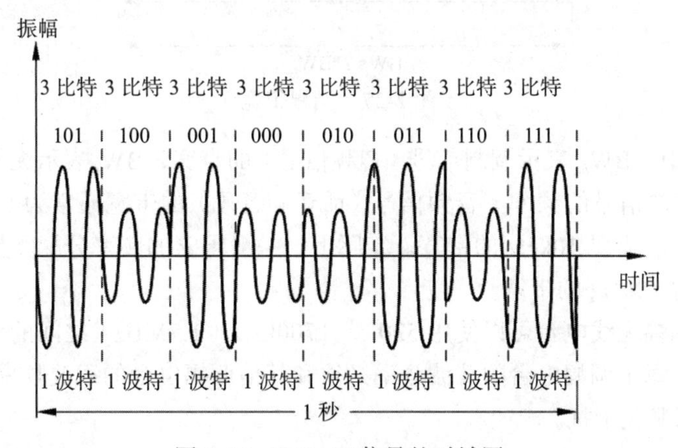

图 2-35　8-QAM 信号的时域图

最后需要说明的一点是，QAM 所需的最小带宽与 ASK 和 PSK 所需的最小带宽相同。

2.4.4 模拟 – 模拟调制

模拟 – 模拟调制方式主要有调幅、调频和调相三种。

1. 调幅

在调幅（AM）方式中，对载波信号进行调制，使振幅根据调制信号振幅的改变而变化，载波信号的频率和相位保持不变，只有振幅随着模拟数据而改变。图 2-36 显示了模拟 – 模拟调制的工作原理。调制信号成为载波信号的一个包络线。

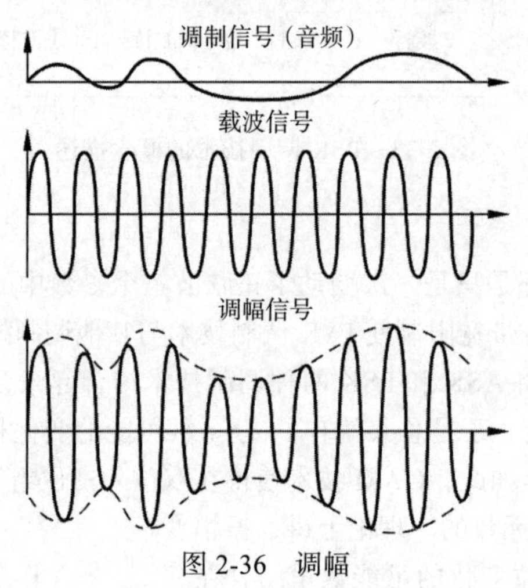

图 2-36 调幅

调幅信号的带宽等于调制信号带宽的两倍，并且覆盖了以载波频率为中心的频率范围，如图 2-37 所示。

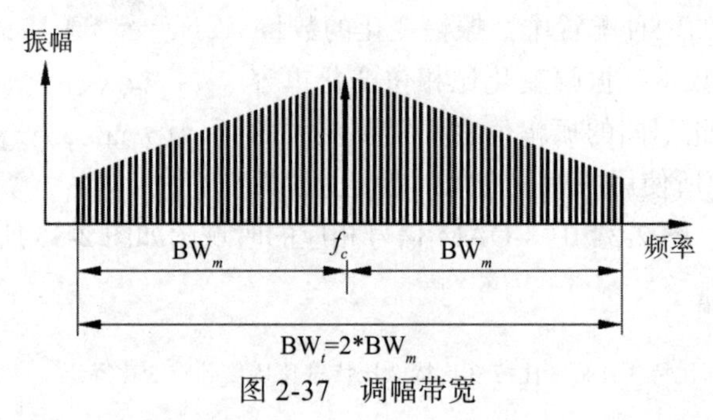

图 2-37 调幅带宽

在图 2-37 中，BW_m 表示调制信号（音频信号）的带宽，BW_t 表示无线电调幅信号的带宽，f_c 则是载波信号的频率。音频信号（话音和音乐）的带宽通常为 5kHz，因此一个调幅无线电台至少需要 10kHz 的带宽。实际上，一般国家的频率分配委员都会为每个调幅无线电台分配 10kHz 的带宽。

事实上，调幅无线电台可以使用 530 ～ 1700kHz（1.7MHz）之间的任何频率作为载波频率。但是，每个调幅电台的载波频率必须和其他调幅电台的载波频率间隔 10kHz(一个调幅带宽）来避免干扰。

2. 调频

在调频（FM）方式中，载波信号的频率随着调制信号电压（振幅）的改变而改变。

载波信号的最大振幅和相位都保持不变，但是在调制信号的振幅改变时，载波信号的频率会相应地改变。图 2-38 显示了调制信号、载波信号以及合成的调频信号的关系。

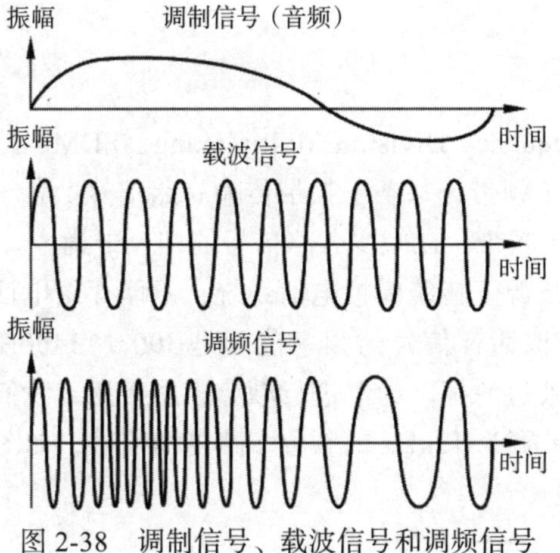

图 2-38　调制信号、载波信号和调频信号

一个调频信号的带宽等于调制信号带宽的 10 倍，而且与调幅带宽一样以载波频率为中心，图 2-39 显示了调频带宽。

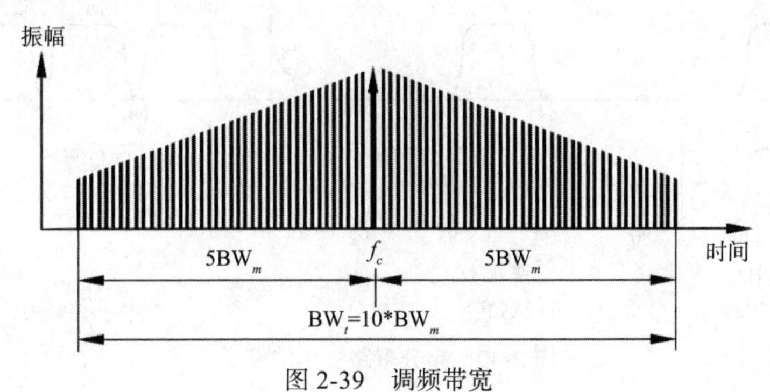

图 2-39　调频带宽

立体声广播里的音频信号（话音和音乐）的带宽大约是 15kHz，因此每个调频立体声电台最少需要 150kHz 的带宽。美国联邦通信委员会为每个调频立体声电台预留了 200kHz 带宽。

调频电台使用 88 ～ 108MHz 间的任意频率作为载波频率，但为了防止电台之间波段重叠，电台之间必须有至少 200kHz 的频率差。

3. 调相

为使硬件实现更简单，在某些系统中采用调相（PM）技术代替调频技术。在调相方式中，载波信号的相位随着信号的电压变化而调整。载波的最大振幅和频率保持不变，而当数据信号的振幅变化时，载波信号相位随之发生相应改变。调相信号带宽与调频信号带宽是类似的。

2.5　多路复用

多路复用（multiplexing）是指在一条物理线路上同时传输多路信息。这样仅仅需要一条传输线路，其逆过程称为解多路复用。常用的多路复用技术有频分多路复用、时分多路复用、波分多路复用以及码分多路复用。

2.5.1 频分多路复用

频分多路复用（Frequency Division Multiplexing，FDM）是指将传输线路的可用频带分割成若干条较窄的子频带，每条子频带传输一路信号。各子频带之间通常要留有一定的空闲频带，作为保护频带，以减少各路信号的相互干扰。

频分多路复用的方法源于传统模拟电话系统，下面介绍电话系统中的频分多路复用方式。现在一路标准模拟话音信号的频率范围是 300 ～ 3400Hz，高于 3400Hz 和低于 300Hz 的频率分量都将被过滤掉。为了进行频分多路复用，我们将信号调制到不同的频段，这样就形成了一个带宽为 12kHz 的频分多路复用信号，如图 2-40 所示。

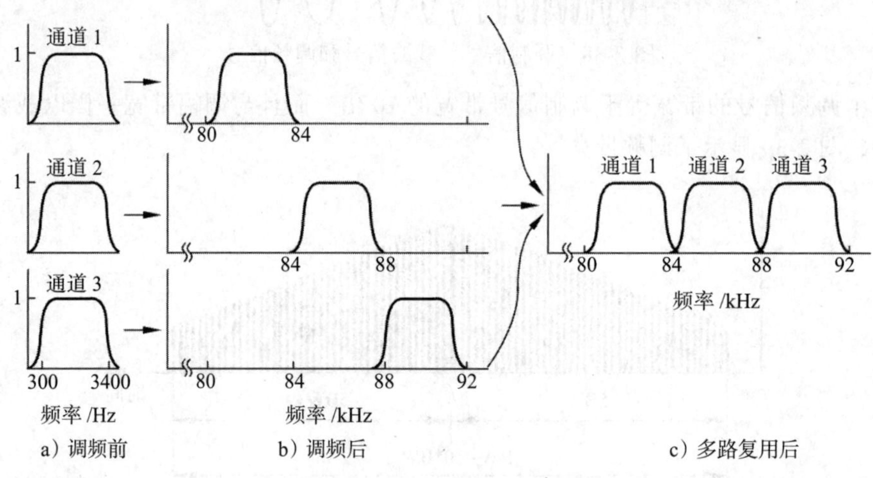

图 2-40 频分多路复用的例子

在图 2-40 给出的例子中，一路标准话音信号的带宽约为 3kHz，但是真正分配给话音信号的信道带宽一般是 4kHz 左右，其中多出来的约 1kHz 作为保护带宽，每边约占 500Hz。多路复用后，各路话音信号占用主干信道不同的频段，但多路复用后的信号到达接收端后，接收端通过滤波器将各路话音信号区分开，再将各路话音信号解调至原始的频率范围。

2.5.2 波分多路复用

早期的光纤传输系统主要以单一波长的光信号经光调制后来传送电复用信号，也就是说光纤系统是以电时分复用 – 光数字传输方式来进行多路复用的。这里的光纤传输系统实际上仅起到数字传输信道的作用。若能在光传输系统中借助光复用器对多个不同波长的光信号进行波分复用，则相当于在同一根光纤中增加了数字信道的个数，从而使整个传输容量在原有基础上成倍增加。这种利用光波长的划分来实现在同一光纤内同时传送多个光信号的方式就是波分复用技术。

在光纤信道上使用波分多路复用（Wavelength Division Multiplexing，WDM）的主

要原理与 FDM 相同，即根据每一信道光波的频率（或波长）的不同将光纤的低损耗窗口划分成若干个信道，在发送端采用波分复用器（合波器）将不同规定波长的信号光载波合并起来送入一根光纤进行传输。在接收端，再由波分复用器（分波器）将这些不同波长的光信号分开的复用方式。图 2-41 所示即为一种在光纤上获得 WDM 的简单方法。在这种方法中，三根光纤连到一个棱柱或衍射光栅，每根光纤里的光波处于不同的波段上，这样两束光通过棱柱或衍射光栅合到一根共享的光纤上，到达目的地后，再将三束光分解开来。与 FDM 不同的是，在 WDM 中使用的衍射光栅是无源的，因此可靠性非常高。

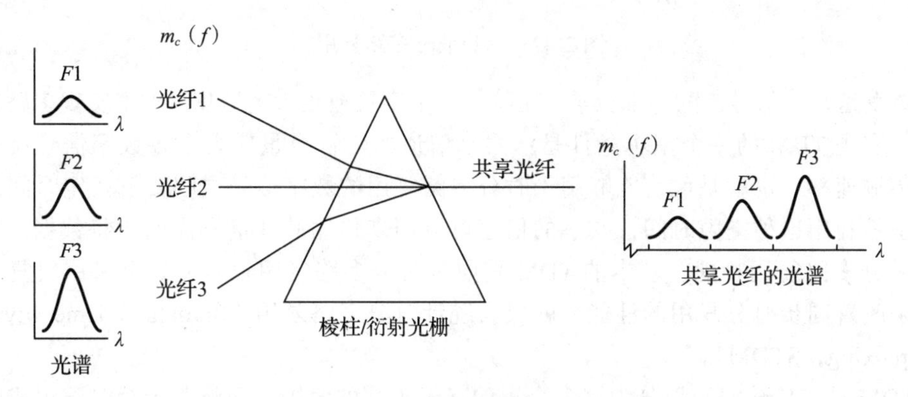

图 2-41　波分多路复用

波分多路复用技术通常有 3 种复用方式，即 1310nm 和 1550nm 波长的波分多路复用、稀疏波分复用（CWDM）和密集波分复用（DWDM）。第一种方式，即波分多路复用方式是指一根光纤上复用两路光载波信号，是 20 世纪 70 年代初使用的两波长（1310nm 和 1550nm）波分复用方法，即利用 WDM 技术实现单纤双窗口传输。稀疏波分多路复用（大波长间隔）技术使用 1200 ～ 1700nm 的宽窗口光波，相邻光信道的间距一般大于等于 20nm，其波长数目一般为 4 波或 8 波，最多 16 波。由于 CWDM 系统采用的 DFB 激光器不需要冷却，在成本、功耗要求和设备尺寸方面，CWDM 系统比 DWDM 系统更有优势。它适合在地理范围不是特别大、数据业务发展不是非常快的城市使用。

密集波分多路复用技术是在一根光纤上一个窗口内同时传输多个波长的光波，波长间隔较小（一般小于等于 1.6nm），可在一根光纤上承载 8 ～ 160 个波长的光信号，故称为密集波分多路复用，如图 2-42 所示。采用 DWDM 技术，单根光纤可以传输的数据流量高达 40Gbit/s，但一段距离后需要对衰减的光信号放大；若采用掺铒光纤放大器，则通常每隔 120km 就需要放大；若采用光电中继器，则每隔 35km 就需要放大。目前 DWDM 已经在实际组网中得到应用，主要用于长距离传输系统，其实验室技术水平已经达到 1000Gbit/s 的数量级。

2.5.3　时分多路复用

时分多路复用（Time Division Multiplexing，TDM）是指将多路信号按一定的时间间隔相间传送，实现在一条传输线上分时片传送多路信号。与 FDM 相比，TDM 更适合复用数字信号。在一个共享信道上，数字信号（或经数字化后的模拟信号），通过在时间

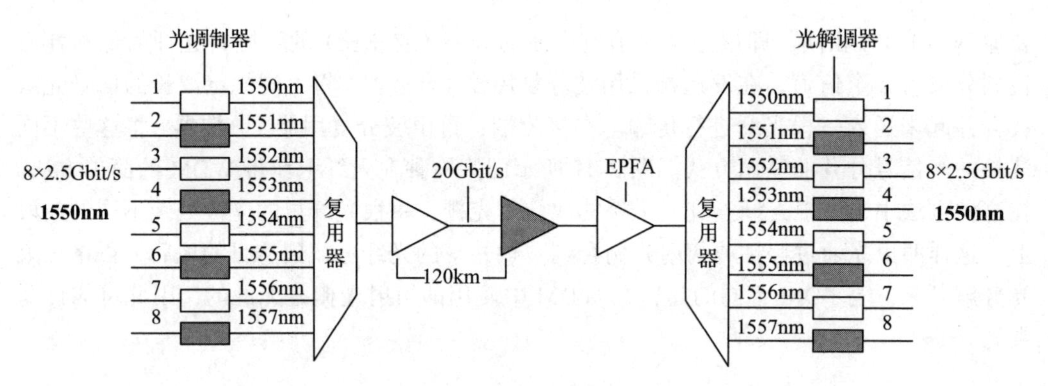

图 2-42 密集波分多路复用

上交错发送每一信号流的一部分（一比特、一个字符或更大的数据块）来实现多路复用功能。实现 TDM 的一个基本条件是：共享信道的传输容量应大于各数字信号流总的数据传输速率。也就是说，能够用于时分多路复用的数字信号之间要有一定时间的空隙。正是利用这种空隙时间，共享的信道可以用来传输其他信号流的比特数据，从而实现时分多路复用功能。基本的 TDM 是同步时分多路复用技术，如果采用较复杂的措施来改善同步时分复用的性能，就成为统计时分多路复用（Statistical Time Division Multiplexing，STDM）。

TDM 是将传输时间划分为许多个短的互不重叠的时隙，而将若干个时隙组成时分复用帧，用每个时分复用帧中某一固定序号的时隙组成一个子信道，每个子信道所占用的带宽相同，每个时分复用帧所占的时间也相同，即在同步 TDM 中，各路时隙的分配是预先确定的时间且各路信号源的传输定时是同步的，如图 2-43 所示。

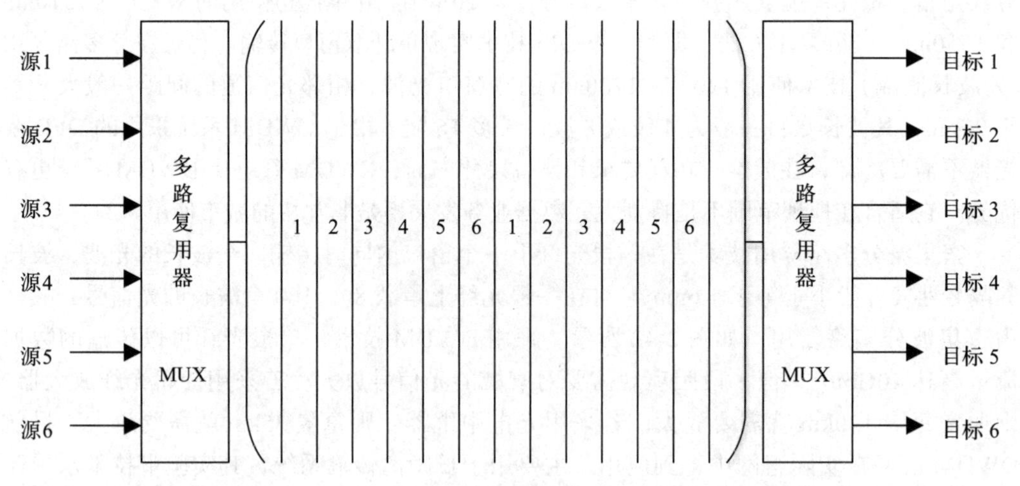

图 2-43 TDM 工作原理

TDM 与 FDM 在原理上的差别很明显。TDM 适用于数字信号，而 FDM 适用于模拟信号；TDM 在时域上各路信号是分割开的，但在频域上各路信号是混叠在一起的，而 FDM 在频域上各路信号是分割开的，但在时域上各路信号是混叠在一起的；TDM 信号的形成和分离都可通过数字电路实现，比 FDM 信号使用调制解调器和滤波器实现要简单得多。

1. T1 和 E1

在介绍 T1 多路复用和 E1 多路复用之前，先简单介绍一下关于对模拟话音信号进行数字化的技术，即 PCM 的原理。对于带宽为 4kHz 的话音信号，只需要对话音信号每秒采样 8000 次，假设每次采样用 8 比特二进制进行编码，因此一路 PCM 数字话音所产生的数据速率为 8 比特 / 采样 ×8000 采样 / 秒，即 64kbit/s。

在数字电话系统中，为了有效利用传输线路，通常将许多个话路的 PCM 信号用 TDM 的方法装成时分多路复用帧，然后再将其送往线路上一帧接一帧地传输，这称为时分多路复用，这一技术在国际上已经建立了标准，称为数字复接系列。数字复接系列形成的原则是先把一定路数的数字电话信号复合成一个标准的数据流，该数据流被称为一次群；然后用数字复接技术将一次群复合成更高速的数据信号。在数据复接系列中，按传输速率的不同分为一次群、二次群、三次群和四次群等，每一种群路均可传送各种数字信号。

国际上通用的 PCM 编码有 A 律和 μ 律两种标准，其编码规则与帧结构均不相同，由于采样频率为 8kHz，因此采样周期即每帧的时间长度为 125μs，一帧周期内的时隙安排称为帧结构。我国及欧洲采用的是 A 律 30 路 PCM，即 E1 标准，速率是 2.048Mbit/s，美国采用的是 μ 律 24 路 PCM，即 T1 标准，速率是 1.544Mbit/s。

E1 标准是 30 路话音数据加 1 路同步数据和 1 路信令数据多路复用成一条 2.048Mbit/s 的 E1 线路。图 2-44 给出了 E1 线路的帧格式。

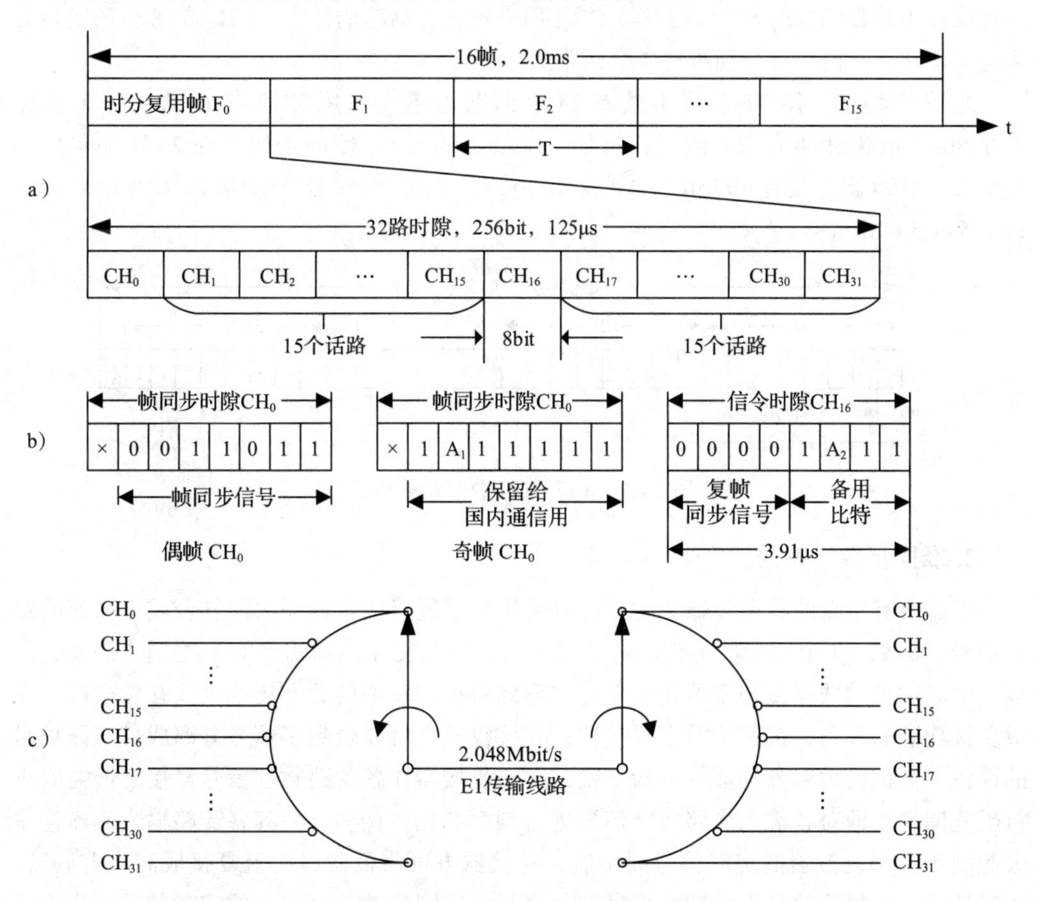

图 2-44　A 律 E1 线路的帧格式

在 A 律 PCM 一次群中，E1 的一个时分复用帧（其长度 T=125μs）共划分为 32 个相等的路时隙，如图 2-44a 所示，时隙的编号为 CH_0 ～ CH_{31}，其中 CH_1 ～ CH_{15} 用来传送第 1 ～ 15 路电话信号的编码码组，CH_{17} ～ CH_{31} 用来传送第 16 ～ 30 路电话信号的编码码组，时隙 CH_0 用作帧同步用，时隙 CH_{16} 用来传送话路信令（如用户的拨号信令）。可供用户使用的话路是时隙 CH_1 ～ CH_{15} 和 CH_{17} ～ CH_{31}，共 30 个时隙用作 30 个话路。每个时隙传送 8bit，32 个时隙共用 256bit，每秒传送 8000 帧，因此 PCM 一次群 E1 的数据率就是 2.048 Mbit/s。

在图 2-44c 中，E1 传输线路两端同步旋转的开关表示：32 个时隙中比特的发送和接收必须和时隙编号相对应，不能弄乱。另外，如图 2-44b 所示，帧同步码组为 × 0011011，它是偶数帧中插入时隙 CH_0 的固定码组，接收端识别出帧同步码组后，即可建立正确的路序。其中第一位码“×”保留用作国际电话间通信。在奇数帧中，时隙 CH_0 的第 2 位固定为 1，以避免接收端错误识别为帧同步码组。奇数帧 CH_0 的第 3 位 A_1 是帧失步对告码，本地帧同步时 A_1=0，失步时 A_1=1，通告对方终端机。时隙 CH_{16} 传送话路信令，话路信令是根据电话交换需要而编成的特定码组，用以传送占用、摘挂机、交换机故障等信息。由于话路信令是慢变化的信号，因此可以用较低速率的码组表示。将 16 帧组成一个复帧，复帧的重复频率为 50Hz，周期为 2ms。复帧中各帧顺序编号为 F_0, F_1, …, F_{15}。F_0 的时隙 CH_{16} 前 4位码用来传送帧同步的码组 0000，后 4 位中的 A_2 码为复帧失步对告码。F_1 ～ F_{15} 的时隙 CH_{16} 用来传送各话路的信令，CH_{16} 的 8 位码又可分为前 4 位和后 4 位，可分别传送 2 个话路的信令。

北美使用的 μ 律 T1 系统中共有 24 个话路通道，采用 T1 传输格式，每个话路占用 8bit（取样脉冲为 7bit 编码，再加 1 位信令码元）；帧同步码是在 24 路编码后加上 1bit，每帧长度共有 193bit，如图 2-45 所示。因此 T1 一次群的数据率为 (8 × 24 + 1)/125=1.544Mbit/s。

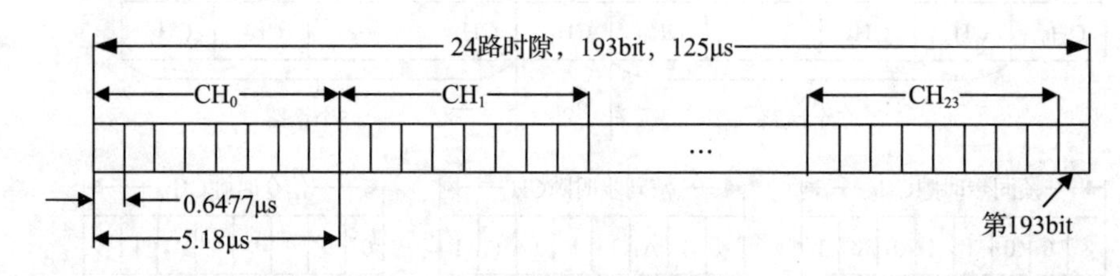

图 2-45　μ 律 T1 时分复用帧格式

2. 准同步数字系列

当需要有更高的数据传输率时，可以采用数字复接技术将一次群复合成更高速的数据信号。例如，4 个一次群可构成一个二次群，因为复用后还需要有一些同步码元，所以一个二次群的数据传输率要比 4 个一次群的数据传输率的总和还要高。在发送端，完成复接功能的设备，被称为数字复接器；在接收端，将复合数字信号分离成各支路信号的设备，被称为数字分解器。一般来说，数字复接器在各支路数字信号复接之前需要进行码速调整，即对各输入支路数字信号进行频率和相位调整，使其各支路输入码流速率彼此同步并与复接器的定时信号同步后，复接器方可将低次群码流复接成高次群码流。也就是说，被复接的各支路数字信号彼此之间必须同步并与复接器的定时信号同步方可复接。根据此条件划分的复接方式可分为同步复接、准同步复接、异步复接三种。

同步复接是指被复接的各输入支路之间以及同复接器之间均是同步的，此时复接器便可直接将低支路数字信号复接成高速的数字信号，而无须进行码速调整。准同步复接是指被复接的各输入支路之间不同步，并且与复接器的定时信号也不同步，但是各输入支路的标称速率相同，与复接器要求的标称速率也相同（速率的变化范围在规定的容差范围内，一次群为 2048kbit/s ± 50ppm，二次群为 8448kbit/s ± 30ppm，$1ppm=10^{-6}$），但由于仍不满足复接条件，因此复接之前还需要进行码速调整，使之满足复接条件再进行复接。异步复接是指被复接的各输入支路之间以及与复接器的定时信号之间均是异步的，其频率变化范围不在允许的变化范围之内，也不满足复接条件，因此必须进行码速调整方可进行复接。

绝大多数国家将低次群复接成高次群时都采用准同步复接方式（通常在四次群以下）。这种复接方式的最大特点是各支路具有自己的时钟信号，其灵活性较强。码速调整单元电路不太复杂，而异步复接的码速调整单元电路却复杂得多，要适应码速大范围的变化，需要大量的存储器方能满足要求。同步复接目前用于高速大容量的同步数字系列。

准同步复接技术又称为准同步数字系列（Plesiochronous Digital Hierarchy，PDH），PDH 也有 A 律和 μ 律两套标准。A 律是以 E1 2.048Mbit/s 为一次群的数字系列，μ 律是以 T1 1.544Mbit/s 为一次群的数字系列，这两种速率的数字复接等级如图 2-46 所示。日本的一次群用 T1，但自己另有一套高次群的标准。

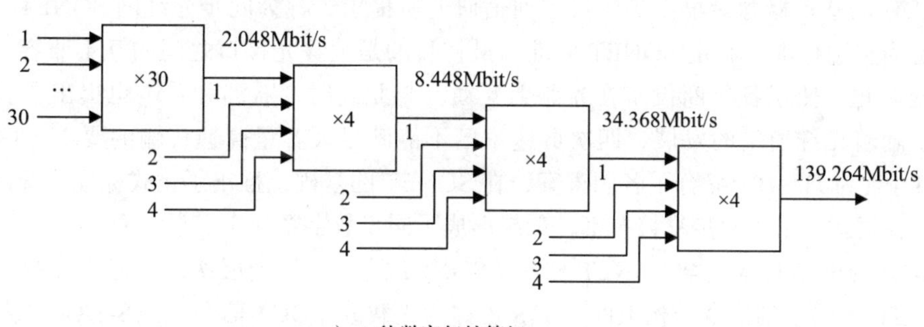

a）A 律数字复接等级

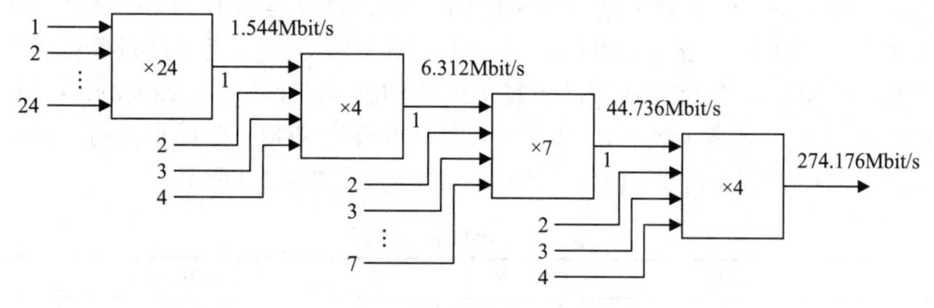

b）μ 律数字复接等级

图 2-46　数字复接等级之间的复用关系

从技术上来说，A 律系列体制上比较单一和完善，复接性能较好，而且 CCITT 规定，当两种系列互连时，由 μ 律系列的设备负责转换。由于历史的原因，PDH 系统具有很多弱点，如PDH只有地区标准，没有国际标准，如表2-4所示，造成国际互通的困难。没有统一的标准光接口规范，各厂商开发的专用光接口无法在光路上互通，需要通过光/电转换成标准电接口才能互通，灵活性较差，网络复杂且PDH网络的运行、管理和维护主要靠人工操作，费用和成本过高。

表2-4 数字传输系统的高次群的话路数和数据率

系统类型		一次群	二次群	三次群	四次群	五次群
中国及欧洲 A律体制	符号	E1	E2	E3	E4	E5
	话路数	30	120	480	1920	7680
	数据率（Mbit/s）	2.048	8.448	34.368	139.264	565.148
北美 μ律体制	符号	T1	T2	T3	T4	
	话路数	24	96	672	4032	
	数据率（Mbit/s）	1.544	6.312	44.736	274.176	
日本	数据率（Mbit/s）	1.544	6.312	32.064	97.728	

3. 同步数字系列SDH

同步数字系列（Synchronous Digital Hierarchy，SDH）是当今世界通信领域在传输技术方面的发展热点，它是一个将复接、线路传输及交换功能结合在一起并由统一网络管理系统进行管理操作的综合宽带信息网，是实现高效、智能化、维护功能完善、操作管理灵活的现代电信网的基础，是当今信息高速公路的重要组成部分。

SDH的基本概念最早由美国贝尔通信研究所提出，称为同步光纤网SONET，1986年确定为美国标准。制定SONET标准的最初目的是消除光接口之间的互不兼容，实现标准统一化，便于各厂商设备在光路上互通。与此同时，欧洲和日本也提出了自己的方案。随着光纤通信的发展，四次群速率已不能满足大容量高速传输的要求，1988年CCITT（现为ITU-T）综合了各国方案，在SONET的基础上推出了正式标准，确定四次群以上在复接时采用同步复接技术，最终形成了同步数字系列。

SDH的操作基本上与SONET相同，SONET是一个信令层次，是建立在呼叫同步传输（STS）的基础信令结构上的，STS也称为光载波（OC）信令。STS-1/OC-1的信令速率为51.84Mbit/s，SDH速率基础与SONET相同，差别是SDH的第一级基本模块信号速率为155.52Mbit/s，记作STM-1，等效于STS-3C/OC-3C，基本度量单位叫作同步传输模块（STM）。4个STM-1按同步复接得到STM-4，速率为622.08Mbit/s，等效于STS-12C/OC-12C。更高等级的STM-*N*信号是基本模块STM-1的同步复用，其中*N*为整数，目前SDH只能支持1、4、16、64等几个等级，如表2-5所示。

表2-5 SDH标准速率

等级	速率（Mbit/s）
STM-1	155.52
STM-4	622.08
STM-16	2488.320
STM-64	9953.280

SDH的基本思想是通过物理传输网（主要是光纤）进行同步信号复用和传送适配有

效负载（payload），它具有世界统一的网络节点接口（NNI）规范，使 E_1/T_1 两大数字体系在 STM-1 等级上获得统一。SDH 采用同步复用方式和灵活的复用映射结构，只需使用软件就可使高速信号一次直接分插出低速光路信号，即一步复用，简化了操作，同时利用同步分插功能可形成自愈环形网，提高了网络的可靠性和安全性，并且 SDH 与现有网络完全兼容，能容纳各种新业务信号，如光纤分布式数据接口（FDDI）信号、分布式队列双总线（DQDB）信号和宽带 B-ISDN、ATM 信号等。

SDH 的帧结构如图 2-47 所示。它采用了一种以字节结构为基础的矩形帧结构，由 270 × N 列和 9 行字节组成，每字节为 8bit。STM-1 的帧长度为 270 × 9 × 8= 19 440bit，即 2430 个字节，每秒 8000 帧，故 STM-1 的速率为 19 440bit × 8000 帧 /s= 155.52Mbit/s。SDH帧结构主要由段开销、信息净负荷和管理单元指针组成。其中，段开销主要用于网络运行、管理和维护目的；信息净负荷用于传送通信业务信息；管理单元指针是一组编码，其值大小表示信息在净负荷区所处的位置，调整指针就是调整净负荷包封和 STM-N 帧之间的频率和相位，以便在接收端正确地分解出支路信号。

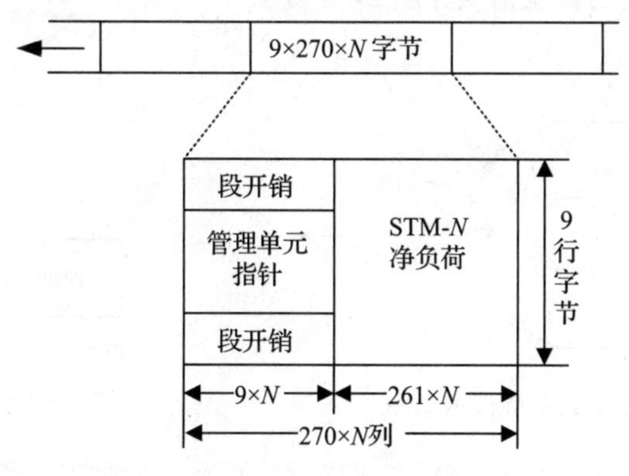

图 2-47　STM-N 帧结构

SDH 网络中基本的网元有终端复用器（TM）、再生中继器（REG）、分插复用器（ADM）和数字交换连接设备（DXC）等，图 2-48 给出了 SDH 网络的典型应用形式。

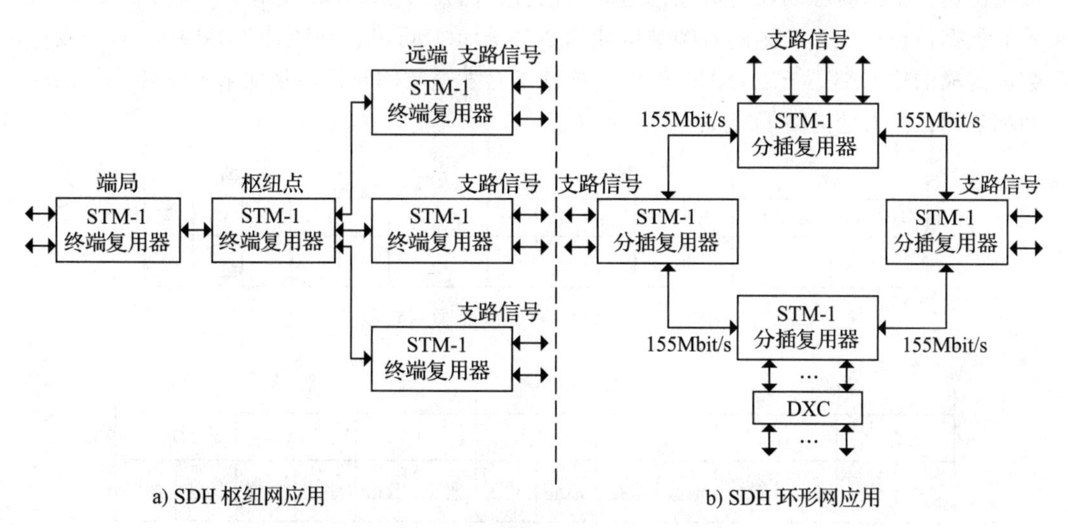

图 2-48　SDH 网络的典型应用形式

2.5.4　统计时分多路复用

在同步时分多路复用技术中，因为输入信号源与它所使用的时隙之间的关系是预先排定的，每个输入源不管其状态如何（空闲或发送），都分配有一个时隙，扫描器按固定时序对输入源的缓冲存储器进行扫描；并不是每个终端缓冲器在扫描到它的时刻都有数据传送，若某个输入源没有信息发送，但相应的时隙仍然被它占据着，一帧中许多空白的时隙因没有数据传送而被白白浪费掉了，于是产生了可以智能动态地给输入端分配时隙的统计时分多路复用（Statistical TDM，STDM）技术。

在 STDM 中，我们可以设计有 N 个输入 / 输出端但是只有 K 个（$K<N$）时隙的时分多路复用器，使时隙和输入线之间的关系不再是固定的，多路器在扫描输入缓冲存储器时，只把时隙分配给要发送数据的输入端，不分配给空闲的输入端，如图 2-49 所示。由于输入 / 输出端和时隙之间的关系不固定，因此，在每个时隙中除了要传送数据以外，还必须携带有关输入端地址的信息，以便在接收端能正确地把数据分发到相应的缓冲存储器中去。一个时隙内的数据格式如图 2-50 所示。

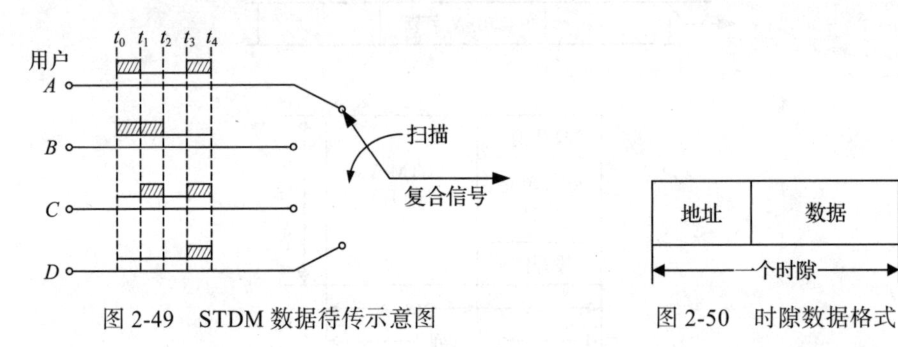

图 2-49　STDM 数据待传示意图　　　　图 2-50　时隙数据格式

假设有 4 个输入源 A、B、C、D，它们在 t_0、t_1、t_2、t_3 时刻所产生的数据如图 2-50 所示，空白处表示没有数据需要传送。在同步 TDM 技术中，对应于 4 个输入源，将产生 4 个时隙，在 t_0、t_1、t_2、t_3 帧内的时隙分配情况如图 2-51 所示，图中有阴影的时隙表示有数据传送，空白时隙因没有数据传送而被浪费；而在统计 TDM 技术中，对于图 2-50 所示的数据待传情况，产生的各帧结构如图 2-52 所示。可见，在统计 TDM 中，对于没有数据传输的输入端不予以分配时隙，这样就不会发送空闲时隙，从而节省了传输线的时间和空间，极大地提高了线路的利用效率。

t_0帧				t_1帧				t_2帧				t_3帧			
A_0	B_0	C_0	D_0	A_1	B_1	C_1	D_1	A_2	B_2	C_2	D_2	A_3	B_3	C_3	D_3

图 2-51　同步 TDM 的时隙与数据

原t_0帧				原t_1帧				原t_3帧					
A_0		B_0		B_1		C_1		A_3		C_3		D_3	
地址	数据	地址	数据	地址	数据	地址	数据	地址	数据	地址	数据	地址	数据

图 2-52　统计 TDM 的时隙与数据

在统计 TDM 中，输出时隙需要携带数据和目的地址，而且数据长度和地址长度之比必须合理；在同步 TDM 中不需要地址，输入和输出的地址关系是对应好的；另外，统计 TDM 不需要同步位，干线的容量小于每个输入线路的容量之和。

2.5.5 码分多路复用

码分多路复用（Code Division Multiple，CDM）又称码分多址（Code Division Multiple Access，CDMA），也是一种多信息流（或多用户）共享信道的技术。CDM 与 FDM（频分多路复用）和 TDM（时分多路复用）不同，它既共享信道的频率，也共享时间，是一种真正的动态复用技术。其原理是每比特时间被分成 m 个更短的时间槽，称为码片序列（chip sequence），通常每比特有 64 或 128 个码片。每个站点（或通道）被指定一个唯一的 m 位的代码或码片序列。当发送“1”时站点就发送码片序列，当发送“0”时就发送码片序列的反码。例如，S 站的码片序列是 00011011。若 S 发送“1”，则发送序列 00011011，而若 S 发送“0”，则发送序列 11100100。实际操作时，按惯例约定 X_i 和 Y_i 取 +1 或 −1，i=1, 2, …, m。也就是说，若码片序列为（00011011），则写为（−1−1−1+1+1−1+1+1）。可以用下面的数学关系式表示。设 $x=(x_1, x_2, \cdots, x_N)$、$y=(y_1, y_2, \cdots, y_N)$ 表示两个码长为 N 的码字序列，二进制码元 $x_i, y_i \in (+1, -1)$，i=1, 2, …, N，则定义两个码字序列的互相关系数为两个码字的内积除 N：

$$\rho(x, y) = \frac{1}{N}\sum_{i=1}^{N} x_i y_i$$

由上述定义可知，互相关系数 $-1 \leqslant \rho(x, y) \leqslant +1$。如果互相关系数 $\rho(x, y)=0$，则称两个码字序列 x 和 y 正交；如果互相关系数 $\rho(x, y) \approx 0$，则称两个码字序列 x 和 y 准正交；如果互相关系数 $\rho(x, y)< 0$，则称两个码字序列 x 和 y 超正交。例如，（1 1 1 1）、（1 1 −1 −1）、（1 −1 −1 1）、（1 −1 1 −1）两两正交，即两两互相关系数为 0，是正交码，波形如图 2-53 所示。

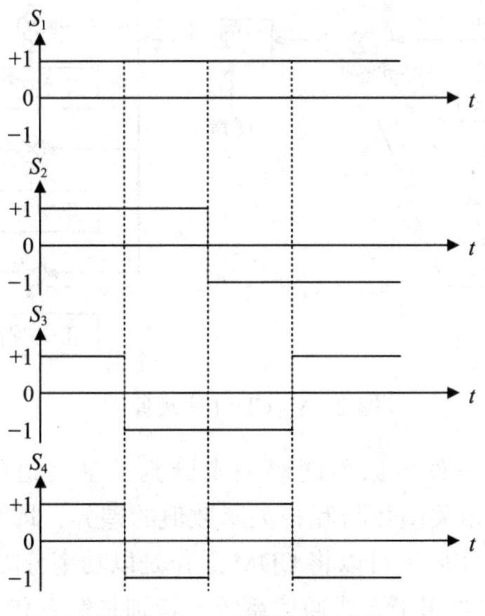

图 2-53　正交码组波形图

当两个或多个站点同时发送信号时，为了从信道中分离出各路信号，要求每一个站点分配的码片序列与其他所有站点分配的码片序列必须正交，即不同站点的码片互相关系数（码片向量内积）要求为 0。不仅如此，一个站点的码片序列与其他站点的码片反码的内积也要求为 0，一个站点的码片序列与自己的码片序列的内积为 1，一个站点的码片序列与自己的码片序列反码的内积为 −1。这样，接收站点就可以根据发送站点（假设 S 站点）的码片序列，将所收到的其他站点的信号过滤掉，只正确识别和接收发送站点（S 站点）的信号。

CDM 实现原理如图 2-54 所示，发送端利用一组正交的码片序列（如沃尔什函数或伪随机序列）作为载波信号来分别携带不同的各路数据信号（调制，即向量内积）而完成多路复用，如果接收站点知道其站点的码片序列（正交码字），就可通过相关计算将各路信号分开。在图 2-54 中：

$$e=\sum_{i=1}^{k}a_i=\sum_{i=1}^{k}d_iw_i,\quad J_i=\rho(e,w_i)\frac{1}{N}\sum_{n=1}^{N}\left(\sum_{i=1}^{k}d_iw_i\right)w_i(i=1,\cdots,k)$$

上式中，N 为正交码字的位数，k 为输入端数，w_i 为正交码字。例如，如果 k=2、d_1=1、w_1=1111、d_2=0、w_2=1100，则：

$$e=\sum_{i=1}^{2}a_i=\sum_{i=1}^{2}d_iw_i=(1111)+(-1-111)=(0022)$$

$$J_1=\rho(e,w_1)=\frac{1}{4}\sum_{n=1}^{4}\left(\sum_{i=1}^{2}d_iw_i\right)w_1=\frac{1}{4}\sum_{n=1}^{4}(0022)\cdot(1111)=1=d_1$$

$$J_2=\rho(e,w_2)=\frac{1}{4}\sum_{n=1}^{4}\left(\sum_{i=1}^{2}d_iw_i\right)w_1=\frac{1}{4}\sum_{n=1}^{4}(0022)\cdot(1100)=0=d_2$$

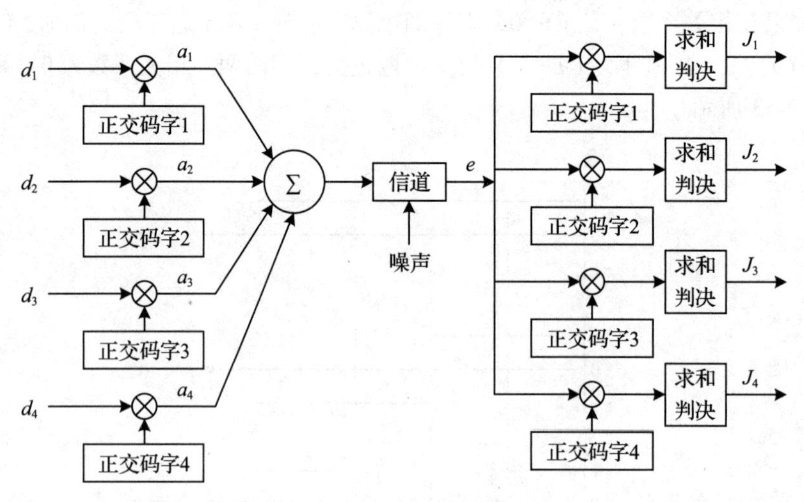

图 2-54 CDM 实现原理

由上可知，CDM 是一种根据不同码型来分割共享信道的方式。由于在接收时，CDM 系统根据序列的自相关函数与互相关函数值的差异，即功率的大小不同，来分解恢复各路基带信号，因此实际上可以将 CDM 看作是以功率分隔方式来实现多路复用的。

码分多路复用技术主要用于无线通信系统，特别是第三代移动通信系统。它不仅可以提高通信的话音质量和数据传输的可靠性并减少干扰对通信的影响，而且可以增大通信系统的容量。

例如，在 CDMA 数字蜂窝移动通信系统中，由于发送端是以直接序列扩频方式实现码分复用的，即采用伪随机码进行扩频调制，使原数据信号的带宽被扩展，因此信道中传输的是平均功率密度谱很低的宽带信号，它不仅具有低可检性，能与其他系统共用频带而互不干扰，而且能抗频率选择性衰落和多径干扰。此外，该系统接收端解扩频时采用的相关处理方法能把有用的宽带信号变成窄带信号，同时把无用的窄带干扰信号变成宽带信号。这样，借助窄带滤波技术可以抑制绝大部分噪声，从而大大提高信噪比。CDMA 系统的这些优点可用来解决在频谱资源日益缺乏的状况下进一步扩大容量和提高抗干扰能力等一系列问题，使其具有更强的竞争力。

2.6　扩频

多路复用是指把来自某些源端的信号组合在一个信道中进行传输，目的是提高信道利用率。扩展频谱通信（Spread Spectrum Communication，SSC）简称扩频通信，其特点是传输信息所用的带宽远大于信息本身的带宽。扩频通信技术在发送端以扩频编码进行扩频调制，在接收端以相关解调技术接收信息。扩频通信技术是一种信息传输方式，其信号所占用的频带宽度远大于所传信息必需的最小带宽；频带的扩展通过一个独立的码序列来完成，用编码及调制的方法来实现，与所传信息数据无关；在接收端则用同样的码进行相关同步接收、解扩及恢复所传信息数据。

由于扩频通信要用扩频编码进行扩频调制发送，而信号接收需要用相同的扩频编码之间的相关解扩才能得到，这就给频率复用和多址通信提供了基础。充分利用不同码型的扩频编码之间的相关特性，分配给不同用户不同的扩频编码，可以区别不同用户的信号，并且不受其他用户的干扰，实现频率复用。

常用的扩频技术主要有两种，即跳频扩频和直接序列扩频。下面分别简单介绍这两种扩频技术。

2.6.1　跳频扩频

跳频是最常用的扩频方式之一，是指收发双方传输信号的载波频率按照预定规律进行离散变化的通信方式，也就是说，通信中使用的载波频率受伪随机变化码的控制而随机跳变。从通信技术的实现方式来说，“跳频”是一种用码序列进行多频频移键控的通信方式，也是一种码控载频跳变的通信系统。

跳频是载波频率在一定范围内不断跳变意义上的扩频，不是对被传送信息进行扩谱，不会得到直序扩频的处理增益。跳频的优点是抗干扰，定频干扰只会干扰部分频点，通常用于语音信息的传输，当定频干扰只占一小部分时不会对语音通信造成很大的影响。

跳频的高低直接反映跳频系统的性能，跳频越高，抗干扰的性能越好，军用的跳频系统可以达到每秒上万跳。实际上 GSM 系统也是跳频系统，其规定的跳频为 217 跳 /

秒。出于成本的考虑，商用跳频系统跳速都较慢，一般在 50 跳 / 秒以下。由于慢跳跳频系统实现简单，因此低速无线局域网产品常常采用这种技术。

跳频扩频（Frequency Hopping Spread Spectrum，FHSS）是用源信号调制 M 个不同频率的载波信号。在某个时刻用源信号调制一种频率的载波，在下一个时刻调制另一种频率的载波。

假定我们决定采用 8 个频率，此时，M 是 8，用 k=3 位二进制描述这 8 个频率。假设这 8 个载波的频率与 k 位模式的对应关系如表 2-6 所示。

表 2-6　*k* 位模式与频率对应关系

***k* 位模式**	000	001	010	011	100	101	110	111
频率 / kHz	100	200	300	400	500	600	700	800

假设发送站点的模式是 101、111、001、000、010、110、011、100，这就是说：在时刻（跳周期)1，模式是 101，所选的载波频率是 600kHz，源信号调制这个频率的载波；在时刻 2，模式是 111，所选的载波频率是 800kHz ；依次类推，直到一个周期结束，即 8 次跳频后，模式重复，再从 101 开始。

值得注意的是，模式是随机的（伪随机），因此如果入侵者企图窃听传输信号，由于不知道扩频序列，因此他不能很快知道下一跳的频率，可见跳频扩频能够起到保密通信的作用。另外，恶意的发送端可能会在某个时刻发送噪声干扰信号，同样的道理，由于不知道扩频序列，因此干扰者也无法干扰整个发送周期。

如果跳频数是 M，那么可以将 M 个信道多路复用为使用同一带宽 B_{ss} 的一个信道。由于一个站点在每跳周期内只使用一个频率，其他 M-1 个站点可使用另外 M-1 个频率。换言之，如果使用了适当的调制技术，M 个不同站点可使用同一带宽 B_{ss}。FHSS 与 FDM 相似，只是在 FDM 中，每个站点占用了带宽 B_{ss} 的 1/M，但是每个站点的带宽是固定分配的，而在 FHSS 中，每个站点也占用了带宽 B_{ss} 的 1/M，但是每个站点的带宽是随机分配的。

从时域上来看，跳频信号是一个多频率的频移键控信号；从频域上来看，跳频信号的频谱是一个在很宽频带上以不等间隔随机跳变的。其中：跳频控制器为核心部件，具有跳频图案产生、同步、自适应控制等功能；频合器在跳频控制器的控制下合成所需频率；数据终端对数据进行差错控制。

与定频通信相比，跳频通信比较隐蔽，也难以被截获。只要对方不清楚载频跳变的规律，就很难截获我方的通信内容。同时，跳频通信也具有良好的抗干扰能力，即使有部分频点被干扰，仍能在其他未被干扰的频点上进行正常的通信。跳频通信系统是瞬时窄带系统，它易于与其他的窄带通信系统兼容，也就是说，跳频电台可以与常规的窄带电台互通，有利于设备的更新。

2.6.2 直接序列扩频

直接序列扩频（Direct Sequence Spread Spectrum，DSSS）是直接利用具有高码率的扩频码系列采用各种调制方式在发端与扩展信号的频谱，而在收端，用相同的扩频码序去进行解码，把扩展宽的扩频信号还原成原始的信息。它是一种数字调制方法，具体来说，就是将信源与一定的 PN 码（伪噪声码）进行模二加。例如，在发射端将“1”用

11000100110 代替，将“0”用 00110010110 代替，这个过程就实现了扩频，而在接收端把收到的序列 11000100110 恢复成“1”，把收到的序列 00110010110 恢复成“0”，这就是解扩。图 2-55 给出了直接序列扩频通信模型。

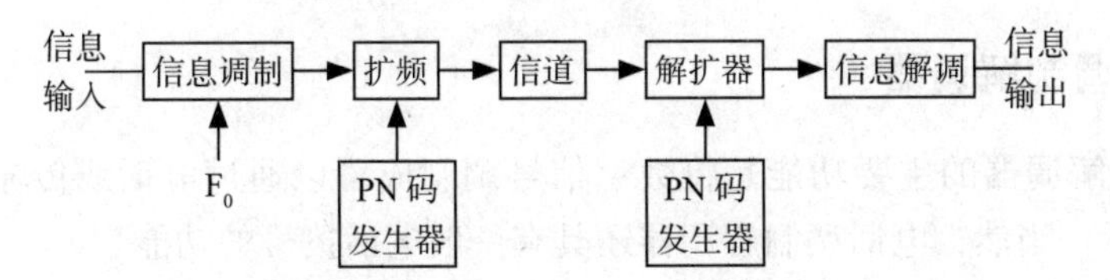

图 2-55　直接序列扩频通信模型

直接序列扩频系统有很强的保密性能。对于直接序列扩频系统而言，射频带宽很宽，谱密度很低，甚至淹没在噪声中，很难检查到信号的存在。由于直接序列扩频信号的频谱密度很低，因此直接序列扩频系统对其他系统的影响就很小。

直接序列扩频系统一般采用相干解调解扩，其调制方式多采用 BPSK、DPSK、QPSK、MPSK 等。而跳频方式由于频率不断变化，在频率的驻留时间内都要完成一次载波同步，随着跳频频率的增加，要求的同步时间就越来越短。因此跳频多采用非相干解调，采用的解调方式多为 FSK 或 ASK。从性能上看，直接序列扩频系统利用了频率和相位的信息，性能优于跳频。

抗干扰是扩频通信的主要特性之一，比如信号扩频宽度为 100 倍，窄带干扰基本上不起作用，而宽带干扰的强度降低了 100 倍，如果要保持原干扰强度，则需加大 100 倍总功率，这实际上是难以实现的。因为信号接收需要扩频编码进行相关解扩处理才能得到，所以即使以同类型信号进行干扰，在不知道信号的扩频码的情况下，由于不同扩频编码之间不同的相关性，干扰也不起作用。

因为信号在很宽的频带上被扩展，单位带宽上的功率很小，即信号功率谱密度很低，信号淹没在白噪声之中，别人难以发现信号的存在，加上不知道扩频编码，因此很难拾取有用信号，而极低的功率谱密度，也很少对于其他电信设备构成干扰。

由于直接序列扩频通信要用扩频编码进行扩频调制发送，而信号接收需要用相同的扩频编码做相关解扩才能完成，这就给频率复用和多址通信提供了基础。充分利用不同码型的扩频编码之间的相关特性，分配给不同用户不同的扩频编码，就可以区别不同用户的信号，众多用户只要配对使用自己的扩频编码，就可以互不干扰的同时使用同一频率通信，从而实现频率复用，使拥挤的频谱得到充分利用。发送者可用不同的扩频编码分别向不同的接收者发送数据；同样，接收者使用不同的扩频编码，就可以收到不同的发送者送来的数据，实现了多址通信。

无线通信中抗多径干扰一直是难以解决的问题，利用扩频编码之间的相关特性，在接收端可以用相关技术从多径信号中提取分离出最强的有用信号，也可把从多个路径来的同一码序列的波形相加使之得到加强，从而达到有效的抗多径干扰。

2.7　接入网

最常见的接入网就是将计算机发出的二进制信号调制到各种线路中以访问因特

网。本节主要介绍电话调制解调器（dial up modem）、x 数字用户线调制解调器（xDSL modem）以及电缆调制解调器（cable modem）的工作原理，以及用户如何通过这三种设备接入互联网，并对 FTTH、4G、5G、DTE 和 DCE 进行简单介绍。

2.7.1 电话调制解调器

电话调制解调器的主要功能是将数字信号调制成可以通过电话线传输的模拟信号，如图 2-56 所示。当然，电话调制解调器还具有一般电话拨号的功能。

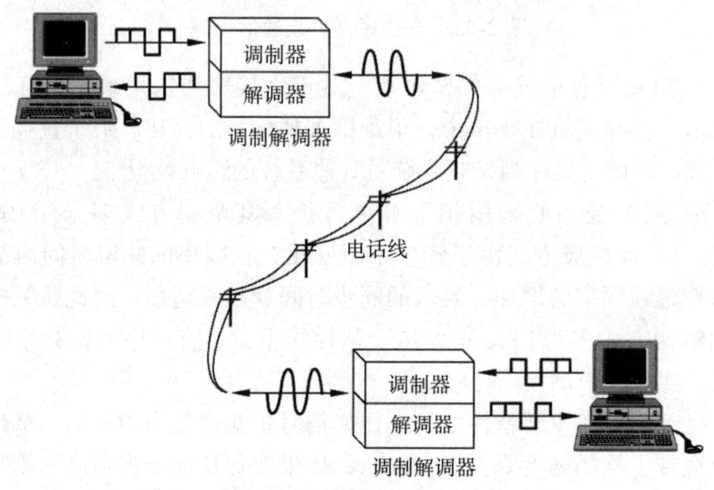

图 2-56 电话调制解调器

在图 2-56 中，计算机是数据终端设备，电话调制解调器是数据电路端接设备。数据终端设备产生数字数据并通过接口（例如 EIA-232）将数据发送到电话调制解调器，然后数据电路端接将数字信号调制成模拟信号并发送到电话线上。

传统电话线被限制在 300 ～ 3300 Hz 范围的带宽，用于传输话音信号。为了保证数据传输的正确性，真正用于传输数据的只使用 600 ～ 3000Hz 这部分频带（带宽为 2400Hz），如图 2-57 所示。

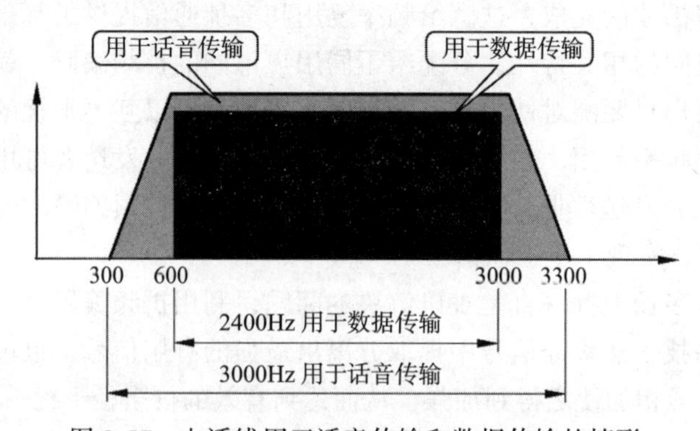

图 2-57 电话线用于话音传输和数据传输的情形

需要注意的是，现在很多电话线的实际带宽比 3kHz 大得多，但是电话调制解调器的设计是基于电话线只使用 3kHz 带宽的情形。

电话调制解调器所要做的工作就是在 2400Hz 的带宽上，利用前面介绍的各种调制解调技术提高话音信道的数据率。目前在电话调制解调器所能做到的最大上载速率是 33.6Kbit/s（因为上载时要对模拟信号进行数字化，而量化噪声限制了它的最大数据率），下载速率最大可以达到 56Kbit/s（每秒 8000 次采样，每个采样用 7 比特编码），因为下载时信号没有受到量化噪声的影响，因而不受香农定理限制，如图 2-58 所示。

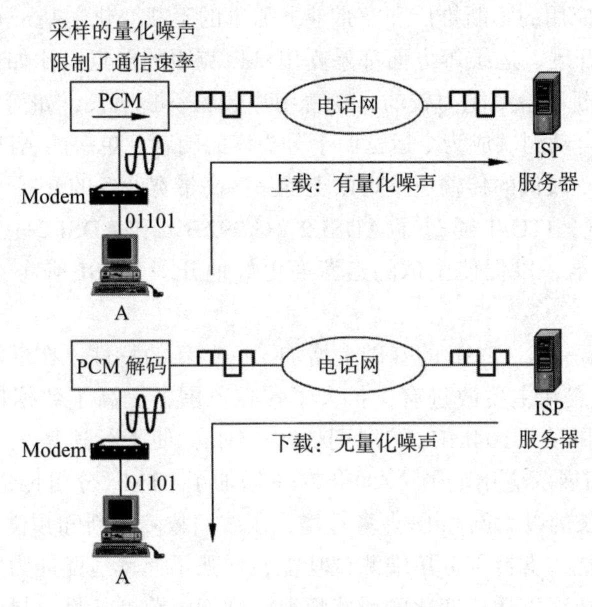

图 2-58　电话调制解调器

2.7.2　ADSL 调制解调器

非对称数字用户线（Asymmetric Digital Subscriber Line，ADSL）是一种利用现有的电话线路进行高速数据传输的技术。

ADSL 提供的下载速率（从互联网到用户）比上载速率（从用户到互联网）高。图 2-59 给出了 ADSL 对电话线带宽的划分。

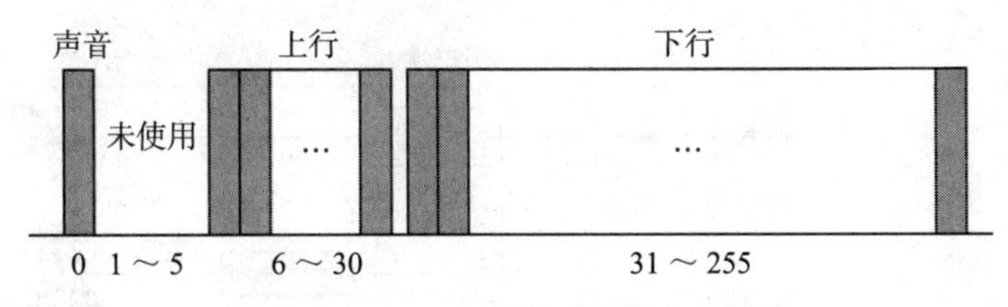

图 2-59　ADSL 对电话线带宽的划分

ADSL利用现有电话线中 1MHz 多的带宽，将这 1MHz 多的带宽划分为 256 个带宽为 4kHz 的子信道。其中，信道 0 保留用于话音通信。上行数据和控制使用信道 6 ～ 30（25 个信道），其中 24 个信道用于传输数据，1 个信道用于控制，最大数据率可达 24 × 4000 × 15=1.44Mbit/s（假定每赫兹可以调制 15 比特的二进制数据）。下行数据和控制使用信道 31 ～ 255（225 个信道），其中 224 个信道用于传输数据，1 个信道用于控制，最大数据率可达 13.4Mbit/s。但是由于线路存在噪声，实际的数据率如下：上行为 64Kbit/s ～ 1.5Mbit/s，下行为 500Kbit/s ～ 8Mbit/s。

ADSL2 下行速率最高可达 12Mbit/s，而 ADSL2+ 的下行速率最高可达 25Mbit/s，最长传输距离可达 6km。

当前，在“光进铜退”的大背景下，以 ADSL 技术为代表的 xDSL 技术并没有放慢发展的步伐。在快速发展的同时，ADSL 正在从第一代 ADSL 技术向新一代 ADSL 技术演进。随着 ADSL 应用的不断推广和宽带业务需求的不断变化，基于 G.992.1/G.992.2 的 ADSL 技术在业务开展、运维等方面都暴露出难以克服的弱点。比如：第一代 ADSL 技术所支持的线路诊断和检测能力较弱，随着用户数的不断增长，如何实现用户终端的远程管理以及线路的自动测试成为令运营商十分头疼的问题；单一的 ATM 传送模式难以适应网络 IP 化的趋势；较低的传输速率难以支持一些高带宽业务的开展，如流媒体业务等。

针对上述情况，ITU-T 通过了 ADSL2（G.992.3）和 ADSL2+（G.992.5）两个新一代 ADSL 技术标准，以促使全球的运营商更好地开展 ADSL 业务，用户更好地享用 ADSL 业务。

ADSL2/2+ 在第一代 ADSL 的基础上增加了一些新的特性，在性能、功能方面有较大改进，其突出特点和主要改进有：扩大了覆盖范围，提高了数据传输速率，特别是 ADSL2+ 将频谱范围从 1.104MHz 扩展到 2.208MHz，使下行速率大大提高（最高可达 25Mbit/s 以上）；拓展了应用范围，ADSL2/2+ 增加了 PTM（分组传送模式），能够更加高效地传送日益增长的以太网和 IP 业务；增强了线路故障诊断和频谱控制能力，能很好地支持双端测试功能，支持部分单端测试功能；增强了速率适配能力，能在不影响业务的情况下动态调整速率以适应变化的线路情况；增加了节能特性，局端设备和用户端设备都能在业务量小或没有业务的情况下进入低功率模式或休眠状态；支持多线对速率捆绑，可以实现更高的数据速率。

值得注意的是，新一代 ADSL 技术虽然推出了 ADSL2 和 ADSL2+ 两个标准，但 ADSL2 标准只是为 ADSL2+ 标准的最终推出做铺垫，新一代 ADSL 技术将以 ADSL2+ 技术的形式得到推广和应用。

图 2-60 给出了在用户端和电信局端安装 ADSL 调制解调器的情形。在电信局端安装的设备叫作数字用户线接入复用器（Digital Subscriber Loop Access Multiplexer，DSLAM）。

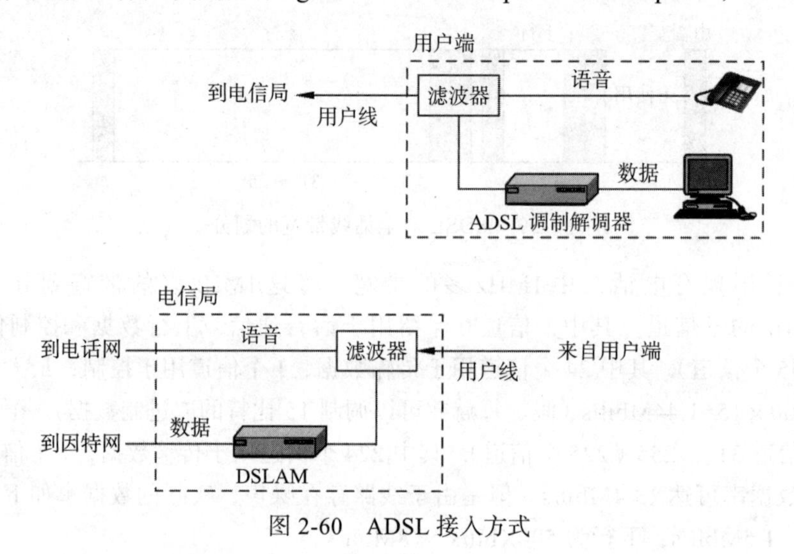

图 2-60　ADSL 接入方式

2.7.3　电缆调制解调器

早期的有线电视（Cable TV，CATV）使用同轴电缆进行端到端的传输。第二代 CATV 使用混合光纤同轴电缆（Hybird Fiber Cable，HFC）网络。电视台的信号在头端（head end）通过光纤到达光纤节点的盒子，然后通过同轴电缆到用户住宅。在 HFC 系统中，从光纤节点到用户住宅都使用同轴电缆。这种同轴电缆的带宽大约为 5 ～ 750MHz。电视台将同轴电缆的带宽划分为 3 个频带，即电视信号、上行数据和下行数据，如图 2-61 所示。

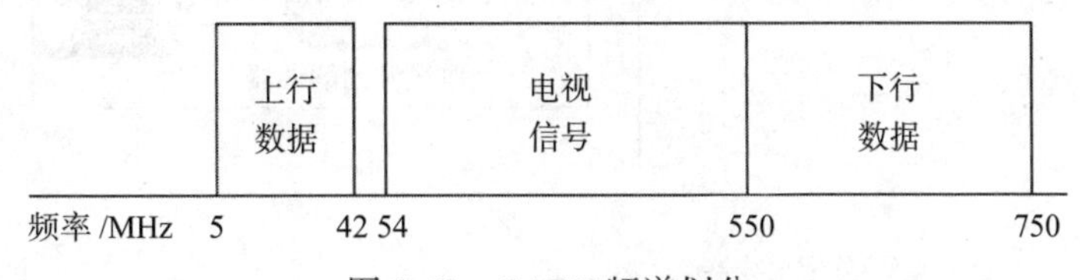

图 2-61　CATV 频谱划分

电视信号占用 54 ～ 550MHz 的频带。由于每一个电视频道占用 6MHz 带宽，同轴电缆可以容纳超过 80 个频道。

下行数据占用 550 ～ 750MHz 频段，这个频段又被划分为一个个 6MHz 的子信道，每个子信道支持的下行速率达到 30Mbit/s（5bit/Hz）。但是，一般的电缆调制解调器是通过 10BASE-T 接口连到计算机的，因此下行速率往往被限制为 10Mbit/s。

上行数据占用 5 ～ 42MHz 频段，这个频段又被划分为一个个 6MHz 的子信道，每个子信道理论上支持的下行速率是 12Mbit/s（2bit/Hz）。但是，由于受到噪声和干扰的影响，实际上行数据率往往小于 12Mbit/s。

采用电缆调制解调器接入互联网存在共享问题，上行数据只有 6 个 6MHz 的频道可用于上行方向。问题是，当用户数目大于 6 时怎么办？解决办法是分时共享，即如果一个用户想发送数据，就必须和其他用户竞争使用信道。

下行方向的情况类似，多于 33 个用户时，也存在竞争问题。但是，由于下行数据存在组播的情况，互联网可以通过组播在一个信道内给多个用户发送数据。

要使用 CATV 电缆传输数据，必须用到两个设备：一个是电缆调制解调器，另一个是电缆调制解调器传输系统（Cable Modem Transmission System，CMTS）。电缆调制解调器安装在用户住宅中，而电缆调制解调器传输系统安装在分配集线器（distribution hub）里面，如图 2-62 所示。CMTS 从互联网接收数据，并把数据送到组合器，然后传送给用户。CMTS 还从用户处接收数据，并把数据传送到互联网。

2.7.4　FTTH

随着互联网的持续快速发展，网上新业务层出不穷，特别是近年来开始风靡的网络游戏、会议电视、视频点播等业务，使人们对网络接入带宽的需求持续增加。与其他有线、无线接入技术相比，光纤接入在带宽容量和覆盖距离方面具有无与伦比的优势。随着低成本无源光网络（Passive Optical Network，PON）技术的出现和迅速成熟，以及光纤光缆成本的快速下降，众多运营商接入网络光纤化的理想能够得以实现。一方面是不断涌现的新业务对带宽的巨大潜在需求，另一方面是技术上有望保证在用户可接受的价格下实现光纤接入。在“市场需求”和“技术进步”两者的合力作用下，许多专家预测FTTH即将进入大规模商用的崭新时代。

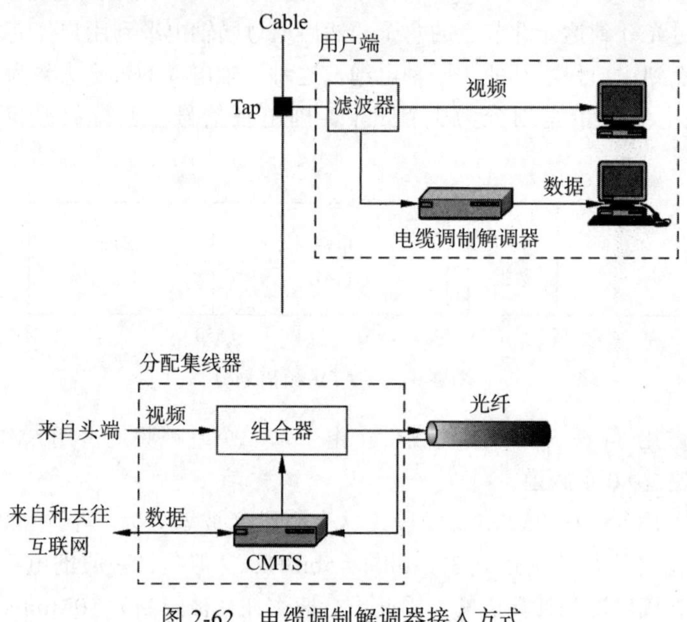

图 2-62 电缆调制解调器接入方式

光纤到户（Fiber To The Home，FTTH），是一种光纤通信的传输方法。FTTH 的显著技术特点是不但提供了更大的带宽，而且增强了网络对数据格式、速率、波长和协议的透明性，放宽了对环境条件和供电等方面的要求，简化了维护和安装。PON 技术已经成为全球宽带运营商共同关注的热点，被认为是实现 FTTH 的最佳技术方案之一。

无源光网络技术是一种点到多点的光纤接入技术，如图 2-63 所示，它由局侧的光线路终端（Optical Line Terminal，OLT）、用户侧的光网络单元（Optical Network Unit，ONU）以及光分配网络（Optical Distribution Network，ODN）组成。所谓“无源”，是指光分配网络中不含有任何有源电子器件及电子电源，全部由光分路器（splitter）等无源器件组成，因此其管理和维护的成本较低。

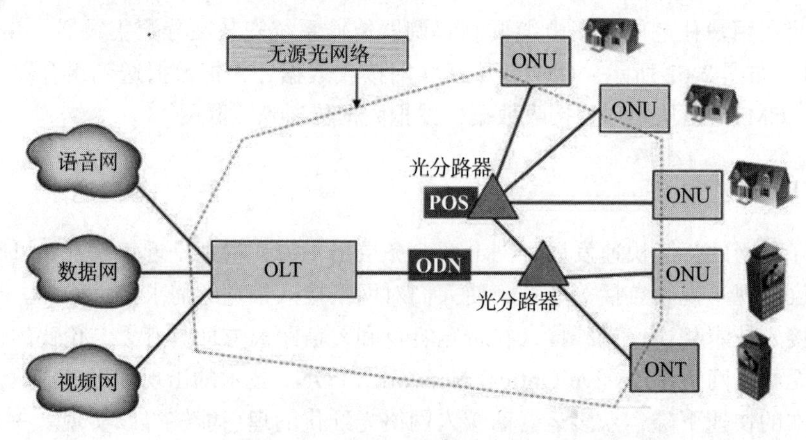

图 2-63 无源光网络的组成结构

由于无源光分路器（Passive Optical Splitter，POS）是不用电的，因此能保证信号可以顺利达到所有 ONU。

目前流行的无源光网络主要是 GPON（Gigabit PON）和 EPON（Ethernet PON）。GPON 是由 ITU/FSAN 制定的 Gigabit PON 标准，EPON 是由 IEEE 802.3ah 工作组制定的 Ethernet PON 标准。GPON 和 EPON 的比较如表 2-7 所示。

表 2-7 GPON 和 EPON 的比较

性能指标	GPON	EPON
下行线路速率（Mbit/s）	1244/2488	1250
上行线路速率（Mbit/s）	155/622/1244/2488	1250
线路编码	NRZ	8B/10B
以太网传送效率	上行 93%，下行 94%	上行 61%，下行 73%
分路比	1 ∶ 128	1 ∶ 64
最大传输距离（km）	60	20
TDM 支持能力	TDM over ATM 或 Packet	TDM over Ethernet
视频支持能力	支持有线电视和 IPTV	不支持有线电视
安全性	支持高级封装标准	未定义
管理（OAM）	提供标准 ONT 管理控制标准	以太（可选 SNMP）

GPON 和 EPON 的技术差别很小。两者的区别主要是接口，其交换、网元管理、用户管理都是类似的，甚至是相同的。比较而言，GPON 在多业务承载、全业务运营上更有优势。

2.7.5 4G

4G 标准化过程有两个备选方案，一个是由 3GPP（3rd Generation Partnership Project，第三代合作计划）开发的 LTE，另一个则是来自 IEEE 802.16 委员会的 WiMAX，是一个支持高速固定无线通信的标准。LTE（Long Term Evolution，长期演进技术）开始于 2004 年 3GPP 的多伦多会议，早期 LTE 并非人们普遍认为的 4G 技术，而是介于 3G 和 4G 技术之间的一个过渡网络，是 3.5G 的全球标准，它改进并增强了 3G 的空中接入技术，采用 OFDM 和 MIMO 作为其无线网络演进的唯一标准，在 20MHz 频谱带宽下，LTE 能够提供下行 326Mbit/s 与上行 86Mbit/s 的峰值速率，改善了小区边缘用户的性能，提高了小区容量并降低了系统延迟。LTE 因其高速率、低时延等优点，得到了世界各主流通信设备厂商和运营商的广泛关注，并已开始大规模商用。

4G LTE 的系统架构如图 2-64 所示。E-UTRAN 为演进通用陆地无线接入网，由 eNodeB（eNB，LTE 基站）构成，相邻 eNodeB 之间通过 X2 接口实现 Mesh 连接。这种设计相当于拉近了网络和用户的距离，使网络对用户来说更近、更快、更简单和更透明，也符合 4G 扁平网络架构的要求。每个 eNB 又与演进型分组核心网（Evolved Packet Core，EPC）通过 S1 接口相连。EPC 以 IP 为中心，既承载语音也承载数据（3G 核心网并存两个子域结构），它主要包括移动管理实体（MME）、服务网关（SGW）、分组数据网关（PGW）等设备。其中 MME 主要负责管理用户终端访问网络和资源控制，包括用户标识、身份认证和鉴权等；SGW 主要处理与用户终端发送和接收的 IP 数据包，是无线电端与 EPC 之间的连接点。可以通过 SGW 将分组从一个 eNB 路由到另一个区域的

eNB，也可以通过 PGW 路由到外部网络，例如因特网。PGW 是 EPC 与外部 IP 网络之间的连接点，主要功能包括路由、IP 地址 /IP 前缀分配、政策控制、过滤数据包、传输层数据包标记、跨运营商计费以及访问非 3GPP 网络等。LTE 取消了 3G 系统中的重要网元——RNC（无线网络控制器），eNB 除了具有原来的 NodeB（3G 系统基站）功能外，还承担了原来的无线网络控制器功能，包括物理层功能（HARQ 等）、MAC 层功能（ARQ 等）、调度、无线接入许可控制、接入移动性管理以及小区间的无线资源管理功能等。接入网主要由演进型 eNodeB 和接入网关（aGW）构成，这种结构类似于典型的 IP 宽带网络结构。与 3G 系统的网络架构相比，网络架构中节点数量减少，网络架构更加趋于扁平化，可降低呼叫延时以及用户数据的传输时延，也会带来运维成本的降低。

3GPP LTE 接入网在有效支持新的物理层传输技术的同时，还需要满足低时延、低复杂度和低成本的要求。3GPP RANI 工作组专门负责物理层传输技术的甄选、评估和标准制定。在对各公司提交的候选方案进行征集后，确定了以正交频分多路复用（OFDM）作为物理层基本传输技术的方案。OFDM 技术是 LTE 系统的技术基础和主要特点，OFDM 系统参数的设定对整个系统的性能产生决定性的影响，其中载波间隔又是 OFDM 系统最基本的参数。经过理论分析与仿真比较，最终确定为 15kHz，上下行的最小资源块为 375kHz，也就是 25 个子载波宽度，数据到资源块的映射方式可采用集中或离散方式。循环前缀（Cyclic Prefix，CP）的长度决定了 OFDM 系统的抗多径能力和覆盖能力。短 CP 方案为基本选项，长 CP 有利于克服多径干扰，支持 LTE 大范围小区覆盖和多小区广播业务，系统可根据具体场景选择采用长短两套循环前缀方案。

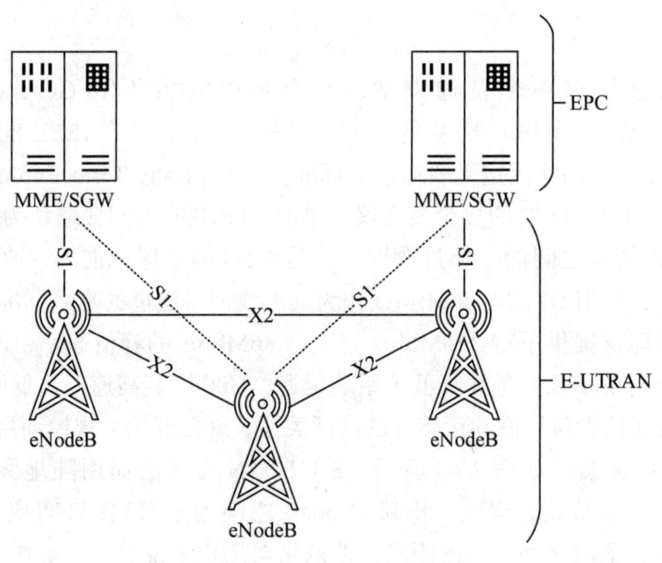

图 2-64　4G LTE 系统架构

LTE 的信道编码具有更广泛的意义，不仅包含严格的信道编码，以实现检错和纠错功能，还包括速率匹配、交织、传输和控制信道向物理信道映射与反映射等功能，LTE 的 MAC 层采用 RB-common AMC（自适应调制编码）方式，即对于一个用户的一个数据流，在一个 TTI（传输时间间隔）内，一层的 PDU（分组数据单元）只采用一种调制编码组合（但在 MIMO 的不同流之间可以采用不同的 AMC 组合）。WiMAX 是将不同的编码和调制方式组合成若干种方案供系统选择；Wi-Fi 为了提高数据传送性能，允许动态速率切换，但具体速率切换的算法由设备厂商自定义；LTE 与 WiMAX 和 Wi-Fi 的调制方式基本相同，包括 BPSK、QPSK、16QAM 和 64QAM 四种类型，不同点主要在信道编码及速率方面。总体来看，WiMAX 的 AMC 类型最多，选择比较灵活，能够更好地适应环境变化，但参数配置比较复杂，增加了系统的复杂度。LTE 的 AMC 类型比较少，比较固定，降低了系统复杂度，有利于系统兼容性和标准化。Wi-Fi 的信道编码只采用了传统的卷积编码，性能虽然有所欠缺，但比较简单，易于实现。另外，从 AMC 调度的角度来看，LTE 系统把调度器放在基站侧控制，这样调度器就可以及时地根据信道状况和衰落性能自适应地改变调制方式和其他传输参数，同时减少用户设备内存要求和系统的传输延迟。WiMAX 和 Wi-Fi 没有将信道分类，其调度相对简单，但需要终端参与，进而增加了终端的复杂度。在 QoS 保证方面，LTE 通过系统设计和严格的 QoS 机制，保证了实时业务的服务质量，符合 4G 核心网结构的要求。

LTE 虽然在网络架构上和 4G 高度一致，可以满足 4G 的技术基础，但 LTE 的无线传输能力与 4G 的要求相比还有一定差距。4G 支持更大的带宽，有更高的频谱效率和更高的峰值速率，LTE 的最大带宽是 20MHz，还不足以达到 4G 的要求，需要扩充到更高带宽，比如 40MHz、60MHz，甚至更高，所以 LTE 升级到 4G，需要提高带宽和峰值速率。提高峰值速率通常有两种方法：一种方法是对频域进行扩充，通过频谱聚合的方式进行带宽增强，即把几个 LTE 的 20MHz 的频道捆绑在一起使用；另一种方法是通过增加天线数量提高峰值频谱效率，即利用空间维度进行扩充。最直接的方法是在基站站点上增加天线，即采用更高阶的 MIMO 技术，在 LTE 阶段可以做到在基站侧设置 4 个天线，在终端侧设置 4 个接收天线和一个发射天线，但这样只能做到下行 4 发 4 收、上行 1 发 4 收。为了进一步提高峰值频谱效率，基站侧可以增加到 8 个天线、终端侧可以增加到 8 个接收天线和 4 个发射天线，这样就可做到下行 8 发 8 收、上行 4 发 8 收。

此外，还可以采用多点协同和无线中继等技术提高小区边缘用户的数据传输速率。多点协同技术是指利用相邻的几个基站同时为一个用户服务，从而提高用户的数据传输速率。无线中继技术是在原有基站站点的基础上，通过增加一些新的中继节点，下行数据先到基站，然后传输给中继节点，中继节点再传输至终端用户，上行则反之。这种方法拉近了基站和终端用户之间的距离，可以改善终端的链路质量，从而提高系统的频谱效率和用户数据传输速率。

从版本 10 开始，LTE 提供 4G 服务，称为 IMT-Advanced（或 4G）。4G 系统能为各种移动终端，包括笔记本计算机、智能手机、平板计算机等之间的通信提供宽带网络接入，支持移动 Web 访问和高清晰移动电视、游戏服务等高宽带应用。其主要特点总结如下：

- 基于全 IP 分组交换网络；
- 支持约 100Mbit/s 的峰值速率的高速移动接入；
- 动态共享和使用网络资源，使每个小区支持更多的用户同时上网；
- 支持异构网络的平滑切换，包括 2G 和 3G 网络、小蜂窝、中继和无线局域网；
- 支持高质量的下一代多媒体应用服务。
- 不支持传统的电路交换服务，仅提供 VoLTE（Voice over LTE）的电话服务。

LTE-Advanced 有两种制式，即 TDD 和 FDD，其中 3G 的 TD-SCDMA 可演进到

TDD 制式，WCDMA 网络则可演进到 FDD 制式。例如，美国 AT&T 和 Verizon 等主要运营商使用基于频分复用的 LTE，而中国移动则采用基于时分复用的 LTE。

2.7.6 5G

与 4G 技术类似，5G 相关的标准化组织有两个：ITU 和 3GPP。3GPP 的目标是根据 ITU 的相关需求，制定更加详细的技术规范与产业标准，规范产业的行为。其相关标准化工作主要涉及 3GPP SA2、RAN2、RAN3 等多个工作组。整体 5G 网络架构标准化工作预计将通过 Rel-14、Rel-15、Rel-16 等多个版本完成，2020 年年底，ITU 发布正式的 5G 标准（因此该标准也被称为 IMT-2020）。IMT-2020 建议 3GPP 在 5G 核心网标准化方面未来的重点工作包括：在 Rel-14 研究阶段聚焦 5G 新型网络架构的功能特性，优先推进网络切片、功能重构、MEC、能力开放、新型接口和协议，以及控制和转发分离等技术的标准化研究；Rel-15 将启动网络架构标准化工作，重点完成基础架构和关键技术特性方面内容；研究课题方面将继续开展面向增强场景的关键特性研究，例如增强的策略控制、关键通信场景和 UE relay 等；Rel-16 完成 5G 架构面向增强场景的标准化工作。

2017 年 12 月 21 日，国际电信标准化组织在 3GPP RAN 第 78 次全体会议上，5G NR 首发版本被正式宣布冻结并发布，比之前计划的发布时间提前了半年。此次发布的 5G NR 版本是 3GPP Release 15 标准规范中的一部分，首版 5G NR（新空口）标准的完成是实现 5G 全面发展的一个重要里程碑，它将极大地提高了 3GPP 系统能力，为垂直行业发展创造更多机会，为建立全球统一标准的 5G 生态系统打下基础。

5G 标准第一版分为非独立组网（Non-Stand Alone，NSA）和独立组网（Stand Alone，SA）两种方案。非独立组网作为过渡方案，以提升热点区域频宽为主要目标，依托 4G 基地台和 4G 核心网工作。独立组网能实现 5G 的所有新特性，有利于发挥 5G 的全部能力，是业界公认的 5G 目标方案。

5G 网络架构主要包括 5G 接入网和 5G 核心网，如图 2-65 所示。

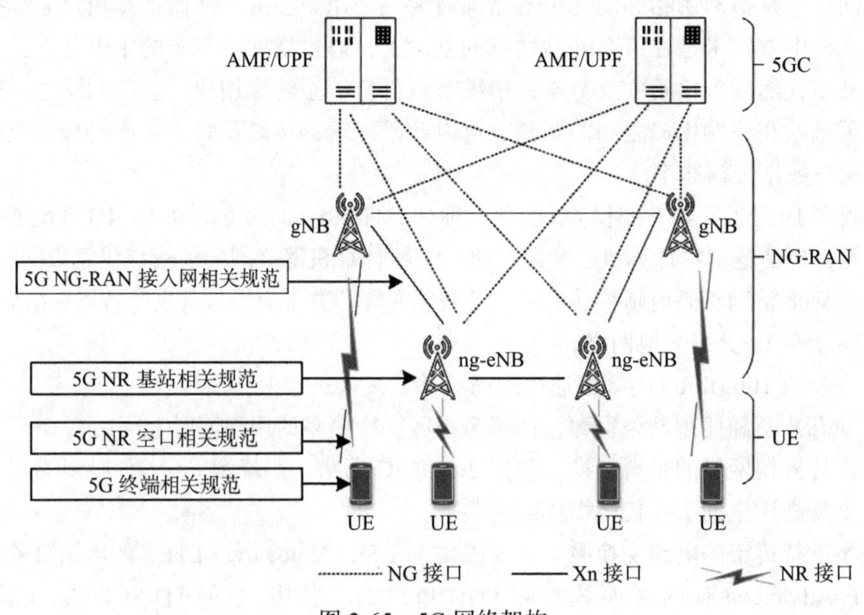

图 2-65 5G 网络架构

其中 NG-RAN 代表 5G 接入网，5GC 代表 5G 核心网，而它们之间的接口叫作 NG 接口。5G 无线接入网主要包括两种节点：gNB 和 ng-eNB。gNB 向 UE 提供 NR 用户面和控制面协议功能的节点，并且通过 NG 接口连接到 5GC。ng-eNB 向 UE 提供 E-UTRA 用户面和控制面协议功能的节点，并且通过 NG 接口连接到 5GC，也就是为 4G 网络用户提供 NR 的用户平面和控制平面协议和功能。NG-RAN 节点之间的网络接口，包括 gNB 和 gNB 之间、gNB 和 ng-eNB 之间、ng-eNB 和 gNB 之间的接口都称为 Xn 接口。gNB 和 ng-eNB 承载的主要功能包括：无线资源管理、连接的设置和释放、用户数据和控制信息的路由、无线接入网共享、会话管理、QoS 流量管理、网络切片（提供特定网络功能和网络特征的逻辑网络）等。5G 核心网主要包含以下几个节点。

- AMF：全称为 Access and Mobility Management Function，即接入和移动管理功能。终端接入权限和切换等由它来完成，主要负责访问和移动管理功能（控制面）。
- UPF：全称为 User Plane Function，即用户面管理功能。与 UPF 关联的 PDU 会话可以由（R）AN 节点通过（R）AN和 UPF 之间的 N3接口服务的区域，而无须在其间添加新的 UPF 或移除 / 重新分配 UPF，用于支持用户平面功能。
- SMF：全称为 Session Management Function，即会话管理功能。提供服务连续性，服务的不间断用户体验，包括 IP 地址和 / 或锚点变化的情况。主要负责会话管理功能。

5G 网络系统主要涉及如下关键技术。

（1）高频段通信

5G 移动通信系统面临超大的流量密度、超高的传输速率、更低的传输时延以及更可靠的网络性能和覆盖能力等需求。目前，世界各国对于 5G 频谱的规划还没有达成一致，但业界统一的认识是研究 6 ～ 100Ghz 频段，该频段拥有高达 45GHz 的丰富空闲频谱资源，可用于传输高达 10Gbit/s 甚至更高的用户数据速率业务。美国已释放 11G 高频谱用于 5G 网络。我国的 5G 初始中频频段为 3.3 ～ 3.6GHz、4.8 ～ 5GHz 两个频段（另外，中国移动拥有 2.6GHz 频段），同时，24.75 ～ 27.5GHz、37 ～ 42.5GHz 高频频段正在征集意见。国际上主要使用 28GHz 进行试验（这个频段也有可能成为 5G 最先商用的频段）。

（2）非正交多址接入技术

为了进一步提高频谱效率，继 OFDM 的正交多址技术之后，学术界提出了非正交多址技术（NOMA）。非正交多址技术的基本思想是在发送端采用非正交发送，主动引入干扰信息，在接收端通过串行干扰删除（SIC）接收机实现正确解调。然而，采用 SIC 技术的接收机复杂度有一定的提高，因此，NOMA 的本质可以说是用提高接收机的复杂度来换取频谱效率。

目前，一种主流的 NOMA 技术方案是基于功率分配的 NOMA，其子信道传输依然采用正交频分复用（OFDM）技术，子信道之间是正交互不干扰的，但是一个子信道上不再只分配给一个用户，而是多个用户共享。同一子信道上的不同用户之间是非正交传输的，这样就会产生用户间干扰，因此需要在接收端采用 SIC 技术进行多用户检测。在发送端，对同一子信道上的不同用户采用功率复用技术进行发送，不同的用户信号功率按照相关算法进行分配，这样到达接收端的每个用户信号功率都不一样。SIC接收机再根据不同用户信号功率大小，按照一定的顺序进行干扰消除，实现正确解调，同时也达到了区分用户的目的。国内设备厂商华为、中兴和大唐都提出了自己的多址技术，分别为SCMA、MUSA和PDMA。虽然技术细节有所不同，但基本上都属于NOMA。三家公司都声称频谱效率比LTE提升了3倍，但高通则认为5G的多址将继续采用OFDM技术。

（3）超密集异构网络

5G网络正朝着网络多元化、宽带化、综合化、智能化的方向发展。随着各种智能终端的普及，移动数据流量呈现爆炸式增长。在5G网络中，减小小区半径、增加低功率节点数量是保证5G网络支持1000倍流量增长的核心技术之一。因此，超密集异构网络成为5G网络提高数据流量的关键技术。未来无线网络将部署超过现有站点10倍以上的各种无线节点，在宏站覆盖区内，站点间的距离将保持10 m以内，并且支持在每平方千米范围内为25 000个用户提供服务，同时也可能出现活跃用户数和站点数的比例达到1比1的现象。密集部署的网络拉近了终端与节点间的距离，使网络的功率和频谱效率大幅提高，同时也扩大了网络覆盖范围，扩展了系统容量，并且增强了业务在不同接入技术和各覆盖层次间的灵活性。

（4）内容分发网络

在5G网络中，面向大规模用户的音频、视频、图像等业务急剧增长，网络流量的爆炸式增长会极大地影响用户访问互联网的服务质量。如何有效地分发大流量的业务内容，降低用户获取信息的时延，成为网络运营商和内容提供商面临的一大难题。仅仅依靠增加带宽并不能解决问题，传输中路由阻塞和延迟、网站服务器的处理能力等都是影响因素，这些问题的出现与用户到服务器之间的距离有密切关系。内容分发网络（Content Distribution Network，CDN）对5G网络的容量与用户访问具有重要的支撑作用，它是在传统网络中添加新的层次，即智能虚拟网络。

（5）D2D通信

在5G网络中，网络容量、频谱效率需要进一步提升，更丰富的通信模式以及更好的终端用户体验也是5G的演进方向之一。设备到设备（Device-to-Device，D2D）的通信具有潜在的提升系统性能、增强用户体验、减轻基站压力、提高频谱利用率的前景。因此，D2D是5G网络中的关键技术之一。D2D通信是一种基于蜂窝系统的近距离数据直接传输技术，D2D会话的数据直接在终端之间进行传输，不需要通过基站转发，而相关的控制信令，如会话的建立、维持、无线资源的分配以及计费、鉴权、识别、移动性管理等仍由蜂窝网络负责。蜂窝网络引入D2D通信，可以减轻基站负担，降低端到端的传输时延，提升频谱效率，降低终端发射功率。当无线通信基础设施损坏时，或者在无线网络的覆盖盲区，终端可借助D2D实现端到端通信甚至接入蜂窝网络。在5G网络中，既可以在授权频段部署D2D通信，也可在非授权频段部署D2D通信。

（6）M2M通信

M2M（Machine to Machine）通信作为物联网最常见的应用形式，在智能电网、安全监测、城市信息化、环境监测等领域实现了商业化应用。3GPP已经针对M2M网络制定了一些标准，并已立项开始研究M2M关键技术。M2M的定义有广义和狭义两种。广义的 M2M 主要是指机器与机器之间、人与机器之间以及移动网络与机器之间的通信，它涵盖了所有实现人、机器、系统之间通信的技术；狭义的 M2M 仅指机器与机器之间的通信。智能化、交互式是 M2M 有别于其他应用的典型特征，具备这一特征的机器也被赋予了更多的"智慧"。

（7）信息中心网络

随着实时音频、高清视频等服务的日益激增，基于位置通信的传统 TCP/IP 网络无法满足数据流量分发的要求。网络呈现出以信息为中心的发展趋势。作为一种新型网络体系结构，ICN 的目标是取代现有的 IP。ICN 所指的信息包括实时媒体流、网页服务、多媒体通信等，而信息中心网络就是这些片段信息的总集合。因此，ICN 的主要任务是信息的分发、查找和传递，不再是维护目标主机的可连通性。不同于传统的以主机地址为中心的 TCP/IP 网络体系结构，ICN 采用的是以信息为中心的网络通信模型，忽略 IP 地址的作用，甚至只是将其作为一种传输标识。全新的网络协议栈能够实现网络层解析信息名称、路由缓存信息数据、多播传递信息等功能，从而较好地解决计算机网络中存在的扩展性、实时性以及动态性等问题。

（8）移动云计算

近年来，智能手机、平板计算机等移动设备的软硬件水平得到极大提高，支持大量的应用和服务，为用户带来了很大的方便。在 5G 时代，人们对智能终端的计算能力以及服务质量的要求越来越高。移动云计算已成为 5G 网络创新服务的关键技术之一。移动云计算是一种全新的 IT 资源或信息服务的交付与使用模式，它是在移动互联网中引入云计算的产物。移动网络中的移动智能终端以按需、易扩展的方式连接到远端的服务提供商，获得所需资源，主要包含基础设施、平台、计算存储能力和应用资源。

（9）SDN/NFV

软件定义网络（Software-Defined Networking，SDN）和网络功能虚拟化（Network Function Virtualization，NFV）作为一种新型的网络架构与构建技术，其倡导的控制与数据分离、软件化、虚拟化思想，为突破现有网络的困境带来希望。在欧盟公布的 5G 愿景中，明确提出将利用 SDN/NFV 作为基础技术支撑 5G 网络的发展。

SDN 将网络设备的控制平面从设备中分离出来，放到具有网络控制功能的控制器上集中控制。控制器掌握所有必需的信息，这样可以消除大量手动配置的过程，简化管理员对全网的管理，提高业务部署的效率。SDN 不会让网络变得更快，但会让整个基础设施简化，降低运营成本，提升效率。5G 网络中需要将控制与转发分离，进一步优化网络的管理，以 SDN 驱动整个网络生态系统。

网络切片是网络功能虚拟化应用于 5G 阶段的关键特征。一个网络切片将构成一个端到端的逻辑网络，按切片需求方的需求灵活地提供一种或多种网络服务。网络切片主要包括切片管理和切片选择两项功能。切片管理功能有机串联商务运营、虚拟化资源平台和网管系统，为不同切片需求方（如垂直行业用户、虚拟运营商和企业用户等）提供安全隔离、高度自控的专用逻辑网络。切片选择功能实现用户终端与网络切片间的接入映射，能综合业务签约和功能特性等多种因素，为用户终端提供合适的切片接入选择。用户终端可以分别接入不同的切片，也可以同时接入多个切片。

2.7.7 DTE 和 DCE

在介绍物理层接口时，我们必须首先介绍数据通信中两个重要的概念，即数据终端设备（Data Terminal Equipment，DTE）和数据电路端接设备（Data Circuit-terminating Equipment，DCE），如图 2-66 所示。

图 2-66 DTE 和 DCE

DTE 包括所有能够处理二进制数字数据的设备，计算机或路由器就属于 DTE。而 DCE 是指用于处理网络通信的设备，调制解调器就属于 DCE。

多年来，很多标准化组织为 DTE 和 DCE 之间的接口制定了许多标准，尽管它们的解决方案不同，但每种标准都规定了关于接口的机械、电气、功能和过程特性。

常用的物理接口有：EIA-232 接口、RJ-45 接口和 USB 接口。

EIA-232 串行接口是最常用的标准接口之一（如 PC 中的 COM1 和 COM2），其物理外形有 9 芯和 25 芯两种。RJ-45 主要是用于以太网，要求使用 3 类或 5 类 8 芯双绞线电缆。USB 接口使用一个 4 针插头作为标准插头，通过这个标准插头，可以采用菊花链形式把所有的外设连接起来。

2.8 小结

信号是数据的一种电磁编码。信号按其因变量的取值是否连续可分为模拟信号和数字信号，相应地将信号传输分为模拟传输和数字传输。数字传输有并行和串行、异步和同步以及单工、半双工和全双工等传输方式。

傅里叶已经证明：任何信号都是由各种不同频率的谐波组成的。任何信号通过传输信道时都会发生衰减，因此，任何信道在传输信号时都存在数据率的限制，这就是奈奎斯特定理和香农定理要告诉我们的结论。

传输介质是计算机网络的基本组成部分，它在整个计算机网络的成本中占有很大的比重。

为了将数据从一个地方传送到另一个地方，数字数据通常要转换成数字信号以便进行传输，这就是数字编码。为了利用数字通信系统传输模拟数据，必须将模拟信号转换成数字信号，这就是模拟数字编码。为了通过模拟传输系统传输数字信号，必须将数字信号转换成模拟信号，这就是数字模拟调制。为了将电台的音频信号或电视台的视频信号进行远距离传输，必须利用高频信号作为载波，将电台或电视台发出的模拟信号调制到高频载波上去，这就是模拟模拟调制。

为了提高传输介质的利用率，必须使用多路复用技术。多路复用包括频分多路复用、波分多路复用、时分多路复用和码分多路复用 4 种，它们用于不同的场合。

扩频技术是为无线通信而设计的，主要是为了提高无线通信的保密性和抗干扰性。常用的扩频技术有跳频扩频和直接序列扩频。

调制解调器用于将计算机发出的二进制信号调制到各种载波信号中，以适合线路传输。目前，常用的调制解调器主要包括电话调制解调器、ADSL 调制解调器和电缆调制解调器 3 种。在移动互联网方面，目前 4G 和 5G 是常用的移动接入，FTTH 是我国现在家庭接入网技术。

物理层接口主要用于连接数据终端设备（DTE）和数据电路端接设备（DCE）。

习题

1. 什么是数据、信号和传输？
2. 数字传输有什么优点？
3. 什么是异步传输方式？什么是同步传输方式？
4. 什么是单工传输方式、半双工传输方式和全双工传输方式？
5. 什么是信号的频谱与带宽？
6. 什么是信道的截止频率和带宽？
7. 简述信号带宽与数据率的关系。
8. 有线电视公司通过 CATV 电缆为每个用户提供数字通信服务。假设每个用户占用一路电视信号带宽（6MHz），使用 64 QAM 技术，那么每个用户的数据传输速率是多少？
9. 要在带宽为 4kHz 的信道上用 4s 发送完 20KB 的数据块，按照香农公式，信道的信噪比应为多少分贝（取整数值）？
10. 对于带宽为 3kHz、信噪比为 30dB 的电话线路，如果采用二进制信号传输，该电话线路的最大数据率是多少？
11. 假设信号的初始功率是 5W，信号衰减是 10dB，问信号衰减后的功率是多少？
12. 比较各种传输介质的优缺点。
13. 什么是频分多路复用？它有什么特点？适用于什么传输系统？
14. 什么是波分多路复用和密集波分多路复用？
15. 什么是时分多路复用？它有什么特点？适用于什么传输系统？
16. 比较同步 TDM 和统计 TDM 的异同点。
17. 20 个数字信号源使用同步 TDM 实现多路复用，每个信号源的速率是 100kbit/s，如果每个输出帧（时隙）携带来自每个信号源的 1 比特，且需要每个输出帧的 1 比特用于同步。问：

    （1）以比特为单位的输出帧的长度是多少？

    （2）输出帧的持续时间是多少？

    （3）输出帧的数据率是多少？

    （4）系统效率（帧中有用比特与所有比特之比）是多少？

    如果每个输出帧（时隙）携带来自每个信号源的 2 比特，上述题目的答案又是多少？
18. 什么是跳频扩频？什么是直接序列扩频？
19. 如果对于一个带宽 B=4kHz、B_{ss}=100kHz 的信道使用 FHSS，试问 PN 码应该用多少位表示？
20. 一个伪随机生成器用下面的公式生成随机数序列：N_i+1=（5+7N_i）mod 17−1。请假定一个随机数初始值 N_1，然后计算出一个随机数序列。
21. 对于数据率为 10Mbit/s 的信道，如果使用巴克序列的 DSSS，该信号能够携带多少个 64kbit/s

的话音信号？

22. 简述曼彻斯特编码和差分曼彻斯特编码的特点。
23. 为什么对话音信号进行数字化时采样时间间隔为 125μs？
24. 什么是 PAM、PCM 和差分 PCM？
25. 什么是增量调制方式？
26. 数字模拟调制方式有哪几种？它们各有什么特点？
27. 模拟模拟调制方式有哪几种？它们各有什么特点？
28. 某电话调制解调器使用 QAM 方式，采用 0°、90°、180°、270°4 种相位和 2 种振幅值，问在波特率为 2400 的情况下，该调制解调器的数据率是多少？
29. 简述 ADSL 调制解调器的工作原理。
30. 简述电缆调制解调器的工作原理。
31. 在某一个区域，用户为了进行数据传输使用 ADSL 调制解调器，所用网络拓扑结构应该是什么样的？请说明理由。
32. 在某一个区域，用户为了进行数据传输使用电缆调制解调器，所用网络拓扑结构应该是什么样的？请说明理由。
33. 简述 4G 和 5G 网络架构。
34. 什么是 DTE 和 DCE？请举例说明。

第3章 分组交换网

本章主要介绍帧定界、检错编码、可靠传输协议、HDLC协议和PPP、交换、虚电路和数据报，以及分组交换网性能。

3.1 帧定界

为了理解网络是如何定义帧格式的，下面考虑一个简单的例子。假设某人需要使用面向字符传输方式把一个数据块从一台计算机发送到另一台计算机。

帧定界（framing）是指将物理线路上的比特串划分为一个个的帧。帧定界是数据链路层的一个基本功能。下面主要讨论两种最常用的帧定界方法。

3.1.1 字符填充帧定界法

第一种帧定界方法是字符填充帧定界法，这种方法只适用于面向字符的链路层协议，如20世纪60年代末由IBM公司开发的二进制同步通信（BInary SYNchronous Communication，BISYNC）协议。字符填充帧定界法采取的措施是每个帧以ASCII字符序列DLE STX开头、以DLE ETX结束（DLE、STX和ETX分别为ASCII字符集里的控制字符，其含义分别为Data Link Escape、Start of TeXt、End of TeXt）。用这种方法，接收端通过扫描输入线路上的DLE STX和DLE ETX就能确定帧的起始和结束。

字符填充帧定界法带来的一个问题是，当用户数据中含有DLE STX或DLE ETX字符序列时，将严重干扰帧的定界。解决的办法是让发送端在发送数据的每个DLE字符前面再插入一个DLE字符，接收端在接收数据时删除插入的DLE字符，这种方法叫作字符填充（character stuffing）技术。这样，接收端在扫描物理线路的字符序列时，如果发现只是单个DLE出现，就可以断定是帧的起始或结束标识符DLE STX或DLE ETX，而不是数据DLE，因为后者总是成对出现的。图3-1给出了用户数据在进行字符填充前、填充后以及去掉填充字符后的情况。

a) A DLE B DLE ETX C　　　发送端要发送的数据

b) DLE STX A **DLE** DLE B **DLE** DLE ETX C DLE ETX
在物理线路上实际传输的数据
字符填充

c) A DLE B DLE ETX C　　　接收端实际接收到的数据

图3-1 字符填充帧定界法

3.1.2 比特填充帧定界法

第二种帧定界方法是比特填充帧定界法。比特填充帧定界法克服了字符填充帧定界法的缺点，因为它不依赖特定的字符集，允许发送的数据为任意的比特组合。该方法可以用于面向比特的链路层协议，如IBM的同步数据链路控制（Synchronous Data Link Control，SDLC）协议和ISO的高级数据链路控制（High-level Data Link Control，HDLC）协议。

比特填充帧定界法是在每一帧的头和尾各引入一个特殊的比特组合作为帧的起始和结束标识符，如01111110（十六进制为0x7E）。当接收端扫描到01111110时就知道是一帧的开头，接收端开始扫描并接收比特串，直到扫描到下一个01111110标识符为止。

比特填充帧定界法带来一个同样的问题，即当发送的数据中含有01111110比特组合时，也将严重干扰正常的帧定界。为保证标识符的唯一性但又兼顾帧内数据的透明性，可以采用“0比特插入法”来解决。也就是说，在发送端发送用户数据，当发现有连续的5个“1”出现时便在其后添加一个“0”，然后继续发送后续的用户数据。在接收端接收用户数据除标识符以外的所有字段，当发现有连续5个“1”出现后，若其后一个比特为“0”则自动删除它以恢复原来的比特流。图3-2给出了一个比特填充的例子。

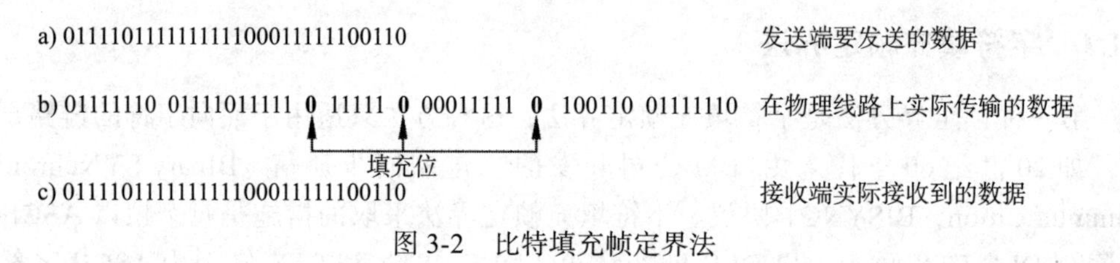

图3-2 比特填充帧定界法

3.2 检错编码

前面讨论过，信号在经过物理线路传输时会发生差错。例如，对于电缆来说，由于工作环境的电磁干扰，就有可能发生差错。尽管随着通信技术的提高，传输介质的质量越来越高，出现差错的概率也越来越小（特别是光纤介质），但我们还是需要某种机制来检测差错，以便进行差错纠正。

物理线路传输信号时所发生的差错常常是突发性的。突发性差错与孤立的单个的差错相比，既有优点，也有缺点。假设数据块大小为1000比特，每一比特出错的概率是0.001。如果差错是孤立的，则大多数数据块在传输过程中都会发生一比特的差错。然而，如果差错是突发的，则发生一次差错就是连续的100比特，平均而言，在100个数据块中可能只有1个或2个数据块受到影响。突发性差错的缺点是，它比单个差错更加难以纠正。

用来处理计算机系统中比特差错的技术已有很长历史，可追溯到汉明码（Hamming code）和里德–所罗门码（Reed-Solomon code），它们被用于检测存储在磁盘上或早期磁芯存储器中数据的正确性。本节主要介绍普遍用于数据通信和计算机网络中的差错检测方法。

检错编码的一项最普遍的技术叫作循环冗余校验（Cyclic Redundancy Check，CRC），它广泛用于物理介质传输中。本节还介绍广泛用于 TCP/IP 协议栈进行差错检测的校验和（checksum）差错检测方法。

3.2.1　CRC

循环冗余校验编码的基本思想是，将比特串看成是系数为 0 或 1 的多项式。一个 k 比特的帧被看作一个 $k-1$ 次多项式的系数列表，该多项式共有 k 项，分别是从 x^{k-1} 到 x^0。这样的多项式为 $k-1$ 阶多项式。高次（最左边）位是 x^{k-1} 项的系数，接下去是 x^{k-2} 项的系数，依次类推。例如，110001 有 6 位，因此可以表示为多项式 x^5+x^4+1，其各个项的系数分别为 1、1、0、0、0 和 1。

多项式的算术运算采用代数域理论的规则，以 2 为模来完成。加法没有进位，减法没有借位，加法和减法都等同于异或。例如：

```
  10011011   00110011        11110000        01010101
+11001010 +11001101       −10100110       −10101111
  01010001   11111110        01010110        11111010
```

长除法与二进制中的长除运算一样，只不过减法按模 2 进行。

当使用多项式编码时，发送端和接收端必须预先商定一个生成多项式（generator polynomial）$G(x)$。生成多项式的最高位和最低位必须是 1。假设一帧有 m 位，它对应于多项式 $M(x)$，为了计算它的循环冗余校验编码，该帧必须比生成多项式长。基本思想是，在该帧的尾部加上校验和，使加上校验和后的帧所对应的多项式能够被 $G(x)$ 除尽。当接收端收到带校验和的帧之后，试着用 $G(x)$ 去除它，如果有余数，则表明传输过程中有差错。

计算对应于多项式 $M(x)$ 的帧的循环冗余校验编码的算法如下。

1）假设生成多项式 $G(x)$ 的阶为 r。在帧的低位端加上 r 个 0，所以该帧包含 $m+r$ 位，对应于多项式为 $x^rM(x)$。

2）利用模 2 除法，用对应于 $G(x)$ 的位串去除对应于 $x^rM(x)$ 的位串。

3）利用模 2 减法，从对应于 $x^rM(x)$ 的位串中减去余数（总是小于等于 r 位）。结果就是将被传输的带校验和的帧，它所对应的多项式不妨设为 $T(x)$。图 3-3 显示了当帧为 1101011011 时，生成多项式为 x^4+x+1 时计算校验和的情形。

显然，$T(x)$ 可以被 $G(x)$ 除尽（模 2）。在任何一种除法中，如果将被除数减掉余数，则剩下的差值一定可以被除数除尽。例如，在十进制中，如果用 210278 除以 10941，则余数为 2399。从 210278 中减去 2399，得到 207879，它可以被 10941 除尽。

现在分析循环冗余校验能检测什么样的差错。想象一下，如果发送的帧在传输过程中发生了差错，因此接收端收到的不是 $T(x)$，而是 $T(x)+E(x)$，$E(x)$ 中的每一项 [$E(x)$ 多项式所表示的二进制位串中该位为 1] 都对应地有一位反了（从 0 变为 1 或者是从 1 变为 0）。如果 $E(x)$ 中有 k 项 [$E(x)$ 多项式所表示的二进制位串中有 k 个 1]，则表明发生了 k 个差错。一个突发性差错从 $E(x)$ 的角度可以这样来描述：$E(x)$ 多项式所表示的二进制位串中第 1 个为 1 的位到最后一个为 1 的位，而中间的位既可以为 1，也可以为 0，所有的其他的位都是 0（突发性差错并不意味着所有的位都是有差错的，它只意味着至少第一位和最后一位是有差错的）。

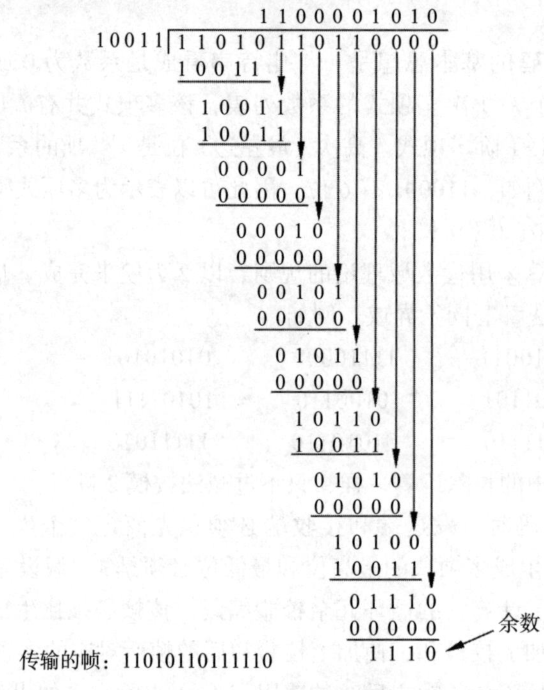

图 3-3　CRC 的计算过程

接收端在收到带校验和的帧之后，用 $G(x)$ 来除它，也就是说，接收端计算（$T(x)+E(x)$）$/G(x)$。$T(x)/G(x)$ 是 0，所以接收端计算的结果是 $E(x)/G(x)$。如果差错多项式 $E(x)$ 恰好包含 $G(x)$ 这样的因子，则这样的差错将无法检测出来，除此之外的所有其他差错都能够检测出来。

假设帧在传输过程中只发生一位错，即 $E(x)=x^i$，这里的 i 决定了差错出现在哪一位。如果 $G(x)$ 包含两项或更多项，则 $G(x)$ 永远也不会被 $E(x)$ 除尽，也就是说，任何一位差错都能够被检测出来。

同样的道理，假设帧在传输过程中出现了两位差错，而且这两位差错是相互独立的，即 $E(x)=x^i+x^j=x^j(x^{i-j}+1)$，这里 $i>j$。如果假定 $G(x)$ 不能被 $E(x)$ 除尽，则所有的两位差错能够被检测到的充分条件是：对于任何小于等于 $i-j$ 最大值（即小于等于最大帧长度）的 k 值，$G(x)$ 都不能被 x^k+1 除尽。简单的结论是：低阶的多项式可以保护很长的帧。例如，对于任何 $15<k<32\,768$，$x^{15}+x^{14}+1$ 都不能除尽 x^k+1。

如果有奇数个二进制位出现差错，则 $E(x)$ 包含奇数项（比如 x^5+x^2+1，而不是 x^2+1）。有意思的是，在模 2 代数计算中，没有一个奇数项多项式包含 $x+1$ 因子。因此，只要生成多项式 $G(x)$ 中包含（$x+1$）因子，我们就可以检测出所有奇数个位出错的情形。

最后，也是最重要的，带 r 个校验位的循环冗余校验可以检测到所有长度小于等于 r 的突发性差错。长度为 k 的突发性差错可以用 $x^i(x^{k-i}+\cdots+1)$ 来表示，这里 i 决定了突发性差错的位置离帧的最右端有多远。如果 $G(x)$ 包含一个 x^0 项，则它不可能有 x^1 项作为因子，所以，如果多项式 $x^{k-i}+\cdots+1$ 的阶小于 $G(x)$ 的阶，则余数永远不可能为 0。

如果突发性差错的长度为 $r+1$，则当且仅当差错多项式 $E(x)$ 等于生成多项式 $G(x)$ 时，差错多项式 $E(x)$ 除以生成多项式 $G(x)$ 的余数才为 0。根据突发性差错的定义，第一位和最后一位必须为 1，所以差错多项式 $E(x)$ 是否与生成多项式 $G(x)$ 匹配取决于其他 $r-1$ 个中间位。如果所有的组合被认为是等概率的，则这样一个不正确的帧被当作正确帧接收的概率是 $(1/2)^{r-1}$。

同样可以证明，当一个长度大于 $r+1$ 位的突发性差错发生时，或者几个短一点的突发性差错（加起来总的差错位数大于 $r+1$ 位）发生时，一个出错帧被当作正确帧接收的概率是 $(1/2)^r$。这里假设所有位出错的概率是相同的。因此，可以得到下面的结论，即对于阶数为 r 的生成多项式 $G(x)$，它能够检测的差错具有如下特性：

- 只要 $G(x)$ 中的 x^r 和 x^0 项的系数不为 0，就可以检测出所有 1 比特出差错的情况；
- 只要 $G(x)$ 中含有一个至少三项的因式，就可以检测出所有 2 比特出差错的情况；
- 只要 $G(x)$ 包含因式 $(x+1)$，就可以检测出所有出现奇数比特出差错的情况；
- 可以检测到所有长度小于等于 r 的突发性差错。也能检测到大部分大于 r 比特的突发性差错。

目前已经有一些特殊的多项式成为循环冗余校验编码生成多项式的国际标准，如表 3-1 所示。

表 3-1　常用的 CRC 生成多项式

CRC 名称	生成多项式 $G(x)$
CRC–8	x^8+x^2+x+1
CRC–10	$x^{10}+x^9+x^5+x^4+x+1$
CRC–12	$x^{12}+x^{11}+x^3+x^2+1$
CRC–16	$x^{16}+x^{15}+x^2+1$
CRC–32	$x^{32}+x^{26}+x^{23}+x^{22}+x^{16}+x^{12}+x^{11}+x^{10}+x^8+x^7+x^5+x^4+x^2+x+1$

其中，以太网使用 CRC-32，HDLC 使用 CRC-CCITT，而 ATM 使用 CRC-8、CRC-10 和 CRC-32。

最后，我们注意到，循环冗余校验算法看起来复杂，但在硬件上使用 r 比特移位寄存器和异或门（XOR）是比较容易实现的。移位寄存器的位数就等于生成多项式的阶（r）。图 3-4 显示了生成多项式 x^3+x^2+1 的硬件实现。先在帧的后面附加 r 个 0，然后从最高位开始输入到移位寄存器，正如上面例子中的长除法一样。当所有的比特都移入并进行了相应的异或操作后，移位寄存器就包含了余数，即 CRC 码（最高位在右边）。异或门的位置按照如下方式确定：如果移位寄存器中的各位从左到右标记了 0 到 $r-1$，那么，如果生成多项式中有 x^i 项，就在 i 位之前放置一个异或门。因而，对于生成多项式 x^3+x^2+1，就在位置 0 和 2 之前放置一个异或门。

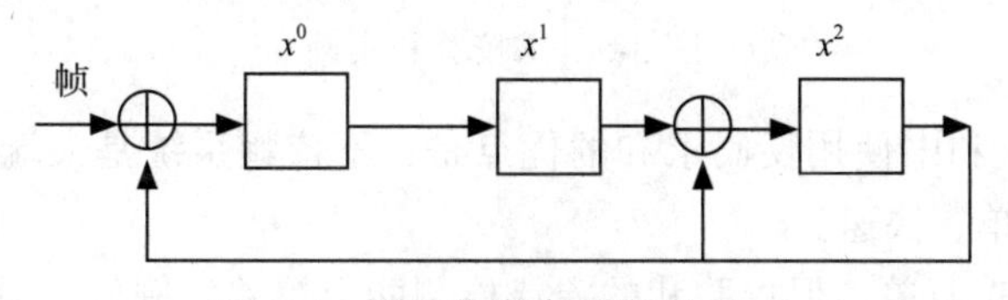

图 3-4　用移位寄存器实现 CRC

3.2.2 校验和

在 TCP/IP 协议栈中，IP、ICMP、UDP 和 TCP 报文头都有检验和字段，大小都是 16 比特，算法基本上是一样的。

在发送端，为了计算校验和，把报文以 16 位二进制为单位进行反码相加（求和时遇到的任何溢出都被回卷相加），然后将累加的结果取反，得到二进制反码求和的结果就是校验和。

在接收端，将包括校验和在内所有字段以 16 位二进制为单位依次进行反码求和。由于接收端在计算校验和的过程中包含了校验和，如果报文在传输过程中没有发生任何差错，那么接收端计算的结果应该为全 1。如果结果不是全 1，那么表示报头在传输过程中出错。下面是 RFC 1071 中提供的 C 语言程序。

```
unsigned short csum(unsigned char *addr, int count)
{
    register long sum = 0;/* 校验和 sum 预置 0*/
    while( count > 1){
      /* 这是内循环 */
        sum += * (unsigned short)addr++;
        count-=2;
    }

    if( count > 0)
        sum += * (unsigned char*) addr;/* *addr 指向一个 16 比特字 */

    while (sum>>16)/* 判断 sum 是否产生进位 */
      sum = (sum & 0xffff) + (sum>>16);/* 最高进位加到 sum 最低位上 */

    return~sum;/* 将二进制反码求和结果取反 */
}
```

该程序使用反码求和。值得注意的是，if 语句在 while 循环之内。如果 sum 有进位，那么把进位加到 sum 上（即首先把 sum 的最高位去掉，然后将 sum 加 1），这称为回卷。图 3-5 给出了如何求校验和的一个实例。

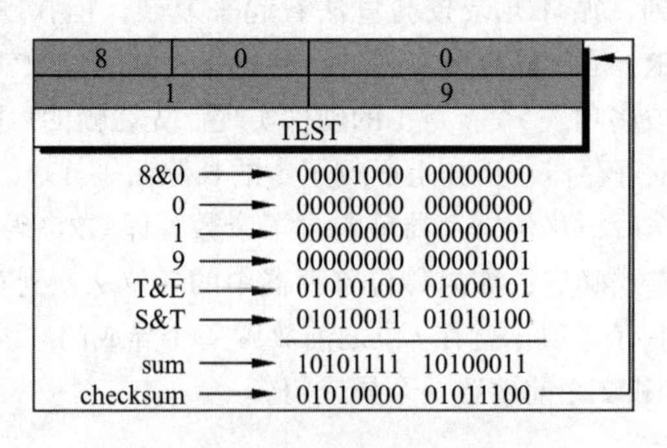

图 3-5　求校验和实例

在 TCP/IP 校验和中使用反码求和的优点是：不依赖系统是大端还是小端，计算和验证校验和比较简单、快速。

校验和算法比较简单，但校验和的差错检测能力较差。例如，假设报文中有 2 比特出错，而且这 2 比特刚刚好处在某 2 个 16 比特字的相同位置上，其中一个由“0”变为“1”，而另外一个由“1”变为“0”，但最终的校验和反映不出差错。另外，校验和算法对于将报文中的 16 位字重新排列也不能提供保护。尽管校验和算法在检错能力上相对较弱（主要是相比于前面介绍的 CRC），但它在互联网中被大量使用，原因是该算法简单且易于用软件实现，它很好地兼顾了计算的简单性和差错检测的有效性，因此在互联网的许多协议（如 IP、ICMP、UDP、TCP 和 OSPF）中得到了广泛应用。

3.3　可靠传输协议

由于物理线路（信道）的不可靠，发送端发送的数据在经过物理线路传输过程中有可能出错。接收端可以通过 CRC 码（或其他检错码）检测收到的数据是否有错。如果接收端检测到数据有错，则接收端会丢弃数据。

虽然可以通过引入纠错码来纠正数据在经过物理线路传输时出现的差错，但是采用纠错码开销太大，因此必须采用某些机制，以实现在不可靠物理线路上的可靠数据传输。需要强调的是，可靠数据传输的含义包括：数据不出错，不丢失，不乱序，不重复。

一般情况下，可靠数据传输是通过确认和重传机制来实现的。所谓确认机制，是指接收端每收到一个正确的数据，必须返回一个 ACK 给发送端。如果发送端在发送完数据的一段时间后还没有收到接收端返回的 ACK，发送端就会超时并重传该数据。通过确认和重传机制，可以实现在不可靠的物理线路上进行可靠数据传输。

接收端对发送端的确认可以通过两种方式实现。一种方式是接收端每收到一个正确数据，就给发送端返回一个 ACK，我们称这种方式为专门确认；但是更多的情况下，接收端也有反向数据要发送给发送端，这时 ACK 就可以顺便搭载在反向数据中，我们称这种方式为捎带（piggybacking）确认。

3.3.1　停 – 等协议

最简单的可靠传输协议就是停 – 等（stop-and-wait）协议。停 – 等协议的思想非常简单：发送端发送一个数据帧后就停止下来，等待接收端返回确认帧 ACK；如果经过一段时间后，发送端还没有收到确认帧（定时器超时），就重传该数据帧。

图 3-6 给出了停 – 等协议的 4 种不同的情况。在图 3-6 中，左侧表示发送端，右侧表示接收端。另外，图 3-6 中使用时间轴，这是描述协议行为的一种常用方法。

图 3-6a 表示发送端在定时器超时前收到确认帧的情况，在这种情况下，发送端发送一个新帧。图 3-6b 表示数据帧丢失的情况，在这种情况下，由于接收端不会返回发送端 ACK 帧，发送端只有等到定时器超时，然后重传前面的帧。图 3-6c 表示确认帧丢失的情况，在这种情况下，发送端仍然会超时，并重传前面的帧。图 3-6d 表示发送端定时器设置过短，从而引起超时过快，导致不必要的重传。

在停 – 等协议中，还有一个重要的细节。假设发送端发送了一个数据帧，接收端正确接收该帧，并且返回发送端 ACK 帧。这时，有可能出现两种情况：一是该确认帧丢失，如图 3-6c 所示的情况；二是该确认帧迟到了，如图 3-6d 所示的情况。在这两种情况下，发送端都会超时并且重发前面的帧。但是，如果接收端把重发的帧当作新帧接收下来并且交给高层，则会导致重复帧的问题。为了解决这个问题，在停–等协议中必须分别对数据帧和确认帧进行编号。由于在停–等协议中接收端只需要能够区分出接收到的帧是新帧还是重复帧，因此采用1比特对数据帧和确认帧进行编号即可。这样，当发送端重发一个数据帧时，接收端可以通过数据帧中的编号来确定它是新帧还是重复帧。如果接收端接收到的是重复帧，接收端不再将该帧交给上层协议，但是仍然返回一个带序号的确认帧给发送端。

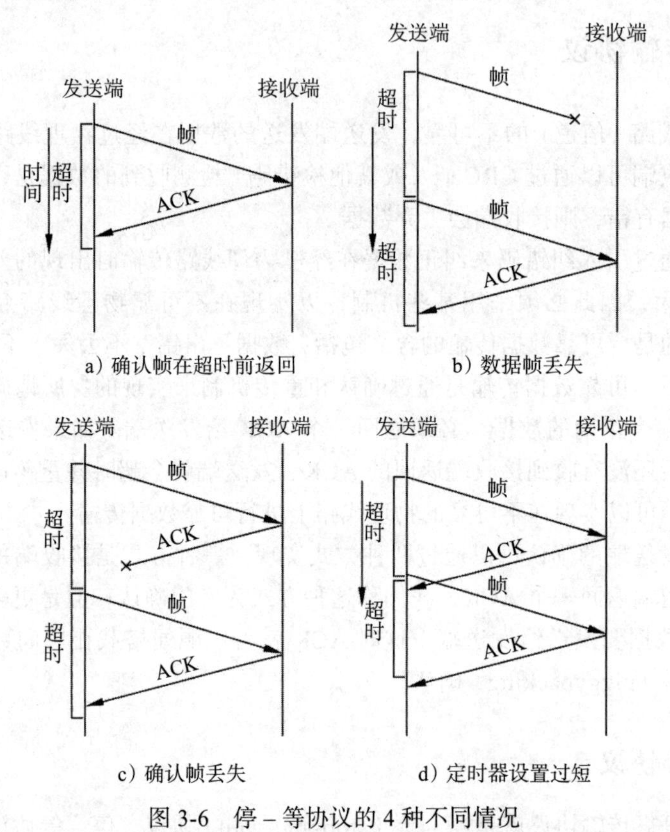

图 3-6　停–等协议的4种不同情况

停–等协议的主要缺点是：在某些情况下，协议效率非常低，从而造成物理线路的利用率非常低。例如，考虑一条数据传输率为2Mbit/s的卫星链路（卫星为同步轨道卫星）。从发送端地面站发送一帧到接收端地面站，然后接收端返回ACK到发送端的往返时间（Round Trip Time，RTT）为500ms。由于采用停–等协议，因此发送端在每个RTT时间内只能发送1帧，假设数据帧的大小为8000比特，发送端每发送1帧的发送时间（transmission time）为8000b/2Mbit/s，等于4ms。由此可得卫星链路的最大利用率为4ms/(500ms+4ms)，约等于0.8%。也就是说，由于采用停–等协议，卫星链路的实际利用率只有0.8%。

为了充分利用卫星链路，发送端可以在等待接收端返回的第1个ACK之前最多连续发送 *N* 个帧，这就要采用下面将要介绍的滑动窗口协议。

所谓滑动窗口协议，是指发送端一次连续发送多个帧，在这个过程中协议的发送端和接收端就需要引入滑动窗口（slide window）机制。在滑动窗口协议中，发送端维持一个发送窗口（sending window），发送窗口随着发送端不断地发送数据帧和接收 ACK 帧而变动；同样地，接收端维持一个接收窗口（receiving window），接收窗口也随着接收端接收数据帧的情况而变动。下面介绍后退 *N* 帧协议和选择重传协议两种滑动窗口机制。

3.3.2 后退 *N* 帧协议

在后退 *N* 帧（Go-Back-N, GBN）协议中，发送端可以连续发送多个帧之后等待 ACK。

图 3-7 给出了后退 *N* 帧协议中发送端序号的范围。我们将未确认帧中的最小序号记为基序号（base），将最小未使用序号（即下一个待发送帧的序号）记为下一个序号（nextseqnum），则可以将发送端将序号范围分为 4 部分。序号落在 [0，base−1] 范围的帧对应于已经发送并且收到应答的帧，序号落在 [base，nextseqnum−1] 范围内的帧对应已经发送出去但尚未收到应答的帧（也称为 outstanding 帧），序号落在 [nextseqnum，base+*N*−1] 范围内的帧是指可以立即发送的帧。另外，序号大于或等于 base+*N* 的帧不存在，必须等到发送窗口向前移动（序号为 base 的帧收到应答后，发送窗口就会朝前移动）。

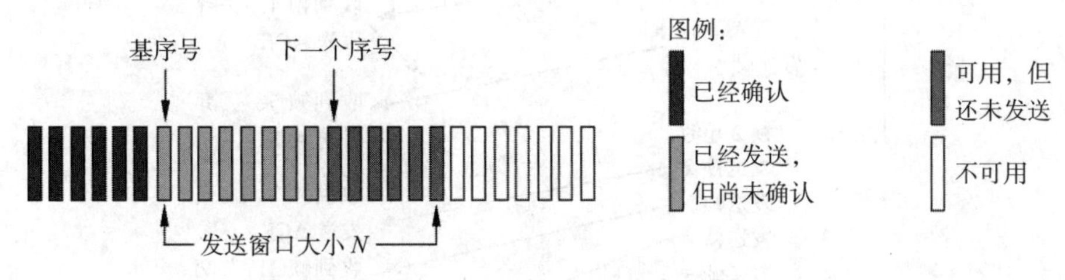

图 3-7 在后退 *N* 帧协议中发送端序号的范围

如图 3-7 所示，可以将那些已经发送但还未收到应答的帧加上可用帧的序号范围看作一个大小为 *N* 的窗口。随着后退 *N* 帧协议的运行，发送窗口在序号空间内向前滑动。

在数据链路层协议中，数据帧和确认帧**序号**往往是帧头的一个字段。假设序号字段的长度是 *k* 比特，则帧的序号空间是 [0，2^k−1]。在一个有限的序号空间中，所有涉及**序号**的运算必须使用模 2^k 运算，即序号空间被认为是一个大小为 2^k 的环，序号 2^k−1 的后面紧接着是 0。

在后退 *N* 帧协议中，接收端的动作非常简单，如果一个序号为 *n* 的帧被接收端正确接收，并且是接收端期望的，接收端将帧交给上层则并且返回 ACK_n。如果接收端接收到一个不是接收端期望接收的无错帧，接收端仍然返回 ACK 给发送端，但是接收端不会将该帧交给上层。

在后退 *N* 帧协议中，接收端只需要 1 个缓存区，并且接收端只能顺序接收帧，并丢弃所有乱序到达的帧。假设现在接收端期望接收帧 *n* 而实际上接收到帧 *n*+1，则根据后退 *N* 帧协议，接收端将丢弃帧 *n*+1。发送端必须维持发送窗口的上下边界及 nextseqnum 在该窗口中的位置，而接收端只需要维护期望接收帧的序号（expectedseqnum）这个变量。

图 3-8 给出了一个发送窗口为 4 的后退 *N* 帧协议的例子。发送端连续发送 0 ～ 3 号数据帧，停止发送，然后等待确认帧。发送端收到 ACK（如 ACK_0），则发送窗口便向前

滑动，此时发送端可以发送帧 4；发送端收到 ACK_1，则发送端继续向前滑动窗口，可以发送帧 5。如果接收端没有正确接收到帧 2（或者由于帧 2 出错，或者由于帧 2 丢失），尽管帧 3、帧 4 和帧 5 都正确到达接收端，但由于帧 3、帧 4 和帧 5 都不是接收端期望接收的帧（因为现在接收端期望接收的是帧 2），于是接收端丢弃帧 3、帧 4 和帧 5。

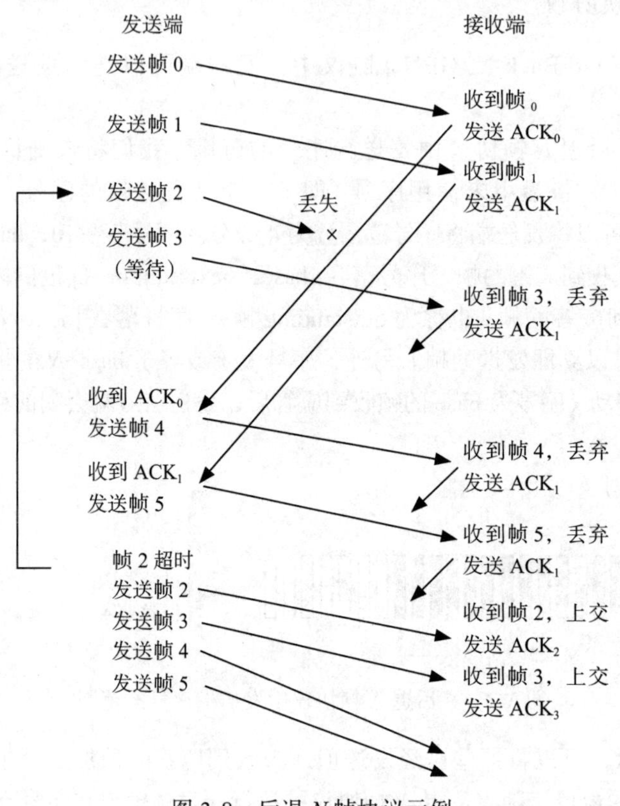

图 3-8 后退 N 帧协议示例

对于后退 N 帧协议来说，可以采用累计应答（cumulative acknowledgement）。所谓累计应答，是指当接收端连续接收到正确的数据帧后，如数据帧 $n-2$、$n-1$、n，则接收端依次返回 ACK_{n-2}、ACK_{n-1}、ACK_n，假如 ACK_{n-2} 和 ACK_{n-1} 在返回发送端途中出错或者丢失，即发送端没有正确接收到 ACK_{n-2} 和 ACK_{n-1}，但是只要发送端正确接收到 ACK_n，那么发送端也知道所有序号小于等于 n 的数据帧都已经被接收端正确接收到。

下面我们来考察一个非常有意思的问题。对于后退 N 帧协议，假定序号是 3 比特，这样帧的**序号**就分别为 0, 1, 2, …, 7，即帧的序号范围是［0，2^3-1］。那么对于后退 N 帧协议，发送窗口的最大尺寸是 7（2^3-1）而不是 8（2^3），这意味着发送端能够一次发送未应答的帧的最大数目是 7。

为了说明这个问题，考察下面的情形。假设在上述情况下，发送端连续发送 8 个帧，分别是帧 0 ～ 7，并且假设这 8 个帧全部正确无误地到达接收端。按照后退 N 帧协议的规则，接收端将依次返回 ACK_0 ～ ACK_7 给发送端。现在假设只有 ACK_0 ～ ACK_7 正确返回发送端，于是发送端将发送 8 个新帧，帧的编号仍然为 0 ～ 7。假设经过一段时间后，发送端只接收到 ACK_7（假设 ACK_0 ～ ACK_6 都出错或丢失）。现在的问题是，发送端如何根据第 2 次收到的 ACK_7 判断出第 2 次发送的 8 个帧是全部正确到达接收端还是全部丢失了呢？因为在这两种情况下，接收端都会返回确认帧 ACK_7（读者可以想一想这是为什么），从而造成后退 N 帧协议失败。如果后退 N 帧协议的发送窗口的最大尺寸限制在 7（2^3-1）之内，即发送端一次连续发送的帧数量小于等于 7（2^3-1），则就能保证后退 N 帧协议在任何情况下都不会出现差错。

3.3.3 选择重传协议

与停–等协议相比，后退 N 帧协议提高了信道的利用率，但后退 N 帧协议必须重传出错帧以后的所有帧，从而造成信道带宽的浪费。因此，有必要对后退 N 帧协议进行一些改进，以提高信道的利用率，这就是下面要阐述的选择重传（Selective Repeat，SR）协议。

选择重传协议通过让发送端仅仅重传那些接收端没有正确接收到的帧（这些帧出错或丢失），从而避免发送端一些不必要的重传，以便提高信道利用率。为此，选择重传协议要求接收端必须对正确接收的帧进行逐个应答，而不能采用后退 N 帧协议中所采用的累计应答。

选择重传协议仍然用窗口尺寸 N 来限制流水线中已发送但未收到确认的帧、已发送且已收到确认的帧以及正要发送的帧的数目。图 3-9 显示了选择重传协议中发送端和接收端的序号空间。

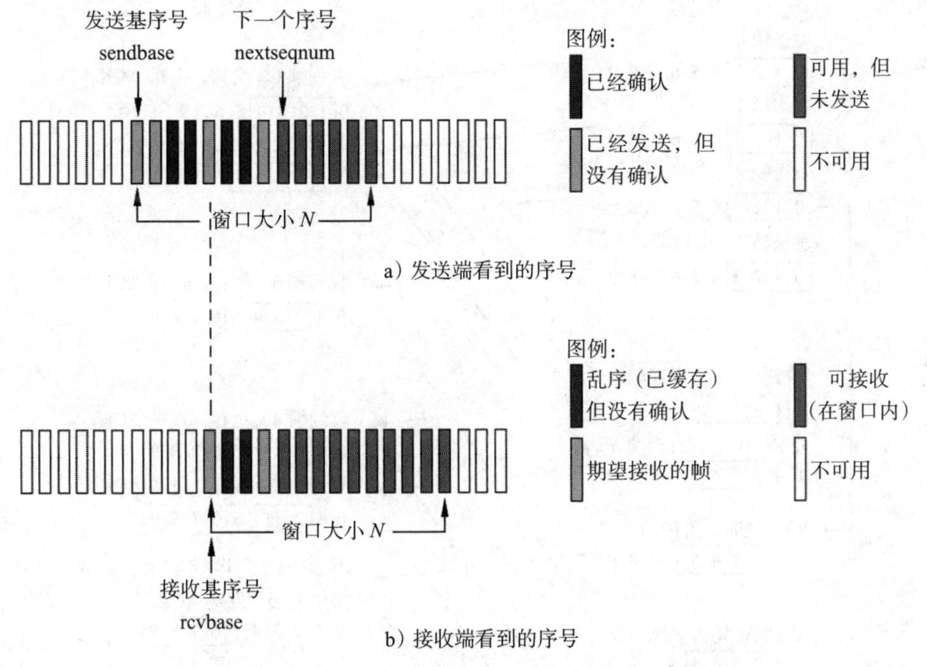

图 3-9 选择重传协议中发送端和接收端的序号空间

对于选择重传协议，当发送端收到某个 ACK 时，发送端将该 ACK 中序号所对应的帧标记为已接收。如果此帧的序号等于发送基序号（sendbase），则发送窗口的基序号指针向前移动到指向具有最小序号的未确认帧处。如果发送窗口基序号指针移动后还有序号落到发送窗口内的未发送帧，则发送这些帧。

对于接收端，如果接收到的帧的序号在 [rcvbase，rcvbase+N−1] 内，即落入接收窗口，则接收端接收该帧，同时返回一个 ACK 帧给发送端以确认该帧。如果该帧的序号等于接收窗口的基序号（图 3-9 中的 rcvbase），则该帧和接收端缓存帧（这些缓存的帧的序号必须和接收帧的序号连续）一起交付给上层，然后接收窗口序号指针根据交付的帧的数量向前移动。考虑图 3-10 的例子，当接收端收到一个序号为 2（假设刚好接收窗口的 rcvbase 也为 2）的帧时，首先接收端返回 ACK_2，其次接收端将帧 2 与帧 3、帧 4、帧 5（帧 3、帧 4、帧 5 已经在接收端的缓存中）一起交付给上层，最后接收端将接收窗口指针移到指向 6、7、0 和 1。

如果接收到的帧的序号 n 在 [rcvbase−N, rcvbase−1] 内（即接收窗口之外），也返回该编号的 ACK_n。也就是说，对于选择重传协议接收端，只要它正确接收一个帧，不管是否落入接收窗口，接收端都返回该帧的 ACK。对于图 3-10 给出的选择重传协议发送端和接收端序号空间，如果发送端没有收到带发送基序号的 ACK 帧（图 3-10 中，sendbase 小于 rcvbase），则发送端最终将重传序号为 sendbase 的帧，即便接收端已经正确接收该帧。发送端只有收到序号为发送基序号的 ACK 帧时，发送窗口才会向前移动。这说明对于选择重传协议来说，哪些帧已经被接收且正确，哪些帧还没有接收，发送端和接收端看到的情形是不一样的，这意味着对于选择重传协议，发送窗口和接收窗口并不总是一样。图 3-10 给出了选择重传协议发送窗口和接收窗口的一个例子。

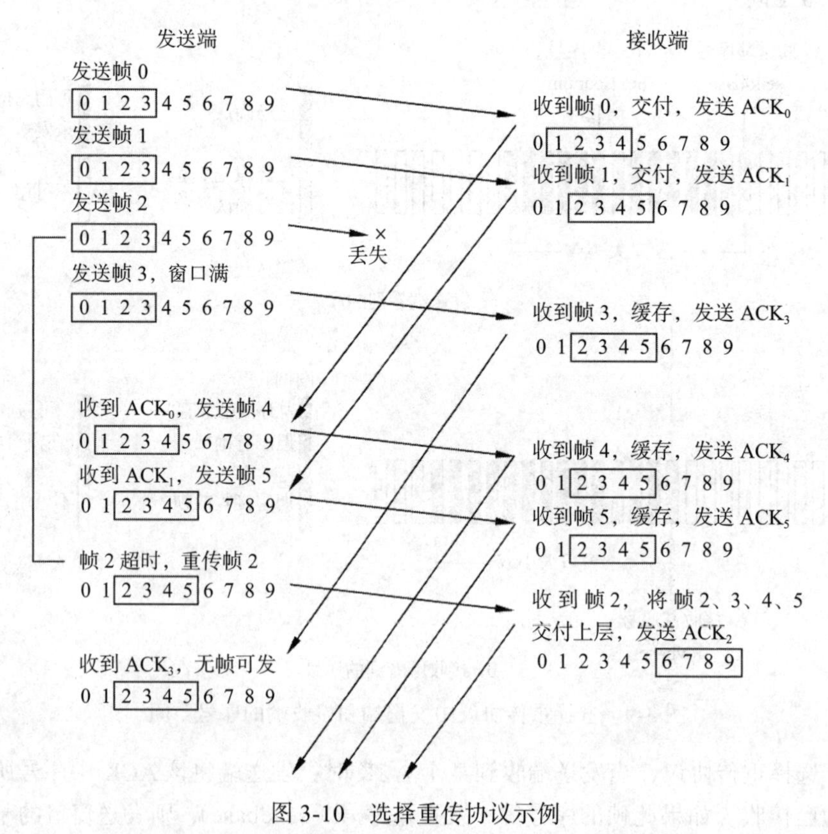

图 3-10　选择重传协议示例

对于选择重传协议，同样假设帧序号字段长度为 3 比特，如果按照后退 N 帧协议的方式设定发送窗口的最大尺寸为 7，那么接收窗口的最大尺寸也为 7。发送端和接收端的窗口初始状态如图 3-11a 所示。现在假设发送端连续发送序号为 0 ～ 6 的 7 个帧并全部正确到达接收端，由于接收端的接收窗口正好为 0 ～ 6，因此接收端将全部接收这 7 帧，同时发送 ACK_0 ～ ACK_6 确认帧给发送端。然后接收端将接收窗口旋转到 7 ～ 5，意味着接收端准备接收编号为 7、0、1、2、3、4、5 的帧，如图 3-11b 所示。

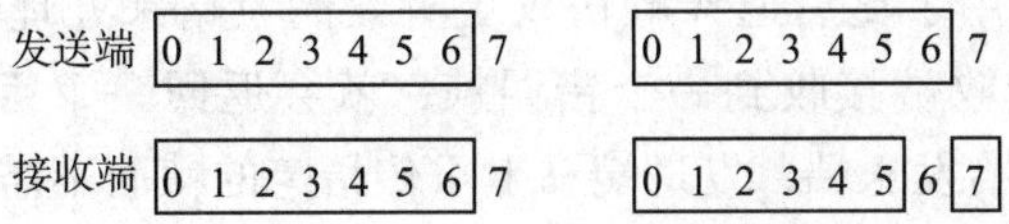

发送端 [0 1 2 3 4 5 6] 7　　[0 1 2 3 4 5 6] 7

接收端 [0 1 2 3 4 5 6] 7　　[0 1 2 3 4 5] 6 [7]

a）初始状态　　b）发送 7 帧且已被接收，但发送端还未收到确认

图 3-11　选择重传协议发送窗口和接收窗口为 7 的情形

假设接收端返回的 ACK_0 ～ ACK_6 全部丢失，发送端最终会因超时而重发前面的 0 ～ 6 号帧。当帧 0 ～ 6 到达接收端时，接收端查看这些帧是否落入接收窗口，很不幸，序号为 0、1、2、3、4、5 的帧正好落入接收窗口，因此接收端将帧 0 ～ 5 接收下来（此时协议已经出错）。而且由于接收端到目前为止一直没有收到帧 7，因此接收端返回的确认帧一直为 ACK_6，表明接收端希望发送端发送帧 7。

当发送端接收到 ACK_6 后，发送端立即将发送窗口前移为 7 ～ 5，并依次发送编号为 7、0、1、2、3、4、5 的帧。

假设发送端发送的帧 7 ～ 5 都正确到达接收端。接收端首先接收帧 7，然后扫描接收缓存区，发现帧 0、1、2、3、4、5 已经在接收缓存区中，接收端于是将帧 7、0、1、2、3、4、5 组装好交给上层（其中的 0、1、2、3、4、5 为重复帧），协议失败。

协议失败的关键原因是接收端在移动窗口前后得到的新旧窗口有重叠，导致接收端在接收帧时，不能区分这一帧是重复帧，还是新帧。

解决这一问题的方法是保证接收端在移动窗口后，新旧窗口之间没有任何重叠。为此，在选择重传协议中，发送窗口和接收窗口的最大尺寸 N 只能为 $2k-1$（其中 k 为序号的比特长度）。对于序号为 3 位的情形，发送窗口和接收窗口的最大尺寸为 4。对于发送端而言，这也就意味着最多只允许有 4 个未应答的帧等待应答，如图 3-12 所示。而对于接收端，则意味着一次可以接收帧的个数不能超过 4 个。这样一来，如果接收端刚刚接收了帧 0 ～ 3，并移动接收窗口，下次允许接收的帧只能是帧 4 ～ 7。这样接收端就可以分辨出到来的帧是重复帧（序号为 0 ～ 3）还是新帧（序号 4 ～ 7）。

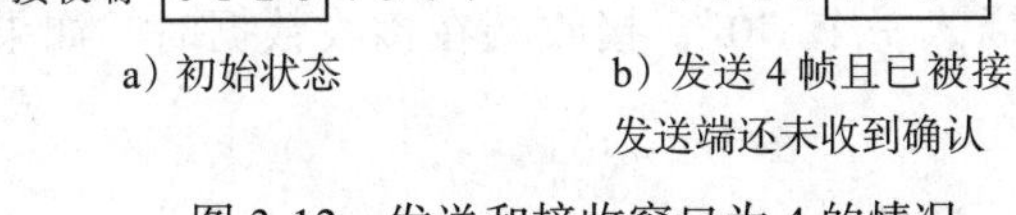

发送端　0 1 2 3 4 5 6 7　　[0 1 2 3] 4 5 6 7

接收端 [0 1 2 3] 4 5 6 7　　0 1 2 3 [4 5 6 7]

a）初始状态　　b）发送 4 帧且已被接收，但发送端还未收到确认

图 3-12　发送和接收窗口为 4 的情况

一个有趣的问题是，接收端必须设置多少个缓存区呢？从上面的分析可以知道，接收端所需的缓存区数量等于接收窗口的最大尺寸。对于 3 比特序号的选择重传协议，接收端只需要 4 个缓存区即可。

同样的道理，对于发送端来说，发送窗口的最大尺寸相当于发送端可以一次连续发送的帧的个数。因此，发送端所需的发送缓存区个数与接收端的缓存区个数是相等的，因而发送端所需要的定时器个数等于发送窗口的大小。一个定时器对应一个缓存区，当定时器超时，发送端重传缓存区里的帧。

选择重传协议还使用了比后退 *N* 帧协议更有效的策略来处理帧出错的情形。在选择重传协议中，一旦接收端接收到一个错误帧，就会返回一个**否定确认帧**（**Negative AcKnowledge，NAK**）给发送端，发送端马上重传指定的帧而不需要等待超时，这样可以加快发送端的重传速度，从而提高信道利用率。

3.4 HDLC 协议

HDLC 协议源于 IBM 开发的同步数据链路控制（Synchronous Data Link Control，SDLC）协议。SDLC 协议是由 IBM 开发的第一个面向比特的同步数据链路层协议。随后，ANSI 和 ISO 均采纳并发展了 SDLC 协议，而且分别提出了自己的标准：ANSI 提出了高级数据链路控制规程（Advanced Data Communication Control Procedure，ADCCP)，而 ISO 提出了高级数据链路控制（HDLC）协议。

作为面向比特的同步数据控制协议的典型，HDLC 协议只支持同步传输。但是 HDLC 既可工作在点到点线路方式，也可工作在点到多点线路方式；同时 HDLC 既适用于半双工线路，也适用于全双工线路。HDLC 协议的子集被广泛用于 X.25 网络、帧中继网络以及局域网的逻辑链路控制（Logic Link Control，LLC）子层作为数据链路层协议，以实现相邻节点之间的可靠传输功能。

3.4.1 帧格式

HDLC 协议的帧格式如图 3-13 所示，每个字段的含义如下。

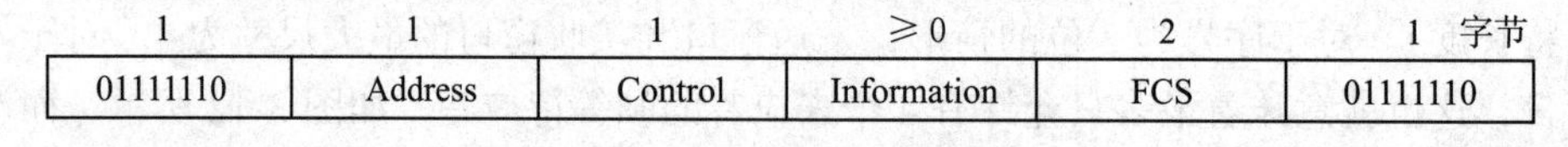

图 3-13 HDLC 协议的帧格式

1. 标志字段（Flag）

标志字段为“01111110”，用以标志帧的开始或结束。在连续发送多个数据帧时，同一个标志既可用于表示前一帧的结束，又可用于表示下一帧的开始。采用“0 比特插入”可以实现数据的透明传输。所谓“0 比特插入”是指发送端在发送数据时，如果遇到连续 5 个“1”则在数据中插入一个“0”，接收端在接收数据时，如果遇到连续 5 个“1”则自动删除后面的“0”。

2. 地址字段（Address）

地址字段的内容取决于所采用的操作方式。每个节点都被分配一个唯一的地址。命令帧中的地址字段携带的是对方节点的地址，而响应帧中的地址字段携带的是本节点的地址。某一地址也可分配给不止一个节点，这种地址称为组地址。利用一个组地址传输的帧能被组内所有的节点接收。还可以用全“1”地址来表示包含所有节点的地址，全“1”地址称为广播地址，含有广播地址的帧可传送给链路上所有的节点。另外，还规定全“0”的地址不分配给任何节点，仅作为测试用。

地址字段的长度通常是 8 比特，可表示 256 个地址。当地址字段的首位为“1”时，表示地址字段只用 8 比特；当首位为“0”时，表示本字节后面 1 个字节是扩充地址字段。这样意味着 HDLC 地址字段可以标识超过 256 个以上的站点地址。

3. 控制字段（Control）

当 HDLC 未采用扩展地址时，标志字段后面的第二个字节就是控制字段。控制字段占用 1 个字节的长度。控制字段用于构成各种命令及响应，以便对链路进行监视与控制。该字段是 HDLC 帧格式的关键字段。控制字段中的第 1 比特或第 2 比特表示帧的类型，即信息帧（I 帧）、监控帧（S 帧）和无编号帧（U 帧）。3 种类型的帧控制字段的第 5 比特是 P/F 位，即轮询 / 终止（Poll/Final）位。

4. 信息字段（Information）

信息字段可以是任意的二进制比特串，长度未做限定。其上限由 FCS 字段或通信节点的缓冲容量来决定。目前国际常用的是 1000 ～ 2000 比特，而下限可以是 0 ，即无信息字段。另外，监控帧中不可有信息字段。

5. 帧校验序列字段（FCS）

在 HDLC 协议的所有帧中都包含一个 16 比特的帧校验序列（Frame Check Sequence，FCS），用于差错检测。HDLC 协议的校验序列是对整个帧的内容进行 CRC 循环冗余校验，但标志字段和 0 比特插入部分不包括在帧校验范围内。HDLC 协议帧校验序列的生成多项式一般采用 CRC-CCITT 标准，即 $x^{16}+x^{12}+x^{5}+1$。

3.4.2　控制字段

HDLC 的控制字段有 8 比特。第 1 比特为“0”时，表示该帧为信息帧；第 1、第 2 比特为“10”时，表示该帧为监控帧；第 1、第 2 比特为“11”时，表示该帧为无编号帧。

1. 信息帧（Information Frame）

信息帧用于传送有效信息或数据，通常简称为 I 帧，信息帧控制字段格式如图 3-14 所示。

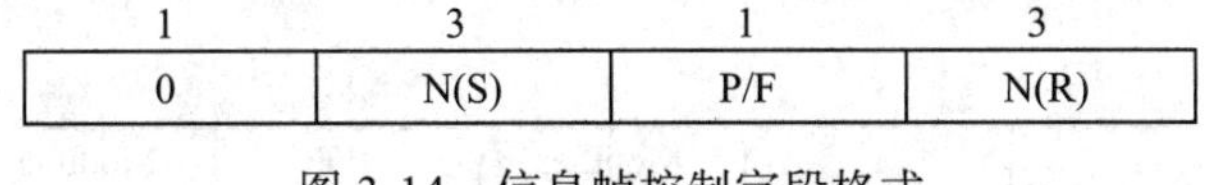

图 3-14　信息帧控制字段格式

I 帧控制字段的第 1 比特为 0。HDLC 协议采用滑动窗口机制，允许发送端不必等待应答而连续发送多个信息帧。控制字段中的 N(S) 用于存放发送帧的序号，N(R) 用于存放接收端预期要接收的帧的序号。N(S) 与 N(R) 均为 3 比特，取值范围为 0 ～ 7。

2. 监控帧（Supervisor Frame）

监控帧用于差错控制和流量控制，通常简称为 S 帧。监控帧控制字段的第 1、第 2 比特为“01”，无信息字段。监控帧控制字段格式如图 3-15 所示。

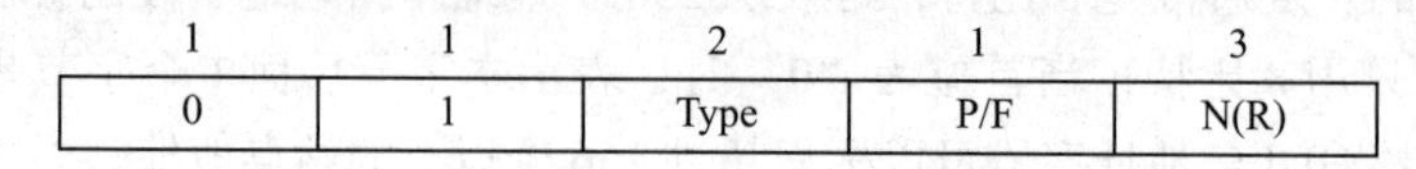

图 3-15　监控帧控制字段格式

监控帧控制字段的第 3、第 4 比特为监控帧类型编码，共有 4 种不同的编码，如表 3-2 所示。

表 3-2　监控帧 Type 字段、功能描述及 N(R) 字段的含义

帧类型	Type 字段	功能描述	N(R) 字段的含义
RR	00	接收就绪，请求发送下一帧	期望接收的下一个信息帧的序号
REJ	01	请求重新发送序号为 N(R) 的所有帧	重发帧的开始序号
RNR	10	请求暂停发送信息帧	N(R) 之前各帧已正确接收
SREJ	11	请求重发指定帧	重发帧的顺序号

接收端可以用接收就绪（Receive Ready，RR）帧对发送端进行应答，希望发送端发送序号为 N(R) 的信息帧。RR 帧相当于专门确认帧（因为一般情况下，应答都是通过反向信息帧捎带完成的）。

接收端可以用拒绝（REJect，REJ）帧来要求发送端重传编号为 N(R) 之后的所有信息帧（包括 N(R) 帧），同时暗示 N (R) 以前的所有信息帧已被接收端正确接收。

接收端返回接收未就绪（Receive Not Ready，RNR）帧，表示编号小于 N(R) 的信息帧已经正确接收，但目前接收端尚未准备好接收新帧。RNR 帧主要用于对链路进行流量控制。

接收端返回选择拒绝（Select REJect，SREJ）帧告知发送端重发编号为 N (R) 的帧，并暗示其他编号帧已经正确接收。

接收就绪帧和接收未就绪帧主要有两个作用：一是用于通知发送端接收端是否准备好；二是告诉发送端接收端已正确接收 N(R) 帧之前的所有帧。

拒绝帧和选择拒绝帧用于向发送端报告接收端没有正确接收到信息帧。REJ 帧用于请求发送端重发 N(R) 帧以及 N(R) 帧之后的所有帧，这就是后退 *N* 帧协议。SREJ 帧用于请求发送端重发 N(R) 单个帧，这就是选择重传协议。

3. 无编号帧（Unnumbered Frame）

无编号帧用控制字段的第 1 比特、第 2 比特为“11”来标识，如图 3-16 所示。

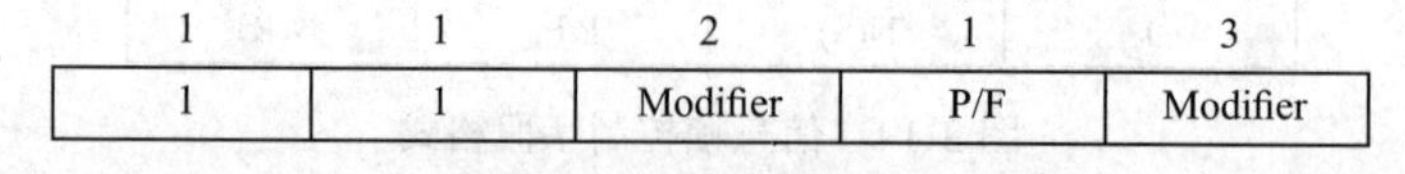

图 3-16　无编号帧控制字段格式

无编号帧因其控制字段中不包含编号 N(S) 和 N(R) 而得名，简称 U 帧。U 帧用于提供对链路的建立、拆除以及多种控制工程。无编号帧用 5 个修正（Modifier）比特来进行定义，最多可以表示 32 种控制帧。

3.5　PPP

点到点协议（Point-to-Point Protocol，PPP）是由 IETF 开发的，用于点到点线路的链路层协议。PPP 可以运行在拨号线路，也可以运行在专用线路；可运行在异步线路，也可以运行在同步线路。下面对 PPP 进行简单的讨论。

3.5.1　PPP 的组成

PPP 实际上是一个协议族，它具有许多功能和特性，包括差错检测、压缩、认证和加密。PPP 协议族主要包括链路控制协议（Link Control Protocol，LCP）和网络控制协议（Network Control Protocol，NCP），如图 3-17 所示。

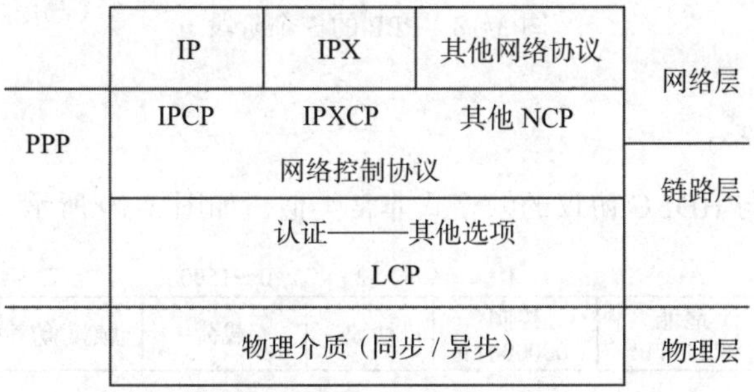

IP　IPX　其他网络协议　网络层
PPP　IPCP　IPXCP　其他 NCP
网络控制协议　链路层
认证——其他选项
LCP
物理介质（同步 / 异步）　物理层

图 3-17　PPP 的组成

其中，LCP 负责 PPP 链路的创建、维护或终止。NCP 是一组网络协议，用于协商 PPP 链路上运行的网络层协议以及网络层协议的配置。

除此之外，PPP 协议族中还包括一些附加协议，包括认证协议（如 PAP 或 CHAP）、压缩控制协议（Compression Control Protocol，CCP）、加密控制协议（Encryption Control Protocol，ECP）以及 PPP 多链路控制协议（PPP Multilink Protocol，PPP MP）。这些协议都是作为 LCP 的功能扩展和选项协商来设计的。

3.5.2　PPP 的工作过程

尽管 PPP 协议族包含了许多操作，但 PPP 的通用操作实际上非常简单。PPP 大致涉及 3 个阶段，如图 3-18 所示。

1）PPP 链路的建立和维护。在两台设备能够交换信息之前，它们之间必须首先建立一条 PPP 链路。PPP 链路的建立和维护由 LCP 负责。在 PPP 链路建立阶段，若需要对设备进行认证，LCP 会调用认证协议（如 PAP 或 CHAP）。PPP 则调用相应的 NCP 完成网络层协议的配置。

2）PPP 链路的使用。在已经建立好的 PPP 链路上，发送端设备将第 3 层（网络层）数据报封装到 PPP 帧，PPP 再向下交付给第 1 层（物理层）进行传输。接收端设备从物理层接收 PPP 帧，去掉 PPP 帧头，再将数据报递交给第 3 层（网络层）。在这个阶段，PPP 可能调用选项协议来提供诸如压缩、加密等额外的功能和特性。

3）PPP 链路的终止。当 PPP 链路两端的任何一台设备决定不再通信时，它就调用

LCP 终止 PPP 链路。

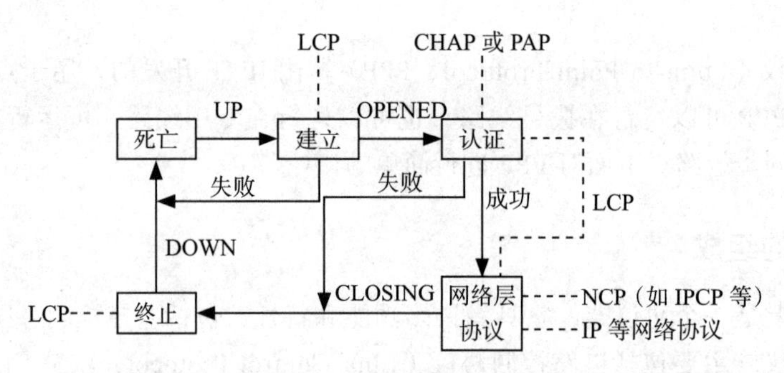

图 3-18　PPP 的 3 个阶段

3.5.3 PPP 帧格式

PPP 的帧格式与 HDLC 协议的帧格式非常类似，如图 3-19 所示。

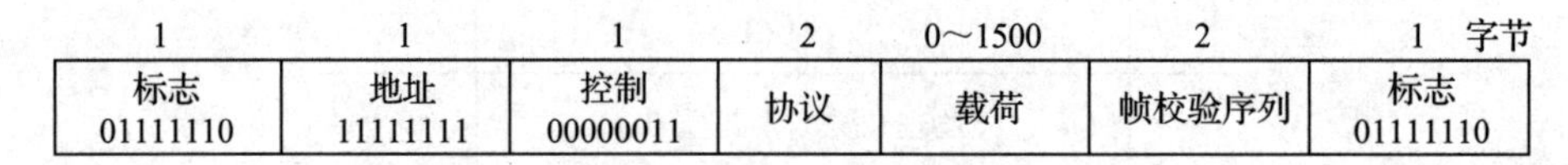

图 3-19　PPP 帧格式

所有的 PPP 帧都以标准的 HDLC 标志字节（01111110）作为起始标识符。PPP 的地址字段的默认值是全“1”广播地址，表明要求所有的节点都必须接收 PPP 帧，这样就避免了链路层地址的分配问题。

控制字段的缺省值是 00000011，表示无编号帧。换言之，缺省情况下，PPP 没有采用序号和应答重传机制保证数据传输的可靠性。但是对于质量比较差的信道，PPP 可以使用序号、应答和重传等机制来保证数据传输的可靠性。具体细节描述，可参见 RFC 1663 文档中的介绍。

协议字段用来指明有效载荷字段中数据是哪个协议产生的数据，协议字段的缺省长度为 2 字节。

载荷字段是变长的而且长度可协商。如果在建立链路时没有商定载荷的长度，就使用缺省值 1500 字节。

帧校验序列（Frame Check Sequence，FCS）的长度通常是 2 字节，一般采用 CRC 校验。

PPP 是面向字符的协议，因而所有的 PPP 帧长度都是整数字节。与 HDLC 协议不同的是 PPP 多了 2 字节的协议字段。协议字段用于表示载荷字段报文的类型，如：

- 0x0021 表示载荷字段是 IP 报文；
- 0xC021 表示载荷字段是链路控制协议报文；
- 0x8021 表示载荷字段是网络控制协议报文；
- 0xC023 表示载荷字段是安全认证 PAP 报文；
- 0xC223 表示载荷字段是安全认证 CHAP 报文。

3.5.4　PPP 认证

下面简单介绍在 PPP 中用到的认证协议。PPP 中最常用的认证协议有口令认证协议（Password Authentication Protocol，PAP）和挑战握手认证协议（Challenge Handshake Authentication Protocol，CHAP）。不管是 PAP 还是 CHAP，都只支持单向认证，并且需要在认证服务器上进行相应的配置。

PAP 认证过程采用两次握手机制，口令为明文。PAP 认证过程如下：被认证用户发送用户名和口令到认证服务器端，认证服务器查看是否有此用户以及口令是否正确。如果用户名和口令都正确，通过认证，服务器发送认证确认（Authentication-ACK），其他情况则发送认证否定（Authentication-NAK）。

挑战握手认证协议（Challenge-Handshake Authentication Protocol，CHAP）是一个用来认证用户或网络提供者的协议。负责提供认证服务的机构可以是互联网服务供应商，也可以是其他的认证机构。通过 3 次握手周期性地校验对端的身份，可在初始链路建立时、链路建立完成时、链路建立之后重复进行。

RFC 1994 详细定义了 CHAP 这个协议。CHAP 用于使用 3 次握手周期性地认证对端身份。在初始链路建立时这样做，也可以在链路建立后任何时间重复认证。

如果 A 要对 B 进行认证，所需进行的步骤如下。

1）在连线建立之后，使用者 A 会发出一个 challenge 信息给使用者 B。

2）当 B 收到这个信息后，会使用哈希函数如 MD5 来计算出杂凑值。

3）之后 B 会将该杂凑值送回给 A。

4）A 在收到值之后，也会使用自身的哈希函数将原本的 challenge 信息运算，得到一组杂凑值。

5）此时 A 就可以比较：自己算出来的这组杂凑值与收到（从 B 来）的杂凑值是否相同，如果相同，则通过认证。

6）之后，B 也可以仿照上述方法对 A 进行认证。

CHAP 通过增量改变标识和 challenge-value 的值避免 playback attack 攻击。认证的两端都需要知道 challenge 信息的明文，但不会在网上传播。

3.5.5　PPPoE

PPPoE（Point-to-Point Protocol over Ethernet，以太网上的点对点协议）是将点对点协议封装在以太网中的一种网络隧道协议。由于协议中集成 PPP，因此它实现了传统以太网不能提供的身份验证、加密以及压缩等功能，PPPoE 也可用于缆线调制解调器和数字用户线路等以太网协议向用户提供接入服务的协议体系。

PPPoE 分为以下两个阶段。

1. PPPoE 发现

由于传统的 PPP 连接是创建在串行链路或拨号电路连接上的，所有的 PPP 帧都可以确保通过链路到达对等端。但是以太网是多路访问的，每一个节点都可以相互访问。以太网帧包含目的节点的物理地址（MAC 地址），这使该帧可以到达预期的目的节点。因此，为了在以太网上创建连接而交换 PPP 控制报文之前，两个端点都必须知道对等端的 MAC 地址，这样才可以在控制报文中携带 MAC 地址。PPPoE 发现阶段做的就是这件事。除此之外，此阶段还将创建一个会话 ID，供后面交换报文时使用。

2. PPP 会话

一旦连接的双方知道了对等端的 MAC 地址，就可以创建 PPP 会话了。PPPoE 带来了一些好处，也带来了一些问题。

部分运营商会对 PPPoE 的连接用户采取定时断线，以节省营运成本并减少 IP 地址的占用，故对于需要长时间挂网的用户较不利，但也有部分 ISP 为提供用户选择 PPPoE 可发配非固定 IP 或固定 IP 的服务。

另外，二次封装最大的坏处就是 PPPoE 导致 MTU（Maximum Transmission Unit）变小了，以太网的 MTU 是 1500，再减去 PPP 的包头包尾的开销（8 字节），就变成了 1492。

如果两台主机之间的某段网络使用了 PPPoE，那么就会导致某些不能分片的应用无法通讯。这时就需要我们调整主机的 MTU，通过降低主机的 MTU，就能够顺利地进行通信。

在使用网上银行的时候，一般 PPPoE 虚拟拨号软件设定的 PPP 链路 MTU 都比较大，在公网环境中，如果客户到网上银行链路上某些路由器的 MTU 小于此 MTU 值（路由器不能转发这些大包），同时这些路由器接收到超过其 MTU 的数据包（大包）时又不返回相应的 ICMP 包，这就导致浏览器在发出大包后长时间得不到响应（浏览器无响应，左下角显示完成，但是页面没有更新）。

3.6 交换

交换（switching）的概念最早来自电话系统。所谓交换，从字面上看就是一种转发（forwarding）。信息（话音、数据）从交换设备的某个接口进入，从另一个接口出去的过程就是交换。交换技术最早用于广域网，广域网是由计算机、传输系统以及交换机（传输系统和交换机构成通信子网）组成的。交换机解决的就是 *N* 个设备之间相互通信时存在的 N2 问题。

交换技术主要分为电路交换、报文交换和分组交换。快速分组交换技术，如帧交换和信元交换，是从分组交换技术演变而来的。

3.6.1 电路交换

电路交换（circuit switching）是指通信双方在通信之前先要建立一条专用电路（准确地说是一条专用信道，这条专用信道可能是经过频分复用或时分复用的），然后双方进行通信，最后通信双方终止这条专用电路。传统电话服务（Plain Old Telephone Service，POTS）和早期的窄带综合业务数字网（Narrowband Integrated Service Digital Network，N-ISDN）就采用了电路交换技术。

电路交换容易实现更好的服务质量，因为通过提前建立电路连接，通信子网可以预留链路带宽、交换机缓存空间以及 CPU 等资源。如果发送方试图建立一份呼叫，而通信子网没有足够的资源可供使用，则该次呼叫将被拒绝，呼叫方将会收到一个忙信号。通过这种方式，一旦连接已被建立，则该连接将得到良好的服务。

电路交换的优点主要体现在以下几方面。

- 电路是通信双方独占的。通信双方在通信过程中独占这条电路，因此不会与其他用户之间的通信发生冲突。
- 通信时延小。采用电路交换的网络延迟主要是物理信号的传播延迟，在交换设备中不会引入排队、转发等延迟。
- 采用电路交换的网络上可以不受限地传送各种协议格式的数据。

电路交换的缺点主要表现在以下几方面。

- 通信双方建立电路所花费的时间比较长。在通信开始前，发送方发出的呼叫信号必须经过若干个中间交换设备，得到各个交换设备的认可，并最终将呼叫信号传送到接收方；接收方给出应答信号，并返回给呼叫方。这个过程常常需要花费几秒甚至更长的时间。对于许多网络应用来说，过长的连接建立时间是不合适的。
- 电路在通信过程中被用户独占，造成信道利用率低。
- 抗毁能力弱。

3.6.2　报文交换

采用报文交换（message switching），当源节点有数据要发送时，它首先把要发送的数据发送给中间节点，中间节点将数据存储起来，然后选择一条合适的出口将数据转发给下一个中间节点，如此，循环，直至将数据发送到目的节点。电报系统采用的就是报文交换技术。

在采用报文交换技术的网络中，一般不限制数据块的大小，这就要求各个中间节点必须使用磁盘或其他外设来缓存较大的数据块。同时，数据块的转发可能会长时间占用线路，导致数据在中间节点的时延非常大，这使报文交换方式不太适合于交互式数据通信。

3.6.3　分组交换

为了解决报文交换中的缓存和延迟问题，人们又引入了分组交换技术。

分组交换（packet switching）是报文交换的改进，它是在“存储转发”的基础上发展起来的一种交换技术。

在采用分组交换的网络中，必须将用户数据划分成一个个报文，而且每个报文都带有目的地址和源地址，报文的大小有严格的限制，使得每个报文可以被缓存在交换设备的内存中而不是磁盘这样的外设中。

分组交换网络一般采用复用技术来传送各个报文。用户终端送出的报文存储到交换设备的内存中，这样就可以和来自其他用户终端的报文一起，以复用的方式通过一条高速传输线路进行传输，从而提高传输线路的利用率。

分组交换技术的优点是：

- 分组交换网络中每个报文都不会长时间占用通信线路，因而它非常适合于交互式通信；
- 分组交换网络可以为不同种类的终端相互通信提供支持；
- 分组交换网络通信线路的利用率高。

分组交换技术的缺点是：每个报文在中间节点的处理时延是不确定的（报文在每个中间节点的处理时间包括接收每个报文的时间加上报文在节点等待输出线路所需的排队时间等），故分组交换不适宜在实时性要求高的场合使用。

电路交换、报文交换和分组交换的比较如图 3-20 所示。

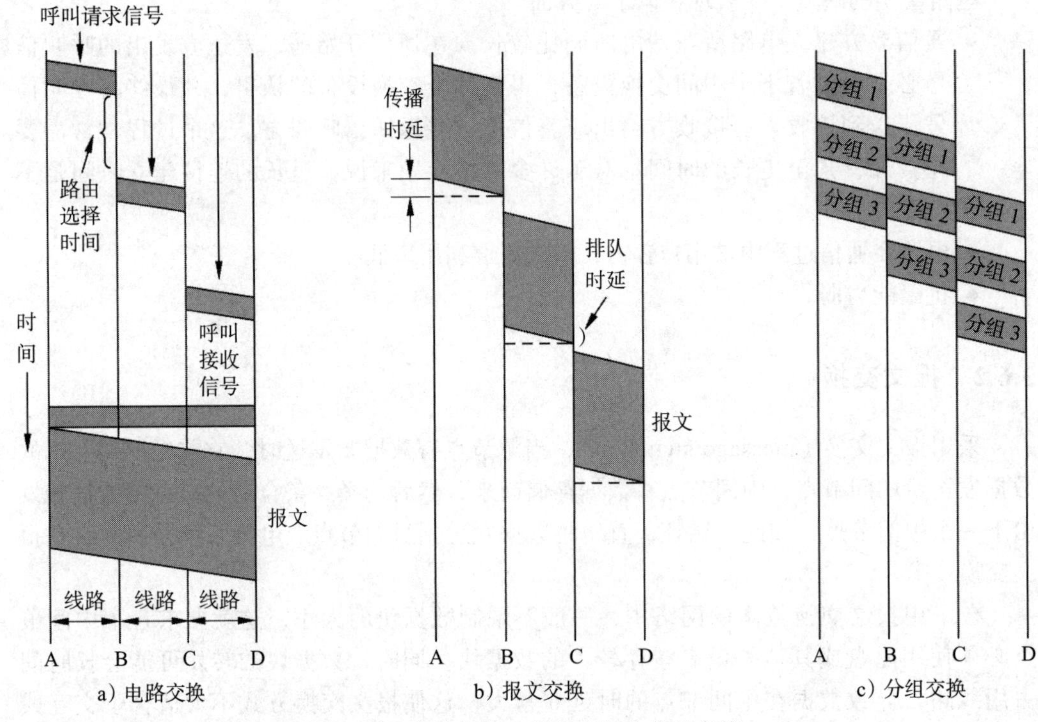

图 3-20　电路交换、报文交换和分组交换

在图 3-20 给出的分组交换技术中，中间节点在接收下一个分组的同时，可以转发已经接收到的前一个分组，即多个分组可以同时在多个节点对之间并行传输，这样既减少了分组的传输时延，也提高了网络的吞吐量。

为了进一步提高分组交换网的吞吐量和传输速率，研究人员开发了新的交换技术——用于 ATM 网络的信元交换，信元交换是以固定长度的信元为单位进行处理的一种交换技术。关于信元交换，本章后面将详细介绍。

3.7　虚电路和数据报

分组交换网有两种不同的组网方式，分别是虚电路和数据报。下面详细讨论这两种不同的组网方式。

3.7.1　虚电路

在**虚电路分组交换网**中，为了进行数据传输，节点和节点之间先要建立一条逻辑通路，因为这条逻辑电路不是专用的，所以称它为“虚”电路。每个节点到其他任一节点之间可能有若干条虚电路支持特定的两个端系统之间的数据传输，两个端系统之间也可以有多条虚电路为不同的进程服务。这些虚电路的实际路径可能相同，也可能不同。

假设有两条虚电路经过某节点，当一个数据分组到达时，该节点可利用下述方法判明该分组属于哪条虚电路，并且能将其转送至下一个正确节点。一个端系统每次在建立虚电路时，选择一个未被使用的虚电路号分配给该虚电路，以便区别于本系统中的其他虚电路。在每个被传送的数据分组上不仅要有分组号、检验和等控制信息，还要有它要通过的虚电路的号码，以区别于其他虚电路的数据分组。在每个节点上都保存一张虚电路表，表中各项记录了一个打开的虚电路的信息，包括虚电路号、上一个节点、下一个节点等信息，这些信息是在虚电路建立过程中被确定的。

为了更好地理解虚电路组网方式的工作原理，我们看看图 3-21 给出的例子。在图 3-21 中，主机 A 要与主机 B 进行通信，必须先在主机 A 和主机 B 之间建立一条虚电路，主机 A 才能发送数据给主机 B。

主机和交换机的虚电路表的建立一般有两种方法。一种方法是由网络管理员手工配置，通过这种方式建立的虚电路一般称为永久虚电路（Permanent Virtual Circuit，PVC）。另一种方法是由发送端主机发送一个特殊的报文给接收端主机，而这个特殊的报文在经过交换机时，为交换机建立虚电路表。源节点发送特殊报文的过程叫作发信令（signaling）。通过这种方式建立起来的虚电路称为交换虚电路（Switched Virtual Circuit，SVC）。交换虚电路的显著特点是主机可以动态地建立和删除这个虚电路，不需要网络管理员的参与。

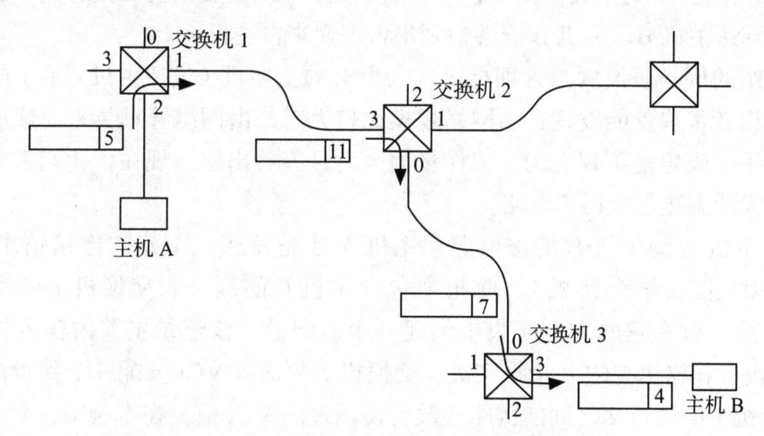

图 3-21　虚电路分组交换网

交换机的虚电路表由许多记录组成，一个虚电路记录一般包括以下几部分。

- 输入接口：报文到达该交换机的物理接口编号。
- 输入 VCI：报文到达交换机时所使用的虚电路标识（Virtual Circuit Identifier，VCI）。
- 输出接口：报文离开交换机的物理接口编号。

- 输出 VCI：报文离开交换机时所使用的虚电路标识。

对于图 3-21 给出的例子，如果需要建立从主机 A 到主机 B 的虚电路，网络管理员就必须为该条虚电路经过的每一条链路分配一个未使用的 VCI。例子中假设从主机 A 到交换机 1 链路的 VCI 值为 5，从交换机 1 到交换机 2 之间链路的 VCI 值为 11，从交换机 2 到交换机 3 之间链路的 VCI 值为 7，从交换机 3 到主机 B 之间链路的 VCI 值为 4。在这种情况下，需要按照表 3-3 所示的虚电路表记录配置每个交换机。注意，这里分别显示的是 3 个独立的交换机 VC 表中的一个记录，它们构成一条从主机 A 到主机 B 的虚电路。

表 3-3　图 3-21 中 3 个交换机的虚电路表记录

交换机的虚电路表	输入接口	输入 VCI	输出接口	输出 VCI
交换机 1 的虚电路表	2	5	1	11
	…	…	…	…
交换机 2 的虚电路表	3	11	0	7
	…	…	…	…
交换机 3 的虚电路表	0	7	3	4
	…	…	…	…

一旦主机 A 到主机 B 之间的虚电路建立好，主机 A 就可以通过该虚电路向主机 B 发送数据了。对于每个要发送到主机 B 的报文，主机 A 将该报文的 VCI 赋值为 5，然后通过主机 A 和交换机 1 之间的链路将该报文发送到交换机 1。交换机 1 接收到该报文后，利用报文头中的 VCI 和交换机接收该报文的接口号（即输入接口）作为索引来查找交换机 1 的 VC 表。在表 3-3 中，交换机 1 的 VC 表显示交换机 1 将从接口 2 接收来的 VCI 为 5 的报文从交换机 1 的接口 1 发送出去，并且为该报文赋予新的 VCI 值，即 11。紧接着，VCI 值为 11 的报文从交换机 1 传送到交换机 2，交换机 2 执行同样的工作，直至最后报文到达主机 B。主机 B 能够识别出该报文来自主机 A。

上面介绍的例子假设网络管理员已经为所有的交换机（包括主机）手工配置好了虚电路表。但读者很快就能发现，当网络规模比较大时，由网络管理员来完成所有交换机虚电路表的手工配置是不现实的，工作量太大而且容易出错。现在，我们考虑怎样通过发信令的方式动态建立交换虚电路。

要建立主机 A 到主机 B 的虚电路，主机 A 首先发送一个建立连接请求（Connect set-up request）报文给交换机 1，此报文包含主机 B 的地址。交换机 1 接收到建立连接请求报文后，就在它的虚电路表中创建一个新记录，该记录主要由输入接口、输入 VCI、输出接口和输出 VCI 4 个报文成。交换机 1 为输入 VCI 分配一个到目前为止从主机 A 到交换机 1 的接口 2 之间的链路还没有使用过的 VCI 值。在本例中，交换机 1 为从接口 2 接收来自主机 A 的报文的输入 VCI 赋值为 5（这意味着 0 ～ 4 已经分配过了）。

其次，交换机 1 还要为该建立连接请求报文选择合适的输出接口，以便将其继续发往下一个交换机或目的节点（这涉及路由的问题，在此不做赘述）。在本例中，假定主机 A 和主机 B 的通信经过交换机 1、交换机 2 和交换机 3。因此，交换机 1 在接收到主机 A 发来的要与主机 B 建立连接请求的报文并且填写好虚电路表后，将该建立连接请求报文继续发往交换机 2，交换机 2 接收到建立连接请求报文，完成类似于交换机 1 的过程。

在本例中，交换机 2 将来自接口 3 的报文的输入 VCI 赋值为 11。同样，交换机 3 将来自接口 0 的报文的输入 VCI 赋值为 7。

最后，建立连接请求报文到达主机 B。假设主机 B 愿意与主机 A 建立连接，它也为该虚电路的输入 VCI 赋值，在本例中是 4，主机 B 用这个输入 VCI 来识别所有来自主机 A 的报文。

由于虚电路的建立是需要应答的，因此主机 B 要给主机 A 返回一个建立连接应答报文。这个建立连接应答报文首先发送给交换机 3，该报文包含主机 B 为该虚电路选取的输入 VCI 值（4），交换机 3 接收到该建立连接应答报文就可以填写好对应于此虚电路表的完整记录了。然后，交换机 3 将建立连接应答报文发送给交换机 2，交换机 2 完成关于此虚电路的完整记录的填写。紧接着，交换机 2 将建立连接应答报文发送给交换机 1，交换机 1 完成关于此虚电路的完整记录的填写。最后，交换机 1 将建立连接应答报文发送给主机 A，最终完成主机 A 和主机 B 之间虚电路的建立。

这样，每个交换机都拥有了从主机 A 到主机 B 的虚电路的信息，每个交换机内部都有该虚电路的完整记录，正像管理员所配置的那样，只是这里主机 A 和主机 B 之间虚电路的建立是自动进行的，不需要网络管理员的手工配置。现在，主机 A 和主机 B 可以进行数据传输，用法与 PVC 情况下相同。

在建立虚电路的时候，每个节点的虚电路表中的每一项要记录两个虚电路号：前一个节点所选取的虚电路号和本节点所选取的虚电路号。

当主机 A 与主机 B 之间的数据发送完毕时，主机 A 向主机 B 发送一个连接撤销（disconnect）报文。连接撤销报文首先发送给交换机 1，交换机 1 从它的虚电路表中删除与该虚电路相关的记录，然后将连接撤销报文传送给交换机 2（此时交换机 1 通过查找虚电路表可以知道此虚电路的下一个节点是交换机 2）；同样，交换机 2 也从它的虚电路表中删除与该虚电路相关的记录；以此类推，直到主机 B，从而完成虚电路的撤除。

对于采用虚电路方式的分组交换网，还需要以下几点说明。

- 主机 A 在发送第一个数据报文之前，一般必须等待至少一个 RTT 时间，即主机 A 发送的建立连接请求报文到达主机 B，并且主机 B 返回的建立连接应答报文到达主机 A。
- 虽然在虚电路建立阶段，主机 A 发出的建立连接请求报文包含了主机 B 的地址，但是在真正的数据传输阶段，每一个数据报文仅需要携带一个 VCI 标识，从而减少了链路开销。
- 如果某条虚电路经过的交换机或链路出现故障，就会导致该虚电路失效，必须重新建立新的虚电路。
- 上面忽略了一台交换机在虚电路建立过程中是如何决定将接收到建立连接请求报文发往哪个邻居节点（即通过哪一条链路转发出去）的问题，因为这个问题涉及路由，所以将在后面的章节中讨论。

虚电路的优点之一就是源节点在发送数据之前已经知道网络的许多信息。例如，源节点知道网络中存在一条到目的节点的路径，目的节点也愿意接收数据。另外，在建立虚电路时，可以把资源分配给虚电路。X.25 网、帧中继网以及 ATM 网都是采用虚电路组网的，它们采用了以下两种策略：

- 在建立虚电路时，要为每条虚电路分配必要的缓存区；如果节点没有足够的缓冲空间，建立虚电路的请求就被拒绝。
- 在相邻节点之间进行流量控制，这种策略称为跳到跳（hop-b-hop）流量控制。

3.7.2 数据报

在**数据报分组交换网**中，每个报文（在数据报网络中也常称之为数据报）都携带目的节点地址，这样，网络中的任何一台交换机（实际上是路由器）接收到数据报时都能根据数据报中的目的节点地址来决定如何到达目的节点，如图 3-22 所示。也就是说，数据报分组交换网要求进入数据报网络的每个报文都要携带完整的目的节点地址。

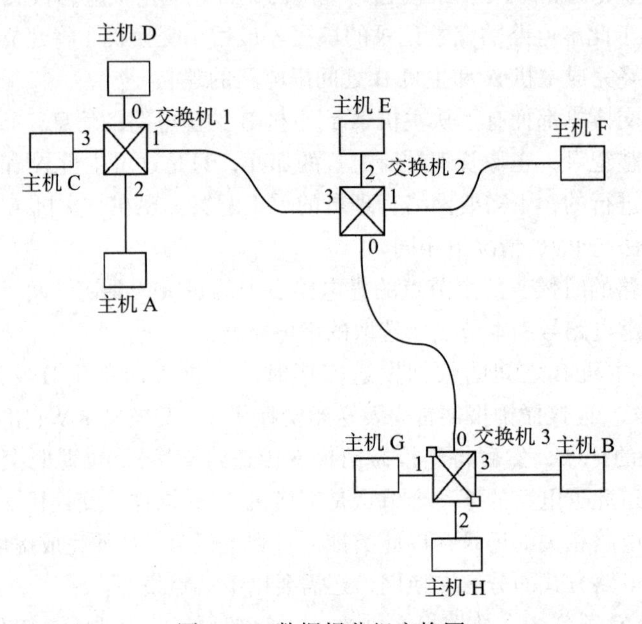

图 3-22 数据报分组交换网

在图 3-22 所示的例子中，主机 A、B、C 都有地址，当数据报网络中的交换机（此时的交换机通常是指路由器）接收到报文时，它首先查找交换机中的转发表（即路由表），以决定如何将接收到的报文转发给下一台交换机或目的节点。表 3-4 给出了对应于图 3-22 网络中交换机 2 的转发表。关于交换机 2 如何得到转发表，这涉及路由的问题，我们将在后面的章节中讨论。

表 3-4 图 3-22 中交换机 2 的转发表

目的节点	接口号
A	3
B	0
C	3
D	3
E	2
F	1
G	0
H	0

3.7.3　虚电路和数据报的比较

自从 1961 年 Paul Baran 提出分组交换的概念后，对于分组交换网是采用虚电路方式还是数据报方式组网的争论已过了半个世纪。这两种组网方式各有优缺点，到底采用哪一种方式来组网取决于应用环境，实际上没有排他性的结论。总的看来，似乎电信专家更钟爱虚电路方式，而计算机网络专家更钟爱数据报方式。

提供面向连接服务的虚电路网络就是在用户进行数据通信前，先为用户建立虚电路。一般来说，虚电路的建立需要信令或网管支持。节点地址只在建立虚电路时有用，而在数据通信过程中不需要地址。在通信过程中，用户数据都经过同一路径（沿着已建好的虚电路）。而无连接的数据报网络事先不需要建立连接，用户数据打包成一个个数据报，但每一个报头中必须包含节点地址，每个数据报根据地址单独转发，在通信过程中用户数据可能经过不同的路径。

采用虚电路方式组网容易实现全网的服务质量（QoS）保证，因为它能方便地在同一路径上保留带宽、实现流量控制和拥塞控制。对于网络运营商而言，采用虚电路方式的网络更可控一些。而对于数据报网络来说，在通信过程中同一用户数据流可能走不同的路径，双向通信时，每个方向的数据流也可能走不同的路径，因此在 QoS 保证方面困难，但网络可靠性和灵活性具有优势，一旦网络发生故障，只要网络有一条可达路径，数据通信一般就不会中断。而虚电路方式必须重新建立虚电路后才能进行数据通信。

对于大多数非实时数据通信来说，数据报方式更适合，比如，对于数据量极小的通信（互联网上的域名解析请求）。而虚电路技术要先建立虚电路，连接建立时间越长，相应损失的带宽就越大，在这一点上它不如数据报。但是对于实时业务（如话音通信与会议电视等），面向连接的虚电路方式更适合，它能保证 QoS。

信令与虚电路紧密相关，而路由与数据报紧密相关。一般而言，虚电路的建立需要信令协议来支持，而数据报的转发需要路由协议来支持（决定转发方向）。电信专家更擅长于信令技术，而计算机网络专家更擅长于路由技术。

虚电路和数据报之间的比较如表 3-5 所示。

表 3-5　虚电路和数据报之间的比较

比较项	虚电路	数据报
建立连接	需要	不需要
虚电路表	需要	不需要
目的地址	建立虚电路时需要完整的源地址和目的地址，但是发送报文时只需要虚电路号即可	每个报文都必须有完整的源地址和目的地址
路由表	需要	需要
路由	在建立虚电路时需要路由	每个报文到达路由器时需要路由
路由器失效时的影响	所有经过失效路由器的虚电路都要被中止	只影响失效路由器中的报文，对其他交换机中的报文没有影响
QoS 控制	容易	难
拥塞控制	容易	难

全球第一个分组交换网 ARPANET（即互联网的前身）采用了数据报技术，而分组交换网络 X.25、帧中继网以及 ATM 网都采用了虚电路技术。

3.8 分组交换网性能

为了便于后面的讨论以及评价网络的性能，本节介绍评价网络性能的一些指标，这些指标主要用于评价分组交换网。

3.8.1 时延

时延（latency）或延时、延迟（delay）是计算机网络的重要性能度量参数。单向时延定义为一个报文从网络的一端到另一端所需要的时间。往返时间（Round-Trip Time，RTT）是指一个报文从网络的一端传送到另一端并返回所需要的时间。往返时延并不总是等于单向时延的2倍，因为网络两个不同方向的单向时延不可能总是相等（读者想想为什么）。为了深入了解报文在网络中的传输过程，有必要掌握时延的性质及其意义。

报文从网络的源端出发，经过一系列交换机或路由器的传输，在网络的目的端终结，该报文在交换机或路由器等节点中经受了几种不同类型的时延。这些时延中最为重要的是处理时延、排队时延、传输时延和传播时延，这些时延加起来构成某个节点的总时延（total delay）。

处理时延（processing delay）包括交换机或路由器等网络设备检查报文首部并决定将该报文发往交换机或路由器的哪个接口所需要的时间。高速路由器的处理时延通常是微秒或更低的数量级。

排队时延（queue delay）是指报文在交换机或路由器等网络设备中进行排队的时延。报文在网络设备中的排队时延通常是变化的，它随着网络负载的变化而改变。一般来说，网络负载越重，报文的排队时延越大。人们同时使用统计量来度量排队时延，如平均排队时延、排队时延方差和排队时延超过某个特定值的概率等。排队时延一般在微秒到毫秒量级。

传输时延（transmission delay），又称存储转发时延或发送时延，是指发送报文的第一比特到发送完最后一比特所要花费的时间。发送一个报文所需的时间取决于报文大小和链路或信道带宽。信道带宽就是数据在信道上的发送速率，通常也称为数据在信道上的传输速率或数据率（data rate）。传输时延通常为微秒到毫秒的数量级。

传播时延（propagation delay）是指信号在物理链路上的传播时间。传播时延取决于网络所使用的传输介质（如光纤、双绞线等）的性质。电磁波在各种传输介质上的传播速度比光的自由空间中的传播速度略低一些，如电磁波在铜线上的传播速度约为2.3×10^8m/s，电磁波在光纤中的传播速度约为2.0×10^8m/s。传播时延等于节点之间的物理距离除以传播速度，这样，12 000km长的光纤产生的传播时延大约为60ms。在广域网中，传播时延通常为毫秒量级。

图3-23给出了在路由器R_1上这4种不同时延产生的位置，分清这几种时延对于理解时延这个重要的网络性能度量参数非常关键。

在节点的总延迟中，究竟是哪一种时延占主导地位呢？必须具体情况具体分析。一般情况下，处理时延因较小而可以忽略不计，排队时延与网络负载有关，传输时延和传播时延却是相对稳定的。

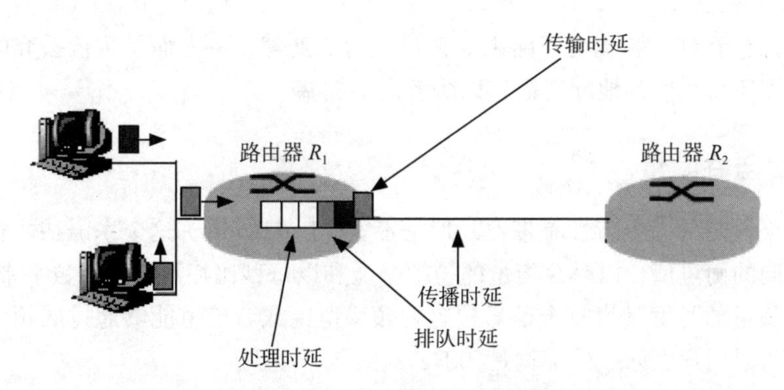

图 3-23　路由器 R_1 上 4 种不同时延产生的位置

举例来说，假定有一个长度为 2.5KB 的报文（相当于一封电子邮件）通过链路带宽为 1Gbit/s 的光纤进行传输，那么传输时延大约是 0.02ms。假如发送端和接收端相距 12 000km，此时的传播时延是 60ms，那么在这个例子中，因为报文较短而链路带宽很大，此时占主导的是传播时延，传输时延相对于传播时延几乎可以忽略不计。

但是，如果链路带宽是 1Mbit/s，那么 5MB 的报文（相当于一张照片）的传输时延是 40s，假如发送端和接收端仍然相距 12 000km，传播时延是 60ms，这时，主要因素就是传输时延而不是传播时延了。

再举一个例子，假设我们要通过卫星链路发送一个 50B 的报文（相当于从键盘键入一条指令），假设卫星链路的带宽是 1Mbit/s，那么发送 50B 报文的传输时间为 0.4ms。假定卫星链路的传播时延为 250ms，此时总时延为 250.4ms。显然，在这种情况下，传播时延为主要因素。如果此时，我们将卫星链路的带宽从 1Mbit/s 提高到 1Gbit/s，虽然可以将传输时延从 0.4ms 减少到 0.4μs，但是总时延减少的幅度不大，因此传播时延没有改变。因此，不能一概而论地说："信道带宽越大，数据就传得越快"，要综合考虑在不同情况下各项时延的相对大小，才能确定哪种时延为主要因素。

读者需要注意的是，在通信领域和计算机领域，数量单位千（Kilo，K）、兆（Mega，M）和吉（Giga，G）等的含义略有不同。例如，K 在通信领域为 10^3，而在计算机领域为 2^{10}=1024，M 在通信领域为 10^6，而在计算机领域为 2^{20}=65 536，以此类推。

3.8.2　丢包率

丢包率（packet loss ratio）是指在一定的时段内在两节点之间数据传输过程中丢失报文数量与总报文数量的比率。一般情况下，网络无拥塞时丢包率为 0，轻度拥塞时丢包率为 1% ～ 4%，严重拥塞时丢包率为 5% ～ 15%。当网络丢包率较高时意味着某些网络应用可能无法正常工作。

互联网中的大多数路由器都会尽力而为地传送报文，正常情况下，路由器一般情况下不会丢弃报文。随着到达路由器的报文数量不断增加，路由器会来不及转发到达的报文（意味着网络局部发生拥塞），路由器会根据预定的策略丢弃报文，即**丢包**（**packet loss**）。后面的章节中会讲到，为确保源端到目的端数据的可靠传输，源端一般会重传被丢弃的报文，这就意味着，路由器是因为网络拥塞而丢包，但是路由器的丢包行为又会引起源端重传被丢弃的报文，从而有可能进一步加重网络负担，进而增加网络拥塞的程度。我们后面会看到，源端对于路由器丢包行为的处理，一方面是重传丢弃的报文，另一方面，源端还会采取其他配套措施以缓解网络拥塞。

3.8.3　带宽与吞吐量

衡量网络性能的一个特性是带宽，但是带宽（bandwidth）这个术语在两种不同情况下将使用不同的衡量值：以赫兹衡量的模拟带宽和以每秒比特数衡量的数字带宽。

以赫兹衡量的带宽是指复合信号包含的频率范围或者信道能够通过的频率范围。例如，我们可以说用户电话线的带宽是 4kHz。

带宽还可以指信道、链路甚至网络每秒钟能发送的比特数。例如，我们可以说快速以太网的带宽是 100Mbit/s。

以赫兹衡量的带宽和以每秒比特数衡量的带宽之间有明显的关系。基本上，以赫兹衡量的带宽的增长意味着以每秒比特数衡量的带宽的增长。

吞吐量（throughput）用于衡量通过网络发送数据的快慢。吞吐量反映的是链路或网络实际发送数据的快慢。例如，我们可以有一条带宽为 10Mbit/s 的以太网链路，但是连接到网络末端的设备速率是 1Mbit/s，这就意味着通过该网络不能以高于 1Mbit/s 的速率发送数据。

想象一下，假设某条高速公路的通行量是每分钟过 1000 辆汽车，但是如果路上发生交通拥塞或事故，实际上每分钟只通过 100 辆汽车，那么可以说这条高速公路的带宽是每分钟 1000 辆，而吞吐量是每分钟 100 辆。

3.8.4　带宽与带宽乘积

除上述网络性能度量值外，还有一种称为时延带宽乘积（delay-bandwidth product）的网络性能度量值有时也非常有用。如果将一对应用进程之间的通信信道想象为一条中空的管道（如图 3-24 所示），时延相当于管道的长度，带宽相当于管道的直径，则时延带宽乘积就是管道的容积，即管道能够容纳的比特数。例如，一条越洋光纤的单向时延大约为 60ms，假设光纤的带宽为 10Gbit/s，则在管道中传输的数据约为 600Mbit（等于 75MB）。

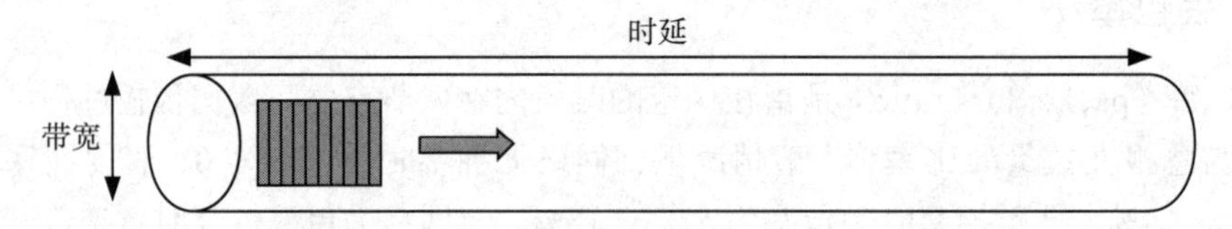

图 3-24　时延带宽乘积

显然，时延带宽乘积对于构造高性能网络非常重要。时延带宽乘积的物理含义是：接收端在接收到发送端发送来的第一个比特之时，发送端已经发送了时延带宽乘积量值的数据；而接收端的应答需要经过另一个信道时延长度，因此发送端在接收到接收端返回的应答信息时已经发送了两倍时延带宽乘积的数据。在管道中的比特被称为“在飞行中”，这就意味着如果接收端告诉发送端停止发送，发送端已经发送了两倍时延带宽乘积的数据。对于前面给出的例子，约有 1.2Gbit（150MB）数据在管道中飞行。另外，如果发送端没有填满管道就停下来，就意味着发送端没有充分利用网络。

3.9　小结

帧定界是指将物理线路上的比特串划分为一个个帧，它是数据链路层的一个基本功能。常用的帧定界方法包括带字符填充的帧定界法和带比特填充的帧定界法。

检错编码的目的是检测数据传输过程中是否发生差错。常用的检错编码有循环冗余校验（CRC）和校验和。CRC 被广泛用于网络的底层数据通信，CRC 一般通过硬件实现；而校验和被用于 TCP/IP 协议栈的差错检测，校验和一般通过软件实现。可靠传输一般通过确认和重传机制来实现，可靠传输协议主要包括停 – 等协议、后退 N 帧协议和选择重传协议 3 种类型。其中停 – 等协议只支持 1 帧数据的发送，而后退 N 帧协议和选择重传协议都是流水线协议，支持多帧数据的发送。HDLC 和 PPP 都是计算机网络中常用的可靠传输协议。

交换的概念最早来自电话系统，所谓交换就是一种转发。计算机网络中的交换技术主要分为电路交换、报文交换和分组交换。其中电路交换技术主要用于话音通信的电话网，分组交换技术用于支持数据通信的计算机网络。分组交换网有虚电路和数据报两种组网方式，其中早期的公用数据网采用虚电路组网方式，互联网则采用数据报组网方式。

分组交换网的性能主要包括时延、丢包率、带宽或吞吐量、时延带宽乘积。分组交换网的时延包括传输时延、传播时延、处理时延和排队时延；丢包是指路由器没有存储空间保存收到的报文而将其丢弃，丢包率反映路由器的处理和存储性能；带宽或吞吐量反映的是端到端连接上瓶颈链路的带宽或吞吐量；时延带宽乘积反映的是发送端在收到确认报文之前已经发送的数据量，该参数对于设计网络协议有很大的影响。

习题

1. 帧定界的目的是什么？目前主要有哪几种帧定界方法？
2. 为什么帧定界中要引入字符插入和比特插入技术？
3. 有哪几种主要的检错编码方法？这些方法各有什么特点？
4. x^7+x^5+1 被生成多项式 x^3+1 所除，所得余数是多少？
5. 请解释为什么互联网校验和永远都不会是 0xFFFF，除非被执行互联网校验和计算的所有字节都是 0。
6. 若采用生成多项式 $G(x)=x^4+x^3+x+1$ 为信息位 1111100 产生循环冗余码，加在信息位后面形成码字，在经比特填充后从左向右发送，则发送在物理线路上的比特序列是什么？
7. 停 – 等协议的缺点是什么？
8. 解释为什么要从停 – 等 ARQ 发展到流水线协议。
9. 比较后退 N 帧协议和选择重传协议。
10. 对于使用 3 比特序号的停 – 等协议、后退 N 帧协议以及选择重传协议，发送窗口和接收窗口的最大尺寸分别是多少？

11. 50kbit/s 的卫星信道采用停 – 等协议，帧长度为 1000 比特，卫星上行和下行链路延迟都为 125ms，不考虑误码率而且假设确认帧的处理时间可以忽略，求该卫星信道的利用率。
12. 一个数据率为 4kbit/s、单向传播延迟为 20ms 的信道，帧长度在什么范围内，停 – 等协议的效率可以达到 50%？
13. 后退 N 帧协议和选择重传协议各自的优缺点分别是什么？
14. 假设卫星信道的数据率为 1Mbit/s、数据帧长度为 1000 比特，卫星信道的传播延迟为 250ms，应答通过数据帧捎带，同时帧头非常短，可以忽略不计。当采用下列三种协议时，试计算卫星信道可能达到的最大利用率（其中 W_T 表示发送窗口大小，W_R 表示接收窗口大小）。
    （1）停 – 等协议；
    （2）回退 N 帧滑动窗口机制，W_T=7，W_R=1；
    （3）选择重传滑动窗口机制，W_T=4，W_R=4。
15. 考虑仅仅使用 NAK 应答的可靠传输协议。假定发送端只是偶尔发送数据，那么使用 NAK 的协议与使用 ACK 的协议哪个更适合？为什么？假定发送端要发送大量数据，那么使用 NAK 的协议与使用 ACK 的协议哪个更适合？为什么？
16. 在后退 N 帧协议中，假设其发送窗口大小是 3，序号范围是 1024。假设在时刻 t，接收端期待接收帧的序号是 k，请回答下面的问题：
    （1）在时刻 t，发送窗口内的帧序号是多少？为什么？
    （2）在时刻 t，发送端可能收到的 ACK 帧的序号是多少？为什么？
17. 考虑在一个 20km 的点到点光纤链路上运行停 – 等协议。试回答下列问题：
    （1）计算该链路的 RTT，假设信号在光纤中的传播速度是 2×10^8m/s。
    （2）为停 – 等协议提出一个合适的重传定时器值。
    （3）为什么停 – 等协议可以超时并重传一帧？
18. 假设你正在为西安卫星测控中心设计一个用于从地面遥控站到“嫦娥一号”卫星点到点链路的滑动窗口机制，单程延迟是 1.25s。假设每帧携带 1KB 数据，那么最少需要多少比特作为序号？
19. 画出 HDLC 帧格式，并简述每个字段的含义。
20. 简述 HDLC 协议的特点和适用环境。
21. 简述 PPP 的组成。
22. 简述 PPP 链路的建立过程。
23. 在 PPP 中常用的认证协议是哪两种？简述它们的工作原理。
24. 简述 PPP 的特点和适用环境。
25. 简单描述一下交换虚电路的建立过程。
26. 在 3.7.1 节中，每个交换机为每条输入链路选择一个输入 VCI 值。请说明每个交换机也可以为每条输出线路选择一个输出 VCI 值。如果每个交换机选择输出 VCI 值，在数据发送前，发送端还需要等待一个 RTT 吗？为什么？
27. 比较电路交换技术和分组交换技术各自的特点。
28. 评价网络性能的主要参数是哪几个？各自的含义是什么？
29. 网络时延由哪几部分组成？每部分的含义是什么？

第 4 章　直连网络

早期的计算机局域网一般使用共享介质，这样可以节约局域网的成本。对于共享介质，其关键问题是当多个站点要同时访问时，如何进行控制，这就涉及局域网特有的介质访问控制协议。本章先简单讨论局域网的体系结构，然后重点讨论以太网和无线局域网，最后详细讨论网桥和局域网交换机。

4.1 局域网参考模型

随着局域网的广泛使用和局域网产品种类的增加，标准化问题显得越来越重要。IEEE 下设的 802 委员会在局域网的标准制定方面做了卓有成效的工作，它们制定了 IEEE 802 标准，有时也称为局域网参考模型，如图 4-1 所示。局域网参考模型包含 OSI 参考模型的物理层和数据链路层。其中物理层 OSI 物理层类似，但局域网的数据链路层分为逻辑链路控制（Logical Link Control，LLC）子层和介质访问控制（Media Access Control，MAC）子层。逻辑链路控制子层的功能是保证站点之间数据传输的正确性，介质访问控制子层的功能是解决多个站点对共享信道的访问。局域网参考模型定义了不同的 MAC 和物理层协议，但是所有局域网的逻辑链路控制子层都是兼容的。

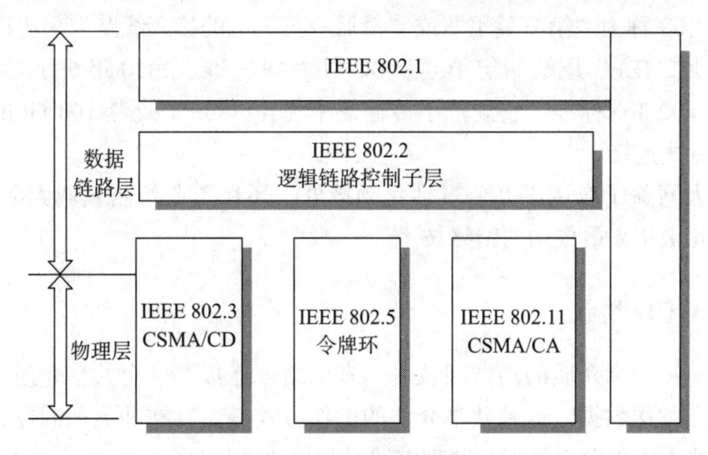

图 4-1　局域网参考模型

IEEE 802 系列常用标准如下。

- 802.1——包括局域网概述、体系结构、网络管理和网络互联。
- 802.2——描述逻辑链路控制规范。
- 802.3——描述 CSMA/CD 介质访问控制子层与物理层规范。
- 802.5——描述令牌环网介质访问控制子层与物理层规范。
- 802.11——描述无线局域网介质访问控制子层和物理层规范。

- 802.15——描述无线个人域网介质访问控制子层和物理层规范。
- 802.16——描述无线城域网介质访问控制子层和物理层规范。
- 802.20——描述无线广域网介质访问控制子层和物理层规范。

4.2 以太网

以太网是在20世纪70年代中期由施乐公司（Xerox）的帕洛阿尔托研究中心（Palo Alto Research Center，PARC）开发的。数据设备公司、英特尔公司和施乐公司于1980年开始制定以太网的技术规范DIX，以此为基础形成的IEEE 802.3以太网标准在1989年正式成为国际标准。

20世纪80年代末，采用星形拓扑和结构化布线10Base-T使以太网性价比大大提高。20世纪90年代初，采用以太网交换机进行连接的全双工以太网以及快速以太网的出现更是让以太网在局域网中占据主流。1998年批准的千兆以太网技术，更是确立了以太网在局域网中的绝对霸主地位。

2002年，IEEE批准了万兆以太网标准IEEE 802.3ae-2002。IEEE 802.3ae-2002规范了以10Gbit/s速率来传输的以太网。10Gbit/s以太网以全双工方式连接到网络交换器等网络设备，并不支持半双工模式与CSMA/CD。

同时，为了让以太网成为城域网组网技术，成立了城域以太网论坛，专门讨论将以太网用于城域网组网所需要解决的问题，使以太网从局域网技术上升为城域网甚至广域网技术。

2004年，IEEE批准了有关EFM（Ethernet in the First Mile）的技术标准IEEE 802.3ah，该技术在称为“第一英里”或“最后一英里”的接入线路上采用以太网技术。

2007年7月，IEEE开始制定100G/40G以太网标准。2010年6月17日，IEEE批准了IEEE Std 802.3ba标准。它规范了传输速率为40 Gbit/s或者100 Gbit/s的以太网，仅支持全双工方式连接。

目前，以太网除了应用于办公自动化领域外，还在工业控制领域大显身手。总之，以太网是最近几十年来最成功的网络技术。

4.2.1 CSMA/CD协议

以太网是一种共享介质的局域网技术，多个站点连接到一个共享介质上，同一时间只能有一个站点发送数据。这种共享介质的工作方式必然存在冲突的问题，如何检测链路是否空闲，站点能否发送数据是共享链路必须解决的问题。

同一链路连接多个终端就是多路访问。多路访问控制有多种协议，如随机访问控制协议、受控访问控制协议、通道化协议，如图4-2所示。随机访问控制协议中，所有连接在共享介质上的终端都具有平等的发送数据的概率，也没有轮询机制，随机访问控制协议技术主要有MA、CSMA、CSMA/CD、CSMA/CA。受控访问控制协议是一种轮询机制，通过轮询控制哪个站点来发送数据，主要技术有预约、轮询、令牌传递。通道化协议是一种复用技术，主要技术包括FDMA、TDMA、CDMA。

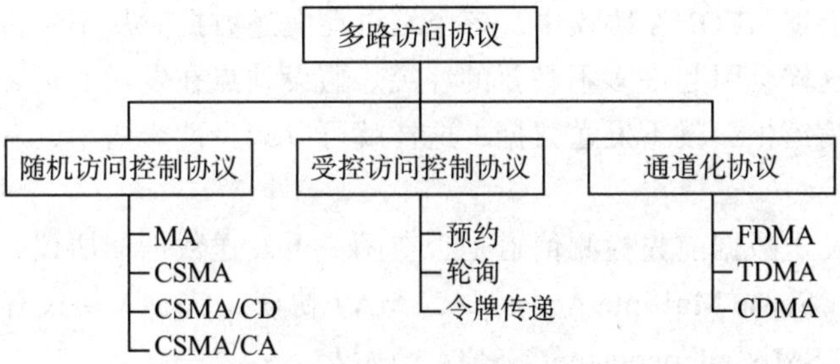

多路访问协议

- 随机访问控制协议
  - MA
  - CSMA
  - CSMA/CD
  - CSMA/CA
- 受控访问控制协议
  - 预约
  - 轮询
  - 令牌传递
- 通道化协议
  - FDMA
  - TDMA
  - CDMA

图 4-2　多路访问协议的分类

以太网采用了随机访问控制协议中带冲突检测的载波监听多路访问（Carrier Sense Multiple Access with Collision Detection，CSMA/CD）方法作为多路访问控制协议。可以将 CSMA/CD 比作一次交谈，交谈中每个人都有说话的权利，但是同一时间只能有一个人说话，否则就会造成混乱。每个人在说话之前先听是否有别人在说话（即载波侦听），如果这时有人说话，那只能耐心等待别人说话结束，他才可以说话。另外，有可能两个人都在同一时间说话，此时就会出现冲突，这时这两人要立即停止说话，等待一段随机长的时间后（退避），再看是否有其他人在说话：如果没有，他就可以说话；如果有人在说话，就等待这个人把话说完。

CSMA/CD 协议的基本思想是：所有站点在发送数据前都要监听信道，以确定是否有站点在发送数据；在发送数据过程中，要不断地进行冲突检测。要详细讨论 CSMA/CD 协议，先从 ALOHA 协议开始。

1. ALOHA

20 世纪 60 年代末，夏威夷大学的 Norman Abramson 及其同事研制了一个采用 ALOHA 协议的无线电报文网络。ALOHA 协议分为纯 ALOHA（pure ALOHA）协议和分槽 ALOHA（slot ALOHA）协议。

纯 ALOHA 协议的思想很简单，只要用户有数据要发送，就尽管让他们发送。当然，这样会产生冲突从而导致帧被破坏，但是发送端可以在发送数据的过程中进行冲突检测。如果发送端检测到冲突，则发送端停止发送数据，等待一段随机长的时间后重发数据。研究表明，纯 ALOHA 协议的信道利用率最大不超过 18%（1/2e）。

1972 年，Roberts 对 ALOHA 协议进行改进，提高了信道的最大利用率，这就是分槽 ALOHA 协议。分槽 ALOHA 协议的思想是用时钟来同步用户数据的发送。具体办法是：将时间分片，用户每次必须等到下一个时间片才能开始发送数据，避免了用户发送数据的随意性，可以减少数据产生冲突的概率，从而提高信道的利用率。在分槽 ALOHA 系统中，计算机并不是在用户按下回车键后就立即发送数据，而是要等到下一个时间片才开始发送数据。这样，纯 ALOHA 就变成分槽 ALOHA。由于冲突的概率平均减少为纯 ALOHA 的一半，因此分槽 ALOHA 的信道最大利用率可以达到 36%（1/e），是纯 ALOHA 协议的两倍。但对于分槽 ALOHA，用户数据的平均发送时延要大于纯 ALOHA（读者可以想想为什么）。

2. CSMA

分槽 ALOHA 协议的信道最大利用率为 1/e，而纯 ALOHA 协议的信道最大利用率为 1/2e。原因是上述 ALOHA 协议中，各个站点在发送数据时从不考虑其他站点是否已经在发送数据，这样会引起许多不必要的冲突。假设站点在发送数据之前，先检测信道是否空闲，如果信道忙，就不发送数据，这样就可以减少冲突概率，从而提高信道的利用率。

对于站点在发送数据前先检测信道是否空闲，再发送数据的协议，统称为载波监听多路访问（Carrier Sense Multiple Access，CSMA）协议。CSMA 协议有以下几种类型。

（1）1 坚持 CSMA（1-persistent CSMA）协议

1 坚持 CSMA 协议的工作过程是：某站点要发送数据时，它首先侦听信道，看看是否有其他站点正在发送数据；如果信道空闲，则该站点立即发送数据；如果信道忙，则该站点继续侦听信道，直到信道变为空闲，然后发送数据。之所以称其为 1 坚持 CSMA，是因为站点一旦发现信道空闲，将以概率 1 发送数据。

（2）非坚持 CSMA（nonpersistent CSMA）协议

对于非坚持 CSMA 协议，站点比较“理智”，不像 1 坚持 CSMA 协议那样“贪婪”。同样，站点在发送数据之前要侦听信道；如果信道空闲，则立即发送数据；如果信道忙，站点不再继续侦听信道，而是等待一段随机长的时间后，再重新侦听信道并根据信道是忙还是闲而采取下一步动作。

（3）p 坚持 CSMA（p-persistent CSMA）协议

p 坚持 CSMA 协议的工作原理是：站点在发送数据之前，首先侦听信道；如果信道空闲，则以概率 p 发送数据，以概率 $1-p$ 把发送推迟到下一个时间片；如果下一个时间片信道仍然空闲，便再次以概率 p 发送数据，以概率 $1-p$ 将其推迟到下下一个时间片。如果站点侦听信道时发现信道忙，它就等到下一个时间片继续侦听信道，然后重复上述过程。

上述三个 CSMA 协议都要求站点在发送数据之前侦听信道，并且只有在信道空闲时才有可能发送数据。即便如此，仍然存在发生冲突的可能。考虑下面的例子：假设某站点已经在发送数据，但由于信道的传播延迟，数据信号还未到达另外一个站点，而另外一个站点此时正好要发送数据，则它侦听到信道处于空闲状态，也开始发送数据从而导致冲突。

3. CSMA/CD 协议

以太网的 CSMA/CD 工作方式与以上类似。当一个站点有数据帧要发送时，它首先检测信道是否空闲，这个过程称为载波侦听；如果发现信道忙，则继续侦听信道，直到信道变为空闲，然后发送数据帧并进行冲突检测；如果在发送数据的过程中检测到冲突，则立即停止发送数据，并等待一段随机长的时间（退避时间，backoff time）再去侦听信道。

以太网工程在实现时，每当站点检测到冲突，站点要发送**干扰帧**（**jamming**），发送干扰帧的目的是确保共享介质上的所有站点都能够检测到冲突。

退避时间是 slot time（slot time 是传送最短以太网帧所用的时间，对于 10Mbit/s 的以太网来说，传送 64B 所需要的时间是 51.2μs），退避时间的取值范围与检测到冲突的次数有关，每次检测到冲突后，r 选择一个从 0 到 2^k 的随机整数，即 $0 \leqslant r < 2^k$，这里 $k = \min\{n, 10\}$，n 为检测到冲突的次数。退避时间为 r*slot time。

例如，开始传送数据帧后，第 1 次检测到冲突后需要等待 0 ～ 1 个 slot time，第 2 次检测到冲突后等待 0 ～ 3 个 slot time，以此类推。

当检测到的冲突次数超过最大重试次数（通常为 16）时，表示该数据帧发送失败，于是站点停止该数据帧的发送，通过中断通知操作系统网卡发生故障。

CSMA/CD 协议的工作原理是：在共享介质网络中，如果某站点要发送数据，必须首先侦听信道；如果信道空闲，则站点立即发送数据并进行冲突检测；如果信道忙，则站点继续侦听信道，直到信道变为空闲，立即发送数据并进行冲突检测。如果站点在发送数据的过程中检测到冲突，则立即停止发送数据，并等待一段随机长的时间，然后重复上述过程。

如果站点在发送数据过程中检测到冲突，则站点停止发送数据，同时站点发送一个 4 字节的阻塞（Jam）信号，以尽快将冲突通知到其他站点。

4. 冲突窗口

下面来仔细研究 CSMA/CD 协议。假设某个站点正好在 t_0 处开始发送数据，那么站点需要多长时间后才能发现冲突？

读者可能会认为，如果某站点从开始发送数据到信号经过电缆的传播时间内未检测到冲突，就可以确信该站点“抓住”了电缆。所谓“抓住”是指其他站点知道该站点在使用电缆，因而不会干扰该站点的数据传输。但是这个判断是错误的。

下面看一下图 4-3 给出的一种最坏的情形。

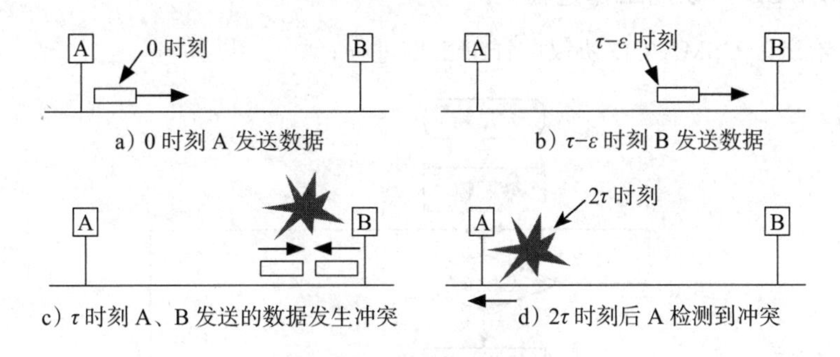

图 4-3　冲突窗口

在图 4-3 中，A、B 两个站点的单向传播延迟是 τ（电缆长度除以信号在介质上的传播速度）。假设在 0 时刻，A 站点开始发送数据，经过 $\tau-\varepsilon$ 后（即信号快到达最远站点 B 之前），由于 A 站点发送的数据信号还未到达 B 站点，因此 B 站点侦听信道时认为信道是空闲的，B 也发送数据。当然，B 站点很快检测到冲突而取消数据发送，而 A 站点则要等到 2τ（往返传播时间）后才能检测到冲突。也就是说，对于该模型中的站点，必须在经过 2τ 时间内都没有检测到冲突时，才能确定该站点“抓住”信道。我们一般把 2τ 称为冲突窗口。

对于 10M 的以太网来说，标准规定其冲突窗口为 51.2μs，而 51.2μs 正好等于 10Mbit/s 以太网发送 64B 即 512bit 的发送时间。10M 粗缆以太网标准规定，两个站点最多可以经过 4 个中继器连接 5 段电缆，每段长度为 500m，因此电缆总长度为 2500m，这就意味着 2500m 电缆的双向传播延迟（信号在电缆上的传播速度是 200m/μs）加上 4

个中继器的双向延迟的总延迟必须小于 51.2μs，否则会导致 CSMA/CD 协议失败。

5. 二进制指数退避算法

以太网二进制指数退避（Binary Exponential Backoff）算法用于降低以太网站点之间在发生冲突之后再次发生冲突的概率。以太网二进制指数退避算法的工作过程是：如果某以太网站点发生第 i 次冲突，退避时间将从 0 ～（2^i–1）*51.2μs 之间随机选择一个时间值。例如，当站点发生第 1 次冲突后，站点将等待 0 或 51.2μs 后重新侦听信道，如果发生第 2 次冲突，站点将从（0 ～ 3）*51.2μs 中随机选择一个作为退避时间，以此类推。但当冲突次数计数器 i 大于 10 时，退避时间上限不再增加，从 0 到（2^{10}−1）个 51.2μs 为止，就此截断，退避时间都是从（0 ～ 1023）*51.2μs 中随机选择一个。因此这种改进的二进制指数退避算法又被称为截断式二进制指数退避算法。当冲突次数超过 16 时，站点将放弃发送数据。

以太网二进制指数退避算法的核心思想是：随着以太网站点冲突次数的增加，站点的平均等待时间也越来越长。从单个站点的角度来看，它的平均退避时间增加了，表面上看好像是不公平的，但从整个网络的角度来看，站点冲突次数增加意味着网络负载较重，因而要求站点平均等待时间增加，这样可以更好地缓解网络由于负载过重而引起的冲突问题，减少了单个站点再次陷入冲突的概率。而每个冲突次数为 i 的站点在 0 ～（2^i–1）*51.2μs 进行选择是为了避免站点重新发送数据引起的同步振荡。

6. CSMA/CD 协议的工作过程

图 4-4 给出了 CSMA/CD 协议的详细工作过程。

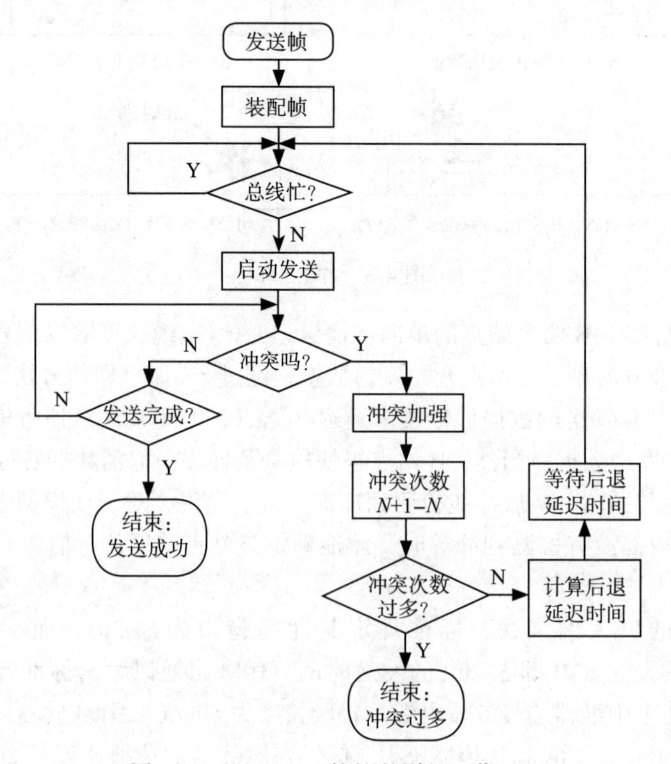

图 4-4 CSMA/CD 协议的详细工作过程

在图 4-4 中，站点在发送数据帧前，首先要进行载波侦听，以确定信道是否忙。如果信道空闲，则发送数据，并同时进行冲突检测；如果在数据发送过程中没有检测到冲突，则本次数据发送成功。（注意，这里只是从发送端的角度来说数据发送成功，并不意味着接收端正确接收到数据。读者想想这是为什么。要保证接收端正确接收到发送端的数据，应该采取什么机制或措施呢？）如果发送站点在发送数据过程中检测到冲突，首先停止发送数据，然后发送冲突加强信号，冲突次数计数器加 1，随后进入退避过程（计算退避时间，然后等待退避时间），再重新侦听信道。如果冲突次数达到 16 次，则结束数据发送过程。

4.2.2　帧格式

以太网有 5 种帧格式，其中最常用的是 Ethernet-Ⅱ（也称 DIX 标准）和 IEEE 802.3 两种帧格式。RFC 894 定义了 IP 报文在 Ethernet-Ⅱ帧格式中的封装方法，RFC 1042 规定了 IP 报文在 IEEE 802.3 帧格式中的封装方法。下面主要介绍这两种帧格式。Ethernet-Ⅱ/IEEE 802.3 帧格式由八部分组成，即前导符、帧起始符、目的地址、源地址、类型 / 长度、数据、填充和 CRC 码，如图 4-5 所示。

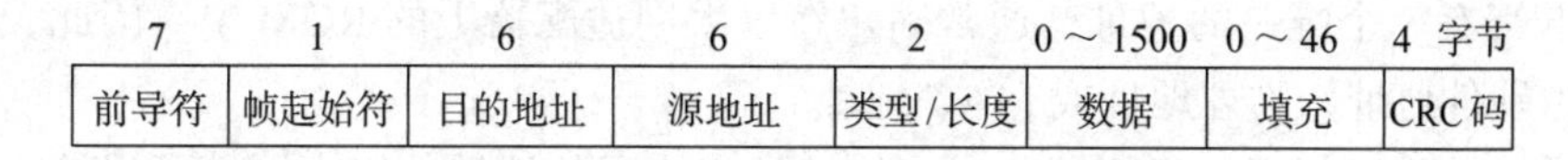

图 4-5　Ethernet-II/IEEE 802.3 帧格式

- 前导符（preamble），7 字节的 10101010，接收端通过该字段知道导入帧，并且该字段提供了同步化接收物理层帧接收部分和导入比特流的方法。
- 帧起始符（start-of-frame delimiter），1 字节，10101011 用于帧定界，表示下一位是目的地址的起始位。
- 目的地址（destination address），6 字节，标识目的站点。目的地址分为单播地址（unicast address）、多播地址（multicast address）和广播地址（broadcast address）。
- 源地址（source address），6 字节，标识源站点。源地址必须为单播地址。
- 类型 / 长度（type/length）字段，2 字节，表明 Ethernet-Ⅱ帧中封装的数据是哪种类型的数据（0x0800 表明是 IPv4 报文），0x0806 表明是 ARP 报文，0x8100 表明是 IEEE 802.1Q，0x86DD 表明是 IPv6 报文。在 802.3 帧格式标准中，该字段作为长度字段，用于指明数据段中数据的字节数。
- 数据（data）字段，用户数据，长度从 0 到 1500 字节。每个以太网帧最多包含 1500 字节的用户数据，即以太网的 MTU 为 1500 字节。
- 填充（PAD）字段，0 ～ 46 字节。由于以太网规定它的最小帧长度为 64 字节，以保证主机能够在数据发送过程中进行冲突检测，因此当以太网帧长度小于 64 字节时，必须进行填充。
- CRC 码字段：以太网帧格式中的最后一个字段是 32 位的 CRC 码，其生成多项式为 $G(X)=X^{32}+X^{26}+X^{23}+X^{22}+X^{16}+X^{11}+X^{10}+X^{8}+X^{7}+X^{5}+X^{4}+X^{2}+X+1$。CRC 码的校验范围为目的地址、源地址、长度、数据和 PAD。

4.2.3 以太网地址

以太网地址长度为6字节。其中前面3字节用于标识厂商，由IEEE负责分配；后面3个字节为系列号，由厂商自行分配。以太网地址通常以十六进制数表示，如00-E0-98-76-BF-57就是一个以太网地址。为了保证全球每块以太网卡拥有一个唯一的地址，每个以太网卡制造厂商都被分配了一个3字节的以太网地址前缀，例如Cisco公司是00-00-0c、IBM公司是08-00-5A、HP公司是08-00-09。

以太网地址的格式如图4-6所示。

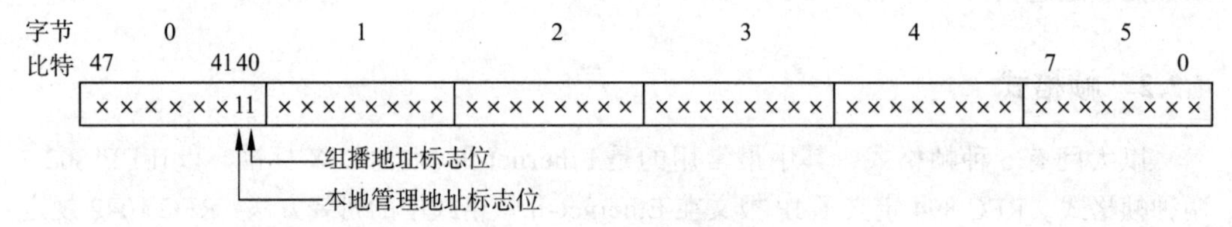

图4-6 以太网地址的格式

以太网帧中的目的地址分为单播地址、多播地址和广播地址。

单播地址是指向某个特定网卡的地址，以太网帧中的源地址必须是单播地址。每块以太网卡都有一个唯一的地址，通常固化在以太网适配器上的ROM中，因此，这种地址也称为硬件地址、物理地址或MAC地址。

多播地址用于标识一组机器，以多播地址作为目的地址的以太网帧可以被一组网卡接收到，多播地址只能作为目的地址。

在以太网地址格式中，第40位（第一个字节的最低位）是多播地址标志位（实际上在物理线路上发送以太网帧时，发送的第一位就是多播地址标志位，也就是说，以太网帧在发送时是按照一个字节的最低位先发送的）。

IANA规定将01:00:5E:00:00:00 ～ 01:00:5E:7F:FF:FF用于IP多播地址到以太网多播地址的映射。

以太网保留一部分专用的MAC多播地址。表4-1给出了以太网专用多播地址。

表4-1 以太网专用多播地址

以太网多播地址	类型字段	使用场合
01-00-0C-CC-CC-CC	0x0802	CDP (Cisco Discovery Protocol) VTP (VLAN Trunking Protocol)
01-00-0C-CC-CC-CD	0x0802	Cisco 共享生成树协议
01-80-C2-00-00-00	0x0802	生成树协议 IEEE 802.1d

广播地址是指48位全为1的地址，用于指向局域网内的所有站点。目的地址为广播地址的以太网帧可以被局域网内的所有网卡接收到。广播地址只能作为目的地址。

如果用户不是购买网卡，而是自行购买以太网芯片开发以太网卡，那么如何确定网卡的地址？其实，用户可以自行使用一个还没有被IEEE分配的3字节厂商编号。使用已经分配的厂商编号也可以，只要用户能保证在他使用的局域网内任意两块网卡的地址不一样即可。也就是说，以太网卡上的地址只要在局域网内唯一即可，并不需要全球唯一。

另外，在以太网地址中，第 41 位是本地管理地址标志位，该位为 1 表示是组织自行分配的地址，不需要经过 IEEE 进行分配（类似于第 5 章中将介绍的私有 IP 地址）。

4.2.4　物理层标准

最早的以太网基于粗以太电缆，采用总线拓扑结构。在将以太网上升为 IEEE 802.3 国际标准后，支持更多种类的传输介质和物理层标准，如表 4-2 所示。

表 4-2　IEEE 802.3 物理层标准

名称	介质	最大段长度	特点
10Base5	粗同轴电缆	500m	适合于主干
10Base2	细同轴电缆	185m	低廉的网络
10Base-T	3 类双绞线	100m	星形拓扑，性价比高
10Base-F	光纤	2000m	连接远程站点

以太网物理层标准都是按照 10Base5、10Base2 或 10Base-T、10Base-F 这种方式来描述的。其中，“10” 表示以太网的数据传输率为 10Mbit/s，“ Base” 是指采用基带（baseband）电缆直接传输二进制信号，而“5” 表示最大段长度是 5 × 100 即 500m，“2” 表示最大段长度是 2 × 100 即 200m（实际是 185m），“ T” 表示传输介质是双绞线（twist pair），“ F” 表示传输介质是光纤（fiber）。后面的高速以太网物理层标准采用同样的描述方法。

10Base5 是最原始的以太网标准。粗缆以太网使用直径为 10mm 的 50 欧姆粗同轴电缆（也称粗以太电缆），采用总线拓扑结构，站点网卡的接口为 DB-15 连接器，通过 AUI 收发器电缆和 MAU 接口连接到基带同轴电缆上，末端用 50 欧姆终端匹配电阻端接。粗缆以太网的每个网段允许有 100 个站点，每个网段最大允许距离为 500m，因此 10Base5 以太网中两个站点之间的最大距离为 2500m，并且由 5 个 500m 长的网段和 4 个中继器组成。

10Base2 是为降低 10Base5 的安装成本和复杂性而设计的，使用廉价的 50 欧姆细同轴电缆（也称细以太电缆），也采用总线拓扑结构，网卡通过 T 形接头连接到细同轴电缆上，末端连接 50 欧姆端接器。细缆以太网每个网段允许 30 个站点，每个网段最大允许距离为 185m，仍保持 10Base5 的 4 中继器构成 5 网段的组网能力，允许的最大网络直径为 5 个 185m 即 925m。与 10Base5 相比，10Base2 以太网更容易安装，更容易增加新站点，大幅度降低了费用。

10Base-T 是 1990 年通过的以太网物理层标准。10Base-T 使用两对非屏蔽双绞线，一对线发送数据，另一对线接收数据，使用 RJ-45 模块作为端接器，通过将计算机连接到集线器（hub），从而构成星形拓扑结构（集线器相当于多端口中继器，它的主要功能是完成信号的放大和转发）。10Base-T 以太网的信号速率仍然为 20M 波特，必须使用 3 类或更好的 UTP 电缆。10Base-T 以太网的布线按照 EIA568 标准，站点 – 中继器和中继器 – 中继器的最大距离为 100m。10Base-T 保持了 10Base5 的 4 中继器构成 5 网段的组网能力，使 10Base-T 局域网的最大直径为 500m。10Base-T 的集线器和网卡每 16 秒就发出“滴答”（hear-beat）脉冲，集线器和网卡都要监听此脉冲，收到“滴答”信号表示物理连接已建立，10Base-T 设备通过 LED 向网络管理员指示链路是否正常。

10Base-F 是使用光纤的以太网。10Base-F 需要一对光纤，一条光纤用于发送数据，另一条光纤用于接收数据；10Base-F 以太网使用 ST 连接器，采用星形拓扑结构，网络直径最大可达 2000m。

读者需要注意的是：尽管以太网支持不同的物理层标准和传输介质，但是以太网的物理层都采用相同的编码方案。以太网物理信号的编码方式都是采用曼彻斯特（Manchester）编码。对于 10Mbit/s 以太网来说，信号速率是 20MHz。

4.2.5 帧封装

对于在以太网上运行 TCP/IP 协议栈，RFC 894 和 RFC 1042 分别规定了如何将 IP 报文以及 ARP 报文封装到以太网或 802.3 帧中。

对于以太网帧，类型字段之后就是封装了 IP 报文或 ARP 报文的数据字段。但是对于 802.3 帧，跟随在长度字段后面的是 3 字节的 802.2 LLC 和 5 字节的 802.2 SNAP。因为 802.3 是 802 参考模型的数据链路层子层 MAC 协议，MAC 协议之上是数据链路层的逻辑链路控制（LLC）子层协议 802.2。LLC 子层协议中使用了一种称为链路服务访问点（Link Service Access Point，LSAP）的概念，LLC 子层的协议头包含 3 个字段，如图 4-7 所示。

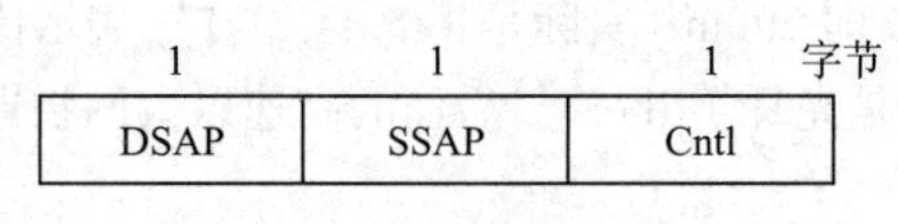

图 4-7　802.2 LLC 协议头

其中，DSAP 和 SSAP 分别表示目的服务访问点（Destination Service Access Point）和源服务访问点（Source Service Access Point），这两个字段的值由 IEEE 委员会分配，RFC 1042 规定为 0xAA（十进制为 170），指示后面字段是 SNAP 协议头。Cntl 字段是 LLC 协议的控制字段，由于在这里主要是使用 LLC 的 Type 1，因此该字段值为 3，表示使用的是 LLC 的 UI（Unnumbered Information）帧。

802.2 SNAP 是 802.2 LLC 的扩展，称为子网访问协议（Sub-Network Access Protocol）。802.2 SNAP 的头部格式如图 4-8 所示。

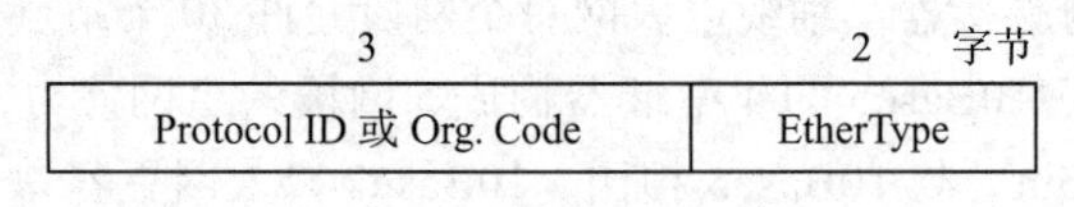

图 4-8　802.2 SNAP 帧头

其中 3 字节的协议标识（Protocol ID）或组织代码（Org.Code）都置为 0，接下来的 2 字节的以太网类型（EtherType）字段与以太网帧格式中的类型字段相同。

图 4-9 给出了如何将 IP 报文封装在以太网和 802.3 帧格式中。

由于 802.3 帧的长度字段与以太网帧的类型字段在数值上不会重叠，这样，接收网卡就能够区分这两种不同的帧格式。

- 类型 / 长度（Type/Length）：2 字节，根据数值的不同代表两种不同的封装格式。如果字段值在 0x0000 ～ 0x05DC 范围内，则表示该字段为 Length，该帧为 802.3 raw 封装。如果字段值在 0x0600 ～ 0xFFFF 范围内，则表示该字段为 Type 字段，该帧为 Ethernet Ⅱ封装。字段值 0x05DD ～ 0x05FF 保留，没有使用。

- PayLoad：上层协议有效载荷，最小为 46 字节，最大为 1500 字节，对于 Type 封装格式，上层协议必须保证该字段的值大于 46 字节，对于 Length 封装格式，必须对有效载荷不够 46 字节的报文链路层进行填充。

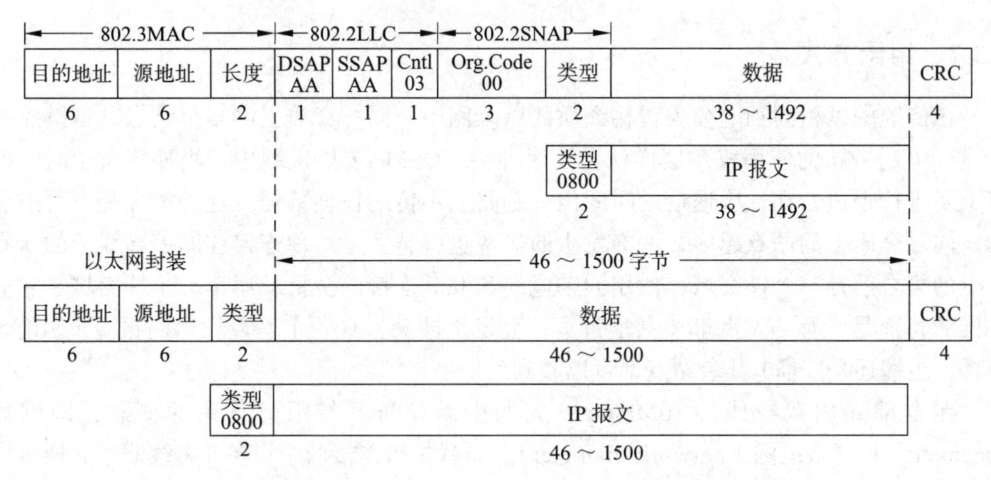

图 4-9　将 IP 报文封装到以太网和 802.3 帧格式中

Ethernet II 类型以太网帧的最小长度为 64 字节（6+6+2+46+4），最大长度为 1518 字节（6+6+2+1500+4）。其中前 12 字节分别标识发送数据帧的源站点 MAC 地址和接收数据帧的目标站点 MAC 地址。

最后是 4 字节的 CRC。

4.2.6　运行参数

表 4-3 给出了 10Mbit/s 以太网的运行参数。10Mbit/s 以太网的有些运行参数已经在前面介绍过，这里不再重复。在表 4-3 中，帧间间隔是指发送站点发送 2 帧之间必须等待的时间。

表 4-3　10Mbit/s 以太网的运行参数

参数	值
比特时间	100ns
冲突窗口	51.2μs
帧间间隔	9.6μs
冲突重发次数	16
冲突退避限制	10
最小帧长度	64 字节
最大帧长度	1518 字节

以太网传送数据时，每两个帧之间存在帧间隙（Inter Frame Gap，IFG），帧间隙的作用是使介质中的信号处于稳定状态，同时让帧接收者对接收的帧做必要的处理（如调整缓存取的指针、更新计数、发中断让主机对报文进行处理）。

由于以太网传输电气方面的限制，每个以太网帧长度至少是 64 字节，最大不能超过 1518 字节，小于 64 字节或者大于 1518 字节的以太网帧都被看作错误的数据帧，以太网转发设备会丢弃这些数据帧。小于 64 字节的数据帧一般是由于以太网冲突产生的“碎片”或者由线路干扰或坏的以太网接口产生的，大于 1518 字节的数据帧叫作巨帧，通常是由于线路干扰或者坏的以太网接口产生的。

由于以太网帧“数据”字段最大不能超过 1500 字节，我们就把这个值称为最大传输单元（Maximum Transfer Unit，MTU）。这是网络层协议非常关心的，因为网络层协议（比如 IP）会根据这个值来决定是否把上层传下来的数据进行分片。这就好比用一个盒子没办法装下一大块面包，我们需要把面包切成片，装在多个盒子里面。第5章将通过例子说明IP如何将长度大于1500字节的IP报文进行分片，以便分片后的IP报文能够装入以太网帧中。

4.2.7 组网方式

在传统的以粗同轴电缆为传输介质的以太网中，同一介质上的多个站点共享链路的带宽，争用链路的使用权，这样就会发生冲突。CSMA/CD机制中，当冲突发生时，网络就要进行退避，在这段退避的时间内，链路上不传送任何数据，这种情况是不可避免的。同一介质上的站点越多，冲突发生的概率也就越大。这种连接在同一导线上的所有站点的集合就是一个冲突域。使用同轴电缆和hub连接的主机就属于一个冲突域。它们共同的特征是所有的站点都要共享带宽，会发生冲突，且一个站点发出的报文（无论是单播、组播还是广播）其余站点都可以收到。

在全部采用双绞线的10Mbit/s以太网中，有两个与距离有关的概念，即网段（segment）和网络范围（network diameter）。前者是指连接两个设备（集线器、交换机或主机）的距离，后者是指网络中两个最远端设备之间的距离。网段的最大长度不能超过100m。考虑网络延伸，最有用的规则就是5-4-3规则（仅仅针对10Mbit/s中继器）。规则的内容如下：一个网络最多有5个网段、4个中继器，以及不多于3个的混合网段。混合网段是指同轴总线网段（已淘汰）。由于双绞线网段的最远距离是100m，最大网络（网络范围）就是500m。

光纤网段的最远距离可达2km，但IEEE 802.3标准规定，使用光纤，级联数最多不能超过3个，且网络末端需要使用双绞线，中间的两个为光纤网段并保证每个网段不超过1km。这样，整个光纤网段的长度限制在2km内。

4.3 快速以太网

快速以太网（fast Ethernet）是一种新型的局域网，其名称中的“快速”是指数据速率可以达到100Mbit/s，是标准以太网数据速率的十倍。1995年3月，IEEE宣布了IEEE 802.3u快速以太网标准，开始了快速以太网的时代。

从理论和技术上讲，快速以太网在保持以太网最小帧长度64字节不变的情况下，只要将线缆的最大长度减少到原来的十分之一（就是将原来的2500m减少到约250m），这样快速以太网的发送站点在发送数据过程中仍然可以及时地检测到冲突，从而可以保证CSMA/CD协议能够正确工作。虽然快速以太网的传输距离大大缩短，但仍然可以满足实际的组网需求。

快速以太网的不足也是以太网技术的不足，因为快速以太网仍基于载波侦听多路访问和冲突检测（CSMA/CD）技术，当网络负载较重时，会造成效率的降低，当然，这种不足可以通过交换技术来弥补。快速以太网站点通过交换机连接时，可在全双工方式下工作而无冲突发生。因此，CSMA/CD协议对全双工方式工作的快速以太网是不起作用的，但在基于集线器互联的半双工方式下一定要使用CSMA/CD协议进行冲突检测。

4.3.1　参考模型

快速以太网参考模型如图 4-10 所示。

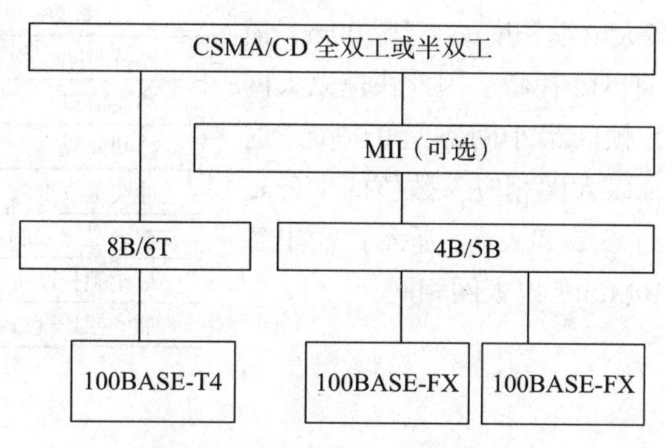

图 4-10　快速以太网参考模型

其中，MII 为介质独立接口（Media Independent Interface）。

4.3.2　物理层标准

100Mbit/s 快速以太网物理层标准又分为 100BASE-TX 、100BASE-FX、100BASE-T4 三个子类，如表 4-4 所示。

表 4-4　快速以太网物理层标准

名称	线缆	段长度	信号编码	特点
100BASE-TX	2 对 5 类 UTP	100m	4B/5B	100M 全双工
100BASE-FX	单模或多模光纤	412m 或 2000m	4B/5B	100M 全双工
100BASE-T4	4 对 3、4、5 类 UTP	100m	8B/6T	非对称

100BASE-TX 是一种使用 5 类双绞线的快速以太网技术。它使用两对双绞线，一对用于发送数据，一对用于接收数据。在传输中使用 4B/5B 编码方式，信号频率为 125MHz。100BASE-TX 使用与 10BASE-T 相同的 RJ-45 连接器。它的最大网段长度为 100m，支持全双工的数据传输。

100BASE-FX 是一种使用光缆的快速以太网技术，可使用单模和多模光纤（62.5 和 125μm）。使用的是两根光纤，其中一根用于发送数据，另一根用于接收数据。在传输中使用 4B/5B 编码方式，信号频率为 125MHz。它使用 MIC/FDDI 连接器、ST 连接器或 SC 连接器，最大网段长度为 412m、2000m 或更长，这与所使用的光纤类型和工作模式有关，它支持全双工的数据传输。100BASE-FX 特别适用于有电气干扰的环境、较大距离连接或高保密环境。

100BASE-T4 是一种可使用 3、4、5 类双绞线的快速以太网技术。它使用 4 对双绞线，其中 3 对线用以传输数据（每对线的数据传输率为 33.3Mbit/s），站点使用三对线来发送数据，使用一对线来接收数据。100BASE-T4 不能以全双工 100Mbit/s 的速率运行。100BASE-T4 的信号采用 8B/6T 的编码方式，即每 8 位作为一组的数据转换为每 6 位一组的三元码组，每条输出信道的信息传输率为 33.3Mbit/s × 6/8=25Mbaud。100BASE-T4 使用与 10BASE-T 相同的 RJ-45 连接器，最大网段长度为 100m。

4.3.3　运行参数

在快速以太网中采用的方法是保持最短帧长不变，但把一个网段的最大电缆长度减小到100m，最短帧长仍为64字节，即512比特。因此快速以太网的冲突窗口是5.12μs，帧间最小间隔是0.96μs，这些参数值都是10Mbit/s以太网相应参数值的十分之一。快速以太网的运行参数如表4-5所示，表中各项参数的含义与传统10Mbit/s以太网相同。

表4-5　快速以太网的运行参数

参数	值
比特时间	10ns
冲突窗口	5.12μs
帧间间隔	0.96μs
冲突重发次数	16
冲突退避限制	10
最小帧长度	64字节
最大帧长度	1518字节

4.3.4　自动协商

自动协商机制是指以太网根据另一端设备的连接速度和双工模式，自动把它的速度调节到与对方一致的最高工作速率，即线路两端能具有最快的速度和双工模式。

自动协商机制允许一个网络设备能够将自己所支持的工作模式信息传达给网络上的对端，并接收对方可能传递过来的相应信息，从而解决双工与10Mbit/s和100Mbit/s速率自适应问题。自动协商功能完全由物理层芯片设计实现，因此并不使用专用数据帧或带来任何高层协议开销。

1. 自动协商机制的基本原理及工作过程

自动协商机制的基本原理是：每个网络设备在上电或用户干预时发出快速连接脉冲（Fast Link Pulse，FLP），协商信息封装在这些FLP序列中。FLP中包含时钟/数字序列，将这些数据从中提取出来就可以得到对端设备支持的工作模式，以及一些用于协商握手机制的其他信息。当一个设备不能对FLP做出有效反应而仅返回一个普通连接脉冲（Normal Link Pulse，NLP）时，它被作为一个10BASE-T兼容设备。FLP和NLP都仅应用于非屏蔽双绞线，而不能应用于光纤。

自动协商的内容主要包括双工模式、运行速率、流控等，一旦协商通过，链路两端的设备就锁定在这种运行模式下。

自动协商的工作过程如下。如果两端都支持自动协商，则都会接收到对方的FLP，将FLP中的信息解码，得到对方的连接能力，并将对端的自动协商能力值记录在自动协商对端能力寄存器中，同时把状态寄存器的自动协商完成标志位置为1。在自动协商未完成的情况下，自动协商完成标志位一直为0。然后双方各自根据自己和对方的最大连接能力，选择最好的连接方式。比如：如果双方都既支持10M也支持100M，则速率按照100M连接；如果双方都即支持全双工也支持半双工，则按照全双工连接。一旦连接建立，就停止发送FLP，直到链路中断或者得到自动协商重启命令，才会再次发送FLP。

自动协商的执行是通过FLP和NLP来实现的。NLP是周期为16ms左右的脉冲，脉冲宽度为100ns（10BASE-T）、10ns（100BASE-TX）。FLP类似于NLP，它是连续的17～33个的脉冲，用来传输16bit的连接码以进行自动协商，码宽为125μs，在125μs

码宽中间有脉冲为 1，无脉冲为 0。连接码并不是以太网通信节点的有效数据，只被 PHY 接口模块识别。

2. 端口工作模式

以太网口的两端工作模式（10Mbit/s 半双工、10Mbit/s 全双工、100Mbit/s 半双工、100Mbit/s 全双工、自动协商）必须一致。

如果一端是固定模式（无论是 10Mbit/s 还是 100Mbit/s），另一端是自动协商模式，即便能够协商成功，自动协商的那一端也将只能工作在半双工模式。

如果一端工作在全双工模式，另一端工作在半双工模式（包括自动协商出来的半双工），流量达到约 15% 以上时，就会出现冲突、错包，最终影响工作性能。

对于两端工作模式都是自动协商，最后协商的结果是“两端都支持工作模式中优先级最高的那一类”。

如果 A 端为自动协商，B 端设置为 100Mbit/s 全双工，A 端协商为 100Mbit/s 半双工后，再强制将 B 端改为 10Mbit/s 全双工，A 端也会马上向下协商到 10Mbit/s 半双工；如果 A 端为自动协商，B 端设置为 10Mbit/s 全双工，A 端协商为 10Mbit/s 半双工后，再强制将 B 端改为 100Mbit/s 全双工，会出现协商不成功，连接不上！这时如果插拔一下网线，又会重新协商为 100Mbit/s 半双工。

4.3.5　组网方式

半双工方式意味着同一传输介质的发送和接收是异步进行的，全双工方式则相反，有单独的发送和接收链路。全双工链路是扩展快速以太网（100Mbit/s）的关键。全双工快速以太网链接的网段不能超过两个设备，可以是网卡或交换机端口。注意，不是集线器端口，集线器端口不支持全双工模式。这是因为集线器是冲突域的一部分，它会加强其他端口接收的冲突。只有两块网卡时可以实施全双工通信，多于两块网卡时的全双工方式必须引入交换机。

10BASE-T、10BASE-FL 有单独的发送和接收通路，根据网卡或交换机端口的复杂性，可以执行全双工。如果这些接口配置在半双工方式下，接收、发送的同步检测会触发冲突的检测。如果同样的接口设置成全双工，由于全双工不需要遵守 CSMA/CD 协议，冲突检测会被禁止。

全双工链接的配置要正确。如果站点配置在全双工方式下，站点或交换机的端口以忽略 CSMA/CD 协议的方式发送帧。如果另一端配置在半双工方式下，它会检测出冲突并引发其他问题，如 CRC 出错、网络速度下降，导致快速以太网的优势消失。

如前所述，由于冲突，100Mbit/s 下的网络范围有所缩小。对于双绞线网段和交换端口来说，网段的最长距离是 100m（在冲突域范围内）。在光纤端口上，对于多模光纤来说，网段的长度是 2km；对于单模光纤来说，网段的长度是 15km。半双工方式下，受冲突域限制，网段距离为 412m。因此，只有在全双工模式下（CSMA/CA 被忽略），光纤网段的延伸才能达到极限。在快速以太网模式下，推荐使用交换机互联。快速以太网下的光纤端口，建议使用全双工。

4.4 千兆以太网

千兆以太网是对10Mbit/s和100Mbit/s 802.3以太网标准的扩展，它提供了1000Mbit/s的原始数据带宽，同时与现有的以太网保持完全兼容。千兆以太网提供全双工或半双工工作模式，在半双工工作模式下，千兆以太网还将保持CSMA/CD协议。

千兆以太网的最初标准是由IEEE于1998年6月制定的IEEE 802.3z，802.3z通常被称为1000BASE-X。

IEEE 802.3ab标准于1999年通过，该标准将千兆以太网定义为利用非屏蔽双绞线（unshielded twist pair）五类线缆（category 5）或六类线缆（category 6）进行的数据传输，并被称作1000BASE-T。

IEEE 802.3ah标准于2004年通过，增加了两个千兆光纤标准，即1000BASE-LX10（已经被厂商广泛实现）和1000BASE-BX10s。

4.4.1 参考模型

千兆以太网参考模型如图4-11所示。

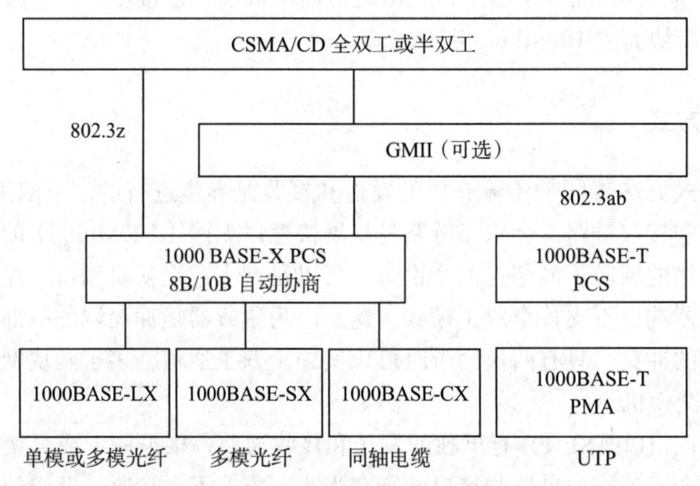

图4-11 千兆以太网参考模型

4.4.2 物理层标准

千兆以太网的标准包括IEEE 802.3z和IEEE 802.3ab。IEEE 802.3z标准中包括1000BASE-LX、1000BASE-SX、1000BASE-CX，它们统称为1000BASE-X子系列。IEEE 802.3ab标准中包括1000BASE-T。另外，在工业应用中，尽管有些规范并没有正式以标准的形式对外发布（或者不是由IEEE发布的），但却得到了广泛的应用，如1000BASE-LH、1000BASE-ZX、1000BASE-LX10、1000BASE-BX10和1000BASE-TX。千兆以太网物理层标准如表4-6所示。

表 4-6　千兆以太网物理层标准

名称	介质	最大距离
1000BASE-SX	波长为 850nm，多模光纤	260m 或 525m
1000BASE-LX	波长为 1310nm，单模或多模光纤	525 ～ 5000m
1000BASE-LH	波长为 1300nm 或 1310nm，单模或多模光纤	10km
1000BASE-LX10	波长为 1310nm，单模光纤	10km
1000BASE-EX	波长为 1310nm，单模光纤	超过 40km
1000BASE-ZX	波长为 1550nm，单模光纤	超过 70km
1000BASE-BX10	下行波长为 1490nm 的单模光纤，上行波长为 1310nm 的单模光纤	10km
1000BASE-CX	150Ω 双绞线	25m
1000BASE-T	5 类、超 5 类、6 类或者 7 类双绞线	100m
1000BASE-TX	6 类或者 7 类双绞线	100m

1000BASE-SX 使用短波激光作为信号源，工作波长为 850nm，使用芯径为 50μm 及 62.5μm 的多模光纤，传输距离分别为 260m 和 525m，适用于建筑物中同一层的短距离主干网。使用 SC 型连接器。采用 8B/10B 编码方式。运行信令速率为 1250 M 波特。

1000BASE-LX 使用长波激光作为信号源，工作波长为 1310nm，使用芯径为 50μm 及 62.5μm 的多模光线和芯径为 9μm 单模光纤，传输距离分别为 525m、550m 和 3000m，主要用于校园主干网。使用 SC 型连接器。采用 8B/10B 编码方式。运行信令速率为 1250 M 波特。

1000BASE-LX10 是一个非标准规范，但是在工业中已被广泛接受为事实上的千兆以太网规范。1000Base-LX10 采用的是波长为 1310nm 的单模长波光纤。最长有效传输距离可达 10km。

1000BASE-LH 也是一个非标准规范，但是在工业中已被广泛接受为事实上的千兆以太网规范。1000BASE-LH 采用的是波长为 1300nm 或者 1310nm 的单模或者多模长波光纤。它类似于 1000BASE-LX 规范，但在单模优质光纤中的最长有效传输距离可达 10km，并且可以与 1000BASE-LX 网络保持兼容。

1000BASE-EX 也是一个非标准但被业界公认的规范，用来指代千兆以太网传输。它与 1000BASE-LX10 非常相似，但实现更长的距离，由于较高的光学传播质量（使用 1310nm 波长激光器），其最大可传输距离最多可以不超过 1 对单模光纤 40km，所以它有时也被称为长跨距 LH。

1000BASE-ZX 是 Cisco 指定的千兆以太网通信标准。1000BASE-ZX 运行在平常的链接跨度达 70km 的单模光纤上。1000BASE-ZX 使用波长为 1550nm 的激光。它的运行信令速率为 1250 M 波特，使用 8B/10B 编码。

1000BASE-BX10 也是一个非标准规范，但是在工业中已被广泛接受为事实上的千兆以太网规范。1000BASE-BX10 的两根光纤所采用的传输介质类型是不同的：下行方向（从网络中心到外部）采用的是波长为 1490nm 的单模超长波光纤，上行方向则采用波长为 1310nm 的单模长波光纤。最长有效距离为 10km。

1000BASE-CX 使用 150Ω 平衡屏蔽双绞线（STP），采用 8B/10B 编码方式，传输速率为 1.25Gbit/s，传输距离为 25m，使用 9 芯 D 型连接器连接电缆。主要用于集群设备的连接，如一个交换机房内的设备互连。

1000BASE-T 可以采用 5 类、超 5 类、6 类或者 7 类非平衡屏蔽双绞线 (UTP) 作为传输介质，最长有效距离与 100BASE-TX 一样可以达到 100m。用户可以采用这种技术在原有的快速以太网系统中实现从 100Mbit/s 到 1000Mbit/s 的平滑升级。1000BASE-T 主要用于结构化布线中同一层建筑的通信，从而可以利用以太网或快速以太网已铺设的 UTP 电缆。

1000BASE-TX，不是由 IEEE 制定的，而是由 TIA/EIA 于 1995 年发布，对应的标准号为 TIA/EIA-854。尽管 1000BASE-TX 也是基于 4 对双绞线，却采用快速以太网中与 100BASE-TX 标准类似的传输机制，以两对线发送、两对线接收（类似于 100BASE-TX 的一对线发送、一对线接收）。由于每对线缆本身不进行双向的传输，线缆之间的串扰就大大降低了。这种技术对网络的接口要求比较低，不需要非常复杂的电路设计，降低了网络接口的成本。但由于使用线缆的效率降低了（两对线收，两对线发），要达到 1000Mbit/s 的传输速率，要求带宽超过 100MHz，也就是说在 5 类和超 5 类的系统中不能支持该类型的网络，一定需要 6 类或者 7 类双绞线系统的支持。

4.4.3 运行参数

千兆以太网运行参数如表 4-7 所示。

表 4-7 千兆以太网运行参数

参数	值
比特时间	0.1ns
冲突窗口	4.096μs
帧间间隔	0.096μs
冲突重发次数	16
冲突退避限制	10
最小帧长度	512 字节
最大帧长度	1518 字节
帧突发最大长度	8192 字节

4.4.4 载波扩展和帧突发

IEEE 802.3 标准将冲突窗口规定为 512 比特时间。对于速率为 100Mbit/s 的以太网，为了维持时槽不变，网络最大直径为 200m；对于千兆以太网，网络最大直径减小到 20m，这就失去了使用价值。

千兆以太网为了增加最大传输距离，冲突窗口被提升到 4096 比特时间，也就是说，在 4096 比特时间内检测到冲突即可。但是，这会出现新的问题。因为以太网最小帧长是 64 字节，发送最短的数据帧只需要 512 比特时间。数据帧发送结束之后，可能在远端发生冲突，冲突信号传到发送端时，数据帧已经发送完成，发送端也就感知不到冲突了。最终的解决办法是，当数据帧长度小于 512 字节（即 4096 比特）时，在 FCS 域后面添加载波扩展域。主机发送完短数据帧之后，继续发送载波扩展信号，冲突信号传回来时，发送端就能感知到。

载波扩展机制的工作过程如下：千兆以太网站点在发送一个小于 4096 比特的短帧

时，引入非数据信号的扩展比特使载波信号在通信链路上保持 4096 比特时间。对于数据长度为 46 ～ 493 字节的以太网帧，载波扩展的长度为 448 ～ 1 字节（数据字段 + 载波扩展 +6 字节目的地址 +6 字节源地址 +2 字节类型 +4 字节帧检测序列 =512 字节）。

发送方在发送帧信号和载波扩展信号的过程中，无论在什么时候检测到冲突，都会停止发送剩余的帧信号或载波扩展信号，并发送阻塞信号，然后执行退避算法，重新发送帧。

接收方在接收到前导符和帧起始定界符后，开始比特计数，并把非载波扩展比特存入接收缓冲区，直到帧结束。若收到的比特数小于 4096 比特，则收到的帧作为冲突碎片丢弃。即使接收到的帧的前部（包括帧头、数据和 FCS）完全正确，只是传输载波扩展信号时发生冲突，此帧也被丢弃。因为此时发送方因为检测到冲突要进行重发，如果不丢弃该帧就会造成接收方收到重复帧，而 CSMA/CD 协议不能处理接收重复帧的情况。

现在考虑另一个问题。如果发送的数据帧都是 64 字节的短报文，那么链路的利用率就很低，因为载波扩展将占用大量的带宽。千兆以太网标准中引入了帧突发机制来解决这个问题。当连续发送小于 512 字节的报文时，不是长时间发送载波扩展信号，而是只发送帧间隔时间的载波扩展然后继续发送下一个数据帧，这样就提高了链路的利用率。

帧突发机制的工作过程如下：发送方可以连续发送多个帧，其中第一个帧仍然按照 CSMA/CD 协议争用信道进行发送。如果第一个帧发送成功，发送方就可继续发送多个帧，直到一次帧突发的最大长度限制。千兆以太网帧突发机制规定，连续发送帧的总长度不能超过 8192 字节。

千兆以太网发送方为了能够连续占用信道发送多个帧，发送方引入 96 比特的扩展信号填充帧间隔，这样其他主机在 IFG 期间仍然可继续侦听到信道上有载波信号，不会启动发送。发送方在成功发送第一个帧之后不会再遇到冲突，因此，后面连续发送的多个帧即使是短帧也不必进行载波扩展。帧突发机制是对载波扩展带来传输效率的有效补救措施。

载波扩展和帧突发仅用于千兆以太网的半双工模式；全双工模式不需要使用 CSMA/CD 机制，因此不需要这两个特性。

4.5　万兆以太网

10 吉比特以太网（10 Gigabit Ethernet，缩写为 10GbE、10 GigE 或 10GE），也译为 10 吉位以太网、万兆以太网，最初在 2002 年通过，成为 IEEE Std 802.3ae-2002。它规范了数据传输速率为 10 Gbit/s 的以太网。

4.5.1　物理层标准

10GE 的帧格式与 10Mbit/s、100Mbit/s 和 1Gbit/s 以太网的帧格式完全相同，10GE 还保留了 802.3 标准规定的以太网最小和最大帧长，这就使用户在升级其已有的以太网时，仍能和较低速率的以太网方便地通信。由于数据率很高，10GE 不再使用铜线而只使用光纤作为传输介质。它使用长距离的光收发器与单模光纤接口，以便能够工作在广域网和城域网的范围。10GE 也可使用较便宜的多模光纤，但传输距离为 65 ～ 300m。各种万兆以太网物理层标准如表 4-8 所示。

表 4-8 各种万兆以太网物理层标准

万兆以太网标准	使用的传输介质	有效距离	应用领域
10GBASE-SR	850nm 多模光纤	300m	局域网
10GBASE-LR	1310nm 单模光纤	10km	局域网
10GBASE-ER	1550nm 单模光纤	40km	局域网
10GBASE-ZR	1550nm 单模光纤	80km	局域网
10GBASE-LRM	1310nm 多模光纤	260m	局域网
10GBASE-LX4	1300nm 单模或者多模光纤	300m（多模时），10km（单模时）	局域网
10GBASE-CX4	屏蔽双绞线	15m	局域网
10GBASE-T	6 类、6a 类双绞线	55m（6 类线时），100m（6a 类线时）	局域网
10GBASE-KX4	铜线（并行接口）	1m	背板以太网
10GBASE-KR	铜线（串行接口）	1m	背板以太网
10GBASE-SW	850nm 多模光纤	300m	SDH/SONET 广域网
10GBASE-LW	1310nm 单模光纤	10km	SDH/SONET 广域网
10GBASE-EW	1550nm 单模光纤	40km	SDH/SONET 广域网
10GBASE-ZW	1550nm 单模光纤	80km	SDH/SONET 广域网

4.5.2 运行参数

万兆以太网运行参数如表 4-9 所示。需要注意的是：万兆以太网除了保留以太网帧格式的主要部分之外，在万兆以太网中已经不存在站点竞争信道的问题，也就没有冲突检测的概念了，因此不需要 CSMA/CD 协议。

表 4-9 万兆以太网运行参数

参数	值
比特时间	1ns
冲突窗口	—
帧间间隔	0.0096μs
冲突重发次数	—
冲突退避限制	—
最小帧长度	64 字节
最大帧长度	1518 字节

注：10Gbit/s 以太网不允许半双工操作，因此与分槽计时和冲突处理有关系的参数都不适用。

10GE 只工作在全双工方式，因此不存在争用问题，也不使用 CSMA/CD 协议。这就使 10GE 的传输距离不再受冲突检测的限制而大大提高。

吉比特以太网的物理层可以使用已有的光纤通道的技术，而 10GE 的物理层则是新开发的，10GE 有两种不同的物理层。

- 局域网物理层 LAN PHY。局域网物理层的数据率是 10.000Gbit/s（这表示精确的

10Gbit/s)，因此一个 10GE 交换机正好可以支持 10 个吉比特以太网接口。

- 可选的广域网物理层 WAN PHY。广域网物理层具有另一种数据率，这是为了与所谓的 10Gbit/s 的 SONET/SDH 相连接。OC-192/STM-64 的数据率并非精确的 10Gbit/s，而是 9.953 28Gbit/s。在去掉帧首部的开销后，其有效载荷的数据率是 9.584 64Gbit/s。因此，为了使 10GE 的帧能够插入到 OC-192/STM-64 帧的有效载荷中，应使用可选的广域网物理层，其数据率为 9.953 28Gbit/s。反之，SONET/SDH 的 10Gbit/s 速率不可能支持 10GE 以太网的接口，而只能够与 SONET/SDH 相连接。

需要注意的是，10GE 并没有 SONET/SDH 的同步接口而只有异步的以太网接口。因此，10GE 在与 SONET/SDH 连接时，出于经济上的考虑，它只是具有 SONET/SDH 的某些特性，如 OC-192 的链路速率、SONET/SDH 的组帧格式等，但 WAN PHY 与 SONET/SDH 并不是全部都兼容的。例如，10GE 没有 TDM 的支持，没有使用分层的精确时钟，也没有完整的网络管理功能。

由于 10GE 的出现，以太网的工作范围已经从局域网扩大到城域网和广域网，从而实现了端到端的以太网传输。这种工作方式具有以下好处。

- 以太网是一种经过实践证明的成熟技术，无论是因特网服务提供者 ISP 还是端用户都很愿意使用以太网。当然对 ISP 来说，使用以太网还需要在更大的范围进行试验。
- 以太网的互操作性也很好，不同厂商生产的以太网都能可靠地进行互操作。
- 在广域网中使用以太网时，其价格大约只有 SONET 的五分之一和 ATM 的十分之一。以太网还能够适应多种传输介质，如铜缆、双绞线以及各种光缆。这就使具有不同传输介质的用户在进行通信时不必重新布线。
- 端到端的以太网连接使帧的格式全都是以太网的格式，不需要再进行帧的格式转换，简化了操作和管理。

4.6 40G/100G 以太网

IEEE 802.3 委员会在完成万兆以太网的标准化工作以后，开始进行 40Gbit/s 和 100Gbit/s 以太网的标准化工作。前者针对数据中心内部连接，后者针对因特网骨干网。40G/100Gbit/s 以太网的第一个标准 IEEE 802.3ba 于 2010 年正式批准，接着是 IEEE 802.3bj，于 2014 年批准，IEEE 802.3cd 于 2018 年批准。

4.6.1 物理层标准

40G/100 Gbit/s 以太网包含一系列的物理层标准。一个网络设备能通过更换不同的物理层插拔模块来支持不同的物理层，如表 4-10 所示。

表 4-10 40G/100 G 以太网物理层标准

物理层	最大可传输距离	40 Gbit/s 以太网	100 Gbit/s 以太网
电气背板	1m	40GBASE-KR4	—

（续）

物理层	最大可传输距离	40 Gbit/s 以太网	100 Gbit/s 以太网
铜缆	7m	40GBASE-CR4	100GBASE-CR10
OM3 多模光纤	100m	40GBASE-SR4	100GBASE-SR10
OM4 多模光纤	125m		
单模光纤	10km	40GBASE-LR4	100GBASE-LR4
单模光纤	40km		100GBASE-ER4
单模光纤	2km（连续）	40GBASE-FR	—

4.6.2　功能特性

40G/100 G 以太网的功能特性包括：

- 与 IEEE 802.3 标准向后兼容到 1Gbit/s；
- 保持相同的最小和最大帧长度；
- 数据传输率为 40Gbit/s 或 100Gbit/s；
- 允许使用单模或多模光纤或专用背板。

大约从 2018 年起，有少数公司开始引入 100Gbit/s 交换机和网卡。那些对 100Gbit/s 仍嫌不够快的人们，目前已经开始对 400Gbit/s 的以太网进行标准化，这些标准分别是 IEEE 802.3ck、IEEE 802.3cm 和 IEEE 802.3cn。

4.7　无线局域网

无线局域网（Wireless Local Area Network，WLAN）是指以无线信道作为传输介质的计算机局域网。1990 年，IEEE 802 委员会成立了一个新工作组 IEEE 802.11，专门致力于制定无线局域网标准。

4.7.1　IEEE 802.11 体系结构

图 4-12 显示了 IEEE 802.11 LAN 体系结构的基本构件。802.11 体系结构的基本服务集（Basic Service Set，BSS）由运行相同 MAC 协议并竞争使用同一无线链路的站点组成。BSS 也称为一个无线局域网工作单元。

当一个 BSS 内部站点可以直接通信且没有到其他 BSS 的连接时，我们称该 BSS 为独立 BSS（Independent BSS，IBSS），如图 4-13 所示。一个 IBSS 是一个典型的移动自组网（Mobile Ad Hoc Network，MANET），在一个 IBSS 中，因为无线站点没有中继功能，MAC 协议是完全分布式的，所以无线站点之间都是直接通信，不能通过第三方转发。

一个 BSS 包含一个或多个无线站点和一个作为中央基站（base station）的接入点（Access Point，AP）。在有 AP 的 BSS 中，无线站点之间不能直接通信，需要通过 AP 转发。图 4-12 展示了两个 BSS 中的 AP 连接到一个互联设备上（如交换机或路由器），互联设备又连接到因特网上。在一个典型的家庭网络中，有一个 AP 和一台将该 BSS 连接到因特网中的路由器（通常是路由器和 AP 二合一，或者是路由器、交换机和 AP 三合一）。

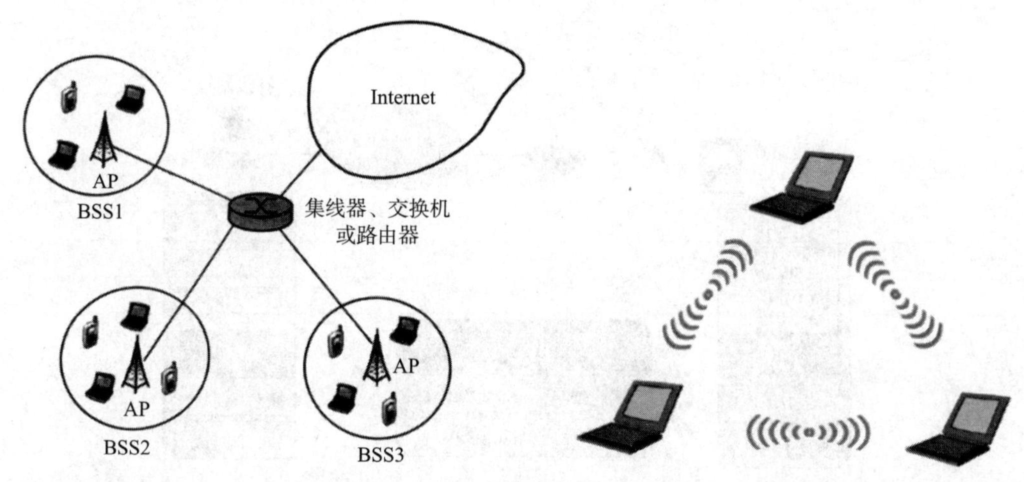

图 4-12　IEEE 802.11 LAN 体系结构的基本构件　　　图 4-13　独立 BSS

与以太网设备类似，每个 802.11 无线站点都有一个 6 字节的 MAC 地址，该地址存储在该站点适配器上（即 802.11 网络接口卡）的固件中。每个 AP 的无线接口也有一个 MAC 地址。

当安装 AP 时，网络管理员会为该 AP 分配一个服务集标识符（Service Set Identifier，SSID）。在 IEEE 802.11 中，每个无线站点都必须选择一个 AP 相关联。选择某个 AP 进行关联的技术称为扫描（scanning），包含以下 4 个步骤：

1）无线站点发送一个探测（probe）帧；

2）所有接收到探测帧的 AP 用探测响应（probe response）帧来响应；

3）无线站点从中选择一个 AP，并向该 AP 发送一个关联请求（association request）帧；

4）AP 用一个关联响应（association response）帧应答。

刚刚描述的机制称为主动扫描（active scanning），因为无线站点主动搜索接入点。AP 也会定期广播信标（beacon）帧，其中包括接入点支持的传输率，这样的情况称为被动扫描（passive scanning）：无线站点可以根据信标帧，只需要通过向接入点发送一个关联请求帧，接入点通过关联响应即可将无线站点与接入点进行关联。

无线站点通常将通过关联的 AP 向该子网发送 DHCP 报文（DHCP 协议将在后面章节中介绍）以获取 IP 地址。一旦获得 IP 地址，网络中的其他站点将直接把你的无线站点视为子网中的一台 IP 主机。

为了与特定的 AP 建立关联，无线站点可能要向建立关联的 AP 进行身份认证。802.11 LAN 提供了几种不同的身份认证方法，其中被普遍采用的方法是口令认证方法。

4.7.2　802.11 协议栈

IEEE 802.11 协议栈完全遵循 IEEE 802 体系结构。802.11 协议栈的目标是满足 802.11 与其他有线 802.x 系列的无缝连接，使 802.11 无线站点上的应用程序除了带宽低、接入时间长以外，感觉不到与有线站点的任何不同。无线站点的协议栈与有线站点的协议栈基本一样。图 4-14 给出了 802.11 无线站点协议栈和有线站点协议栈。

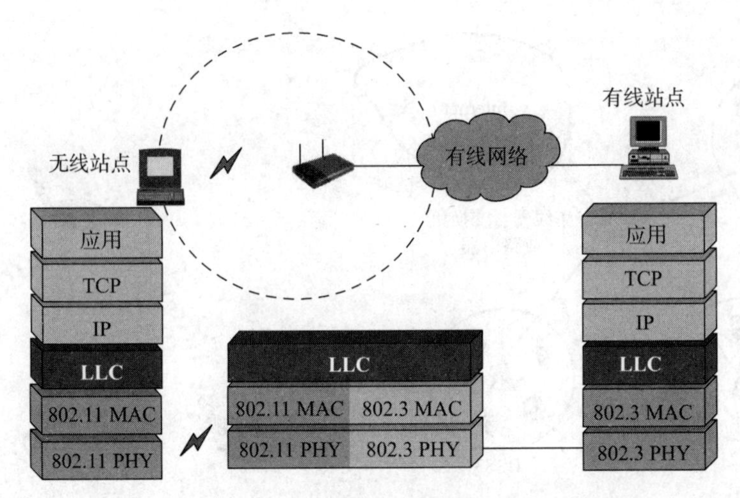

图 4-14 802.11 无线站点协议栈和有线站点协议栈

在 802.11 协议中，也有物理层、介质访问控制（MAC）子层和逻辑链路控制（LLC）子层。物理层负责比特传输，介质访问控制子层负责多个站点对共享介质的访问，逻辑链路控制子层则负责数据的可靠传输。

4.7.3 802.11 MAC 层

IEEE 802.11 的 MAC 层被制定得非常特别。该层处于物理层之上，包含分布协调功能（Distribute Coordination Function，DCF）和点协调功能（Point Coordination Function，PCF）两个子层，如图 4-15 所示。

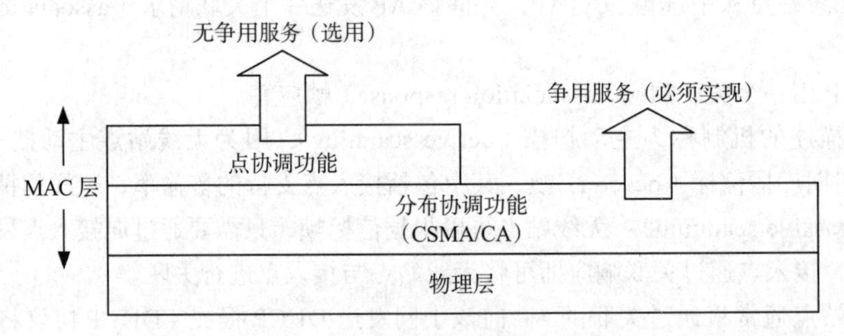

图 4-15 IEEE 802.11 的 MAC 层

DCF 协议规定了网络各站点必须通过争用的方式获得信道，进而获得发送数据和接收数据的权利。在每一个站点采用载波监听多点接入的分布式接入算法，即 CSMA/CA 协议的退避算法。该机制适用于传输具有随机性的数据。DCF 是 MAC 层中必需的也是最主要的功能。

PCF 子层位于 DCF 层之上，该层不是必需的。在 PCF 功能下各站点不必争用信道，而是交由接入点集中协调控制，按照特定的方式把享用信道的权利轮番赋予每个站点，以此杜绝碰撞的发生。由于接入点在自组网络中并不存在，因此在自组网络的 MAC 层中没有 PCF 子层。

相比于 DCF 机制，PCF 机制目前使用较少，一般只用于对实时性要求较高的业务。

两种机制可以交替配合使用。

1. 常用的 4 种帧间间隔

为尽可能避免冲突，IEEE 802.11 还规定，各个站点不能无间断地一直发送数据，每发送完一帧都得经过特定的时长才能继续发送下一帧，这个特定的时长被称作帧间间隔（Inter Frame Space，IFS）。802.11 规定了 4 种长度的帧间间隔，分别是 SIFS（Short Inter Frame Space）、PIFS（PCF Inter Frame Space）、DIFS（DCF Inter Frame Space）和 EIFS（Extended Inter Frame Space），它们之间的长度关系如图 4-16 所示。

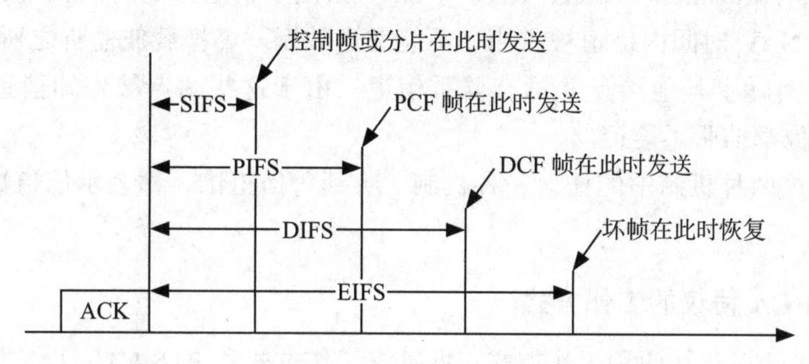

图 4-16　IEEE 802.11 4 种帧间间隔的长度关系

- SIFS，即短帧间间隔，是最短的 IFS，它主要用于隔开一次通信中的各个帧。例如，用于请求发送（Request To Send，RTS）帧和允许发送（Clear To Send，CTS）帧之间、允许发送帧和 DATA 帧之间、DATA 帧和确认帧之间。
- PIFS，即点协调功能帧间间隔，比 SIFS 长一个时隙时间 (slot time)。它主要用于在刚开始使用 PCF 功能时，使站点能够尽快得到发送权，但是只能工作于 PCF 模式。
- DIFS，即分布协调功能帧间间隔，比 PIFS 长一个时隙时间，主要用在每次通信中的第一帧之前。
- EIFS，即扩展的帧间间隔。EIFS 是最长的 IFS，主要在站点接收到坏帧时使用。

在 CSMA/CA 协议中，根据本站下一帧的功能和类型来确定 IFS 的类型。高优先级帧享有优先发送的权利，因此要选择长度较短的 IFS；低优先级帧就必须要选择长度相对长的 IFS。这样在低优先级帧间隔时间未结束时，高优先级帧已被发送到信道，且信道变为忙态，所以低优先级帧只好退避等待。这样就可以尽量避免碰撞的发生。所以，站点当前所使用的 IFS 的类型直接表明了即将要发送的帧的优先级别，即 SIFS>PIFS>DIFS>EIFS。若当前等待时间为 SIFS，说明即将发送的帧优先级最高，享有优先发送的权利；若当前等待时间为 EIFS，说明即将发送的帧具有最低的优先级，必须等其他站点的帧发送完成后才能发送。

2. 两种载波监听机制

为尽可能避免冲突，802.11 中 CSMA/CA 协议采用了两种载波监听机制：物理载波监听（physical carrier sense）机制和 MAC 子层的虚拟载波检测（virtual carrier sense）机制。

物理载波监听是物理层的直接载波监听，通过接收到的电信号来判断信道状态。它规定站点在建立通信之前必须先侦听信道状态，“听到”信道处于忙态时不能发送数据，除非信道空闲。

虚拟载波监听是让源站点在所发送的数据帧首部中的“持续期字段”中写入一个时间值，以微秒为单位，表示在持续期时间内会占用信道。持续期时间包括 ACK 的传输时间。这是因为无线信道的通信质量远不如有线信道，且不采用冲突检测，因此站点在一次通信中收到目的站响应的 ACK 帧后才表示本次通信就此顺利完成，这叫作链路层确认。其他站点在检测到信道上数据帧中的“持续期”字段时，就重设自身的网络分配向量（Network Allocation Vector，NAV）。NAV 指出了信道忙的时间长度，这样站点就知道接下来在 NAV 时间内信道被占用，不能发送数据。虚拟载波监听之所以有“虚拟”二字，是因为实际上其他站点并没有监听信道，由于这些站点被告知信道忙才退避等待，表现得好像都监听了信道。

因此，当这两种机制中的任何一种机制“听到”信道忙，都表示信道忙，否则表示信道空闲。

3. CSMA/CA 协议的工作方式

CSMA/CA 协议包括两种工作方式，即基本工作方式和 RTS/CTS 工作方式。

（1）基本工作方式

在基本工作方式下，整个通信过程只对发送站数据（DATA）帧和接收站确认（ACK）帧两个 MAC 帧进行传输。该机制又称为“两次握手”机制。发送站在通信之前会先侦听信道，若信道空闲，则等待一个 DIFS，若在这个 DIFS 结束时信道状态依然空闲，则立即发送 DATA 帧；接收站接收到该 DATA 帧后会回送一个 ACK 帧，以此告知发送站数据已被接收。当发送站正确接收到 ACK 帧时，表示本次传输过程就此顺利完成。如果信道忙，则执行 CSMA/CA 的退避算法，只能等到退避结束后才能进行通信。基本工作方式的通信过程如图 4-17 所示。

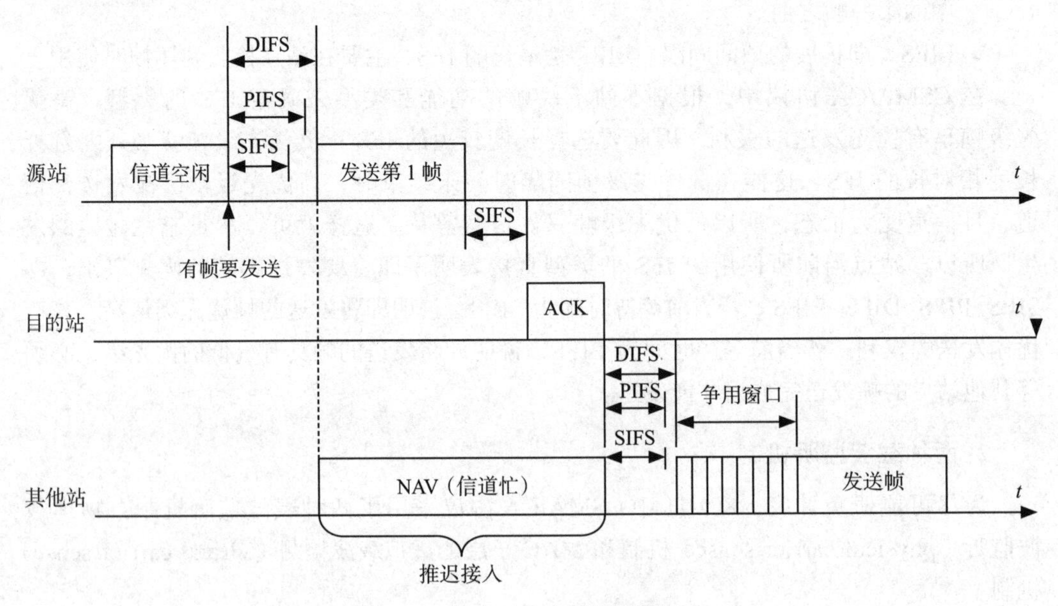

图 4-17 基本工作方式的通信过程

（2）隐蔽站问题和暴露站问题

在无线局域网当中，各移动站所发射的电磁波可以辐射到任意方向，但是其辐射覆盖的范围是非常有限的，特别是当电磁波在传播路程中存在阻碍物体时，其传播的距离会大大缩短，因此并不是所有的站点都能够探测到其他站点的存在。因此，CSMA/CA 协议在采用基本访问方式时就会出现隐蔽站问题（hidden station problem）和暴露站问题（exposed station problem）。

图 4-18 中包含 A、B、C、D 共 4 个站点，假定每个站点所发射的电磁波的覆盖范围都是以本站点为圆心的一个圆形区域（实际上是一个不规则的区域）。如图 4-18 所示，A 和 C 都希望与 B 建立通信连接，但 A 和 C 相距较远，双方都超出了对方电磁波能到达的区域（分别处于对方的盲区），于是 A 和 C 相互都不知道对方的存在。因此，当 A 和 C 均“听到”信道空闲时，就都和站点 B 进行通信，导致了冲突的产生。这种“听不到”其他站点电磁波信号的问题就叫作隐蔽站问题。

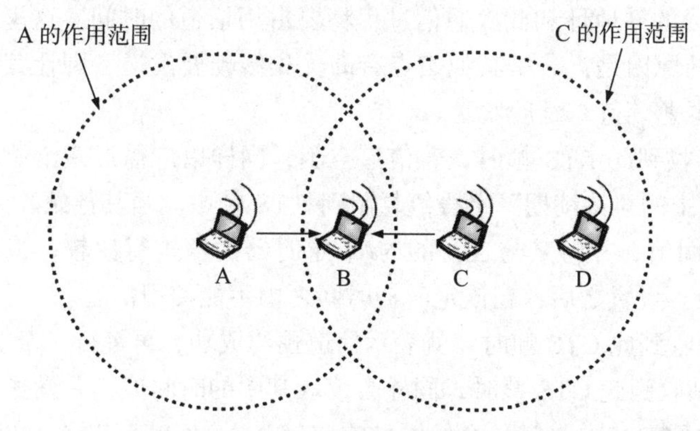

图 4-18　IEEE 802.11 中的隐蔽站问题

当站点之间有障碍物时也有可能出现这样的问题。例如，三个站点 A、B 和 C 彼此距离差不多，就好像分别位于一个等边三角形的三个顶点。但 A 和 C 之间有一个障碍物，导致 A 和 C 彼此都不知道对方的存在。同样当 A 和 C 都“听到”信道空闲时，就都和 B 进行通信，结果也会导致冲突产生。

图 4-19 显示了另一个问题。在 B、A 正在进行通信时，C 想和 D 通信，但是 C 由

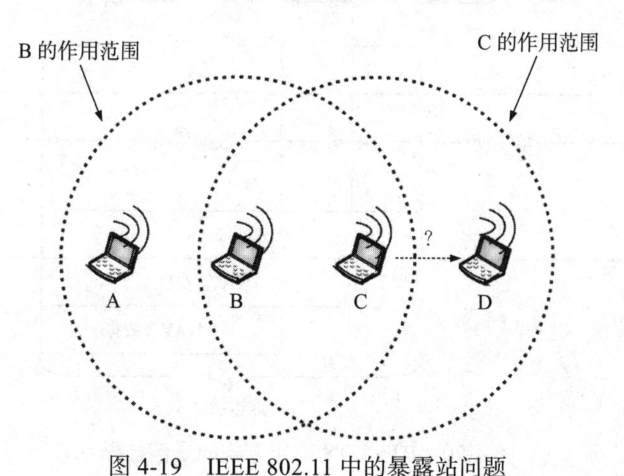

图 4-19　IEEE 802.11 中的暴露站问题

于“听到”信道忙，于是退避等待。但事实上 B、A 的通信根本不能对 C 和 D 的通信产生任何干扰。这就是暴露站问题。

可以看出，在无线局域网中，在互不干扰的前提下是可以有多对站点同时通信的，但是不排除有检测错误的情况发生，检测到的信道状态可能与实际的状态存在差别。

（3）RTS/CTS 工作方式

RTS/CTS 工作方式是可选的。在这种方式下，发送站在正式发送数据前需要对信道进行预约，预约成功后才能发送数据。这种方式又被称为“四次握手”机制，主要用于解决 CSMA/CA 协议基本访问方式中存在的隐蔽站问题和暴露站问题。

在 RTS/CTS 工作方式中，站点传输数据的过程如下。

1）在发送数据之前必须先确定信道状态。若信道空闲，会先等待一个 DIFS，若是在该 DIFS 结束时信道状态依然空闲，则以广播形式发送一个 RTS 控制帧，在该帧当中写入源站地址、目的站地址和此次通信过程将要占用信道的时间。这里，信道空闲时再等待一个 DIFS 的原因是：若是其他站点有高优先级帧要发送，则让其他站有机会优先发送，而本站将退避等待，延后发送。

2）目的站接收到此 RTS 帧时，若信道空闲，同样以广播形式给源站回送一个 CTS 帧，并将 RTS 帧中的“持续期”字段值复制到 CTS 帧中。当其他站收到 CTS 帧时，就会读取其中的时间值，并将其与自身的 NAV 定时器的值进行比较，将两者中较大的值设置为 NAV 的值。设置之后，在该定时器时间之内不能使用信道。

3）源站正确收到此 CTS 帧时，就表示信道预约成功，再等待一个 SIFS 就开始发送 DATA 帧。其他站收到此 CTS 帧时，同样会读取其中的时间值，并设置其 NAV。

4）目的站收到 DATA 帧后，会给源站响应一个 ACK 帧，以此告知源站数据已被接收。当源站正确接收到 ACK 帧时，就表示对方接收完毕，本次传输过程至此顺利完成。

上述过程就是所谓的 RTS → CTS → DATA → ACK 四次握手机制。RTS/CTS 工作方式的通信过程如图 4-20 所示。

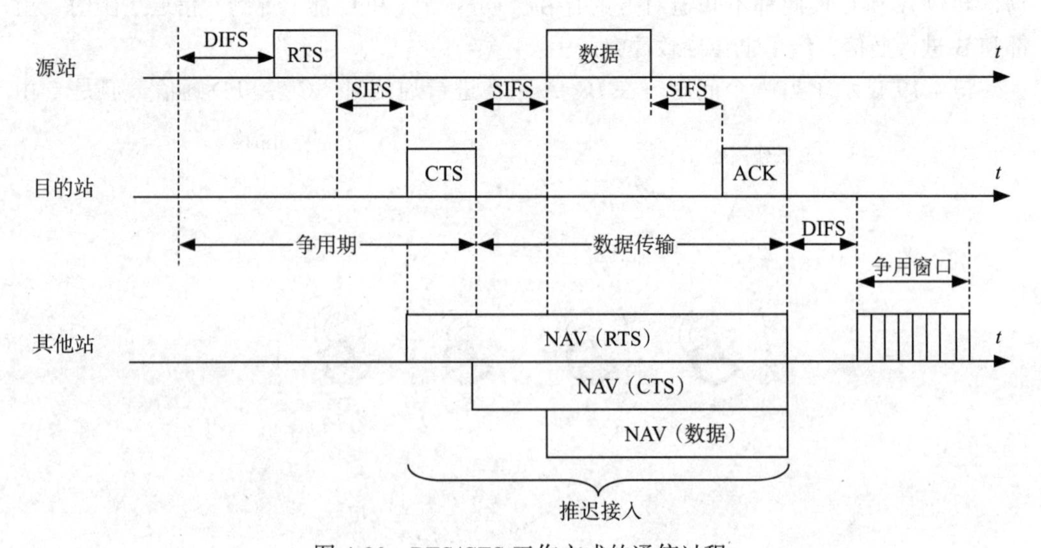

图 4-20　RTS/CTS 工作方式的通信过程

值得说明的是，由于源站和目的站电磁波的传播范围有差别，因此在除这两个站点以外的其他所有站点中，有些只能收到 RTS 帧，有些只能收到 CTS 帧，还有些则 RTS 帧和 CTS 帧都能收到。

如图 4-21a 所示：C 在 A 的信号辐射区域内，但不在 B 的信号辐射区域内；D 在 B 的信号辐射区域内，但不在 A 的信号辐射区域内；E 既在 A 的信号辐射区域内，又在 B 的信号辐射区域内。当 A 请求和 B 进行通信时，C 能够接收到 A 广播发送的 RTS 控制帧，但收不到 B 发出的 CTS 回应帧。这就表示在 A 和 B 进行通信时，C 也可以与其他站点进行通信，B 并不会受到影响。这样就解决了暴露站问题。

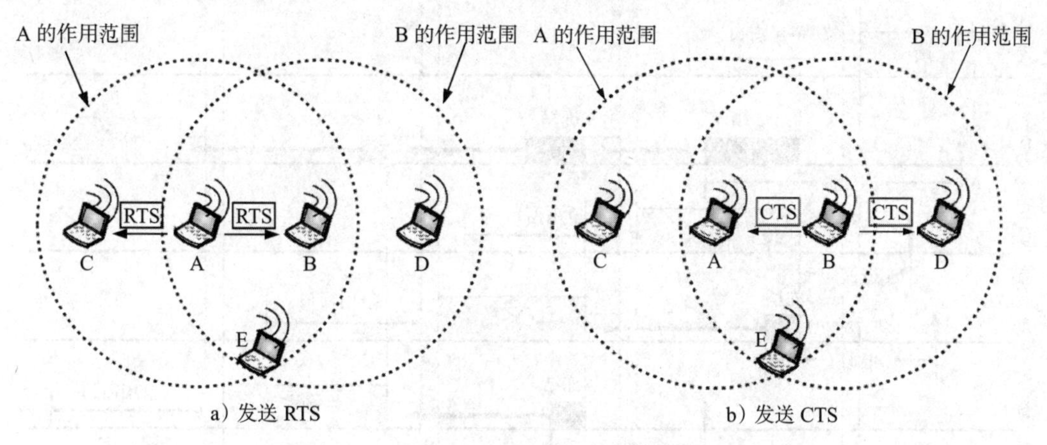

图 4-21 CSMA/CA 中的 RTS 帧和 CTS 帧

同样，D 虽然“听不到”从 A 发出的 RTS 帧，却可以“听到”从 B 发出的 CTS 帧，这样 D 就明白了接下来 B 要和 A 通信，因此只能等待，不会影响 B 和 A 之间的通信。这样就解决了隐蔽站问题。

对于 E 站点，不管是 A 发出的 RTS 帧还是从 B 发出的 CTS 帧，它都能收到，因此 E 和 D 一样，在 A 和 B 正在通信时，E 只能等待。

由于使用了 RTS 帧和 CTS 帧，因此该方式会降低网络传输的效率。但它们的长度分别为 20 字节和 14 字节，与 DATA 帧的两千多字节相比，网络消耗可忽略不计，并且能有效解决隐蔽站点带来的碰撞问题。相反，如果不采用这种方式，很容易因为暴露站问题和隐蔽站问题而不断产生冲突，这会导致站点在不停地重发数据帧上花费成倍的时间，网络效率也会更低。

然而，虽然采用 RTS/CTS 方式能有效避免碰撞，但并不意味着绝对不会再产生冲突。例如，B 和 C 有可能在同一时间“听到”信道空闲，然后两个站点都立即发出一个 RTS 帧给 A，于是冲突就不可避免地产生了。当冲突产生后，B 和 C 立即执行 CSMA/CA 的退避算法，延后发送。

4. CSMA/CA 协议及其退避算法

CSMA/CA 协议规定，站点在进行通信之前，必须先监听信道状态。

1）若检测到信道空闲，则再等待一个 DIFS 后（如果这段时间内信道一直是空闲的）就开始发送 DATA 帧，并等待确认。

2）接收站若正确收到此帧，则在等待一个 SIFS 后，就向发送站发送确认帧 ACK。发送站收到 ACK 帧后表示本次传输过程完成。

3）另外，在发送站发送数据帧时，所有其他站点都已经设置好了 NAV，在这整个通信过程完成前其他站点只能执行 CSMA/CA 的退避算法，随机选择一个退避时间，推迟发送。

CSMA/CA 协议的退避算法如图 4-22 所示。

图 4-22 表示当 A 正在发送数据时，B、C 和 D 都有数据要发送。由于这 3 个站点都检测到信道忙，因此都要执行退避算法，各自随机退避一段时间再发送数据。

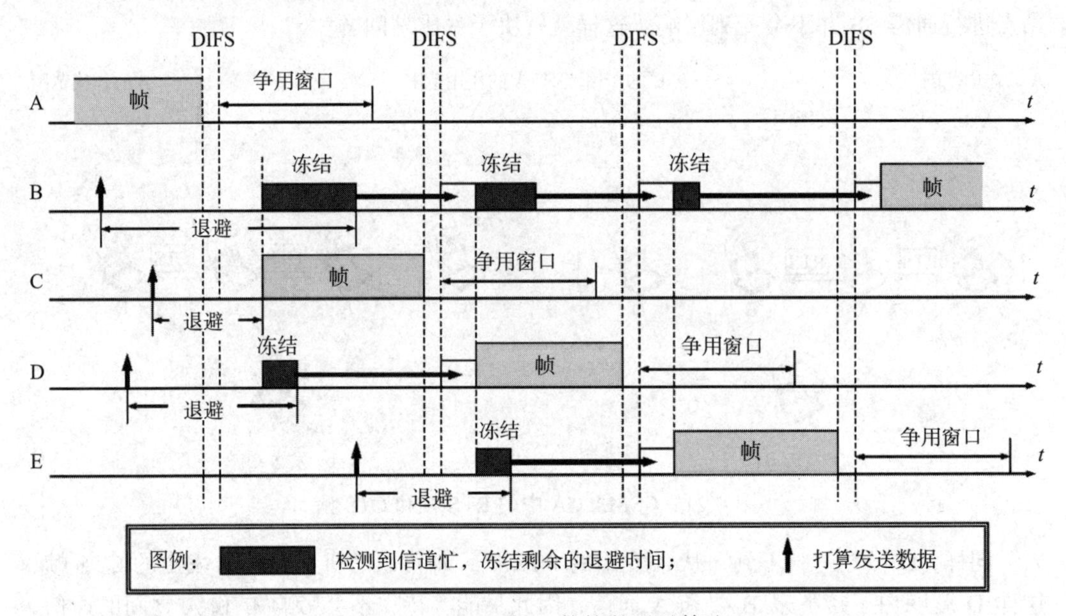

图 4-22　CSMA/CA 协议的退避算法

802.11 标准规定，退避时间必须是整数倍的时隙时间。第 i 次退避是在 $\{0, 1, \cdots, 2^{2+i}-1\}$ 时隙中随机选择一个，这样做是为了使不同站点选择相同退避时间的概率减少。因此，第 1 次退避是在时隙（0, 1, …, 7）中随机选择一个，而第 2 次退避是在时隙（0, 1, …, 15）中随机选择一个，当时隙编号达到 255 时（对应于第 6 次退避）就不再增加了。这里决定退避时间的变量 F 称为退避变量。

选定退避时间后，就相当于设置了一个退避计时器（backoff timer）。站点每经历一个时隙的时间就检测一次信道。这可能发生两种情况：若检测到信道空闲，退避计时器就继续倒计时；若检测到信道忙，就冻结退避计时器的剩余时间，重新等待信道变为空闲并经过时间 DIFS 后，从剩余时间开始继续倒计时。如果退避计时器的时间减小到零，就开始发送整个数据帧。

从图 4-22 可以看出，C 的退避计时器先减到零，于是 C 立即把整个数据帧发送出去。请注意，A 发送完数据后信道就变为空闲。C 的退避计时器一直在倒计时。当 C 在发送数据的过程中，B 和 D 检测到信道忙，就冻结各自退避计时器的数值，重新期待信道变为空闲。这时 E 也想发送数据，由于 E 检测到信道忙，因此 E 就执行退避算法并设置退避计时器。

当 C 发送完数据并经过时间 DIFS 后，B 和 D 的退避计时器又从各自的剩余时间开始倒计时。现在争用信道的除 B 和 D 外，还有 E。D 的退避计时器先减到零，于是 D 得到了发送权。在 D 发送数据时，B 和 E 都冻结其退避计时器。

以后 E 的退避计时器比 B 先减少到零。当 E 发送数据时，B 再次冻结其退避计时器。等到 E 发送完数据并经过时间 DIFS 后，B 的退避计时器才继续工作，直到把最后剩余的时间用完，然后发送数据。

为了解决无线信道误码率高的问题，提高无线信道利用率，802.11 MAC 协议还允许发送端将数据帧（DATA）分成小的分片，每个分片含有校验码，而且这些分片单独发送和确认。也就是说，发送端只有在接收到第 k 个分片的 ACK 后才能发送第 k+1 个分片。一旦发送站点通过 RTS/CTS 机制占用信道，就可以连续发送多个分片，构成分片突发（fragment burst），如图 4-23 所示。

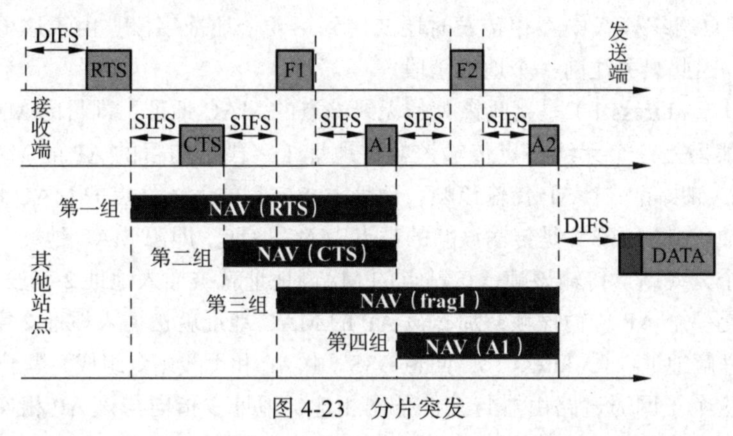

图 4-23　分片突发

采用分片机制后，发送端只需要重传损坏的分片，无须重传整个数据帧，提高了信道利用率。

4.7.4　802.11 帧格式

802.11 帧格式如图 4-24 所示，它包含了许多特定用于无线链路的字段，802.11 帧中每个字段上面的数字代表该字段以字节计数的长度，在帧控制字段中，每个子字段上面的数字代表该子字段以比特计的长度。下面介绍 802.11 帧中各个字段以及帧控制字段中一些重要的子字段。

IEEE 802.11 MAC 定义了三种不同类型的帧，即数据帧、控制帧和管理帧，帧格式如图 4-24 所示。

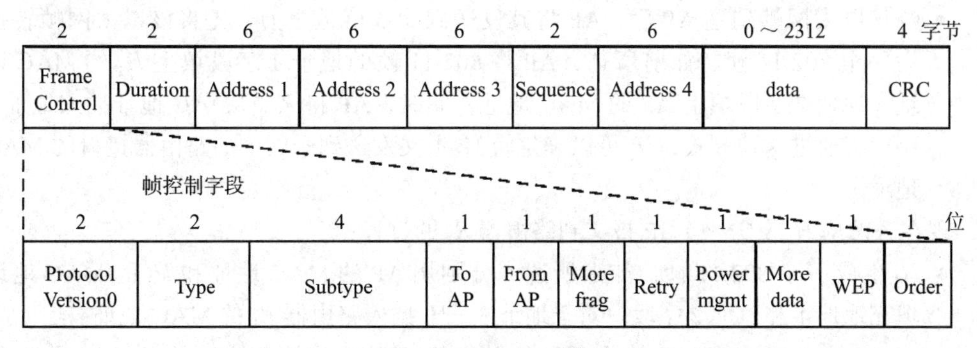

图 4-24　IEEE 802.11 帧格式

1. 有效载荷和 CRC 字段

有效载荷即 data 字段，它通常由一个 IP 报文或 ARP 报文组成。尽管有效载荷字段允许的最大长度为 2312 字节，但通常小于 1500 字节。与以太网帧一样，802.11 帧包含一个循环冗余校验码，让接收方可以检测所接收帧的比特错误。

2. 地址字段

802.11 帧中最引人注意的不同之处是它有 4 个地址字段，其中每个地址字段都是一个 6 字节的 MAC 地址。802.11 帧中为什么要有 4 个地址字段呢？像以太网帧那样，一个源 MAC 地址字段、一个目的 MAC 地址字段不就足够了吗？事实表明，出于互联目的需要 3 个 MAC 地址字段，特别是将 IP 报文从一个无线站点通过 AP 传送到路由器时。当 AP 在自组织模式中互相转发时还要用到第 4 个地址字段。由于这里仅仅考虑基础设施网络，因此只关注前 3 个地址字段。

- 地址 1（Address 1）是接收该帧的无线站点的 MAC 地址，即目的 MAC 地址。因此，如果是一个无线站点传输该帧，地址 1 字段指向目的 AP 的 MAC 地址；类似地，如果是一个 AP 传输该帧，地址 1 指向目的无线站点的 MAC 地址。
- 地址 2（Address 2）是传输该帧的站点 MAC 地址，即源 MAC 地址。因此，如果是一个无线站点传输该帧，该站点的 MAC 地址就被插入地址 2 字段中；类似地，如果是一个 AP 传输该帧，那么该 AP 的 MAC 地址就被插入地址 2 字段中。
- 为了理解地址 3（Address 3），回想 BSS（由 AP 和无线站点组成）是子网的一部分，并且这个子网通过路由器与其他子网相连。地址 3 指向与该 AP 相连的路由器接口的 MAC 地址。

为了对地址 3（Address 3）字段有更深入的了解，我们来看图 4-25。在图 4-25 中有两个 AP，每个 AP 负责一部分无线站点。每个 AP 到路由器有一个直接连接，路由器又连到因特网。注意，AP 是链路层设备，它不管 IP 地址。现在考虑将一个 IP 报文从路由器 R_1 发送到 H_1。路由器 R_1 并不清楚它和 H_1 之间还隔着一个 AP；从路由器 R_1 的角度看，H_1 仅仅是路由器所连接的子网中的一台主机。

- 路由器知道 H_1 的 IP 地址（从 IP 报文的目的地址中得知），它使用 ARP 来确定 H_1 的 MAC 地址，这与普通的以太网相同。获取 H_1 的 MAC 地址后，路由器 R_1 将该 IP 报文封装在一个以太网帧中，该以太网帧的源地址字段是 R_1 连接到 BSS_1 中 AP 的接口 MAC 地址，而目的地址字段就是 H_1 的 MAC 地址。
- 当该以太网帧到达 AP 后，AP 将其发送到无线信道之前，先将该以太网帧转换为一个 802.11 帧。如前所述，AP 将 802.11 帧的地址 1 字段填上 H_1 的 MAC 地址，地址 2 字段填上 AP 的 MAC 地址。同时，AP 将 R_1 的 MAC 地址插入地址 3 字段。通过这种方式，H_1 可以确定将 IP 报文发送到子网中的路由器接口的 MAC 地址。

现在考虑从 H_1 发送一个 IP 报文到路由器 R_1 的过程：

- H_1 生成一个 802.11 帧，如上所述，分别用 AP 的 MAC 地址和 H_1 的 MAC 地址填充地址 1 和地址 2 字段。对于地址 3，H_1 插入路由器 R_1 的 MAC 地址。
- 当 AP 接收到该 802.11 帧之后，将其转换为以太网帧。该帧的源地址是 H_1 的

MAC 地址，目的地址是 R_1 的 MAC 地址。因此，地址 3 允许 AP 在封装以太网帧时能确定目的 MAC 地址。

总之，地址 3 在 BSS 与有线局域网互联中起着关键作用。

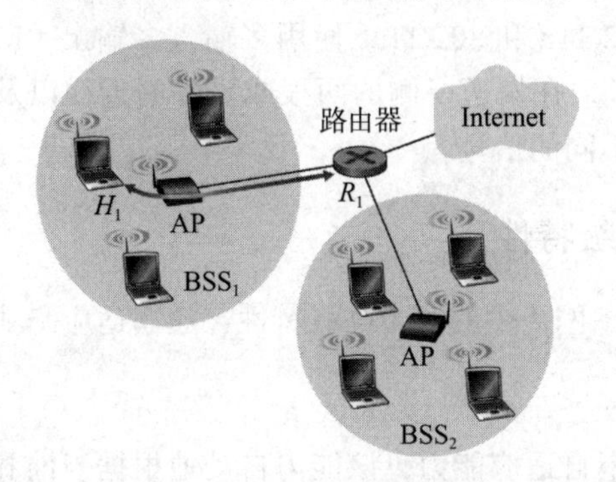

图 4-25　在 802.11 帧中使用地址字段：在 H_1 和 R_1 之间发送帧

3. 序号（Sequence）、持续期（Duration）和帧控制（Frame Control）字段

如前所述，在 802.11 网络中，无论何时一个站点正确地收到一个来自其他站点的帧，它都返回一个确认帧。因为确认帧可能会丢失，发送站点有可能发送重复帧，所以 802.11 帧中的序号字段用于接收站点区别是新帧还是重复帧。

802.11 协议允许传输站点预约信号一段时间，包括传输数据帧的时间和传输确认的时间。这个持续期值就填入该帧的持续期字段中（在数据帧和 RTS 及 CTS 帧中均存在）。

帧控制字段包括许多子字段，这里简单介绍比较重要的子字段，有关详细信息可参见 802.11 规范。Type 和 Subtype 字段用于区分关联、RTS、CTS、DATA 和 ACK 帧。To AP 和 From AP 字段用于定义地址字段的不同含义（这些含义随着使用自组织模式还是基础设施模式而改变，而且在使用基础设施模式时，也随着是无线站点还是 AP 在发送帧而变化）。WEP 字段表示是否使用加密。

4.7.5　802.11 物理层

目前已经标准化的物理层标准有 802.11b、802.11a 和 802.11g，如表 4-11 所示。

表 4-11　IEEE 802.11 物理层标准

标准	频段	速率
802.11b	2.4 ～ 2.485 GHz	最高为 11Mbit/s
802.11a	5.1 ～ 5.8 GHz	最高为 54Mbit/s
802.11g	2.4 ～ 2.485 GHz	最高为 54Mbit/s
802.11n	2.5 ～ 5GHz	最高为 450Mbit/s
802.11ac	5GHz	最高为 1300Mbit/s

802.11b 的工作频段是 2.4 ～ 2.485 GHz，最高速率可达 11Mbit/s。802.11a 的工作频段是 5.1 ～ 5.8GHz 最大速率可达 54Mbit/s。802.11g 的工作频段与 802.11b 相同，都是 2.4 ～ 2.485 GHz，但 802.11g 的最大速率可达 54Mbit/s。

无论是 IEEE 802.11b 还是 IEEE 802.11g 标准，其都只支持 3 个不重叠的传输信道，只有信道 1、信道 6、信道 11 是不冲突的。在 802.11b/g 情况下，可用信道在频率上都会重叠交错，导致网络覆盖的服务区只有三条非重叠的信道可以使用，因此该服务区的用户只能共享这三条信道的数据带宽。

两种最新的标准 802.11n 和 802.11ac 使用多输入多输出（Multi-Input Multi-Output，MIMO）天线；也就是说，在发送一侧的两根或更多的天线以及在接收一侧的两根或更多的天线发送和接收着不同的信号。

4.7.6 802.11 中的高级特性

下面简要讨论 802.11 网络中的两个高级特性：速率适应和功率管理。

1. 速率适应

802.11 具有一种速率自适应能力，该能力自动地根据当前和近期的信道特点来选择物理层调制技术。如果一个站点连续发送两帧而没有收到确认信息，则站点将传输速率降低到下一个较低的速率。如果连续发送 10 个帧后收到确认信息或用来跟踪自上次降速依赖的定时器超时，则站点将传输速率提高到上一个较高速率。目前已经提出其他方案以改善这个基本的自动速率调整方案。

2. 功率管理

功率是移动设备的宝贵资源，因此 802.11 标准提供了功率管理能力。802.11 功率管理按如下方式进行：一个站点能够明显地在睡眠和唤醒状态之间交替。通过将 802.11 帧头部的功率管理比特设置为 1，某站点向 AP 指示它将休眠。在站点设置一个定时器，使其正好在 AP 计划发送信标帧前唤醒站点。因为 AP 从设置的功率传输比特知道哪个站点打算休眠，所以 AP 知道它不该向该站点发送任何帧，先缓存已休眠主机的任何帧，待目的站点被唤醒之后再传输。

在 AP 发送信标帧前，恰好唤醒站点，并迅速进入全面活动状态。由 AP 发送信标帧包含了帧被缓存在 AP 中的站点的列表。如果站点没有缓存的帧，它就返回休眠状态；否则，该站点能够通过向 AP 发送一个探询帧明确地请求 AP 发送缓存的帧。对于信标之间的 100ms 来说，250μs 的唤醒时间以及类似的接收信标帧并检查以确保不存在缓存帧的短时间，没有帧要发送和接收的站点 99% 的时间在休眠，从而大大节省了功率。

4.7.7 802.11 安全

为了在有线局域网上发送数据，一个站点必须物理性地连接到有线局域网上。对于无线局域网，任何在无线局域网覆盖范围内的站点都能发送数据。从某种意义上讲，有线局域网存在某种形式的认证，而无线网络不存在这个“物理上”的认证。因此，无线局域网必须提供认证服务。

另外，无线信道上的信息很容易被截取，为此必须对站点和 AP 之间以及站点和站点之间传送的数据进行加密处理。

1. WEP

802.11 标准定义的加密规范是 WEP（Wired Equivalent Privacy，有线等效保密）。

WEP 旨在为无线网络提供与有线网络对等的安全保护。在无线网络中，由于数据通过天线以广播方式传输，因此如果没有一定的加密保护措施，数据非常容易被入侵者截取。

2. WPA/WPA2

WPA（Wi-Fi Protected Access，Wi-Fi 保护接入）克服了 WEP 的缺点，提供认证、加密以及消息完整性验证等服务，安全性比 WEP 高。

选择 WPA/WPA2 安全类型，路由器将采用 Radius 服务器进行身份认证并得到密钥的 WPA 或 WPA2 安全模式。

3. WAPI

我国于 2003 年 5 月提出了无线局域网国家标准 GB 15629.11，该标准引入了一种全新的用于无线局域网的安全方案——无线局域网认证与保密基础结构（WLAN Authentication and Privacy Infrastructure，WAPI）。WAPI 由无线局域网鉴别基础结构（WLAN Authentication Infrastructure，WAI）和无线局域网保密基础结构（WLAN Privacy Infrastructure，WPI）组成。

4.8　网桥与局域网交换机

假设现在有两个以太网要互连起来，可以用前面介绍的中继器或集线器来实现这个功能。然而，用中继器或集线器受到一定的限制（对于 10BASE5 以太网，任意两台主机之间最多只能有 4 个中继器，最长距离是 2500m）。因为由中继器或集线器互连起来的以太网，在任意一个时刻最多只允许一台主机发送数据，所有其他主机只能处于接收状态；如果有两台主机同时发送数据就发生冲突，我们将由中继器或集线器互连起来的以太网称为处于同一个冲突域（collision domain）。所有用中继器或集线器互连起来的以太网主机都处于同一个冲突域。

另一种解决办法是在以太网之间放置一个站点，由站点将帧从一个以太网转发到另一个以太网。我们所描述的站点通常称为网桥（bridge），而由一个或多个网桥连接的局域网通常称为扩展局域网（extended LAN）。最简单的一种情况是，网桥仅仅是把接收到的以太网帧转发送到网桥上除接收接口外的所有接口。

4.8.1　透明网桥

传统以太网是共享型的，如果某网段上有 A、B 、C、D 4 台计算机，那么 A 与 B 通信的同时, C 和 D 只能被动收听。如果用网桥将该网络划分为两个网段（即网段微化），A、B 在一个网段上，C、D 在另一个网段上，那么 A 和 B 通信的同时，C 和 D 也可以通信，这样原有的 10M 带宽从理论上讲就变成 20Mbit/s 了。同时，为了确保这两个网段可以互相通信，需要用桥将它们连接起来。图 4-26 给出了由两个网桥（B_1 和 B_2）将 4 个局域网（LAN_1、LAN_2、LAN_3 和 LAN_4）连接起来的扩展局域网。

在图 4-26 中，网桥 B_1 和 B_2 开始对整个扩展局域网的拓扑结构是一无所知的。如果此时 A 要发送一帧给 D，该帧通过 B_1 的端口 1 到达 B_1（网桥的所有端口被设置成混杂工作模式，以便网桥能够接收所有经过它端口的帧）。但由于此时 B_1 不知道目的站点 D 在哪里，因此，B_1 对该帧进行默认转发，即 B_1 对该帧进行扩散（flooding），除 B_1 的接收端口 1 外，所有其他端口都转发该帧。于是，该帧到达 LAN_2。而 B_2 通过端口 1 收到 A 站点发送给 D 站点的帧，按照同样的规则，B_2 会在除端口 1 外的所有其他端口（图中是端口 2 和端口 3）转发该帧。B_2 转发到端口 2 帧刚好被目的站点 D 接收，达成了目的。而 B_2 转发到端口 3 的帧是浪费的，同时影响了 LAN_4 内部帧的传送。

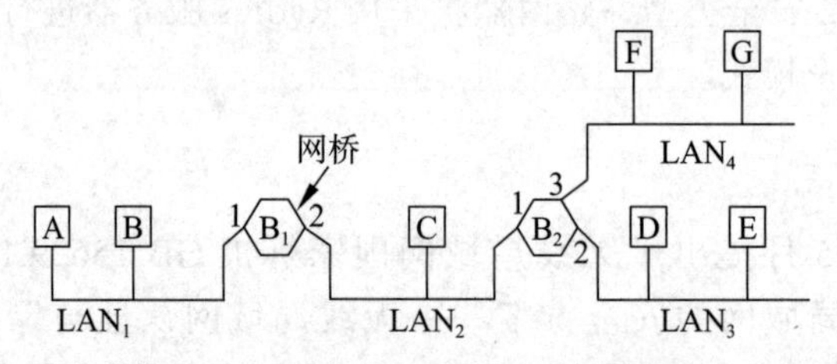

图 4-26 用网桥连接的扩展局域网

事实上，透明网桥内部保存着一个基于 MAC 地址进行转发的转发表（forwarding table），如表 4-12 所示。网桥通过查找转发表来确定将帧转发到网桥的哪个端口。需要注意的是，透明网桥对帧的转发采用数据报方式，而不是虚电路方式。

透明网桥内的转发表不需要人工配置和维护（我们称这样的网桥为透明网桥），而是让网桥采用反向学习（backward learning）算法来获取。反向学习算法的基本思想是：当网桥 B_1 从端口 1 接收到一个源地址为 A 的帧时，就在转发表中记录一项；从主机 A 来的帧由端口 1 接收，那么下次如果网桥需要转发目的地址为 A 的帧，只需要转发到端口 1 即可，并不需要采用扩散方法。

表 4-12 网桥 B_2 的转发表

主机	端口	生存期
A	1	
B	1	
C	1	
D	2	
E	2	
F	3	
G	3	

透明网桥刚启动时，转发表是空的，表中的记录随着转发数据的增加而逐渐增长。转发表中的每条记录都有定时器，当定时器超时后，网桥会自动将这条记录作废，目的是保证当终端站点从一个网段移到另一个网段后，转发表能够及时反映出来。

另外需要注意的是，每个网桥的 MAC 地址表的空间都是有限的，当扩展局域网中站点的数目大于 MAC 地址表表项时，必须采用某种替换算法替换 MAC 地址表中的某些项目，具体的替换算法这里不做详细介绍。

4.8.2 生成树协议

为了提高扩展局域网的可靠性，可以在 LAN 之间设置并行的两个或多个网桥，如

图 4-27 所示。但是，这样的配置会导致另外一些问题，因为在拓扑结构中产生了环路（更多的时候，环路是由于局域网组网规模扩大后在无意中形成的）。

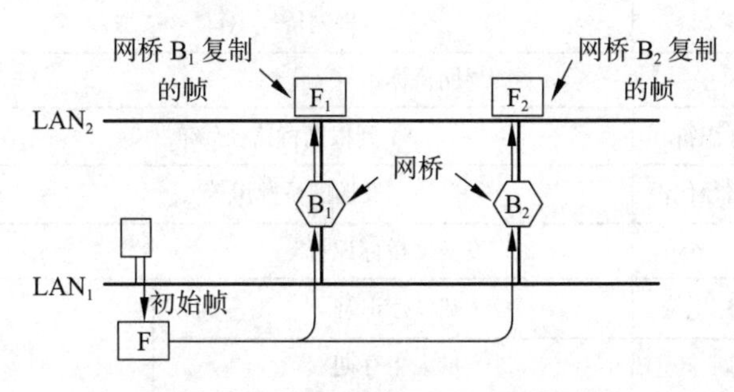

图 4-27　带环路的扩展局域网

前面介绍过，如果扩展局域网内没有环路，透明网桥通过反向学习算法不断更新转发表可以工作得很好。但是一旦在扩展局域网中引入环路，事情就变得糟糕了。

对于图 4-27，假如某站点发出广播帧 F 后，网桥 B_1 和 B_2 都要进行扩散。假设我们把经过 B_1 转发的帧命名为 F_1，把经过 B_2 转发的帧命名为 F_2。当 F_1 到达 B_2 后，B_2 又转发一次，而 F_2 到达 B_1 后，B_1 又转发一次。如此循环往复，整个扩展局域网上将有无数个 F 的拷贝，这就是所谓的"广播风暴"问题。

解决"广播风暴"问题的方法是让扩展局域网中的桥相互通信，并且生成一棵覆盖到每个 LAN 的生成树（spanning tree），这就是生成树协议（Spanning Tree Protocol，STP）。

生成树协议是一种第 2 层的链路管理协议，它用于维护一个无环路的扩展局域网。STP 首先由美国数字设备公司提出，后来由 IEEE 进行标准化，编号是 IEEE 802.1d。

STP 的目的是维护一个无环路的扩展局域网。当网桥在扩展局域网中发现环路时，它们自动在逻辑上阻塞一个或多个端口，从而获得无环路的生成树。当 STP 收敛后，每一个扩展局域网中都有一棵生成树，这时，网络中有唯一一个根网桥（root bridge），每个非根网桥都有一个根端口（root port），每个局域网网段都有一个指定端口（designated port），其他端口都是非指定端口（undesignated port）。

网桥的根端口和指定端口用于转发数据，而非指定端口将不会转发数据，这相当于处于阻塞（blocking）状态。当一个端口处于阻塞状态时，该端口不转发帧，但是仍然可以接收帧（主要是为了接收网桥配置帧，即 BPDU 帧）。

为了更好地说明 STP 的工作过程，下面简单介绍网桥协议数据单元（Bridge Protocol Data Unit，BPDU），其格式如图 4-28 所示。

在 BPDU 报文中，协议标识符字段一般为 0；版本号字段一般为 3；BPDU 类型字段标识报文类型，2 表示是 RSTP（Rapid Spanning Tree Protocol）；标志字段用于表示 BPDU 的各种状态；根网桥标识符字段用于标识根网桥，长度为 8 字节，其中 2 字节为优先级（可以配置），其他 6 字节是网桥的 MAC 基地址；到根网桥路径代价字段表示本网桥到根网桥的路径代价，0 表示本网桥就是根网桥；发送网桥标识符字段表示该 BPDU 是由哪个网桥发送的；端口标识符字段标识发送 BPDU 的网桥端口；生存期字段一般为 0；最大生存期字段一般为 20s；Hello 间隔字段为发送 BPDU 的时间间隔，一般为 2s；转发延迟字段规定网桥端口处于侦听、学习状态的时间，一般为 15s。

1	2	3	4	字节
协议标识符		版本号	BPDU 类型	
标志	根网桥标识符			
根网桥标识符				
根网桥标识符	到根网桥路径代价			
到根网桥路径代价	发送网桥标识符			
发送网桥标识符				
发送网桥标识符	端口标识符			
生存期	最大生存期			
Hello 间隔	转发延迟			

图 4-28 BPDU 格式

STP 协议的工作过程可以描述如下。

1）选举根网桥：选举一个根网桥。一般情况下，标识符最小的网桥当选。

2）选举根端口：对于每个非根网桥选举一个根端口。通过比较非根网桥中每一个端口到根网桥路径的代价来选举根端口，到根网桥路径代价最小的端口当选。

3）选举指定端口：在每个网段中选举唯一一个指定端口。通过比较该网段中每一个端口到根网桥路径的代价来选举指定端口，到根网桥路径代价最小的端口当选。

将所有未被选举为根端口或指定端口的端口标识为非指定端口，然后，将非指定端口设置为阻塞状态，从而完成生成树的构造。

扩展局域网中的网桥不知道整个网络的拓扑结构，网桥之间是如何选举根网桥、根端口以及指定端口的呢？事实上，这是通过网桥之间交换 BPDU 来实现的，STP 构造扩展生成树的过程实际上就是网桥之间交换 BPDU 的过程。

开始时，每个网桥都宣称自己是根网桥，并在每个端口都发送 BPDU 配置信息，同时表明自己到根网桥的路径代价是 0。当网桥从某个端口接收到 BPDU 后，就检查这个新来的 BPDU 是否优于该端口记录的旧 BPDU。如果满足下列条件，则认为新 BPDU 优于当前的旧 BPDU：

- 新来的 BPDU 中，根网桥标识符更小。
- 新 BPDU 与旧 BPDU 的根网桥标识符相同，但新 BPDU 的到根网桥路径代价更小。
- 新 BPDU 与旧 BPDU 到根网桥路径的代价相同，但是新 BPDU 的发送网桥标识符更小。

如果新 BPDU 优于网桥端口当前记录的旧 BPDU，网桥就会停止发送自己的 BPDU，而是将接收的新 BPDU 到根网桥路径的代价加上从发送网桥（新 BPDU 中的发送网桥标识符标识）到本网桥的链路代价（后面将说明链路代价的含义），然后用新 BPDU 取代旧 BPDU，同时转发该新 BPDU。这样，当整个扩展局域网稳定时，只有根网桥仍然产生 BPDU，其他网桥仅仅是在根端口或指定端口上转发这些 BPDU。其他端口就是非指定端口，网桥将这些非指定端口全部阻塞。

下面通过图 4-29 所示的简单例子来说明生成树的构造过程。在图 4-29 中，网段

LAN_1 是 100M 以太网，网段 LAN_2 是 10M 以太网，我们给 10M 以太网分配的链路代价是 100，给 100M 以太网分配的链路代价是 10（代价越小的链路被优先选择作为到根网桥的路径）。

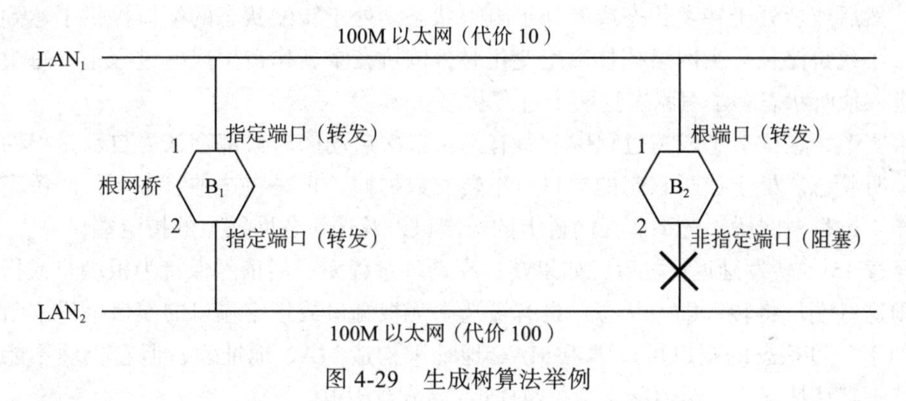

图 4-29　生成树算法举例

在图 4-29 中，生成树可以通过下列 3 步实现。

（1）选举一个根网桥

B_1 和 B_2 都会发送自己的 BPDU 以宣称它们是根网桥，但是由于 B_2 的 ID 比 B_1 的 ID 大（事实上每个网桥的 ID 是由 2 字节的优先级和 6 字节的 MAC 地址共同组成的），因此最后网桥 B_2 不再发送自己的 BPDU，而是转发网桥 B_1 的 BPDU，于是 B_1 是根网桥，B_2 就是非根网桥。根网桥 B_1 的所有端口（图 4-29 中 B_1 的端口 1 和端口 2）都是指定端口，设置为处于转发状态。

（2）为每个非根网桥选举根端口

STP 通过在网桥之间交换 BPDU 为每个非根网桥选举一个根端口。根据前面介绍的算法，根端口的确定是根据“比较非根网桥中每一个端口到根网桥路径的代价来选举根端口，到根网桥路径代价最小的端口当选”的原则。在图 4-29 的例子中，网桥 B_2 有端口 1 和端口 2 两个端口，端口 1 到 B_1 的代价为 10（通过 100M 以太网），端口 2 到 B_1 的代价为 100，B_2 通过端口 1 到达 B_1 的代价更小一些，于是 B_2 的端口 1 为根端口。

（3）为每个网段选举指定端口

STP 还要为每个网段选举一个指定端口，指定端口的确定是根据“比较该网段中每一个端口的到根网桥路径代价来选举指定端口，到根网桥路径代价最小的端口当选”的原则。在图 4-29 中，网段 LAN_1 的指定端口都在根网桥 B_1 的端口 1 上，而网段 LAN_2 的指定端口都在根网桥 B_1 的端口 2 上。

因为一个网段只能有一个指定端口，因此网桥 B_2 的端口 2（10M 以太网端口）是一个非指定端口。于是将 B_2 上的端口 2 设置为处于阻塞状态，该端口不再转发数据帧，这就相当于从逻辑上断开环路。

需要注意的是，即使扩展局域网稳定后，根网桥仍然继续定期（一般每隔 2 秒）发送 BPDU，而所有网桥的根端口和指定端口都转发这些 BPDU。如果某个网桥或网段出现故障，则该网桥或网段下游的网桥（从根网桥的角度看）将不能接收到这些 BPDU。这样这些网桥等待一段时间后，重新宣布自己是根网桥，于是扩展局域网中的所有网桥重新开始 STP 构造过程。

在上述例子中，假设 B_2 的端口 1 出现故障，则经过一段时间之后，B_2 的端口 2 会成为 B_2 的根端口，设置为处于转发状态。

在启用 STP 的扩展局域网中，所有网桥在启动之后都将经历侦听和学习这两个过渡状态，然后或者处于转发状态或者处于阻塞状态。处于转发状态的端口提供了达到根网桥的最小代价路径。当网络拓扑发生变化时，网桥在重新构造生成树过程中，每个端口都会进入侦听状态和学习状态这两个过渡状态。

事实上，在构造生成树过程中，所有网桥首次启动的时候都会认为自己是根网桥而转入侦听状态。处于侦听状态的端口，不转发数据帧。正是在这种状态下，网桥完成以下工作：选举根网桥、选举非根网桥上的根端口以及选举各网段上的指定端口。

经过 15s（转发延迟）之后，如果端口在选举过程完成后依然保持为根端口或指定端口，则这些端口将转入学习状态，没有被选举为根端口或指定端口的端口就进入阻塞状态。处于学习状态的端口可以学习 MAC 地址来构造 MAC 地址表，但它仍然不能转发数据帧。默认情况下，学习状态会持续 15s（转发延迟）。

STP 中端口的状态如下。

- 阻塞状态（blocking）——不转发数据帧，接收 BPDU。
- 侦听状态（listening）——不转发数据帧，侦听 BPDU，并进入生成树构造过程。
- 学习状态（learning）——不转发数据帧，学习地址。
- 转发状态（forwarding）——转发数据帧，学习地址。

学习状态减少了数据帧转发开始时需要进行扩散的数量。学习状态结束后，那些依然是指定端口或根端口的端口将进入转发状态，其他的端口则设置为阻塞状态。

端口由阻塞状态转换到转发状态通常需要 30～50s 的时间，这段时间也称为收敛时间。对于 STP 来说，收敛意味着这样一种状态：所有的交换机和网桥的端口要么处于阻塞状态，要么处于转发状态。STP 的收敛时间可以通过配置生成树定时器来调整，但是一般情况下，最好把这个时间设置为值，因为它可以保证 STP 有足够的时间来收集网络的信息。

转发延迟是指网桥在侦听状态或学习状态所花费的时间，其默认值为 15s。在丢弃 BPDU 之前，网桥用来存储 BPDU 的时间称为最大存活期（Time To Live，TTL），其默认值为 20s。处于阻塞状态的端口如果在最大存活期内（即 20s）没有收到新的 BPDU（比如由于网络故障），它将从阻塞状态转换到侦听状态。

如果网桥端口仅仅与用户终端连接，则某些交换机提供快速端口（fast port）特性。启用快速端口特性后，首次启动该端口的时候，它自动从阻塞状态快速转到转发状态。由于这类端口没有与其他交换机或网桥相连，在这类端口上不会形成环路，因此这种做法是可行的。

为了在网络拓扑发生改变之后，能加快生成树的重新计算过程（最快在 1s 之内就可以收敛），出现了快速生成树协议 RSTP（Rapid STP），标准编号为 IEEE 802.1w。RSTP 为网桥端口额外定义了替换端口和备份端口两种类型，将端口状态定义为丢弃、学习和转发 3 种状态。由于篇幅的限制，本书不对 RSTP 展开讨论，有兴趣的读者可以查阅 IEEE 802.1w 标准。

最简单的网桥可以用插有两块以太网卡的计算机来实现。但是随着网桥端口的增加，以及对网桥速度要求的提高，出现了 LAN 交换机。LAN 交换机实际上就是采用专用硬件集成电路芯片开发的多端口、高性能的网桥，目的是提高网桥的性能 / 价格比。在后面的讨论中，我们把网桥和局域网交换机在逻辑上是看成一致的。

4.8.3　虚拟局域网

网桥存在一些局限，尤其在规模扩展方面。首先，因为生成树算法是线性可扩展的，生成树协议没有为扩展局域网提供分层结构；其次，网桥转发所有的广播帧，即用网桥互联起来的扩展局域网都在一个广播域（broadcast domain）。换言之，在一个扩展局域网中，某个站点发出的广播帧将会到达所有的网段，这就意味着所有主机将受到打扰。

增加扩展局域网可扩展性的一个办法是引入虚拟局域网（Virtual LAN，VLAN）。VLAN 是一种将扩展局域网从逻辑上划分成一个个网段从而实现虚拟工作组的交换技术。VLAN 技术主要应用于交换机。VLAN 是在物理网络上根据用途、工作组、应用等来进行逻辑划分的局域网络，是一个广播域，与用户的物理位置没有关系。VLAN 中的网络用户是通过 LAN 交换机来通信的。

局域网交换机是二层交换设备，它可以理解二层网络协议地址 MAC 地址。二层交换机在操作过程中不断收集资料去建立它本身的地址表，该表相当简单，主要表明某个 MAC 地址是在哪个端口上被发现的，所以当交换机接收到一个数据封包时，它会检查该封包的目的 MAC 地址，核对自己的地址表以决定从哪个端口发送出去。而不是像集线器那样，任何一个发方数据都会出现在集线器的所有端口上（不管是否需要）。这样，局域网交换机在提高效率的同时，也提高了系统的安全性。

局域网交换机的引入使网络站点间可独享带宽，但是，对于二层广播报文，二层交换机会在各网络站点上进行广播；同时，对于二层交换机无法识别的 MAC 地址，也必须在广播域内进行广播。当多个二层交换机级连时，二层交换网络上的所有设备都会收到广播消息。

在一个大型的二层广播域内，大量的广播使二层转发的效率大大减低，为了避免在大型交换机上进行广播引起广播风暴，需要将一个二层交换网络进一步划分为多个虚拟局域网。在一个虚拟局域网内，由一个站点发出的信息只能发送到具有相同虚拟局域网编号的其他站点，其他虚拟局域网的成员收不到这些信息或广播帧。采用虚拟局域网可以控制网络上的广播风暴，提高网络的安全性。

1. 什么是 VLAN

VLAN 技术允许网络管理者将一个物理的 LAN 逻辑地划分成不同的广播域（或称虚拟 LAN，即 VLAN），每一个 VLAN 都包含一组有着相同需求的计算机站点，与物理上形成的 LAN 有相同的属性。但由于是逻辑地而不是物理地划分，因此同一个 VLAN 内的各个站点无须被放置在同一个物理空间里，即这些站点不一定属于同一个物理 LAN 网段。一个 VLAN 内部的广播和单播流量都不会转发到其他 VLAN 中，即使两台计算机有着同样的网段，但是它们却没有相同的 VLAN 号，它们各自的广播流也不会相互转发，从而有助于控制流量、减少设备投资、简化网络管理、提高网络的安全性。

VLAN 是为解决以太网的广播问题和安全性而提出的，它在以太网帧的基础上增加了 VLAN ID，用 VLAN ID 把用户划分为更小的工作组，限制不同工作组间的用户二层互访，每个工作组就是一个虚拟局域网。虚拟局域网的好处是可以限制广播范围，并能够形成虚拟工作组，动态管理网络。

既然 VLAN 隔离了广播风暴，同时也隔离了各个不同 VLAN 之间的通信，所以不同 VLAN 之间的通信需要有路由来完成。

二层交换机划分虚拟子网后，出现了一个问题：不同虚拟子网之间的转发需要通过其他路由器来实现。二层交换机的不同 VLAN 站点间的转发需要通过路由器设备来实现。路由器必须为每个 VLAN 分配一个端口，大大浪费了端口，导致路由器端口不够用。而且，两个子网内通过路由器的交换速度远远低于二层交换的速度。路由器的高成本、低效率使它无法满足大量子网情况下的三层转发需求，三层交换的概念在这种情况下被提出。

三层交换机是在二层交换机的基础上增加了三层交换功能，但它不是简单的二层交换机加路由器，而是采用了不同的转发机制。路由器的转发采用最长匹配的方式，实现复杂，通常使用软件来实现。三层交换机的路由查找是针对流的，它利用 cache 技术，很容易采用 ASIC 实现，因此，可以大大节约成本，实现快速转发。

与二层转发由 MAC 地址对应到输出端口一样，三层转发也可以直接由 IP 地址对应到输出端口。IP 地址的路由可以通过 ARP 来学习。这样，VLAN 间的转发除第一个包需要通过 ARP 获得主机路由外，其他的报文直接根据 IP 地址就能够查找到输出端口，转发速度远远高于路由器转发的速度。

通过 VLAN 技术可以将一个扩展局域网分成几个在逻辑上看起来独立的 LAN。一个 VLAN 就如同一个物理 LAN，但同时 VLAN 支持不同交换机上的机器可以划分为同一个 VLAN。一个 VLAN 就是同一个广播域，即一个 VLAN 中的广播帧只能在这个 VLAN 中传播。另外，一个 VLAN 中的成员看不到另一个 VLAN 中的成员。IEEE 于 1999 年颁布了用以标准化 VLAN 实现方案的 802.1Q 协议标准草案。

例如，某公司共有 3 个部门，分别是工程部、市场部和销售部，而且 3 个部门的员工分别在 1 楼、2 楼和 3 楼办公，如图 4-30 所示。

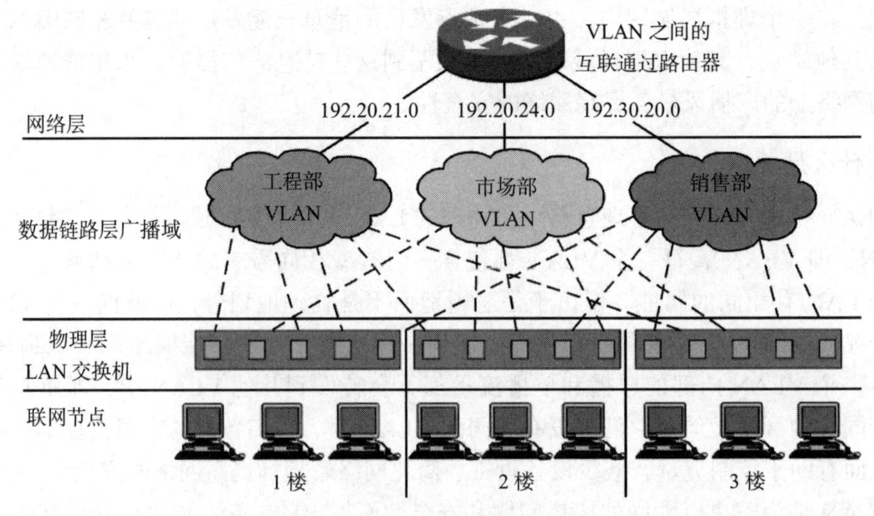

图 4-30 将一个扩展局域网划分为 3 个 VLAN

我们可以将工程部、市场部和销售部员工的机器划分在各自的 VLAN 中。这样，某个部门的机器发出的广播帧不会扩散到其他部门。这样减少了扩展局域网中的广播帧；同时，当有员工在部门间调换时，该员工的机器不需要进行物理位置的改变，只需重新配置 VLAN 即可，从而使管理更加灵活。

2. VLAN 划分

划分 VLAN 主要有两种方式，一种是基于端口，另一种是基于 MAC 地址。

（1）按端口划分

将 VLAN 交换机上的物理端口和 VLAN 交换机内部的 PVC（永久虚电路）端口分成若干个组，每个组构成一个虚拟局域网，相当于一个独立的 VLAN 交换机。

基于端口来划分 VLAN 是目前最常用的划分 VLAN 的方法，IEEE 802.1Q 标准就是根据交换机的端口来划分 VLAN 的。

基于端口的 VLAN 划分方法优点是划分 VLAN 非常简单，只要将交换机的各个端口划分到不同的 VLAN 即可。它的缺点是如果机器连接到了新的交换机或新端口，那么就必须重新为该机器配置 VLAN。

（2）按 MAC 地址划分

VLAN 工作基于站点的 MAC 地址，VLAN 交换机跟踪属于 VLAN MAC 的地址，从某种意义上说，这是一种基于用户的网络划分手段，因为 MAC 在站点的网卡（NIC）上。这种方式划分的 VLAN 允许网络用户从一个物理位置移动到另一个物理位置时，自动保留其所属 VLAN 的成员身份，但要求网络管理员将每个用户都划分在某个 VLAN 中，在一个大规模的 VLAN 中，这就有些困难；另外，笔记本计算机没有网卡，因而，当笔记本计算机移动到另一个站时，需要重新配置 VLAN。

基于 MAC 地址划分 VLAN 是根据每台用户主机的 MAC 地址来划分。这种划分方法的最大优点就是当用户主机移动位置时，不用重新配置 VLAN。但是，基于 MAC 地址划分 VLAN 方法的缺点是网络初始化时，所有主机都必须进行配置。

3. IEEE 802.1Q

VLAN ID 用于标识该 MAC 帧属于哪个 VLAN。目前存在多种不同的 VLAN 标记方法，主要是 IEEE 802.1Q、Cisco 公司的 ISL 和局域网仿真 LANE 等。

IEEE 于 1999 年正式公布了 802.1Q 标准，即虚拟桥接局域网（Virtual Bridged Local Area Network）协议，规定了 VLAN 的国际标准，使不同厂商之间的 VLAN 互通成为可能。与标准的以太网帧相比，802.1Q 协议支持的 VLAN 报文格式在以太网帧的源地址字段后面增加了一个 4 字节的 802.1Q 标签字段，如图 4-31 所示。

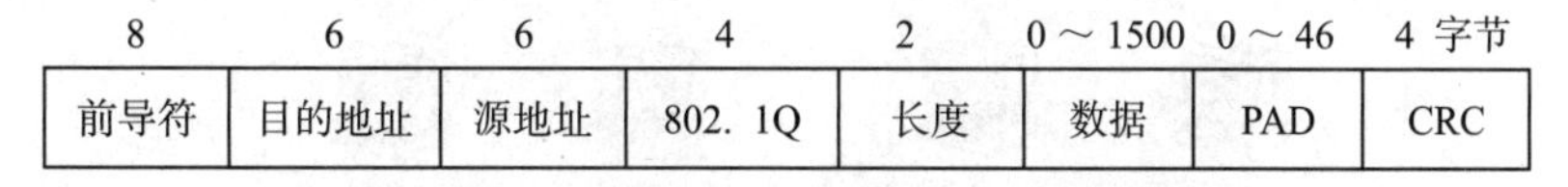

图 4-31　带 802.1Q 标签的以太网帧格式

在 4 字节的 802.1Q 标签中，包含 2 字节的标签协议标识符（Tag Protocol Identifier，TPID）和 2 字节的标签控制信息（Tag Control Information，TCI），其中 TPID 的值

是 0x8100，表明这是一个加了 802.1Q 标签的以太网帧。802.1Q 标签格式如图 4-32 所示。

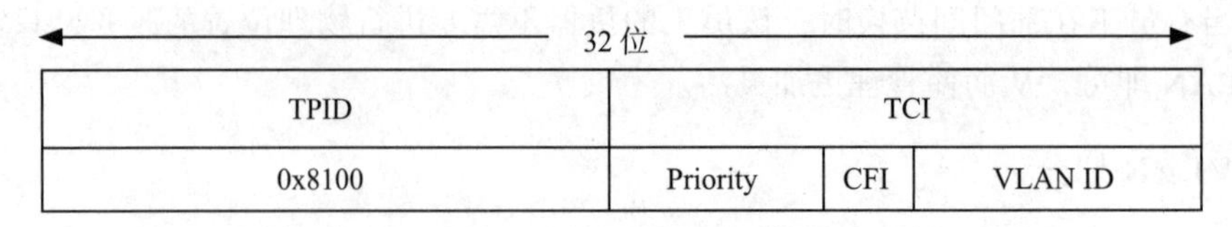

图 4-32 802.1Q 标签格式

802.1Q 标签中各个字段的含义如下。

- VLAN ID：12 比特，用于指明 VLAN 的 ID（IDentifier）。每个支持 802.1Q 协议的主机发送出来的数据帧中都会包含 VLAN ID，以标识该帧所属的 VLAN。
- CFI：1 比特，CFI 是规范格式标识符（Canonical Format Indicator）的缩写。
- Priority：3 比特，指明该帧的优先级。

4. VLAN 的通信问题

同一台交换机上相同 VLAN 内部的计算机之间可以直接通信，但不同 VLAN 之间计算机的通信必须通过第三层的网络设备（如路由器或三层交换机）实现。此外，跨交换机的相同 VLAN 内部或不同 VLAN 之间的通信必须通过 VLAN 桥接协议实现。

（1）同一交换机上 VLAN 内部的通信

在图 4-33 中，假设 VLAN10 中计算机 A 需要向计算机 B 发送数据，这一通信过程如下。

1）A 根据 B 的 IP 地址判断 B 与 A 属于同一个 IP 网段，所以 A 在数据帧的源 MAC 地址填上 MAC_A，目的 MAC 地址填上 MAC_B（如果 A 不知道 B 的 MAC 地址 MAC_B，则 A 通过 ARP 协议获取 MAC_B），将帧发送给交换机。

2）交换机从端口 1 收到数据帧后，根据其中目的地址 MAC_B，查询 MAC 地址与端口映射表，得知 B 连接在端口 2 上，且根据 VLAN 配置表，发现端口 1 和端口 2 属于同一个 VLAN，于是交换机将数据帧转发给端口 2。

3）计算机 B 收到 A 发来的数据报。

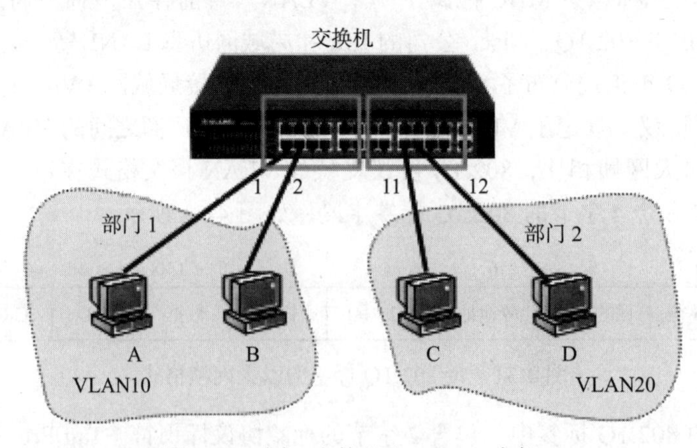

图 4-33 同一交换机上 VLAN 内部

（2）同一交换机上不同 VLAN 之间计算机的通信

在图 4-33 中，假设 VLAN10 中的计算机 A 需要向 VLAN 20 中的计算机 D 发送数据（在此，交换机必须支持三层交换，否则 VLAN10 与 VLAN20 之间不能通信）。

1）由于 A、D 的网络号是不同的，也就是说 A、D 属于不同的 IP 网段，因此 A、D 不能直接通信。为此，A 必须将数据帧发给其默认网关，即交换机中 VLAN10 对应的虚拟接口 R10（通过交换机 VLAN 配置可得），所以，A 在数据帧头的源 MAC 地址中填上 MAC_A，在目的 MAC 地址中填上 MAC_R10（如果 A 不知道虚拟接口 R10 的 MAC 地址 MAC_R10，则先通过 ARP 协议获取），将帧发送给交换机。

2）交换机从端口 1 收到数据帧后，根据其中目的地址 MAC_R10 查询 MAC 地址与端口影射表，得知 MAC_R10 为 VLAN10 的对应的虚拟接口 R10，于是交换模块将数据帧通过内部链路转发给虚拟接口 R10。

3）交换机的路由模块从虚拟接口 R10 收到 IP 包后，在网络层解析 IP 包，根据目的 IP 地址，得知数据报是发送给 VLAN20 中计算机 D 的，于是重新构造数据帧头，在源 MAC 地址填上 VLAN20 对应的虚拟接口 R20 的 MAC 地址 MAC_R20，目的 MAC 地址填上 MAC_D（如果交换机的路由模块不知道虚拟接口 R20 的 MAC 地址 MAC_R20，则先通过 ARP 协议获取），将数据报转发给交换模块。

4）交换机的交换模块收到数据帧后，根据其中目的地址 MAC_D 查询 MAC 地址与端口影射表，得知计算机 D 连接在端口 12 上，于是交换模块将数据帧转发给端口 12。

5）计算机 D 从端口 12 收到 A 发来的帧。

显然，上述过程比同一 VLAN 内部计算机之间的通信过程复杂，为此三层交换机可以简化上述过程，采取所谓“一次路由，多次转发”的技术，即第一次通信时通过路由模块和交换模块进行数据报的路由和转发，并在交换模块中记住源 IP 地址、目的 IP 地址、源 MAC 地址、目的 MAC 地址、转发的端口等信息，例如从 A 到 D 的转发端口 12，后续的数据报则直接由交换模块转发给端口 12 即可，不再通过路由模块。

（3）跨交换机的 VLAN 内部计算机之间的通信

假设在 VLAN10 中，交换机 1 上的计算机 A 需要向交换机 2 上的计算机 H 发送数据，如图 4-34 所示。在此，交换机 1 与交换机 2 必须通过 Trunk 中继端口直接相连或通过交换机 3 间接相连。

1）根据 H 的 IP 地址，A 判断与 H 属于同一个 IP 网段，所以 A 在数据帧头的源 MAC 地址中填上 MAC_A，在目的 MAC 地址中填上 MAC_H（可通过 ARP 协议获取），将帧发送给交换机 1。

2）交换机 1 从端口 1 收到数据帧后，根据其中目的地址 MAC_H 查询 MAC 地址与端口影射表，如果能在某端口上（本例中只可能出现在 Trunk 端口 24 中）找到 MAC_H，则交换机 1 将数据帧加上 IEEE 802.1q 标记（其中 VLAN ID 为 10）后转发给该端口，否则交换机 1 将数据帧广播给 VLAN10 中除端口 1 外的所有端口（必要时自动加上 IEEE 802.1q 标记）。

3）交换机 3 从 Trunk 端口 1 收到带 IEEE 802.1q 标记的数据帧后，根据目的地址 MAC_H 查询 MAC 地址与端口影射表，将带 IEEE 802.1q 标记的数据帧转发给 Trunk 端口 11。

4）交换机 2 将从 Trunk 端口 24 收到带 IEEE 802.1q 标记的数据帧，查询 MAC 地址与端口影射表，如果得知计算机 H 连接在端口 12 上，则交换机 2 将剥离 IEEE 802.1q 标记后的数据帧转发给端口 12。

5）计算机 H 从交换机 2 的端口 12 收到 A 发来的数据帧。

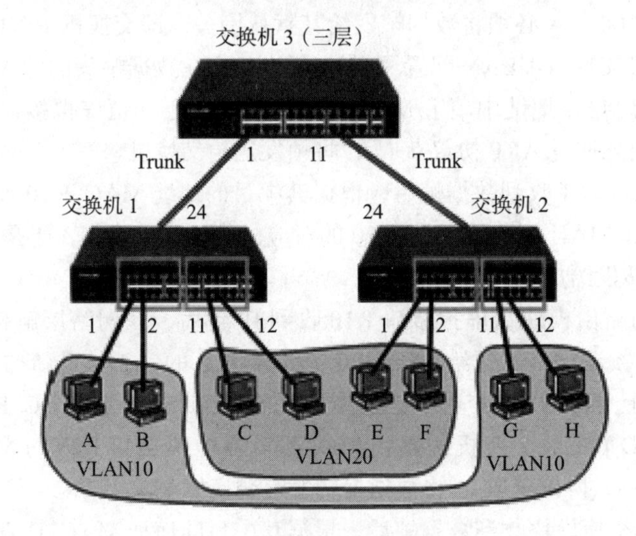

图 4-34　跨交换机的 VLAN

（4）不同交换机上不同 VLAN 之间计算机的通信

在图 4-34 中，假设 VLAN10 中的计算机 A 需要向 VLAN20 中的计算机 E 发送数据，在此，交换机 1 和交换机 2 必须通过支持三层交换的交换机 3 相连，否则 VLAN10 与 VLAN20 之间不能通信。

1）由于 A、E 属于不同的 IP 网段，其网络号是不同的，不能直接通信，A 必须将数据帧发给默认网关，即交换机 3 中 VLAN10 的路由模块虚拟接口 R10，所以，A 在数据帧头的源 MAC 地址中填上 MAC_A，在目的 MAC 地址中填上 MAC_R10（可通过 ARP 协议获取），将帧发送给交换机 1。

2）交换机 1 从端口 1 收到数据帧后，根据其中目的地址 MAC_R10，并查 MAC 地址与端口影射表，得知 MAC_R10 在 Trunk 端口 24，则交换机 1 将数据帧加上 IEEE 802.1q 标记（其中 VLAN ID 为 10）后转发给该端口。

3）交换机 3 从 Trunk 端口 1 收到带 IEEE 802.1q 标记的数据帧后，剥离 IEEE 802.1q 标记，并将 IP 包交给交换机路由模块解析，根据目的 IP 地址，得知数据报是发给 VLAN20 中计算机 E 的，于是重新构造数据帧，在源 MAC 地址中填上 MAC_R20，在目的 MAC 地址中填上 MAC_E，将数据报转发给交换模块。

4）交换机 3 的交换模块收到数据帧后，根据其中目的地址 MAC_E，并查 MAC 地址与端口影射表，得知 MAC_E 出现在 Trunk 端口 11 上，于是交换模块将数据帧加上 IEEE 802.1q 标记后（其中 VLAN ID 为 20）转发给端口 11。

5）交换机 2 从 Trunk 端口 24 收到带 IEEE 802.1q 标记的数据帧后，剥离 IEEE 802.1q 标记，根据其中 VLAN ID 和目的地址 MAC_E，在 VLAN20 中查询 MAC 地址与端口影射表，得知 MAC_E 出现在端口 1 上，于是交换机 2 将数据帧转发给端口 1。

6）计算机 E 从交换机 2 端口 1 收到 A 发来的数据报。

4.9　小结

局域网参考模型定义了 ISO/OSI 参考模型物理层和数据链路层的规范。在局域网参考模型中，数据链路层分为介质访问控制子层和逻辑链路控制子层。介质访问控制子层完成对共享介质的访问控制，而逻辑链路控制子层完成站点之间数据的可靠传输。

以太网是最近几十年来最成功的局域网技术，以太网已经成为局域网事实标准。以太网由最初的 10M 发展到目前的 40G/100G，从半双工的共享方式发展到全双工的交换方式，从局域网发展到城域网甚至广域网组网技术。

无线局域网是基于无线信道而构建的局域网，因此与有线以太网相比，无线局域网具有更复杂的 MAC 协议。DCF 协议规定了网络各站点必须通过争用的方式获得信道，进而获得发送数据和接收数据的权利。在每一个站点采用载波监听多点接入的分布式接入算法，即 CSMA/CA 协议的退避算法。 该机制适用于传输具有随机性的数据。DCF 是 MAC 层中必需的也是最主要的功能。在 PCF 功能下，各站点不必争用信道，而是交由接入点集中协调控制，按照特定的方式把享用信道的权利轮番赋予每个站点，以此杜绝碰撞的发生。

无线局域网支持多个物理层标准，而无线局域网在安全方面也有其特殊性，在无线局域网中，用户的接入需要进行认证，还要对用户发送的数据进行加密处理。

网桥和局域网交换机用于连接不同的局域网，目前大部分网桥和局域网交换机都支持以太网的扩展，而且大部分网桥和局域网交换机都采用反向学习算法。为了避免由于冗余网桥和局域网交换机的引入可能带来的环路问题，所有的网桥和局域网交换机都支持生成树协议。

虚拟局域网可以隔离广播流量，便于网络的灵活管理以及安全控制，常见的划分 VLAN 的方法是基于端口划分和基于 MAC 地址划分。用于标识 VLAN ID 的最常见方式是采用 IEEE 802.1Q 标准。

习题

1. 局域网参考模型包含哪几层？每一层的功能是什么？
2. 最常见的 IEEE 802 系列标准是哪几个？
3. 简单比较纯 ALOHA 的延迟和分槽 ALOHA 协议。
4. 简单比较 1 坚持、非坚持和 p 坚持 CSMA 协议。
5. 简述 CSMA/CD 协议的工作过程。
6. 为什么以太网存在最小帧长度问题？以太网的最小帧长度为什么是 64 字节？
7. 以太网的帧格式与 IEEE 802.3 帧格式有何差别？它们是如何兼容的？
8. 在 CSMA/CD 协议中，第 5 次冲突后，一个站点选择的 4 个冲突时间片的概率是多少？对应于 10M 以太网，4 个冲突时间片是多少？对于 100M 以太网，4 个冲突时间片是多少？对于 1G 以太网，4 个冲突时间片是多少？

9. 假设以太网的往返传播延迟是 51.2μs，这就产生了一个 64 字节的最小帧长度。试回答下列问题：

(1) 如果往返传播延迟保持不变，将以太网速度提高到 100Mbit/s，那么最小帧长度应该是多少？

(2) 以太网中引入最小帧长度的缺点是什么？

10. 设 A 和 B 是试图在一个以太网上传输的两个站点。每个站点都有一个等待发送帧的队列。A 站的帧编号为 A1、A2 等，B 站的帧编号为 B1、B2 等，设冲突检测窗口 T=51.2μs 是指数退避算法的基本单位。假设 A 和 B 试图同时发送各自的第一帧，导致冲突（第一次冲突），于是各自进入退避过程。假设 A 选择了 $0 \times T$，而 B 选择了 $1 \times T$，这就意味着 A 在竞争中获胜并传输了 A1，而 B 等待。当 A 传输完 A1 后，B 将试图再次传输 B1 而 A 试图传输 A2，又一次发生冲突（第二次冲突），A 和 B 进入第二次退避竞争。现在 A 可选择的退避时间是 $0 \times T$ 或 $1 \times T$（A 是发送的 A2 第一次冲突），而可选择的退避时间是 $0 \times T$、$1 \times T$、$2 \times T$ 或 $3 \times T$ 之一（B 是发送的 B1 的第二次冲突）。问：

(1) A 在第二次退避竞争中获胜的概率。

(2) 假设 A 在第二次退避竞争中获胜，A 发送了 A2，当传输结束时，在 A 试图发送而 B 试图再一次发送时，A 和 B 又发生了冲突；求出 A 在第三次退避竞争中获胜的概率。

11. 第 10 题的情况称为以太网的捕获效应（capture effect）。假设按如下方式修改以太网算法：每个站点成功发送一帧后，等待 1 个或 2 个时间片之后再尝试发送，否则按惯例进行退避。试：

(1) 解释为什么第 10 题的捕获效应现在不存在了。

(2) 说明上述策略现在如何导致站点 A 和站点 B 交替捕获以太网，而将其他站点拒之门外。

(3) 能否对以太网指数退避算法进行修改，让一个站点发生冲突次数被用于作为修改的指数退避算法的参数？

12. 长度为 1km、数据传输率为 10Mbit/s 的以太网，电信号在网上的传播速度是 200m/μs。数据帧的长度为 256 比特，包括 32 比特帧头、校验和及其他开销。数据帧发送成功后的第一个时间片保留给接收端用于发送一个 32 比特的应答帧。假设网络负载非常轻（即没有冲突），问该网络的有效数据传输率是多少？

13. 千兆以太网为什么要引入载波扩展和帧突发机制？

14. 万兆以太网的特点是什么？

15. 无线局域网有哪几种拓扑结构？这些拓扑结构各有什么特点？

16. BSS 和 ESS 的区别是什么？

17. 无线局域网有哪两种工作模式？各有什么特点？

18. 简述 CSMA/CA 协议的工作过程。

19. 为什么在 CSMA/CA 协议中引入退避算法？

20. DCF 模式下，为什么要引入 RTS 和 CTS 机制？能够解决什么问题？

21. 在无线局域网 802.11 协议中，引入 NAV 的目的是什么？

22. 802.11 为什么引入帧分片机制？帧分片的工作过程是怎么样的？

23. 简述 PCF 模式的工作过程。

24. 假设有两个 ISP 在一个特定的咖啡馆内都提供 Wi-Fi 接入，并且每个 ISP 都有自己的 AP 和 IP 地址块。假设两个 ISP 都意外地配置其 AP 运行在信道 1，问：

（1）在这种情况下，802.11 协议是否完全崩溃？讨论一下当各自与不同 ISP 的 AP 相关联的站点试图同时传输时，将会发生什么情况。

（2）假设一个 AP 运行在信道 1，而另一个 AP 运行在信道 2，情况又会怎么样？

25. 简述透明网桥的工作原理。
26. 简述生成树协议的工作过程。
27. 简述 STP 中端口的状态变化过程以及端口状态的含义。
28. 什么是收敛？STP 的收敛时间是多少？
29. 如果多台主机通过中继器（或集线器）互联起来并且形成环路，那么：

（1）当有主机发送数据时，会出现什么样的情况？

（2）提出一种解决办法让中继器可以检测到环路并且通过关闭一些端口来切断环路。

30. 假设一个网桥在同一个网络有两个端口。网桥应该怎么样才能检测并纠正这一情况？
31. 引入 VLAN 的目的是什么？有什么优点？
32. VLAN 划分方式有哪两种，各有什么特点？

第5章　网络互联

网络互联一般由ISO/OSI网络参考模型中的网络层完成，网络层也是网络协议栈中最复杂的层次，涉及大量的概念和协议。本章将主要介绍IP、IP地址、IP报文转发、ARP、DHCP、ICMP、路由算法和协议以及互联网中的路由。本章最后将讨论IPv6协议及IPv6过渡技术。

5.1　引言

网络互联是指通过各种网络设备将多个不同的物理网络连接起来。网络设备可以是前面章节介绍的集线器、网桥和局域网交换机，也可以是本章将要介绍的路由器。通过路由器实现不同物理网络之间的互联是最常见的情形。

5.1.1　网络互联设备

第4章中，我们介绍过可以使用集线器、网桥或局域网交换机等网络设备来构造扩展局域网，但是集线器、网桥和局域网交换机在解决网络互联的异构性和可扩展性方面存在一定的局限性。

集线器用于完成物理信号的放大和转发，属于物理层互联设备；网桥和局域网交换机利用链路层的MAC地址转发帧，属于链路层互联设备；路由器利用网络层地址转发网络层报文，例如常见的互联网上的路由器就是利用下面将要介绍的IP地址进行IP报文转发，路由器属于网络层互联设备。图5-1给出了集线器、交换机和路由器的协议分层图示。

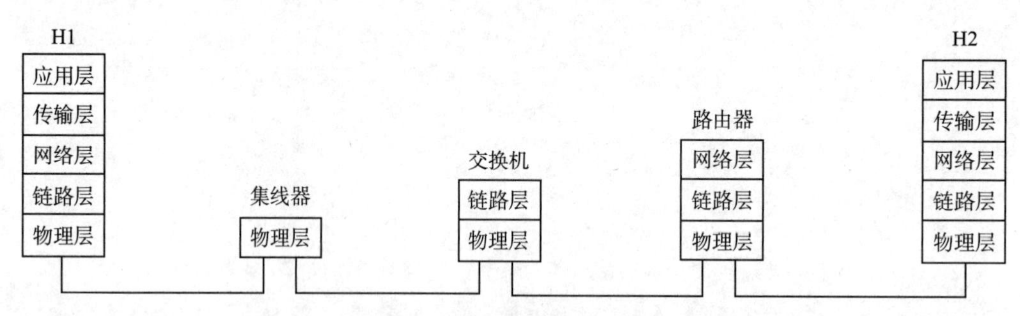

图5-1　集线器、交换机和路由器的协议分层图示

当集线器向一条链路转发数据时，只是转发比特到这条链路上，并不关心该链路现在是否正有站点在发送数据。交换机向一条链路转发一个帧时，会关心是否有站点正在使用该链路发送数据，因此交换机接口要运行CSMA/CD协议。从这个角度上说，交换机接口的行为与以太网适配器类似。

交换机的一个重要特性是可以把使用不同技术的以太网段互联起来，而且，用交换互联 LAN 网段时，对于 LAN 所能达到的地理范围在理论上没有限制。由于所有用交换机互联的 LAN 网段处于同一个**广播域**（**broadcast domain**），因此用交换机互联构成的网络中，只要有一个节点发出广播帧（比如 ARP 广播），所有其他节点都将受到影响，因此完全使用交换机来构造大型网络的效果不是很理想，大型网络还是要使用路由器来构建。

用路由器可以构建非常复杂的网络。路由器之间通过交换路由信息来动态维护路由表，以反映网络当前的拓扑结构。另外，使用路由器作为互联设备，可以对链路层的广播帧进行过滤。当然，路由器最大的缺点是它不能即插即用，需要进行相关配置，另外，通常情况下，路由器对待转发报文的处理时间通常比交换机长。表 5-1 对集线器、交换机和路由器的典型特性进行了比较。

表 5-1 集线器、交换机和路由器的比较

特性	集线器	交换机	路由器
隔离冲突域	不支持	支持	支持
隔离广播域	不支持	不支持	支持
即插即用	支持	支持	不支持
最优路径	不支持	不支持	支持

另外需要注意的是，在互联网发展初期，互联设备（如应用层路由器）也被称为路由器，目前仍有这样的说法，因此往往需要根据上下文来判断文中路由器的具体含义。

5.1.2 网络层互联

本章主要讨论如何通过 IP 和路由器设备来实现大规模异构网络的互联。图 5-2 给出了一个通过路由器实现网络互联的例子，例子中由两个以太网、一个 FDDI 网络和一条点到点链路构成。图中的每一个物理网络都基于单一技术（以太网、FDDI 或点到点链路）。

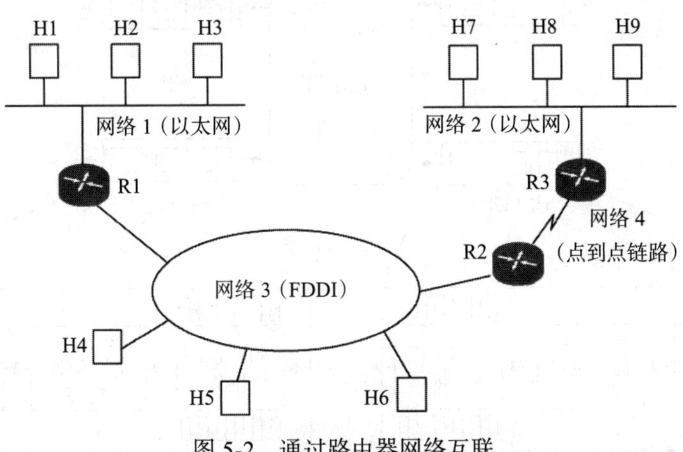

图 5-2 通过路由器网络互联

互联网协议（**Internet Protocol，IP**）是用来构建大规模异构网络的关键协议。各种底层物理网络技术（如各种局域网和广域网）通过运行 IP，能够互联起来。互联网上的

所有节点（主机和路由器）都必须运行 IP。图 5-3 给出了图 5-2 中的主机 H1 和主机 H9 是如何通过路由器连接起来的，以及每个节点上运行的协议栈。

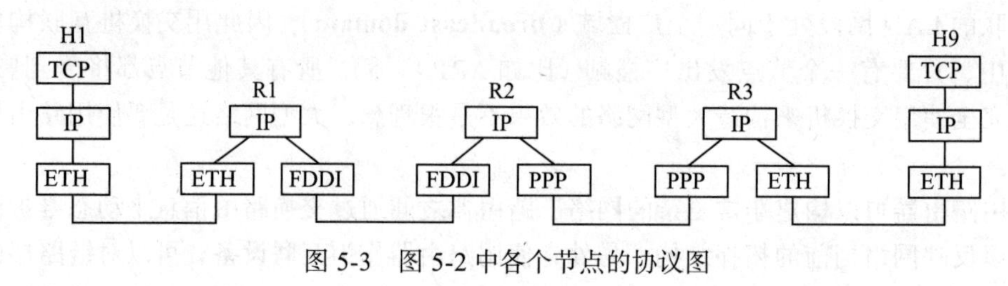

图 5-3　图 5-2 中各个节点的协议图

5.2　路由器

路由器（router）是互联网的核心设备，它将网络报文传送到目的地，这个过程称为路由（routing）。路由器通常工作在 ISO/OSI 模型的第三层（即网络层），例如对于互联网来说，路由器工作在 IP 层。

路由器作为网络层互联设备，可用于连接两个或多个相同类型或不同类型的底层物理网络。作为网络层互联设备，路由器必须具备路由计算和报文转发两大核心功能。

一般而言，路由器必须具备的基本条件包括：两个或两个以上的网络接口；协议栈至少要实现到网络层；能够运行路由协议；具有路由计算和报文转发功能。

5.2.1　组成结构

如图 5-4 所示，路由器在逻辑上可以抽象为 4 个部分，即输入端口、交换结构、输出端口和路由处理器。

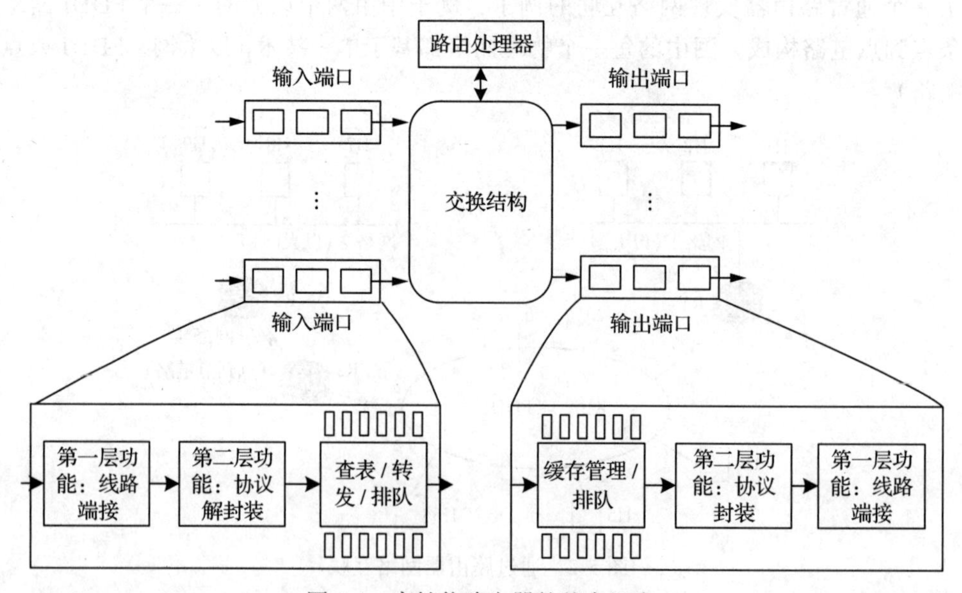

图 5-4　高性能路由器的基本组成

- 输入端口。输入端口（input port）执行几项重要功能。它在路由器中执行物理层的线路端接功能和链路层的协议解封装功能，更为重要的是它还执行路由查找功能。正是在输入端口，路由器通过查找转发表决定路由器的输出端口，到达的报文通过路由器的交换结构转发到输出端口。控制报文（如携带路由信息的报文）从输入端口转发到路由处理器。

- 交换结构。交换结构将路由器的输入端口连接到它的输出端口。这种交换结构完全包含在路由器之中，即它是一个网络路由器中的网络。
- 输出端口。输出端口（output port）存储从交换结构转发过来的报文，并通过执行必要的链路封装将报文发送到物理线路上去。当一条链路是双向时，输出端口通常与该链路的输入端口成对出现在同一线卡上。
- 路由处理器。路由处理器执行路由器的控制平面功能。在传统的路由器中，它执行路由协议，维护路由表与关联链路状态信息，并为该路由器计算转发表。

路由器的输入端口、输出端口和交换结构几乎都是用硬件实现的。为了理解为何需要用硬件实现，考虑具有 10Gbit/s 输入链路和 64 字节的 IP 报文，其输入端口在另一个 IP 报文到达前仅有 51.2ns 来处理该 IP 报文。

当数据平面以纳秒的时间尺度运行时，路由器的控制功能以毫秒或秒的时间尺度运行，这些功能包括执行路由协议、对上线和下线的链路进行响应等。因而控制平面（control plane）的功能通常用软件实现并在路由处理器上执行。

5.2.2　输入端口

如前所述，输入端口线路端接功能与链路层处理实现了用于各个输入链路的物理层和链路层。在输入端口执行的查找对于路由器的运行至关重要。正是在输入端口，路由器使用转发表来查找输出端口，使得到达的报文能经过交换结构转发到输出端口。转发表是由路由处理器计算和更新的，转发表从路由处理器经过独立总线（例如 PCI 总线）复制到线路卡，由线路卡进行路由表的查找。

下面来看一个例子，假设转发表中只包含下面 4 个表项。

前缀匹配	链接接口
11111000 00010111 00010	0
11111000 00010111 00011000	1
11111000 00010111 00011	2
其他	3

使用上述风格的转发表，路由器用报文的目的地址的前缀（prefix）与该表中的表项进行匹配；如果存在一个匹配项，则路由器向与该匹配项相关的链路转发报文。例如，假设报文的目的地址是 11111000 00010111 00010110 10100001，因为该地址的前 21 比特前缀匹配该表的第一项，所以路由器向链路接口 0 转发报文。如果一个前缀不匹配前 3 项中的任何一项，则路由器向链路接口 3 转发报文。这样看路由查找非常简单，现在报文目的地址 11111000 00010111 00011000 10101011 的前 21 比特与转发表中的第 3 项匹配，同时它的前 24 比特又与转发表中的第 2 项匹配，这时应选择哪个链接接口呢？当有多个匹配项时，路由器采用最长前缀匹配（longest prefix matching）规则，即在转发表中查找最长的匹配项，这就意味着路由器必须扫描整个转发表才能确保查找到最长

前缀匹配项。

一旦通过路由查找确定了报文的输出端口，则就能够发送该报文进入交换结构。但是如果来自其他输入端口的报文当前正在使用交换结构，那么该报文可能会在输入端口排队以等待交换结构。

尽管路由查找是输入端口处理中最重要的动作，但是在输入端口还必须采取许多其他动作：必须实现线路端接和链路层协议拆封；必须检查报文的版本号、校验和及生存期等字段，并且重新计算校验和，重写生存期字段；必须更新用于网络管理的计数器（如接收到的 IP 报文数目）。

5.2.3 交换结构

交换结构位于路由器的核心部位，因为正是通过这种交换结构，报文才能实际地从输入端口被转发到输出端口。交换结构包含三种交换技术，如图 5-5 所示。

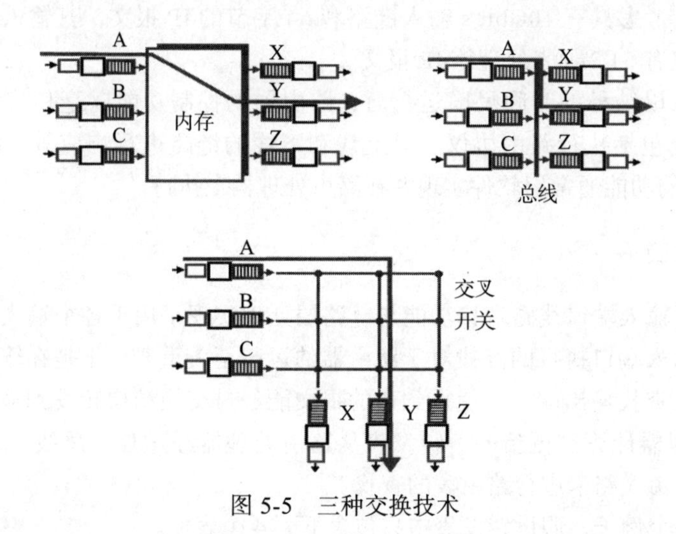

图 5-5 三种交换技术

（1）经内存交换

最简单、最早的路由器就是一台计算机，在输入端口和输出端口之间的交换就是在 CPU（路由处理器）的直接控制下完成的。输入端口和输出端口的功能就像传统操作系统中的 I/O 设备一样。报文到达输入端口时，该端口会通过中断方式向路由处理器发出信号。于是，该报文从输入端口被复制到内存。路由处理器则从报文头部提取目的地址，在转发表中查找输出端口，并将该报文复制到输出端口的缓存中。在这种情况下，如果内存带宽为每秒可写入内存或从内存读出最多 N 个分组，则总的转发吞吐量必然小于 $N/2$。

许多现代路由器也通过内存进行交换。然而，与早期路由器的主要差别是：目的地址的查找和将报文存储进适当的内存位置由输入线路卡来完成。在某些方面，经内存交换的路由器看起来像共享内存的多处理器，用一个线路卡上的处理将报文交换到适当的输出端口的内存中。

（2）经总线交换

在这种方法中，输入端口通过一根总线将报文直接传送到输出端口，不需要路由处理器的干预。经总线交换的工作过程是：让输入端口为报文预先计划一个交换机内部标签（头部），用于指示本地输出端口，使报文在总线上被传送到输出端口。该报文能够被所有的输出端口收到，但只有与该标签匹配的端口才会保存该报文，然后标签在输出端口被去掉。对于经总线交换的路由器，路由器的交换带宽受总线速率限制。

（3）经互连网交换

克服共享式总线带宽限制的一种方法是使用一个更加复杂的互连网。交叉开关就是一种由 2*N* 条总线组成的互连网络，它连接 *N* 个输入端口和 *N* 个输出端口，如图 5-5 所示。每条垂直的总线在交叉点与每条水平的总线交叉，交叉点通过交换结构控制器能够在任何时候开启和闭合。当报文到达端口 A，需要被转发到端口 Y 时，交换机控制器闭合总线 A 和 Y 交叉部位的交叉点，然后端口 A 在其总线上发送该报文，该报文仅由总线 Y 接受。同时来自端口 B 的报文在同一时间能够转发到端口 X，因为 A 到 Y 和 B 到 X 的报文使用不同的输入和输出总线，因此与前面两种交换技术不同，交叉开关能够并行转发多个报文，它是非阻塞（non-blocking）。

5.2.4　输出端口

如图 5-4 所示，输出端口取出已经存放在输出端口内存中的报文并将其发送到输出链路上。这包括如何选择并取出排队的报文进行传输，同时执行所需的链路层和物理层功能。

输出端口处理还涉及报文排队、当输出端口缓存已满时如何丢弃报文（如尾部丢弃）以及报文调度（如 FIFO、优先级排队、加权公平排队等）等策略。

当分组通过输入端口达交换结构时，发现交换结构正在传输另一个端口到达的分组，当前分组会被暂时阻塞。同理，当分组通过交换结构到达输出链路时，发现链路正在忙于传输另一个分组，当前分组也会被暂时阻塞。所以输入端口和输出端口都可能形成等待队列。

（1）排队

排队的位置和程度由流量负载、交换结构的相对速率与线路速率决定。

输入队列：用于匹配输入线路速率与交换结构传输速率。

- 当输入速率大于交换结构传输速率时，会形成排队。
- 假设有 *N* 个输入端口，当交换传输速率比输入线路速率快 *N* 倍时，才会出现微不足道的排队。

输出队列：用于匹配交换结构传输速率与输出线路速率。

因为交换结构一次只能传送一个分组到达指定端口，所以可能会出现阻塞问题。如线头阻塞（Head-of-line blocking），当来自不同输入端口但具有相同输出端口的分组同时到达时，交换结构会传输其中一个分组，其他分组则需要等待，即使其他输出端口空闲，在输出队列中等待的分组，也需要通过分组调度选择一个分组传输。当队列已满时，需要选择丢弃分组或者删除已有的分组。为了避免缓存溢出，缓存量通常设置为 B = RTT × C，即平均往返时延乘以链路容量。

（2）分组调度

有四种常见的分组调度方式。

- 先进先出：分组按照到达的次序离开。
- 优先权排队：到达输出链路的分组先被分类放入优先级类。当选择一个分组输出时，从一个非空的最高优先级队列中传输一个分组。
- 循环排队：没有严格的服务优先权，循环调度器在不同的类之间轮流提供服务。
- 加权公平排队：循环调度器在不同的类之间轮流提供服务。每个类都分配一个权，第 i 类确保接收到的服务部分等于 $w_i/\sum w_j$。

综上所述，我们对路由器的结构和功能进行了介绍。路由器分为输入端口、交换结构、路由选择处理器、输出端口四个部分，可以实现数据平台和控制平台两个部分的功能“转发”和“路由选择”。分组在输入端口通过查找路由表中的匹配表项，找到对应的输出链路接口，然后分组通过交换结构到达输出端口。路由表有两种计算和分配方式，传统路由器通过路由选择处理器计算和分配路由表，SDN（Software Defined Network）路由器接收来自远程控制器计算的路由表，经由总线到达线路卡。路由表在每个输入端口都保存了副本。为了匹配输入速率、交换结构传输速率、输出线路速率，在输入端和输出端口都有等待队列。输出端口也需要通过分组调度选择一个分组输出链路。

5.3 IPv4 协议

IP 是用于异种网络互联的网络层协议。IP 将数据封装为 IP 报文，也称 IP 数据报（datagram）。为此，IP 规定了 IP 报文的格式。每个 IP 报文包含两部分：IP 报头和数据。IP 报头包括源 IP 地址、目的 IP 地址以及其他字段，数据就是要传输的高层协议。IP 的第 1 个版本是 IPv4，其后继版本是 IPv6。

5.3.1 IPv4 报文格式

IP 报文包括 IP 报头和数据两部分。IP 报头由 IP 固定报头和选项两部分组成，如图 5-6 所示。

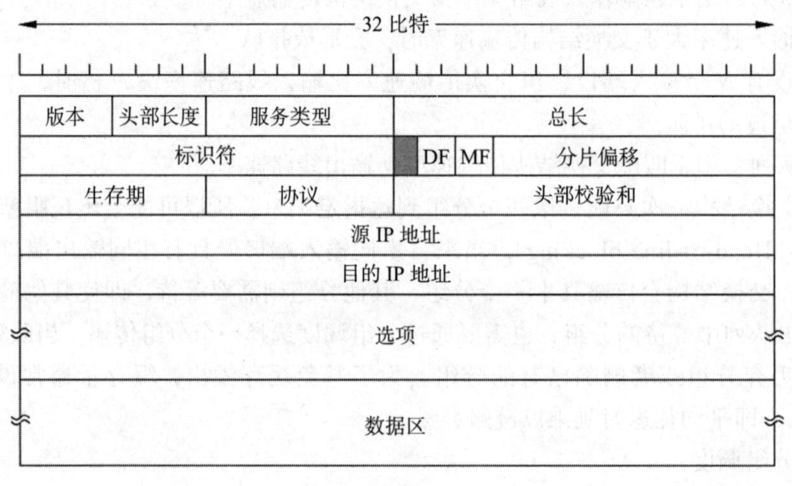

图 5-6 IP 报文格式

“版本”字段用来表示该协议采用的是哪一个版本的 IP，相同版本的 IP 才能进行通信。IPv4 报文中该字段的值为 4。

“头部长度”字段为 4 比特，表示 IP 报头的长度（以 32 比特为计数单位）。IP 报头包括 20 字节的固定报头和长度可变的选项。因此，当 IP 报头没有选项部分时，“头部长度字”段的值为 5，即 IP 固定报头的长度是 20 字节。对于 4 比特的头部长度字段，其最大值是 15，这也就限制了 IP 报头的最大长度为 60 字节，由此可推算出选项部分的长度最大不超过 40 字节。

“服务类型”（Type of Service，ToS）字段包含 3 比特的优先顺序（precedence）、3 比特的标志位 D（Delay）、T（Throughput）和 R（Reliability），还有 2 位未用。优先顺序用于标识 IP 报文的优先级，取值从 0 到 7 依次升高。D、T、R 三位表示本 IP 报文所希望达到的传输效果。其中 D 表示低延迟，T 表示高吞吐率，R 表示高可靠性。值得注意的是，服务类型字段只是用户的要求，对网络并不具有强制性，路由器在进行路由时把它们作为参考。如果路由器知道目的主机有若干条路径，则可以选择一条最能满足用户要求的路径。

“总长”字段用于表示 IP 报文的字节长度。该字段长度为 16 比特，所以 IP 报文的总长度（报头 + 数据）不超过 64KB。

“标识符”字段、MF 和 DF 标志位以及“分片偏移”字段用于 IP 报文的分片和重组，将在 5.3.2 节详细讨论。

“生存期”（Time To Live，TTL）字段用来限制 IP 报文所允许通过的路由器的最大个数。每经过一个路由器，TTL 减 1，当 TTL 为 0 时，路由器将该 IP 报文丢弃。

“协议”字段用于表示 IP 报文携带的数据使用的是哪种高层协议，以便目的端的 IP 层能知道要将 IP 报文的数据上交到哪个高层协议。与传输层端口号类似，此处采用协议号，TCP 的协议号为 6，UDP 的协议号为 17，ICMP 的协议号为 1，OSPF 的协议号为 89。

“头部校验和”字段用于检查 IP 报头的完整性。路由器在转发 IP 报文到下一个节点时，必须重新计算校验和，因为 IP 报头中 TTL 字段发生了变化。

“源 IP 地址”字段标识 IP 报文的发送方，“目的 IP 地址”字段标识 IP 报文的接收方。IP 地址的长度为 32 比特。

最后，IP 报头中还有一些选项。这些选项的长度是可变的，主要用于测试。作为 IP 的组成部分，在所有 IP 的实现中，选项处理都是不可或缺的。我们将在 5.3.3 节详细讨论“选项”字段。

5.3.2 分片和重组

IP 报文通过互联网传输时，可能要穿过多个不同种类的物理网络。每种物理网络都规定了传输的最大数据长度，这一限制称为最大传输单元（Maximum Transmission Unit，MTU）。常见物理网络的 MTU 如下：PPP 的 MTU 为 296 字节，X.25 协议的 MTU 为 576 字节，以太网的 MTU 为 1500 字节，IEEE 802.3 协议的 MTU 为 1492 字节，PPPoE 协议的 MTU 为 1492 字节，FDDI 网络的 MTU 为 4352 字节。

如果 IP 报文的长度大于网络的 MTU，该怎么办呢？这就涉及对 IP 报文进行分片。在 IP 报头中有 3 个字段与 IP 报文分片有关，分别是标识符、标志位和分段偏移。

- “标识符”字段用来让目的机器判断收到的分片报文属于哪个 IP 报文，属于同一 IP 报文的分片报文包含同样的标识符值。
- 标志位共 3 位即 R、DF、MF。目前只有后两位有效，DF（Don’t Fragment）：为 1 表示不分片，为 0 表示分片。MF（More Fragment）：为 1 表示“更多的分片”，为 0 表示这是最后一个分片。
- “分片偏移”字段用于说明 IP 分片数据部分在 IP 报文原始数据中的位置。因为 IP 报头中偏移量以 8 字节为计算单位，所以如果按字节数来计算的话，分片在 IP 报文中的实际位置应该是分片偏移再乘以 8。通过标识符、标志位及分片偏移字段可以唯一识别出每个分片，使目的主机能够正确重组出原始 IP 数据报。

图 5-7 给出了一个 IP 报文分片和重组的例子。一个报文长度为 4000 字节的 IP 数据报（20 字节报头 +3980 字节有效载荷）到达某台路由器后，由于该 IP 报文被转发到一条 MTU 为 1500 字节的以太网链路上。这就意味着原始 IP 报文必须被分成 3 个独立的分片（每个分片也是一个完整的 IP 报文）。

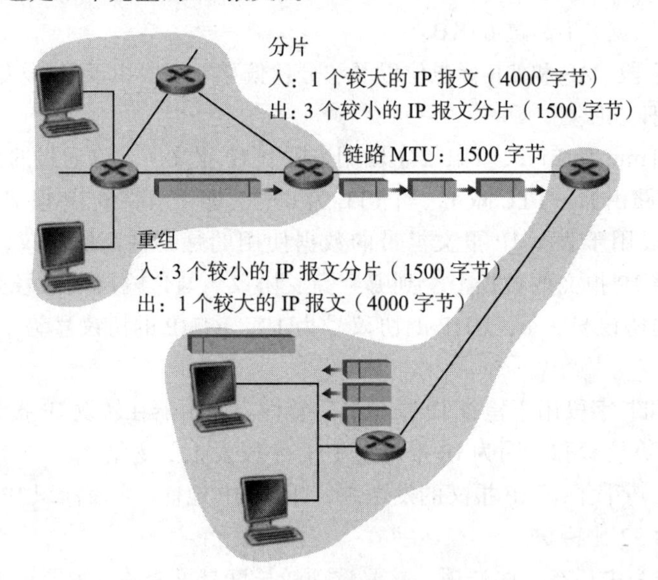

图 5-7　IP 报文的分片和重组

假定原始 IP 报文的标识符为 1234，则该 IP 报文分片后的情况如表 5-2 所示。

表 5-2　IP 分片示例

分片	总长度	标识符	偏移量	MF
第 1 个分片	1500	0x7dc8	0	1
第 2 个分片	1500	0x7dc8	185	1
第 3 个分片	1060	0x7dc8	370	0

当然，必须重新计算分片报文的校验和。

IP 报文分片的重组是在接收主机完成的，这样做的好处是避免反复分片 / 重组。IP 报文的分片重组时，需要重新设置 IP 报头的某些字段，例如要修改分片标志位和片偏移量字段。

IPv6 协议使用了路径 MTU 发现协议，因此 IPv6 协议不需要分片机制。

下面是通过 Wireshark 抓包重现 IP 报文分片的实验。我们用 ping -l 3992 www.baidu.com 抓到如下 3 个分片，如图 5-8 所示。

No	Time	Source	Destination	Protoc	Length	Info
1	0.000000	192.168.3.24	14.215.177.39	IPv4	1514	Fragmented IP protocol (proto=ICMP 1, off=0, ID=06ce)
2	0.000000	192.168.3.24	14.215.177.39	IPv4	1514	Fragmented IP protocol (proto=ICMP 1, off=1480, ID=06ce) [Reassem…
3	0.000000	192.168.3.24	14.215.177.39	ICMP	1074	Echo (ping) request id=0x0001, seq=22774/63064, ttl=64 (no respo…

图 5-8　IP 报文的 3 个分片

第 1 个分片的组成如图 5-9 所示。

```
  Total Length: 1500
  Identification: 0x7dc8 (32200)
v Flags: 0x20, More fragments
    0... .... = Reserved bit: Not set
    .0.. .... = Don't fragment: Not set
    ..1. .... = More fragments: Set                第1个分片的MF=1
  ...0 0000 0000 0000 = Fragment Offset: 0         第1个分片的Offset=0
  Time to Live: 64
  Protocol: ICMP (1)
  Header Checksum: 0x0000 [validation disabled]
  [Header checksum status: Unverified]
  Source Address: 192.168.3.24
  Destination Address: 14.215.177.38
  [Reassembled IPv4 in frame: 19]
Data (1480 bytes)
```

图 5-9　第 1 个分片的组成

第 2 个分片的组成如图 5-10 所示。

```
  Total Length: 1500
  Identification: 0x7dc8 (32200)
v Flags: 0x20, More fragments
    0... .... = Reserved bit: Not set
    .0.. .... = Don't fragment: Not set
    ..1. .... = More fragments: Set                第2个分片的MF=1
  ...0 0101 1100 1000 = Fragment Offset: 1480      第2个分片的Offset=1480
  Time to Live: 64
  Protocol: ICMP (1)
  Header Checksum: 0x0000 [validation disabled]
  [Header checksum status: Unverified]
  Source Address: 192.168.3.24
  Destination Address: 14.215.177.38
  [Reassembled IPv4 in frame: 19]
Data (1480 bytes)
```

图 5-10　第 2 个分片的组成

第 3 个分片的组成如图 5-11 所示。

```
Total Length: 1060
Identification: 0x7dc8 (32200)
Flags: 0x01
  0... .... = Reserved bit: Not set
  .0.. .... = Don't fragment: Not set
  ..0. .... = More fragments: Not set          第3个分片的MF=0
...0 1011 1001 0000 = Fragment Offset: 2960  第3个分片的Offset=2960
Time to Live: 64
Protocol: ICMP (1)
Header Checksum: 0x0000 [validation disabled]
[Header checksum status: Unverified]
Source Address: 192.168.3.24
Destination Address: 14.215.177.38
[3 IPv4 Fragments (4000 bytes): #17(1480), #18(1480), #19(1040)] 3个分片的数据长度
```

图 5-11 第 3 个分片的组成

5.3.3 选项

IP 报头中的每个选项字段都由代码、长度和数据 3 部分组成。IPv4 定义了 5 个选项，分别为安全（security）、严格路由（strict route）、松散路由（loose route）、记录路由（record route）以及时间戳（timestamp）。

安全用于说明 IP 报文的安全程度。严格路由要求 IP 报文必须严格按给定的路径传送。松散路由要求 IP 报文在传送过程中必须按次序经过给定的路由器，但报文还可以穿过其他路由器。也就是说，该选项可以指定一些特殊的路由器作为 IP 报文的必经之地。记录路由用于记录 IP 报文从源到目的所经过的所有路由器的 IP 地址，以便管理员可以跟踪路由。时间戳用于记录 IP 报文经过每一个路由器的时间。

5.4 IP 地址

在互联网中，每台主机和路由器网络接口卡都有 IP 地址，也就是说，IP 地址是用于标识主机或路由器网络接口的。一般情况下，主机只配有一块网络接口卡，而路由器至少配有 2 块以上的网络接口卡。

5.4.1 有类地址

IPv4 的地址长度是 32 比特。理论上讲，IP 地址的数目是 2^{32}，即有 40 多亿个 IP 地址，但实际可用的 IP 地址数目小于 40 亿，具体原因后面会解释。

IPv4 地址主要由两部分组成：一部分用于标识该地址所属网络号，一部分用于标识该网络中某个特定主机。

在互联网发展早期，IP 地址分为 A、B、C、D 和 E 五类，A、B、C 类 IP 地址对应不同规模的网络，我们称这种 IP 地址为有类地址（classful address）。到 20 世纪 90 年代中期，IP 地址不再分类，我们称这种地址为无类地址（classless address）。在本节中，我们首先介绍有类 IP 地址。

在有类地址中，IP 地址空间共分为 A、B、C、D 和 E 五类。IP 地址类型由前几位进行标识，如图 5-12 所示。

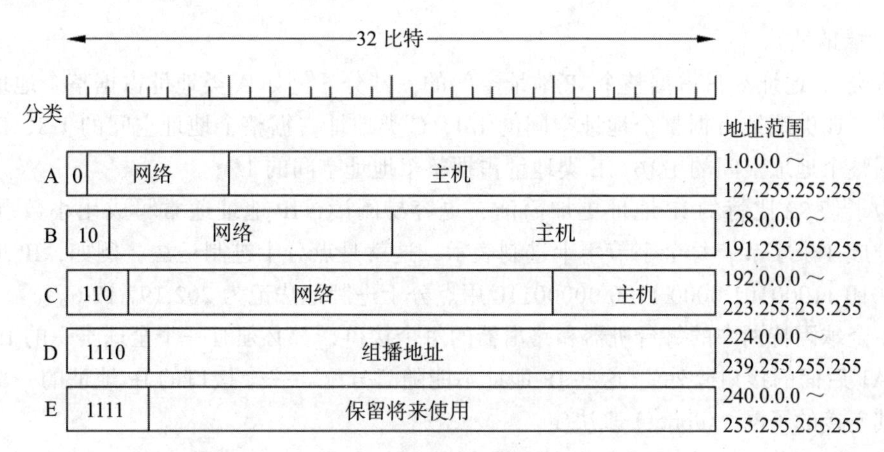

图 5-12　IP 地址格式

A、B 和 C 网络中实际可容纳的主机数量是理论主机数量减 2，这是因为有两个地址被保留：网络地址——网络位不变、主机位全 0 的地址，表示网络本身；广播地址——网络位不变、主机位全 1 的地址，表示本网络的广播。

下面详细分析 A、B、C、D 和 E 这五类地址。

- A 类：前 8 位用来标识网络号，后面 24 位用来标识主机，所以每个 A 类网络可以有 2^{24} 个 IP 地址，全球只有 126 个 A 类网络，$2^8-2=126$（规定 0 不允许使用，而 127 被用作回环测试地址）。因此 A 类地址中只剩下 125 个地址可用。此外，在 A 类地址中，还有 10.X.Y.Z 这个 A 类地址是私有地址（private address），也不能用。A 类网络第一个字节十进制范围是 1（00000001）～ 126（01111110）。

每个 A 类地址包含 2^{24}=16 777 216 个地址。但真正可用的地址为 $2^{24}-2$ = 16 777 214。原因是主机号全 0 的 IP 地址是网络地址，用于路由器寻址，而主机号全 1 的 IP 地址是直接广播地址，主机号全 0 和主机号全 1 的 IP 地址不能分配给主机用。历史上，IBM、惠普、Xerox、麻省理工学院、通用电气公司以及苹果公司都曾经申请过 A 类地址。

- B 类：前 16 位用来标识网络号，后 16 位用来标识主机，第一个字节十进制范围为 128(10000000) ～ 191(10111111)，全球共有 2^{14} 即 =16384 个 B 类地址 [其中有 16 个 B 类地址（172.16.Y.Z ～ 172.31.Y.Z）用作私有地址]，每个 B 类地址可以容纳 $2^{16}-2$ 个即 65534 个主机。历史上，思科公司、微软公司都曾经申请过 B 类地址。
- C 类：前 24 位用来标识网络号，后 8 位用来标识主机，第一个字节十进制范围为 192（11000000）～ 223（11011111），全球共有 2^{21} 个 C 类网络，每个 C 类网络的主机数是 $2^8-2=254$ 个，而 C 类网络的个数可达 2^{21}（大约 200 多万）。所以大部分公司和机构都很容易申请到 C 类地址。
- D 类：第一个字节十进制范围为 224(11100000) ～ 239(11101111)，这类地址用于组播，全球共有 2^{28} 个组播地址。D 类地址分配给指定的 IP 多播组。
- E 类：第一个字节十进制范围为 240 ～ 255，为科研保留地址，共 2^{28} 个。E 类地址中的最后一个（255.255.255.255）用作一个网络内部广播的特殊地址（受限广播地址)。

每类 IP 地址都只占据整个 IP 地址空间的一部分。例如 A 类地址占据整个地址空间的一半，B 类地址占据整个地址空间的 1/4，C 类地址占据整个地址空间的 1/8，D 类地址占据整个地址空间的 1/16，E 类地址占据整个地址空间的 1/16。

为了使 32 比特的 IP 地址更加简洁、更容易阅读，IP 地址通常写成用小数点将 32 比特分成 4 个字节，每个字节用十进制表示，这就是点分十进制记法。例如，IP 地址为 11001010 11000101 0000 1100 00000110 用点分十进制记法记为 202.197.12.6。

在全球因特网中的每台机器和路由器的每个接口，都必须有一个全球唯一的 IP 地址(在 NAT 后面的接口除外)，这些 IP 地址不能随意分配。一个接口的 IP 地址的一部分需要由其连接的子网(subnet)来决定。

图 5-13提供了一个 IP 编址与接口的例子。在该图中，一台路由器(具有 3 个接口)用于互联 7 台主机。仔细观察分配给主机和路由器接口的 IP 地址，可以发现，图 5-13 左侧 3 台主机以及它们连接的路由器接口都有一个形如 223.1.1.* 的 IP 地址。也就是说，在它们的 IP 地址中，最左侧的 IP 地址是相同的。这 4 个接口可以通过一个以太网交换机或无线 AP 连接起来。

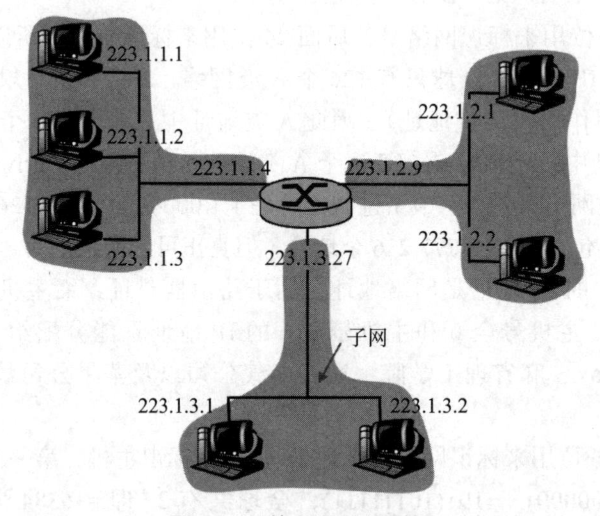

图 5-13　接口地址和子网

用 IP 术语来说，互联这 3 个主机接口和 1 个路由器接口的网络形成 1 个 IP 子网，简称子网(subnet)。IP 编址为该子网分配一个地址 223.1.1.0/24，其中的 /24 记法被称为子网掩码(subnet mask)，表示 32 比特最左侧的 24 比特定义了子网地址。因此子网 223.1.1.0/24 由 3 个主机接口(223.1.1.1、223.1.1.2 和 223.1.1.3)及 1 个路由器接口(223.1.1.4)组成。图 5-13 中还显示了另外两个子网，即 223.1.2.0/24 和 223.1.3.0/24。图 5-14 显示了图 5-13 中的 3 个 IP 子网。

因特网目前采用一种称为无类别域间路由选择(Classless Inter-Domain Routing, CIDR)的地址分配策略。CIDR 将子网编址的概念一般化。当使用子网寻址时，32 比特的 IP 地址被划分为两部分，并且具有点分十进制形式 a.b.c.d/x，其中 x 指示了地址的第一部分中的比特数。

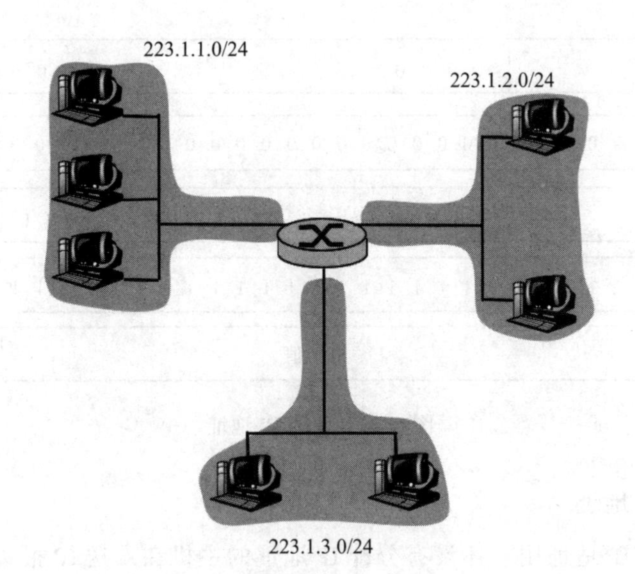

图 5-14　图 5-13 中的 3 个 IP 子网

形式为 a.b.c.d/x 的地址的 x 最高比特构成了 IP 地址的网络部分，并且经常被称为该地址的前缀（prefix）（或网络前缀）。一个组织通常被分配一块连续的地址，即具有相同前缀的一块地址。在这种情况下，该组织内部的设备的 IP 地址将共享共同的前缀。当我们讨论因特网 BGP 路由协议时，将看到该组织网络外部的路由器仅考虑前面的前缀比特 x。也就是说，当该组织外部的一台路由器转发报文，且该报文的目的地址位于该组织内部时，仅需考虑该地址的前面 x 比特。这相当大地减少了这些路由器转发表的规模，因为形式为 a.b.c.d/x 的单一表项足以将报文转发到该组织内部的任何目的地。

一个地址的剩余 $32-x$ 比特可认为是用于区分该组织内部设备，其中所有设备都具有相同的网络前缀。例如，假设某 CIDR 化的地址 a.b.c.d/21 的前 21 比特定义了该组织的网络前缀，它对该组织中所有主机的 IP 地址来说是共同的，其余 11 比特表示该组织内部的主机。该组织内部结构还可以采用这样的方式，使用最右边的 11 比特在该组织中划分子网，就像前面讨论的那样，例如，a.b.c.d/24 可能表示该组织内的某个特定子网。

在 CIDR 被采用之前，IP 地址的网络部分被限制为 8（A 类地址）、16（B 类地址）和 24（C 类地址）比特，这是一种有类编址（classful addressing）。有类编址不利于 IP 地址的高效分配，因此现在的因特网采用 CIDR 编址方案。

5.4.2　特殊 IP 地址

A 类、B 类和 C 类 IP 地址中的某些地址具有特殊含义，我们称这样的 IP 地址为特殊 IP 地址，如图 5-15 所示。

1. 网络地址

网络地址就是网络号不为零但主机号为全 0 的地址。网络地址用于网络路由，即路由器是用网络地址查找路由表表项的。因此，网络地址不能作为 IP 报文中的源地址或目的地址。

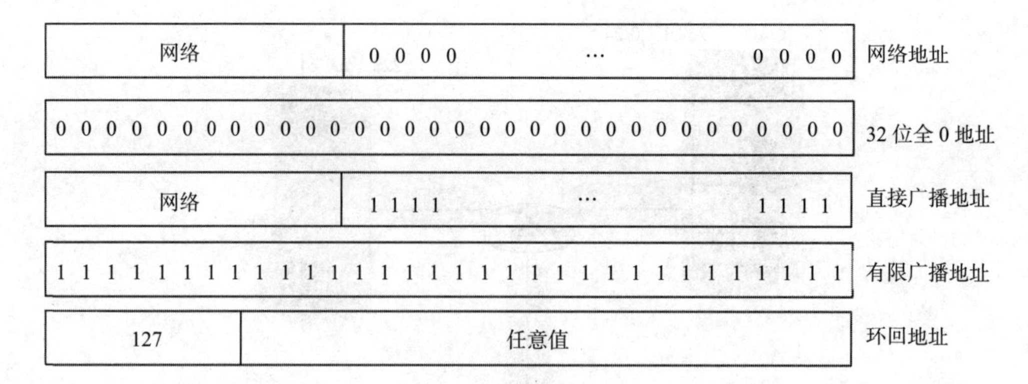

图 5-15 特殊 IP 地址

2. 32 位全 0 地址

32 位全 0 的 IP 地址用于还没有分配 IP 地址的主机在发送 IP 报文时作为源地址。比如通过运行 DHCP 动态配置 IP 地址的主机，为了获得 IP 地址，需要给 DHCP 服务器发送 DHCP 请求报文，而 DHCP 请求报文必须封装在 IP 报文中传送，由于此时该主机还没有分配 IP 地址，因此发送的 IP 报文中源地址只能全 0。

3. 直接广播地址

主机号为全 1 的 IP 地址称为直接广播地址（direct broadcast address）。路由器使用直接广播地址将 IP 报文发送给某网络上的所有主机。直接广播地址只能作为目的地址，如图 5-16 所示。

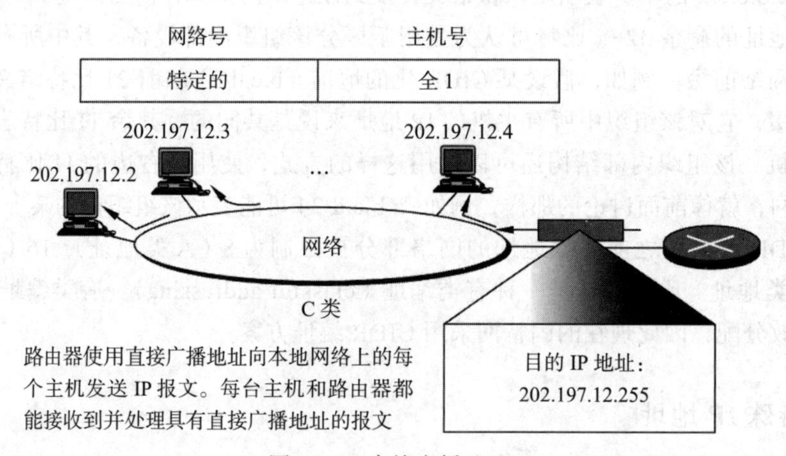

图 5-16 直接广播地址

4. 有限广播地址

32 位都为 1 的 IP 地址称为有限广播地址（limited broadcast address）。若某台主机想给本网络上的所有主机发送报文，就可以用有限广播地址作为目的地址。路由器会把目的地址是有限广播地址的 IP 报文过滤掉，因此这种 IP 广播报文只局限在本网络范围内，如图 5-17 所示。

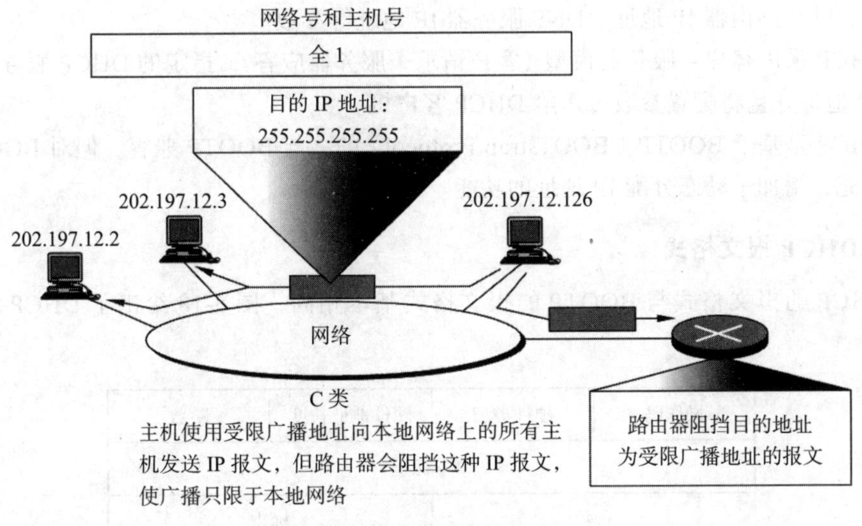

图 5-17　有限广播地址

5. 环回地址

第一个字节为 127 的 IP 地址 127.x.y.z 用作环回地址（loopback address），用于主机或路由器的环回接口（loopback interface）。大多数主机操作系统都把 IP 地址 127.0.0.1 分配给环回接口，并命名为 localhost。环回地址主要用于测试 TCP/IP 协议栈。例如，像 ping 这样的应用程序，可以将环回地址作为 IP 报文的目的地址以便测试 IP 协议栈是否正确工作。需要注意的是，环回地址只能作为目的地址。同理，第一个字节为 127 的 A 类地址 127.x.y.z 不可用。

表 5-3 给出了各种特殊 IP 地址的示例、含义及用法。

表 5-3　特殊 IP 地址

特殊 IP 地址	示例	含义	用法
网络地址	202.197.12.0	代表 202.197.12 网络	路由器路由表项
全 0 地址	0.0.0.0	某主机	源地址
直接广播地址	202.197.10.255	202.197.10 网络所有主机	目的地址
有限广播地址	255.255.255.255	本网络所有主机	目的地址
环回地址	127.x.y.z	用于接口测试	目的地址

5.4.3　DHCP

连接到互联网的上每一台计算机都必须配置以下参数：IP 地址、子网掩码、默认网关 IP 地址以及 DNS 服务器 IP 地址。动态主机配置协议（Dynamic Host Configuration Protocol，DHCP）用于给主机动态分配 IP 地址等配置参数。

主机 IP 地址配置方式有手工配置和自动配置两种。手工配置方式是由网络管理员直接设置主机的 IP 地址。一般情况下还要配置主机的子网掩码、默认路由器 IP 地址、主 DNS 服务器 IP 地址和辅助 DNS 服务器 IP 地址等参数。路由器每个网络接口卡的 IP 地址及子网掩码一般由网络管理员进行手工配置。

主机 IP 地址自动配置方式通常采用动态主机配置 DHCP 来为主机分配 IP 地址、子网掩码、默认路由器 IP 地址、DNS 服务器 IP 地址等参数。

DHCP 采用客户 – 服务器模型（客户请求，服务器应答），指定的 DHCP 服务器负责分配 IP 地址并且将配置参数传送给 DHCP 客户机。

DHCP 是基于 BOOTP（BOOTstrap Protocol）的，与 BOOTP 兼容，但对 BOOTP 进行了扩充，增加了动态分配 IP 地址的功能。

1. DHCP 报文格式

DHCP 的报文格式与 BOOTP 的报文格式基本相同，图 5-18 给出了 DHCP 的报文格式。

<table>
<tr><td>操作码</td><td>硬件类型</td><td>硬件地址长度</td><td>跳数</td></tr>
<tr><td colspan="4">事务标识</td></tr>
<tr><td colspan="2">秒数</td><td colspan="2">标志</td></tr>
<tr><td colspan="4">客户 IP 地址</td></tr>
<tr><td colspan="4">你的 IP 地址</td></tr>
<tr><td colspan="4">服务器 IP 地址</td></tr>
<tr><td colspan="4">路由器 IP 地址</td></tr>
<tr><td colspan="4">客户硬件地址</td></tr>
<tr><td colspan="4">服务器名字</td></tr>
<tr><td colspan="4">引导文件名</td></tr>
<tr><td colspan="4">选项</td></tr>
</table>

图 5-18 DHCP 报文格式

下面简单介绍 DHCP 报文中每个字段的含义。

- 操作码（1 字节）。该字段用于定义 DHCP 报文的类型。请求报文值为 1，应答报文值为 2。
- 硬件类型（1 字节）。该字段用于定义物理网络的类型，每一种类型网络分配一个整数。例如，对于 10Mbit/s 以太网，这个字段值为 1。
- 硬件地址长度（1 字节）。该字段用于定义以字节为单位的物理地址长度。例如，对于以太网，这个字段值为 6。
- 跳数（1 字节）。该字段初始值为 0，DHCP 中继代理负责填写这个字段值。
- 事务标识（4 字节）。该字段由 DHCP 客户随机选择，用来对 DHCP 请求 / 应答报文进行匹配，DHCP 服务器在应答报文中返回同样的值。
- 秒数（2 字节）。该字段由 DHCP 客户设置，给出 DHCP 从获得 IP 地址或更新租约所经历的时间，单位为秒。
- 标志（2 字节）。该字段的最高位是广播标志位，其余位必须设为 0。当 DHCP 客户机不知道自己的 IP 地址时，要设置广播标志，通知服务器发送应答报文时，采用 IP 广播方式。

- 客户 IP 地址（4 字节）。如果 DHCP 客户机知道自己的 IP 地址，则在发送请求时，将自己的 IP 地址填入该字段，同时将前面的广播标志位设为 0，通知服务器以单播方式发送应答报文；如果 DHCP 客户不知道自己的 IP 地址，则该字段填全 0。
- 你的 IP 地址（4 字节）。DHCP 服务器在应答报文中返回给 DHCP 客户的 IP 地址。
- 服务器 IP 地址（4 字节）。由 DHCP 服务器在 DHCPOFFER 和 DHCPACK 报文中提供的引导服务器 IP 地址。
- 路由器 IP 地址（4 字节）：中继代理（relay agent）IP 地址。
- 客户硬件地址（16 字节）：这是客户的硬件地址。
- 服务器名字（64 字节）：这是可选的字段，由 DHCP 服务器在应答报文中填入。它包含空字符结尾的字符串，其中包括服务器的域名。
- 引导文件名（128 字节）：这是可选字段，由服务器在应答报文中填入。它包含空字符结尾的字符串，其中包括引导文件的全路径名。客户可以使用这个路径读取其他的引导信息。
- 选项（长度可变）：在 DHCP 选项清单中再增加几个选项，增加的部分选项用来定义 DHCP 客户和服务器之间交换的报文类型，其他一些选项用来定义租用时间等参数。该字段最大长度为 312 字节。

2. 报文类型

DHCP 报文类型是通过 DHCP 报文格式中的选项部分定义的。下面介绍 4 种常见的 DHCP 报文。

- DHCPDISCOVER 报文：用于 DHCP客户查找可用的 DHCP 服务器。
- DHCPOFFER 报文：用于 DHCP 服务器对 DHCPDISCOVER 的响应，并提供 IP 地址以及其他配置参数。
- DHCPREQUEST 报文：用于 DHCP 客户请求租用某个 DHCP 服务器提供的 IP 地址或请求 DHCP 服务器续租 IP 地址。
- DHCPACK 报文：用于 DHCP 服务器对客户发送的 DHCPREQUEST 报文的确认，例如对 DHCP 客户请求的 IP 地址的确认。

3. 工作过程

DHCP 是一个客户 – 服务器协议。客户通常是新到达的主机，它要获取包括 IP 地址在内的网络配置信息。在最简单的场合下，每个子网将配置一台 DHCP 服务器。如果某子网中没有 DHCP 服务器，则需要在路由器上配置 DHCP 代理，这个代理知道用于该子网的 DHCP 服务器地址。图 5-19 显示了连接到子网 223.1.2.0/24 的一台 DHCP 服务器，它具有一台提供 DHCP 中继服务的路由器，它为连接到子网 223.1.1.0/24 和子网 223.1.3.0/24 的客户机提供 DHCP 服务。

对于一台新到达的主机而言，针对图 5-19 所示的网络配置，DHCP 的工作过程包含 4 个步骤，如图 5-20 所示。

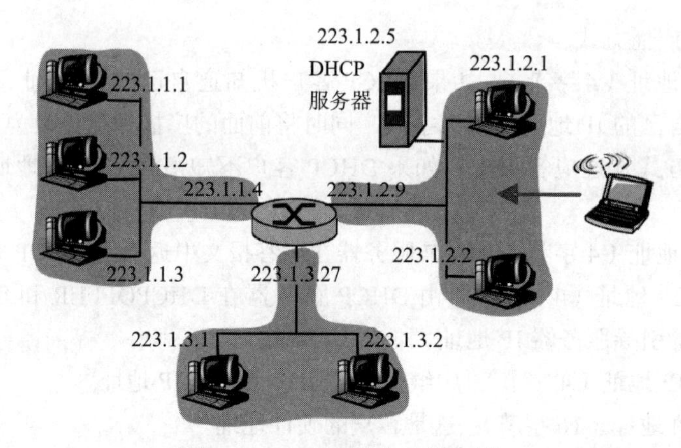

图 5-19 DHCP 客户 – 服务器

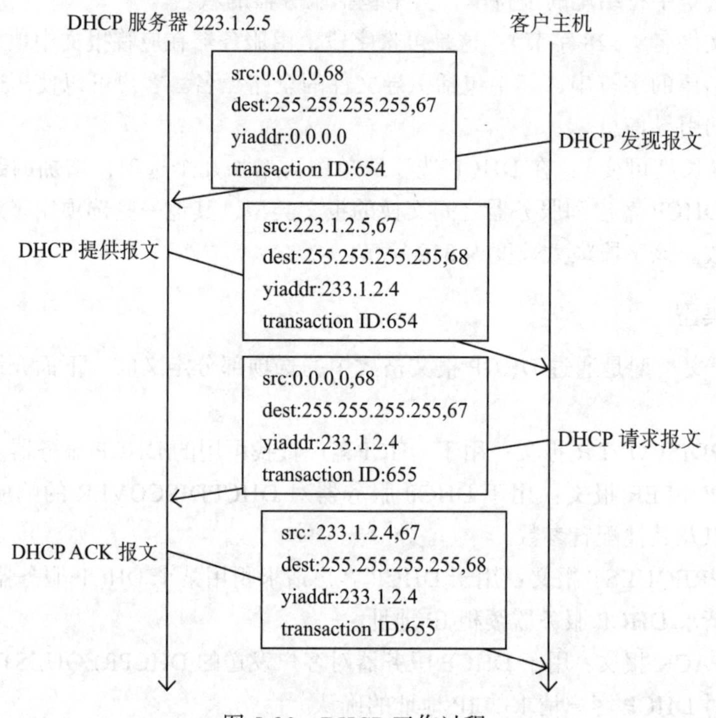

图 5-20 DHCP 工作过程

1）DHCP 服务器发现。一台新到达的主机的首要任务是寻找一台 DHCP 服务器。这可通过使用 DHCP 发现报文（DHCP discovery message）来完成。客户机使用 UDP 的 67 端口发送 DHCP 发现报文。DHCP 客户以 IP 有限广播方式（目的 IP 地址为 255.255.255.255，源 IP 地址为 0.0.0.0）发送 DHCP 发现报文。

2）DHCP 提供。DHCP 服务器收到 DHCP 发现报文后，用 DHCP 提供报文（DHCP offer message）向客户机做出响应，该报文仍然使用 IP 广播地址 255.255.255.255 向该子网的所有节点广播。所以在同一子网中有可能存在多个 DHCP 服务器，所以客户机有可能收到多台服务器返回的 DHCP 提供报文。

3）DHCP 请求。DHCP 客户机从一台或多台 DHCP 服务器提供中选择一个，并向选中的服务器发送 DHCP 请求报文（DHCP request message）进行响应，回显配置的参数。

4）DHCP ACK。DHCP 服务器用 DHCP ACK 报文（DHCP ACK message）对 DHCP 请求报文进行响应，确认所要求的参数。

一旦 DHCP 客户机收到 DHCP ACK 报文，交互就完成了，并且客户机能够在租用期内使用 DHCP 分配的 IP 地址。

在 DHCP 中，每个 IP 地址都是有一定租期的，若租期已到，DHCP 服务器就能够将这个 IP 地址重新分配给其他计算机。因此每个 DHCP 客户应该提前不断续租它已经租用的 IP 地址，服务器将回应 DHCP 客户的请求并更新租期。一旦服务器返回不能续租的信息，DHCP 客户就只能在租期到达时放弃原有的 IP 地址，重新申请一个新 IP 地址。为了避免发生问题，续租在租期达到 50% 时就将启动，DHCP 客户通过发送 DHCPR 请求报文请求续租 IP 地址，则 DHCP 服务器回应 DHCP ACK 报文，通知 DHCP 客户已经更新租约，续租成功。若此次续租不成功，DHCP 客户会在租期的 87.5% 时再次续租，则 DHCP 服务器回应 DHCP ACK 报文，通知 DHCP 客户已经更新租约，续租成功。DHCP 客户继续使用原先分配的 IP 地址，否则租期一到就要释放该 IP 地址。

5.4.4 网络地址转换

IETF 分别在 A 类、B 类和 C 类 IP 地址中各自特意保留一部分 IP 地址作为私有 IP 地址，任何单位和个人不经申请和授权就可以使用这些地址，但是这些私有 IP 地址不能出现在公网上。如果使用私有 IP 地址的主机要访问互联网，必须进行网络地址转换（Network Address Translation，NAT）。

为了解决 IP 地址短缺的问题，RFC 1918 规定了 3 段私有地址（private address），作为内网地址使用，如表 5-4 所示。

表 5-4 私有 IP 地址

地址类型	地址范围	地址数量
A类	10.0.0.0 ～ 10.255.255.255	2^{24}
B类	172.16.0.0 ～ 172.31.255.255	2^{16}
C类	192.168.0.0 ～ 192.168.255.255	2^{16}

Internet 上的路由不会配置这些 IP 地址，如果有去往这些私有地址的数据包，则会被路由丢弃。

有了这些私有地址段，一些组织或团体对外只需要一个公网 IP，通过端口地址转换（PAT）让内外网进行通信。

如果一台主机被分配的是私有 IP 地址，这台主机希望访问互联网上的主机，那么必须首先将私有 IP 地址转换成公网地址，这就是 NAT。NAT 的功能一般由路由器实现。

最简单的 NAT 是静态 NAT，它将一个私有 IP 地址对应地转换到一个公网地址，也就是说私有 IP 地址和公网 IP 地址是一一对应的。在图 5-21 中，某校园网具备 NAT 功能的路由器收到来自学校内部主机的 IP 报文，于是该路由器将此 IP 报文的源地址从私有 IP 地址 172.26.16.1 改为公共 IP 地址 202.197.12.1。当路由器接收到返回的 IP 报文时，路由器负责将 IP 报文的目的地址 202.197.12.1 改为 172.26.16.1，并把报文转发给校园网内部。

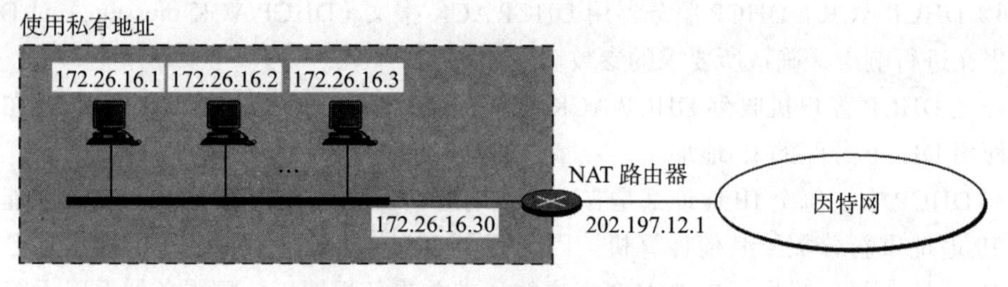

图 5-21 NAT 示意图

NAT 的实现方式有三种，即静态 NAT、动态 NAT 和端口多路复用（OverLoad）。

静态 NAT 是指将内网私有 IP 地址转换为公有 IP 地址时是一一对应的。某个私有 IP 地址只转换为某个公有 IP 地址。静态 NAT 设置起来最为简单，内部网络中的每个主机都被永久映射成外部网络中某个合法的地址，多用于服务器。

动态 NAT 是指将内网私有 IP 地址转换为公网地址池中某个可用的公用 IP 地址。也就是说，私用 IP 地址转换成公用 IP 地址时是不确定的、随机的。动态 NAT 可以使用多个合法外部地址（地址池）。当互联网服务提供商提供的合法公用 IP 地址略少于内网的计算机数量时，动态 NAT 多用于网络中的工作站。

端口地址转换（Port-Based Address Translation，PAT）则是把内部私有 IP 地址 + 端口号映射到外部网络的同一个 IP 地址的不同端口上。采用 PAT，内部网络的所有主机均可共享一个合法外部 IP 地址实现对互联网的访问，从而可以最大限度地节约 IP 地址资源。同时，又可隐藏网络内部的所有主机，有效避免来自互联网的攻击。因此，目前网络中应用最多的就是 PAT。

考虑图 5-22 的例子，3 台主机通过一个路由器连接到因特网，为这 3 台主机分配了 3 个私有 IP 地址，分别是 10.0.0.1、10.0.0.2 和 10.0.0.3，通过路由器进行地址转换。

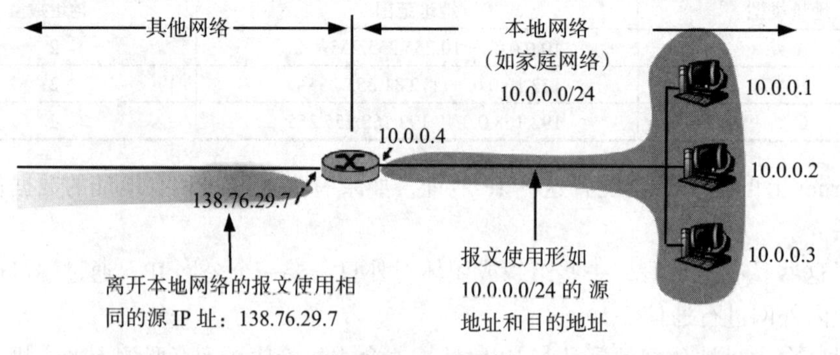

图 5-22 PAT 示例

假设主机 10.0.0.1 请求 IP 地址为 128.119.40.186 的某台 Web 服务器（端口为 80）上的一个 Web 页面，主机 10.0.0.1 为其指派了源端口号 3345 并将该数据报发往局域网。NAT 路由器收到该数据报后，为该数据报生成一个新的源端口号 5001，将源 IP 地址 10.0.0.1 替换为路由器连接广域网一侧接口的 IP 地址 138.76.29.7，且将源端口替换为新端口 5001（NAT 路由器可以选择任意一个当前未在 NAT 转换表中使用的端口号）。NAT

路由器在它的 NAT 转换表中增加一项。Web 服务器并不知道刚到达的包含 HTTP 请求的数据报已被 NAT 路由器修改，它发回一个响应报文，其目的地址是 NAT 路由器的 IP 地址，端口号是 5001。当该报文到达 NAT 路由器时，路由器使用目的地址和目的端口号从 NAT 表中进行检索，得到目的 IP 地址 10.0.0.1 和目的端口 3345，于是 NAT 路由器重写数据报的目的地址 10.0.0.1 和端口号 3345，并发往局域网，最终主机 10.0.0.1 的浏览器收到这个 HTTP 响应报文，整个工作过程如图 5-23 所示。

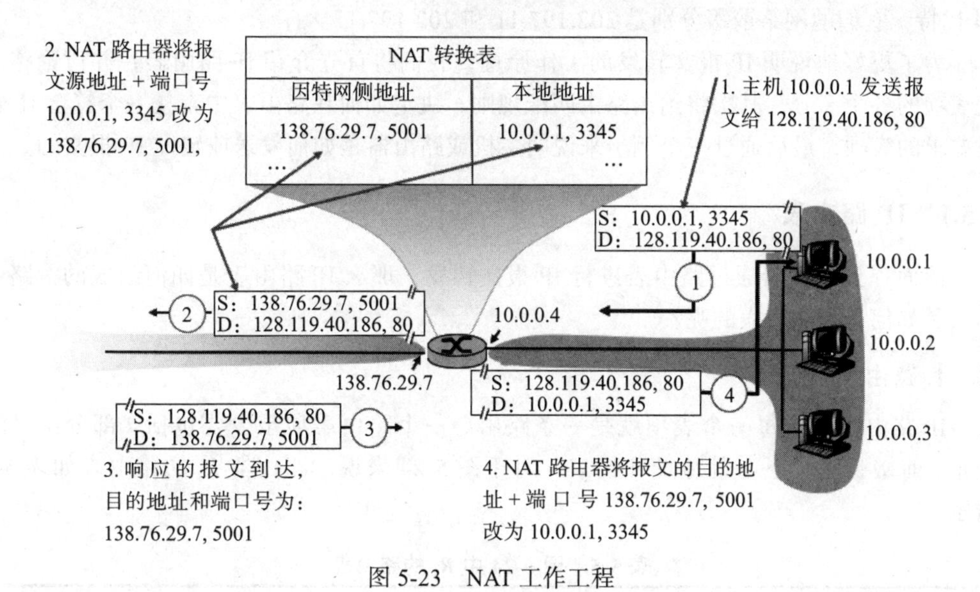

图 5-23 NAT 工作工程

5.5 IP 报文转发

为了说明主机是如何发送 IP 报文特别是路由器是如何转发 IP 报文的，下面给出一个网络互联实例。假设某高校校园网的主干网是 FDDI，学校各个学院的网络是以太网，各个学院的以太网通过路由器接入学校的 FDDI 主干网，如图 5-24 所示。

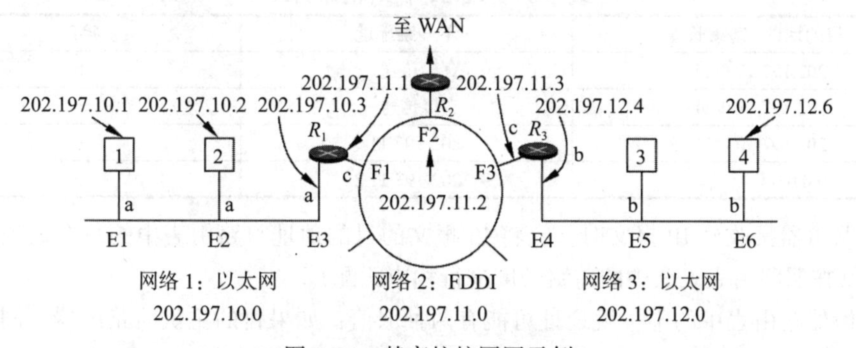

图 5-24 某高校校园网示例

在图 5-24 中，每个节点的每个接口（即每块网卡）都有一个 IP 地址。由于主机节点一般只有一个接口（即主机只有一个网卡），因此主机只分配一个 IP 地址；但路由器可能有个接口，因此需要分配多个 IP 地址（路由器有几个物理接口就需要几个 IP 地址)。还要注意的是，在同一个网络上的各个接口 IP 地址的网络地址是相同的，网络 1 的网络地址为 202.197.10.0，网络 2 的网络地址为 202.197.11.0，网络 3 的网络地址为 202.197.12.0。

在图 5-24 中，对于网络 1 的网络地址 202.197.10.0，我们称前缀长度是 24 比特。IP 地址中的另外 8 比特则作为主机地址，这样最多可以有 254 台主机（主机地址为全 0 和全 1 的两个地址具有特殊意义，不能作为主机地址)。网络 2 和网络 3 的前缀长度也为 24 比特，它们的网络前缀分别是 202.197.11 和 202.197.12。

为了更好地说明 IP 报文转发的工作原理，我们将首先介绍 IP 路由表，并讨论路由表表项的各个部分，其次将给出路由匹配规则，决定如何在路由表中查找一个符合 IP 转发要求的表项，最后通过一个例子来说明主机或路由器是如何发送或转发 IP 报文的。

5.5.1 IP 路由表

前面提到路由器通过路由表进行 IP 报文转发，那么 IP 路由表是如何组成的？路由器又是如何得到路由表的呢？

1. 路由表的组成

IP 路由表中的每一个表项就是一条路由。一个路由表项至少要包括 4 部分：目的地址 / 前缀长度、下一跳地址和接口。对于图 5-24 来说，路由器 R_1 的路由表如表 5-5 所示。

表 5-5 图 5-24 中 R_1 的路由表

目的地址 / 前缀长度	下一跳地址	接口
202.197.10.0/24	直接传送	a
202.197.11.0/24	直接传送	c
202.197.12.0/24	202.197.11.3	c
0.0.0.0/0	202.197.11.2	c

路由器 R_3 的路由表如表 5-6 所示。

表 5-6 图 5-24 中 R_3 的路由表

目的地址 / 前缀长度	下一跳地址	接口
202.197.12.0/24	直接传送	b
202.197.11.0/24	直接传送	c
202.197.10.0/24	202.197.11.1	c
0.0.0.0/0	202.197.11.2	c

当路由器接收到 IP 报文时，它将 IP 报文的目的地址与路由表中的每个表项依次进行匹配（按照路由表表项中的前缀长度进行相应匹配)。

路由器路由表中的下一跳地址可能有两种取值：如果目的主机与路由器在同一个物理网络中，那么下一跳地址就标记为“直接传送”；如果目的主机与路由器不在同一个物理网络中，那么下一跳地址的取值为能够到达目的主机的下一个路由器的 IP 地址。

2. 路由表表项的分类

路由器的路由表一般包含以下 3 种表项。

- 特定主机路由：是前缀长度为 32 比特的路由表项，表明是按照 32 比特主机地址进行路由的。特定主机路由只能匹配一个特定的 IP 地址，即只能匹配某台特定主机（表 5-5 和表 5-6 中没有列出特定主机路由表项）。
- 网络前缀路由：是按照网络地址进行路由的路由表项。目前我们只考虑有类地址的路由情况，也就是说网络地址的长度（即网络前缀）分别为 8、16 和 24。事实上，网络前缀的长度可以为 1 ～ 31 比特之间的任意值。
- 默认路由：前缀长度为 0 的路由表项。根据“最长匹配前缀”原则，只有在特定主机路由和网络前缀路都不匹配时才能采用默认路由。

3. 路由匹配规则

IP 报文转发过程中的路由匹配规则可以归纳如下。

- 如果存在一条特定主机路由与 IP 报文的目的地址相匹配，那么先选用这条路由。
- 如果存在一条网络前缀路由与 IP 报文中的目的地址相匹配，那么选用这条路由。
- 在没有相匹配的特定主机路由或网络前缀路由时，如果存在默认路由，那么可以采用默认路由来转发 IP 报文。
- 如果前面几条都不成立（即路由表中根本没有任何匹配路由），则宣告路由出错，并向 IP 报文的源端发送一条目的不可达 ICMP 差错报文（后面将讨论 ICMP）。

路由器上的路由表可以通过人工配置或路由协议（routing protocol）来构造和维护。路由器之间通过路由协议互相交换路由信息并对路由表进行更新维护，以使路由表正确反映网络的拓扑变化，并由路由器根据量度来决定最佳路径。互联网上常用的路由协议有路由信息协议（RIP）、开放式最短路径优先（OSPF）协议和边界网关协议（BGP）等，相关内容将在第 6 章进行详细阐述。

事实上，不只是路由器有路由表，主机上也有路由表，但一般情况下，主机上的路由表比较简单，而且都是人工配置的。图 5-24 中主机 1 的路由表如表 5-7 所示。

表 5-7　图 5-24 中主机 1 的路由表

目的地址 / 前缀长度	下一跳地址	接口
202.197.10.0/24	直接传送	A
0.0.0.0/0	202.197.10.3	A

主机的路由表中一般只有两条路由。如果要将 IP 报文发送到与主机位于同一个网络上的其他节点，主机通过“直接传送”即可。如果要将 IP 报文发送到与主机不在同一个网络上的节点，则主机通过主机路由表中的默认路由将 IP 报文发给默认路由器（默认路由器是主机上的一个配置参数）。

5.5.2　IP 报文转发过程

有了 IP 路由表之后，下面再来看看图 5-24 的例子。通过这个例子，我们可以了解主机是如何发送 IP 报文以及路由器是如何转发 IP 报文的。下面先以主机 1 为例进行介绍。

主机 1 除了要有一个 IP 地址（202.197.10.1）外，一般在主机上还需要配置子网掩码和默认路由器。主机 1 上配置的子网掩码是 255.255.255.0，默认路由器是 202.197.10.3。

假如主机 1 要发送一个 IP 报文给主机 2，那么主机 1 该如何操作？假如主机 1 要发送一个 IP 报文给主机 4，那么主机 1 又该如何操作呢？

1. 同一个网络中的主机

下面看一下主机 1 向主机 2 发送 IP 报文的情况，主机 1 和主机 2 都在网络 1（以太网 1）上。IP 报文的源 IP 地址是 202.197.10.1，目的 IP 地址是 202.197.10.2。主机 1 将 IP 报文的目的地址与自己的 IP 地址相比较，由于 202.197.10.2 与 202.197.10.1 并不相等，它知道这个 IP 报文并不是发给自己的，因此主机 1 必须做出转发决策以便将 IP 报文转发出去。

为了做出转发决策，主机 1 开始依据前面介绍的规则查找路由表。首先，它发现路由表中没有目的地址正好等于 202.197.10.2 的特定主机路由，但路由表中的第 1 条网络前缀路由与所有网络前缀为 202.197.10 的 IP 地址相匹配，这一项还指明这些匹配的 IP 报文从接口 a 所连接的物理网络发送出去就可以到达目的地。因此主机 1 将 IP 报文从接口 a 发送给主机 2。

2. 不同网络中的主机

再看一下主机 1 向主机 4 发送 IP 报文的情形，这两台主机不在同一个网络中，因此它们之间要通过一台或多台路由器对 IP 报文进行转发才能完成 IP 报文的传送。在这个例子中，IP 报文的源地址是 202.197.10.1，目的地址是 202.197.12.6，因此报文的发送要经过以下几个步骤。

1）主机 1 首先将目的地址 202.197.12.6 与自己的 IP 地址 202.197.10.1 按 24 比特进行比较，发现它们的网络地址不同，于是主机 1 开始查找主机 1 路由表中与目的 IP 地址相匹配的项。没有找到合适的特定主机路由和网络前缀路由，于是主机 1 开始查找默认路由，将找到的默认路由告诉主机 1，应将 IP 报文通过接口 a 所连的物理网络转发给 R_1（202.197.10.3）。因此主机 1 将 IP 报文转发给 R_1。

2）当 R_1 收到该 IP 报文时，它同样发现这个目的地址为 202.197.12.6 的 IP 报文的不再直接连接网络上，因为 IP 报文的目的地址 202.197.12.6 与 202.197.10/24 和 202.197.11/24 比较前 24 比特都不相等，因此 R_1 也必须做出一个转发决策，它开始查找路由表，然后知道目的地址网络前缀为 202.197.12 的 IP 报文都应通过接口 c 转发给 R_3 的 202.197.11.3。因此 R_1 通过 FDDI 网将 IP 报文转发路由器 $R3$。

3）当 R_3 收到该 IP 报文时，它也开始查找路由表，并且发现路由表中的第二项目的 IP 地址匹配，这条路由表明，所有目的 IP 地址的网络前缀为 202.197.12 的 IP 报文应从端口 b 直接传送到目的主机（202.197.12.6）。因此路由器 R_3 将 IP 报文通过网络 3 发给主机 4。

在讨论 IP 报文转发时，我们只考虑了主机或路由器是如何通过路由表进行 IP 报文转发决策的，没有考虑 IP 报文是如何在主机之间（如图 5-24 中的主机 1 和主机 2）、主机和路由器之间（如图 5-24 中的主机 1 和路由器 R_1）、路由器和路由器之间（如图 5-24 中的 R_1 和 R_2）的实际传送过程。

为了在这些 IP 节点之间传送 IP 报文，我们必须首先将 IP 报文封装到数据帧中进行发送。但是发送端主机只知道接收端主机的 IP 地址或者中间路由器的 IP 地址，它并不知道接收端主机或中间路由器的物理地址，而将 IP 地址映射到物理地址的工作由 ARP 来完成。

5.5.3　ARP

1. ARP 的作用

ARP（Address Resolution Protocol，地址解析协议）是将 IP 地址解析为以太网 MAC 地址（或称物理地址）的协议。

在局域网中，当主机或其他网络设备有数据要发送给另一个主机或设备时，它必须知道对方的网络层地址（即 IP 地址）。但是仅有 IP 地址是不够的，因为 IP 数据报文必须封装成帧才能通过物理网络发送，发送站还必须有接收站的物理地址，所以需要一个从 IP 地址到物理地址的映射。APR 就是实现该功能的协议。

2. ARP 报文格式

ARP 报文分为 ARP 请求报文和 ARP 应答报文。ARP 的报文格式如图 5-25 所示。

0　　8　　16　　24　　31

<table>
<tr><td colspan="2">硬件类型</td><td>协议类型</td></tr>
<tr><td>硬件地址长度</td><td>协议地址长度</td><td>操作类型</td></tr>
<tr><td colspan="3">发送端MAC地址（0～3字节）</td></tr>
<tr><td colspan="2">发送端MAC地址（4～5字节）</td><td>发送端IP地址（0～1字节）</td></tr>
<tr><td colspan="2">发送端IP地址（2～3字节）</td><td>目的MAC地址（0～1字节）</td></tr>
<tr><td colspan="3">目标MAC地址（2～5字节）</td></tr>
<tr><td colspan="3">目标IP地址（0～3字节）</td></tr>
</table>

图 5-25　ARP 报文格式

- 硬件类型：硬件地址的类型，它的值为 1 表示以太网地址。
- 协议类型：要映射的协议地址类型，它的值为 0x0800 表示 IP 地址。
- 硬件地址长度和协议地址长度分别指出硬件地址和协议地址的长度，以字节为单位。对于以太网上 IP 地址的 ARP 请求或应答来说，它们的值分别为 6 和 4。
- 操作类型：1 表示 ARP 请求，2 表示 ARP 应答。
- 发送端 MAC 地址：发送方设备的硬件地址。
- 发送端 IP 地址：发送方设备的 IP 地址。
- 目标 MAC 地址：接收方设备的硬件地址。
- 目标 IP 地址：接收方设备的 IP 地址。

3. ARP 的工作过程

假设主机 A 和 B 在同一个网段，主机 A 要向主机 B 发送信息。如图 5-26 所示，具体的地址解析过程如下。

1）主机 A 首先查看自己的 ARP 表，确定其中是否包含主机 B 对应的 ARP 表项。如果找到了对应的 MAC 地址，则主机 A 直接利用 ARP 表中的 MAC 地址，对 IP 数据包进行帧封装，并将数据包发送给主机 B。

2）如果主机 A 在 ARP 表中找不到对应的 MAC 地址，则将缓存该数据报文，然后以广播方式发送一个 ARP 请求报文。ARP 请求报文中的发送端 IP 地址和发送端 MAC 地址为主机 A 的 IP 地址和 MAC 地址，目标 IP 地址和目标 MAC 地址为主机 B 的 IP 地址和全 0 的 MAC 地址。由于 ARP 请求报文以广播方式发送，该网段上的所有主机都可以接收到该请求，但只有被请求的主机（即主机 B）会对该请求进行处理。

3）主机 B 比较自己的 IP 地址和 ARP 请求报文中的目标 IP 地址，当两者相同时进行如下处理：将 ARP 请求报文中的发送端（即主机 A）的 IP 地址和 MAC 地址存入自己的 ARP 表中，之后以单播方式发送 ARP 响应报文给主机 A，其中包含自己的 MAC 地址。

4）主机 A 收到 ARP 响应报文后，将主机 B 的 MAC 地址加入自己的 ARP 表中以用于后续报文的转发，同时将 IP 数据包进行封装后发送出去。

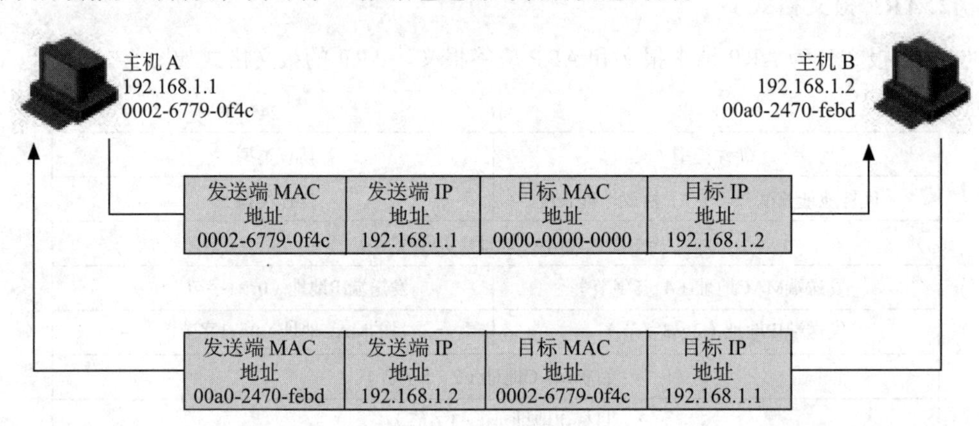

图 5-26　ARP 地址解析过程

当主机 A 和主机 B 不在同一网段时（中间隔着一个路由器），主机 A 就会先向路由器发出 ARP 请求，ARP 请求报文中的目的 IP 地址为路由器与主机 A 同一个网段的借口 IP 地址。当主机 A 从收到的响应报文中获得路由器的 MAC 地址后，将报文封装到以太网帧并发送给路由器。如果路由器没有主机 B 的 ARP 表项，路由器会广播 ARP 请求，目标 IP 地址为主机 B 的 IP 地址，当路由器从收到的 ARP 响应报文中获得主机 B 的 MAC 地址后，就可以将报文发送给主机 B；如果路由器已经有主机 B 的 ARP 表项，则直接把报文封装到以太网帧发给主机 B。

图 5-27 给出了 Wireshark 抓取 ARP 报文的情况。

```
1883 10425.744410  HuaweiDe_04:75:83  Broadcast          ARP   60 Who has 192.168.3.24? Tell 192.168.3.1
1884 10425.744425  IntelCor_6d:ae:1b  HuaweiDe_04:75:83  ARP   42 192.168.3.24 is at f8:ac:65:6d:ae:1b
1886 10425.746458  HuaweiDe_04:75:83  Broadcast          ARP   60 Who has 192.168.3.24? Tell 192.168.3.1
1887 10425.746625  IntelCor_6d:ae:1b  HuaweiDe_04:75:83  ARP   42 192.168.3.24 is at f8:ac:65:6d:ae:1b
```

图 5-27　Wireshark抓取 ARP 报文

图 5-28 给出了 ARP 请求报文的组成。

```
Ethernet II, Src: HuaweiDe_04:75:83 (68:13:24:04:75:83), Dst: Broadcast (ff:ff:ff:ff:ff:ff)
Address Resolution Protocol (request)
  Hardware type: Ethernet (1)
  Protocol type: IPv4 (0x0800)
  Hardware size: 6
  Protocol size: 4
  Opcode: request (1)
  Sender MAC address: HuaweiDe_04:75:83 (68:13:24:04:75:83)
  Sender IP address: 192.168.3.1
  Target MAC address: 00:00:00_00:00:00 (00:00:00:00:00:00)
  Target IP address: 192.168.3.24
```

图 5-28　ARP 请求报文的组成

图 5-29 给出了 ARP 响应报文的组成。

```
Ethernet II, Src: IntelCor_6d:ae:1b (f8:ac:65:6d:ae:1b), Dst: HuaweiDe_04:75:83 (68:13:24:04:75:83)
Address Resolution Protocol (reply)
  Hardware type: Ethernet (1)
  Protocol type: IPv4 (0x0800)
  Hardware size: 6
  Protocol size: 4
  Opcode: reply (2)
  Sender MAC address: IntelCor_6d:ae:1b (f8:ac:65:6d:ae:1b)
  Sender IP address: 192.168.3.24
  Target MAC address: HuaweiDe_04:75:83 (68:13:24:04:75:83)
  Target IP address: 192.168.3.1
```

图 5-29　ARP 响应报文的组成

4. 免费 ARP 报文

免费 ARP 报文是一种特殊的 ARP 报文，该报文中携带的发送端 IP 地址和目标 IP 地址都是本机 IP 地址，ARP 报文的以太网帧的源 MAC 地址是本机 MAC 地址，目的 MAC 地址是广播地址，图 5-30 给出了免费 ARP 报文的组成。

```
Ethernet II, Src: IntelCor_6d:ae:1b (f8:ac:65:6d:ae:1b), Dst: Broadcast (ff:ff:ff:ff:ff:ff)
Address Resolution Protocol (ARP Announcement)
  Hardware type: Ethernet (1)
  Protocol type: IPv4 (0x0800)
  Hardware size: 6
  Protocol size: 4
  Opcode: request (1)
  [Is gratuitous: True]
  [Is announcement: True]
  Sender MAC address: IntelCor_6d:ae:1b (f8:ac:65:6d:ae:1b)
  Sender IP address: 192.168.3.24
  Target MAC address: 00:00:00_00:00:00 (00:00:00:00:00:00)
  Target IP address: 192.168.3.24
```

图 5-30　免费 ARP 报文的组成

设备通过对外发送免费 ARP 报文来实现以下功能。

- 确定其他设备的 IP 地址是否与本机的 IP 地址冲突。当其他设备收到免费 ARP 报文后，如果发现报文中的 IP 地址和自己的 IP 地址相同，则给发送免费 ARP 报文的设备返回一个 ARP 应答，告知该设备 IP 地址冲突。
- 设备改变硬件地址，通过发送免费 ARP 报文通知其他设备更新 ARP 表项。

定时发送免费 ARP 功能可以及时通知下行设备更新 ARP 表项或者 MAC 地址表项，主要应用场景如下。

（1）防止仿冒路由器的 ARP 攻击

如果攻击者仿冒路由器发送免费 ARP 报文，就可以欺骗同网段内的其他主机，使得被欺骗的主机访问路由器的流量被重定向到一个错误的 MAC 地址，导致其他主机用户无法正常访问网络。

为了尽量避免这种仿冒路由器的 ARP 攻击，可以在路由器的接口上使能定时发送免费 ARP 功能。使能该功能后，路由器接口将按照配置的时间间隔周期性地发送接口主 IP 地址和手工配置的从 IP 地址的免费 ARP 报文。这样，每台主机都可以学习到正确的路由器，从而正常访问网络。

（2）防止主机 ARP表项老化

在实际环境中，当网络负载较大或接收端主机的 CPU 占用率较高时，可能存在 ARP 报文被丢弃或主机无法及时处理接收到的 ARP 报文等现象。在这种情况下，接收端主机的动态 ARP 表项会因超时而被老化，在其重新学习到发送设备的 ARP 表项之前，二者之间的流量就会发生中断。

为了解决上述问题，可以在路由器的接口上使能定时发送免费 ARP 功能。使能该功能后，路由器接口将按照配置的时间间隔周期性地发送接口主 IP 地址和手工配置的从 IP 地址的免费 ARP 报文。这样，接收端主机可以及时更新 ARP 映射表，从而防止了上述流量中断现象。

5. ARP 举例

下面举例来阐述 ARP 的工作过程，该示例的网络拓扑结构如图 5-24 所示。在图 5-24 中，假设主机 1 想向主机 4（IP 地址为 202.197.12.6）发送数据，解决办法是，主机 1 知道接收端主机在另外一个网络上，因此主机 1 先将要发送给主机 4 的 IP 报文发送给默认路由器（即 R_1），因此首先需要将主机 1 的默认路由器配置成 R_1，而主机 1 先对路由器 R_1 中 IP 地址为 202.197.10.3 的接口进行 ARP。在此情况下，主机 1 将发送给主机 4 的 IP 报文封装到目的地址为 E3 的以太网帧的数据段中。当 R_1 接收以太网帧后，它从以太网帧的数据字段中取出 IP 报文，并从路由表中查找 IP 地址，它发现给网络 3（IP 地址为 202.197.12.0）的报文要经过 R_3（IP 地址为 202.197.11.3）。如果 R_1 还不知道 IP 地址 202.197.11.3 的节点的 FDDI 地址，它会广播一个 ARP 报文到 FDDI 网络，取得其 FDDI 网络地址 F3。然后，R_1 再将 IP 报文封装到目的地址为 F3 的 FDDI 帧的数据字段，并将 FDDI 帧发到环网中。

在路由器 R_3 中，FDDI 网卡接收该帧，并从 FDDI 帧的数据字段中取出 IP 报文交给 IP。路由器 R_3 再将该 IP 报文发向 202.197.12.6。如果该 IP 地址不在路由器 R_3 的 ARP 高速缓存中，它就会在网络 3 的以太网上广播一个 ARP 报文，从而获得 IP 地址为 202.197.12.6 的主机以太网地址 E6。R_3 将创建一个目的地址为 E6 的以太网帧，将 IP 报文封装在该以太网帧中，通过以太网发到主机 4，主机 4 上的以太网网卡从接收到的以太网帧中取出 IP 报文并传给主机 4 上的 IP。

介绍完 ARP 之后，我们再来看看图 5-24 中 R_1 的路由表。事实上，R_1 对 IP 报文进行转发的时候是按照转发表转发的。那么路由器的转发表和路由表有什么区别呢？首先路由器的转发表来源于路由表，其次转发表只比路由表多了一项，即 MAC 地址，而这里的 MAC 地址就是下一跳 IP 地址所对应的 MAC 地址，通常通过 ARP 获得。对于图 5-24 中的 R_1，其转发表如表 5-8 所示。

表 5-8　图 5-24 中 R_1 的转发表

目的地址 / 前缀长度	下一跳地址	接口	MAC 地址
202.197.10.0/24	直接传送	a	
202.197.11.0/24	直接传送	c	
202.197.12.0/24	202.197.11.3	c	F3
0.0.0.0/0	202.197.11.2	c	F2

需要注意的是，主机 1 经过广域网到远程工作站的工作过程与此类似，不同之处在于这时 R_1 要先通过 ARP 解析得到路由器 R_2 的 FDDI 地址 F2，R_1 先将 IP 报文发往 R_2，R_2 再通过广域网将 IP 报文发给与远程工作站相连的另一个支持广域网接口的路由器。IP 地址与 WAN 物理地址的映射就不一定采用 ARP 方式完成，更多是通过对路由器的广域网口进行人工配置来完成的，对具体配置过程有兴趣的读者可以参考路由器配置方面的书籍，在此不再详细叙述。

5.5.4　MPLS

多协议标签交换（Multi Protocol Label Switching，MPLS）在每个 IP 报文的前面增加一个标签，转发过程根据该标签而不是目的地址进行。将该标签做成一个内部表的索引，寻找正确的输出线路就只是一次表格查询操作。使用 MPLS 技术，转发过程可以非常快地完成，这一优势是 MPLS 背后的原始动机。

然而，第一个问题是将标签放在哪里。由于 IP 报文并不是针对虚电路设计的，IP 报头并没有可用于虚电路号的字段，因此必须在 IP 报头前面增加一个新的 MPLS 头部。从一台路由器到另外一台路由器的线路上使用 PPP 作为链路层协议，帧格式如图 5-31 所示，其中包含 PPP 头、MPLS 头、IP 头和 TCP 头。

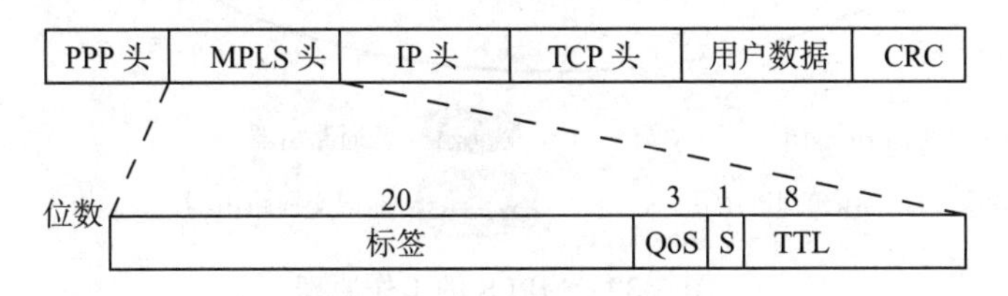

图 5-31　MPLS 报文格式

通用的 MPLS 头有 4 字节，并且包含 4 个字段。其中最重要的是标签（Label）字段，其中存放的是索引；QoS 字段指明了服务的类别；S 字段涉及叠加多个标签的做法（标签嵌套）；TTL 字段指明该数据报还能被转发多少次，它在每台路由器上被递减 1，如果减到 0，则该数据报被丢弃。

MPLS 介于 IP（网络层协议）和 PPP（链路层协议）之间，不是一个真正的 3 层协议，因为它依赖于 IP 或其他网络层地址建立标签路径。它也不是一个真正的 2 层协议，因为它可以跨越多跳而不是单一链路转发数据报。出于这个原因，MPLS 有时也被描述为一个 2.5 层协议。这正好说明实际的协议并不总是完全符合理想的分层协议模型。

在这种网络结构中，核心网络是MPLS域，构成它的路由器是标记交换路由器（Label Switching Router，LSR），在MPLS域边缘连接其他子网的路由器是边界标记交换路由器（E-LSR）。MPLS在E-LSR之间建立标记交换路径（Label Switching Path，LSP），这种标记交换路径与ATM的虚电路非常相似。

MPLS主要提供面向连接与保证QoS的服务。MPLS的设计借鉴了面向连接和提供QoS保证的设计思想，在IP网络中提供一种面向连接的服务。MPLS引入流（flow）的概念，流是从某个源主机发出的报文序列，利用MPLS可以为单个流建立路由。MPLS与传统虚电路的一个区别是聚合水平。对于MPLS来说，可以将终点位于某个特定路由器的多个流合并成一组，并为它们使用同一个标签。这些被组合在同一个标签下的流称为同一个转发等价类别（Forwarding Equivalence Class，FEC）。该类别不仅覆盖了数据报的去向，而且覆盖了它们的服务类别（从区分服务的角度来看），因为从转发的目的而言，所有的数据报都被同等对待。MPLS可用于纯IP网络，同时可支持PPP、SDH、DWDM等底层网络协议。

支持MPLS功能的路由器分为两类：标记交换路由器（LSR）和边界路由器（E-LSR）。由LSR组成实现MPLS功能的网络区域称为MPLS域（MPLS Domain），如图5-32所示。

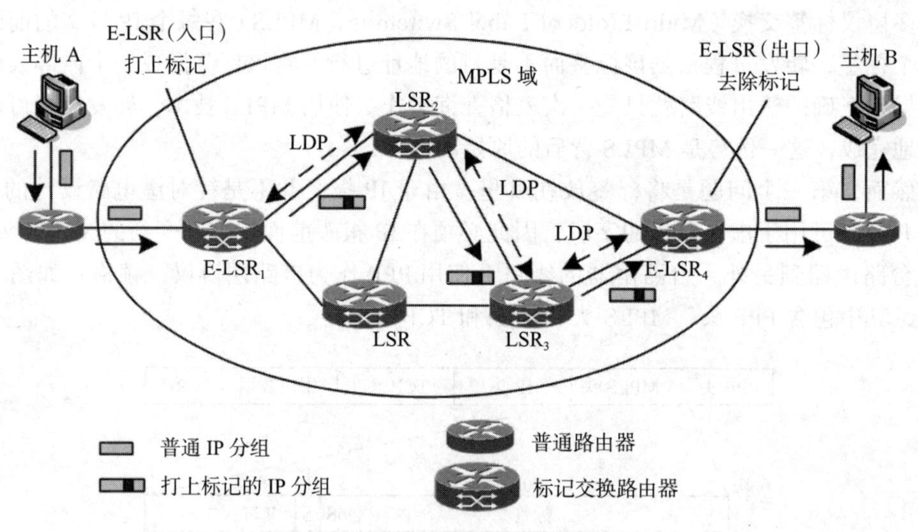

图5-32 MPLS的工作原理

MPLS域中的LSR使用专门的标记分配协议（Label Distribution Protocol，LDP）交换报文，找出与特定标记对应的路径，即标记交换路径，对应主机A到主机B的路径（$E-LSR_1$—LSR_2—LSR_3—$E-LSR_4$），形成MPLS标识转发表。

当IP报文进入MPLS域入口的边界路由器$E-LSR_1$时，$E-LSR_1$为IP报文打上标记，并根据标识转发表，将打上标记的IP报文转发到标记交换路径的下一跳路由器LSR_2。标记交换路由器LSR_2根据标识直接利用硬件，以交换方式传送给下一跳路由器LSR_3。LSR_3利用同样的方法，将标记IP报文快速传送到下一跳路由器。

当标记分组到达MPLS域出口的边界路由器$E-LSR_4$时，$E-LSR_4$去除标记，将IP报文交付给非MPLS的路由器或主机。

MPLS 工作机制的核心是：路由仍使用第三层的路由协议来解决，而交换则使用第二层的硬件完成，这样可将第三层成熟的路由技术与第二层快速的硬件交换相结合，达到提高网络性能和服务质量的目的。

5.5.5　ICMP

如前所述，IP 只提供不可靠和无连接的数据报服务，IP 没有差错报告机制，更没有差错纠正机制。当因为网络或主机发生故障而导致 IP 报文没有最终发送到目的主机时，IP 没有内在机制可以通知发出该 IP 报文的发送端主机。

另外，IP 还缺少一种用于主机和管理人员查询的机制。主机有时需要确认某个路由器或某台主机是否正常工作，而有时网络管理人员需要了解主机或路由器的某些信息。

互联网控制报文协议（Internet Control Message Protocol，ICMP）就是为了弥补 IP 协议之不足而设计的。ICMP 本身仍然是网络层协议，但是它的报文会被封装成 IP 报文，如图 5-33 所示。

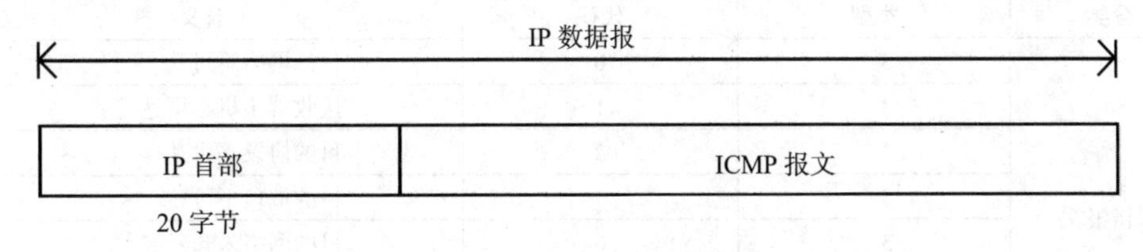

图 5-33　ICMP 报文的封装

ICMP 报文通过 IP 协议传送。当主机或路由器要发送 ICMP 报文时，它会创建一个 IP 报文并将 ICMP 报文封装到 IP 报文的数据区，封装后的 IP 报文像普通的 IP 报文一样通过互联网传输；而 IP 报文的实际传输是在帧的数据区通过物理网络进行的。

携带 ICMP 报文的 IP 报文与携带用户信息的 IP 报文在进行路由和报文转发时没有区别（但携带 ICMP 报文的 IP 报文的头部的协议字段会指明此报文是 ICMP 协议创建的，IP 报文协议字段值为 1 表示 IP 报文数据就是 ICMP 报文），因此 ICMP 报文也可能会丢失。如果携带 ICMP 报文的 IP 报文出现差错，则路由器不再产生新的 ICMP 报文，以避免路由器产生关于 ICMP 报文的 ICMP 差错报文。

1. ICMP 报文格式

ICMP 报文有 8 字节的报头和可变长度的数据部分。虽然对每一种报文类型，报头的其他部分是不同的，但前 4 个字节对所有类型都是相同的，如图 5-34 所示。

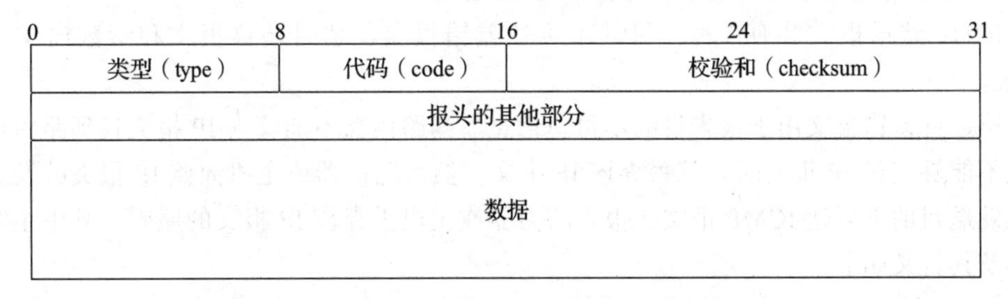

图 5-34　ICMP 报文格式

ICMP 报文的第 1 个字段是类型字段，它定义了报文类型。第 2 个字段是代码字段，指明了发送这个特定报文类型的原因。校验和字段用于检测报文的正确性。报头的其他部分对每一种类型报文都是不同的。

从差错报文的数据部分所携带的信息可找出引起差错的原始 IP 报文。查询报文的数据部分则携带了基于查询类型的额外信息。

2. ICMP 报文类型

ICMP 报文可分为三大类：差错报文、控制报文和查询报文。其中差错报文报告路由器或接收端主机在处理 IP 报文时可能遇到的一些问题；控制报文主要用于网络拥塞控制和路由重定向；查询报文通常是成对出现的，它是为了方便网络管理员或主机查询网络的某些信息。

表 5-9 列出了每一类 ICMP 报文中每一种类型 ICMP 报文的含义。

表 5-9 ICMP 报文类型

分类	类型	代码	含义
差错报文	3	0	目的网络不可达
	3	1	接收端主机不可达
	3	2	目的协议不可达
	3	3	目的端口不可达
	3	6	目的网络未知
	3	7	接收端主机未知
	11	0	TTL 超时
	12	0	IP 头部出错
控制报文	4	0	源抑制，用于拥塞控制
	5		路由重定向
查询报文	8	0	回送 echo 请求
	0	0	回送 echo 应答
	13/14		时间戳请求 / 应答
	17/18		地址掩码请求 / 应答
	10/19		路由器询问 / 通告

（1）差错报文

ICMP 的主要任务之一就是报告差错。ICMP 总是将差错报文发送给原始 IP 报文的发送源，因为在 IP 报文中唯一可用的地址信息就是源 IP 地址和目的 IP 地址。ICMP 使用源 IP 地址将差错报文发送给 IP 报文的发送端。

ICMP 差错报文共有 3 种：目的不可达差错报文、超时差错报文和参数出错差错报文。

第一种差错报文用于报告目的不可达信息。当路由器不能够为 IP 报文找到路由或者主机不能够交付 IP 报文时，就丢弃该 IP 报文，然后路由器或主机向该 IP 报文的发送端主机发送目的不可达 ICMP 报文，报告路由器或主机丢弃该 IP 报文的原因。其中主要的代码及其含义如下。

- 代码 0：目的网络不可达。产生网络不可达 ICMP 差错报文的原因通常是由路由器查找不到相应的路由而引发的。这种类型的报文只能由路由器产生。

- 代码 1：接收端主机不可达。主机不可达 ICMP 差错报文通常是由于主机故障而导致目的路由器不能将 IP 报文转发给接收端主机而引发的，比如目的路由器发送到主机的 ARP 请求没有响应（因为接收端主机未开机）。这种类型的 ICMP 报文也只能由路由器产生。
- 代码 2：目的协议不可达。通常 IP 报文携带的数据可能属于高层协议，如 UDP、TCP 或 OSPF。若接收端主机收到一个 IP 报文，它必须交付给 TCP，但是这时主机的 TCP 进程没有运行，于是主机发出协议不可达的 ICMP 报文。这种类型的报文只能由接收端主机产生。
- 代码 3：目的端口不可达。IP 报文通过传输层协议（比如 UDP 或 TCP）要交付给的那个应用进程未运行。这种类型的报文也只能由接收端主机产生。

应当注意的是：目的网络不可达（代码 0）和接收端主机不可达（代码 1）的“目的不可达”ICMP 差错报文只能由路由器产生；目的协议不可达（代码 2）和目的端口不可达（代码 3）的“目的不可达”差错报文只能由接收端主机产生。

另外，还要注意的是，即便发送端主机没有收到目的不可达 ICMP 差错报文，也不表明 IP 报文已经交付到接收端主机。比如，如果目的路由器通过以太网与接收端主机相连，那么目的路由器就无法确认 IP 报文是否已经通过以太网交付给接收端主机，因为以太网不提供任何确认机制。

第二种差错报文用于报告 IP 报文 TTL 超时的情况。在互联网中，为防止 IP 报文在网络中可能进行循环路由，IP 采取在 IP 报文的头部设置生存期计数器 TTL 的措施，IP 报文每经过一个路由器，TTL 减 1，一旦 TTL 减为 0，路由器就丢弃该 IP 报文，并向发送端主机发送 TTL 超时 ICMP 报文（类型为 11，代码为 0）。

Windows 系统使用 tracert 命令来跟踪源主机到目的主机的路由，tracert 命令的工作过程如下。

1）源主机向目的主机发送第 1 个 ICMP Echo Request 报文，其中将 IP 报头的 TTL 设为 1。第 1 跳路由器收到该 IP 报文后，发现 TTL 减 1 后等于 0，于是第 1 跳路由器将此 IP 报文丢弃，并向源主机发送一个 TTL 超时 ICMP 报文。该 ICMP 报文被封装到源地址为路由器地址、目的地址为源主机地址的 IP 报文中并且发往源主机，于是源主机得到第 1 跳路由器的 IP 地址以及到第 1 跳路由器的往返时间。这样的过程重复 3 次。

2）紧接着，源主机向目的主机发送第 2 个 ICMP Echo Request 报文，将 IP 报头的 TTL设为 2。于是源主机得到第 2 跳路由器的 IP 地址以及到第 2 跳路由器的往返时间。同样，这样的过程重复 3 次。

3）依次类推，当第 N 个 IP 报文到达第 N 个路由器时被丢弃，第 N 个路由器将向源端返回一个含有第 N 个路由器 IP 地址的 TTL 超时 ICMP 报文。

上述过程不断重复，直至源主机收到目的主机的 ICMP Echo Reply 报文，tracert 结束。

Linux 系统使用的 traceroute 命令与 Windows 系统使用的 tracert 命令有些不同，traceroute 命令的工作过程如下。

1）源主机发送第 1 个 UDP 报文时，UDP 报文被封装到 IP 报文时将 TTL 字段置为

1。第1跳路由器收到该IP报文后，发现TTL减1后等于0，于是第1跳路由器将此IP报文丢弃，并向源主机发送一个TTL超时ICMP报文。该ICMP报文被封装到源地址为路由器地址、目的地址为源主机地址的IP报文中并且发往源主机，于是源主机得到第1跳路由器的IP地址以及到第1跳路由器的往返时间。这样的过程重复3次。

2）紧接着，源主机发送第2个UDP报文，UDP报文被封装到IP报文时将TTL字段置为2。于是源主机得到第2跳路由器的IP地址以及到第2跳路由器的往返时间。同样，这样的过程重复3次。

3）依次类推，当第N个IP报文到达第N个路由器时被丢弃，第N个路由器将向源端返回一个含有第N个路由器IP地址的TTL超时ICMP报文。当TTL超时ICMP报文到达源端时，源端可以求出从源端到第N个路由器的往返时间，并从TTL超时ICMP报文得到第N个路由器IP地址，这正是用户通过traceroute命令看到的结果。

关于traceroute还有一个小问题，即traceroute源端是怎么知道何时停止发送UDP报文的呢？

traceroute发送UDP报文时，目的端口号从33434开始，每发送1个UDP报文，会把UDP报文的目的端口号加1，直到目的端口号为33534为止。当UDP报文到达目的主机时，目的主机返回一个ICMP类型是3、代码也是3的ICMP目的端口不可达报文，故可判断到达目的地，这时traceroute就结束了。

无论Windows系统的tracert还是Linux系统的traceroute都设置了一个固定时间等待TTL超时ICMP报文。如果超时，tracert和traceroute都将打印出一系列的星号（*），表明在到目的主机路径上，某个中间设备不能在给定的时间内发出TTL超时ICMP报文的响应。

第三种差错报文用于当路由器或主机发现IP报文中含有不正确的参数时（如IP报文头部参数不正确），向发送端主机发送“参数出错”ICMP报文。

ICMP差错报文有以下要点。

- 对于携带ICMP差错报文的IP报文，不再产生ICMP差错报文。
- 对于携带分片的IP报文，如果不是第一个分片，则不产生ICMP差错报文。
- 对于多播的IP报文，不产生ICMP差错报文。
- 对于具有特殊地址（如127.0.0.0或0.0.0.0）的IP报文，不产生ICMP差错报文。

应注意，所有的ICMP差错报文都包括数据部分，而这部分IP报文包括原始IP报文的报头以及IP报文数据区前8个字节的数据，数据区前8个字节的数据提供了关于UDP和TCP端口号的信息，源点需要根据这些信息将差错情况通知给相应的协议（TCP或UDP）。

（2）控制报文

ICMP控制报文主要包括用于拥塞控制的源抑制报文和用于路由控制的重定向报文。

由于IP是无连接协议，因此在产生IP报文的发送端主机、转发IP报文的路由器以及处理IP报文的接收端主机之间，并没有任何联系。这种情况引起的一个问题就是缺乏流量控制机制。IP中并没有内嵌的流量控制机制，而缺乏流量控制机制会导致路由器或接收端主机中产生拥塞。

一般情况下，路由器或主机中的队列长度（缓存）是有限的，这种队列是为到来的等待转发（对于路由器）或等待处理（对于主机）的 IP 报文而准备的。若 IP 报文到达路由器或接收端主机的速度超过路由器转发或接收端主机处理的速度，则队列将会溢出。在这种情况下，路由器或主机别无选择，只能将其中一部分 IP 报文丢弃。

ICMP 的源抑制报文就是为了给 IP 增加流量控制机制而设计的。当路由器或主机因为拥塞而丢弃 IP 报文时，它向 IP 报文的发送端发送源抑制报文。该报文有两个目的：第一，它通知 IP 报文的发送端，IP 报文已被丢弃；第二，它警告发送端，网络已经出现拥塞，因而发送端必须放慢（抑制）发送速度。

重定向报文用于路由器告诉主机去往相应目的地的最优路径。一般情况下，主机都是不参加路由更新的，因为互联网上主机的数量巨大，让主机参与路由更新会产生不可接受的通信量，因此通常情况下，主机都采用人工配置的静态路由。当主机刚开始工作时，其路由表的项目数很有限，它通常只知道默认路由（即主机在配置默认路由器时所设置的路由）。因此主机的初始路由表信息可以保证主机通过默认路由器将数据发送出去，但经过默认路由器的路由不一定是最优的。默认路由器一旦检测到报文不是经过最优路径传输的，它一方面继续将该报文转发出去，另一方面将向主机发送一个路径重定向报文，告诉主机去往目的端的最优路径。这样，主机开机后经过不断积累便能掌握越来越多的路由信息。ICMP 重定向报文的实质是保证主机拥有一个动态的、既小且优的路由表。

（3）查询报文

ICMP 差错报文和控制报文有一个共同特点，即报文是单向传输的，而 ICMP 查询报文是成对出现的，包含请求报文和应答报文。ICMP 查询报文的目的在于获得某些有关网络信息，以便进行网络故障诊断和控制。ICMP 查询报文包括回送请求 / 应答报文、时间戳请求 / 应答报文、地址掩码请求 / 应答报文以及路由器询问 / 通告报文 4 种。

回送请求 / 应答报文用于测试路由器或接收端主机的可达性。回送请求 / 应答报文均以 IP 报文的形式在互联网中传输，假如发送方成功接收到一个应答报文，而且回送应答报文中的数据与回送请求报文中的数据完全一致，则说明路由器或接收端主机是可达的，而且 ICMP 回送请求 / 应答报文经过的中间路由器工作也是正常的。ping 命令就利用 ICMP 回送请求 / 应答报文来测试接收端主机或路由器的可达性的。ICMP 回送请求 / 应答报文的格式如图 5-35 所示。

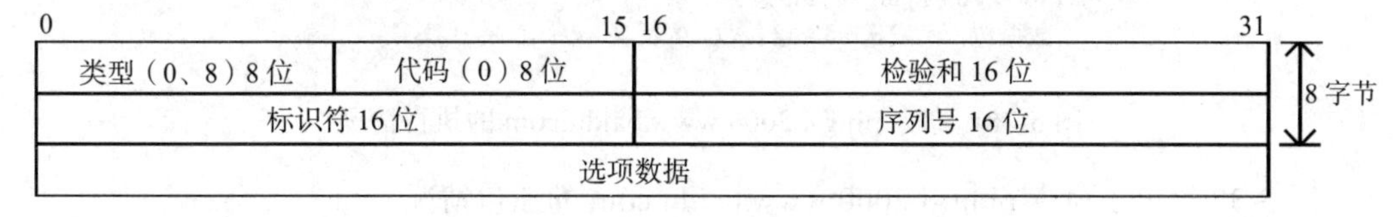

图 5-35　ICMP 回送请求 / 应答报文的格式

ping（packet internet groper，因特网分组探索器）是用于测试网络连接量的程序。ping 发送一个 ICMP echo 请求报文给目的地并报告是否收到所希望的 ICMP echo 应答报文。ping 是用来检查网络是否通畅或者网络连接速度的命令。ping 的工作原理是：利用网络上机器 IP 地址的唯一性，给目标 IP 地址发送一个 ICMP echo 请求报文，再要求对方返回一个同样大小的数据包来确定两台网络机器是否连接相通，以及往返时间（RTT）。

图 5-36 给出了 DOS 命令 ping www.baidu.com 的执行情况。

```
C: \Users \kycai>ping www. baidu. com. cn

正在 Ping www. a. shifen. com [14. 215. 177. 38] 具有 32 字节的数据:
来自 14.215.177.38 的回复: 字节 =32 时间 =21ms TTL=55
来自 14.215.177.38 的回复: 字节 =32 时间 =20ms TTL=55
来自 14.215.177.38 的回复: 字节 =32 时间 =21ms TTL=55
来自 14.215.177.38 的回复: 字节 =32 时间 =20ms TTL=55

14.215.177.38 的 ping 统计信息:
    数据包: 已发送 =4, 已接收 =4, 丢失 =0 ( 0% 丢失),
往返行程的估计时间 (以毫秒为单位):
    最短 =20ms, 最长 =21ms, 平均 =20ms
```

图 5-36 ping www.baidu.com的执行情况

图 5-37 给出了 ping www.baidu.com 的 Wireshark 抓包情况。

ip. addr==14. 215. 177. 38

No	Time	Source	Destination	Protoc	Length	Info
	5.485320	192.168.3.24	14.215.177.38	ICMP	74	Echo (ping) request id=0x0001, seq=22782/65112, ttl=64 (reply in…
	5.506977	14.215.177.…	192.168.3.24	ICMP	74	Echo (ping) reply id=0x0001, seq=22782/65112, ttl=55 (request …
	6.489895	192.168.3.24	14.215.177.38	ICMP	74	Echo (ping) request id=0x0001, seq=22783/65368, ttl=64 (reply in…
	6.510493	14.215.177.…	192.168.3.24	ICMP	74	Echo (ping) reply id=0x0001, seq=22783/65368, ttl=55 (request …
	7.506613	192.168.3.24	14.215.177.38	ICMP	74	Echo (ping) request id=0x0001, seq=22784/89, ttl=64 (reply in 22)
	7.527766	14.215.177.…	192.168.3.24	ICMP	74	Echo (ping) reply id=0x0001, seq=22784/89, ttl=55 (request in …
	8.525570	192.168.3.24	14.215.177.38	ICMP	74	Echo (ping) request id=0x0001, seq=22785/345, ttl=64 (reply in 2…
	8.546217	14.215.177.…	192.168.3.24	ICMP	74	Echo (ping) reply id=0x0001, seq=22785/345, ttl=55 (request in…

图 5-37 ping www.baidu.com 的 Wireshark 抓包情况

其中，Wireshark 显示的数据长度 74 字节等于 32 字节的 ICMPE echo 报文数据字段 +8 字节的 ICMPE echo 报头 +20 字节的 IP 报头 +14 字节的以太网帧头。

图 5-38 给出了命令 ping-l 2000 www.baidu.com 的执行情况。

```
C: \Users\kycai>ping -l 2000 www. baidu. com

正在 ping www. a. shifen. com [14.215.177.38] 具有 2000 字节的数据:
请求超时。
请求超时。
请求超时。
请求超时。
14.215.177.38 的 ping 统计信息:
    数据包: 已发送 =4, 已接收 =0, 丢失 =4 ( 100% 丢失),
```

图 5-38 命令 ping-l 2000 www.baidu.com 的执行情况

图 5-39 给出了命令 ping -l 2000 www.baidu.com 的抓包情况。

ip. addr==14. 215. 177. 38

No.	Time	Source	Destination	Protoc	Length	Info
26	8.369662	192.168.3.24	14.215.177.38	IPv4	1514	Fragmented IP protocol (proto=ICMP 1, off=0, ID=ed2d) [Reasse
27	8.369662	192.168.3.24	14.215.177.38	ICMP	562	Echo (ping) request id=0x0001, seq=22786/601, ttl=64 (no res
49	12.917692	192.168.3.24	14.215.177.38	IPv4	1514	Fragmented IP protocol (proto=ICMP 1, off=0, ID=ed2e) [Reasse
50	12.917692	192.168.3.24	14.215.177.38	ICMP	562	Echo (ping) request id=0x0001, seq=22787/857, ttl=64 (no res
52	17.916944	192.168.3.24	14.215.177.38	IPv4	1514	Fragmented IP protocol (proto=ICMP 1, off=0, ID=ed2f) [Reasse
53	17.916944	192.168.3.24	14.215.177.38	ICMP	562	Echo (ping) request id=0x0001, seq=22788/1113, ttl=64 (no re
56	22.920658	192.168.3.24	14.215.177.38	IPv4	1514	Fragmented IP protocol (proto=ICMP 1, off=0, ID=ed30)
57	22.920658	192.168.3.24	14.215.177.38	ICMP	562	Echo (ping) request id=0x0001, seq=22789/1369, ttl=64 (no re

图 5-39 命令 ping-l 2000 www.baidu.com 的抓包情况

其中第 1 个报文的 1514 字节等于 1472 字节的 ICMP echo 报文数据段 +8 字节的 ICMP echo 报头 +20 字节的 IP 报头 +14 字节的以太网帧头；第 2 个报文的 562 字节等于 528 字节 ICMP echo 报文数据段 +20 字节的 IP 报头 +14 字节的以太网帧头。

时间戳请求 / 应答报文用于互联网上的各个机器进行时钟同步。发送端主机利用时间戳请求 / 应答报文获取其他机器的时钟信息，经估算后再进行时钟同步处理。

地址掩码请求 / 应答报文用于主机向路由器获取其地址掩码，主机根据获得的地址掩码来解释子网地址。

路由器询问 / 通告报文用于查找连接到发送端主机或路由器上正常工作的路由器的情况，并从中选择一个作为发送端主机的默认路由器。

5.6　路由算法和协议

路由（routing）是通过互联的网络把信息从源主机传输到目的主机的活动。路由功能通常由 ISO/OSI 网络参考模型中的第三层即网络层来完成。实现路由功能的设备通常被称为路由器。路由器通常根据路由表——一个存储了许多目的主机地址的最佳路径表——来引导报文转发。因此为了有效率地转发报文，建立存储在路由器内存中的路由表是非常重要的。

较小的网络采用静态路由，即由网络管理员手工配置路由器的路由表，但较大且拥有复杂拓扑的网络可能常常变化，让网络管理员手工配置路由器的路由表是不切实际的。尽管如此，大多数的公共交换电话网络（Public Switched Telephone Network，PSTN）仍然使用预先计算好的静态路由表，只有在直接连线的路径断线时才使用备份路径。“动态路由”则按照由路由协议所携带的网络信息来自动建立路由表以解决这个问题，也让网络能够近自主地避免链路中断或路由器失效等故障。

报文交换网络（例如互联网）将用户信息分割成许多带有完整目的地位置的报文，每个报文单独转发。而电路交换网络（例如公共交换电话网络）同样使用路由来找到一条路径。

路由器用于实现多个物理网络的互联。路由器之间通过路由协议交换网络拓扑信息，然后构造路由表（routing table），用于指导路由器转发 IP 报文。路由器的路由表可以通过直连网络或者管理员手工配置获得，也可以通过路由协议获得。下面首先介绍静态路由，然后介绍动态路由算法和协议。

5.6.1　静态路由

静态路由（static routing），也称非适应路由（non-adaptive routing），是指路由器的路由表是手工配置的。图 5-40 给出了由 4 个 IP 子网互联而成的互联网，其中 192.168.126/24 网络只有一个出入口，我们称这样的网络为末端（stub）网络。

三个路由器的路由表汇总在表 5-10 中，它们都是由网络管理员手工配置的，因此都是静态路由。末端网络 192.168.126/24 通过路由器 D 与其他网络相连。这样，路由器 D 就是末端网络 192.168.126/24 中所有主机的默认路由器。

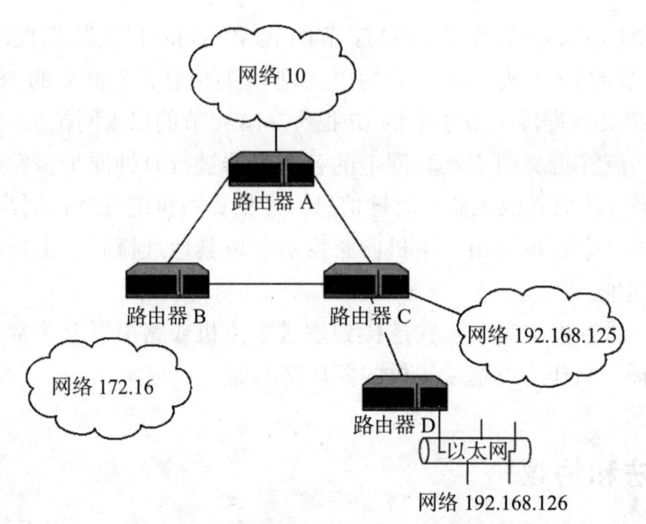

图 5-40 具有静态路由的简单互联网络

表 5-10 图 5-40 中路由器 A、B 和 C 的路由表

路由器	目的网络	下一跳路由器
A	10.0.0.0	直连
A	172.16.0.0	B
A	192.168.125.0	C
A	192.168.126.0	C
C	10.0.0.0	A
C	172.16.0.0	B
C	192.168.126.0	D
C	192.168.125.0	直连

通过表 5-10 可知，路由器 A 会把所有去往 172.16/16 网络的 IP 报文转发给路由器 B，把所有去往 192.168.125/24 和 192.168.126/24 网络的 IP 报文转发给路由器 C。

路由器 B 会把去往 192.168.125/24 和 192.168.126/24 网络的 IP 报文转发给路由器 C，把去往 10/8 网络的 IP 报文转发给路由器 A。

路由器 C 会把所有去往 10/8 网络的报文转发给路由器 A，把去往 172.16/16 网络的 IP 报文转发给路由器 B，把去往 192.168.126/24 网络的 IP 报文转发给路由器 D。

现在假设路由器 A 与 C 之间的传输线路出现故障，如图 5-41 所示。

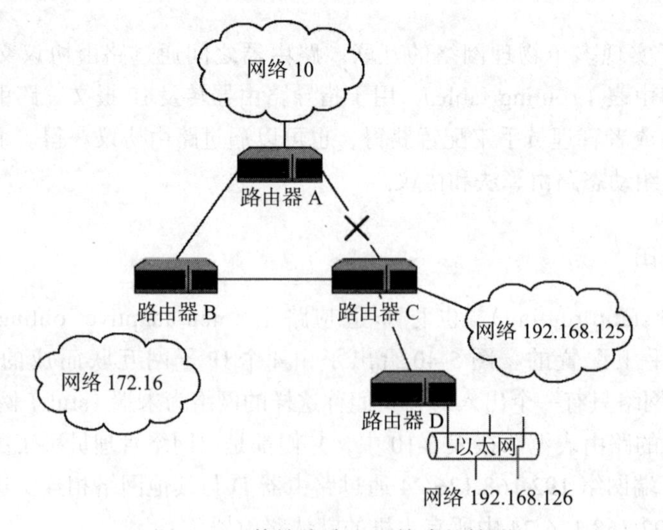

图 5-41 传输线路出现故障的情形

由于静态路由不能及时反映网络拓扑的变化，因此 A 和 C 之间的传输线路出现故障，导致网络 10/8 和网络 192.168.125/24 之间不能彼此通信（即使通过路由器 B 有一条有效路径）。这种失败的结果导致路由表如表 5-11 所示。

表 5-11　图 5-41 中传输线路出现故障后的路由表

路由器	目的网络	下一跳路由器
A	10.0.0.0	直连
A	172.16.0.0	B
A	192.168.125.0	C- 不可达
A	192.168.126.0	C- 不可达
C	10.0.0.0	A- 不可达
C	172.16.0.0	B
C	192.168.126.0	D
C	192.168.125.0	直连

静态路由的缺点是当网络的拓扑结构发生变化时，网络管理员必须手工修改路由配置以适应这种变化。如图 5-41 所示，路由器 A 和路由器 C 之间的传输线路出现故障后，路由器 A 和 C 都不能自动发现通过路由器 B 的另外一条路径，也就是说即使路由器 A 和 C 之间的传输线路出现了故障，路由器 A 和 C 还是可以相互通信的。在这种情况下，除非网络管理员重新配置了路由器 A 和路由器 C 的路由表，否则路由器 A 和路由器 C 之间是不可达的。

尽管静态路由的缺点非常明显，但是在某些情况下，静态路由也是适用的。比如，对于末端网络，静态路由是很有效的。另外，我们还可以通过静态路由配置将访问某单位网络的用户重定向到认证服务器进行安全认证，以此加强安全访问控制。也就是说，静态路由在某些场合下还是非常有用的，读者需要确定在什么样的场合使用静态路由。

5.6.2　DV 路由算法和 RIP

距离向量（Distance Vector，DV）路由算法是 ARPANET 网络中最早使用的路由算法，DV 路由算法也称 Bellman-Ford 算法。RIP（Route Information Protocol）以及 Cisco 的 IGRP（Interior Gateway Routing Protocol）和 EIGRP（Enhanced Interior Gateway Routing Protocol）等路由协议都采用了 DV 路由算法。

1. DV 路由算法

DV 路由算法是一种迭代的分布式路由算法。分布式是指每个节点都要从一个或多个直接相连的邻居节点接收信息，执行计算，然后将更新结果发回给邻居节点。迭代是指上述过程要一直持续到邻居节点之间没有更多的信息要交换为止。

DV 路由算法基于 Bellman-Ford 方程 $d_x(y)=\min\{c(x, v)+d_v(y)\}$，其中 $d_x(y)$表示从节点 x 到节点 y 的路径代价，$c(x,v)$的含义是节点 x 到其邻居 v 的链路代价。该方程式的含义是从节点 x 到节点 y 的最低代价路径的代价等于所有邻居 v 中 $c(x,v)+d_v(y)$最小的那一个。

DV 路由算法的基本思想是：对于网络 N 中的节点，令 $D_x=[D_x(y):y \in N]$ 为节点 x 的距离向量，该向量是从 x 到 N 中所有其他节点 y 的距离。每个节点 x 维护下列路由信息：

- 对于每个邻居 v，从 x 到直接相连的邻居 v 的代价为 $c(x,v)$。
- 节点 x 的距离向量，它包含了 x 到 N 中所有目的地的距离代价。
- 它的每个邻居的距离向量，即对 x 的每个邻居 v 有 $D_v=[D_v(y):y \in N]$。

在 DV 路由算法中，每个节点定期地向它的每个邻居发送距离向量。当节点 x 收到它的邻居 v 发来的一个新的距离向量时，它保存 v 的距离向量，然后根据 Bellman-Ford 方程更新该距离向量。如果节点 x 的距离向量因这个更新而改变，则节点 x 将向它的每个邻居发送更新后的距离向量。

为了更好地说明距离向量路由算法的工作原理，下面来看一个例子。图 5-42a 给出了某个网络拓扑结构，在这个例子中，我们用延迟作为路径“距离”的度量，并且假定网络中的每个路由器都知道到其邻居路由器的延迟。

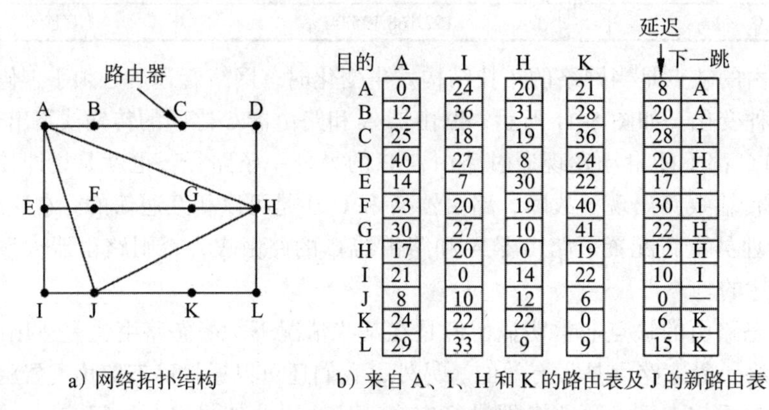

目的	A	I	H	K	延迟	下一跳
A	0	24	20	21	8	A
B	12	36	31	28	20	A
C	25	18	19	36	28	I
D	40	27	8	24	20	H
E	14	7	30	22	17	I
F	23	20	19	40	30	I
G	30	27	10	41	22	H
H	17	20	0	19	12	H
I	21	0	14	22	10	I
J	8	10	12	6	0	—
K	24	22	22	0	6	K
L	29	33	9	9	15	K

a）网络拓扑结构　　b）来自 A、I、H 和 K 的路由表及 J 的新路由表

图 5-42　距离向量路由算法的例子

上述例子的更新过程如图 5-42b 所示。图 5-42b 的前 4 列表示路由器 J 从邻居路由器 A、I、H 和 K 收到的距离向量表。路由器 A 告诉 J，它到 B 的延迟为 12ms，到 C 的延迟为 25ms，到 D 的延迟为 40ms，等等。同样的道理，路由器 I、H 和 K 都分别告诉路由器 J 它们到网络中每一个节点的延迟。

假定路由器 J 已经知道它到邻居路由器 A、I、H 和 K 的延迟分别为 8ms、10ms、12ms 和 6ms。下面看一下 J 怎样更新到路由器 G 的延迟。路由器 J 知道经 A 到 G 的延迟是 38ms（因为 A 告诉 J 它到 G 的延迟是 30ms，而 J 到 A 的延迟是 8ms，因此 J 经过 A 到达 G 的延迟为 30ms+8ms=38ms）。同样的道理，J 可以计算出经过 I、H 和 K 到 G 的延分别为 37（27+10）ms、22（10+12）ms 和 47（41+6）ms。比较这些延迟，J 就知道经 H 到 G 的延迟是最小的（22ms），因而在 J 的新路由表中填上到 G 的延迟为 22ms、输出线路为 H，如图 5-42b 中最后一列所示。同时 J 更新它将要发送给邻居路由器的距离向量表，把到 G 的距离（实际上是延迟）设为 22ms，但是在距离向量表中并没有指出是通过 H 到 G 的（这就会带来慢收敛问题）。

当然，DV 算法刚开始工作的时候，每个路由器的距离向量表中都只包含它到每个邻居路由器的距离，而到其他非邻居路由器的距离都是无穷大。但是，随着时间的推移，邻居路由器之间不断地交换距离向量表，于是每个路由器都能够计算出到达其他路由器的最短距离。

在网络拓扑发生变化时，路由器以前的某些最优路由会失效。然后，路由器使用已存在的路由信息确定所有受影响的目的地址的替代最优路径。网络拓扑变化引起的通过重新计算路由而发现替代路由的行为称为**路由收敛**（**routing convergence**）。路由收敛可以由路由器失效、链路失效或者管理度量调整等事件触发。

为了说明距离向量路由算法的慢收敛问题，我们先来看图 5-43a 的情况。假定刚开始时，A 到 B 的线路不通，因此 B、C、D 和 E 到 A 的距离都为∞。

假设某时刻，A、B 线路恢复了，则 A 会向 B 发送它的距离向量表。经过第 1 次距离向量表交换后，B 收到 A 发来的距离向量表，而且 A 告诉 B 它到 A 的距离是 0，因此 B 就知道 A 可达且 B 到 A 的距离为 1。而此时，C、D 和 E 到 A 的距离还是∞，也就是说 B、C 和 E 都还不知道 A、B 线路已经恢复（读者可以想一想这是为什么），如图 5-43a 的第二行所示。

第 2次交换后，B 会告诉 C，它到 A 的距离为 1，因此 C 知道通过 B 到 A 的距离为 2；同时 D 会告诉 C，它到 A 的距离为∞，而 C 到 D 的距离为 1，因此 C 知道通过 D 到 A 的距离为∞（即不可达）；结果 C 在它的距离向量表中填上到 A 的距离为 2，输出线路是 B，而此时 D 和 E 到 A 的距离还是∞，如图 5-43a 的第三行所示。再经过第 3 次和第 4 次交换后，D 和 E 都知道到 A 的线路畅通了，都在自己的距离向量表中填上最短距离和输出线路，如图 5-43a 的第四行和第五行所示。

很明显，A、B 线路恢复畅通这个“好消息”的传播是每交换一次距离向量表就向前推进一步。对于最长路径为 *N* 的网络，通过 *N* 次交换后，网络上的所有路由器都能知道线路恢复或路由器恢复的“好消息”。这就是所谓好消息传播快。

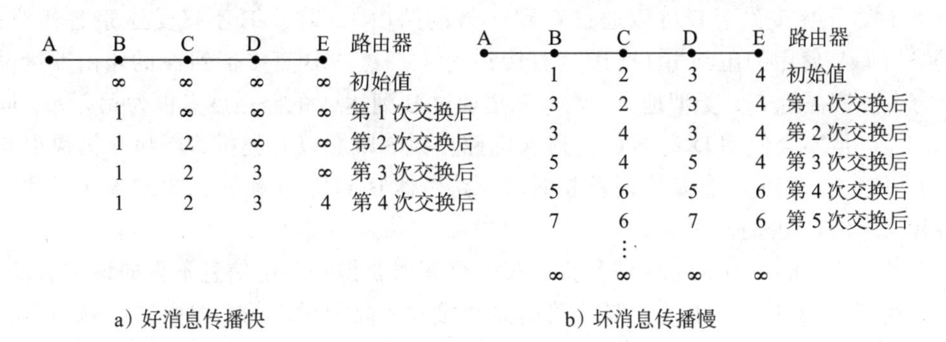

图 5-43　慢收敛问题

下面，我们来看图 5-43b 中的情形。假定刚开始时，所有的线路和路由器都是正常的，此时 B、C、D 和 E 到 A 的距离分别为 1、2、3 和 4。

突然间，A、B 之间的线路断了。第 1 次距离向量表交换后，B 收不到 A 发来的距离向量表，按理说此时 B 就可以断定 A 是不可达的，应该在 B 中的距离向量表中将到 A 的距离为设为∞（如果 B 此时能照此工作，也就不存在慢收敛的问题了）。遗憾的是，C 会告诉 B 说：“别担心，我到 A 且距离为 2（B 并不能知道 C 到 A 的路径还要经过 B 本身，因为 C 通过距离向量表告诉 B 到 A 的距离，但是 C 并没有告诉 B 它到 A 的 2 跳距离本身就是通过 B。B 可能会认为 C 可能还有其他路径到达 A 且距离为 2）”，结果 B 就认为通过 C 可以到达 A 且距离为 3。此时，B 到 A 的路径为 B→C、C→B、

B→A，B 和 C 之间存在路径环。但经过第 1 次交换后，D 和 E 并不更新其对应于 A 的表项。

第 2 次交换后，C 注意到它的两个邻居 B 和 D 都声称有一条通往 A 的路径，且距离为 3，因此它可以任意选择一个邻居作为下一站，并将到 A 的距离设为 4，如图 5-43b 第三行所示，此时 B 将它的无效路由又传递给了 C。

同样的道理，经过第 3 次、第 4 次交换后，B、C、D 和 E 到 A 的距离会慢慢增加，当超过网络最大直径（最长距离）后，最终设为∞，即不可达。也就是说，B、C、D 和 E 要经过多长时间才能知道 A 是不可达的，取决于网络中对无穷大的取值究竟是多少，这就是所谓坏消息传播慢。

为了防止存在时间不确定的路由环，基于距离向量路由算法的路由协议对路由度量增加了限制：允许路由器在路由度量达到某一阈值时将该路由宣布为无效路由。如图 5-43b 所示，B、C、D、E 到 A 的路由度量持续增大。计数时给路由度量值设定了上限，超过这个上限被认为无穷大，相应的路由项失效。基于距离向量路由算法的 RIP 的上限是 15。

防止路由环的第 2 种方法是引入保持定时器（holddown timer）法。当路由器认为一条路由（主路由）失效时，它将该路由在一段时间内设置为保持（holddown）状态，这段时间就是保持时间。在保持时间内，即使替代路由可以使用，路由器也不会选择替代路由。处于保持状态的路由以无穷大的度量值被广播，以便更快地从网络清除掉该路由，而清除无用路由有利于减少路由环的影响。

在图 5-43b 中，当 B 知道 A 已经不可达时，到 A 的路由进入保持状态，在这个状态下，B 发送给 A 关于 B 可以通过 C 到达 A 的路由（3 跳），B 不接受这条替代路由，而是坚持原来使用的主路由（通过 B 直接到达 A），这样 B 直接把到 A 的路由度量设置为无穷大并广播给 C；类似地，C 马上知道通过 B 到达 A 的路由度量也为无穷大。同样的道理，C 也不会使用 D 告诉 C 它到 A 的路由是 3 跳。以此类推，D 和 E 很快也知道 A 是不可达的。因此当保持定时器超时时，路由器 B、C、D 和 E 都知道 A 不可达，从而将其从路由表删除掉。

水平分割（horizon split）法是指从某一个邻居获得的路由信息不再向该邻居发回。例如，在图 5-43 中，路由器 C 是从路由器 B 接收距离向量表的，路由器 C 就不再将更新后的距离向量表发回给路由器 B。

为了更具体地解释水平分割的思想，下面举一个现实生活中的例子。假定哈尔滨人（在 D 地）和北京人（在 C 地）都要去广州（A 地），但他们都必须经过长沙（B 地），而哈尔滨人还要先经过北京。假定哈尔滨人想要知道去广州的道路信息（道路是否畅通，以及距离是多少），必须先通过北京人，同样北京人要知道去广州的道路信息，必须先通过长沙人（当然，哈尔滨人知道到北京的道路信息，北京人也知道到长沙的道路信息）。那么在这种情况下，如果出现北京人告诉长沙人去广州的路由信息的情况是没有任何意义的。换句话说，北京人根本不需要告诉长沙人关于去广州的任何信息，因为北京人得到的关于去广州的道路信息都是长沙人告诉他们的，但北京人必须告诉哈尔滨人到广州的道路信息。对应于图 5-43 的例子，路由器 C 可以向路由器 D 通告 C 到 A 的距离，但路由器不能向 B 通告 C 到 A 距离（水平分割）。

毒性逆转（poison reverse）法是指某路径崩溃后，最早广播此路径的路由器将原路径继续保存在距离向量表中，但是指明路径为无穷大。为了加强毒性逆转的效果，最好同时使用触发更新技术：一旦检测到路径崩溃，立即广播距离向量表，而不必等待下一个广播周期。

在上面的例子中，路由器 C 仍然向路由器 B 通告到达 A 的距离，但该距离是无穷大，即 C 把（A, ∞）这一距离向量发送给 B。为了加强毒性逆转的效果，一般同时使用**触发更新（trigged update）**技术：一旦某节点检测链路或路由器失效，就立即发送距离向量表，而不必等到下一个周期。其他路由器一发现路由表有更新，立即发送距离向量表。

采用毒性逆转法后，我们再来看看 A、B 线路断开后的路由交换情况。在第 1 次交换距离向量表后，B 发现直达 A 的线路断了，于是 B 就知道 A 不可达（B 是通过在规定的时间内没有收到 A 发来的距离向量表来判断可能是 B 到 A 的线路出现了故障，可能是路由器 A 出现了故障），而 C 此时报告给 B 它到 A 的距离为∞，由于 B 的两个邻居都到不了 A，B 就将它到 A 的距离设置为∞。第 2 次交换后，C 也发现从它的两个邻居都到不了 A，C 也将 A 标为不可达。经过第 3 次、第 4 次交换后，D 和 E 依次发现 A 是不可达的。使用水平分割后，坏消息以每交换一次距离向量表向前推进一步的速度传播。

使用毒性逆转会使很多路由器广播具有毒性的距离向量消息，从而导致带宽浪费。但是，毒性逆转法可以取代保持机制来加快路由收敛。在这种情况下，替代路由传回源端时需要具有无穷大的路由度量值，这在原路由丢失时简化了寻找替代路由的操作。

2. RIP

路由信息协议（Routing Information Protocol，RIP）是使用最广泛的距离向量协议，它是由施乐公司在 20 世纪 70 年代开发的。当时，RIP 是 XNS（Xerox Network Service，施乐网络服务）协议簇的一部分。TCP/IP 版本的 RIP 是施乐协议的改进版。到目前为止，RIP 共有 3 个版本，即 RIPv1、RIPv2 和 RIPng。

RIP 仅使用 metric 来衡量源到目的地的距离。从源到目的地的路径中每经过一个路由器就被赋予一个跳数值，此值通常为 1。当路由器收到包含新的或改变的目的网络表项的路由更新信息时，就把其 metric 值加 1 然后存入路由表，发送者的 IP 地址作为下一跳地址。RIP 通过对源到目的地的最大跳数加以限制来防止路由环路，metric 最大值为 15，16 为不可达。

RIPv1 不支持 VLSM 是有类的路由协议，路由通告中不携带子网掩码，使用受限广播地址 255.255.255.255 发送路由更新报文。RIPv2 是支持 VLSM 无类的路由协议，路由通告中携带子网掩码，使用多播地址 224.0.0.9 发送路由更新。RIPng 支持 IPv6 地址。

RIP 共有 5 个定时器，分别是路由更新定时器、路由无效定时器、抑制定时器、路由刷新定时器和触发更新定时器。

- 路由更新定时器：默认 30s，用于设置定期路由更新的时间间隔，在这个间隔里，路由器发送整个路由表到所有相邻的路由器。为了避免同步更新，在 Cisco 中实际更新时间是 25.6 ～ 30s 之间，即 30s 减去一个在 4.5s 内的随机值。

- 路由无效定时器：默认 180s，路由器在确定一个路由条目称为无效路由之前所需要等待的时间。路由器在收到这个更新报文后开始计时，如果期间没有得到关于某个指定路由的任何更新消息，它将认为这个路由条目已失效。当这一情况发生时，该路由器将会给它所有的邻居发送一个更新消息，以通知它们这个路由条目已经失效。
- 抑制定时器：默认 180s。路由器如果在相同的接口上收到某个路由条目的距离比原先收到的距离大，那么将启动一个抑制定时器。在抑制定时器的时间内，该目的地址不可达，路由器也不学习该条路由信息，除非是一条更好的路由信息即度量值更小的路由才接受；抑制周期过后，即使是差的路由信息也接受。抑制定时器主要在 RIP 中用来避免路由抖动，保持网络的稳定性，也可以避免路由环路。例如，路由器收到一个不可达报文即 16 跳的通告时，在接下来的 60s 内会显示 possibly down，60s 后刷新定时器超时时会删除该路由，但这时抑制定时器才过去了 60s，还有 120s 的时间，而这 120s 是用来保持网络稳定的，即使有一个新的路由也不更新，一直等到 120s 后再更新。抑制定时器在开始时就对外发送毒化的路由，即 hop=16，收到该路由的设备通过毒性逆转法再发送回来（打破水平分割原则），抑制定时器的存在就是为了使全网毒化的路由接收一致，防止路由环路。该定时器的原理是引用一个怀疑量，不管路由消息是真的还是假的，路由器先认为是假消息来避免路由抖动。如果在抑制定时器超时后还接收到该消息，那么这个路由器就认为该消息是真的。
- 路由刷新定时器：默认 240s，用于设置某个路由为无效路由并将它从路由表中删除的时间间隔，在该路由条目无效之后，并将它从路由表中删除之前，路由器会通告它的邻居该路由即将消亡。如果在刷新时间内没有收到更新报文，那么该目的的路由条目将被刷掉，即直接删除；如果在刷新时间内收到更新报文，那么该刷新定时器将置 0，并重新无效计时。RIP 中真正删除路由条目的是刷新定时器超时（无效定时器过后 60s 会删除无效的路由条目）。路由无效定时器的值比无效定时器多 60s，也就是说无效定时器的值必须要小于路由刷新定时器的值，这就为路由器提供了足够的时间，以便在本地路由表更新前通告它的邻居有关这一无效路由条目的情况。
- 触发更新定时器：在路由的度量值发生改变时就会产生触发更新，而且触发更新不会引起接收路由器重置它们的更新定时器，因为如果这么做，网络拓扑的改变会造成触发更新"风暴"。当一个触发更新传播时，这个定时器被随机设置为 1 ~ 5s 之间的数值来避免触发更新风暴，在这个定时器超时前不能发送并发的触发更新。如果启用触发更新（ip rip triggered）则保持时间永不超时，即下列配置 timers basic 30 180 0 240 自动出现（定时器默认配置为 timers basic 30 180 180 240）。触发更新只能配置在串口下，启用触发更新的链路两边的路由器都要配置触发更新（因为需要协商，否则会出现问题），双方配置触发更新后，相互收到的路由会被标注为永久有效（permanent），启用触发更新后，路由更新时是增量更新，且更新时只从启用了触发更新的接口发送一次更新，触发更新定时器的单位是毫秒，其他定时器的单位都是秒。

RIPv1 的报文格式如图 5-44 所示。

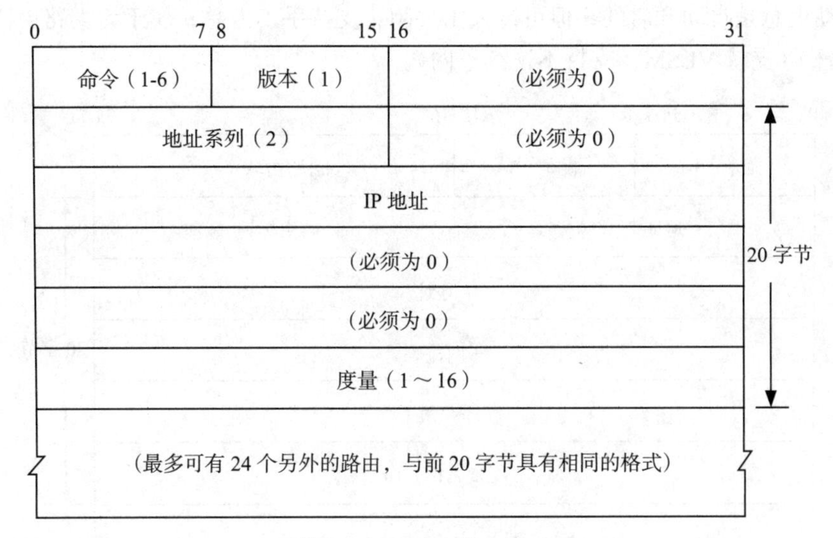

图 5-44　RIPv1 报文格式

- **命令**：当为 1 时表示请求报文，当为 2 时表示响应报文。请求报文：要求接收方路由器发送其全部或部分路由表。响应报文：主动提供周期性路由更新或对请求消息的响应。大的路由表可以由多个响应报文来传递信息。
- **版本**：使用的 RIP 版本。
- **地址系列**：指明使用的地址簇。RIP 被设计用于携带多种不同协议的路由信息，每个项都有地址标志来表明使用的地址类型，IP 的为 2。
- **IP 地址**：目的网络。
- **度量**：到目的网络经过的跳数。有效路径的值在 1 ～ 15 跳之间，16 跳为不可达路径。

RIPv2 对 RIPv1 的改进首先是在 IP 地址字段后面增加了子网掩码字段。RIPv1 不提供对变长子网掩码的支持，它假定网络上所有的掩码是一样的。而 RIPv2 支持变长子网掩码，即支持无类地址。RIPv2 对 RIPv1 的另一个重要的改进是增加了下一跳地址，以有效解决直接路径环的问题。另外，在 RIPv2 中还增加了一个认证字段（可选），该字段可防止未授权的节点向邻居路由器发送无效、不正确甚至虚假的路由信息，如图 5-45 所示。RIPv2 的报文格式中：

- 目标网络携带子网掩码；
- 带 MD5 的安全认证（20 字节）；
- 路由信息携带下一跳地址；
- 目标 IP 地址采用多播地址 224.0.0.9。

RIPv2 的报文格式如图 5-45 所示。

- **路由标记**：用来支持 BGP（边界网关协议），它传递自治系统的标号给 BGP。在路由策略中可根据路由标记对路由进行灵活的控制。
- **子网掩码**：包含该条路由项目的子网掩码，支持路由聚合和 CIDR。
- **下一跳**：指明下一跳的 IP 地址。

RIPv2 的特性包括：路由更新是组播地址 224.0.0.9 更新（减少网络与系统资源消耗）；自动汇总是自动开启的，但可以人工关闭，支持手工汇总；属于无类路由协议，支持变长掩码（支持 VLSM，支持不连续子网）。

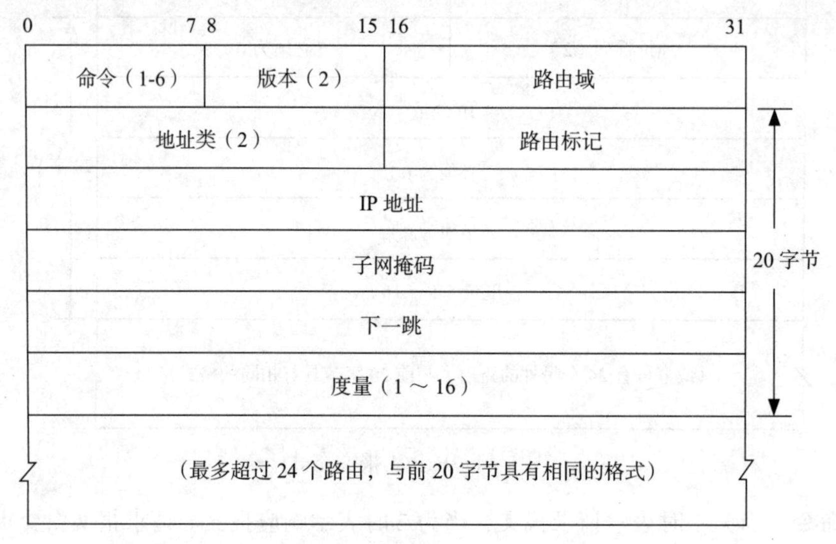

图 5-45 RIPv2 报文格式

5.6.3 LS 路由算法和 OSPF 路由协议

在 20 世纪 80 年代末，距离向量路由算法的不足变得越来越明显。首先，距离向量路由算法没有考虑物理线路的带宽，因为最初 ARPANET 的线路带宽都是 56Kbit/s，没有必要在路由时考虑不同线路带宽之间的区别；也就是说，线路带宽不是评价最短路径的考量参数。其次，就是前面讨论的 DV 算法的慢收敛问题，虽然使用水平分割或其他方法可以解决慢收敛问题，但同时会引起其他一些问题；在 DV 算法中产生慢收敛问题的本质原因是路由器不可能得到有关网络拓扑结构，因为 DV 算法只是在邻居路由器之间交换部分路由信息，也就是说，在 DV 算法中，路由信息的交换是不充分的。因此必须引入一种全新的路由算法，这种算法就是链路状态（Link State）路由算法，简称 LS 路由算法。

1. LS 路由算法

LS 路由算法的基本工作过程如下。

1）路由器之间形成邻居关系。

2）测量线路开销。

3）构造链路状态报文。

4）广播链路状态报文。

5）计算最短路径。

下面详细讨论这 5 个步骤。

（1）路由器之间形成邻居关系

当某个路由器启动之后，它要做的第一件事是知道它的邻居是谁，可以通过向邻居发送问候（hello）报文来实现。

（2）测量线路开销

链路状态路由算法要求每个路由器都知道它到邻居路由器的延迟。得到邻居延迟的最直接方式就是发送一个要求对方立即响应的特殊 Echo 报文，通过计算来回延迟再除以 2，就可以得到延迟的估计值。如果想要得到更精确的结果，可以重复这一过程，再取平均值。

（3）构造链路状态报文

一旦路由器获得所有邻居路由器的延迟，下一步就是构造链路状态报文。链路状态报文包含构造该报文的路由器标识以及到每个邻居路由器的延迟。图 5-46a 给出了某网络的拓扑结构，对应的 6 个链路状态报文如图 5-46b 所示。

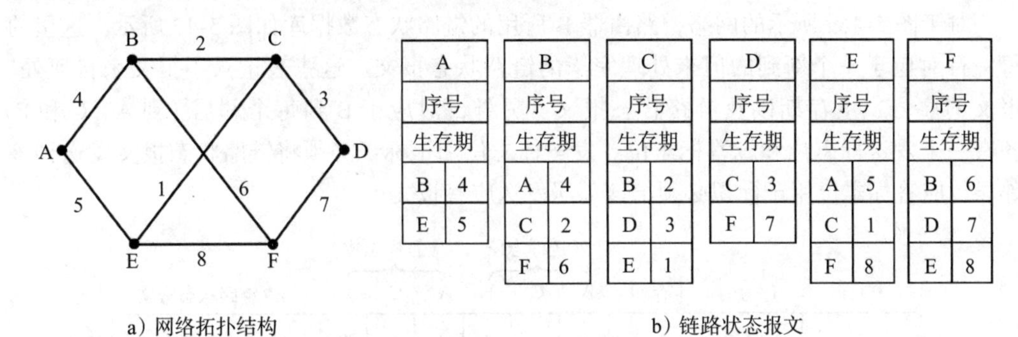

a）网络拓扑结构　　b）链路状态报文

图 5-46　构造链路状态报文

构造链路状态报文并不是一件困难的事情，问题是何时构造这些报文。一种方法是定期进行构造，另一种方法是当网络出现大的变化时（如线路断开或重新连通、邻居路由器故障或恢复等情况）就构造新的链路状态报文。

（4）广播链路状态报文

链路状态路由算法最重要也是最具有技巧性的部分就是如何将链路状态报文可靠地广播到网络中的每一个路由器。

完成链路状态报文广播的基本思想是利用扩散。由于扩散将导致网络中存在大量的重复报文，为了控制重复报文的数量，我们在每个链路状态报文中加上一个序号，该序号在每次广播新的链路状态报文时加 1。每个路由器记录它所接收过的链路状态报文中的信息对（源路由器，序号），当路由器接收到一个链路状态报文时，先查看该报文是否已收到过。将新接收到的报文的序号与路由器记录的最大序号进行比较，如果前者小于或等于后者，则说明该报文是重复报文，将其丢弃；否则该报文就是新的报文，应将它扩散到所有的输出线路上（除接收该报文的线路外）。

仅仅使用序号来控制重复报文会有问题，但这些问题是可以控制的。首先，序号的循环使用可能会导致序号冲突，解决的办法是使用 32 位的序号，这样即使每秒钟广播一次链路状态报文（实际上链路状态报文的广播间隔不止 1s），也得花 137 年的时间才能使计数循环回来，避免了发生冲突的可能性。其次，如果某路由器由于故障而崩溃了，当此路由器重新启动后，如果它的序号再从 0 开始，那么后面的链路状态报文可能会被其他路由器当作重复报文而丢弃。最后，如果链路状态报文在广播过程中序号出现错误，例如将序号 3 变为 1027（1 比特出错，导致序号增加了 1024），那么序号为 3 ～ 1027 的报文将会被当成重复报文而丢弃，因为路由器认为当前的序号是 1027，所有序号小于或等于 1027 的报文都被认为是重复报文。

为了解决重复报文的问题，我们可以在每个链路状态报文中加上生存期（age）字段，且每隔 1 秒钟其值减 1。当生存期字段的值变为 0 时，报文被丢弃。

我们还可以对链路状态报文的广播过程做一些细微修改，使算法更强壮。例如，路由器接收到链路状态报文后，并不立即将它放入输出队列排队以等待转发，而是先将它送到一个缓存区等待一会儿。如果已有来自同一路由器的其他链路状态报文先行到达，则比较它们的序号。如果序号相等，则丢弃其中任何一个重复报文；否则丢弃老的报文。为了防止链路状态报文的丢失，要求所有路由器对接收到的链路状态报文进行应答。

对于图 5-46a 所示的网络，路由器 B 所用的链路状态数据库如图 5-47 所示。这里的每一行对应于一个新到的但未处理完毕的链路状态报文。这张表记录了报文来自何处、报文的序号、生存期以及链路状态报文。另外，对应于 B 到每个邻居（到 A、C 和 F）各有一个发送标志位和应答标志位。发送标志位用于标识必须将链路状态报文发送到该邻居，应答标志位用于标识必须给该邻居发送应答报文。

源	序号	生存期	发送标志位 A	发送标志位 C	发送标志位 F	应答标志位 A	应答标志位 C	应答标志位 F	链路状态报文
A	21	60	0	1	1	1	0	0	
C	20	60	1	0	1	0	1	0	
D	21	59	1	0	0	0	1	1	
E	21	59	0	1	0	1	0	1	
F	21	60	1	1	0	0	0	1	

图 5-47　图 5-46a 中路由器 B 的报文缓存区

在图 5-47 中，A 产生的链路状态报文可直接到达 B，而 B 必须将此报文再扩散到 C 和 F，同时 B 必须向 A 发送应答报文，如图 5-47 中第一行的标志位所示。类似地，F 产生的链路状态报文到达 B 后，B 必须向 A 和 C 进行转发，同时 B 必须向 F 发送应答报文，如图 5-47 中第五行所示。

但是，图 5-47 中来自 E 的报文就有所不同。假设 B 两次收到来自 E 的报文，一次经过 EAB，另一次经过 EFB。因此，B 只需要将 E 产生的链路状态报文发往 C，但要向 A 和 F 发送应答报文。

如果重复报文在前一个报文未出缓存区时到达，就要修改表中的标志位。例如，在图 5-47 中，当 B 还未处理完由 C 产生的链路状态报文时，又接收到一个从 F 传来的 C 的链路状态报文，此时应将 C 行的标志位由 101010 改为 100011，表示要向 F 发送应答报文，而不必将 C 的链路状态报文再发给 F。

（5）计算最短路径

由于网络上的每个路由器都可以获得所有其他路由器的链路状态报文，因此每个路由器都可以构造出网络的拓扑结构图。路由器可以根据 Dijkstra 算法计算出到所有目的主机的最短路径，并把计算结果填入路由器的路由表中。

链路状态协议更新的是"拓扑"，每台路由器上都有完全相同的拓扑，它们各自分别进行 SPF 算法，计算出路由条目。一条重要链路的变化不必再发送给所有被波及的路由条目，只需要发送一条链路通告，告知其他路由器本链路发生故障即可。其他路由器会根据链路状态，改变自己的拓扑数据库，重新计算路由条目。

2. OSPF 路由协议

OSPF（Open Shortest Path First）路由协议是基于链路状态算法的路由协议。该协议使用链路状态路由算法的内部网关协议（Interior Router Protocol，IRP），在单一自治系统内部工作。适用于 IPv4 的 OSPFv2 协议定义于 RFC 2328，RFC 5340 定义了适用于 IPv6 的 OSPFv3。

OSPF 路由协议是广泛使用的一种动态路由协议，它具有路由变化收敛速度快、无路由环路、支持变长子网掩码和汇总、层次区域划分等优点。

（1）OSPF 区

OSPF 把一个大型网络分割成多个小型网络的能力被称为分层路由，这些被分割出来的小型网络称为区（area）。由于区内部路由器仅与同区的路由器交换 LSA 信息，LSA 报文数量及链路状态信息库表项都会大大减少，SPF 计算速度因此得到提高。多区的 OSPF 必须存在一个主干区，主干区负责收集非主干区发出的汇总路由信息，并将这些信息返回给各区。

OSPF 区不能随意划分，应该合理地选择区边界，使不同区之间的通信量最小。但在实际应用中，区的划分往往并不是根据通信模式而是根据地理或政治因素来完成的。

OSPF 每个区由一个唯一的区号 ID 来标识，ID 通常是采用 32 位的二进制数。图 5-48 给出了划分为 4 个区的 OSPF 网络，分别为区 0、区 1、区 2 和区 3。其中，区 0 为主干区，其他区为非主干区。OSPF 规定所有非主干区之间的通信必须经过区 0。

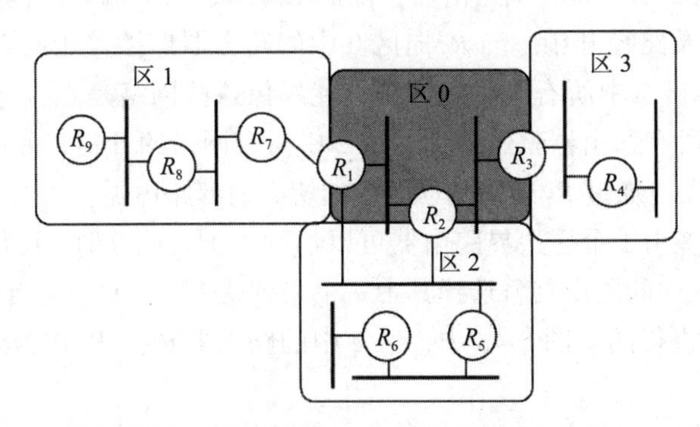

图 5-48　划分为 4 个区的 OSPF 网络

在 OSPF 多区网络中，路由器可以按不同的需要分为以下 4 种。

- 内部路由器：所有端口在同一区的路由器，维护一个链路状态数据库。
- 主干路由器：具有连接主干区端口的路由器。
- 区边界路由器（ABR）：具有连接多区端口的路由器，一般作为一个区的出口。

ABR 为每一个所连接的区建立链路状态数据库，负责将所连接区的路由摘要信息发送到主干区，而主干区上的 ABR 则负责将这些信息发送到各个区。

- 自治域系统边界路由器（ASBR）：至少拥有一个连接外部自治域网络（如非 OSPF 的网络）端口的路由器，负责将非 OSPF 网络信息传入 OSPF 网络。

图 5-48 中的 R_4、R_5、R_6、R_7、R_8 和 R_9 都是内部路由器；区边界路由器用于连接不同的区，图 5-48 中的 R_1、R_2 和 R_3 是区边界路由器。主干路由器就是主干区区 0 的路由器，图 5-48 中的 R_1、R_2 和 R_3 也是主干路由器。从图 5-48 可以看出，区边界路由器也可能是主干路由器。使用这三种基本的路由器，可以建造高效且可扩展的 OSPF 网络。

需要注意的是，OSPF 支持两种不同类型的路由：区内路由和区间路由。区内路由是指一个区内部的路由器之间的路由，区间路由需要在不同的区之间交换 L-S 报文。所有的区间路由必须经过区 0，不允许非区 0 直接和其他区通信，这样的限制确保了 OSPF 具有良好的扩展性的同时不会导致混乱。

（2）LSA 报文扩散

OSPF 扩展性好的一个因素是它的链路状态报文扩散机制。OSPF 通过 LSA（Link State Advertisement）报文的扩散，使 OSPF 网络每个区中的路由器能够获得整个区的拓扑信息，因此，区中的每一个路由器都知道本区网络拓扑。然而，一个区的网络拓扑对区外是不可见的。

下面我们来看区内路由器、主干路由器和区边界路由器这三种不同的路由器是如何进行 LSA 报文扩散的。

区内路由器必须直接和区中的其他路由器交换 LSA，其中包括每一个区内路由器，也包括区边界路由器。如图 5-48 中，区 2 中的 R_2、R_5 和 R_6 之间交换 LSA 报文。

主干路由器负责维护主干区的网络拓扑信息，并且为自治系统中的每个非区 0 传播汇总后的其他非区 0 的链路状态报文。

区边界路由器是指同时连接了区 0 和某个非主干区的路由器。例如，区 2 的区边界路由器 R_2 接收到区 2 中所有其他路由器扩散的 LSA 报文，并因此计算出 R_2 到区 2 所有网络的最短路径以及路径开销。当 R_2 向区 0 中的路由器广播关于区 2 中网络的 LSA 报文时，包括 R_2 到达区 2 中所有网络的开销，就好像这些网络是直接连在路由器 R_2 上一样。于是区 0 中的所有路由器就了解到达区 2 中所有网络的开销，并通过 R_1 通知到区 1 中的所有内部路由器，通过 R_3 通知到区 3 中的所有内部路由器。

当一个区内有多于 1 个区边界路由器可以达到主干区区 0 时（比如区 2 可以通过 R_1 和 R_2 到达区 0），区内的路由器将选择其中一个来到达主干区区 0。当然这种选择本身是按照最短路径规则进行的。图 5-48 中，区 2 中的路由器选择 R_2 作为到达主干区区 0 的区边界路由器。

当将 OSPF 划分为区后，网络管理员必须在扩展性和最优路由之间进行权衡。区的引入使所有的报文必须从一个区经过主干区到另外一个区，即使它们之间存在另一条更短的路径时也不得不这样做。当然，对于大规模网络来说，支持扩展性比支持最优路径更重要。

最后，我们注意到，网络管理员可以采用一种灵活的方式来决定哪一个路由器进入区 0，这种方式就是使用路由器之间的“虚链路”的思想。这样一条虚链路可以通过配置一个非直连到区 0 上的路由器与另一个直连到区 0 上的路由器之间交换路由信息来获得。

（3）OSPF 报文格式

OSPF 报文格式如图 5-49 所示。OSPF 报文在 IP 报文头部之后，长度为 24 字节，OSPF 报文在 IP 头中的协议号为 89。

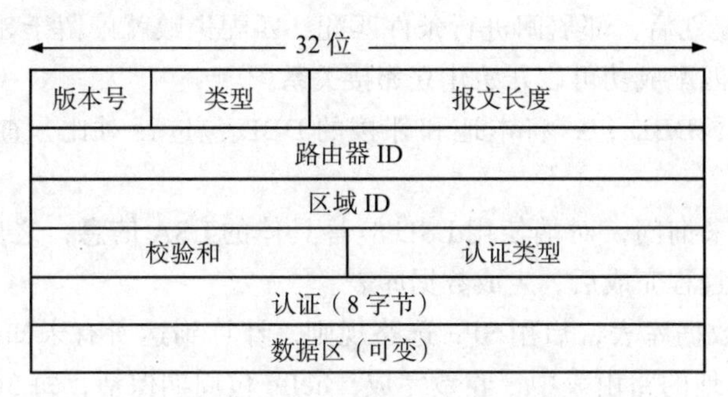

图 5-49 OSPF 报文格式

OSPF报文分为报头和数据两部分，报头长度为 24 字节，主要字段如下。

- 版本号（version number），占 1 字节，标识 OSPF 版本。当前常用版本是 OSPF 版本 2。
- 类型（type），占 1 字节，标识 OSPF5 种类型中的一种。这 5 种类型包括 hello、DD、LSR、LSU 和 LSA。
- 报文长度（packet length），占 2 字节，标识 OSPF 报文的总长度（含 OSPF 报头和数据）。
- 路由器 ID，占 4 字节，用于标识发送 OSPF 报文的路由器。
- 区域 ID，占 4 字节，用于标识发送 OSPF 报文的路由器所在的区号。
- 校验和（checksum），占 2 字节，用于接收端检测错误。
- 认证类型（authentication type），占 2 字节，标识认证类型。认证类型有三种，即空认证、简单口令认证和密码认证。
- ⑧认证（authentication），占 8 字节，保存认证的数据，空认证时认证字段为 0。
- ⑨数据区（data），长度可变，就是 OSPF 报文的数据。

（4）OSPF 报文类型

OSPF共定义了以下 5 种类型的报文。

- hello 报文：周期发送，用来建立和维持邻居关系。
- 数据库描述（Database Description，DD）报文：描述拓扑数据库内容，当邻居关系确定时发送。
- 链路状态请求（Link State Request，LSR）报文：请求邻居发送链路状态报文。当一个路由器发现它的拓扑数据库部分内容过时，发送该类报文。
- 链路状态更新（Link State Update，LSU）报文：链路 – 状态更新报文用于发送链路状态通告（Link State Advertisement，LSA），同时也是对 LSR 报文的响应。
- 链路状态确认（Link State Acknowledgment，LSA）报文：用于确保链路状态报文可靠地扩散。

OSPF协议工作过程如下。

1）OSPF 协议启动后，A 向本地所有启动了 OSPF 协议的直连接口组播 224.00.5 发送 hello 包；本地 hello 包中携带本地的全网唯一的路由器 ID。

2）对端 B 运行 OSPF 协议的设备将回复 hello 包，该 hello 包中若携带了 A 的路由器 ID，那么 A/B 建立为邻居关系；生成邻居表。

3）邻居关系建立后，邻居间进行条件匹配，匹配失败就停留于邻居关系，仅 hello 包周期保活；条件匹配成功可以开始建立邻接关系。

4）邻接间共享 DBD 包，将本地和邻接的 DBD 包进行对比，查找到本地没有的 LSA 信息目录。

5）使用 LSR 来询问，对端使用 LSU 应答具体的 LSA 信息，之后本地再使用 ack 确认是否可靠；该过程完成后，生成数据库表。

6）本地基于数据库表，启用 SPF 选路规则，计算到达所有未知网段的最短路径，然后将其加载到本地的路由表中；收敛完成，hello 包周期保活，每 30 分钟周期性地收发一次 DBD 来判断和邻接间数据库是否一致。

5.7 互联网路由

随着网络规模的扩大，路由器的路由表也成比例地增大。让路由器保存所有网络的路由是不可取的，为此必须将路由分层次进行处理，这就是层次路由。

层次化（hierarchy）是实现路由系统扩展性的基本方法。将整个 Internet 分割为不同的自治系统，将路由分为外部路由和内部路由。在一个自治系统内部分为多个路由区（routing area）。

5.7.1 层次路由

事实上，互联网就是由自治系统（Autonomous System，AS）构成的，每个自治系统又由很多路由器构成。从路由的角度看，拥有同样的路由策略、在同一管理机构下的由一系列路由器和网络构成的系统称为自治系统。

每个 AS 都被分配一个唯一的 AS 号，用于区分不同的 AS。AS 号可分为 2 字节 AS 号和 4 字节 AS 号，2 字节 AS 号的取值范围为 1 ～ 65535，其中 64512 ～ 65535 是私有 AS 号。4 字节 AS号的取值范转为 1 ～4294967295，支持 4 字节 AS 号的设备能与支持 2 字节 AS 号的设备兼容，IANA 负责 AS 号的分发。

一般而言，一个 AS 内部的路由器运行相同的路出协议，即内部网关协议（Interior Gateway Protocol，IGP），内部网关协议也常被称为域内（intra-domain）路由协议。IGP 的目的就是寻找 AS 内部所有路由器之间的最短路径。常见的 IGP 有 RIP 和 OSPF。

为了维护 AS 之间的连通性，每个 AS 中必须有一个或多个路由器负责将报文转发到其他 AS。AS 中负责将报文发送到其他 AS 的路由器称为边界路由器（border router），每个 AS 有至少一个边界路由器。每个 AS 的边界路由器运行外部网关协议（Exterior Gateway Protocol，EGP）来维持 AS 之间的路由。外部网关协议也常被称为域间（inter-domain）路由协议，EGP 的目的是维持 AS 之间的“可达性信息”，也就是说，外部网关协议用于维持自治系统 AS 之间的可达性信息。常用的 EGP 是 BGP-4。

采用层次路由结构后，路由器被划分为区，每个路由器都知道本区的路由情况，但是对于其他区的路由情况不清楚，必须借助于上一层的路由才行。

图 5-50 描述了互联网层次路由结构的一个场景。在图 5-50 中，有 3 个自治系统，分别是 AS1、AS2 和 AS3。自治系统 AS1 中有 4 个路由器 1a、1b、1c 和 1d，它们都运行相同的内部网关协议（AS1 的域内路由协议可以与 AS2 和 AS3 的域内路由协议不同），并且每个路由器都包含到达自治系统 AS1 内所有网络的路由信息，其中路由器 1b 和 1c 是 AS1 的边界路由器。同样，自治系统 AS2 中有 3 个路由器 2a、2b 和 2c，它们也都运行相同的域内路由协议，其中，路由器 2a 是 AS2 的边界路由器。自治系统 AS3 中有 3 个路由器 3a、3b 和 3c，它们也都运行相同的域内路由协议，其中路由器 3a 是 AS3 的边界路由器。

在图 5-50 中，除了每个自治系统内部通过运行域内路由协议保持 AS 内部路由器之间的连通性外，在每个自治系统的边界路由器之间还运行着域间路由协议，以维持自治系统边界路由器之间的连通性。也就是说，在自治系统 AS1 中的 1b 和自治系统 AS2 中的 2a 之间、自治系统 AS1 中的 1c 和自治系统 AS3 中的 3a 之间以及自治系统 AS3 中的 3a 和自治系统 AS2 中的 2a 之间还运行域间路由协议（即 BGP）。这就相当于在路由器 3a、1c、1b 和 2a 之间构成一个更高的路由层次，即在 AS 层次之间的路由。

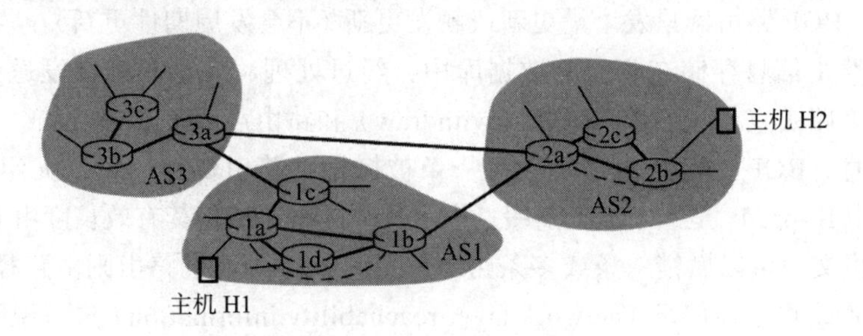

图 5-50　层次路由示意图

一般情况下，不同 AS 的边界路由器之间通过物理链路直接连接，如图 5-50 中 AS2 的 2a 和 AS1 的 1b 之间、AS2 的 2a 和 AS3 的 3a 之间、AS3 的 3a 和 AS1 的 1c 之间都有直连链路相连。

现在假设一个连接在 AS1 中路由器 1a 的主机 H1 需要向一个连接 AS2 中路由器 2b 的主机 H2 发送一个 IP 报文，假设路由器 1a 的路由表指明路由器 1b 可以将报文转发到 AS1 外部，那么路由器 1a 首先使用域内路由协议将报文从路由器 1a 路由到 1b（图 5-50 中路由器 1a 先将报文发送给路由器 1d，再到路由器 1b）。需要说明的是：H1 到 H2 在 AS 层面可以有两条路径，一条是从 AS1 直接到达 AS2，另一条是从 AS1 经过 AS3 到达 AS2。因此 AS2 的边界路由器 1b 和 1c 首先必须知道如何到达 AS1 和 AS3（在 AS 层次上），这是 AS2 的边界路由器 1b 和 1c 通过运行域间路由协议知道的；其次 AS2 的边界路由器 1b 和 1c 通过路由重发布向 AS2 中的其他只运行 IRP 的路由器 1a 和 1b 通告如何到达 AS1 和 AS3 中的网络（AS2 中的路由器 1a 和 1b 由于不是边界路由器，因此不需要运行域间路由协议）。

路由器 1b 接收到路由器 1a 发来的报文后，发现该报文的目的地址属于自治系统 AS2 内部的网络（自治系统 AS2 中边界路由器 2a 会通过外部网关协议告诉 AS1 中的 1b），同时 AS1 路由器 1b 的路由表会指明沿着 1b 到 2a 的链路就可以到达 AS2，于是路由器 1b 将报文沿着 1b 到 2a 的链路送到 AS2 中的路由器 2a。最后，路由器 2a 通过 AS2 域内路由协议，将目的地址指向 H2 的报文转发到路由器 2b（图 5-50 中是 2a 直接将报文转发给 2b）。

如图 5-50 所示，在自治系统内部采用内部网关协议进行路由的路径用虚线表示，如 AS1 内部的 1a → 1d → 1b 路径、AS2 内部的 2a → 2b，而在 AS1 和 AS2 之间通过外部网关协议进行路由的路径用实线表示，如 AS1 的 1b → AS2 的 2a。

5.7.2 边界网关协议

边界网关协议（Border Gateway Protocol，BGP）是运行于自治系统之间的路由协议，用于在 AS 之间实现路由信息的交互。BGP-4（RFC 1771）于 1994 年开始使用，2006 年之后，单播 IPv4 网络使用的版本是 BGP-4（RFC 4271）。

BGP 使用 TCP 作为传输层协议，TCP 端口号为 179，BGP 路由器之间基于 TCP 建立 BGP 会话，BGP 对等体无须直连。运行 BGP 的路由器被称为 BGP 发言人，两台 BGP 路由器须建立对等体关系（邻居关系）才能交互 BGP 路由。在 BGP 对等体关系建立完成之后，BGP 路由器只发增量更新或触发更新（不会发周期性更新）。

BGP 的路由信息存储在相应的数据库中，经过处理、计算和选择发送给其他 BGP 路由器。BGP 路由宣告包括路由撤销（withdraw）和路由声明（advertise）。对于当前无效的路由信息，BGP 进行路由撤销，每一条被撤销的路由都是一个二元组 <length/IP-prefix>，其中 IP-prefix 是一个地址前缀，表示一个网络地址，其有效长度由 length 说明；在一个撤销报文中可以撤销一条或多条路由信息。BGP 声明的路由则由路径属性（path attribute）和网络可达性信息（network layer reachability information）进行说明。AS-path 是路径属性之一，记录了通向最终目标所经过的自治系统。网络可达性信息由一个或多个 <length/IP-prefix> 二元组构成，描述了通过路径属性中的 nexthop 属性指明的路由器可以到达的网络。每个 Update 报文只能声明一条路由。图 5-51 所示的例子说明了上述过程。

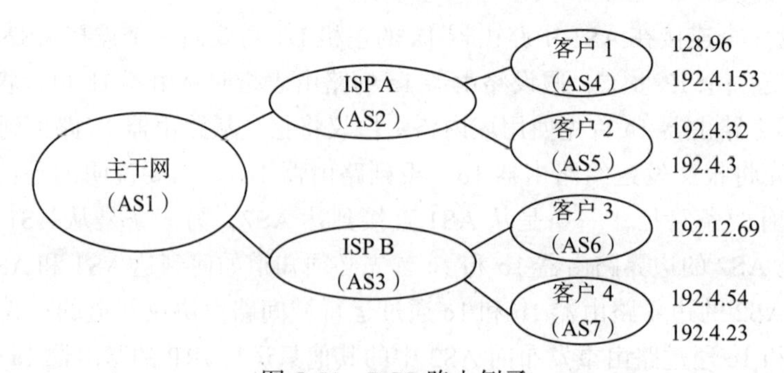

图 5-51 BGP 路由例子

在图 5-51 中，主干网（属于某个大的运营商）和 ISP 网络（分属不同的运营商）

都是中转 AS，而客户网络（属于某个组织或小型运营商）都是末端 AS。首先，客户 1（AS4）的 BGP 路由器向 ISP A（AS2）的 BGP 路由器通告关于“网络 128.96、192.4.153”的可达性，这样 ISP A 就知道“网络 128.96、192.4.153 可经过路径 <AS4> 到达”；而客户 2（AS5）的 BGP 路由器向 ISP A（AS2）的 BGP 路由器通告关于“网络 192.4.32、192.4.3”的可达性，这样 ISP A 就知道“网络 192.4.32、192.4.3 可经过路径 <AS5> 到达”。其次，ISP A（AS2）的 BGP 路由器向主干网（AS1）的 BGP 路由器通告关于“网络 128.96、192.4.153”和“网络 192.4.32、192.4.3”的可达性，于是主干网（AS1）就知道“网络 128.96、192.4.153 可经过路径 <AS2，AS4> 到达”，“网络 192.4.32、192.4.3 可经过路径 <AS2，AS5> 到达”，并将此网络的可达性信息通过 ISP B 再传播出去；类似地，主干网也知道如何通过 AS 层次的路径到达网络 192.12.69、192.4.54 和 912.4.23，它同样将这些网络的可达性信息通过 ISP A 再传播出去。这样，所有 AS 都知道如何到达上面的这些网络。当然每个 AS 也可以通知其他 AS 将不再使用的 BGP 路由删除。

事实上，我们可以把 ISP 看成一个 AS（一个大的 ISP 可能拥有多个 AS 号），BGP 相当于把不同的 AS 连接起来。

不同层次的 ISP 构成提供商 – 客户（provider-customer）关系。客户可能是一个公司或者是小规模的 ISP（他们自己本身也有客户）。提供商把客户接入网络，并向客户通知提供商已知的所有路由，同时将客户那里获得的路由信息通知所有路由器。

同等层次的 ISP 构成对等（peer to peer）关系。对等提供商通知从客户学到的路由，向客户通知从对等提供商学到的路由，但不想其他提供商通知从对等方学到的路由，反之亦然。

图 5-52 给出了基于 ISP 等级结构的互联网视图。

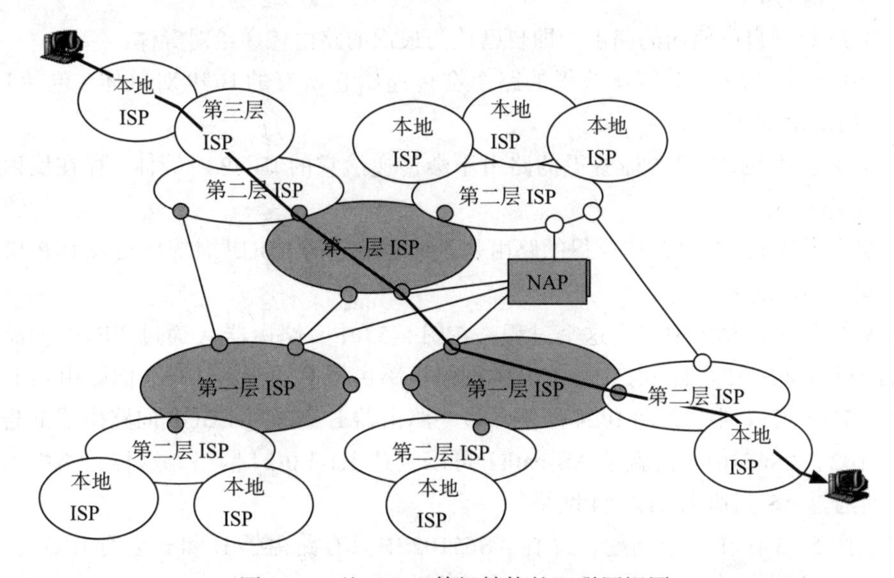

图 5-52 基于 ISP 等级结构的互联网视图

BGP 存在两种对等体关系类型，即 EBGP（External BGP）和 IBGP（Internal BGP），如图 5-53 所示。EBGP 位于不同自治系统的 BGP 路由器之间的 BGP 邻接关系，建立

EBGP 对等体关系必须满足两个条件：两个路由器所属 AS 不同（即 AS 号不同）；在配置 BGP 时，peer 命令所指定的对等体 IP 地址要求路由可达，并且 TCP 连接能够正确建立。

IBGP 位于同一自治系统的 BGP 路由器之间的 BGP 邻接关系，建立 IBGP 对等体关系必须满足两个条件：两个路由器所属 AS 应相同（即 AS 号相同）；在配置 BGP 时，peer 命令所指定的对等体 IP 地址要求路由可达，并且 TCP 连接能够正确建立。

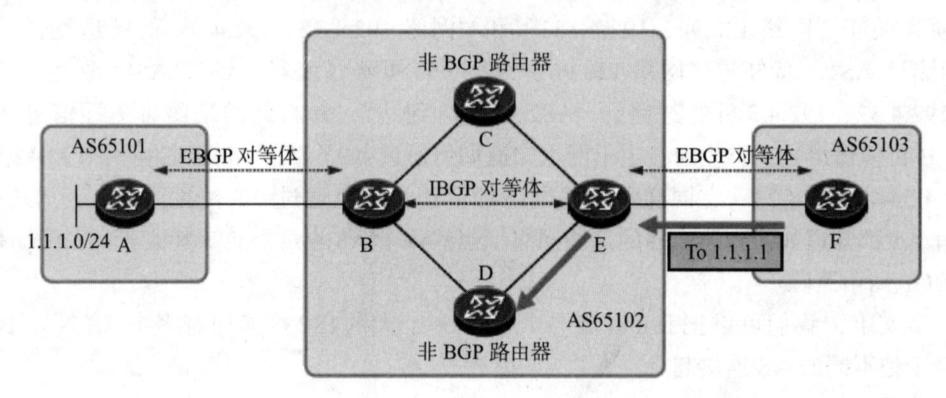

图 5-53　EBGP 和 IBGP

BGP 发言人通过 EBGP 学到的外部路由，意味着通过该 BGP 发言人可以转发这些网络前缀。BGP 发言人将要学到的外部路由通过 IBGP 告知网络内的所有其他运行 BGP 协议的路由器。

BGP 路由通告规则是：

- 当存在多条路径时，路由器只选取最优（best）的 BGP 路由来使用（没有激活负载均衡的情况下）。
- BGP 只把自己使用的路由，即自己认为最优的路由传递给对等体。
- 路由器从 EBGP 对等体获得的路由会传递给它所有的 BGP 对等体（包括 EBGP 和 IBGP 对等体）。
- 路由器从 IBGP 对等体获得的路由不会传递给它的 IBGP 对等体（存在反射器的情况除外）。
- 路由器从 IBGP 对等体获得的路由是否通告给它的 EBGP 对等体要视 IRP 和 BGP 同步的情况来决定。

图 5-53 所示的例子说明了这个过程。在图 5-53 中，路由器 A 通过 EBGP 向路由器 B 通告经过 AS65101 可以到达 1.1.1.0/24 网络，路由器 B 再通过 IBGP 向路由器 E 通告经过 AS65101 可以到达 1.1.1.0/24 网络，最终路由器 E 再通过 EBGP 向路由器 F 告知通过 AS65102、AS65101（这就是 AS-path）可以到达 1.1.1.0/24 网络。这样，路由器 F 就知道如何通过 AS 到达 1.1.1.0/24 网络。

但是图 5-53 存在一个问题，即在 AS65102 中只有路由器 B 和 E 运行 IBGP，而路由器 C 和 D 没有运行 IBGP，这会引起路由黑洞。

对于图 5-53，假设路由器 F 转发一个目的地址为 1.1.1.1 的 IP 报文，它首先转发给路由器 E（通过 EBGP 学到的），路由器 E 通过 IGP 转发给路由器 C 或 D，但是由于路由器 C、D 并未运行 BGP，因此无法通过 BGP 学习到 1.1.1.0/24 路由，路由器 F 发往 1.1.1.0/24 网络的数据包在到达路由器 C、D 后将被丢弃，在路由器 C 和 D 这里就出现了路由黑洞。

如何解决这个问题呢？第一种方法是将 BGP 路由引入 IRP。第二种方法是在 AS65102 内没有运行 BGP 路由协议的 C、D 路由器上也运行 BGP，从而实现 BGP 对等体关系的全互联（即路由器 C 和 D 都能通过 BGP 学到 1.1.1.0/24 的路由）。

对于第一种方法，将 BGP 路由引入 IRP 会引发 IRP 路由表爆炸。因为 IRP 处理路由的条目有限，而目前因特网上核心路由器的 BGP 路由表项已经超过几十万条。假如没有 IBGP，这些路由只能采取重发布方式直接被导入 IRP 中，这样做的缺点很明显：第一，IRP 协议的作者并没有打算让 IRP 来处理如此大量的路由，IRP 本身也无法处理这样大的路由数量；第二，如果非要让 IRP 来处理，那么根据 IRP 的处理原则，假如这几十万路由中任何一条路由发生变化，那么运行 IRP 的路由器就不得不重新计算路由，更为严重的是，假如其中某一条路由出现路由抖动的情况，例如端口反复 UP/DOWN，这会导致所有的 IRP 路由器每时每刻都不得不把几十万条路由重新计算一遍，这种计算量对于绝大多数路由器来说是无法负担的。

第二种方法是要求 AS65102 内的所有路由器都运行 IBGP 协议，而且要实现 IBGP 之间的全互联。为了防止 BGP 路由在 AS 内部传递时发生环路，BGP 要求"路由器不能将自己从 IBGP 对等体学习到的路由再传递给其他 IBGP 对等体"，这就是 IBGP 水平分割原则。由于 IBGP 水平分割原则的存在，BGP 要求 AS 内须保证 IBGP 对等体关系的全互联，因为只有这样才能够确保每一个路由器都能学习到路由。

然而，在 AS 内的所有 BGP 路由器之间维护全互联的 IBGP 对等体关系是需要耗费大量资源的，网络的可扩展性、可维护性也非常差。IBGP 的全互联解决方案采用路由反射器和联邦，有兴趣的读者可参考相关资料。

BGP 报文类型如表 5-12 所示。

表 5-12　BGP 报文类型

报文名称	作用	什么时候发送
Open	协商 BGP 邻居的各项参数，建立邻居关系	BGP 对等体之间需先建立 TCP 连接，然后向对等体发送 Open 报文
Update	用于发送 BGP 路由信息	BGP 连接建立后，有路由通告时发送 Update 报文
Notification	报告错误，中止对等体关系	当 BGP 在运行中发现错误时，要发送 Notification 报文通知 BGP 对等体
Keepalive	维持 BGP 对等体关系	定时发送 Keepalive 报文以保持 BGP 对等体关系

图 5-54 给出了一个简单的网络，表示单个 AS，我们来看看 IRP 和 BGP 是如何相互配合完成全球互联网的路由工作的。

图 5-54 中的 AS 有 3 台边界路由器，分别是 A、D 和 E。A、D 和 E 分别与其他 AS 建立 EBGP 连接，并从其他 AS 的边界路由器分别学到 12.5.5/24、128.69/16、18.0/16 和 128.34/16 的 BGP 路由，然后通过 IBGP 相互告知 AS 中的其他路由器，最后 AS 中的 A、B、C、D 和 E 都分别知道到达 12.5.5/24、128.69/16、18.0/16 和 128.34/16 网络所要经过的边界路由器，如图 5-55 中 AS 的 BGP 表所示。

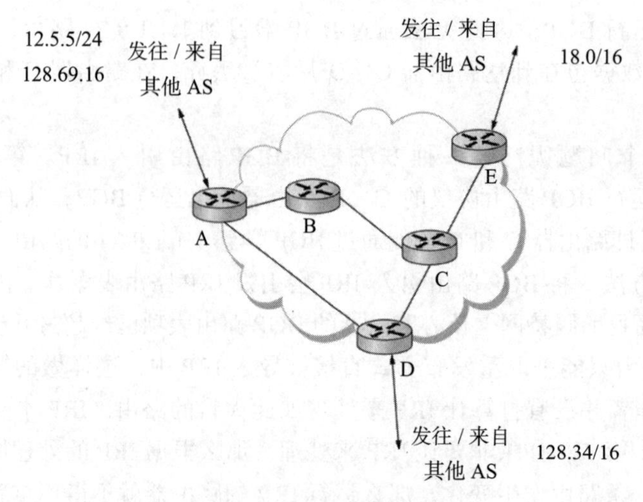

图 5-54 IRP 和 BGP 集成

前缀	BGP 下一跳
18.0/16	E
12.5.5/24	A
128.34/16	D
128.69/16	A

AS 的 BGP 表

路由器	IRP 路径
A	A
C	C
D	C
E	C

路由器 B 的 IRP 表

前缀	IRP 路径
18.0/16	C
12.5.5/24	A
128.34/16	C
128.69/16	A

路由器 B 的合成表

图 5-55 图 5-54 中 AS 的 BGP 表、路由器 B 的 IRP 表和路由器 B 的合成表

路由器B首先通过BGP路由知道要去AS外面的网络12.5.5/24、128.69/16、18.0/16和128.34/16所必须经过的边界路由器（A、D或E中的一个），然后路由器通过它的IRP路由表知道如何到达A、D和E这些边界路由器的路由。由此，路由器B就知道，为了到达12.5.5/24、128.69/16、18.0/16和128.34/16这些网络地址，它首先必须经过的路由器，即下一跳（在A和C中选一个）。

5.8　IPv6 协议

计算机技术和通信技术的发展与融合使互联网应用及规模飞速发展，其中互联网中的核心协议 IPv4 功不可没，IPv4 协议以它的简洁高效取得了巨大的成功，但 IPv4 协议是 1973 年制定的，它的早期设计者完全没有预料到互联网会达到今天的发展速度和规模，20 世纪 90 年代，IPv4 的缺陷和潜伏的危机逐渐暴露出来。

其中最大的问题是 IP 地址资源紧缺。为了缓解 IPv4 地址的紧张，出现了一些针对 IPv4 地址短缺问题的过渡技术，如 NAT。但 NAT 的缺点是：影响网络性能，降低网络吞吐量；强制网络保持连接状态，扩展性不好；破坏了互联网端到端的设计理念。NAT 只适用于客户－服务器模式，不适用于 P2P（Peer-to-Peer）的应用模型。另外，NAT 的引入使得为了增加企业网站与互联网连接可靠性的多宿主（multi-homing）技术更加复杂。

除 IP 地址短缺问题之外，IPv4 协议还存在路由表庞大、对网络 QoS 和移动计算支持不够等一系列问题。互联网设计人员和工程师们早在 20世纪 80 年代初就意识到了 IP 协议升级的需求。

在很多方面，新版 IP 协议的动机是为了解决互联网规模扩大所带来的扩展性问题。虽然子网技术和 CIDR 技术一方面有助于抑制互联网地址耗尽的问题，另一方面也有助于控制互联网路由器路由表爆炸问题，但是子网技术和 CIDR 技术终究不能最终解决互联网地址耗尽问题，IPv4 地址总有用完的一天。另外，随着手机、电视机机顶盒、各种传感器等设备不断接入互联网，互联网最终需要一个更大的地址空间。

事实上，IETF 从 1991 年就预见了 IP 地址扩展性问题，并提出了几种替代方案。由于 IP 地址位于每个 IP 报文的头部，因此地址长度的增长使 IP 报文的头部必须改变，这意味着需要新版 IP 协议，同时需要更新互联网中每台主机和路由器中的软硬件。显然，这是一个大的转变，因此必须做出更加全面、更加深入的考虑。

定义新版 IP 的成果称为下一代 IP 或 IPng。随着定义新版 IP 工作的开展，一个正式的版本号被指定，IPng 现被称为 IPv6。注意，本章到目前为止讨论的 IP 版本是 IPv4。IP 协议版本编号不连续的原因是 IPv5 已用于某个实验协议。

新版 IP 协议的显著变化引起了滚雪球效应。网络设计者认为，既然打算对 IP 协议做很大的改变，不如与此同时尽可能地增加新版 IP 协议的额外特性。为此，IETF 做了一项问卷调查，调查在新版 IP 协议中，除了提供可扩展的地址和路由特性外，还需要加入哪些特性。最终的调查结果是，绝大多数人希望新版 IP 协议还能提供如下特性。

- 支持实时应用。
- 提供安全性支持。
- 主机自动配置。
- 路由增强功能，包括支持移动主机。

本节将介绍 IP 必须升级的原因以及可以同时改进之处，其中包括：

- 地址空间的局限性：IP 地址空间的危机由来已久，这正是升级的主要动力。
- 性能：尽管 IP 表现得不错，但 20 年之前甚至更早以前的设计还能够进一步改进。
- 安全性：安全性一直被认为由网络层以上的层负责，但现在已经成为 IP 的下一个版本可以发挥作用的地方。

- 自动配置：对于 IPv4 节点的配置一直比较复杂，而网络管理员与用户则更喜欢“即插即用”，即将计算机连接到网络后就可以开始使用。IP 主机移动性的增强也要求当主机在不同网络间移动和使用不同的网络接入点时能提供更好的配置支持。

5.8.1 IPv6 特色

1. 地址空间扩大

IPv6 的地址从 IPv4 的 32 位扩展到 128 位。同时，IPv6 的地址是有范围的，它包括链路本地地址、站点本地地址和任意播地址，从而更进一步提高了地址应用的扩展性。

IPv6 巨大的地址空间支持层次性的地址规划，国际标准规定了各种类型地址的层次结构，使路由查找更具层次性，同时有利于路由聚合，缩减 IPv6 路由表的大小，进而降低网络地址规划的难度。

2. 简化报头格式和处理

IPv6 简化了固定的基本报头，采用 64 位边界定位，取消了 IP 头的校验和字段，减少了分片处理，有效提高了网络设备对 IP 报文的处理效率。

3. 报头的扩展性

IPv6 引入了灵活的扩展报头，按照不同的协议要求增加扩展报头种类，按照处理顺序合理安排扩展报头的顺序。其中，由网络设备处理的扩展报头在报文头的前部，由目的端处理的扩展报头在报文头的尾部。

4. 简单的管理

IPv6 方案引入了自动配置和重配置技术，对 IP 地址等信息实现自动增删和更新配置，提高了 IPv6 的可管理性。

5. 安全增强

IPv6 集成了 IPSec，可用于网络层的认证和加密，为用户提供端到端安全措施，使用起来比 IPv4 更简单、更方便、更可靠。

6. QoS 能力

IPv6 新增了流标记字段，对快速处理实时业务非常有利，可使低性能业务终端支持 IPv6 的语音和视频应用。

7. 移动性支持

移动 IPv6 技术增强了移动终端的移动特性、安全特性和路由特性，降低了网络部署的难度和投资，可为用户提供永久在线服务。

IPv6 技术的这些特点符合网络向 IP 融合统一的发展方向，同时提升了 IP 网络的可运营性和可管理性。

5.8.2　IPv6 报文格式

为了更好地理解 IPv6 协议，下面来分析一下 IPv6 的报文格式。

1. 固定报头

我们首先介绍 IPv6 报文格式中的固定报头格式，如图 5-56 所示。

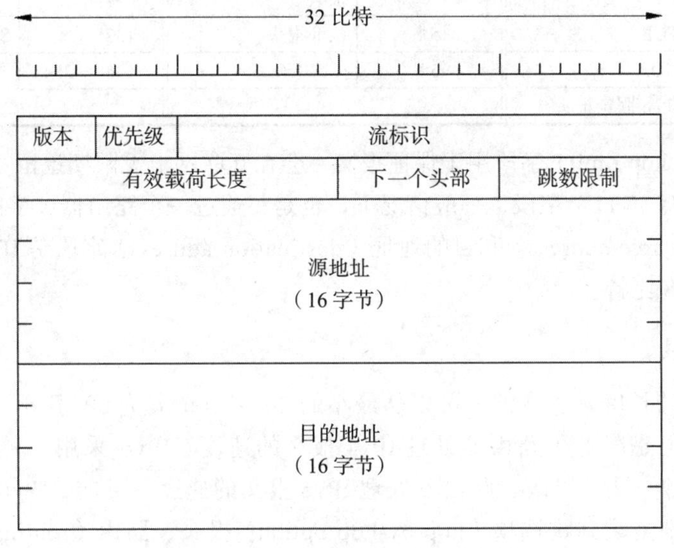

图 5-56　IPv6 协议的固定报头格式

对于 IPv6 来说，版本字段总是 6。优先级（priority）字段用来表示报文的优先程度，优先级 0 ～ 7 一般用于标识非实时数据，优先级 8 ～ 15 用于标识实时数据。这样的区别使网络发生拥塞时路由器可以更好地处理报文，以保证实时数据的传输质量。IPv6 建议，新闻组报文的优先级为 1，FTP 报文的优先级为 4，Telnet 报文的优先级为 6，原因是对于新闻组，人们对报文延迟几秒并没有什么感觉，但若延迟 Telnet 报文，人们很快就能觉察到，也就是说，路由器要优先转发优先级为 6 的 Telnet 报文。

流标识（flow label）用于标识从发送端主机某用户进程到接收端主机某用户进程之间的一个流。一个流一般由源 IP 地址、目的 IP 地址、源端口号、目的端口号来标识。

有效载荷长度（payload length）字段表明报文中用户数据的字节数，不包括 40 字节的固定报头，但是 IPv6 扩展报头被认为是有效载荷的一部分，因此被计算在内。由于有效载荷长度字段只有 2 字节，因此 IPv6 报文最大为 64KB。但是 IPv6 有一个 Jumbogram 扩展报头，如果有需要，通过该扩展报头可以支持更大的 IP 报文。只有当 IPv6 节点连接到 MTU 大于 64KB 的链路时，Jumbogram 才起作用。RFC 2675 中详细说明了 Jumbogram。

对于下一个头部（next header）字段，在 IPv4 中该字段为协议类型（protocol type）字段。如果下一个报头是 UDP 或 TCP，该字段将和 IPv4 中包含的协议类型相同，例如，TCP 的协议号为 6，UDP 为 17。但是，如果使用了 IPv6 扩展报头，该字段就包含了下一个扩展报头的类型，它位于 IP 报头和 TCP 或 UDP 报头之间。表 5-13 列举了 IPv6 协议中 next header 字段中的常用值。

表 5-13 IPv6 协议中 next header 字段的常用值

值	说明	值	说明	值	说明
0	跳到跳选项报头	43	路由报头	60	目的选项报头
1	ICMPv4	44	分片报头	88	EIGRP
2	IGMPv4	46	RSVP	89	OSPF
4	IP	50	加密安全有效载荷报头	115	L2TP
6	TCP	51	认证报头	132	SCTP
17	UDP	58	ICMPv6	134 ～ 254	未分配
41	IPv6 固定报头				

跳数限制（hop limit）字段用于保证报文不会在互联网上无限期逗留，该字段相当于 IPv4 中的生存期（TTL）字段，一般情况下，也是每通过一个路由器，字段值自动减 1。

源地址（source address）和目的地址（destination address）字段是 IP 地址，长度为 16 字节，即 128 比特。

2. 扩展报头

IPv4 报头的长度是可变的，可以从最小的 20 字节扩展为 60 字节，以便对各种选项进行处理，但是降低了路由器处理 IPv4 报文的速度。IPv6 采用一种把选项功能放在扩展报头中的方法，以改善路由器处理 IPv6 报文的速度。目前，IPv6 只定义了 6 种扩展报头，分别是跳到跳选项（hop-by-hop option）报头、路由（routing）报头、分片（fragment）报头、目的选项（destination option）报头、认证（authentication）报头和加密安全有效载荷（encrypted security payload）报头。

在 IPv6 报头和高层协议（UDP 或 TCP 等高层协议）报头之间可以有一个或多个扩展报头，也可以没有。每个扩展报头由前面报头的 next header 字段标识，如图 5-57 所示。

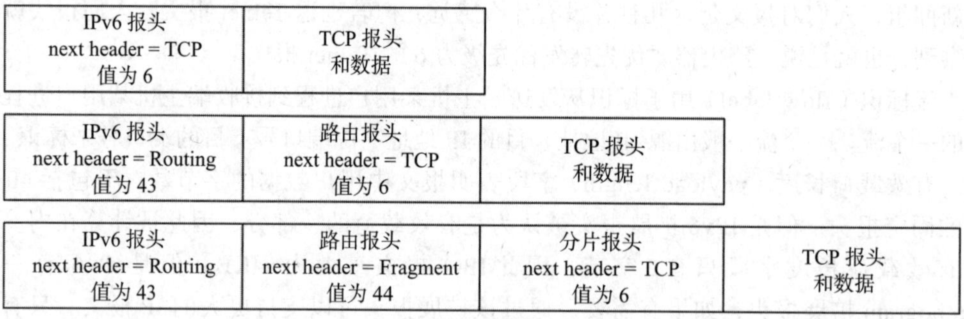

IPv6 报头 next header = TCP 值为 6	TCP 报头 和数据		
IPv6 报头 next header = Routing 值为 43	路由报头 next header = TCP 值为 6	TCP 报头 和数据	
IPv6 报头 next header = Routing 值为 43	路由报头 next header = Fragment 值为 44	分片报头 next header = TCP 值为 6	TCP 报头 和数据

图 5-57 IPv6 扩展报头示例

只有目的主机才处理 IPv6 的扩展报头，但是如果扩展报头是跳到跳选项报头，则该扩展报头必须被 IPv6 报文经过的每个节点处理。如果节点在处理 next header 字段时发现出错就丢弃报文，并向源主机返回“参数出错”ICMPv6 报文（关于 ICMPv6 协议后面会介绍）。

下面简单讨论 IPv6 各种扩展报头的功能，有关这些扩展报头的详细功能描述，请参阅 RFC 2460。

（1）hop-by-hop option 报头

hop-by-hop option 扩展报头携带的是必须在 IPv6 报文经过的路径上的每个路由器进行检查和处理的一些选项信息。它必须紧跟在 IPv6 固定报头后，next header 字段值为 0。例如，hop-by-hop option 扩展报头可以为资源预约协议（Resource reSerVation Protocol，RSVP）和多播侦听者发现（Multicast Listener Discovery，MLD）提供支持。

在 IPv4 中，路由器判断是否需要检查 IPv4 报文的唯一方法是解析所有 IPv4 报文中的数据字段，至少是部分解析，这极大地降低了路由器的处理速度。在 IPv6 中，如果路由器在 IPv6 报文中没有发现 hop-by-hop option 扩展报头，则路由器就知道它无须解析 IPv6 报文的数据字段，只要把 IPv6 报文路由到最终目的地即可。若存在 hop-by-hop option 扩展报头，则路由器只需解析该扩展报头，也无须深入解析 IPv6 报文的数据字段。

（2）routing 报头

IPv6 中的路由扩展报头给出 IPv6 报文在到达目的主机之前必须经过的中间节点地址。在 IPv4 中，这叫作松散源路由（loose source route）。松散源路由是指 IP 报文在传送过程中必须按次序经过给定的路由器，但 IP 报文还可以经过其他路由器。

（3）fragment 报头

fragment 报头用于支持发送端主机对 IPv6 报文进行分片处理。与 IPv4 不同，IPv6 中的数据报不会由传输路径上的路由器分片，分片只会在发送端主机上进行。

（4）destination option 报头

destination option 报头用于携带只由目的主机进行检查和处理的可选信息。

（5）authentication 报头

authentication 报头提供了一种认证机制，默认认证算法是 MD5。

（6）encrypted security payload 报头

encrypted security payload 报头用于对有效载荷进行加密传输，默认加密算法是数据加密标准 DES。

如果在 IPv6 报文中使用了多个扩展报头，则必须严格按照下面顺序排列：

- IPv6 固定报头；
- 跳到跳选项报头；
- 路由报头；
- 分片报头；
- 认证报头；
- 加密安全有效载荷报头；
- 目的选项报头；
- 高层协议报头（如 TCP 或 UDP）。

5.8.3 IPv6 地址

IPv6 寻址模型与 IPv4 相似。每个单播地址标识一个单独的网络接口。IP 地址被指定给网络接口而不是节点，因此一个拥有多个网络接口的节点可以具备多个 IPv6 地址，其中任何一个 IPv6 地址都可以代表该节点。尽管一个网络接口能与多个单播地址相关联，但一个单播地址只能与一个网络接口相关联。每个网络接口必须至少具备一个单播地址。

IPv4 地址是用点分十进制数来表示的，例如 202.197.10.1。IPv6 地址有 3 种表示格式。

1. IPv6 地址表示格式

第一种格式是将 IPv6 的 128 位地址中的每 16 位划分为一段，每段被转换为一个 4 位十六进制数，并用冒号隔开，这种表示法叫作**冒号十六进制表示法**（colon hexadecimal notation，简写为 colon hex），如 2007:1022:1: 0:0:0:0:1234。

当地址中出现一个或多个连续 16 比特为 0 时，可以用两个冒号（::）表示，但是一个 IPv6 地址中只能有一个 "::"。因此，上述地址又可以表示为 2007:1022: 1::1234。

IPv6 地址还可结合点分十进制记法的后缀来表示。这种结合在 IPv4 向 IPv6 过渡阶段特别有用。例如，下面的地址就是一个合法的冒号十六进制表示法：0:0:0:0:0:0:202.197.12.1。

2. IPv6 地址空间分配

IPv6 的地址规划和分配方案经过多次修改，根据 RFC 3513 规定，IPv6 的地址分配方案如表 5-14 所示。

表 5-14 IPv6 地址空间分配方案

前缀（起始比特）	占整个 IPv6 地址空间的比例	分配情况
0000 0000	1/256	未分配（包含特殊地址，如未指定地址和环回地址以及 IPv4 地址）
0000 0001	1/256	未分配
0000 001	1/128	OSI NSAP 地址
0000 01	1/64	未分配
0000 1	1/32	未分配
0001	1/16	未分配
001	1/8	全球单播地址
010	1/8	未分配
011	1/8	未分配
100	1/8	未分配
101	1/8	未分配
110	1/8	未分配
1110	1/16	未分配
1111 0	1/32	未分配
1111 10	1/64	未分配
1111 110	1/128	未分配
1111 1110 0	1/512	未分配
1111 1110 10	1/1024	链路本地单播地址
1111 1110 11	1/1024	站点本地单播地址
1111 1111	1/256	多播地址

3. IPv6 地址的分类

IPv4 地址有单播地址、多播地址和广播地址等几种类型。与 IPv4 地址分类方法类似，IPv6 地址分为单播地址、多播地址和泛播（anycast）地址，其中 IPv6 取消了广播地址类型。下面介绍各种地址类型的具体内容。

（1）单播地址

IPv6 中单播（unicast）概念和 IPv4 中单播的概念类似，目的地址为单播地址的 IP 报文最终会被转发到一个唯一接口。与 IPv4 单播地址不同的是，IPv6 单播地址又分为全球聚合单播地址（globe aggregation unicast address）、本地链路地址（link-local address）和本地站点地址（site-local address）等几种单播地址。详细情况请参阅 RFC 3587。

全球聚合单播地址类似于 IPv4 用于互联网的单播地址，通俗地说就是 IPv6 公网地址。全球聚合单播地址结构如图 5-58 所示，其前缀为 001。

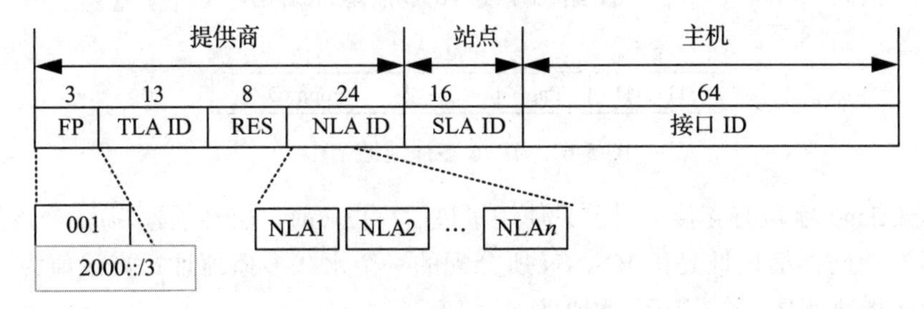

图 5-58　全球聚合单播地址结构

其中，TLA（Top Level Aggregator）为顶级聚合标识符，NLA（Next Level Aggregator）为下一级聚合标识符，SLA（Site Level Aggregator）为站点级聚合标识符。

本地链路地址是 IPv6 中应用范围受限制的地址类型，只能在连接到同一本地链路的节点之间使用。IPv6 邻居发现机制就使用了本地链路地址。本地链路地址结构如图 5-59 所示。

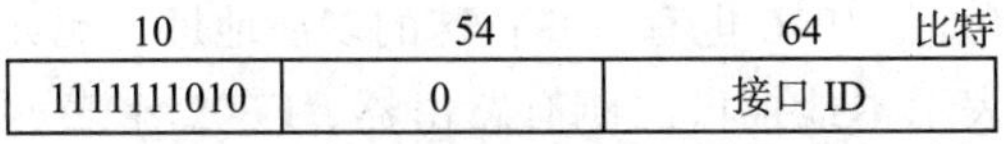

10	54	64　比特
1111111010	0	接口 ID

图 5-59　本地链路地址结构

从图 5-59 可以看出，本地链路地址由一个特定网络前缀和接口 ID 两部分组成。它使用了特定的本地链路前缀 FE80::/64（最高 10 位值为 1111111010），同时将接口 ID 添加到后面作为地址的低 64 位。

当节点启动 IPv6 协议栈时，节点的每个接口会自动配置一个本地链路地址，这种机制使两个连接到同一链路的 IPv6 节点不需要做任何配置就可以通信。而本地链路地址的后 64 位接口 ID 是从链路层地址（比如 48 比特的以太网地址）通过某种方法映射过来的。

本地站点地址是另外一种应用受限的地址，它只能在一个站点内使用。这和 IPv4 中的私有地址类似。任何没有申请到提供商分配的全球聚合单播地址的组织机构都可以使用本地站点地址。

对于本地站点地址，前 48 位是固定的，其中前 10 位是 1111111011，紧跟在后面是连续的38个0。在接口ID和48位特定前缀之间有16位子网ID字段，供组织机构内部使用。本地站点地址结构如图5-60所示。

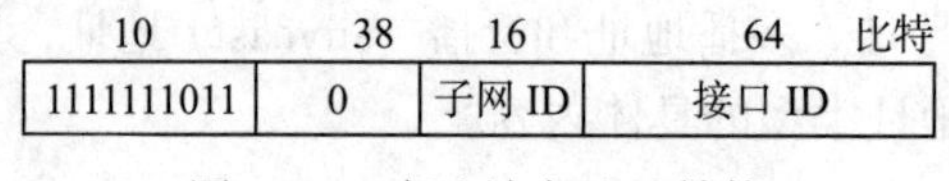

图5-60 本地站点地址结构

与本地链路地址不同的是，本地站点地址不是自动生成的。一个本地站点地址可以分配给组织机构内（也就是站点内）的任何节点，包括路由器。

（2）多播地址

所谓多播（multicast），是指一个源主机发送的单个IP报文被多个特定的目的主机接收到。在IPv4中，多播地址的最高4位为1110。在IPv6中，多播地址也由特定的前缀来标识，其最高8位为1。图5-61给出了IPv6多播地址结构。

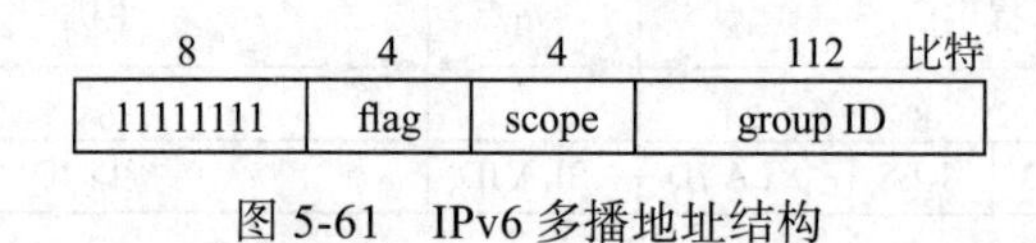

图5-61 IPv6多播地址结构

标志（flag）字段有4位，目前只使用了最后一位（前三位必须置0）。当该位值为0时，表示当前的多播地址是由ICANN所分配的一个永久多播地址；当该值为1时，表示当前的多播地址是一个临时多播地址。

范围（scope）字段有4位，该字段用来限制多播报文在Internet中的传播范围。RFC 2373对该字段的定义如下：0表示预留；1表示本地接口；2表示本地链路；3表示本地站点；4表示本地组织；E表示全球；F表示预留。

多播地址中最重要的是组ID（group ID）字段。该字段为112位，用来标识多播组。目前RFC 2373建议仅使用112位中的最低32位来标识组ID，而将剩余的80位置0。这样可以将每个组ID都映射到一个唯一的以太网多播MAC地址。

类似于IPv4多播地址，IPv6也有一些特殊的多播地址，比如FF01::1表示本地接口的所有主机、FF01::2表示本地接口的所有路由器、FF02::1表示本地链路的所有主机、FF02::2表示本地链路的所有路由器、FF05::2表示本地站点的所有路由器。

（3）泛播地址

多播地址在某种意义上可以由多个节点共享。多播地址成员的所有节点均期待接收发送给该地址的所有包。一个连接5个不同的本地以太网网络的路由器要向每个网络转发一个多播包的副本（假设每个网络上至少有一个预订了该多播地址）。泛播地址与多播地址类似，同样是多个节点共享一个泛播地址，不同的是，只有一个节点期待接收给泛播地址的数据报。

泛播对提供某些类型的服务特别有用，尤其是对于客户机和服务器之间不需要有特定关系的一些服务，例如域名服务器和时间服务器。域名服务器就是一个名字服务器，不论远近都应该工作得一样好。同样，一个近的时间服务器，从准确性来说，更为可取。因此当一个主机为了获取信息，发出请求到泛播地址时，响应的应该是与该泛播地址相关联的最近的服务器。

泛播（anycast）地址是 IPv6 特有的地址类型，它用来标识一组网络接口（通常属于不同的节点）。路由器将目标地址是泛播地址的 IPv6 报文发送给距离该路由器最近的网络接口。泛播适用于 one-to-one-of-many（一对一组中的一个）通信场合。接收端只需是一组接口中的一个即可。

泛播地址是单播地址的一部分，仅看地址本身，节点是无法区分泛播地址与单播地址的。因此，节点必须通过显式的方式指明这是一个泛播地址。目前，泛播地址仅作为目的地址，且只分配给路由器使用。

了解如何为一个单播包确定路由，必须从指定单个单播地址的一组主机中提取最低的公共选路命名符，即它们必定有某些公共的网络地址号，并且其前缀定义了所有泛播节点存在的地区。比如，一个 ISP 可能要求它的每一个用户机构提供一个时间服务器，这些时间服务器共享单个泛播地址。在这种情况下，定义泛播地区的前缀被分配给 ISP 作再分发用。

发生在该地区的选路是由共享泛播地址的主机的分发来定义的。在该地区，一个泛播地址必定带有一个选路项，该选路项包括一些指针，指向共享该泛播地址的所有节点的网络接口。在上述情况下，地区限定在有限范围内。泛播主机也可能分散在全球 Internet 上，如果是这种情况，那么泛播地址必须添加到遍及世界的所有路由表上。

4. 特殊地址和保留地址

在第一个 1/256 IPv6 地址空间中，所有地址的第一个 8 位 0000 0000 被保留。大部分空的地址空间用作特殊地址，这些特殊地址包括：

- 未指定地址：这是一个“全 0”地址，当没有有效地址时，可采用该地址。例如，当一个主机从网络第一次启动时，它尚未得到一个 IPv6 地址，就可以使用该地址，即当发出配置信息请求时，在 IPv6 包的源地址中填入该地址。该地址可表示为 0 : 0 : 0 : 0 : 0 : 0 : 0 : 0，如前所述，也可写成 : :。
- 环回地址：

在 IPv4 中，环回地址被定义为 127. 0 . 0 . 1。任何发送环回地址的包必须通过协议栈到网络接口，但不发送到网络链路上。网络接口本身必须接收这些包，就好像是从外面节点收到的一样，并将其传回给协议栈。环回功能用来测试软件和配置。IPv6 环回地址除了最低位外，其余位全为 0，即环回地址可表示为 0 : 0 : 0 : 0 : 0 : 0 : 0 : 1 或 : : 1。

除上面介绍的几种单播地址外，IPv6 标准中还规定了几种兼容 IPv4 的单播地址类型，主要用于 IPv4 向 IPv6 的过渡，包括 IPv4 兼容地址、IPv4 映射地址以及 6to4 派生地址三类。

- IPv4 兼容地址：可表示为 0:0:0:0:0:0:w.x.y.z 或 :: w.x.y.z（w.x.y.z 是点分十进制表示的 IPv4 地址）。IPv4 兼容的 IPv6 地址用于同时兼容 IPv4 和 IPv6 两种协议栈的网络节点。
- IPv4 映射地址：是一种内嵌 IPv4 地址的 IPv6 地址，可表示为 0:0:0:0:0:FFFF:w.x.y.z 或 :: FFFF:w.x.y.z。IPv4 映射的 IPv6 地址用于把不兼容 IPv6 的 IPv4 网络节点的 IPv4 地址映射到 IPv6 地址空间。
- 6to4 派生地址：用于运行 IPv4 和 IPv6 两种协议栈的节点在 IPv4 网络中进行通

信。6to4 是通过 IPv4 路由方式在主机和路由器之间传递 IPv6 报文的自动隧道技术。6to4 地址格式为 2002:abcd:efgh: 子网号 :: 接口 ID/64，其中 2002 表示固定的 IPv6 地址前缀，abcd:efgh 表示该 6to4 隧道对应的 32 位 IPv4 源地址，用 16 进制表示（如 1.1.1.1 可以表示为 0101:0101）。通过这个嵌入的 IPv4 地址可以自动确定隧道的终点，使隧道的建立非常方便。

5. 地址配置

IPv6 主机地址配置方法包括手工配置和自动配置，自动配置又分为有状态自动配置和无状态自动配置两种。有状态自动配置是采用 DHCPv6 协议进行配置的，而无状态自动配置用到本地链路地址。要注意的是，IPv6 只有前缀长度，没有子网掩码的概念。

手工配置主机 IP 地址是一件非常烦琐的事情，而管理分配给主机的静态 IP 地址更是一项艰难的任务，尤其是当主机 IP 地址需要经常改动的时候。在 IPv4 中，动态主机配置协议（DHCP）实现了主机 IP 地址及其相关配置的自动设置。一个 DHCP 服务器拥有一个 IP 地址池，主机从 DHCP 服务器得到 IP 地址并获得一些其他相关信息，比如默认路由器、DNS 服务器等，从而实现了自动设置主机 IP 地址的目的。

IPv6 的一个重要目标是支持"即插即用"，也就是说无须任何人工干预，就可以将一个节点插入 IPv6 网络并在网络中启动。为此，IPv6 使用了两种不同的机制来支持即插即用网络连接。一种机制是启动协议（BOOTstrap Protocol，BOOTP），另外一种机制是动态主机配置协议，这两种机制允许 IP 节点从特殊的 BOOTP 服务器或 DHCP 服务器获取配置信息。但是这些协议采用所谓的"状态自动配置"，即服务器必须保持每个节点的状态信息，并管理这些保存的信息。

状态自动配置的问题在于，用户必须保持和管理特殊的自动配置服务器以便管理所有"状态"，即所容许的连接及当前连接的相关信息。对于有足够资源来建立和保持配置服务器的机构来说，该系统可以接受；但是对于没有这些资源的小型机构，工作情形较差。

除了状态自动配置，IPv6 还采用了一种被称为无状态自动配置（stateless auto configuration）的自动配置服务。RFC 1971 中描述了 IPv6 的无状态自动配置。无状态自动配置要求本地链路支持多播，而且网络接口能够发送和接收多播。

无状态自动配置过程要求节点采用如下步骤：首先，进行自动配置的节点必须确定自己的链路本地地址；其次，必须验证该链路本地地址在链路上的唯一性；最后，节点必须确定需要配置的信息，该信息可能是节点的 IP 地址，或者是其他配置信息，或者两者皆有。如果需要 IP 地址，节点必须确定是使用无状态自动配置过程还是使用状态自动配置过程来获得。

具体地说，在无状态自动配置过程中，主机首先通过将它的网卡 MAC 地址附加在连接本地地址前缀 1111111010 之后，产生一个连接本地单播地址（IEEE 已经将网卡 MAC 地址由 48 位改为 64 位。如果主机采用的网卡的 MAC 地址依然是 48 位，那么 IPv6 网卡驱动程序会根据 IEEE 的一个公式将 48 位 MAC 地址转换为 64 位 MAC 地址）。接着主机向该地址发出一个被称为邻居发现（neighbor discovery）的请求，以验证地址的唯一性。如果请求没有得到响应，则表明主机自我设置的连接本地单点广播地址是唯一的，否则，主机将使用一个随机产生的接口 ID 组成一个新的连接本地单点广播地址。然后，以该地址为源地址，主机向本地连接中所有路由器多点广播一个被称为路由器请求（router solicitation）的配置信息请求，路由器以包含可聚集全局单点广播地址前缀和其他相关配置信息的路由器公告响应该请求。主机用它从路由器得到的全局地址前缀加上自己的接口 ID，自动配置全局地址，之后就可以与 Internet 中的其他主机通信了。

如果没有路由器为网络上的节点服务，即本地网络孤立于其他网络，则节点必须寻找配置服务器来完成其配置；否则，节点必须侦听路由器通告报文。这些报文周期性地发往所有主机的多播地址，以指明网络地址和子网地址等配置信息。节点可以等待路由器的通告，也可以通过发送多播请求给所有路由器的多播地址来请求路由器发送通告。一旦收到路由器的响应，节点就可以使用响应的信息来完成自动配置了。

使用无状态自动配置，无须手动干预就能够改变网络中所有主机的 IP 地址。例如，当企业更换了连入 Internet 的 ISP 时，将从新 ISP 处得到一个新的可聚集全局地址前缀。ISP 把该地址前缀从它的路由器上传送到企业路由器上。由于企业路由器将周期性地向本地连接中的所有主机多点广播路由器公告，因此企业网络中的所有主机都将通过路由器公告收到新的地址前缀，此后，它们就会自动产生新的 IP 地址并覆盖旧的 IP 地址。

5.8.4　IPv6 报文转发

IPv6 报文转发与 IPv4 报文转发的基本思想完全一致，即源主机发出的 IPv6 报文在经过路由器转发时，路由器通过 IPv6 报文中的目的地址查找 IPv6 路由表以决定下一跳和路由器输出接口。

IPv6 路由表的基本结构包括 4 部分，即网络前缀、前缀长度、下一跳地址和接口，表 5-15 给出了一个 IPv6 路由表。

表 5-15　IPv6 路由表

网络前缀 / 前缀长度	下一跳地址	接口
3::0/64	2::2	E0/0
::/64	4::2	E0/1

同样地，IPv6 路由表可以通过手工静态配置得到，但通常通过动态路由协议自动生成。

需要指出的是，在 IPv6 中，路由器是通过邻居发现（Neighbor Discovery，ND）而不是 IPv4 中的 ARP 来确定下一跳的 MAC 地址，从而决定输出接口的。

5.8.5　ICMPv6 协议

在 IPv4 中，ICMPv4 协议提供差错报告、网络控制以及信息查询等功能，ICMPv6 同样提供这些功能。除此之外，ICMPv6 还提供其他功能，如邻居节点发现、无状态地址发现（包括重复地址检测）、路径 MTU 发现等。ICMPv6 是一个非常重要的协议，它是理解 IPv6 中很多机制的基础。

1. ICMPv6 报文格式

ICMPv6 报文分为两类：一类是差错报文，另一类是信息报文。差错报文用于报告在转发 IPv6 报文时出现的错误，信息报文提供诊断功能和附加功能，比如多播侦听发现和邻居节点发现等。图 5-62 给出了 ICMPv6 报文格式。

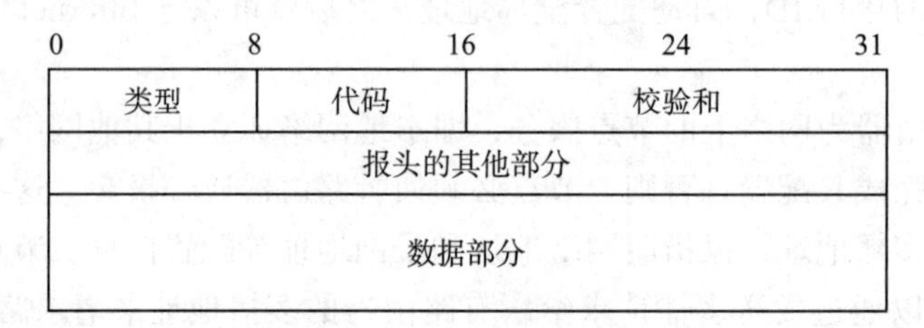

图 5-62 ICMPv6 报文格式

8 位类型字段的最高位为“0”表示该报文是 ICMPv6 差错报文，最高位为“1”表示该报文是 ICMPv6 信息报文。

2. 差错报文

常见的 ICMPv6 差错报文包括以下几种：目的不可达（Destination Unreachable）报文、报文超长（Packet Too Big）ICMPv6 差错报文、超时（Time Exceeded）ICMPv6 差错报文和参数出错（Parameter Problem）ICMPv6 差错报文。

目的不可达报文用于当路由器或目的主机无法将 IPv6 报文投递到目的端时，向源主机报告目的不可达差错。目的不可达报文的类型字段值为 1，代码字段值为 0 ～ 4。其中，0 表示路由不可达，1 表示被管理策略禁止，2 表示未分配，3 表示目的地址不可达，4 表示目的端口不可达。

报文超长 ICMPv6 差错报文用于路由器向源主机报告它的输出链路 MTU 小于 IPv6 报文长度而引起的差错，同时返回其 MTU 给源主机。该报文用于 IPv6 路径 MTU 发现。该报文的类型字段值为 2，代码字段值为 0。

超时 ICMPv6 差错报文用于当路由器接收到报头中跳限制（hop limit）字段值为 1 时丢弃该 IPv6 报文而引起的差错。该报文类型字段值为 3，代码字段值为 0 时，表示在报文传输过程中超过了跳限制，代码字段值为 1 时，表示是分片重组超时。

当 IPv6 报头或扩展报头出现错误导致 IPv6 报文不能被处理时，IPv6 节点会丢弃该报文并向源主机发送参数出错 ICMPv6 差错报文。该报文类型字段值为 4，代码字段值为 0 ～ 2，后面还有一个指针给出错误发生的位置。代码字段值为 0，表示遇到错误的报头字段，为 1 表示遇到无法识别的下一个报头类型，为 2 表示遇到无法识别的 IPv6 选项。

3. 信息报文

常见的 ICMPv6 信息报文主要包括回送请求（echo request）报文和回送应答（echo reply）报文。回送请求 / 应答报文机制提供了一个简单的诊断工具来协助发现和处理各种可达性问题。

回送请求报文用于发送报文到目标节点，目标节点接收到该报文之后立即返回一个回送应答报文。回送请求报文的类型字段值为 128，代码字段值为 0。回送应答报文的类型字段值为 129，代码字段值也为 0。回送请求 / 应答报文都含有标识符和序号字段，用于将收到的回送应答报文与发送的回送请求报文进行匹配。

4. 路径 MTU 发现协议

ICMPv6 报文可以用于测试目的主机可达性的 ping 命令和进行路由跟踪的 tracert 命令，具体用法和 ICMPv4 基本相同，在此不再赘述。下面重点介绍将 ICMPv6 报文用于路径最大传输单元（PMTU）发现。

路径 MTU 发现的 IPv6 版本在 RFC 1981（IPv6 的路径 MTU 发现）中描述。这是对原有 RFC 1191 的升级，但其中加入了一些改变使之可以工作在 IPv6 中。其中最重要的是，由于 IPv6 头中不支持分段，因此也就没有“不能分段”位。正在执行路径 MTU 发现的节点只是简单地在自己的网络链路上向目的地发送允许的最长包。如果一条中间链路无法处理该长度的包，尝试转发路径 MTU 发现包的路由器将向源主机回送一个 ICMPv6 出错报文，然后源主机将发送另一个较小的包。这个过程将一直重复，直到不再收到 ICMPv6 出错报文为止，之后源主机就可以使用最新的 MTU 作为路径 MTU 了。

在 IPv4 网络中，当 IPv4 报文比链路层的 MTU 大时，中间路由器可能对 IPv4 报文进行分片，甚至是多次分片，造成路由器性能的下降。

在 IPv6 网络中，分片不在中间路由器上进行。当需要传送的 IPv6 报文比链路的 MTU 大时，由源主机对 IPv6 报文进行分片。但是这样会面临一个问题，例如，如果与源主机直接相连的链路 MTU 值为 1400 字节，而在传送路径上的另一链路的 MTU 值为 1300 字节，这又会面临分片问题。因此要求源主机在发送 IPv6 报文之前能够发现整个发送路径上所有链路的最小 MTU，然后源主机以该 MTU 值发送 IPv6 报文。

假设在源主机和目的主机之间的路径经过路由器 A 和 B。源主机和路由器 A 之间网络的 MTU 是 1500 字节，路由器 A 和路由器 B 之间网络的 MTU 是 1400 字节，路由器 B 和目的主机之间网络的 MTU 是 1300 字节，那么在这个例子中，源主机 PMTU 发现过程如下。

1）源主机刚开始使用 1500 字节作为 MTU 值，向目的主机发送 IPv6 报文。

2）中间路由器 A 用 ICMPv6 超长报文向源主机报告差错，同时该报文指定 MTU 值为 1400 字节。

3）源主机用 1400 字节作为 MTU 值，向目的主机发送 IPv6 报文。

4）中间路由器 B 用 ICMPv6 超长报文向源主机报告差错，同时该报文指定 MTU 值为 1300 字节。

5）源主机用 1300 字节作为 MTU 值，向目的主机发送 IPv6 报文。

6）目的主机收到该报文，此后它们之间发送的所有 IPv6 报文都使用 1300 字节作为 MTU 值。

5.8.6　过渡技术

IPv6 提供许多过渡技术来实现演进过程：IPv6 孤岛互通技术，以实现 IPv6 网络与 IPv6 网络的互通问题；IPv6 与 IPv4 互通技术，以实现两个不同网络之间的互通。IPv4

向 IPv6 过渡的主流技术包括双协议栈、协议转换以及隧道（tunnel）三种技术。

1. 双协议栈

“双栈”是指单个节点同时支持 IPv4 和 IPv6 协议栈，这样的节点既可以基于 IPv4 协议直接与 IPv4 节点通信，也可以基于 IPv6 协议直接与 IPv6 节点通信，因此它可以作为 IPv4 网络和 IPv6 网络之间的衔接点。很明显，无论是隧道技术中隧道的封装和解封装设备，还是互通技术中的 NAT-PT（Network Address Translation-Protocol Translator，NAT 协议转换器）设备或者 ALG（Application Level Gateway，应用层路由器）设备，本身都必须是双栈设备，因此双栈技术是各种过渡技术的基础。

由于双栈设备需要同时运行 IPv4 和 IPv6 两个协议栈，因此需要同时保存两套命令集，同时计算、维护与存储两套表项，对路由器设备而言，还需要对两个协议栈进行报文转换和重封装，所以运行双栈的设备明显要比只运行一个协议栈的设备负担更重，对设备的性能要求更高，维护和优化的工作也更复杂。

双栈技术除了用于 IPv4 和 IPv6 间的路由器设备以外，还可以用来组建小型的 IPv4 和 IPv6 混合型网络。在这种网络中，所有的网络节点都是双栈主机，都可以直接访问 IPv4 或者 IPv6 网络中的资源，这样的双栈网络不存在互通问题，有一定的方便性。但是它需要为网络中的每个 IPv6 节点同时分配一个 IPv4 地址，不但仍然受制于 IPv4 地址资源不足的问题，而且对每个节点的性能要求都比较高，势必会增加用户建网和维护的成本，因而仅适合于 IPv4 向 IPv6 过渡的初期或者后期，在 IPv6 或者 IPv4 的小型孤岛上组建这种网络。

2. 隧道

隧道技术用来将不直接相连的 IPv6 或者 IPv4 孤岛互相连接起来，这种连接可能有两种情况：一种是隧道的两端是 IPv6 孤岛，需要穿越 IPv4 网络进行连接；另一种是隧道的两端是 IPv4 孤岛，需要穿越 IPv6 网络进行连接。无论哪种情况，都需要在隧道的入口对报文进行重新封装，然后把封装过的报文通过中间网络转发到隧道出口，在隧道出口对报文进行解封装后，再将恢复后的报文转发到目的地。下面主要介绍第一种情况，即隧道的两端是 IPv6 孤岛，需要穿越 IPv4 网络进行连接，如图 5-63 所示。

在图 5-63 中，手工配置隧道直接使用 IPv4 封装 IPv6 报文。隧道入口的路由器从 IPv6 侧收到一个 IPv6 报文后，根据 IPv6 报文的目的地址查找 IPv6 转发表，如果该报文下一跳地址为隧道逻辑接口，则将该报文根据隧道配置的源和目的 IPv4 地址，将 IPv6 的报文封装到 IPv4 的报文中。封装后的 IPv4 报文的源地址和目的地址分别是隧道入口和出口的 IPv4 地址，并用 IPv4 报头的“协议”字段标识其负载为 IPv6 报文。报文通过 IPv4 网络转发到隧道的出口路由器，在此再将 IPv6 分组取出并转发给目的 IPv6 节点。需要注意的是，图 5-63 中隧道两端的设备（路由器 B 和路由器 E）必须支持 IPv4/IPv6 双协议栈。

手工隧道技术原理简单，技术成熟稳定。但由于是纯手工配置，大量使用该技术时带来的维护量较大，可扩展性不好。即使与同为手工配置的 GRE 隧道相比，由于 IPv4 报文本身不提供安全认证和报文验证，安全性也不如 GRE 隧道。

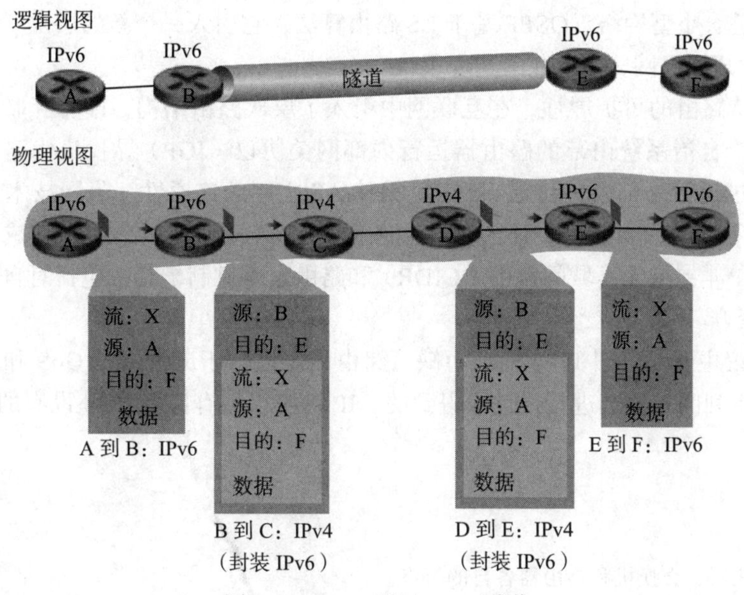

图 5-63 IPv6 通过 IPv4 隧道

5.9 小结

集线器、网桥和局域网交换机都能实现网络互联，但为了解决集线器、网桥和局域网交换机在网络互联异构性和扩展性方面存在的问题，必须引入路由器。

路由器是互联网的核心设备，它具有路由和报文转发两大核心功能。路由器通常由输入端口、交换结构、输出端口以及路由处理器构成。

IP 是实现异构网络互联最关键的协议，也是路由器必须支持的协议。

在互联网中，每个网络接口都有一个 IP 地址。IP 地址由网络号和主机地址两部分组成。早期的 IP 地址按类划分，但现在互联网上的地址是不分类的。采用私有地址也是为了解决 IPv4 地址短缺的问题，但是采用私有地址后，必须引入 NAT，以便在私有地址和公网地址之间进行转换。

路由器会根据 IP 报文中的目的 IP 地址来做出转发决策，而且它在进行路由决策时依赖于目的 IP 地址的网络前缀而不是整个 IP 地址，这样可以简化路由表。

ARP 用于 IP 地址到 MAC 地址的映射，DHCP 用于为主机动态地分配 IP 地址，ICMP 则用于报告差错、控制以及查询。

路由器一般支持两种路由：静态路由和动态路由。在静态路由情况下，路由表由管理员手工配置；而在动态路由情况下，路由表是通过路由协议自动生成的。

常用的路由算法有距离向量（DV）路由算法和链路状态（LS）路由算法。距离向量路由算法的工作原理是邻居路由器之间定期交换距离向量表，然后更新各自的路由表。距离向量路由算法比较简单，对路由器要求不高，但是它存在慢收敛问题。LS 路由算法基于 LS 报文的扩散和最短路径计算，它比距离向量算法的可扩展性好，且收敛速度快，但是 LS 路由算法对路由器的要求比较高。常用的 IGP 是 RIP 和 OSPF。RIP 基于距离向量路由算法，存在慢收敛问题。另外，RIP 基于跳数度量最短路径，其最大跳数是

15，因此只适合小型网络。OSPF 基于 LS 路由算法，它引入一个新的层次——区，因此 OSPF 支持大规模组网，而且收敛速度很快。

为了支持路由的可扩展性，在互联网中引入了层次路由结构，即将互联网分为不同的自治系统。自治系统内部的路由器运行内部网关协议（IGP）寻找最优路径，而自治系统之间通过运行外部网关协议（EGP）维持 AS 之间的连通性。子网技术是为了提高 IPv4 地址的利用率而引入的，而超网技术在提高 IPv4 地址利用率的同时减小了路由表的规模。BGP-4 支持无类域间路由（CIDR）和路由聚合机制，其中包括对自治系统路径 AS-Path 的聚合。

IPv6 协议主要是针对 IPv4 地址短缺、路由表规模过于庞大以及 QoS 和移动计算支持不够等一系列问题对其进行改进而得到的。IPv6 协议拥有许多 IPv4 没有的新特点。

习题

1. 请比较集线器、交换机和路由器各自的特点。
2. 路由器的主要功能是什么？
3. 简述路由器的基本组成。
4. 请给出 IP 报文格式，并说明其每个字段的含义。
5. 为什么 IP 报头中的 Offset 字段要以 8 字节为单位来度量偏移量？
6. 假设某主机在 60 秒内连续发送长度为 576 字节的不同 IP 报文，为了保证 IP 报文的标识在 60 秒内不会出现重复，主机的最大发送速率是多少？假设 IP 报文在互联网中的最大生存时间是 60 秒，如果主机发送速率过大会出现什么样的问题？
7. 用带点十进制标记法，写出十六进制 C22F1582 的 IP 地址。
8. 请解释网络地址、全 0 地址以及网络号为全 0 的 IP 地址的含义。
9. 直接广播 IP 地址和受限广播 IP 地址的区别是什么？
10. 环回地址和私有地址各有什么用途？
11. 为什么要使用私有地址？
12. NAT 的主要功能是什么？
13. 路由器有 IP 地址吗？如果有，有多少个？
14. 在 IP 报文转发过程中，为什么采用网络前缀路由？
15. 在 IP 路由表中引入默认路由的目的是什么？
16. IP 地址为 128.23.67.3 的主机分别给 IP 地址为 193.45.23.7、128.45.23.7、128.23.23.7 的主机发送 IP 报文，试问这些 IP 报文要经过路由器转发吗？为什么？假定是按照有类地址路由而且不划分子网。
17. 某路由器有一个接口的 IP 地址是 108.5.18.22，它发送一个直接广播 IP 报文给接口网络上的所有主机。这个 IP 报文的源 IP 地址和目的 IP 地址是多少？
18. 是否有 x.y.z.1/32 这样的 IP 地址？为什么？
19. ARP 的功能是什么？
20. 将 ARP 表中各个记录的重传定时器设为 10 ～ 15min 是一个较合理的折中方案。试着解释当重传定时器设置过大或过小时将会出现什么问题。

21. 请简述 DHCP 客户状态转换过程。
22. 请简述 DHCP 工作过程。
23. 假定你购买了一个无线路由器并将其与 ADSL 调制解调器相连，同时你的网络服务提供商 ISP 动态为你的无线路由器分配了一个 IP 地址，还假定你家有 3 台 PC，均使用 802.11 与该无线路由器相连。请问无线路由器该怎样为这 3 台 PC 分配 IP 地址？该路由器使用 NAT 吗？为什么？
24. ICMP 的功能是什么？
25. 目的不可达 ICMP 差错报文中目的网络不可达、目的主机不可达、目的协议不可达以及目的端口不可达各有什么含义？
26. 请简单阐述 ping 和 tracert 命令的工作过程。
27. 无类地址与有类地址相比有什么优点？
28. 与 IPv4 协议相比，IPv6 协议做了哪些重要的改进？
29. 请给出 IPv6 报文固定报头格式，并说明其每个字段的含义。
30. IPv6 地址分为几类？有哪几种 IPv6 单播地址？
31. 请简述 ICMPv6 报文的作用。
32. 在 IPv6 网络中如何实现路径 MTU 发现。
33. IPv4 到 IPv6 共有哪几种过渡方案？
34. 什么是静态路由？它有什么优缺点？
35. 简述 DV 路由算法的工作过程。
36. 距离向量路由算法为什么存在慢收敛问题？如何解决？
37. 简述 LS 路由算法的工作过程。
38. 在 LS 路由算法中，如何保证 LS 报文的可靠扩散。
39. 请比较距离向量路由算法和 LS 路由算法各自的优缺点。
40. 层次路由结构的优点是什么？互联网是如何实现层次路由结构的？
41. RIP 的主要特点是什么？
42. RIP 中的各种定时器的功能是什么？
43. 假设运行 RIP 路由器的路由表有 20 个表项，问路由器共需要多少个更新定时器、失效定时器和删除定时器？
44. OSPF 协议的主要特点是什么？
45. OSPF 协议为什么要引入“区”这个层次？它有什么优点？
46. OSPF 网络中有哪几种路由器类型？哪几种路由？
47. OSPF 协议有哪几种报文？每种报文的功能是什么？
48. 为什么 OSPF 协议的收敛速度快于 RIP ？
49. 简述 BGP-4 的主要功能和特点以及其工作过程。
50. 给出将网络划分为几个自治系统的一个示例，使从主机 A 到主机 B 的最少跳数的路径穿过同一个 AS 两次，解释在这种情况下 BGP 将会采取什么样的动作。
51. 简述 IPv6 的报文格式。
52. 简述 IPv6 报文转发方式。
53. 简述 IPv6 采用隧道方式过渡方案的工作原理。

第6章　端到端协议

网络层的主要功能是将不同的物理网络连接起来，用于实现主机之间的通信。根据第5章介绍的内容可知，互联网的报文转发是按照跳到跳（hop-by-hop）方式进行的。本章主要讨论传输层协议如何在网络层提供主机通信服务的基础上提供进程之间的通信服务。

传输层涉及的重要议题包括进程之间的逻辑通信、多路复用、传输连接的建立以及传输层协议。本章首先讨论网络进程通信机制；其次重点讨论UDP和TCP，TCP包括服务特性、报文格式、连接管理、差错控制、流量控制、拥塞控制，特别是TCP连接管理；最后讨论QUIC协议。

6.1　网络进程通信

传输层的功能是在网络层提供主机通信服务的基础上提供不同主机之间进程通信的功能。对于互联网，网络层通过IP地址实现主机寻址，而传输层通过端口号（port number）实现进程寻址。有了IP协议，IP报文可以顺利地被传输到对应IP地址的主机，当主机收到一个IP报文后，它应该把该IP报文交给哪一个应用程序处理呢？这台主机可能运行多个应用程序，比如处理HTTP请求的Web服务器、处理客户读写的MySQL服务器等。

传输层用端口号来区分同一个主机上不同的应用程序。操作系统为有需要的进程分配端口号，当目标主机收到数据包之后，会根据数据报文首部的目标端口号将数据发送到对应端口的进程。

图6-1给出了TCP/IP网络模型中网络层IP地址和传输层端口号之间的关系。

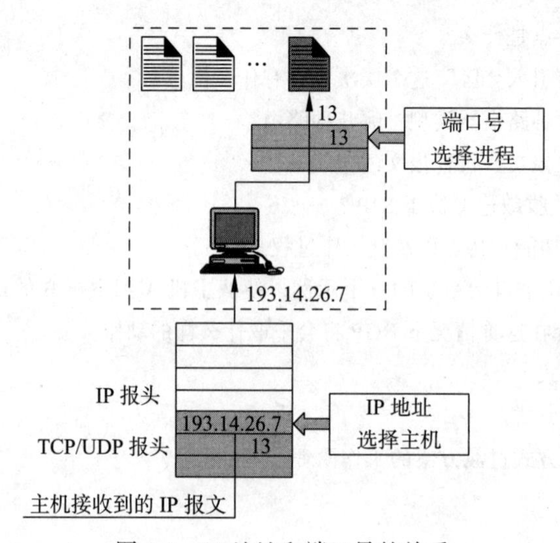

图6-1　IP地址和端口号的关系

在互联网中，端口被分为三大类。

第一类称为众所周知端口（well-known port），编号一般是 0 ～ 1023，通常由操作系统分配，用于标识一些众所周知的网络服务。

为了让客户端能随时找到服务器，服务器程序的端口必须是固定的。很多熟知的端口号已经被分配给特定的应用，比如 HTTP 使用 80 端口、HTTPS 使用 443 端口、SSH 使用 22 端口。例如，访问百度网站（http://www.baidu.com/），其实就是向百度服务器之一的 80 端口发起 HTTP 请求。

众所周知端口通常由互联网地址分配机构（Internet Assigned Numbers Authority，IANA）统一分配，具体分配工作由互联网名称与数字地址分配机构（Internet Corporation for Assigned Names and Numbers，ICANN）实施。表 6-1 列出了 TCP 和 UDP 的常用端口号。

表 6-1　TCP 和 UDP 的常用端口号

端口号	协议	关键词	描述
53	UDP/TCP	DNS	域名系统
67/68	UDP	DHCP	动态主机配置协议
69	UDP	TFTP	简单文件传送协议
161	UDP	SNMP	简单网络管理协议
20/21	TCP	FTP	文件传输协议
22	TCP	SSH	安全远程登录
23	TCP	Telnet	远程登录
25	TCP	SMTP	简单邮件传输协议
110	TCP	POP3	邮局协议 3
80	TCP	HTTP	超文本传输协议
443	TCP	HTTPS	安全超文本传输协议

在 Linux 上，如果你想侦听这些端口则需要 Root 权限，为的就是这些众所周知端口不被普通的用户进程占用，防止某些普通用户实现恶意程序（比如伪造 SSH 侦听 22 号端口）来获取敏感信息。众所周知端口也被称为保留端口。

第二类称为注册端口（registered port）。注册端口不受 IANA 控制，不过由 IANA 登记并提供它们的使用情况清单。它的范围为 1024 ～ 49151。

众所周知端口号和注册端口号都可以在 IANA 的官网上查到。

第三类称为动态端口（dynamic port），也称私有端口（private port），编号为 49152 ～ 65535。这些端口可供操作系统临时分配给应用进程使用。如果应用进程没有直接调用 bind() 函数将 socket 绑定到特定端口号上，那么操作系统会为该 socket 分配一个临时端口号。

不同的操作系统会选择不同范围的临时端口号进行分配。在 Linux 上能分配的临时端口号范围由 /proc/sys/net/ipv4/ip_local_port_range 变量决定，一般 Linux 内核的临时端口号范围为 32768 ～ 60999。我们可以通过 Linux 命令 cat /proc/sys/net/ipv4/ip_local_port_range 进行查看。在需要主动发起大量连接的服务器上（比如网络爬虫、正向代理等）可以调整 ip_local_port_range 的值，允许分配更多的可用临时端口。

6.2 UDP

UDP 在 IP 提供主机之间通信服务的基础上通过端口机制提供应用进程之间的通信功能。UDP 除了提供应用进程对 UDP 的复用功能外，不提供任何其他更高级的功能，即 UDP 提供的应用进程之间的通信功能是不可靠的。也就是说，UDP 没有在 IP 提供的主机之间不可靠的数据报服务之上提供任何差错控制机制。

下面讨论 UDP 的报文格式、多路复用与分解、校验和及伪报头。

6.2.1 报文格式

UDP 实现不同应用进程标识的方法就是在 UDP 报文的报头中包含发送方应用进程和接收方应用进程各自使用的 UDP 端口。图 6-2 给出了 UDP 报文格式。

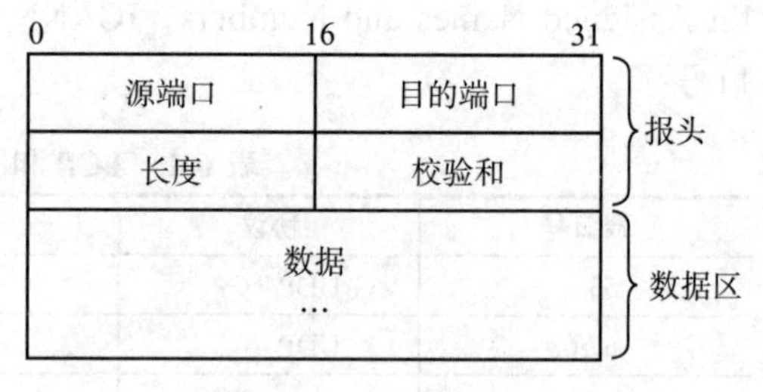

图 6-2 UDP 报文格式

UDP 报文包括报头和数据两部分，其中报头包含源端口、目的端口、长度和校验和 4 个字段。每个字段都是 16 比特。

6.2.2 多路复用与分解

UDP 的多路复用是指多个应用进程使用同一个 UDP 发送数据，而在接收方则是 UDP 要将 UDP 报文中的数据送给不同的应用进程，这就是多路分解。UDP 的多路复用和分解都是通过端口来实现的。

UDP 的目的端口和源端口字段是 16 比特，这就意味着 UDP 最多可以支持 65536 个可用端口。事实上，UDP 端口只是用来标识同一台主机上的不同应用进程，互联网上不同主机的标识是通过 IP 地址来完成的。也就是说，在互联网上，使用 UDP 进行通信的两个应用进程是通过〈源 IP 地址，源端口，目的 IP 地址、目的端口〉4 元组来标识的。因此，UDP 报文格式中的目的端口字段构成接收主机上的应用进程的多路分解密钥，如图 6-3 所示。

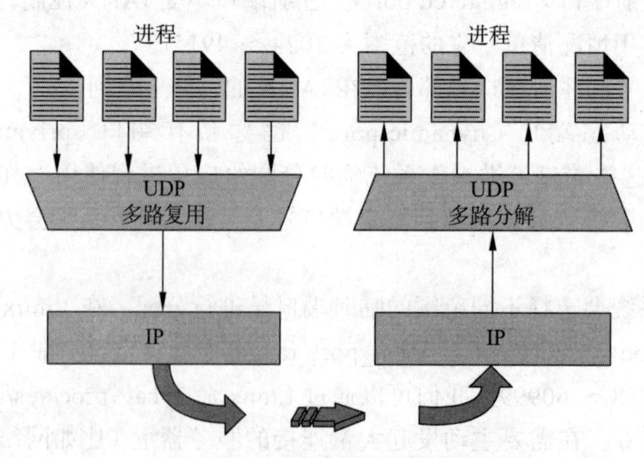

图 6-3 UDP 多路复用和分解

但事实上，UDP 端口的具体实现在不同的操作系统中是不尽相同的。一般来说，一个 UDP 端口就是一个可读写的消息队列。当主机上的应用进程要发送数据时，应用进程请求操作系统创建一个队列用来缓存要发送的数据，并且给队列分配一个数字以标识该队列，这个数字就相当于端口号。UDP 从该队列中取数据放入 UDP 报文中，然后将该 UDP 报文交给 IP 协议发送即可。

当 UDP 接收到一个报文时，UDP 首先查看 UDP 报文中目的端口号对应的队列是否已经被应用进程创建（即应用进程是否打开），如果目的端口所对应的队列还未创建，UDP 就丢弃该 UDP 报文并向发送方主机发送目的端口不可达 ICMP 报文，否则 UDP 根据 UDP 报文中的目的端口号将报文中的数据放入相应的队列中。

6.2.3 校验和

在 TCP/IP 协议栈中，IP、ICMP、UDP 和 TCP 等协议的校验和算法相同，但是校验和覆盖的范围是不同的。IP 校验和只覆盖 IP 报头，不覆盖 IP 报文中的数据字段；ICMP 校验和覆盖整个报文的报头和数据；UDP 和 TCP 的校验和不仅覆盖整个报文（含报头和数据），还有 12 字节的 IP 伪报头，包括源 IP 地址（4 字节）、目的 IP 地址（4 字节）、协议（2 字节）、TCP/UDP 报文长度（2 字节）。另外，UDP、TCP 报文的长度可以为奇数字节，所以在计算校验和时需要在最后增加填充字节 0（填充字节只是为了计算校验和，可以不被传送）。

在 UDP 中，校验和是可选的，当校验和字段为 0 时，表明该 UDP 报文未使用校验和，接收方就不需要校验和检查了。如果 UDP 校验和的计算结果是 0，则存入的值为全 1（65535），这在二进制反码计算中是等效的。

6.2.4 伪报头

UDP 校验和计算有一个与众不同的特点，即校验和除覆盖 UDP 报文外，还覆盖一个附加报头，我们称之为**伪报头**（**pseudo header**）。伪报头由来自 IP 报头的 4 个字段（协议、源 IP 地址、目的 IP 地址、UDP 长度）和填充字段构成，伪报头格式如图 6-4 所示。其中填充字段为全 0，其目的是使伪报头的长度为 32 比特的整数倍；协议字段就是 IP 报头格式中的协议字段，为 17（在 IP 报文格式的协议字段中，17 表示 UDP）；UDP 长度字段表示 UDP 报文长度（含报头和数据）。

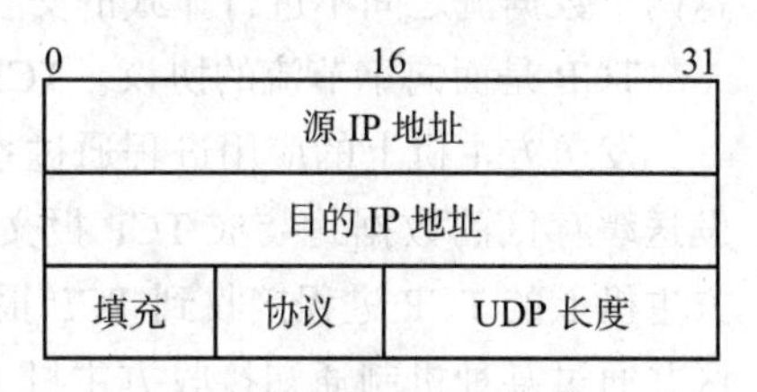

图 6-4 伪报头的格式

UDP 计算校验和加上伪报头的目的是验证 UDP 报文是否在两个端点之间正确传输。因为 UDP 报文包含源端口和目的端口，而伪报头包含源 IP 地址和目的 IP 地址，假如 UDP 报文在通过互联网传输时，有人恶意篡改了源 IP 地址（IP 源地址欺骗），则这种情况可以通过 UDP 的校验和检查出来。

需要注意的是，UDP 在计算校验和的伪报头信息中，部分内容来源于 IP 报头信息，也就是说 UDP 在计算校验和时，UDP 必须从 IP 层获取相关信息，否则无法形成伪报头，也就计算不出 UDP 的校验和。这实际上违背了 TCP/IP 网络体系结构中的分层原则，但这种违背原则是出于实际的需求而不得不做的折中。而且事实上，UDP（包括 TCP）与 IP 的联系是非常紧密的，而且它们一般都在操作系统内核实现，因此无论是 UDP 还是 TCP，要获得 IP 的相关信息是非常容易和方便的。

6.3 TCP

与 UDP 相比，TCP 就复杂得多。可以说 TCP 是一个非常复杂的协议，因为 TCP 要解决很多问题，这些问题又带出了很多子问题。所以学习 TCP 是个比较痛苦的过程，但在学习的过程中却能让人有很多收获。本节主要介绍 TCP 服务特性、报文结构、流量控制等内容。关于 TCP 这个协议的细节，可以参考 W.Richard Stevens 编写的《TCP/IP 详解 卷 1：协议》。

6.3.1 服务特性

TCP 用于在不可靠的互联网上提供面向连接、点到点、全双工、可靠的字节流传输服务。面向连接意味着使用 TCP 服务的网络应用必须首先建立 TCP 连接，然后才能发送数据，这也意味着 TCP 是有状态（stateful）的协议。TCP 连接的建立和关闭过程都比较复杂，本节后面会详细介绍 TCP 连接和关闭过程。

点到点的意思是每个 TCP 连接只有两个端点，也就是说 TCP 不支持组播或广播。TCP 不提供广播、多播服务。可靠意味着应用进程之间传输的数据不丢失、不出错、不乱序，也不会出现重复报文。

TCP 提供的是全双工连接。全双工连接包含两个独立的、流向相反的数据流，而且这两个数据流之间不进行显式的交互。

TCP 是面向字节流的协议。TCP 把数据看成一个无结构的、有序的字节流。

发送方主机上的应用进程通过系统调用将用户数据写入 TCP 的发送缓存区，TCP 将发送缓存区的数据封装成 TCP 报文段（segment）后传给 IP 层发送到互联网上去。接收方主机上的 TCP 进程接收到 TCP 报文后取出 TCP 报文中的数据，放入 TCP 的接收缓存区并通过某种机制通知接收方主机上的应用进程来读取 TCP 接收缓存区中的数据。TCP 的发送和接收过程如图 6-5 所示。

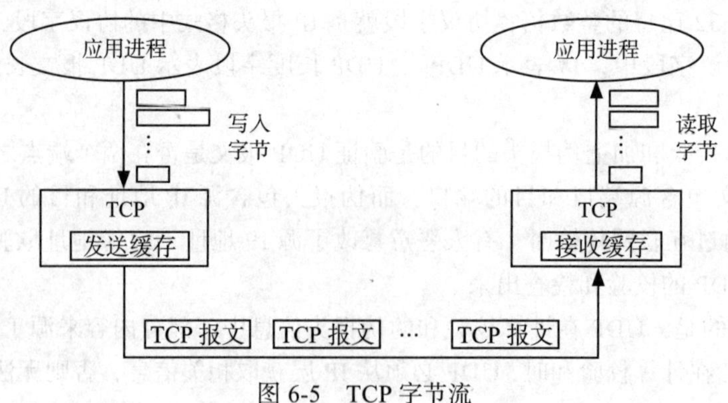

图 6-5 TCP 字节流

另外，与 UDP 一样，TCP 支持多路复用，允许不同的应用进程之间都使用 TCP 进行可靠数据传输服务。除此之外，TCP 还提供流量控制和拥塞控制等服务。流量控制允许 TCP 接收方限制 TCP 发送方在给定时间内发送的数据量，拥塞控制是为了防止 TCP 发送方发送速率超出网络的容量从而导致网络拥塞。

6.3.2　报文格式

每个 TCP 报文包含 20 字节固定报头、选项和数据 3 部分。图 6-6 给出了 TCP 报文格式。

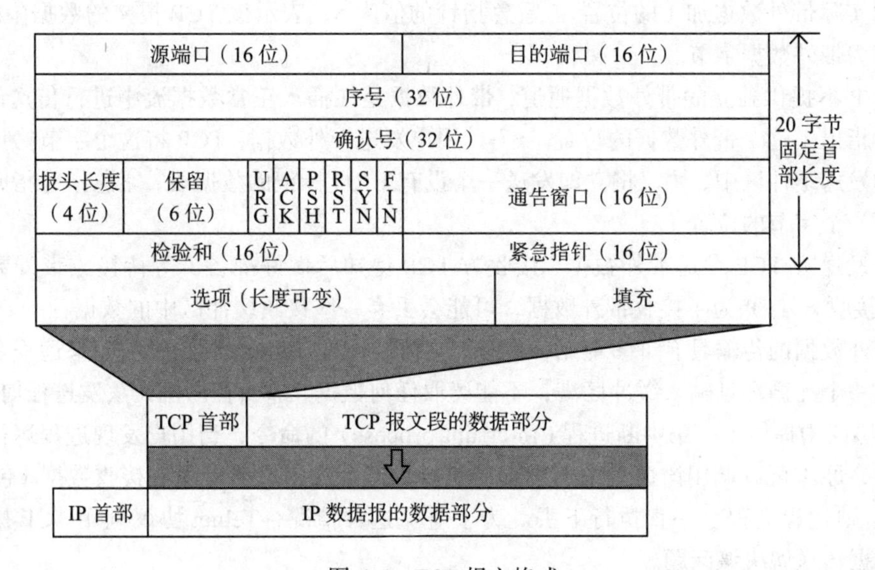

图 6-6　TCP 报文格式

TCP 报头包括 20 字节的固定报头和长度可变的选项字段（填充字段用于保证选项字段长度为 32 位的整数倍）。TCP 报头各字段含义如下。

源端口（source port）和目的端口（destination port）分别表示源端口号和目的端口号。TCP 报文中的源端口和目的端口加上 IP 报文中的源地址和目的地址，构成一个四元组（源端口，源地址，目的端口，目的地址），唯一地标识一个 TCP 连接。

序号（sequence number）和确认号（acknowledgment number）用于 TCP 差错控制。序号给出了 TCP 报文段中数据字段第一个字节的字节流编号。确认号表示 TCP 接收方希望接收的下一个 TCP 报文数据部分第一个字节的字节编号。确认号字段只有在 ACK 标志位为 1 时才有效。

通告窗口（advertisement window）字段用于标识 TCP 接收方缓存区的大小。TCP 通过通告窗口字段进行流量控制。

6 比特的标志位（flags）用于区分不同类型的 TCP 报文，分别是 SYN、ACK、FIN、RST、PSH 和 URG。

SYN 和 ACK 这两个标志位用于 TCP 连接建立过程，FIN 标志位用于 TCP 连接的撤销，RST 标志位用于 TCP 连接复位。

PSH 位用来通告接收方立即将收到的报文连同 TCP 接收缓存里的数据递交给应用

进程处理，发送方在发送数据的时候可以设置这个标志位。当两个应用进程进行交互式通信时，TCP 都会使用 push 操作，即每个 TCP 报文段都会被置为 1。在最初的 TCP 规范中，允许发送方应用进程设置 TCP 的 PSH 标志。当发送方应用进程设置 TCP 的 PSH 标志位后，发送方 TCP 立即将发送缓存中的数据发送出去；而接收方 TCP 在收到带有 PSH 标志的 TCP 报文段后，立即将已接收到的数据提交给接收应用进程。PSH 标志位也被称为急迫位。

为了能够在正常的字节流中传送紧急数据（也称为带外数据），TCP 设计 URG 标志位和紧急指针（urgent pointer）。一个包含带外数据的 TCP 报文段的 URG 为 1，紧急指针指向实际带外数据加 1 的位置。 紧急指针的值为 5，表示该 TCP 报文的数据中的第 4 个字节为带外数据字节。

TCP 不提供独立的带外数据通道，带外数据是在插入正常数据流中进行传送的，紧急指针指出了这个带外数据的位置。 一旦用户发送带外数据，TCP 将这个字节拷贝到套接字的发送缓冲区中，协议将立即发送一个设有 URG 标记的数据段，紧急指针指向带外字节下一个字节的位置。

当发送方 TCP 发送带外数据，接收方 TCP 得知后做好准备，等待接收带外数据。例如，接收方 TCP 为了接收带外数据，可能会丢弃一些接收缓冲区中的数据。

带外数据的传输具有许多应用，例如，它可以用在 Telnet 协议中。 如果远程登录程序陷入一个死循环且输入缓冲区满，不能读取任何数据，那么客户机无法发送任何数据。Telnet 协议中提供了一条中断进程（interrupt process）的命令，当用户发现进程运行出现异常时，原本可以调用该命令中断进程的执行，但现在因服务器无法接收数据（包括 IP 命令），则远程进程会一直执行下去。为了避免这种情况，Telnet 协议利用 TCP 提供的带外数据传送解决该问题。

长度（header length）字段表示 TCP 报头的长度，以 32 比特（4 字节）为计数单位。TCP 报文之所以需要这个字段，是因为里面有一个选项（option）字段，而选项字段的长度是可变的。报头长度字段为 4 比特，意味着 TCP 报头的最大长度是 60 字节（读者想一想为什么）。不含选项字段的 TCP 固定报头的长度是 20 字节。

TCP 的校验和（checksum）字段与 UDP 的校验和字段计算方法完全相同。它的计算范围覆盖 TCP 报头、TCP 数据和 TCP 伪报头。其中 TCP 伪报头包含 32 位源 IP 地址、32 位目的 IP 地址、8 位协议号（TCP 是 6，UDP 是 17）和 16 位报文总长度，外加 1 个保留字节（8 位全置 0）5 个字段，共 12 个字节。TCP 的校验和字段是必需的。TCP 校验和由发送方计算、接收方验证。如果接收方检测到传输差错，则直接丢弃 TCP 报文。

TCP 报头的最后一个字段是选项（option）。该字段最大长度为 40 字节，TCP 选项字段的结构如图 6-7 所示。

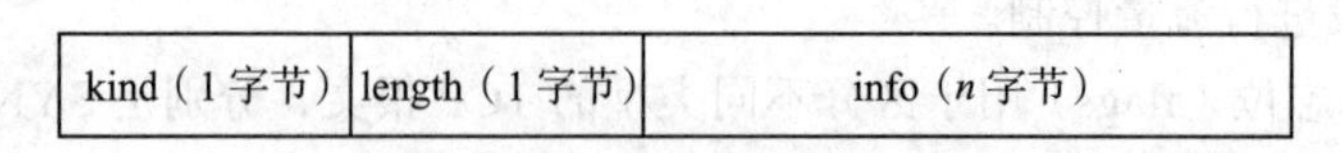

图 6-7 TCP 选项字段的结构

其中，选项的第一部分是 1 字节的 kind，说明选项的类型，有的 TCP 选项没有后面两部分，仅包含 1 字节的 kind；第二部分是 1 字节的 length（如果有的话），指定该选项的总长度，该长度包括 kind 字段和 length 字段占据的 2 字节；第三部分是 info（如果有的话），即选项的具体信息。

常见的 TCP 选项有 7 种，如图 6-8 所示。

kind=0						
kind=1						
kind=2	length=4	最大报文段长度（2 字节）				
kind=3	length=3	移位数（1 字节）				
kind=4	length=2					
kind=5	length= N*8+2	第 1 块 左边沿	第 1 块 右边沿	…	第 N 块 左边沿	第 N 块 右边沿
kind=8	length=10	时间戳值（4 字节）		时间戳回显应答（4 字节）		

图 6-8　常见的 TCP 选项

（1）kind=0，选项结束（EOP）选项

一个 TCP 报文仅用一次。该字段放在 TCP 选项末尾，用于说明 TCP 报头到此结束。

（2）kind=1，空操作（NOP）选项

没有特殊含义，一般用于将 TCP 选项字段的长度填充为 4 字节的整数倍。

（3）kind=2，最大段长度（MSS）选项

TCP 连接初始化时，通信双方使用该选项来协商最大段长度。TCP 通常将 MSS 设置为（MTU−40）字节（减掉的这 40 字节包括 20 字节的 TCP 报头和 20 字节的 IP 报头）。这样携带 TCP 报文段的 IP 报文的总长度就不会超过 MTU（假设 TCP 报头和 IP 报头都不包含选项字段，从而避免在发送主机对 IP 报文进行分片）。对以太网而言，MSS 值是 1460（1500−40）。

（4）kind=3，窗口扩大因子选项

TCP 连接初始化时，通信双方使用该选项来协商接收窗口的扩大因子。在 TCP 的报头中，接收窗口大小是用 16 位表示的，故最大为 65535 字节（64K 字节），但实际上 TCP 模块允许的接收窗口大小远不止这个数（为了提高 TCP 通信的吞吐量）。窗口扩大因子解决了这个问题。

假设 TCP 报头中的接收通告窗口大小是 N，窗口扩大因子是 M，那么 TCP 报文段的实际接收通告窗口大小是 $N*2^M$，或者说 N 左移 M 位。注意，M 的取值范围是 0 ～ 14。可以通过修改 /proc/sys/net/ipv4/tcp_window_scaling 内核变量来启用或关闭窗口扩大因子选项。

和 MSS 选项一样，窗口扩大因子选项只能出现在 SYN 标志位置 1 的 TCP 连接建立请求报文段中，否则该选项将被忽略。但 TCP 连接建立请求报文本身不执行窗口扩大操作，即 TCP 连接建立请求报文的接收窗口大小就是该 TCP 报文的实际接收窗口大小。当连接建立好之后，每个数据传输方向的窗口扩大因子就固定不变了。

（5）kind=4 和 kind=5 都是选择确认（Selective ACKnowledgment，SACK）选项

SACK 选项有以下两种格式。

第 1 种是 SACK-Permitted 选项，如图 6-9 所示。

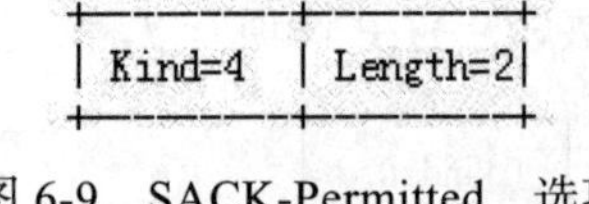

图 6-9 SACK-Permitted 选项

SACK-Permitted 选项只在建立连接时会有，在 SYN 及 SYN ACK 包中出现，告知对方是否支持 SACK。

第 2 种是 SACK 格式选项，如图 6-10 所示。

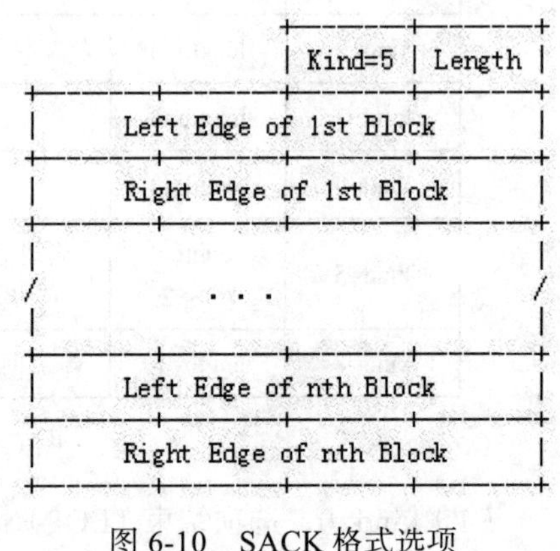

图 6-10 SACK 格式选项

SACK 格式选项在数据传输过程中的 ACK 包中出现，用于接收方告诉发送方已经正确接收到的不连续的数据块信息，从而让发送方可以据此检查并重发丢失的数据块。

每个块边沿（edge of block）参数包含一个 4 字节的序号。其中 Left Edge 表示本块的第 1 个字节序号，Right Edge 表示本块的最后 1 个序号的下 1 个序号（本块最大序号加 1）。

在 [Left Edge, Right Edge) 区间的 ACK 序号表示本次确认的序号，如果 SACK 的数量大于 1，那么每个都是本次确认的序号。小于 Left Edge 及大于等于 Right Edge 的序号表示没有接收到。

由于 TCP 选项最大的长度是 40 字节，那么其所表示的 SACK 的数量最多为 4（$4\times8+2=34$），同时由于 SACK 有些时候会和时间戳（占 10 字节）一起用，因此这种情况下最多只有 3 个 SACK。

当发送端收到接收端返回的 SACK 后，就知道哪些报文是接收端已经收到的，进而将接收端没有收到的报文重传。SACK 工作原理如图 6-11 所示。

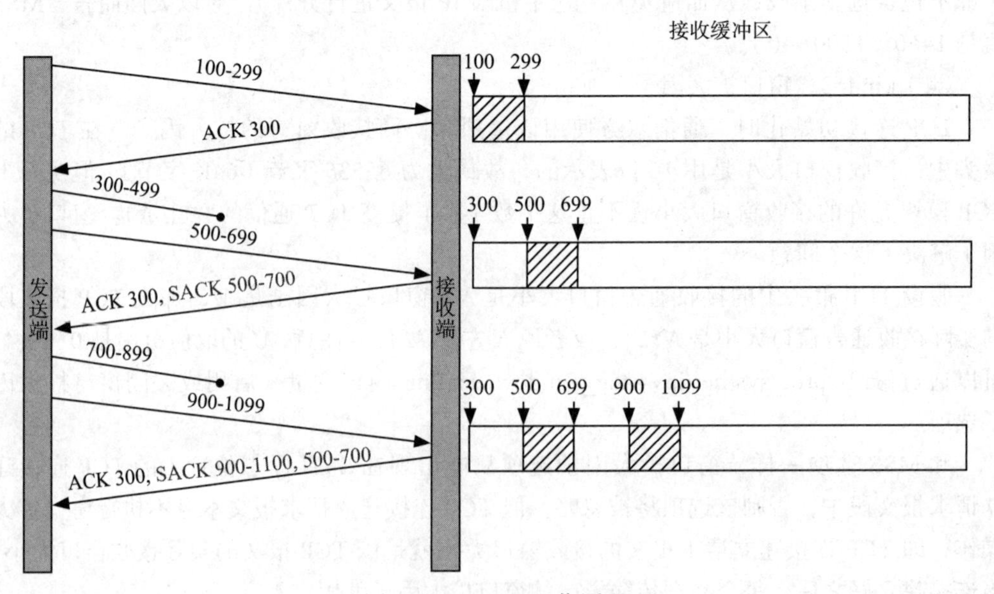

图 6-11 SACK 工作原理

（6）kind=8，时间戳选项

TCP 时间戳选项参数为 kind=8、length=10，data 由 timestamp 和 timestamp echo 两个值组成，各 4 字节的长度。TCP 必须分别在 SYN 报文和 SYN+ACK 报文中开启时间戳选项，时间戳功能才能生效。

TCP 时间戳选项提供了较为准确地计算通信双方之间的往返时间（Round Trip Time，RTT）的方法，从而为 TCP 流量控制提供重要信息。可以通过修改 /proc/sys/net/ipv4/tcp_timestamps 内核变量来启用或关闭时间戳选项。

6.3.3 连接管理

所谓的“ TCP 连接”，其实是 TCP 通信双方维护一个“连接状态”，看上去好像有连接一样。所以，TCP 的状态变换是非常重要的。TCP 连接的建立和关闭都是通过请求 / 响应的模式完成的。

1. TCP 状态机

TCP 的状态机如图 6-12 所示。TCP 状态机非常重要，读者一定要记牢。

初始时，**TCP 发送方**和 **TCP 接收方**双方都处于 CLOSED 状态，随着 TCP 连接建立过程向前推进，TCP 发送方和 TCP 接收方都按照图中连线所指示的方向从一种状态变换到另一种状态。例如，TCP 接收方处于 LISTEN 状态并且收到一个带 SYN 标志位的 TCP 连接建立请求报文，那么它将由 LISTEN 状态变换到 SYN_RCVD 状态，然后发送一个带 ACK 和 SYN 标志位的 TCP 报文给 TCP 发送方。

以下两类事件会引起状态转换：接收到一个 TCP 报文（例如，从 LISTEN 状态变换到 SYN_RCVD 状态是因为接收到一个带 SYN 标志位的 TCP 报文）；本地应用进程调用了一个 TCP 操作 [例如，从 CLOSED 状态变换到 SYN_SENT 状态是因为本地应用进程执行了一个 connect() 操作]。

现在，我们再分析 TCP 连接建立过程中的状态变换。为了方便 TCP 发送方与 TCP 接收方建立连接，TCP 接收方首先执行一个被动的 TCP 打开操作 [TCP 接收方上的应用进程执行 listen() 系统调用]，这将使 TCP 接收方从 COLSED 状态变换到 LISTEN 状态。然后，TCP 发送方执行一个主动打开操作 [TCP 发送方上的应用进程执行 connect() 系统调用]，于是 TCP 发送方向 TCP 接收方发送一个带 SYN 标志位的 TCP 报文，同时 TCP 发送方从 CLOSED 状态变换到 SYN_SENT 状态。当 TCP 发送方发送的带 SYN 标志位的 TCP 报文到达 TCP 接收方后，TCP 接收方就会从 LISTEN 变换到 SYN_RCVD 状态并且返回一个带 ACK 和 SYN 标志位的 TCP 报文给 TCP 发送方。而 TCP 发送方收到带 ACK 和 SYN 标志位的 TCP 报文后，就会从 SYN_SENT 状态变换到 ESTABLISHED 状态并且向 TCP 接收方发送一个带 ACK 标志位的 TCP 报文。当这个 ACK 报文到达 TCP 接收方后，TCP 接收方将从 SYN_RCVD 状态变换到 ESTABLISHED 状态，从而完成 TCP 连接的建立。

需要注意的是，即使 TCP 发送方到 TCP 接收方的带 ACK 标志位的 TCP 报文（三次握手的第 3 个 ACK 报文）丢失了，该连接仍然能正常工作。因为 TCP 发送方已经处于 ESTABLISHED 状态，所以 TCP 发送方的应用进程可以向 TCP 接收方发送数据。

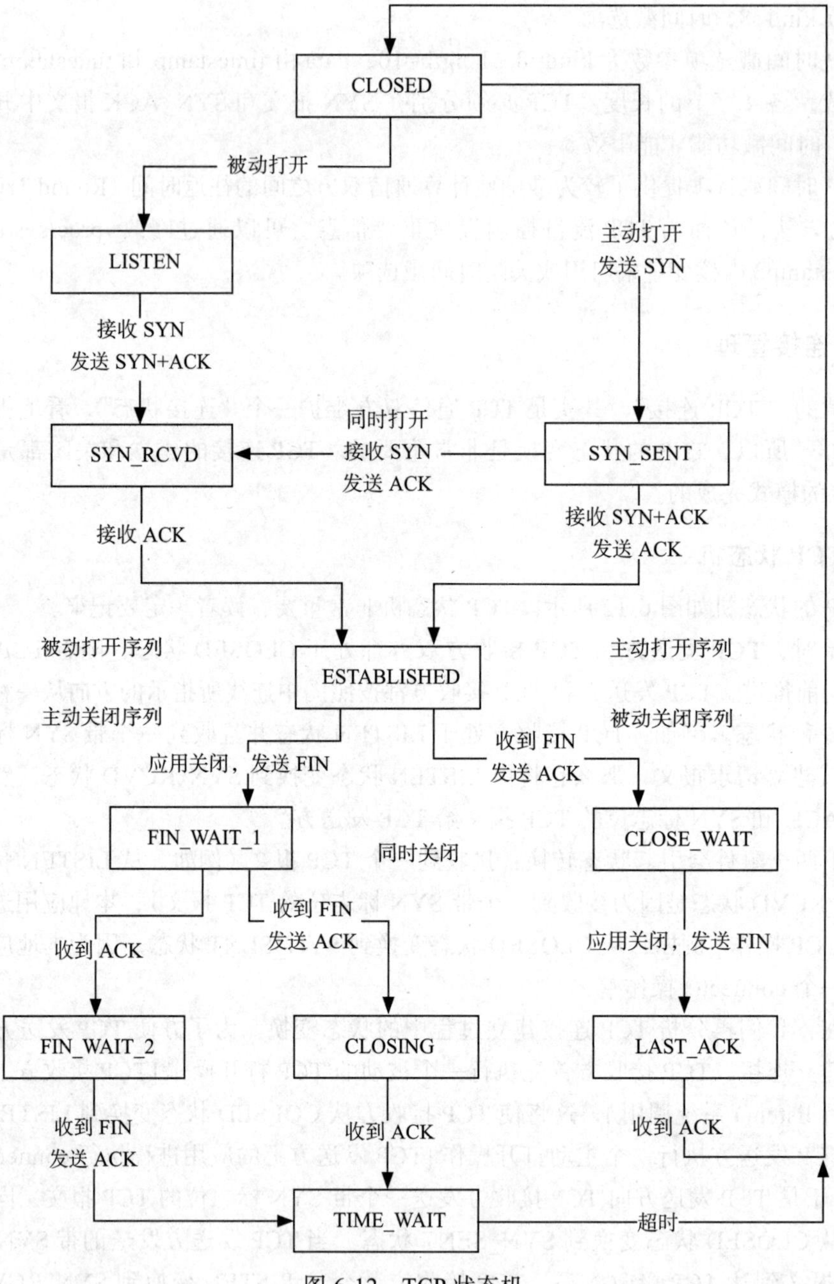

图 6-12　TCP 状态机

TCP 发送方发送的每个 TCP 报文都带有 ACK 标志位，而且在确认号字段中包含正确的编号，所以当第一个 TCP 数据报文到达 TCP 接收方时，TCP 接收方就会从 SYN_RCVD 状态变换到 ESTABLISHED 状态。这就是 TCP 采用累积确认带来的好处，即每个 TCP 报文都带有 TCP 接收方发给 TCP 发送方它希望看到的下一个序号，即使这个序号与以前发送的 TCP 报文包含的序号相同。

下面简单分析 TCP 连接关闭过程的状态变换。这里需要特别注意的是，TCP 发送方和 TCP 接收方上的应用进程都必须独立地关闭连接。也就是说，如果 TCP 连接的任何一方都已经没有数据要发送了，它就可以请求关闭 TCP 连接，但是它仍能接收另一方发来的数据。正因如此，TCP 连接关闭过程的状态变换要复杂得多，因为必须考虑到 TCP 发送方和服务器方的应用进程同时进行 close 操作，也可能其中一方先调用 close 操作，间隔一段时间后另一方再调用 close 操作。这样，连接的任一方从 ESTABLISTED 状态到 CLOSED 状态有以下 3 种转换组合。

- 主动关闭序列：ESTABLISHED → FIN_WAIT_1 → FIN_WAIT_2 → TIME_WAIT → CLOSED。
- 被动关闭序列：ESTABLISHED → CLOSE_WAIT → LAST_ACK → CLOSED。
- 同时关闭：ESTABLISHED → FIN_WAIT_1 → CLOSING → TIME_WAIT → CLOSED。

事实上，还存在第 4 种极少出现的到达 CLOSED 状态的变换顺序，即从 FIN_WAIT_1 状态到达 TIME_WAIT 状态。有兴趣的读者可以分析导致第 4 种情况的可能原因。

2. TCP 连接建立

TCP 使用**三次握手**（**three-way handshake**）建立连接，TCP 连接建立的过程如下。

首先 TCP 发送方发送（SYN=1,Seq=x）请求报文给 TCP 接收方，TCP 接收方收到请求报文后，如果同意建立连接，就返回一个确认 + 请求报文（ACK=1, Ack=x+1, SYN=1, Seq=y）给 TCP 发送方。TCP 发送方发送（ACK=1, Ack= y+1）确认报文给 TCP 接收方，如图 6-13 所示。

上述 x 和 y 分别是 TCP 发送方和 TCP 接收方随机选择的初始序号。TCP 发送方和接收方之间建立 TCP 连接后，双方就可以各自向对方发送数据了。

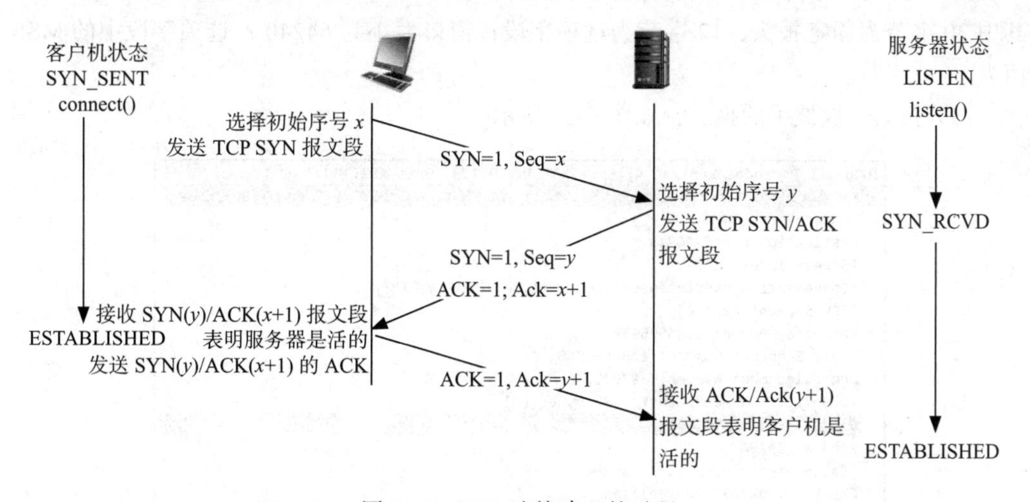

图 6-13 TCP 连接建立的过程

下面通过 Wireshark 抓包的例子来分析 TCP 连接建立过程，即三次握手过程。图 6-14 是我的机器 192.168.3.24 与 www.nudt.edu.cn 服务器通过三次握手建立 TCP 连接的过程，及我的机器与国防科大 www.nudt.edu.cn 服务器交换 3 个 TCP 报文的过程。

Source	Destination	Protoc	Length	Info
192.168.3.24	202.197.9.133	TCP	66	56948 → 80 [SYN] Seq=397922745 Win=64240 Len=0 MSS=
202.197.9.133	192.168.3.24	TCP	66	80 → 56948 [SYN, ACK] Seq=1286526939 Ack=397922746
192.168.3.24	202.197.9.133	TCP	54	56948 → 80 [ACK] Seq=397922746 Ack=1286526940 Win=1

图 6-14 TCP 三次握手

首先分析第一次握手，即 192.168.3.24 机器发出的请求报文，如图 6-15 所示。

```
Internet Protocol Version 4, Src: 192.168.3.24, Dst: 202.197.9.133
Transmission Control Protocol, Src Port: 56948, Dst Port: 80, Seq: 397922745
    Source Port: 56948
    Destination Port: 80
    [Stream index: 107]
    [Conversation completeness: Complete, WITH_DATA (31)]
    [TCP Segment Len: 0]
    Sequence Number: 397922745
    [Next Sequence Number: 397922746]
    Acknowledgment Number: 0
    Acknowledgment number (raw): 0
    1000 .... = Header Length: 32 bytes (8)
  > Flags: 0x002 (SYN)
    Window: 64240
    [Calculated window size: 64240]
    Checksum: 0x9831 [unverified]
    [Checksum Status: Unverified]
    Urgent Pointer: 0
  v Options: (12 bytes), Maximum segment size, No-Operation (NOP), Window scal
      > TCP Option - Maximum segment size: 1460 bytes
```

图 6-15 TCP 第一次握手的报文

第一次握手是由我的机器发往 www.nudt.edu.cn 的，发送的是 SYN 标志位置 1 的 TCP 连接建立请求报文。通过分析该报文可以得出以下结论：该 TCP 报文的源端口号为 56948；目的端口号为 80；我的机器的初始序号为 397922745；TCP 报头长度为 32 字节，其中 20 字节为固定报头，12 字节为选项字段；窗口大小为 64240 ；选项字段中的 MSS 值为 1460 字节。

再分析第二次握手的报文，如图 6-16 所示。

```
Internet Protocol Version 4, Src: 202.197.9.133, Dst: 192.168.3.24
Transmission Control Protocol, Src Port: 80, Dst Port: 56948, Seq: 1286526939,
    Source Port: 80
    Destination Port: 56948
    [Stream index: 107]
    [Conversation completeness: Complete, WITH_DATA (31)]
    [TCP Segment Len: 0]
    Sequence Number: 1286526939
    [Next Sequence Number: 1286526940]
    Acknowledgment Number: 397922746
    1000 .... = Header Length: 32 bytes (8)
  > Flags: 0x012 (SYN, ACK)
    Window: 29200
    [Calculated window size: 29200]
    Checksum: 0x7852 [unverified]
    [Checksum Status: Unverified]
    Urgent Pointer: 0
  v Options: (12 bytes), Maximum segment size, No-Operation (NOP), No-Operation (
      > TCP Option - Maximum segment size: 1412 bytes
```

图 6-16 TCP 第二次握手的报文

第二次握手是由 www.nudt.edu.cn 发往我的机器，发送的是 SYN 和 ACK 标志位都置 1 的 TCP 连接建立响应报文。通过分析该报文可以得出以下结论：该 TCP 报文的源端口号为 80；目的端口号为 56948；初始序号为 1286526939，确认号为 397922746（我的机器发给 www.nudt.edu.cn 请求建立连接时所选的初始序列号加 1）；TCP 报头长度为 32 字节，其中 20 字节为固定报头，12 字节为选项字段；www.nudt.edu.cn 主机的接收窗口大小为 29200；MSS 值为 1412 字节，而不是我的机器选择的 1460 字节。

最后第三次握手的报文如图 6-17 所示。

```
Internet Protocol Version 4, Src: 192.168.3.24, Dst: 202.197.9.133
Transmission Control Protocol, Src Port: 56948, Dst Port: 80, Seq: 397922746
   Source Port: 56948
   Destination Port: 80
   [Stream index: 107]
   [Conversation completeness: Complete, WITH_DATA (31)]
   [TCP Segment Len: 0]
   Sequence Number: 397922746
   [Next Sequence Number: 397922746]
   Acknowledgment Number: 1286526940
   0101 .... = Header Length: 20 bytes (5)
 > Flags: 0x010 (ACK)
   Window: 512
   [Calculated window size: 131072]
   [Window size scaling factor: 256]
   Checksum: 0x9825 [unverified]
   [Checksum Status: Unverified]
```

图 6-17　TCP 第三次握手的报文

第三次握手是由我的主机发往 www.nudt.edu.cn 的，发送的是 ACK 标志位置 1 的 TCP 连接建立响应报文。通过分析该报文可以得出以下结论：该 TCP 报文的源端口号为 56948；目的端口号为 80；序号为 397922746，确认序号为 1286526940；TCP 报头长度为 20 字节；窗口大小为 131072 字节。

这样就表示我的主机与 www.nudt.edu.cn 服务器已经建立好 TCP 连接，下面就可以传输网页等数据了。

问题的关键是 TCP 建立连接的过程为什么非要采用三次握手，采用两次握手不行吗？

首先我们来看 TCP 连接请求报文丢失的情况。假设 TCP 发送方发送了一条请求连接请求报文（SYN=1，Seq=x），但是丢失了，因此 TCP 发送方不可能接收到 TCP 接收方返回的确认报文。于是 TCP 发送方超时重传连接请求报文，然后 TCP 接收方收到该连接请求报文并返回 TCP 发送方确认报文，TCP 发送方最后发送给 TCP 接收方再确认报文，于是 TCP 连接就建立起来了。

现在再考虑 TCP 连接请求报文延迟到达的情形。TCP 发送方第一次发送的连接请求报文由于网络延迟没有及时到达 TCP 接收方，于是 TCP 发送方超时重复了连接请求报文。假设第一次连接请求报文先到 TCP 接收方，然后经过三次握手建立连接。但是不久后，重发的 TCP 连接请求报文也正确到达 TCP 接收方，TCP 接收方按照协议规定，也会返回 TCP 发送方一个连接确认报文，如果没有三次握手，TCP 发送方和接收方之间就建立错误连接，由于 TCP 连接过程采用三次握手，当重复连接到达 TCP 接收方并且 TCP 接收方返回给 TCP 发送方确认报文时，由于 TCP 发送方并没有发出建立连接的请求，因此不会理睬接收方返回的确认报文，也就是说 TCP 发送方不会对 TCP 接收方返回的确认报文进行再确认。

3. TCP 连接关闭

由于TCP连接是全双工的，因此每个方向都必须单独进行关闭。当一方完成它的数据发送任务后，就能发送一个FIN来关闭这个方向的连接。首先进行关闭的一方将执行主动关闭，而另一方执行被动关闭。TCP连接关闭采用4次握手，图6-18是TCP连接关闭过程示意图。

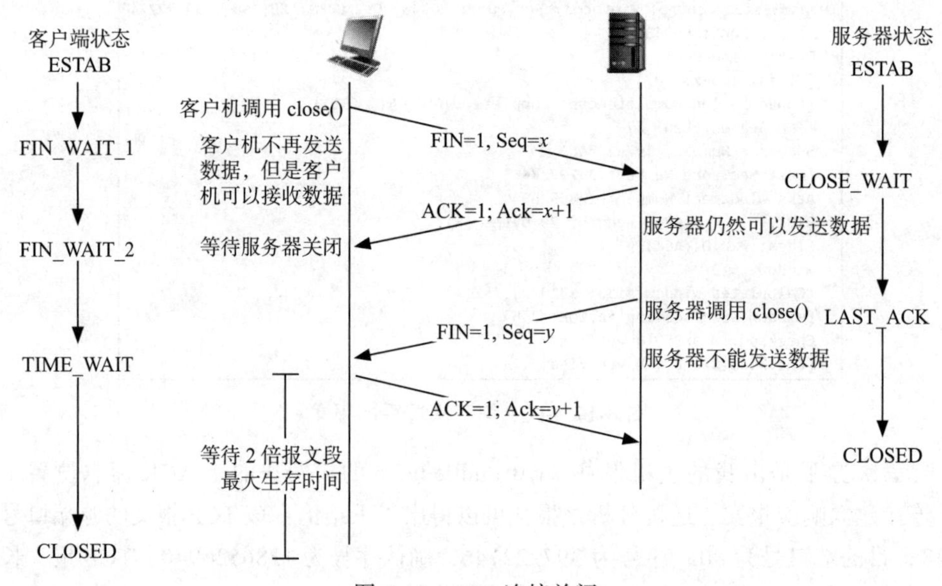

图 6-18 TCP 连接关闭

TCP连接关闭的具体过程如下。

1）TCP发送方发送FIN报文，然后进入FIN_WAIT_1状态。

2）TCP接收方收到FIN报文，返回TCP发送方ACK报文，然后进入CLOSE_WAIT状态。

3）TCP发送方收到ACK报文，进入FIN_WAIT_2状态。

4）TCP接收方发送FIN报文，进入LAST_ACK状态。

5）TCP发送方收到FIN报文，发送ACK确认报文，进入TIME_WAIT状态，启动TIME_WAIT定时器（宽度设为2MSL）。

6）TCP接收方收到ACK报文，进入CLOSED状态。

7）TCP发送方在TIME_WAIT状态等待TIME_WAIT定时器超时，然后进入CLOSED状态。

8）TCP发送方在TIME_WAIT经过2MSL时间后因超时进入CLOSED状态。

从图6-18可以看出，TCP发送方在发出TCP接收方FIN的ACK以后，进入了TIME_WAIT状态，必须等待2MSL时间后才能进入CLOSED状态。

4. 需要注意的几个问题

关于TCP连接的建立和关闭，还有几个问题需要注意。

（1）同时打开

假设 TCP 发送方和服务器同时打开，TCP 状态机会怎么变化呢？

第 1 步，双方同时向对方发送 SYN 报文，并进入 SYN_SENT 状态。

第 2 步，双方都收到 SYN 报文，然后发送 ACK 报文，进入 SYN_RCVD 状态。

第 3 步，双方在 SYN_RCVD 状态各自收到 ACK 报文，于是都进入 ESTABLISHED 状态。一个同时打开的连接需要交换 4 个 TCP 报文，比正常的三次握手多 1 个 TCP 报文。需要注意的是，双方同时打开，也仅建立一条 TCP 连接而不是两条 TCP 连接。

（2）同时关闭

当 TCP 两端的应用层同时发出关闭命令时，两端 TCP 均从 ESTABLISHED 变为 FIN_WAIT_1。这将导致双方各发送一个 FIN 报文，两个 FIN 报文到达对等端 TCP。两端 TCP 收到 FIN 报文后，由 FIN_WAIT_1 状态变为 CLOSING 状态，并发送 ACK 报文。两端 TCP 收到 ACK 报文后，由 CLOSING 状态变为 TIME_WAIT 状态。同时关闭和正常关闭的双方交换的 TCP 报文数目相同。

（3）关于 TCP 连接建立时 SYN 超时

试想一下，如果 TCP 接收方接到了 TCP 发送方发的 SYN 报文并返回了 SYN-ACK 报文后，TCP 发送方掉线了，最终 TCP 接收方没有收到三次握手最后的 ACK，TCP 接收方重发 SYN+ACK 报文。在 Linux 下，默认重试次数为 5 次，重试的间隔时间从 1s 开始然后依次翻倍，5 次的重试时间间隔为 1s、2s、4s、8s、16s，总共 31s，第 5 次发出后还要等 32s 才知道第 5 次也超时了，所以，总共需要 1s + 2s + 4s+ 8s+ 16s + 32s = 2^6-1 = 63s，TCP 接收方才知道 TCP 发送方掉线了，于是断开连接。

（4）关于 SYN 泛洪攻击

SYN 攻击就是 TCP 发送方在短时间内伪造大量不存在的 IP 地址，向 TCP 接收方不断地发送 SYN 报文，TCP 接收方回复 SYN+ACK 报文，并等待 TCP 发送方返回 ACK 报文。由于源 IP 地址是不存在的，因此，TCP 接收方不会收到 TCP 发送方返回的 ACK 报文，于是 TCP 接收方需要不断地超时重发 SYN+ACK 报文，TCP 接收方需要等待默认的 63s 才会断开连接，这样，攻击者就可以把服务器的接收 SYN 请求报文的队列耗尽，让 TCP 接收方不能响应正常的 TCP 连接请求。这就是 SYN 泛洪攻击。

（5）关于 ISN 的初始化

ISN 是不能硬编码的，否则会出问题。RFC 793 规定，ISN 会和一个假的时钟绑在一起，这个时钟在每 4μs 对 ISN 做一次加 1 操作，直到 ISN 超过 2^{32}，之后又从 0 开始。这样，一个 ISN 的周期大约是 4.55h。因为，我们假设 TCP 报文在网络上的存活时间不会超过 MSL（一般最多是 2min），所以，只要 MSL 的值小于 4.55h，TCP 连接就不会重用到 ISN。

（6）关于 MSL 和 TIME_WAIT

我们注意到，在 TCP 的状态机中，从 TIME_WAIT 状态到 CLOSED 状态有一个超时设置，这个超时设置是 2 × MSL（Maximum Segment Lifetime）。RFC 793 定义 MSL 为 2min，很多 Linux 系统将 MSL 设置成了 30s 或者 1min。

TIME_WAIT 状态也称为 2MSL 等待状态。每个 TCP 必须选择一个报文段最大生存时间（MSL），它是任何报文段被丢弃前在网络上的最长时间。

如果TCP执行一个主动关闭并发回最后一个ACK，该连接必须在TIME_WAIT状态停留的时间为2MSL。这样可以让TCP再次发送最后的ACK，以避免这个ACK丢失（另一端超时并重发最后的FIN）。这种2MSL等待的另一个结果是该TCP连接在等待期间，定义该连接的插口不能被使用。

TCP发送方为什么要在TIME_WAIT状态停留2MSL呢？为什么TCP发送方不从FIN_WAIT_2直接转到CLOSED状态呢？主要有两个原因：引入2MSL的TIME_WAIT状态确保有足够的时间让TCP接收方收到ACK，如果TCP接收方没有收到ACK报文，就会触发TCP接收方重发FIN报文（读者想想为什么？），这样正好是2个MSL；让TCP发送方有足够的时间让当前的TCP连接不会跟后面的TCP连接混在一起，导致建立错误连接或新连接无法建立。

假如TCP发送方不在TIME_WAIT状态下等待2MSL而是立即进入CLOSED状态，这样TCP发送方就可能马上建立一个新连接，假设这个新连接的4元组与前面刚刚关闭的上一个连接是同一个4元组（前面的TCP连接已经关闭，因此不会影响到这个新连接使用同一个4元组），但是当旧TCP连接中TCP接收方重传的FIN报文到达TCP发送方时，这将导致TCP发送方将新建立的TCP连接被复位，很显然，这不是我们希望看到的事情。

最后，是否只要TCP发送方在TIME_WAIT状态下停留2MSL，4次握手就一定正常关闭TCP连接呢？答案是否定的。考虑如下情形：假设TCP发送方TIME_WAIT状态下发送的ACK丢失，TCP接收方在LAST_ACK状态下设定的重传定时器超时，于是TCP接收方重传FIN，很不幸，这个FIN也丢失了，于是TCP发送方在TIME_WAIT状态一直没有收到重传的FIN，于是经过2MSL时间后转到CLOSED状态，但此时TCP接收方并没有收到最后的那个ACK，这样TCP接收方就不能进入CLOSED状态，也就不能关闭TCP连接，从而造成资源浪费。需要注意的是，虽然TCP采用4次握手也不能完全保证能够正常关闭连接，但是不会引起TCP出错。

（7）FIN_WAIT_2状态

在FIN_WAIT_2状态，我们已经发出了FIN，并且另一端也对它进行了确认。只有另一端的进程完成了这个关闭，我们这端才会从FIN_WAIT_2状态进入TIME_WAIT状态。这意味着我们这端可能永远保持FIN_WAIT_2状态，另一端也将处于CLOSE_WAIT状态，并一直保持这个状态直到应用层决定进行关闭。

（8）复位报文段

一般说来，无论何时一个报文段发往基准的连接（referenced connection）出现错误，TCP都会发出一个复位报文段（这里的“基准的连接”是指由目的IP地址和目的端口号加上源IP地址和源端口号指明的连接）出现RST的几种场景。

1）访问不存在的端口的连接请求。产生复位的一种常见情况是当连接请求到达时，目的端口没有进程正在监听。对于UDP，当一个数据报到达目的端口时，该端口没在使用，它将产生一个ICMP端口不可达的信息。而TCP则使用复位/重置连接。

2）异常终止一个连接。终止一个连接的正常方式是一方发送FIN。有时这也称为有序释放（orderly release），因为在所有排队数据都已发送之后才发送FIN，正常情况下没有任何数据丢失。但也有可能发送一个复位报文段而不是FIN来中途释放一个连接。有时这被称为异常释放（abortive release）。

异常终止一个连接对应用程序来说有以下两个优点。

- 丢弃任何待发数据并立即发送复位报文段。
- RST 的接收方会区分另一端执行的是异常关闭还是正常关闭。应用程序使用的 API 必须提供产生异常关闭而不是正常关闭的手段。

需要注意的是，RST 报文段不会导致另一端产生任何响应，另一端根本不进行确认。收到 RST 的一方将终止该连接，并通知应用层连接复位。

3）检测半打开连接。如果一方已经关闭或异常终止连接而另一方却还不知道，我们将这样的 TCP 连接称为半打开（half-open）的。任何一端的主机异常都可能导致这种情况的发生。只要不打算在半打开连接上传输数据，仍处于连接状态的一方就不会检测另一方已经出现异常。

半打开连接的另一个常见原因是，当服务器主机突然掉电而不是正常结束服务应用程序后再关机，服务器主机重启后，从客户向服务器发送另一行字符。由于服务器的 TCP 已经重新启动，它将丢失复位前连接的所有信息，因此它不知道数据报文段中提到的连接。TCP 的处理原则是接收方以复位作为应答。

6.3.4　差错控制

TCP 是可靠的传输层协议。这就意味着应用进程把数据交给 TCP 后，TCP 就能无差错地交给目的端的应用进程。TCP 使用差错控制机制保证数据的可靠传输。

为了保证可靠传输，TCP 先对传输的数据按字节编号，字节序号可以让接收方知道目前已经接到的数据情况，接收方对已正确接收到的报文进行确认，并且返回下一次希望接收的字节序号。如果 TCP 发送方的重传定时器超时，TCP 发送方会被重传报文。

1. 字节编号和确认

前面提到过，TCP 提供面向连接的字节流传输服务，也就是说，TCP 将要传送的数据看作由一个个字节组成的字节流，而且 TCP 接收方返回给 TCP 发送方的确认也是按字节编号进行的。

假设某条 TCP 连接要传送 5000 字节的文件，分为 5 个 TCP 报文进行传送，每个 TCP 报文携带 1000 字节的数据。TCP 对第 1 个字节的编号从 1001 开始（假设 TCP 连接建立时随机选择的初始序号为 1000，那么 TCP 在进行数据传输时第 1 个字节的序号则从 1001 开始，也就是说 TCP 连接建立过程要用掉 1 个序号）。因此，每个 TCP 报文的字节编号如下：报文 1 的字节序号为 1001（字节编号范围是 1001 ～ 2000），报文 2 的字节序号为 2001（范围是 2001 ～ 3000），报文 3 的字节序号 3001（范围是 3001 ～ 4000），报文 4 的字节序号为 4001（范围是 4001 ～ 5000），报文 5 的字节序号为 5001（范围是 5001 ～ 6000），如图 6-19 所示。

1001:2000	2001:3000	3001:4000	4001:5000	5001:6000

图 6-19　TCP 报文的字节编号范围

TCP 采用字节确认机制，即 TCP 接收方确认已收到的最长的连续的字节，TCP 报文的每个确认号字段指出下一个希望接收的字节编号。

在前面的例子中，假设 TCP 接收方接收到 TCP 发送方发送来的第 1 报文（字节编号范围是 10001 ～ 11000），那么 TCP 接收方将以确认号 =11001 作为对该报文的确认。

2. 重传机制

TCP 要保证所有的 TCP 报文都可靠到达接收方，所以，TCP 必须采用重传机制。TCP 发送方为了恢复丢失或者损坏的报文，必须对丢失或者损坏的报文进行重传。事实上，TCP 发送方在发送报文时维持一个重传定时器，如果发送方在规定的时间之内没有收到 TCP 接收方返回的确认报文，将导致重传定时器超时，于是 TCP 发送方重传 TCP 报文。一旦发送方收到确认报文，就复位重传定时器。

注意，TCP 接收方给 TCP 发送方返回的 ACK 确认只会确认最后一个连续收到的 TCP 报文。如前所述，序号（SeqNum）和确认号（ACK）以字节数为单位，所以 TCP 接收方返回 TCP 发送方 ACK 的时候，不能跳着确认。比如，TCP 发送方发送了 1、2、3、4、5 共 5 个字节（假设每个 TCP 报文只发送 1 个字节的数据，对于交互式应用 Telnet 或 rlogin 是可行的），TCP 接收方收到了 1 和 2 两个字节数据，于是回 ACK 3，紧接着 TCP 接收方又收到了 4（注意此时第 3 个字节丢失，TCP 接收方没收到）。也就是说，TCP 接收方只能发送最大的连续收到字节编号加 1 作为 ACK 的确认号，在这个例子中只能发送确认号为 3 的 ACK，而不是确认号为 5 的 ACK，否则，TCP 发送方就认为 1、2、3、4 四个字节都收到了（事实上 TCP 接收方没有收到第 3 个字节）。当 TCP 发送方发现收不到 3 的 ACK（即确认号为 4 的 ACK）而发生重传定时器超时后，会重传 3。一旦 TCP 接收方收到 3 后，会回序号为 5 的 ACK 4，这意味着 3 和 4 都收到了。

要注意的是：当 TCP 超时并重传时，它不一定重传同样的报文段。相反，TCP 允许进行重新分组而发送一个较大的报文段，这将有助于提高性能（当然，这个较大的报文段不能超过接收方声明的 MSS）。这是因为 TCP 是使用字节序号而不是报文段序号来标识发送的数据并进行确认。

3. 重传定时器

重传定时器（Retransmission Time Out，RTO）是指发送方 TCP 发送方报文段后，在 RTO 时间内没有收到对方的确认报文，发送方即重传该 TCP 报文段。对于 TCP 而言，关键之处就在于如何确定重传定时器大小。

通过前面的 TCP 重传机制，我们知道重传定时器的大小对于 TCP 非常重要。重传定时器设置过大，重发速度就慢，TCP 性能也差；重传定时器设置过小，可能会导致报文并没有丢，ACK 还在途中发送方就重发 TCP 报文，不必要的重发会增加网络负载，导致网络拥塞，可能引起更多的超时，最后导致更多的重发，从而造成恶性循环。

影响超时重传最关键的因素是重传定时器大小，但确定合适的超时宽度是一件相当困难的事情。因为在互联网环境下，不同主机上应用进程之间的通信可能在一个局域网上进行，也可能要穿越多个不同的网络，因此端到端的延迟变化相当大。因此重传定时器的大小不可能采用一个固定值，只能根据网络状态动态调整。

为此，TCP 引入了往返时间（Round Trip Time，RTT）。RTT 是指发送方 TCP 发送方报文段到接收到对方返回确认报文段所用的时间。

（1）原始算法

RFC 793 中定义用于计算重传定时器的原始算法包含以下 3 个步骤。

1）测量当前 SampleRTT 值。SampleRTT 值的测量可以通过 TCP Timestamp 选项来完成，RTT 的值等于发送方收到确认报文的时间减去 TCP 报文中 Timestamp 选项的回显时间（该时间即为发送方 TCP 发送方报文段的时间）。

2）估算 EstimatedRTT。估算公式如下：

$$\text{EstimatedRTT} = \alpha * \text{EstimatedRTT} + (1-\alpha) * \text{SampleRTT}\ (0 \leqslant \alpha \leqslant 1)$$

上述公式也被称为指数加权移动平均（Exponential Weighted Moving Average，EWMA），即 EstimatedRTT 会根据新的测量值 SampleRTT 进行相应更新，α 称为平滑因子。

上述公式的物理意义是将旧的 RTT（EstimatedRTT）和新的 RTT（SampleRTT）综合到一起来考虑新的 RTT(EstimatedRTT) 的大小。当 α 接近 0 时，新的 RTT(SampleRTT) 对计算 EstimatedRTT 几乎不起作用；当 α 接近 1 时，EstimatedRTT 紧随当前新的 RTT（SampleRTT）的变化而变化。TCP 规范推荐 α 取值为 0.8 ～ 0.9。假设 α 取值为 0.9，意味着每个新 EstimatedRTT 值 90% 来自旧的 RTT（EstimatedRTT），而 10% 来自新的 RTT（SampleRTT）。

3）计算重传定时器 RTO 值。采用如下公式计算 RTO：

$$\text{RTO} = \beta \text{EstimatedRTT}\ (1.3 \leqslant \beta \leqslant 2)$$

推荐的 β 值一般为 2。

（2）Jacobson 算法

原始算法的主要问题是没有考虑 SampleRTT 的变化。如果 SampleRTT 变化小，则 EstimatedRTT 的值就更为可信。如果 SampleRTT 变化大，则说明重传定时器应该远不止是 EstimatedRTT 的 2 倍。也就是说，在 RTT 变化很大时，原始算法无法跟上这种变化，从而引起不必要的重传。当网络已经处于饱和状态时，不必要的和重传会增加网络的负载。

在原始算法中，我们只是测量 SampleRTT 值，并通过 SampleRTT 推算出 EstimatedRTT。但是在推算 EstimatedRTT 时，将 EstimatedRTT 的变化考虑进来是有意义的。为此 RFC 2988 定义了 DeviationRTT，用于表示 EstimatedRTT 与 SampleRTT 的差值：

$$\text{DeviationRTT} = \delta\ \text{DeviationRTT} + (1-\delta)\,|\,\text{SampleRTT} - \text{EstimatedRTT}\,|$$

需要注意的是：DeviationRTT 是 SampleRTT 与 EstimatedRTT 之间方差。如果 SampleRTT 变化小，那么 DeviationRTT 的值就会很小；相反，如果 SampleRTT 变化大，那么 DeviationRTT 的值也会较大。δ 的值为 0 ～ 1，推荐值为 0.75。

至此，我们已经得到 RTT 均值 EstimatedRTT 和方差 DeviationRTT，那么应该怎样计算 TCP 重传定时器才合理呢？很明显，TCP 重传定时器应该大于等于 EstimatedRTT，否则将造成不必要的重传。但是，TCP 重传定时器也不应该比 EstimatedRTT 大太多，否则当报文丢失时，TCP 就不能很快重传该报文。因此，比较合理的方式是：将 TCP 重传定时器设置为 EstimatedRTT 加上一定的余量。当 SampleRTT 变化较大时，这个余量应该大一些；当 SampleRTT 变化较小时，这个余量应该小一些。上述所有的考虑都被用于 TCP 重传定时器的计算当中中，即 TCP 的重传定时器的计算公式如下：

$$\text{RTO} = \mu\ \text{EstimatedRTT} + \phi\ \text{DeviationRTT}$$

其中，根据经验，μ 通常取值 1，而 ϕ 通常取值 4。

Jacobson 算法被用在今天的大部分 TCP 中，而且在 Linux 操作系统中，上述公式中的 $\alpha = 0.9$、$\beta=2$、$\delta = 0.75$、$\mu = 1$、$\phi = 4$ 都是经验值。

（3）Karn 算法

原始算法和 Jacobson 算法都是基于 SampleRTT 的正确测量。事实上，在报文有重传的情况下，SampleRTT 是很难测定的。因为假如某报文是重传后才收到 ACK 确认报文的，那么我们将无法确定该 ACK 是对原报文的确认还是对重传报文的确认。换句话说，一旦某个报文被重传，TCP 发送方接收到 ACK，此时 TCP 发送方不能确定这个 ACK 是针对第一个报文的还是针对重传报文的，因此 TCP 发送方也就不能正确地测量 SampleRTT，如图 6-20 所示。

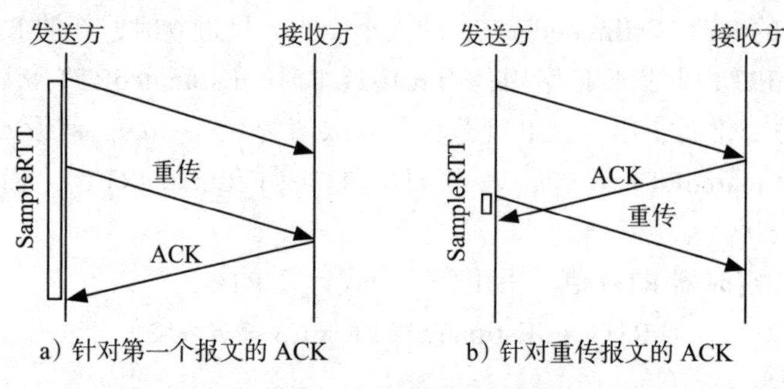

图 6-20 针对第一个报文和重传报文的 ACK

如果错把针对重传报文的 ACK 当成了针对第一个报文的 ACK，得到的 RTT 采样值太大，如图 6-20a 所示；相反，如果错把针对第一个报文的 ACK 当成了针对重传报文的 ACK，那么得到的 RTT 采样值太小，如图 6-20b 所示。总之，图 6-20 中两种情况下得到的 RTT 采样值都是错的。

Karn 算法针对上述问题，采取如下措施。

- 对于超时重传后收到的确认报文，不更新 SampleRTT。
- 发生重传时，RTO 不用上面的公式计算，而采用一种叫作“指数退避”的方式，即将 RTO 设置成原来的 2 倍（倍增），直到达到最大值的限制。如果重传超过一定的次数，TCP 连接会断开。
- 在重传并收到确认后，如果下一次的报文段没有发生重传（即一次性收到确认），则又恢复为 Jacobson 算法。

使用指数退避方式的想法时，超时重传是因为网络拥塞导致的，这意味着 **TCP 发送方**将重传定时器放大一倍。我们在讨论 TCP 拥塞控制时，这一思想在更复杂的机制中将再次得到体现。

6.3.5 流量控制

流量控的目的是保证 TCP 发送方发送的数据不超过 TCP 接收方的接收能力。由于

TCP 接收方知道自己的接收能力及接收缓存区大小，因此由 TCP 接收方来控制 TCP 发送方发送速率是流量控制的基本思想。这一思想不仅适用于数据链路层相邻节点之间的流量控制，即**跳到跳流量控制**（**hop-by-hop flow control**），也适用于传输层的**端到端流量控制**（**end-to-end flow control**）。

TCP 是通过调整窗口大小来进行端到端流量控制的。TCP 不是使用一个固定大小的滑动窗口，而是由 TCP 接收方通过 TCP 报头的通告窗口（AdvertisedWindow）字段向 TCP 发送方报告 TCP 接收方缓存区大小。这样，TCP 发送方在任意时刻发送的数据量不能超过 TCP 接收方报告的通告窗口的值。TCP 接收方根据接收缓存区的缓存情况为通告窗口选择一个合适的值。

1. 发送窗口和接收窗口

TCP 发送方维护一个发送缓存区，发送缓存区用来保存那些已经发送出去但是还没有收到对方确认的数据以及发送方应用进程写入 TCP 但尚未发送的数据。而 TCP 接收方也同样维护着一个接收缓存区，接收缓存区保存那些已被 TCP 接收方接收但接收方应用进程还没有读取的数据。

TCP 的接收缓存区用来缓存接收到的数据，这些数据后续会被应用程序读取。一般情况下，TCP 报文的窗口值反映接收缓存区的空闲空间的大小。对于带宽比较大、有大批量数据的连接，增大接收缓存区的大小可以显著提高 TCP 传输性能。TCP 的发送缓存区用来缓存应用程序的数据，发送缓存区的每个字节都有序号，被应答确认的序号对应的数据会从发送缓存区被删除掉。增大发送缓存区可以提高 TCP 与应用程序的交互能力，因此会提高性能。但是增大接收和发送缓存区会导致 TCP 占用比较多的内存，可以通过命令修改 CP 连接的接收和发送缓存区大小。

为了简化下面的讨论，我们在一开始忽略以下事实：无论是缓存区数量还是字节**序号**都是有限的，因此最终会用完，回到初始**序号**重新计数。另外，我们不再区分指向一个字节在缓存区位置的指针与该字节在数据流中的**序号**。

首先看 TCP 发送方。TCP 发送方维护 3 个指针，分别是 LastByteAcked、LastByteSent 和 LastByteWritten。其中，LastByteAcked 表示已经应答的字节编号，LastByteSent 表示已经发送但尚未收到确认的字节编号，LastByteWritten 表示发送方应用进程写到 TCP 发送方但还没有发送的字节编号，如图 6-21a 所示。

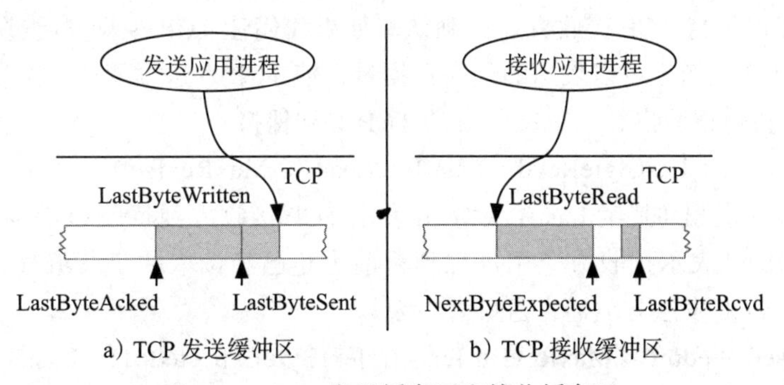

图 6-21　TCP 发送缓存区和接收缓存区

显然，从图 6-21a 可以看出：

$$\text{LastByteAcked} \leqslant \text{LastByteSent}$$

因为 TCP 接收方不可能确认 TCP 发送方还没有发送的字节数据，并且

$$\text{LastByteSent} \leqslant \text{LastByteWritten}$$

TCP 不能发送方应用进程没有写入的字节数据。需要引起注意的是，可以释放 LastByteAcked 左边的缓存区，因为这些字节数据已经被 TCP 接收方正确接收而且 TCP 发送方已经收到确认。

TCP 接收方也维护 3 个指针，分别是 LastByteRead、NextByteExpected 和 LastByteRcvd。其中，LastByteRead 表示接收方应用进程已经读取的字节编号，NextByteExpected 表示 TCP 接收方期望接收的字节编号，LastByteRcvd 表示到目前已经接收到最大字节编号，如图 6-21b 所示。

然而，因为存在传输差错而引起字节乱序到达 TCP 接收方的情形，所以在 TCP 接收方的 3 个指针之间的不等式就不那么直观了。第一个关系式

$$\text{LastByteRead} < \text{NextByteExpected}$$

成立，因为只有某个字节及其前面的所有字节被 TCP 接收方接收后才能被接收方应用进程读取。第二个关系式

$$\text{NextByteExpected} \leqslant \text{LastByteRcvd} + 1$$

成立，因为如果 TCP 发送方发送的所有字节流都正确到达接收方，那么 NextByteExpected 指向 LastByteRcvd 后面的那个字节（NextByteExpected 等于 LastByteRcvd +1）。但如果是乱序到达，那么 NextByteExpected 将指向缓存区中的第一个空闲字节（图 6-21b 的空白处），而 LastByteRcvd 指向目前 TCP 接收方已经接收到的最大字节编号，如图 6-21b 所示。

同样需要注意的是，可以释放 LastByteRead 左边的缓存区，因为这些字节已经被接收方应用进程读走了。

2. 流量控制

下面看看 TCP 发送方和 TCP 接收方之间是如何进行流量控制的。在此我们必须再次强调，TCP 发送方和 TCP 接收方的缓存区大小是有限的，分别用 MaxSendBuffer 和 MaxRcvBuffer 表示，但是这里我们并不讨论操作系统是如何分配这些缓存区的。

前面介绍的滑动窗口协议中，窗口的大小决定了 TCP 发送方可以一次连续发送多少数据才停下来以等待 TCP 接收方返回确认。如果我们让 TCP 接收方通过发送一个通告窗口来通知 TCP 发送方可以发送的最大数据量，使 TCP 发送方调整一次发送的数据量。通过上面的分析可以看出，TCP 接收方的 TCP 必须保持

$$\text{LastByteRcvd} - \text{LastByteRead} \leqslant \text{MaxRcvBuffer}$$

才能避免缓存区溢出（其中 LastByteRcvd 表示 TCP 接收方到目前为止接收到的字节编号，LastByteRead 表示接收方应用进程到目前为止已经读取的字节编号）。因此，TCP 接收方通知给 TCP 发送方的通告窗口大小为

$$\text{AdvertisedWindow} = \text{MaxRcvBuffer} - ((\text{NextByteExpected}-1) - \text{LastByteRead})$$

这个值代表 TCP 接收方缓存区中可用缓存区的大小（按字节计算）。当有新的数据段到达 TCP 接收方时，只要该数据段前面的字节都已经到达（即该数据前面的字节都已经在

缓存区中)，TCP 接收方就会对新接收到的数据进行确认（否则，TCP 接收方只是将该数据段接收下来放在接收缓存区中）。同时，将 LastByteRcvd 指针向右移动，这意味着 TCP 接收方可用的缓存区在减少，也就意味着 TCP 接收方发送给 TCP 发送方的通告窗口会减少。但是，通告窗口是否减少还取决于接收方应用进程读取 TCP 接收方缓存区数据的快慢。如果接收方应用进程读取 TCP 接收方缓存区数据的速度与 TCP 接收方接收数据的速度相同（即 LastByteRead 和 LastByteRcvd 指针移动的速度一样），那么通告窗口大小就是 TCP 接收方缓存区的最大值（即 AdvertisedWindow=MaxRcvBuffer）。但是，如果接收方应用进程读取数据的速度慢（比如接收方应用进程可能需要对它读取的每个字节进行费时的操作），那么随着 TCP 接收方不断接收到 TCP 发送方发来的数据，TCP 接收方的缓存区会慢慢被用光，而 TCP 接收方发送给 TCP 发送方的通告窗口会不断地缩小，直到它变为 0，即 TCP 接收方没有缓存区可用，TCP 发送方不能继续发送数据。

而 TCP 发送方必须根据 TCP 接收方发来的通告窗口大小来决定自己一次可以连续发送的数据量。TCP 发送方在任何时刻都必须确保满足下列公式（已经发送但是尚未收到 ACK 的数据）：

$$\text{LastByteSend} - \text{LastByteAcked} \leqslant \text{AdvertisedWindow}$$

换句话说，TCP 发送方计算一个有效窗口数值，用它来限制 TCP 发送方一次可以发送多少数据：

$$\text{EffectiveWindow} = \text{AdvertisedWindow} - (\text{LastByteSend} - \text{LastByteAcked})$$

显然，只有 EffectiveWindow 大于 0，TCP 发送方才能发送数据。因此，有可能出现这样一种情形，TCP 发送方给 TCP 接收方发送了 x 字节数据，TCP 接收方正确接收到，然后 TCP 接收方返回 TCP 发送方一个带 ACK 标志位的报文，并且确认了 x 字节数据；于是 TCP 发送方就可以将指针 LastByteAcked 右移 x 字节。但是由于接收方应用进程没有读取任何数据，因此 TCP 接收方发给 TCP 发送方的通告窗口比先前小了 x 字节。在这种情况下，TCP 发送方可以释放 x 字节缓存区空间，发送方应用进程可以写入 x 字节到 TCP 发送方，但是 TCP 发送方不能发送数据。

另外，TCP 发送方必须保证本地应用进程不会使发送缓存区溢出，即必须满足下列公式：

$$\text{LastByteWritten} - \text{LastByteAcked} \leqslant \text{MaxSendBuffer}$$

如果发送方应用进程试图向 TCP 发送方缓存区写入 y 字节，但是如果发生下列情况，即：

$$(\text{LastByteWritten} - \text{LastByteAcked}) + y > \text{MaxSendBuffer}$$

那么，TCP 发送方将会阻塞应用进程，不再让它往缓存区写入数据。

现在我们可以解释慢速的接收方应用进程如何最终使快速的发送方应用进程停止下来。首先，TCP 接收方不断地接收 TCP 发送方发来的数据，而且由于接收方应用进程读取数据的速度慢，最终导致 TCP 接收方缓存区满，这就意味着 TCP 接收方发送给 TCP 发送方的通告窗口为 0。TCP 发送方一看到通告窗口为 0，就立即停止发送数据。但是，发送方应用进程会一直往 TCP 发送方的发送缓存区里写入数据，最终会将 TCP 发送方的发送缓存区写满，从而导致 TCP 发送方阻塞（blocking）发送方应用进程。

在 TCP 接收方，一旦接收方应用进程开始从 TCP 的接收缓存区读取数据，TCP 接收方就可以打开它的窗口，即 TCP 接收方的可用缓存区不再为 0，于是 TCP 接收方就会给 TCP 发送方发送一个 AdvertisedWindow 不为 0 的 ACK 报文，于是 TCP 发送方可以将发送缓存区中的数据发送给 TCP 接收方。当 TCP 发送方收到 TCP 接收方返回的 ACK 后，就可以释放发送缓存区的部分空间，从而 TCP 发送方不再阻塞发送方应用进程并允许发送方应用进程继续往 TCP 发送方的发送缓存区里写入数据。于是发送方应用进程又可以继续给接收应用进程发送数据。

3. 坚持定时器

TCP 通过让接收方指明希望从发送方接收的数据字节数（即窗口大小）来进行流量控制。如果窗口大小为 0 会发生什么呢？这将有效阻止发送方发送数据，直到窗口变为非 0 为止。

问题是 ACK 报文段的传输并不可靠，原因是 TCP 不对 ACK 报文段进行再确认，TCP 只确认那些包含数据的报文段。

如果接收方 TCP 向发送方 TCP 发送了一个通告窗口为 0 的 ACK 报文段后，又向发送方 TCP 发送了一个通告窗口非 0 的 ACK 报文段（不含数据），恰好这个 ACK 报文段丢失了，此时发送方 TCP 正在等待来自接收方 TCP 允许它继续发送数据的窗口更新报文，而接收方正在等待接收新的数据（因为它已经向发送方发送了通告窗口非 0 的 ACK 报文段），于是双方进入死锁状态，最后会因超时导致 TCP 连接被终止。

为了避免这种死锁情况的发生，TCP 使用了零探测（Zero Window Probe，ZWP）机制。使用 ZWP 机制时，TCP 必须为每个 TCP 连接设置一个坚持定时器（persistent timer）。

零探测机制的工作流程如下：

1）当发送方 TCP 收到零窗口通告后，就启动坚持定时器。

2）如果坚持定时器超时前收到非零窗口通告，则关闭该定时器，并发送数据。

3）如果坚持定时器超时，发送只有 1 字节数据的探测报文，以探测 TCP 接收方是否打开窗口。

4）如果探测报文 ACK 的通告窗口为零，将坚持定时器加倍，TCP 坚持定时器使用 1, 2, 4, 8, 16, …, 64 秒这样的指数退避序列来作为每一次超时时间。重复第 2）、3）、4）步。

5）如果探测报文 ACK 的通告窗口非零，则关闭该定时器，并发送数据。

TCP 的坚持定时器使用 1, 2, 4, 8, 16, …, 64 秒这样的普通指数退避序列来作为每一次的溢出时间。一旦坚持定时器增大到阈值（通常为 60s），TCP 发送方就每隔 60s 就发送 1 个探测报文，直到 TCP 接收方的窗口重新打开为止。

需要注意的是：黑客也有可能利用 ZWP 进行 DDoS 攻击。黑客可以在和 HTTP 服务器建立 TCP 连接，并且发送 HTTP GET 请求后，就把通告窗口设置为 0，然后 Web 服务器就会不停地进行 ZWP。如果黑客能够建立数量庞大的 TCP 并发连接并发送大量的 HTTP GET 请求给 Web 服务器，就有可能把 Web 服务器的资源耗尽，这就是典型的 DDOS 攻击。

4. 糊涂窗口综合征

当 TCP 发送方应用进程产生数据很慢、TCP 接收方应用进程处理接收缓冲区数据很慢，或二者兼而有之，就会使应用进程间传送的报文段很小，特别是有效载荷很小。

在极端情况下，有效载荷可能只有 1 字节，而传输开销有 40 字节（20 字节的 IP 头 +20 字节的 TCP 头），这种现象被称为糊涂窗口综合征（Silly Window Syndrome，SWS）。

（1）发送方引起的 SWS

如果发送方为产生数据很慢的应用程序（如 telnet 应用），例如，一次产生 1 字节，该应用程序一次将 1 字节的数据写入发送方的 TCP 的缓存。如果发送方的 TCP 没有特定的指令，它就产生只包括 1 字节数据的报文段。结果有很多 1 字节的 IP 报文在互联网中传来传去。解决的方法是防止发送方的 TCP 逐个字节地发送数据。必须强迫发送方的 TCP 收集数据，用一个更大的数据块来发送。那么发送方的 TCP 要等待多长时间呢？如果它的等待时间过长，就会使整个的过程产生较长的时延；如果它的等待时间不够长，就可能发送较小的报文段。于是，Nagle 找到了一个很好的解决方法，即 Nagle 算法，他选择的等待时间是一个 RTT，即下个 ACK 来到时。

Nagle 算法就是为了尽可能发送大块数据，避免网络中充斥许多小数据块而产生的。Nagle 算法的基本定义是，任意时刻，最多只能有一个未被确认的小段。所谓“小段”，是指小于 MSS 尺寸的数据块，所谓“未被确认”，是指将一个数据块发送出去后，没有收到对方发送的 ACK 确认该数据已收到。

Nagle 算法的工作过程如下：

1）当 TCP 发送方从应用程序收到第一个数据后，立即将它发送出去，哪怕只有 1 字节。

2）然后 TCP 发送方就开始积累数据，并等待收到确认，以及待发送的数据已积累到最大段长度 MSS。二者满足其一，TCP 发送方就可以发送数据了。

Nagle 算法只允许一个未被 ACK 的包存在于网络中，它并不管包的大小是多少，因此它事实上就是一个扩展的停 – 等协议，只不过它基于包停 – 等，而不是基于字节停 – 等。Nagle 算法完全由 TCP 的 ACK 机制决定，这会带来一些问题，比如如果接收方 ACK 回复很快，Nagle 事实上不会拼接太多的数据包，这虽然避免了网络拥塞，但网络总体的利用率依然很低。

Nagle 算法的优点是简单，并且它考虑到应用程序产生数据的速率，以及网络运输数据的速率。若应用程序比网络更快，则报文段就较大（最大报文段）；若应用程序比网络慢，则报文段就较小（小于最大报文段）。

一般情况下，TCP 都默认 Nagle 算法是打开的，所以，对于一些需要短报文的应用，比如 Telnet 或 SSH 这样的交互性比较强的应用，必须关闭 Nagle 算法。另外，Nagle 算法并没有完全禁止短报文发送，只是禁止大量的短报文发送。

（2）接收方引起的 SWS

接收方的 TCP 可能产生糊涂窗口综合征，如果它为消耗数据很慢的应用程序服务，例如，一次消耗 1 字节。假定发送应用程序产生了 1000 字节的数据块，但接收应用程序每次只吸收 1 字节的数据，再假定接收方的 TCP 的输入缓存为 4000 字节，发送方先发送第一个 4000 字节的数据，接收方将它存储在其缓存中，现在缓存满了，它通知窗口大小为零，这表示发送方必须停止发送数据。接收应用程序从接收方的 TCP 的输入缓存中读取第一个字节的数据，在输入缓存中现在有了 1 字节的空间。接收方的 TCP 宣布其窗口大小为 1 字节，这表示正渴望等待发送数据的发送方的 TCP 会把这当作一个好消息，并发送只包括一个字节数据的报文段。这样的过程一直继续下去。一个字节的数据被消耗掉，然后发送只包含一个字节数据的报文段。

对于这种糊涂窗口综合征，即应用程序消耗数据的速度比数据到达速度慢，有两种建议的解决方法，即 Clark 方法和延迟确认。

Clark 方法是只要有数据到达就发送确认，但通告的接收窗口大小为零，直到 TCP 接收缓存空间的一半已空，或者 TCP 接收缓存空间已能放入具有最大长度的报文段（即 TCP 接收缓冲区空闲空间大于等于 1 个 MSS）。

延迟确认表示当一个报文段到达时并不立即发送确认。接收方在确认收到的报文段之前一直等待，直到接收缓存区有足够的空闲空间为止。

延迟确认防止发送方的 TCP 滑动其窗口。当发送方的 TCP 发送完其数据后，它就停下来了。

迟延确认还有另一个优点：它减少了通信量。接收方不需要对每一个收到的报文段进行确认，同时如果接收方需要发送反向数据时，可以在反向数据的 TCP 报文中捎带 ACK 确认，这同样减少了网络流量。

但迟延确认也有一个缺点，即迟延确认有可能迫使发送方重传其未被确认的报文段。为了平衡延迟确认的优缺点，TCP 协议规定确认延迟最多不能超过 500ms。

5. 保活定时器

对于 TCP 连接，如果 TCP 发送方和接收方没有任何数据发送，这个 TCP 连接也会一直存在下去。这意味着如果客户机与服务器建立了 TCP 连接，可以在数小时、数天甚至数月之后依然保持该连接。中间设备（比如路由器）可以崩溃，可以重启，网络可以断，只要两端的主机不重启，都没有关系。

很多时候，一个 TCP 连接过了很久都没有数据发送，双方想知道对方是不是已经崩溃或者重新启动了，怎么办呢？TCP 保活定时器可以实现这一功能。

保活（KeepAlive）定时器每隔一段时间会超时，超时后会检查连接是否空闲太久，如果空闲时间超过了设置时间，就会发送探测报文。通过对方是否响应、响应是否符合预期，来判断对方是否正常。如果不正常，则主动关闭连接。

假设服务器的 TCP 开启了保活功能（这个选项在编程时是需要主动打开的），客户机没有开启保活功能，讨论下面 4 种情况。

（1）客户机正常

服务器和客户机每一次交换数据，都会复位保活定时器。如果 2h 内没有数据交换，服务器发送探测报文，服务器收到客户机对探测报文的响应后，知道客户机正常，于是复位保活定时器。

（2）客户机崩溃

保活定时器 2h 后超时，服务器发送探测报文。每隔 75s，服务器就会再次发送探测报文，连续发送 10 次。如果服务器没有收到客户机的任何响应，服务器就认为客户机已经崩溃，于是服务器关闭 TCP 连接。

（3）客户机重启

保活定时器 2h 后超时，服务器发送探测报文，然后服务器会收到客户机返回的

RST 报文段。因为重启后的客户机根本不知道有这个 TCP 连接。

（4）客户机正常，但是服务器不可达

实际上，这和第 2 种情况“客户机崩溃”没有区别，它们的结果是一样的，但是服务器无法区别这两种情况。

6.3.6 拥塞控制

互联网是一种无连接、尽力服务的分组交换网，这种网络结构和服务模型与网络拥塞现象的发生密切相关。与电路交换技术相比，互联网采用的分组交换技术通过统计复用提高了链路的利用率，但是很难保证用户的服务质量。端节点在发送数据前无须建立连接，这种方式简化了网络设计，使网络的中间节点无须保存状态信息。但是，这种无连接方式难以控制用户注入网络中的报文数量，当用户注入网络的报文数量大于网络容量时，网络将会发生拥塞，导致网络性能下降。

拥塞控制的基本功能是消除已经发生的拥塞或者避免拥塞的发生。目前的拥塞控制机制主要在网络的传输层实现，最典型的是传输控制协议中的拥塞控制机制。实际上，最初的 TCP 只有流量控制机制而没有拥塞控制机制，TCP 接收方在应答报文中将自己能够接收的报文数目通知 TCP 发送方，以限制发送窗口的大小。这种机制仅仅考虑了 TCP 接收方的接收能力，而没有考虑网络的传输能力，因此会导致拥塞崩溃 (congestion collapse)。1986 年 10 月，互联网发生了第一次拥塞崩溃，从 LBL(Lawrence Berkeley Laboratory) 到加州大学伯克利分校的数据吞吐量从 32kbit/s 下降到 40bit/s。此后，拥塞控制成为计算机网络研究领域的热点问题。

TCP 拥塞控制机制是 1988 年由 Van Jacobson 引入的。为了实施拥塞控制，TCP 发送方又引入两个新变量，一个是拥塞窗口 cwnd，另一个是慢启动拥塞窗口阈值 ssthresh。

引入拥塞窗口 cwnd 后，TCP 发送方的最大发送窗口修改为：允许 TCP 发送方发送的最大数据量为当前拥塞窗口和通告窗口的极小值。这样，TCP 的有关窗口变量修改为：

MaxWindow = min（cwnd，rwnd）

EffectiveWindow = MaxWindow -（LastByteSent - LastByteAcked）

也就是说，在有效窗口（EffectiveWindow）的计算中用最大窗口（MaxWindow）代替了通告窗口。这样，TCP 发送方发送报文的速率就不会超过网络或者目的节点可接受的速率中的较小值。

TCP 拥塞控制的主要原理是根据网络拥塞状况调节拥塞窗口 cwnd 的大小以控制 TCP 的发送速率。TCP 拥塞控制分为慢启动、拥塞避免、快速重传和恢复 3 个阶段，下面分别介绍这 3 个阶段。

1. 慢启动

慢启动（Slow Start，SS）是指 TCP 连接刚建立时的工作阶段。在慢启动阶段，TCP 发送方将拥塞窗口 cwnd 初始值设置为 1 个 MSS，将 ssthresh 初始值设置为 64K 字节，重复 ACK 计数器 dupACKcount 初始值设置为 0。

也就是说，TCP 连接刚建立的时候，其初始发送速率大约为 MSS/RTT。假设 MSS 为 1460 字节，RTT 为 200ms，TCP 连接的初始发送速率大约为 58.4kbit/s。对于 TCP 发送方而言，可用带宽（比如 1Gbit/s）可能比 MSS/RTT（58.4kbit/s）大得多，因此 TCP 发送方希望在不引起网络拥塞的前提下，增加一次连续发送的报文数量，以提高 TCP 发送速率。为此，在慢启动阶段，TCP 的拥塞窗口 cwnd 从 1 个 MSS 开始，如果 TCP 发送方收到新的 ACK，就把拥塞窗口 cwnd 的值增加 1 个 MSS。

慢启动阶段的工作过程如下。

1）连接建好后，先进行初始化，令 cwnd = 1，表明可以传一个 MSS 大小的数据。

2）每当收到一个 ACK，cwnd 加 1；呈线性上升。

3）每当过了一个 RTT，令 cwnd = cwnd × 2；呈指数上升。

4）还有 ssthresh（slow start threshold），它是一个上限，当 cwnd ⩾ ssthresh 时，就会进入"拥塞避免算法"。

如图 6-22 所示，TCP 开始将拥塞窗口 cwnd 设为 1 个 MSS，然后 TCP 发送 1 个 MSS 大小报文。如果 TCP 发送方收到 TCP 接收方返回的新的 ACK，TCP 将拥塞窗口 cwnd 增大为 2 个 MSS，意味着 TCP 发送方在 RTT 时间内可以发送 2 个 MSS 大小的报文。如果 TCP 发送方又收到 TCP 接收方返回的 2 个新的 ACK，则 TCP 发送方将拥塞窗口 cwnd 设为 4 个 MSS。如果 TCP 发送方连续不断地收到新的 ACK，则相当于 TCP 发送方每经过 1 个 RTT 时间，发送速率就翻番。这就意味着 TCP 发送速率在慢启动阶段是以指数方式增长的。

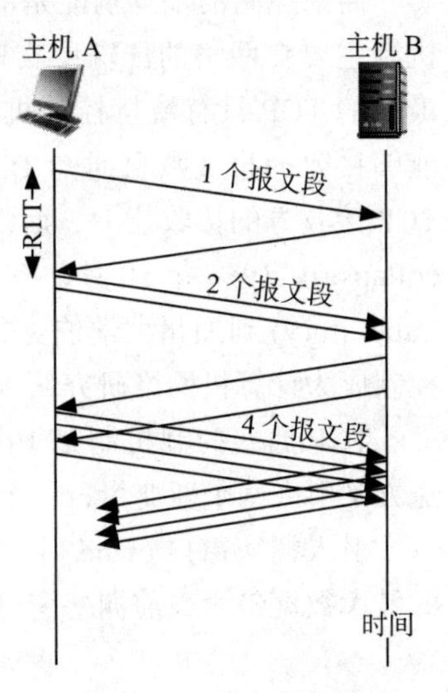

图 6-22 慢启动阶段

如果在慢启动阶段发生 ACK 超时，则 TCP 发送方首先重传丢失报文，然后将 ssthresh 设置为 cwnd 大小的一半，即 ssthresh=cwnd/2，并将拥塞窗口 cwnd 重新设置为 1 个 MSS；复位重复 ACK 计数器，同时将重传定时器的值设置为原来的两倍。TCP 发送一旦发生 ACK 超时事件，ssthresh 就变为当前拥塞窗口 cwnd 的一半，这就表明 ssthresh 值是按照指数递减的，我们称之为乘性减小（Multiplicative Decrease，MD）。

如果在慢启动阶段收到重复 ACK，就将重复 ACK 计数器 dupACKcount 加 1。

TCP 何时结束慢启动阶段呢？ TCP 发送方只要碰到下列两种情形之一，就会结束慢启动阶段并转入其他阶段。

- 当 TCP 发送方发现 cwnd 到达或者超过 ssthresh（即 cwnd ⩾ ssthresh）时，TCP 发送方结束慢启动阶段，转入拥塞避免阶段（我们后面会看到，TCP 进入拥塞避免阶段后，会采用更加谨慎的方式增加 cwnd）。
- 如果 TCP 发送方收到 3 个重复 ACK，这时 TCP 发送方也由慢启动阶段转入快速恢复阶段。

2. 拥塞避免

进入拥塞避免（congestion avoid）阶段后，TCP 发送方的 cwnd 大约是上次遇到拥塞时的值的一半，因此 TCP 发送方如果仍然采用慢启动时每过 1 个 RTT 时间就将 cwnd 的值翻番的方式增大 cwnd，就有可能很快又发生拥塞。因此 TCP 发送方进入拥塞避免阶段后，采取一种较为保守的方法，即每经过 1 个 RTT 时间只将 cwnd 的值增加 1 个 MSS。

在拥塞避免阶段，cwnd 计算方法如下。

1）收到一个 ACK 时，cwnd =（cwnd + 1/cwnd）*MSS。

2）当每过一个 RTT 时，cwnd =（cwnd + 1）MSS。

这种方法的一种较为简单的实现方式是：TCP 发送方每收到一个新的 ACK，就将 cwnd 增加 1 个 MSS*MSS/cwnd。例如，假设 MSS 为 1460 字节，而此时 cwnd 为 10 个 MSS，等于 14 600 字节，这就意味着 TCP 发送方可以在 1 个 RTT 内发送 10 个 TCP 报文。每当 TCP 发送方收到 1 个 ACK，就将 cwnd 增加 1/10 个 MSS，最终 TCP 发送方收到 10 个 ACK 后，拥塞窗口 cwnd 的值将增加 1 个 MSS。我们把这种增加 TCP 拥塞窗口的方式称为**加性增加**（Additive Increase，AI）。

同样的道理，TCP 何时结束拥塞避免阶段呢？

- 如果发生 ACK 超时事件，则首先将慢启动拥塞窗口阈值 ssthresh 设置为目前拥塞窗口 cwnd 值的一半（即 ssthresh=cwnd/2），同时将拥塞窗口 cwnd 设置为 1（即 cwnd=1）。同样的道理，只要发生 ACK 超时，TCP 发送方还会将 ACK 重传定时器的值设置为原来的两倍。
- 如果 TCP 发送方收到 3 个重复 ACK，这时 TCP 发送方也由慢启动阶段转入快速重传和恢复阶段。

无论在慢启动阶段还是在拥塞避免阶段，只要发送方判断网络出现拥塞（其根据就是没有收到确认），就要把慢启动门限 ssthresh 设置为出现拥塞时发送方窗口值的一半（但不能小于 2）。然后把拥塞窗口 cwnd 重新设置为 1，执行慢启动算法。这样做的目的就是要迅速减少主机发送到网络中的分组数，使发生拥塞的路由器有足够的时间把队列中积压的分组处理完。

图 6-23 的例子说明了上述拥塞控制的过程。

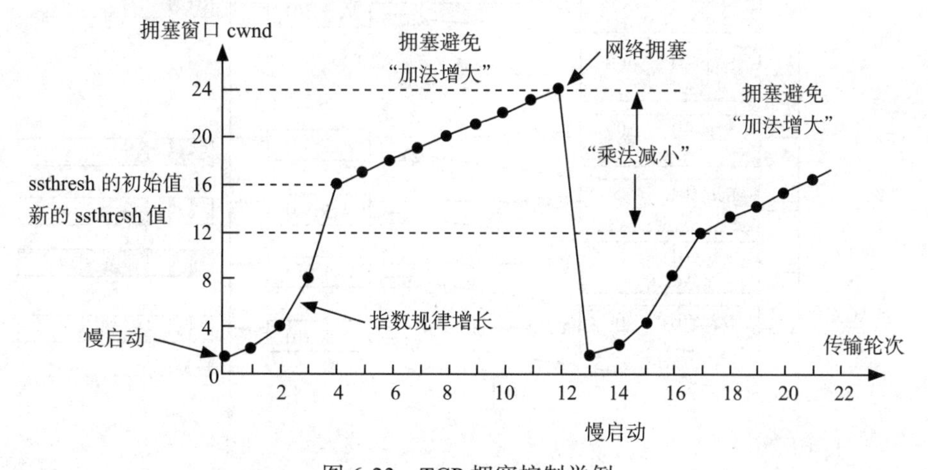

图 6-23　TCP 拥塞控制举例

1）当 TCP 连接进行初始化时，把拥塞窗口 cwnd 置为 1。前面说过，为了便于理解，图中的窗口单位不使用字节而使用报文的个数。慢启动门限的初始值设置为 16 个报文，即 cwnd = 16 个 MSS。

2）在执行慢启动算法时，拥塞窗口 cwnd 的初始值为 1。以后 TCP 发送方每收到一个 ACK，就把拥塞窗口值加 1，然后开始下一轮的传输（图中横坐标为传输轮次）。因此拥塞窗口 cwnd 随着传输轮次按指数规律增长。当拥塞窗口 cwnd 增长到慢启动门限值 ssthresh 时（即当 cwnd=16 个 MSS 时），就改为执行拥塞避免算法，拥塞窗口按线性规律增长。

3）假定拥塞窗口的数值增长到 24 个 MSS 时，网络出现超时（这很可能是网络发生了拥塞）。更新后的 ssthresh 值变为 12 个 MSS（即变为出现超时时的拥塞窗口数值 24 的一半），拥塞窗口再重新设置为 1 个 MSS，并执行慢启动算法。当 cwnd=ssthresh=12 时，改为执行拥塞避免算法，拥塞窗口按线性规律增长，每经过一个往返时间增加 1 个 MSS 的大小。

强调："拥塞避免"并非指完全能够避免拥塞。利用以上的措施，要完全避免网络拥塞还是不可能的。"拥塞避免"是指在拥塞避免阶段使拥塞窗口按线性规律增长，使网络不容易出现拥塞。

3. 快速重传和恢复

无论是在慢启动阶段还是拥塞避免阶段，如果 TCP 发送方连续收到 3 个重复 ACK，则意味着某个 TCP 报文丢失了，此时 TCP 发送方不必等待该 TCP 报文超时，而是立即重传该报文，这就是快速重传。快速重传避免了让 TCP 发送方必须等待超时后才重传丢失的报文。图 6-24 给出了快速重传示意图。

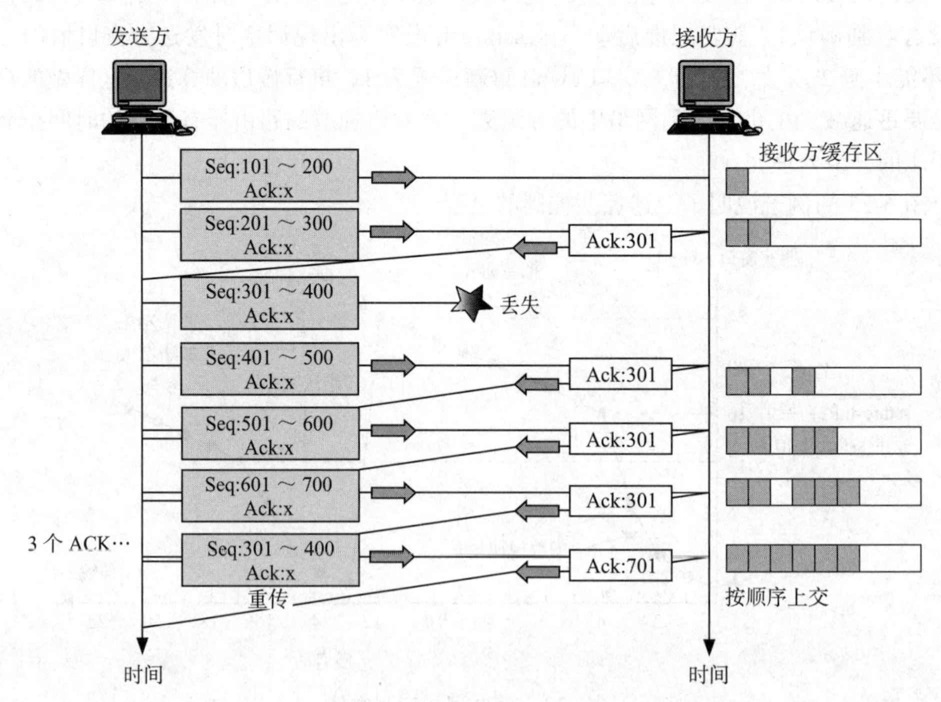

图 6-24　TCP 快速重传

在图 6-24 中，当 TCP 发送方连续收到 3 个重复的 ACK 时，TCP 发送方立即重传序号为 301 ～ 400 的报文，而不必等到 TCP 发送方超时，这就是快速重传。同时，TCP 发送方会将 ssthresh 设置为拥塞窗口 cwnd 的一半，即 ssthresh=cwnd/2；同时将 cwnd 设置为 ssthresh+3，而不是像慢启动阶段那样，直接将 cwnd 设置为 1，这就是快速恢复。

TCP 发送方连续收到 3 个重复的 ACK，这不仅意味着某个 TCP 报文的丢失，而且意味着 TCP 接收方还接收到丢失 TCP 报文的后续报文，这也意味着网络仍然可以传输报文，因此 TCP 发送方认为网络拥塞还不是非常严重，如果这时仍然像慢启动阶段一样将 cwnd 设置为 1，有点保守，因此 TCP 发送方将 cwnd 设置为 cwnd/2+3（因为它收到 3 个重复的 ACK），这就是快速重传。

在快速重传和快速恢复阶段，如果 TCP 发送方收到重复 ACK，则将 cwnd 的值增加 1 个 MSS，如果收到新的 ACK，则将 cwnd 设置为 ssthresh，同时将重复 ACK 计数器 dupACKcount 复位，然后转入拥塞避免阶段。如果发生超时事件，则 TCP 执行如同在慢启动和拥塞避免阶段出现的超时现象一样的动作（ssthresh=cwnd/2，cwnd=1，dupACKcount=0，重传定时器放大 1 倍；重传丢失的报文）后，转入慢启动阶段。

要理解 TCP 发送方对重复 ACK 的响应，我们必须首先看一下 TCP 接收方为什么会发送重复 ACK。表 6-2 给出了 TCP 接收方是何时以及如何产生 ACK 应答信息的。

表 6-2　TCP 接收方产生 ACK 的建议

事件	TCP 接收方的动作
期望序号的 TCP 报文按序到达，而且前面的报文都已经确认过	延迟 ACK。等待 500ms 看看是否接收到下一个按序报文，如果没有，则发送 ACK
期望序号的 TCP 报文按序到达，并且另外一个按序到达的报文等待确认	立即发送累积 ACK，以确认两个按序接收的报文
接收到比期望序号大的失序报文，即检测出报文间隔	立即发送重复 ACK，给出期待下一个报文的字节序号（间隔的低端序号）
收到能够部分填充字节流间隔的报文	如果该报文起始于字节流间隔的低端，则立即发送新的 ACK，否则发送重复 ACK
收到能够全部填充字节流间隔的报文	发送新的 ACK

在表 6-2 中，如果 TCP 接收方收到序号大于期望序号的报文，因为 TCP 不使用否定确认机制，所以 TCP 接收方不能向 TCP 发送方发送一个显式的否定确认，而只需对按序收到的最后字节数据进行重复确认（即产生一个重复 ACK）。

因为 TCP 发送方会发送大量的报文，所以如果有报文丢失，就可能引起 TCP 接收方连续发送多个重复 ACK。如果 TCP 发送方连续收到 3 个重复 ACK，TCP 发送方就认为重复 ACK 序号后面的报文已经丢失，于是 TCP 发送方不再等待超时就立即重传重复 ACK 序号后面的报文，这就是所谓的快速重传（fast retransmit），意思是不需要等待定时器超时就可以重传丢失的报文。

图 6-25 给出了将慢启动、拥塞避免以及快速重传和恢复 3 个阶段组合在一起的 TCP 拥塞控制有限状态机。

图 6-26 给出了一个 TCP 拥塞控制实例，假定 ssthresh 为 16。TCP 连接刚刚建立时进入慢启动（Slow Start，SS）过程，拥塞窗口 cwnd 从 1 指数增长到 2、到 4、到 8 直到 16（这里假设重传定时器不发生超时）；然后进入拥塞避免阶段，这时拥塞窗口 cwnd 从

16到17、到18、到19，一直到20[线性增加（Additive Increase）]。此时，发生重传定时器超时现象，TCP发送方首先将慢启动ssthresh设为当前拥塞窗口cwnd的一半[成倍减少（Multiplicative Decrease）]，即等于10；拥塞窗口cwnd设置为1，然后进入慢启动阶段。在慢启动阶段，TCP发送方的cwnd又从1指数增长到2、到4、到8直到10，然后进入拥塞避免阶段，开始线性增加到11，到12。此时，连续收到3个重复ACK，则将cwnd设置为当前拥塞窗口cwnd的一半（12/2=6）加上3，等于9，转入快速恢复（Fast Recovery）阶段。

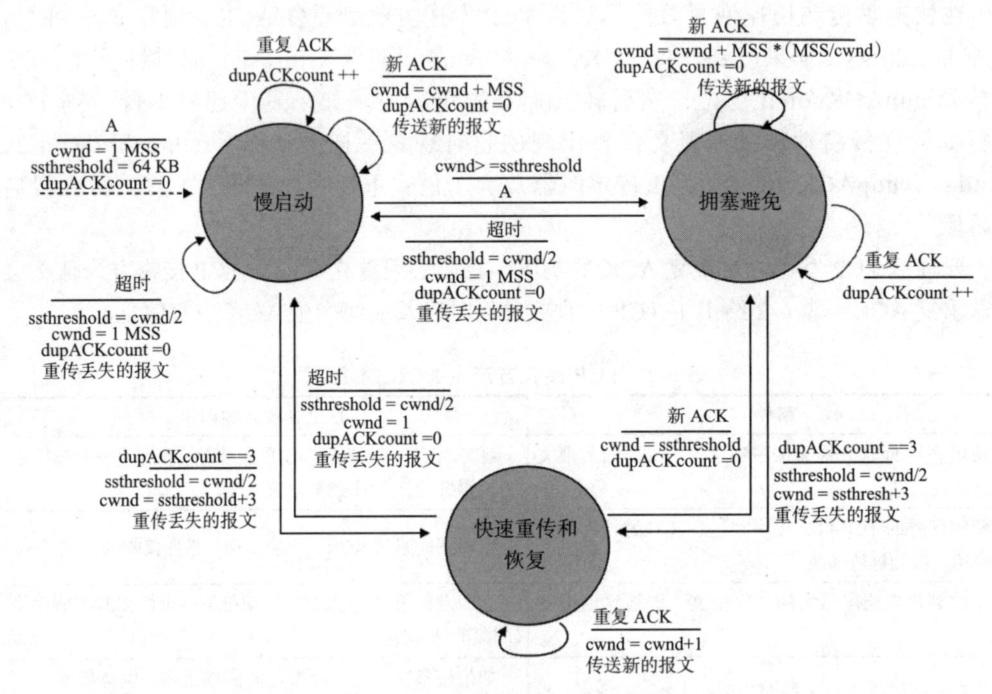

图6-25　TCP拥塞控制有限状态机

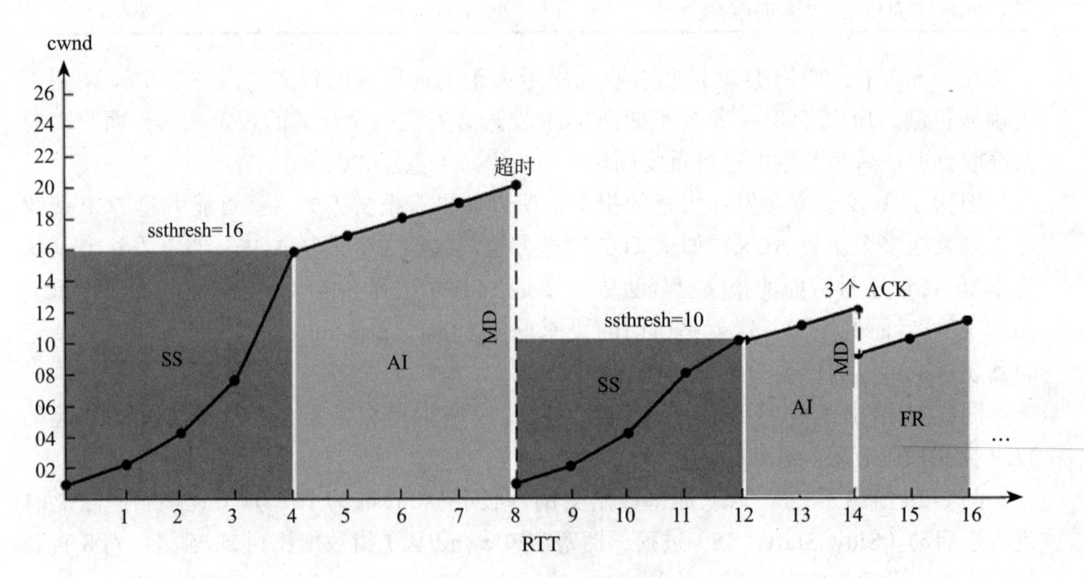

图6-26　TCP拥塞控制实例

如果仔细思考快速重传和恢复算法，就会知道，这个算法也有问题，即它依赖于 3 个重复 ACK。注意，3 个重复的 ACK 并不代表只丢了一个报文，很有可能是丢了好多报文。但这个算法只会重传一个报文，而剩下的那些报文只能等到超时。

TCP NewReno 和 TCP SACK 都考虑了一个发送窗口内有多个报文丢失的情况，TCP NewReno 对 Reno 中的快速恢复算法进行了补充，只有当所有报文都被应答后才退出快速恢复状态；TCP SACK 采用“选择性重传”策略。所谓“选择性重传”是指，当 TCP 接收方发现报文乱序到达 TCP 接收方时，TCP 接收方通过选择性应答策略通知 TCP 发送方立即发送丢失的报文，而不需要等到 TCP 发送方超时重传。

通常来说，正如前面所说的，SACK 方法可以让 TCP 发送方在做决定时更聪明一些，但是并不是所有的 TCP 的实现都支持 SACK（SACK 需要两端都支持），所以，需要一个没有 SACK 的解决方案。于是 TCP New Reno 算法被提出来，主要用于在没有 SACK 的支持下改进快速恢复算法。

当 TCP 发送方收到了 3 个重复 ACK 时，进入快速重传模式，重传重复 ACK 指示的那个报文。如果只有这一个报文丢了，那么，重传这个报文后回来的 ACK 会把整个已经被 TCP 发送方传输出去的报文 ACK 回来。如果没有，则说明有多个报文丢了。我们将这个 ACK 称为部分 ACK（Partial ACK）。

一旦发送方发现了部分 ACK，发送方就可以推理出有多个报文丢了，于是继续重传滑动窗口里未应答的第一个报文。直到再也收不到部分 ACK，才真正结束快速恢复过程。

我们可以看到，这个“快速恢复的变更”是一个非常激进的做法，它同时延长了快速重传和快速恢复的过程。

6.3.7　CUBIC 算法

CUBIC 是当前 TCP 标准的扩展。它与现有的 TCP 标准仅在发送方的拥塞控制算法上有所不同。特别地，它采用三次函数代替了现有 TCP 标准中的线性窗口增加函数，提高了在高速长距离网络环境下的可扩展性和稳定性。CUBIC 及其前身的算法已经被 Linux 作为默认算法使用了很多年。

考虑到 TCP Reno 对拥塞控制的加性增、乘性减方法，人们自然会想这是否是探测发送速率的最好方法，该发送速率正好位于触发报文丢失的阈值之下。将发送速率降为原来的一半（TCP 早期版本 TCP Tahoe 甚至将发送速率降到每个 RTT 发送一个报文），然后随着时间缓慢增加，这样的方法确实过于谨慎。如果出现丢包处的拥塞链路状态变化不大，也许更好的方法是让发送速率迅速地接近丢包时的发送速率，并且只有在那时才谨慎地探测带宽。这种思想成为 TCP CUBIC 的核心。

TCP CUBIC 仅仅与 TCP Reno 有一点不同。同样，TCP CUBIC 仅当收到 ACK 时增加拥塞窗口，同时保持慢启动和快速重传与恢复。TCP CUBIC 仅改变拥塞避免阶段。

CUBIC 遵循以下设计原则。

- 为了提高网络利用率和稳定性，CUBIC 使用一个三次函数的凹凸曲线来增加拥塞窗口的大小，而不是仅仅使用一个凸函数。

- 为了对 TCP 友好，CUBIC 被设计成在 RTT 短、带宽小、标准 TCP 性能好的网络中表现得像标准 TCP。
- 对于 RTT 公平性，CUBIC 被设计成在具有不同 RTT 的流之间实现线性带宽共享。
- CUBIC 适当设置乘性窗口递减因子，以平衡可伸缩性和收敛速度。

大多数替代标准 TCP 的拥塞控制算法都使用凸函数来增加拥塞窗口，而 CUBIC 算法同时使用凸函数和凹函数来增加窗口。在通过冗余 ACK 或显式拥塞通知（ECN Echo ACK）检测到拥塞事件，使窗口减小之后，CUBIC 将检测到拥塞时的窗口大小记录为 W_{max}，并对拥塞窗口进行乘性减少。在进入拥塞避免阶段后，利用三次函数的凹形曲线（左边）增加拥塞窗口。将三次函数的稳定点设置为 W_{max}，窗口大小在到达 W_{max} 之前会遵循三次函数曲线持续增长。在窗口大小达到 W_{max} 之后，三次函数进入凸形曲线区域（右边），窗口大小开始沿着凸形区域增大。这种窗口调整方式（先凹后凸）提高了算法的稳定性，同时保持了较高的网络利用率。这是因为窗口大小几乎保持不变，围绕着 W_{max} 形成一个稳态区域，此时网络利用率被认为是最高的。

CUBIC 拥塞窗口增长函数如图 6-27 所示。

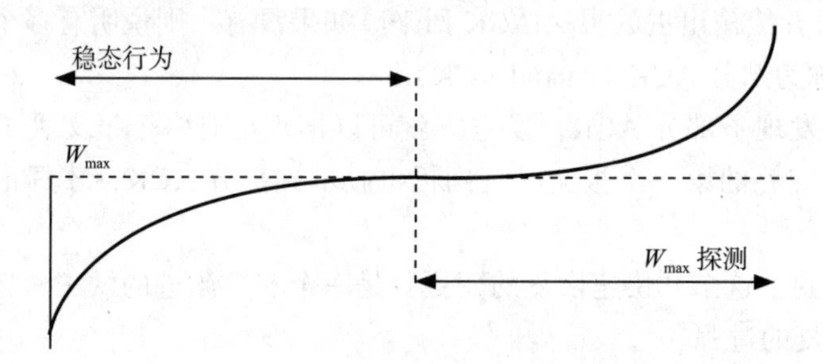

图 6-27　CUBIC 拥塞窗口增长函数

在稳态下，CUBIC 的大多数窗口大小样本都接近于 W_{max}，从而提高了网络的利用率和稳定性。需要注意的是，那些仅使用凸函数来增加拥塞窗口大小的拥塞控制算法在接近 W_{max} 时窗口会剧烈增加，从而在网络饱和点附近引入大量的包突发，可能导致频繁的全局丢失同步（global loss synchronization）。

TCP CUBIC 的工作过程如下。

1）令 W_{max} 为最后检测到丢包时的 TCP 拥塞窗口大小，令 K 为无丢包情况下当 TCP CUBIC 的窗口大小再次达到 W_{max} 时的未来时间点。

2）CUBIC 以当前时间 t 与 K 之间的距离的立方为函数来增加拥塞窗口大小。所以，当 t 远离 K 时，拥塞窗口大小的增加比 t 接近 K 时要大得多；即 CUBIC 迅速使 TCP 发送速率接近 W_{max}，然后才开始谨慎地探测带宽。

6.3.8 BBR 算法

BBR（Bottleneck Bandwidth and RTT）是通过检测带宽和 RTT 这两个指标来执行拥塞控制的。TCP BBR 目前已经在 Google 内部大范围使用并随着 Linux 4.9 版本正式发布。BBR 拥塞控制算法主要有以下两个特点。

- BBR 不考虑丢包，因为丢包并不一定是网络出现拥塞的标志。

- BBR 依赖实时检测的带宽和 RTT 来决定拥塞窗口的大小：窗口大小 = 带宽 × RTT。

Van Jacobson 在 1988 年发表的论文“Congestion Avoidance and Control”中，就提出丢包可以作为发生拥塞的信号，这个推论在当时的硬件性能下是成立的，后续的诸多拥塞控制算法也都是按照这个思路来实现的（当然也有例外，比如 Vegas 和 Westwood），如今网卡带宽已经从 Mbit/s 增长到了 Gbit/s，丢包与拥塞这两者之间的关联关系也就变得微弱了。

在现在的网络状况下，丢包可能是由于拥塞或错误。在数据中心内部，错误丢包率并不高（约在十万分之一），而在广域网上错误丢包率则高得多。更重要的是，在有一定错误丢包率的长肥管道（带宽大、延时高的网络）中，传统的拥塞控制算法会将发送速率收敛到一个比较小的值，导致网络利用率非常低。

另外，网络链路中很多设备都会有缓冲，用于吸收网络中的波动，提高转发成功率，而传统的基于丢包的拥塞控制算法感知到丢包时，这些缓冲早已被填满了，这个问题称为缓冲区膨胀（buffer bloat）。缓冲区膨胀主要带来以下影响。

- 延时会增加，同时缓冲越大，延时增加得越多。
- 共享网络瓶颈的连接较多时，可能会因为缓冲区被填满而发生丢包现象，但这种丢包现象并不意味着发生了拥塞。

BBR 既然不把丢包作为出现拥塞的信号，就需要找到其他机制来检测拥塞是否出现。Vegas 算法基于时延来判断是否出现了拥塞，Westwood 算法基于带宽和 RTT 来决定拥塞窗口的大小，但是受限于 Linux 拥塞控制实现，Westwood 计算带宽和 RTT 的方式十分粗糙。BBR 采用了与 Westwood 一样的方式，但是它的作者同时改进了 Linux 拥塞控制的实现，使 BBR 能够得到更完全的控制。

一条网络链路能够传输的最大吞吐量取决于这条网络链路上的物理时延（Round-Trip Propagation Time，在 BBR 中简写为 RTprop）与该链路上速度最低的一段带宽（Bottle-neck Bandwidth，在 BBR 中简写为 BtlBw）的乘积。这个乘积叫作 BDP（Bottle-neck Bandwidth Delay Production），即 BDP=BtlBw × RTprop，即将链路填满数据的同时不填充中间链路设备缓冲的最大数据量。BBR 追求的就是数据发送速率达到 BDP 这个最优点。

在一条网络链路上，RTprop 和 BtlBw 实际上是互相独立的两个变量，它们都可能在对方不变的情况下增大或者减小。要精确地测得延时的最小值，就必须保证网络设备的缓冲为空，链路上的流量越少越好，但此时的带宽就会变低；要精确地测得带宽的最大值，就必须发送尽可能多的数据把网络带宽填满，缓冲区就会有部分数据，延时就会增加。

BBR 对这个问题的解决方式是取一定时间范围内的 RTprop 极小值与 BtlBw 极大值作为估计值。

在连接建立的时候，BBR 也采用类似慢启动的方式逐步提高发送速率，然后根据收到的 ACK 计算带宽延迟乘积，当发现带宽延迟乘积不再增长时，就进入拥塞避免阶段（这个过程完全不考虑是否有丢包）。在慢启动的过程中，由于几乎不会填充中间设备的缓冲区，这一程中延迟的最小值就是最初估计的最小延迟，而慢启动结束时的最大带宽就是最初估计的最大延迟。

慢启动结束之后，为了把慢启动过程中可能填充到缓冲区中的数据排空，BBR 会进入排空阶段，这期间会降低发送速率，如果缓冲区中有数据，降低发送速率会使延时减少（缓冲区逐渐被清空），直到延时不再减少。

排空阶段结束后进入稳定状态，这个阶段会交替探测带宽和延迟。带宽探测阶段是一个正反馈系统：定期尝试提高发包速率，如果收到确认的速率也提高了，则进一步提高发包速率。具体来说，以每 8 个 RTT 为周期，在第 1 个 RTT 中，尝试以估计带宽的 5/4 的速度发送数据，第 2 个 RTT 中，为了把前一个 RTT 多发出来的包排空，以估计带宽的 3/4 的速度发送数据，剩下 6 个 RTT 里，使用估计的带宽发包（估计带宽可能在前面的过程中更新）。这个机制使 BBR 在带宽增加时能够迅速提高发送速率，而在带宽下降时则需要一定的时间才能使发送速率降低到稳定的水平。

除带宽检测之外，BBR 还会进行最小延时的检测。每过 10s，如果最小 RTT 没有改变（即没有发现一个更低的延迟），就进入延迟探测阶段。延迟探测阶段持续的时间仅为 200ms（或一个往返延迟，如果后者更大），这段时间内发送窗口固定为 4 个包，即几乎不发包。这段时间内测得的最小延迟作为新的延迟估计。也就是说，大约有 2% 的时间 BBR 会用极低的发包速率来测量延迟。

6.3.9 扩展

在介绍 TCP 扩展之前，我们先把注意力转向 TCP 中字节序号（SequenceNumber）字段和通告窗口字段的长度以及它们对 TCP 的正确性和性能的影响。TCP 的字节序号字段为 32 比特，通告窗口字段为 16 比特，也就是说 TCP 已经满足了滑动窗口算法的要求，即序号空间大于窗口空间（$2^{32} >> 2^{16}$）。下面依次介绍这两个字段。

32 比特序号空间的关键问题是，某个 TCP 连接使用的序号可能会回绕，即一个序号为 x 的字节数据在某个时刻被发送出去，一段时间后，第 2 个序号 x 的字节数据也有可能被发送出去。再次假设一个 IP 报文在互联网上的生存期不超过建议的 MSL 值（例如 120s），这样我们必须确定序号在这 120s 的期限内不会回绕。而序号回绕这种事情是否发生取决于互联网的数据传输率，也就是说，32 比特的序号空间多长时间会被用完（这里的讨论基于我们希望尽可能快地使用序号空间，当然让管道满载时就应该这样做）。表 6-3 显示了不同数据传输率的网络序号回绕所花费的时间。

表 6-3 32 比特序号空间回绕的时间

数据传输率	回绕时间
T1（1.5Mbit/s）	6.4h
Ethernet（10Mbit/s）	57min
T3（45Mbit/s）	13min
FDDI（100Mbit/s）	6min
OC-3（155Mbit/s）	4min
OC-12（622Mbit/s）	55s
OC-48（2.4Gbit/s）	14s
OC-192（10Gbit/s）	4s

正如你看到的，32 比特的序号空间对于大多数链路来说已经足够，但是随着互联网所使用的链路速度的不断提高，序号回绕出现的机会在增大。幸运的是，IETF 已经完成了 TCP 的扩展工作，通过有效地扩展序号空间来防止序号回绕。

与 16 比特通告窗口机制相关的问题是，发送窗口必须保持足够大（发送窗口取决于

TCP 接收方的通告窗口）才能使 TCP 发送方能够保持管道满载。显然，TCP 接收方可以不把窗口开放到 AdvertisedWindow 所允许的大小；我们只关心 TCP 接收方是否有足够的缓存区空间，可以处理 AdvertisedWindow 所允许的最大数据量。

在这种情况下，链路往返延迟 × 带宽决定了 AdvertisedWindow 字段的大小。窗口必须开放得足够大，以允许全部的往返延迟 × 带宽的数据被传输。假设网络的往返延迟 RTT 为 100ms，即网络横跨距离大约 10 000km（假设光信号在光缆中的传播速度为光速在真空中的 2/3，即每秒 20 万公里），表 6-4 给出了几种速率链路在 100ms 往返延迟情况下所需要的窗口大小。

表 6-4　100ms RTT 所需的窗口大小

数据传输率	窗口大小
T1（1.5Mbit/s）	18 KB
Ethernet（10Mbit/s）	122 KB
T3（45Mbit/s）	549 KB
FDDI（100Mbit/s）	1.2 MB
OC-3（155Mbit/s）	1.8 MB
OC-12（622Mbit/s）	6.4 MB
OC-48（2.4Gbit/s）	29.6 MB
OC-192（10Gbit/s）	118.4MB

从表 6-4 中可以看出，TCP 的窗口字段比序号字段处于更糟糕的境况，它的长度甚至不足以处理以 T3 链路连接的横跨 10 000km 的网络，因为这样的网络的往返延迟 × 带宽就是 549KB，但是 16 比特的窗口字段最大只允许 64KB 大小的通告窗口。

为此必须对 TCP 进行适当扩展，以缓解 TCP 目前面临的一些问题。TCP 扩展应尽量少影响现有的 TCP，为此将 TCP 扩展作为选项放在 TCP 报文的报头。把这些扩展的功能放进选项里而不改变 TCP 报文固定报头的重要性在于，即使某台主机没有实现这些扩展功能（即没有实现这些选项），它也可以使用常规 TCP 的功能进行主机通信。实现了扩展功能的主机之间就可以使用 TCP 的扩展功能进行通信。TCP 在连接建立的阶段，连接的双方可以对是否使用扩展功能达成一致。

第一个扩展功能有助于改善 TCP 的超时机制。扩展 TCP 不使用一个粗粒度时间来测量 RTT，而是在发送报文时读取系统时钟，并把这个时间值（可以认为是一个 32 比特的时间戳）放到报文的报头。TCP 接收方在返回确认时把该时间戳返回给 TCP 发送方，TCP 发送方从系统当前的时钟值减去该时间戳就得到 RTT 的值。实际上，该 32 比特时间戳选项相当于为 TCP 记录何时发送某个报文提供了一个理想的场所。需要注意的是，时间戳选项的引入并不要求 TCP 发送方和 TCP 接收方进行时钟同步，因为时间戳是在 TCP 发送方这一端写入和读出的。

第二个扩展功能解决了 TCP 的 32 比特序号在高速网络上回绕过快的问题。扩展 TCP 并没有定义一个新的 64 比特的序号字段，而是使用前面刚刚提到的 32 比特时间戳字段有效地扩展了序号空间。换句话说，TCP 根据 64 比特的标识符来决定是接收还是丢弃报文，而这个标识符由低 32 比特的序号字段和高 32 比特的时间戳字段构成。由于时间戳一直在增加，因此可以用它来区分有相同序号（32 比特序号相同）的两个不同的报文。注意，以这种方式使用时间戳是为了防止序号回绕的现象，并不会将时间戳看作序号的一部分来对数据进行排序和确认。

第三个扩展功能允许 TCP 通告更大的窗口，因此允许 TCP 发送方发送更多的数据以填满更大的延迟 × 带宽管道。这个扩展功能有一个选项，它为通告窗口定义了一个规模因子（scaling factor）。也就是说，原来在 TCP 报文中通告窗口（AdvertisedWindow）

大小是按字节计算的，现在则按 16 字节计算，相当于放大了 16 倍。

最后一个扩展功能是路径 MTU 发现。TCP 的路径 MTU 发现按如下方式进行：在连接建立时，TCP 使用输出接口或对段声明的 MSS 中的最小 MTU 作为起始的报文段大小。路径 MTU 发现不允许 TCP 超过对方声明的 MSS。如果对方没有指定一个 MSS，则默认为 536。

一旦选定了起始的报文段大小，在该连接上所有被 TCP 发送的 IP 报文都将被设置 DF 位。如果中间路由器需要对一个设置了 DF 标志的数据报进行分片，它就丢弃该数据报，并产生一个 ICMP 的“不能分片”差错。

如果收到这个 ICMP 差错，TCP 就减少段大小并进行重传。如果路由器产生的是一个较新的该类 ICMP 差错，则报文段大小被设置位下一跳的 MTU 减去 IP 和 TCP 的报头长度。如果是一个较旧的该类 ICMP 差错，则必须尝试下一个可能的最小 MTU。

6.4 QUIC 协议

QUIC（Quick UDP Internet Connection）是由 Google 提出的使用 UDP 进行多路并发传输的协议。

QUIC 在传统协议栈中的位置如图 6-28 所示，它的功能相当于 HTTP/2+TLS+TCP 的功能。

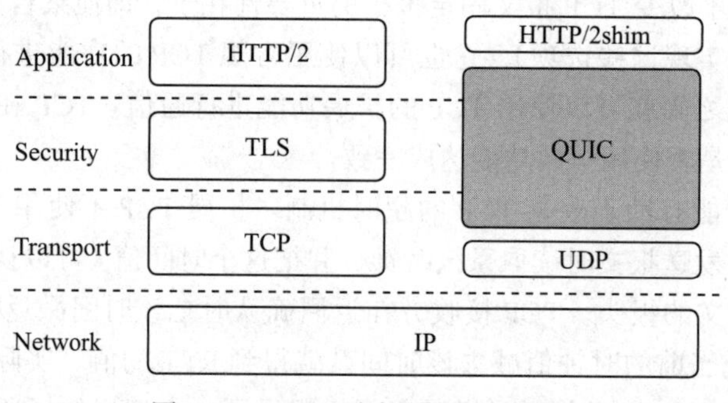

图 6-28 QUIC 在协议栈中的位置

QUIC 相比现在广泛应用的 HTTP/2+ TLS +TCP 协议有如下优势：减少了 TCP 三次握手及 TLS 握手时间；改进了拥塞控制算法避免队头阻塞的多路复用；连接迁移；前向冗余纠错。

6.4.1 为什么需要 QUIC

从 20 世纪 90 年代因特网开始兴起一直到现在，大部分因特网流量传输只使用了几个网络协议：使用 IPv4 进行路由，使用 TCP 进行连接层面的流量控制，使用 TLS 协议实现传输层安全，使用 DNS 进行域名解析，使用 HTTP 进行应用数据的传输。近几十年来，这几个协议的发展都非常缓慢。TCP 主要是拥塞控制算法的改进，TLS 协议基本上停留在原地，几个小版本的改动主要是密码套件的升级，TLS1.3 是一个飞跃式的变化。IPv4 虽然有较大的进步，升级到 IPv6，DNS 也增加了一个安全的 DNSSEC，但与 IPv6

一样，部署进度较慢。

随着移动互联网的快速发展以及物联网的逐步兴起，网络交互的场景越来越丰富，网络传输的内容也越来越庞大，用户对网络传输效率和 Web 响应速度的要求也越来越高。

一方面是历史悠久、使用广泛的古老协议，另一方面用户的使用场景对传输性能的要求也越来越高，下面几个由来已久的问题和矛盾就变得越来越突出。

1. 中间设备僵化

由于 TCP 使用得太久，也非常可靠，因此很多中间设备，包括防火墙、NAT 网关等，出现了一些约定俗成的动作，比如有些防火墙只允许端口号为 80 和 443 的报文通过。NAT 网关在转换网络地址时重写传输层的头部，有可能导致双方无法使用新的传输格式。中间代理有时出于安全的需要，会删除一些它们不认识的选项字段。

TCP 本来支持端口、选项及特性的增加和修改，但是由于 TCP 和知名端口及选项使用的历史太悠久，中间设备已经依赖于这些潜规则，因此对这些内容的修改很容易遭到中间环节的干扰而失败。

这些干扰也导致很多在 TCP 上的优化变得小心谨慎，步履维艰。

2. 依赖于操作系统的实现导致协议本身僵化

TCP 是由操作系统内核实现的，应用程序只能使用，不能修改。虽然应用程序的更新迭代非常快速，但是 TCP 的更新迭代却非常缓慢，原因就是操作系统升级很麻烦。

现在移动终端更加流行，但是移动端部分用户的操作系统升级依然可能滞后数年的时间，PC 端系统的升级滞后更加严重。

服务端系统不依赖用户升级，但是由于操作系统升级涉及底层软件和运行库的更新，因此也比较保守和缓慢。

这也就意味着即使 TCP 有比较好的特性更新，也很难快速推广，比如 TCP Fast Open 虽然 2013 年就被提出了，但是 Windows 很多版本依然不支持它。

3. 建立连接的握手延迟大

不管是 HTTP1.0/1.1 还是 HTTPS，HTTP/2、都使用了 TCP 进行传输。HTTPS 和 HTTP/2 还需要使用 TLS 协议来进行安全传输。这就出现了两个握手延迟：

- TCP 三次握手导致的 TCP 连接建立的延迟。
- TLS 完全握手需要至少 2 个 RTT 才能建立，简化握手需要 1 个 RTT 的握手延迟。

对于很多短连接场景，这样的握手延迟影响很大且无法消除。

4. 队头阻塞

队头阻塞主要是由 TCP 的可靠性机制引入的。TCP 使用序号来标识数据的顺序，数据必须按照顺序处理，如果前面的数据丢失，后面的数据就算到达也不会通知应用层来处理。

另外，TLS 协议层面也有一个队头阻塞，因为 TLS 协议都是按照记录来处理数据的，如果一个记录中丢失了数据，也会导致整个记录无法被正确处理。

概括来讲，TCP 和 TLS1.2 之前的协议存在着结构性的问题，如果继续在现有的 TCP、TLS 协议的基础上实现一个全新的应用层协议，依赖于操作系统、中间设备和用户的支持，部署成本非常高，阻力非常大。

所以 QUIC 协议选择了 UDP，因为 UDP 本身没有连接的概念，不需要三次握手，优化了连接建立的握手延迟，同时在应用程序层面实现了 TCP 的可靠性、TLS 的安全性和 HTTP/2 的并发性，只需要用户端和服务端的应用程序支持 QUIC 协议，完全避开了操作系统和中间设备的限制。

6.4.2 QUIC 核心特性

1. 连接建立延时小

零延迟建立连接可以说是 QUIC 相比 HTTP2 最大的性能优势。什么是零延迟建立连接呢？这里有两层含义，即传输层零延迟建立连接和加密层零延迟建立加密连接，如图 6-29 所示。

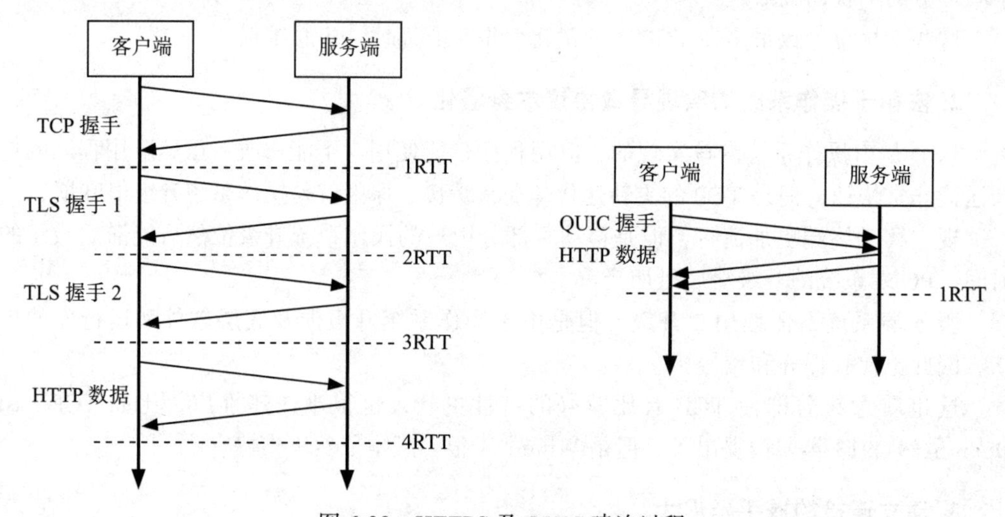

图 6-29 HTTPS 及 QUIC 建连过程

图 6-29 左边是 HTTPS 一次完全握手的建连过程，需要 3 个 RTT，即使是会话恢复（Session Resumption），也需要至少 2 个 RTT。

QUIC 由于建立在 UDP 的基础上，同时又实现了零延迟安全握手，所以在大部分情况下，实现零延迟的数据发送，在实现前向加密的基础上，并且零延迟的成功率相比 TLS 的会话票据（Session Ticket）要高很多。

2. 改进的拥塞控制

QUIC 协议当前默认使用了 TCP 的 CUBIC 拥塞控制算法，同时也支持 Reno、BBR 等拥塞控制算法。

从拥塞控制算法本身来看，QUIC 只是按照 TCP 协议重新实现了一遍，QUIC 协议的改进体现为可插拔，即 QUIC 能够非常灵活地生效、变更和停止。

- 在应用程序层面就能实现不同的拥塞控制算法，不需要操作系统，不需要内核支持。这是一个飞跃，因为传统的 TCP 拥塞控制需要端到端的网络协议栈支持，才能实现控制效果。而内核和操作系统的部署成本非常高，升级周期很长，这在产品快速迭代、网络爆炸式增长的今天显然无法满足需求。
- 即使是单个应用程序的不同连接也能支持配置不同的拥塞控制。对于一台服务器，其接入的用户网络环境也千差万别，结合大数据及人工智能处理，我们能为各个用户提供不同的但更加精准、更加有效的拥塞控制。
- 应用程序不需要停机就能实现拥塞控制的变更，在服务端只需要修改配置并重载，完全不需要停止服务就能实现拥塞控制的切换。

3. 单调递增的报文编号

为了保证可靠性，TCP 使用字节序号及 Ack 来确认消息的有序到达。

QUIC 同样是一个可靠的协议，它使用报文编号（Packet Number）代替了 TCP 的字节序号，并且每个报文编号都严格递增，也就是说即使报文 N 丢失了，重传的报文 N 的报文编号已经不是 N，而是一个比 N 大的值。而 TCP 重传报文段的序号和原始报文段的序号保持不变，正是这个特性导致了 TCP 重传的歧义性问题，如图 6-30 所示。

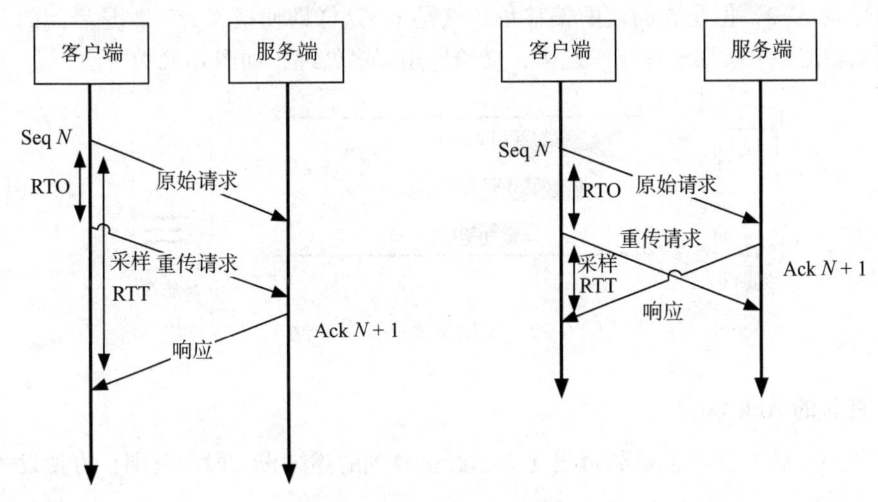

图 6-30　TCP 重传的歧义性

如图 6-30 所示，超时事件发生后，客户端发起重传请求，然后接收到 Ack，但是发送方无法判断这个 Ack 数据到底是原始请求的响应还是重传请求的响应。

如果把它看成原始请求的响应，但实际上是重传请求的响应（图 6-30 左），会导致采样 RTT 变大。如果把它看成重传请求的响应，但实际上是原始请求的响应，又会导致采样 RTT 过小。

由于 QUIC 重传的报文和原始报文的报文编号是严格递增的，因此很容易解决这个问题。

如图 6-31 所示，超时发生后，根据重传的报文编号就能确定精确的 RTT 计算。如果 Ack 的报文编号是 $N+M$，就根据重传请求计算采样 RTT。如果 Ack 的报文编号是 N，就根据原始请求的时间计算采样 RTT，没有歧义性。

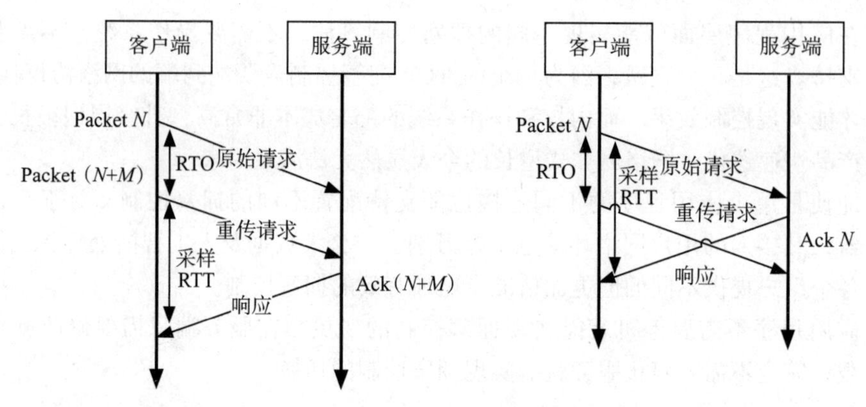

图 6-31 QUIC 重传没有歧义性

但是单纯依靠严格递增的报文编号肯定无法保证数据的顺序性和可靠性，QUIC 又引入了流偏移量（Stream Offset）的概念。

一个流可以经过多个报文传输，报文编号严格递增，没有依赖。但报文里的负载如果是流的话，就需要依靠流的偏移量来保证应用数据的顺序。如果发送端先后发送了报文 N 和报文 $N+1$，流的偏移量分别是 x 和 $x+y$。假设报文 N 丢失了，发起重传，重传的报文编号是 $N+2$，但是它的流的偏移量依然是 x，这样即使报文 $N + 2$ 是后到的，也可以将流 x 和流 $x+y$ 按照顺序组织起来，交给应用程序处理，如图 6-32 所示。

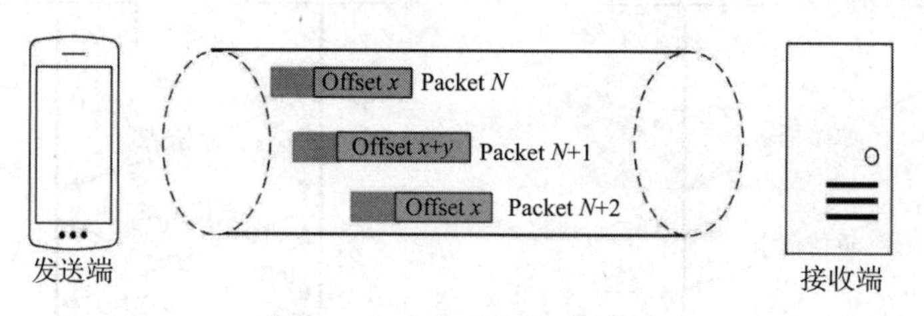

图 6-32 流偏移量保证有序性

4. 更多的 Ack 块

TCP 的 SACK 选项能够告诉发送方已经接收到的连续报文段的范围，方便发送方进行选择性重传。

由于 TCP 头部最大只有 60 字节，标准头部占用了 20 字节，因此 TCP 选项的最大长度只有 40 字节，再加上 TCP 时间戳选项（timestamp option）占用了 10 字节，留给 SACK 选项的只有 30 字节。

每一个 SACK 块的长度是 8 字节，加 SACK 选项头部 2 字节，也就意味着 TCP SACK 选项最大只能提供 3 个块（block）。

但是 QUIC 的 Ack 帧（frame）可以同时提供 256 个 Ack 块，在丢包率比较高的网络中，更多的 SACK 块可以提升网络的恢复速度、减少重传量。

5. Ack 延迟时间

TCP 的时间戳选项存在一个问题，即它只是回显了发送方的时间戳，没有计算接收端接收到报文段到发送 Ack 的时间，这个时间称为 Ack 延迟（Ack Delay）。

这样就会导致 RTT 计算误差，如图 6-33 所示。

可以认为 TCP 的 RTT 计算如下：

RTT=timestamp2− timestamp1

而 QUIC 的 RTT 计算如下：

RTT=timestamp2− timestamp1−Ack Delay

当然 RTT 的具体计算没有这么简单，需要采样并参考历史数值进行平滑计算。

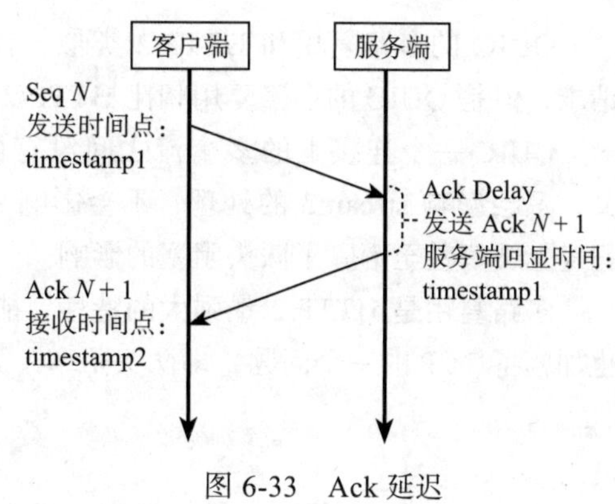

图 6-33　Ack 延迟

6. 基于流和连接级别的流量控制

QUIC 的流量控制类似 HTTP/2，即在连接和流级别提供了两种流量控制。为什么需要两类流量控制呢？主要是因为 QUIC 支持多路复用。

- 可以认为流就是一条 HTTP 请求。
- 可以将连接（connection）类比为一条 TCP 连接。多路复用意味着在一条连接上同时存在多个流，既需要对单个流进行控制，又需要针对所有流进行总体控制。

QUIC 实现流量控制的原理比较简单：

- 通过窗口更新（window_update）帧告诉对端自己可以接收的字节数，这样发送方就不会发送超过这个数量的数据了。
- 通过阻塞帧（block frame）告诉对端由于流量控制被阻塞了，无法发送数据。

QUIC 的流量控制和 TCP 有些区别，TCP 为了保证可靠性，窗口从左向右滑动的长度取决于已经确认的字节数。如果中间出现丢包，即使接收到了更大序号的报文段，窗口也无法超过这个已经确认的字节数。

但 QUIC 不同，即使此前有些报文没有接收到，它的滑动只取决于接收到的最大偏移字节数，如图 6-34 所示。

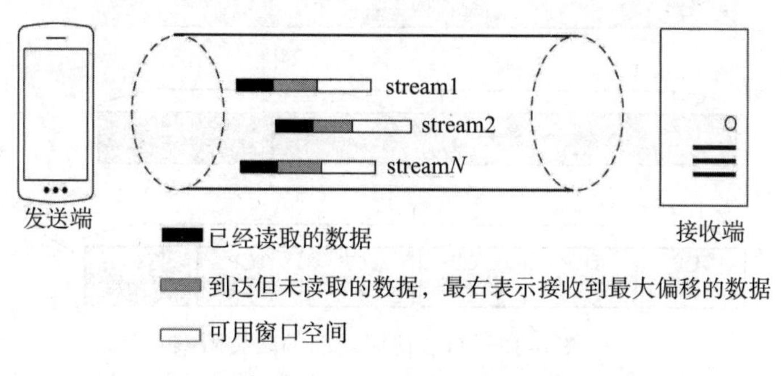

图 6-34　QUIC 流量控制

- 针对流：可用窗口 = 最大窗口数 − 接收到的最大偏移量。
- 针对连接：可用窗口 =stream1 可用窗口 +stream2 可用窗口 +…+streamN 可用窗口。

最重要的是，我们可以在内存不足或者处理性能出现问题时，通过流量控制来限制传输速率，保证服务的可用性。

7. 没有队头阻塞的多路复用

QUIC 的多路复用和 HTTP/2 类似，在一条 QUIC 连接上可以并发发送多个 HTTP 请求，但是 QUIC 的多路复用相比 HTTP/2 有一个很大的优势。

QUIC 一个连接上的多个流之间没有依赖。因此，假如 stream2 丢了一个 UDP 报文，只会影响 stream2 的处理，不会影响 stream2 之前及之后的流的处理。这就在很大程度上缓解甚至消除了队头阻塞的影响。

多路复用是 HTTP/2 最强大的特性，能够在一条 TCP 连接上同时发送多条请求。但也加剧了 TCP 的一个问题，即队头阻塞，如图 6-35 所示。

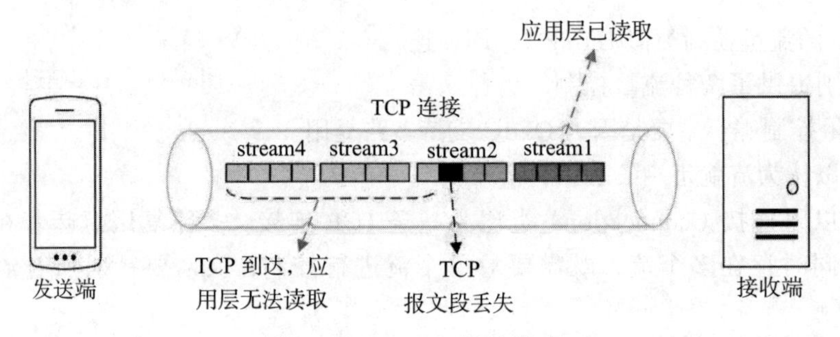

图 6-35　HTTP/2 队头阻塞

HTTP/2 在一个 TCP 连接上同时发送 4 个 stream。其中 stream1 已经正确到达，并被应用层读取。但是 stream2 的第三个 TCP 报文段丢失了，TCP 为了保证数据的可靠性，需要发送端重传第三个报文段才能通知应用层读取接下去的数据，虽然这时 stream3 和 stream4 的全部数据已经到达接收端，但都被阻塞了。

不仅如此，由于 HTTP/2 强制使用 TLS，还存在 TLS 协议层面的队头阻塞，如图 6-36 所示。

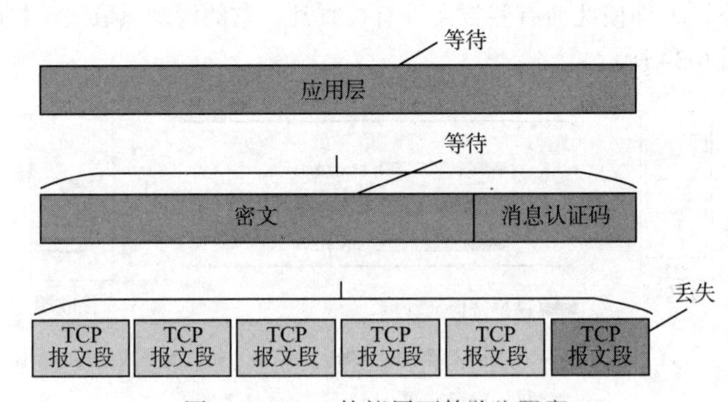

图 6-36　TLS 协议层面的队头阻塞

记录是 TLS 协议处理的最小单位，最大不能超过 16KB，一些服务器（比如 Nginx）默认的大小就是 16KB。由于一个记录必须经过数据一致性校验才能进行加解密，因此一个 16KB 的记录，即使丢了一个字节，也会导致无法处理已经接收到的 15.99KB 数据，因为它不完整。

QUIC 多路复用为什么能避免上述问题呢？

QUIC 最基本的传输单元是报文，不会超过 MTU 的大小，整个加密和认证过程都是基于报文的，不会跨越多个报文。这样就能避免 TLS 协议存在的队头阻塞问题。

流之间相互独立，比如 stream2 丢了一个报文，不会影响 stream3 和 stream4，不存在 TCP 队头阻塞，如图 6-37 所示。

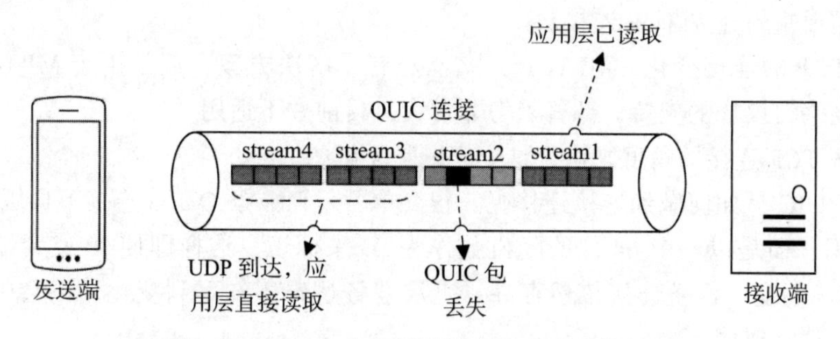

图 6-37　QUIC 多路复用没有队头阻塞的问题

当然，并不是所有的 QUIC 数据都不会受到队头阻塞的影响，比如 QUIC 当前使用 Hpack 压缩算法，由于算法的限制，丢失一个头部数据时，可能遇到队头阻塞。

总体来说，QUIC 在传输大量数据（比如视频数据）时，受到队头阻塞的影响很小。

8. 加密认证的报文

TCP 头部没有经过任何加密和认证，所以在传输过程中很容易被中间网络设备篡改、注入和窃听，比如修改端口号、通告窗口等字段。这些行为有可能是出于性能优化，也有可能是主动攻击。

但是 QUIC 除个别报文（比如 PUBLIC_RESET 和 CHLO）之外，其他所有报文头部都是经过认证的，报文主体都是经过加密的。

这样对 QUIC 报文的任何修改，接收端都能够及时发现，有效降低了安全风险。

如图 6-38 所示，上面的部分是 Stream Frame 的报文头部，有认证，后面部分是报文内容，全部经过加密。

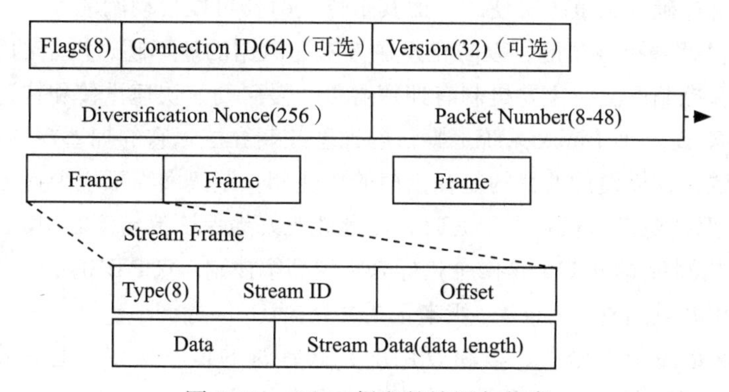

图 6-38　QUIC 报文的认证与加密

9. 连接迁移

一条 TCP 连接是由四元组（源 IP，源端口，目的 IP，目的端口）标识的。连接迁移是指当其中任何一个元素发生变化时，这条连接依然存在，能够保持业务逻辑不中断。当然，这里主要关注的是客户端的变化，因为客户端不可控并且网络环境经常发生变化，而服务端的IP和端口一般都是固定的。比如手机在Wi-Fi和4G移动网络之间切换时，客户端的IP肯定会发生变化，需要重新建立与服务端的TCP连接。又比如大家使用公共NAT出口时，有些连接竞争时需要重新绑定端口，导致客户端的端口发生变化，这时同样需要重新建立TCP连接。

针对TCP的连接变化，MPTCP其实已经有了解决方案，但是由于MPTCP需要操作系统及网络协议栈的支持，部署阻力非常大，目前并不适用。

所以从TCP连接的角度来讲，这个问题是无解的。

那么QUIC是如何做到连接迁移呢？很简单，任何一条QUIC连接不再以IP及端口四元组标识，而是以一个64位的随机数作为ID来标识，这样即使IP或者端口发生变化，只要ID不变，这条连接依然存在，上层业务逻辑感知不到变化，不会中断，也就不需要重新建立连接。

由于这个ID是客户端随机产生的，并且长度有64位，因此发生冲突的概率非常低。

此外，QUIC还能实现前向冗余纠错，在重要的包（比如握手消息）发生丢失时，能够根据冗余信息还原握手消息。

QUIC还能实现证书压缩，减少证书传输量，并针对包头进行验证。

6.5 小结

传输层的主要功能是在网络层提供主机通信服务的基础上提供进程通信服务。在互联网中，进程通信是通过端口实现的。

UDP提供应用进程之间不可靠的数据通信服务，它不提供任何差错控制和流量控制功能。

TCP提供应用进程之间面向连接、可靠的数据通信服务。另外，TCP还提供流量控制功能，允许接收方限制发送方的发送速率，该功能是通过滑动窗口机制实现的。TCP的可靠传输是通过确认和重传实现的，而其重传定时器可以自动调节。

TCP还提供拥塞控制功能，以防止发送方发送数据的速率超过网络的容量。TCP采用端到端的拥塞控制方法，主要机制有拥塞避免、慢启动、快速重传和快速恢复。

TCP CUBIC是当前Linux系统上默认的拥塞控制算法。它的拥塞控制窗口增长函数是一个三次函数，这样设计的目的是在当前的快速和长距离网络环境中有更好的扩展性。TCP CUBIC的拥塞窗口增长独立于RTT，因此能更好地保证流与流之间的公平性。

BBR通过检测带宽和RTT这两个指标来实现拥塞控制。TCP BBR目前已经在Google内部大范围使用并且随着Linux 4.9版本正式发布。

QUIC协议是一个加密的、多路复用的、低延时的传输协议，它被设计用于提高HTTPS的传输效率进而使快速部署和持续进化成为可能。

习题

1. 传输层如何提供进程通信功能？
2. 为什么在计算UDP报头校验和时要引入伪报头？

3. TCP 服务的特性是什么？
4. 请简述 TCP 报头中各字段的含义。
5. 请解释 TCP 连接建立为什么要采用三次握手？
6. 本章解释了 TCP 连接撤销过程中状态转换的三种顺序。还有第 4 种可能的顺序，即从 FIN_WAIT_1 到 TIME_WAIT 且标有 FIN+ACK/ACK。请解释导致第 4 种状态转换顺序的环境。
7. 当关闭 TCP 连接时，为什么从 LAST_ACK 到 CLOSED 的转换不需要等待两个段生存期的时间？
8. TCP 报头的序号字段长度是 32 比特，足以处理 40 亿字节的数据。为什么在某条 TCP 连接上有些序号没有使用过，序号仍旧可能从 $2^{32}-1$ 回绕到 0？
9. 假设要求你设计一个使用滑动窗口的可靠字节流传输协议（如 TCP），该协议要运行在 100Mbit/s 的网络中，该网络的 RTT 是 100ms，数据段的最大生存期是 60s，问：

   （1）应该在你设计的 AdvertisedWindow 字段和 SequenceNum 字段包含多少比特？

   （2）你是如何确定上述数值的？哪个值可能不太确定？
10. 如果主机 A 从同一端口接收到主机 B 发来的两个 SYN 报文，第二个 SYN 报文可能是前一个 SYN 报文的重传或者是主机崩溃并重启后一个新的连接请求报文。请回答下列问题：

    （1）描述主机 A 看到这两种情况的区别。

    （2）给出 TCP 在接收到一个 SYN 报文所做事情的算法描述，需要考虑上面的重复 SYN、新的 SYN 报文情况以及在主机上没有应用进程正在监听目标端口的可能性。
11. 端到端滑动窗口机制和跳到跳滑动窗口机制有何不同？
12. 简述 TCP 流量控制中滑动窗口机制是如何工作的。
13. TCP 引入坚持定时器和保活定时器的作用是什么？
14. 为什么 TCP 采用字节确认机制？
15. TCP 为什么采用适应性重传定时器？
16. 为什么 TCP 对于重传报文避免测量 SampleRTT？
17. 我们讨论了在发生超时事件后将重传定时器加倍。为什么 TCP 除了采用这种将重传定时器加倍的机制外，还需要引入基于窗口的拥塞控制机制呢？
18. 什么是拥塞？为什么互联网会产生拥塞？
19. 什么是拥塞控制？互联网的进行拥塞控制的方式有哪几种？
20. 什么是拥塞避免？什么是慢启动？
21. 简述快速重传和快速恢复组合算法的工作过程。
22. 为什么要对 TCP 进行扩展？ TCP 扩展主要解决什么问题？
23. 为什么 TCP 直到接收到 3 个重复的 ACK 才执行快速重传。你认为 TCP 为什么不在收到第一个重复的 ACK 就进行快速重传呢？
24. 假设 TCP 使用的最大窗口尺寸为 64KB，即 64×1024 字节，而报文的一次成功传输所需的时间为 20ms（包括 TCP 报文和确认报文在互联网的往返时间），问此时 TCP 所能得到的最大吞吐量是多少？
25. 在一个 TCP 连接中，cwnd 的值是 3000，rwnd 的值是 5000。发送方已经发送了 2000 字节，但都没有收到确认，问发送方还可以发送多少字节的数据？
26. 假设 TCP 的发送速率是 8Mbit/s，若序号从 7000 开始，问经过多少时间，需要又回到 7000？
27. 假设 TCP 发送方当前收到的报文的确认号是 22001，通告窗口是 10000 字节。它又收到一个报文，确认号是24001，通告窗口是12000字节。请用图来说明发送窗口的变化情况。

28. 假设TCP发送方当前发送窗口缓存区的字节编号是2001～5000，下一个要发送的字节是3001。请用图来说明在发生以下两个事件之后发送窗口的变化情况。

（1）TCP发送方收到一个ACK报文，其确认号是2500，通告窗口是4000字节。

（2）发送方发送了一个1000字节的报文。

29. 考虑从主机A向主机B传送L字节的大文件，假设MSS为1460，问：

（1）在TCP序号允许的范围内，L可以取的最大值是多少？TCP序号字段为4字节。

（2）如果在1）中L的值已经确定，求主机A发送此文件要多少时间？假定传输层、网络层和数据链路层3个报头加起来的总长度为60字节，链路速率为10Mbit/s，不考虑流量控制、差错控制和拥塞控制，因此主机A可以连续不断地发送报文。

30. 假设TCP允许窗口尺寸远远大于64KB，使用这样的TCP在RTT为100ms的1Gbit/s的链路上传送10MB的文件，而且TCP接收窗口rwnd为1MB。如果TCP发送1KB大小的报文（假设网络无拥塞、无报文丢失），问：

（1）从慢启动开始到打开发送窗口到1MB，一共用了多少RTT？

（2）发送10MB文件共用了多少个RTT？

（3）如果发送文件的时间由所需的RTT的数量与链路延迟的乘积给出，这次传输的有效吞吐量是多少？链路带宽的利用率是多少？

31. 简述TCP CUBIC算法的特点。

32. 简述TCP BBR算法的特点

33. 简述QUIC协议的功能和特点。

第 7 章　网络应用

应用程序之间的相互作用机制和应用编程接口是网络应用的重要组成部分。本章首先介绍客户－服务器模式和套接字编程接口、DNS 系统，然后介绍各种具体的网络应用，包括远程登录协议 Telnet、文件传输协议（FTP）、电子邮件（E-mail）以及万维网（WWW）、P2P、IP 电话等，最后介绍简单网络管理协议（SNMP）。

7.1　客户－服务器模式和套接字编程接口

前面讨论了互联网的核心部分——TCP/IP，通过 TCP/IP，互联网上任意两台主机的应用进程之间可以相互通信。而且，主机上的应用进程通过套接字（socket）编程接口使用 TCP/IP 提供的进程通信服务。

本节先简单介绍网络进程通信和客户－服务器（Client/Server，C/S）模式，然后重点讨论 UNIX 的套接字编程接口。

7.1.1　网络进程通信

进程通信的概念最早出现在单机系统中。单机内的进程通信可以采用各种进程间通信（Inter Process Communication，IPC）机制来实现，但是 IPC 机制不能用于解决网络进程的通信问题。

网络进程通信一般采用 socket 机制，也称套接字机制。在 TCP/IP 网络中，每个应用进程先创建一个 socket，然后对该 socket 进行赋值，并将应用进程与 socket 进行绑定。一个 socket 可以用一个三元组 < 协议，本地主机地址，本地端口 > 来描述。

因此，两个应用进程之间的网络通信可以用一对 socket 来标识，一对 socket 合起来就是一个五元组 < 协议，本地主机地址，本地端口，远地主机地址，远地端口 >。

7.1.2　客户－服务器模式

网络中应用进程之间的相互作用方式是采用客户－服务器模式（Client-Server model）。客户和服务器分别对应两个应用进程。客户进程向服务器进程主动发起连接或服务请求，服务器接收连接请求和服务请求，并给出应答，如图 7-1 所示。

客户－服务器模式最主要的特点是非对称的，即客户与服务器处于不平等的地位。在客户－服务器模式中，每次通信均由客户进程发起，而服务器进程等待客户进程的请求并对请求进行响应。

当然，随着 Web 应用的流行和普及，传统的 C/S 模型慢慢地被 B/S（Browser/Server）模型所代替。

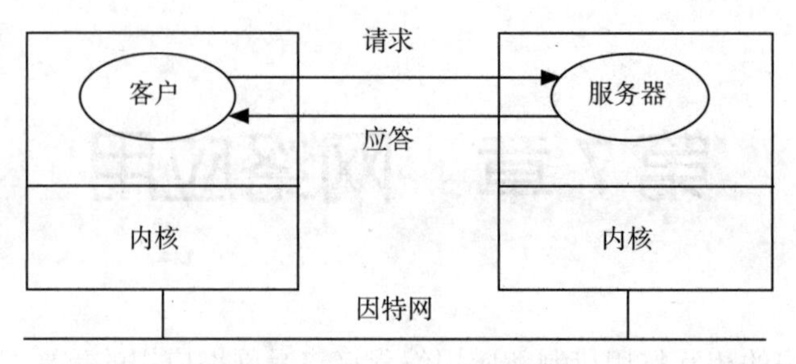

图 7-1 客户－服务器模式

7.1.3 socket 系统调用

套接字应用编程接口（socket API）最早是由 BSD UNIX 提出的，目的是解决网络进程通信问题。

两台主机上的应用进程通信之前，每个应用进程必须首先各自创建一个 socket，然后指定 socket 本地地址（IP 地址＋端口号），最后应用进程就可以通过各自的 socket 发送和接收数据了。

下面简单讨论 BSD UNIX 上的 socket 系统调用，并通过举例说明它们在客户－服务器模式中的应用。

1. socket()——创建 socket

socket() 系统调用用于创建 socket，其调用格式如下：

```
sockid=socket(af, type, protocol)
```

其中，各个调用参数的意义如下。

- af 即 address family，表示本 socket 所用的地址类型。
- type，表示创建 socket 的应用进程所希望使用的通信服务类型。
- protocol，表示本 socket 所希望使用的协议。

socket() 系统调用实际上指定了相关五元组中的“协议”这一元，其他四元将通过下面介绍的系统调用给出。

当 sockid 返回一个大于 0 的整数（即 socket 号）时，表明调用成功，否则 sockid 将返回一个负数（−1），同时返回一个出错代码（errno），指明出错的原因。

2. bind()——指定本地地址

bind() 系统调用是将本地 socket 地址（包括本地主机地址和本地端口）与所创建的 socket 联系起来，即应用进程通过 bind() 系统调用指定本地 IP 地址和端口号。其调用格式如下：

```
bind(sockid, localaddr, addrlen)
```

其中，各个调用参数的意义如下。

- sockid：已获得的 socket 号。

- localaddr：本地 socket 地址（本地主机地址 + 端口号），localaddr 参数是一个指向 socket 地址结构的指针。
- addrlen：本地 socket 地址长度，表示以字节为单位的本地 socket 地址结构的长度。

注意，并非所有 bind() 调用都能成功。如果 bind() 调用中所指定的 IP 地址无效或所指定的端口已被其他应用程序占用，则 bind() 系统调用将返回 -1 及出错代码。

3. connect()——建立连接

对于使用面向连接传输层协议的 socket，客户机进程通过 connect() 系统调用建立与服务器的传输层连接，例如客户进程可以通过 connect() 系统调用与服务器进程建立一条 TCP 连接。在这种情况下，connect() 系统调用要等到 TCP 连接建立后才返回，否则将返回出错信息。服务器进程通过 accept() 接收客户进程的连接请求。

connect() 的调用格式如下：

```
connect(sockid, destaddr, addrlen )
```

其中，各个调用参数的意义如下。

- sockid：本地 socket 号。
- destaddr：一个指向目的方 socket 地址结构的指针，socket 地址结构如前所示。
- addrlen：目的方 socket 地址长度。

4. listen() 和 accept()——接收连接请求

面向连接的服务器进程一般在某个众所周知的端口上接收客户进程的连接请求。面向连接的服务器进程通过 listen() 和 accept() 两个系统调用来接收并处理客户进程的连接请求。

listen() 系统调用表明服务器进程愿意接收客户进程的连接请求。listen( ) 一般在 accept() 之前调用，其调用格式为：

```
listen(sockid, quelen)
```

其中，各个调用参数的意义如下。

- sockid：本地 socket 号。
- quelen：连接请求队列长度。listen() 系统调用以此参数限制连接请求的排队个数，通常允许的连接请求排队长度最大值为 5。

accept() 系统调用用于服务器进程接收客户进程的连接请求，其调用格式如下：

```
newsock = accept(sockid, clientaddr, addrlen)
```

其中，各个调用参数的意义如下。

- sockid：本地 socket 号。
- clientaddr：指向客户 socket 地址结构的指针。
- addrlen：客户 socket 地址长度。

clientaddr 指向一个初始值为空的地址结构，当 accept() 调用成功返回后，客户进程的 socket 地址被填入该地址结构中。addrlen 的初始值为 0，accept() 调用返回后保存了客户进程 socket 地址的长度。accept() 调用成功返回后，服务器进程将在 sockid 指定的 socket 上等待接收客户进程的连接请求，该连接请求是客户进程通过 connect () 系统调用发出的。

accept() 调用除将连接请求方（即客户进程）的 socket 地址及地址长度放入 clientaddr 所指的地址结构和 addrlen 所指的单元外，还将返回一个新的 socket 号 newsock。对于面向连接的服务器，每当它接收到一个连接请求，它首先派生（fork）出一个子进程，由子进程处理客户的请求，而服务器进程继续在原来的 socket（socket 号为 sockid）上接收其他客户进程的连接请求。子进程使用 newsock 与客户进程进行通信，当 newsock 的值小于 0 时，表明 accept() 调用出错。

5. write() 和 sendto()——发送数据

write() 和 sendto() 系统调用用于数据发送。write() 用于面向连接的数据发送，sendto() 用于无连接的数据发送。write() 系统调用中不必指定接收端 socket 地址，而 sendto() 系统调用中必须明确指定接收端 socket 地址。

write() 的调用格式如下：

```
write(sockid, buff, bufflen)
```

其中，各个调用参数的意义如下。

- sockid：本地 socket 号。
- buff：指向发送缓存区的指针。
- bufflen：发送缓存区大小。

sendto() 的调用格式如下：

```
sendto(sockid, buff, bufflen, dstaddr, addrlen)
```

其中 sockid、buff、bufflen 参数的意义与 write() 系统调用相同，其他参数的意义如下。

- dstaddr：指向目的 socket 地址的指针。
- addrlen：目的 socket 地址长度。

6. read() 和 recvfrom()——接收数据

read() 和 recvfrom() 系统调用用于数据接收，read() 用于面向连接的数据接收，recvfrom 用于无连接的数据接收。

read() 的调用格式如下：

```
read(sockid, buff, bufflen)
```

recvfrom() 的调用格式如下：

```
recvfrom(sockid, buff, bufflen, suraddr, addrlen)
```

接收数据系统调用参数与发送数据系统调用参数的最大区别在于，前者的 bufflen 是一个指针，其值是实际读取数据的长度。

7.1.4　客户 – 服务器流程图

图 7-2 给出了面向连接的客户 – 服务器的流程图，其工作过程是：在服务器端，服务器首先启动，调用 socket() 创建套接字；然后调用 bind() 指定服务器 socket 地址（IP 地址 + 端口号）；再调用 listen() 让服务器做好侦听准备，并规定好请求队列的长度，然后服务器进入阻塞状态，等待客户的连接请求；最后通过 accept() 来接收连接请求，并获得客户的 socket 地址。在客户端，客户创建套接字并指定客户 socket 地址，然后调用 connect() 与服务器建立连接。一旦连接建立成功，客户和服务器之间就可以通过调用 read() 和 write() 来接收和发送数据了，数据传输结束之后，服务器和客户通过调用 close() 来关闭套接字。

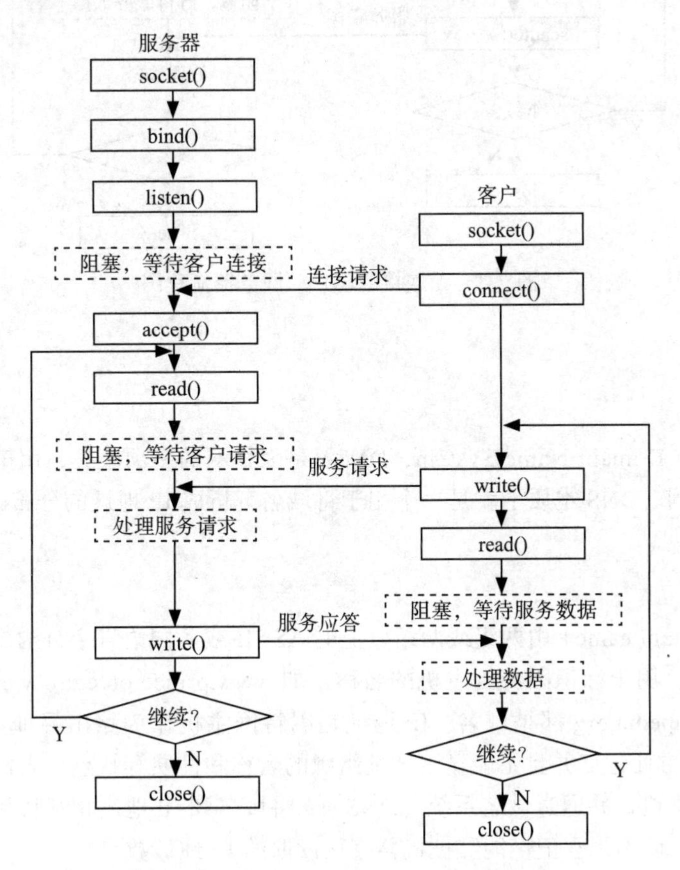

图 7-2　面向连接的客户 – 服务器流程图

图 7-3 给出了无连接的客户 – 服务器流程图，其工作过程是：在服务器端，服务器首先启动，通过调用 socket() 创建套接字，然后调用 bind() 指定服务器 socket 地址，最后服务器调用 recvfrom() 等待接收数据。在客户端，客户调用 socket() 创建套接字，然后调用 bind() 指定客户 socket 地址，最后客户调用 sendto() 向服务器发送数据。服务器接收到客户发来数据后，调用 sendto() 向客户发送应答数据，客户调用 recvfrom() 接收服务器发来的应答数据。一旦数据传输结束，服务器和客户就通过调用 close() 来关闭套接字。

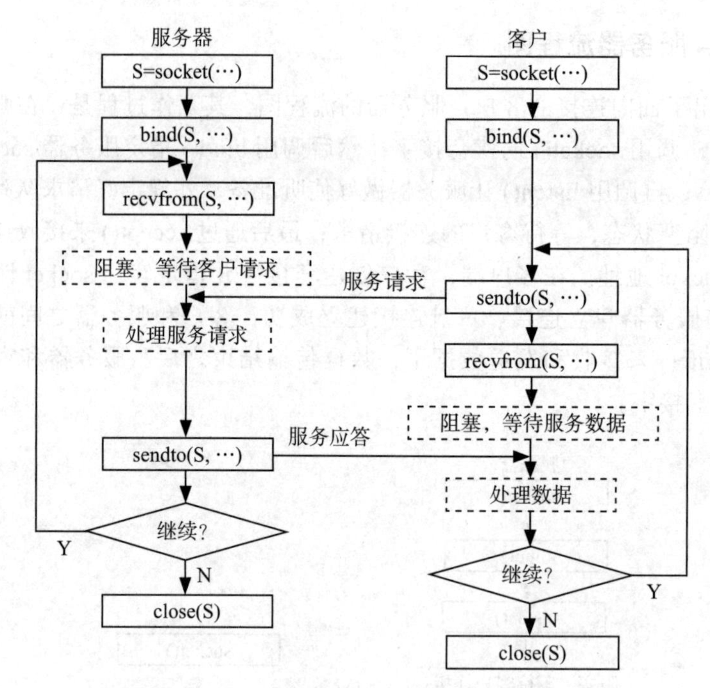

图 7-3　无连接的客户 – 服务器流程图

7.2　DNS

域名系统（Domain Name System，DNS）是因特网的一项服务，用于方便用户通过域名访问互联网。DNS 本质上就是一个用于将域名解析成 IP 地址的分布式数据库。

7.2.1　域名

域名（domain name）由两组或两组以上的 ASCII 或各国语言字符构成，各组字符间由点号分隔开，用于标识因特网主机的名称，如 www.princeton.edu、webmail.nudt.edu.cn 和 www.wikipedia.org 都是域名。IP 地址是因特网主机作为路由寻址用的数字标识。由于 IP 地址不方便记忆并且不能显示地址组织的名称和性质等缺点，人们更喜欢用域名来访问因特网主机，并通过域名系统（DNS）来将域名和 IP 地址相互映射，以便更方便地访问互联网，而不用去记忆能够被机器直接读取的 IP 地址数串。

对主机进行命名有一定的规则，比如一台主机的域名一般不能超过 5 级，从左到右域的级别越来越高。最右边的字符组称为顶级域名或一级域名、倒数第二个字符组称为二级域名、倒数第三个字符组称为三级域名，以此类推。

每一级域名的字符长度限制为 63 个，域名总长度则不能超过 253 个字符。域名也仅限于 ASCII 字符集。另外，在域名中是不区分大小写的。

其中顶级域名分为通用顶级域名（general Top-Level Domain，gTLD）和国家代码顶级域名（country code Top-level Domain，ccTLD）。

常用的通用顶级域名包括：

- .com：供商业机构使用。

- .net：供网络服务供应商使用。
- .org：供非营利组织使用。
- .edu：供教育机构使用。
- .gov：供政府机关使用。
- .mil：供军事单位使用。

国家代码顶级域名基于 ISO 3166-1 的二位字母代码，例如中国是 .cn、德国是 .de、日本是 jp（日本）、英国是 .uk 等。

二级域名（Second-Level Domain，SLD）是最靠近顶级域名左侧的字段。例如：zh.wikipedia.org 中 wikipedia 就是二级域名，.com.cn、.net.cn、.org.cn、.gov.cn、.edu.cn 中的 .com、.net、.org、.gov 和 .edu 就是在顶级域名 cn 下的二级域名。

接下来就是三级域名，即最靠近二级域名左侧的字段，从右向左依次为四级域名、五级域名等。

某个域名的所有者可以通过查询 WHOIS 数据库而被找到。根域名服务器的 WHOIS 由 ICANN 维护，而 WHOIS 的具体内容则由控制那个域的机构维护。对于 200 多个国家代码顶级域名，通常由该域名权威注册机构负责维护 WHOIS。例如，中国互联网络信息中心（China Internet Network Information Center，CNNIC）负责维护 .CN 域名的 WHOIS。

国际化域名（Internationalized Domain Name，IDN）也称多语种域名，是指非英语国家为推广本国语言的域名系统的一个总称，例如中文域名是指使用中文作为域名。国际化域名使用域名代码（punycode）编写并以美国信息交换标准代码（ASCII）字符串存储在域名系统中。punycode 是一个根据 RFC 3492 标准而制定的编码系统，主要用于把域名从各国文字所采用的 Unicode 编码转换为可用于 DNS 系统的 ASCII 编码。

7.2.2 域名服务器

DNS 就像一个自动的电话号码簿，可以通过直接拨打 www.wikipedia.org 的名字来代替电话号码（IP 地址）。我们输入网站的名字以后，DNS 就会将该网站的名字（如 www.wikipedia.org）解析成 IP 地址（如 208.80.152.2）。

域名服务器（domain name server）就是负责域名解析的计算机。我们将 DNS 服务器分为 4 种，分别是根域名服务器（root domain name server）、顶级域名服务器（top-level domain name server）、权威域名服务器（authoritative domain name server）以及本地域名服务器（local domain name server）。

根域名服务器是互联网 DNS 系统中最高级别的域名服务器，它负责解析顶级域名，返回顶级域名的权威域名服务器的 IP 地址。根域名服务器中虽然没有每个顶级域名的 IP 地址信息，但它储存了负责每个顶级域（如 .com、.net、.org 以及 .cn、.uk 等）的权威域名服务器的 IP 地址信息（就像通过北京电信你问不到广州市某单位的电话号码，但是北京电信可以告诉你去查 020114）。

全球共有 13 个根域名服务器，1 个主根域名服务器在美国，其他 12 个为辅根域名服务器，其中有 9 个在美国，剩余 3 个分别由瑞典、英国和日本进行管理。根域名服务器以英文字母 a ~ m 依序命名，域名格式为“字母 .root-servers.net”。13 个根域名服务器的域名和 IP 地址如表 7-1 所示。

表 7-1 13 个根域名服务器相关信息（截至 2022 年 5 月）

域名	IPv4 地址	IPv6 地址	运营单位
a.root-servers.net	198.41.0.4	2001:503:ba3e::2:30	VeriSign
b.root-servers.net	192.228.79.201	2001:500:84::b	南加州大学信息科学研究所
c.root-servers.net	192.33.4.12	2001:500:2::c	Cogent Communications
d.root-servers.net	199.7.91.13	2001:500:2d::d	美国马里兰大学学院市分校
e.root-servers.net	192.203.230.10	2001:500:a8::e	美国国家航空航天局
f.root-servers.net	198.97.190.53	2001:7fe::53	互联网系统协会
g.root-servers.net	192.112.36.4	2001:500:12::d0d	美国国防部国防信息系统局
h.root-servers.net	198.97.190.53	2001:500:1::53	美国国防部陆军研究所
i.root-servers.net	192.36.148.17	2001:7fe::53	瑞典的 Netnod
j.root-servers.net	192.58.128.30	2001:503:c27::2:30	VeriSign
k.root-servers.net	193.0.14.129	2001:7fd::1	荷兰的 RIPE NCC
l.root-servers.net	199.7.83.42	2001:500:9f::42	ICANN
m.root-servers.net	202.12.27.33	2001:dc3::35	日本的 WIDE Project

所有根域名服务器均由美国政府授权的互联网域名与号码分配机构（Internet Corporation for Assigned Names and Numbers，ICANN）统一管理，ICANN 负责全球互联网根域名服务器、域名体系和 IP 地址等的管理，根域名服务器中有经美国政府批准的约 260 个互联网后缀（如 .com、.net 等）和一些国家的指定符（如法国的 .fr、挪威的 .no、中国的 .cn 等）。

凭借对根域名服务器的管理权，美国可以屏蔽掉某些国家的顶级域名，使这些域名无法得到解析。伊拉克战争期间，美国政府就曾授意 ICANN 终止对伊拉克国家顶级域名 IQ 的解析，致使所有以 IQ 为后缀的网站瞬间从互联网上消失。2004 年 4 月，由于在顶级域名管理权问题上与美国发生分歧，利比亚顶级域名 LY 突然瘫痪，导致利比亚在互联网世界消失了整整 4 天。美国 2008 年曾切断过某些国家的 MSN 即时网络通信，使这些国家的用户无法使用 MSN。

由于美国对根域名服务器拥有绝对的控制权，根域名服务器成为影响国家网络信息安全的重大隐患。当前，各国为保障网络安全纷纷采用任播（anycast）技术对根域名服务器进行镜像扩展，建设根域名服务器的镜像节点。根域名服务器的镜像节点作为根域名服务器的孪生兄弟，分布在不同的国家和地区。据统计，全球根域名服务器共部署了 1500 多个镜像节点，我国根域名服务器的镜像节点数量已达 26 个。

顶级 DNS 服务器（top-level DNS server）负责顶级域名（如 com、edu、gov、org 等）和所在国家或地区的顶级域名（如 cn、uk 等）的域名解释。

权威 DNS 服务器（authorization DNS server）负责解析本单位的域名。

本地 DNS 服务器（local DNS server）是客户首先要访问的域名服务器。

反向域（inverse domain）用于将 IP 地址反向解析为名字。这种类型的查询称为反向域指针（PTR）查询。为了处理指针查询，在域名空间增加一个反向域，并且反向域的第一级域名为 arpa，第二级域名为 in-addr（用于反向地址查询）。第三级及以下各级域名为 IP 地址。

处理反向域的服务器也具有层次结构。这意味着 IP 地址的网络号比子网号的层次高，而子网号的层次高于主机号。与通用域或国家域相比，这种配置方式使反向域看起来是倒置的。一个 IP 地址为 132.34.45.121（B 类地址，网络号是 132.34）会被读为 121.45.34.132.in-addr-arpa，如图 7-4 所示。

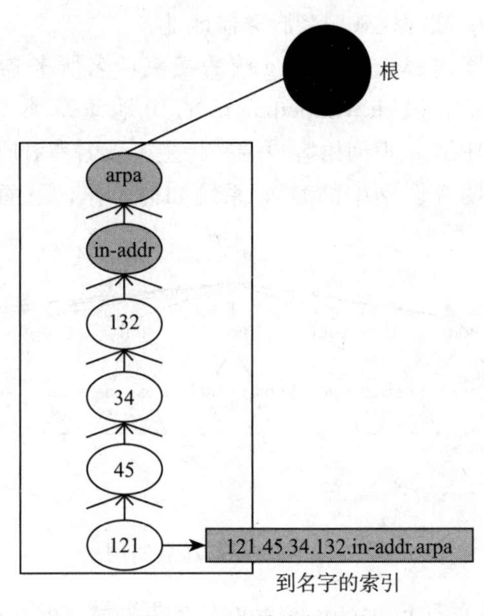

图 7-4　反向域指针查询

7.2.3　域名解析

名字解析（name resolution）就是从域名解析出一个 IP 地址的过程。当我们给本地 DNS 服务器发送一个域名解析请求时，本地 DNS 服务器通常返回一个 IP 地址。

例如，zh.wikipedia.org 作为一个域名与 IP 地址 208.80.154.225 相对应。DNS 就像一个自动的电话号码簿，我们可以直接拨打 wikipedia 的名字来代替电话号码（IP 地址）。在我们直接调用网站的名字以后，DNS 就会将 zh.wikipedia.org 转换成 208.80.154.225。

DNS 查询有两种方式：递归和迭代。主机向本地域名服务器的查询一般采用递归查询：如果本地域名服务器不知道待查询域名的 IP 地址，那么本地域名服务器就会以 DNS 客户的身份向根域名服务器继续发起请求（即代替主机进行查询），而不是让主机自己进行下一步查询。本地域名服务器向根域名服务器的查询通常采用迭代查询：当根域名服务器收到本地域名服务器发出的迭代查询请求报文时，它要么给出所要查询域名的 IP 地址，要么告诉本地域名服务器下一步应当向哪一个域名服务器进行查询，然后让本地域名服务器进行后续的查询（而不是替本地域名服务器进行后续的查询）。当然，本地域名服务器也可以采用递归查询。这取决于最初的查询请求报文的设置要求使用哪一种查询方式。

以查询 zh.wikipedia.org 为例，DNS 客户端发送查询报文“ query zh.wikipedia.org”至本地 DNS 服务器，本地 DNS 服务器首先检查自身缓存，如果存在记录则直接返回结果，如果记录老化或不存在，则：

1）本地 DNS 服务器向根域名服务器发送查询报文“ query zh.wikipedia.org”，根域名服务器返回 .org 域的权威域名服务器地址，这一级首先返回的是顶级域名的权威域名服务器。

2）本地 DNS 服务器向 .org 域的权威域名服务器发送查询报文“query zh.wikipedia.org”，得到 .wikipedia.org 域的权威域名服务器地址。

3）本地 DNS 服务器向 .wikipedia.org 域的权威域名服务器发送查询报文“ query zh.wikipedia.org”，得到主机 zh.wikipedia.org 的 IP 地址，本地 DNS 服务器将主机 zh.wikipedia.org 对应的 IP 地址返回给客户端并将主机域名和对应 IP 地址项进行缓存。

为了更加详细地说明互联网中的 DNS 系统如何工作，下面给出一个实际的例子，如图 7-5 所示。

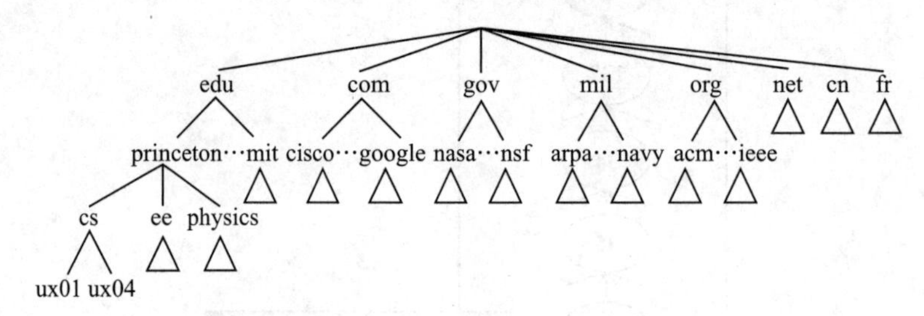

图 7-5 层次结构域名实例

在图 7-5 中，edu 下面有 princeton 和 mit 大学两个域，princeton 大学下面有 cs、ee 和 physics 三个域，而 cs 下面有 ux01 和 ux04 两台主机。

DNS 可以允许一个名称服务器把它的一部分名称服务（众所周知的 zone）“委托”给子服务器，从而实现具有层次结构的名称空间。此外，DNS 还提供了一些额外的信息，例如系统别名、联系信息以及哪一个主机正在充当系统组或域的邮件枢纽。

为了实现 DNS 域名解析，我们将根和顶级域名组成一个区（zone)，由根 DNS 服务器负责解析顶级域名，将 princeton 大学域和 princeton 大学的 physics 域组成 princeton 区，在这个区中的 princeton 大学和 princeton 大学 physics 域的名字由 princeton DNS 服务器负责解析，princeton 大学的 cs 和 ee 域各自构成独立的区，cs 和 ee 域的名字分别由 cs、ee 各自的 DNS 服务器负责解析。这样将整个互联网 DNS 服务器划分为区的层次结构，如图 7-6 所示。

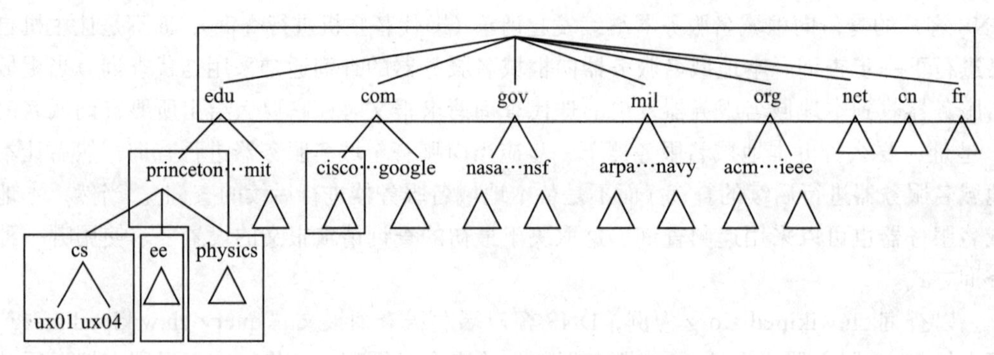

图 7-6 划分为区的层次结构

对应于图 7-6 的 DNS 服务器层次结构如图 7-7 所示。

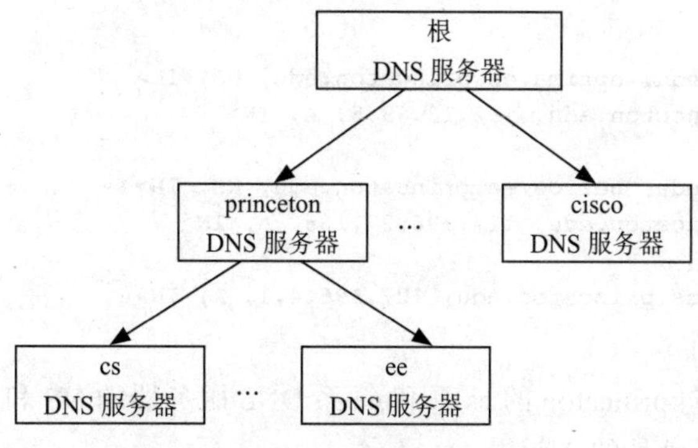

图 7-7 层次结构的 DNS 服务器

每个 DNS 服务器都用资源记录（Resource Record，RR）的集合去实现其负责区域名字的解析。本质上，一个资源记录是一个名字到值的映射或绑定。资源记录用 5 元组表示，一个资源记录包括下面几个字段：

<名字（name），值（value），类型（type），分类（class），生存期（TTL）>

名字解析的含义就是通过名字索引查找到相应的值。其中类型（type）字段说明查找到的值如何解释。分类（class）字段允许定义资源记录的分类，至今，唯一广泛使用的分类是互联网分类，记为 IN。TTL字段指出该条资源记录的有效期，一旦 TTL 到期，DNS 服务器必须将该资源记录删除。

常用的类型字段如下。

- A（Address）：值字段给出的名字字段对应的 IP 地址，以实现主机名字到 IP 地址的映射。
- NS（Name Server）：值字段给出的是名字服务器的名字，该名字服务器负责解析名字字段指定的域名。
- MX（Mail eXchange）：值字段给出的是邮件服务器的名字，该邮件服务器负责接收名字字段指定的域的邮件。
- CNAME（Canonical NAME）：值字段给出的是名字字段对应的主机规范名。

为了更好地理解资源记录是如何表示域名层次中的信息的，下面以图 7-6 中的层次结构为例进行详细介绍。为了简化起见，我们忽略 TTL 字段，并且一个区域只给出一个 DNS 服务器的相关信息。

首先，根 DNS 服务器必须保存到每个第二级 DNS 服务器的一个 NS 记录以及一个 A 类记录，用于将该域名解析为相应的 IP 地址，以便根 DNS 服务器能够指向每个二级 DNS 服务器。

```
<princeton.edu, cit.princeton.edu, NS, IN>
<cit.princeton.edu, 127.196.127.233, A, IN>

<cisco.com, thumper.cisco.com, NS, IN>
<thumper.cisco.com, 127.96.32.20, A, IN>
…
```

在上面的例子中，根 DNS 服务器分别包含指向 princeton 和 cisco 的指针。

负责管辖域 princeton.edu 上有一台 DNS 服务器 cit. princeton.edu，该 DNS 服务器包含以下记录：

```
<cs.princeton.edu, optima.cs.princeton.edu, NS, IN>
<optima.cs.princeton.edu, 192.12.69.5, A, IN>

<ee.princeton.edu, helios.ee.princeton.edu, NS, IN>
<helios.ee.princeton.edu, 127.196.27.166, A, IN>

<jupiter.physics.princeton.edu, 127.196.4.1, A, IN>
…
```

其中有用于指向 princeton 的 cs 系和 ee 系 DNS 服务器的 NS 和 A 记录，以及直接用于解析物理系主机地址的 A 记录。

负责管辖域 cs. princeton.edu 的第三级 DNS 服务器 optima.cs.princeton.edu 包含域 cs. princeton.edu 所有主机的 A 类记录。

```
<cicada.cs.princeton.edu, 192.12.69.60, A, IN>
<gnat.cs.princeton.edu, 192.12.69.61, A, IN>
…
```

下面来看看 DNS 系统的工作过程。首先用户在浏览器中输入 cicada.cs.princeton.edu 域名，请求某 DNS 服务器进行解析，由于该 DNS 服务器不负责 cicada.cs.princeton.edu（这个域不是该 DNS 服务器的管辖范围），于是该 DNS 服务器发送一个包含 cicada.cs.princeton.edu 名字的 DNS 请求给根 DNS 服务器，根 DNS 服务器返回不能匹配整个名字，则返回一个它能提供的最佳匹配，即 princeton.edu 的 NS 类记录以及负责 princeton.edu 域的 DNS 服务器 cit.princeton.edu 的 IP 地址 127.196.127.333 给该 DNS 服务器。该 DNS 服务器继续发送包含 cicada.cs.princeton.edu 名字的 DNS 请求给 127.196.127.333（实际上就是 princeton 的 DNS 服务器，域名为 cit. princeton.edu），princeton 大学 DNS 服务器也不能匹配整个名字，因此它返回负责 cs. princeton.edu 域的 princeton 大学 cs 系的 DNS 服务器 optima.cs.princeton.edu 的 IP 地址 192.12.69.5 给该 DNS 服务器；最后，该 DNS 服务器继续发送包含 cicada.cs.princeton.edu 名字的 DNS 请求给 optima.cs.princeton.edu 服务器，服务器解析出 cicada.cs.princeton.edu 的 IP 地址是 192.12.69.60，然后将这个结果返回给该 DNS 服务器，该 DNS 服务器将这个结果返回给某台主机，于是该主机可以继续与 cicada.cs.princeton.edu 进行通信。整个过程如图 7-8 所示。

在上面的例子中，首先要求将用户主机（DNS 客户）的 DNS 配置成某 DNS 服务器。其次要求该 DNS 服务器指向根域名服务器，也就是说该 DNS 服务器必须配置成指向一个或多个根域名服务器的资源记录，如下所示：

```
<. , A.ROOT-SERVERS.NET, NS, IN, 3600000>
<A.ROOT-SERVERS.NET, 198.41.0.4 , A, IN, 3600000>
<. , B.ROOT-SERVERS.NET, NS, IN, 3600000>
<B.ROOT-SERVERS.NET, 192.228.79.201, A, IN, 3600000>
…
```

通过上面对域名解析过程的分析可知，如果本地域名服务器上没有保存某个域名到 IP 地址对应关系的缓存数据，则域名解析必须经过根域名服务器的指引才能到达相应的域名服务器，以便找到对应的 IP 地址。所以，从理论上来说，无论是 COM 形式的域名，还是 CN 形式的域名，都必须经过根域名服务器才能顺利地实现域名的解析。这再次说明根域名服务器在互联网中处于十分重要的地位。

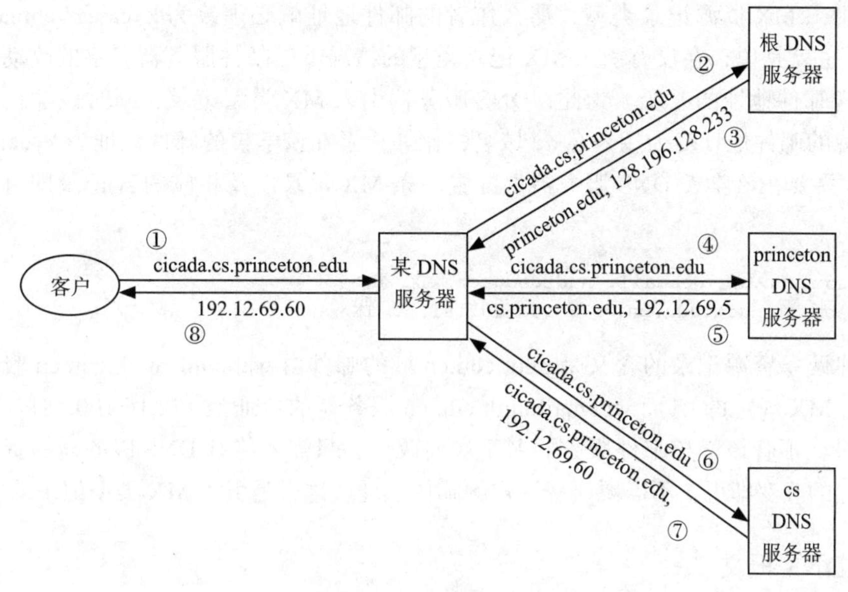

图 7-8　名字解析过程

当然，该 DNS 服务器不必非要指向根域名服务器，它也可以指向上一级域名服务器，比如该 DNS 服务器可以指向中国教育科研网的顶级 DNS 服务器 dns.edu.cn（由清华大学网管中心负责），而中国教育科研网的顶级 DNS 服务器 dns.edu.cn 指向中国顶级 DNS 服务器 dns.cn，最后再由中国顶级 DNS 服务器 dns.cn 指向根域名服务器。

为了提高域名解析效率，DNS 在 DNS 客户端以及各级域名服务器中都使用了缓存机制。浏览器、操作系统、本地 DNS 服务器、授权 DNS 服务器等都会对 DNS 解析结果进行缓存。当用户访问过 DNS 系统之后，DNS 客户端、本地 DNS 服务器等均会缓存之前解析到的域名和 IP 地址映射，并基于相关机制设置相应的缓存生存时间（TTL），在 TTL 超时前，后续 DNS 域名解析可以直接通过 DNS 客户端和本地 DNS 服务器的缓存进行解析，不再需要查询过程。

最后简单讨论 CNAME 类型记录和 MX 类型记录的作用。为了说明 CNAME 类型记录的作用，下面来看一个例子。“百度”网站的规范名是 www.baidu.com。我们假设可以用 www.baidu.com.cn、cn.baidu.com 去访问“百度”网站，那么如何才能做到这一点呢？事实上，百度公司只要在其 DNS 服务器上配置几条 CNAME 类型的资源记录 RR 就可以达到上述目的。

```
< www.baidu.com.cn, www.baidu.com, CNAME, IN>
< cn.baidu.com, www.baidu.com, CNAME, IN>
< www.baidu.com, 14.119.104.189, A, IN>
```

为了说明 MX 类型记录的作用，下面来看另一个例子，某高校邮件服务器的名字是 mail.nudt.edu.cn，在该学校 DNS 服务器上关于邮件服务器名字解析的记录是：

```
< mail.nudt.edu.cn, 172.16.100.181, IP, IN>
```

在此情形下，作者的邮件地址是 kycai@mail.nudt.edu.cn。后来，该学校邮件服务器名字改为 webmail.nudt.edu.cn（支持 Web 方式访问邮件服务器），如果该学校 DNS 服务器没有引入 MX 资源记录类型，那么作者的邮件地址就必须改为 kycai@webmail.nudt.edu.cn。也就是说，在没有引入 MX 记录类型的情况下，邮件服务器名字的改动会带来所有用户邮件地址的改变。为此，DNS 服务器引入 MX 类型记录，同时该学校邮件服务器支持的邮件地址变为用户名 @ 域名，比如作者在该学校的邮件地址为 kycai@nudt.edu.cn。只要在该学校 DNS 服务器上配置一条 MX 记录以及相应的 A 记录即可，如下所示：

```
< nudt.edu.cn, webmail. nudt.edu.cn, MX, IN>
< webmail.nudt.edu.cn, 172.16.100.181, A, IN>
```

上述两条资源记录的含义是 nudt.edu.cn 域的邮件由 webmail. nudt.edu.cn 服务器负责接收（MX 规定的），而 webmail.nudt.edu.cn 服务器的地址是 172.16.100.181。有了这两条记录，不管该学校邮件服务器名字如何改变，只需要将其 DNS 服务器的资源记录进行相应的改变即可，不需要改变用户的邮件地址。这就是引入 MX 类型记录的好处。

7.2.4 DNS 报文

DNS 有两种类型的报文：查询报文和应答报文。查询报文和应答报文具有相同的格式。查询报文（query message）由头部和询问记录组成，应答报文（response message）由头部、询问记录、应答记录、授权记录和附加记录组成，如图 7-9 所示。

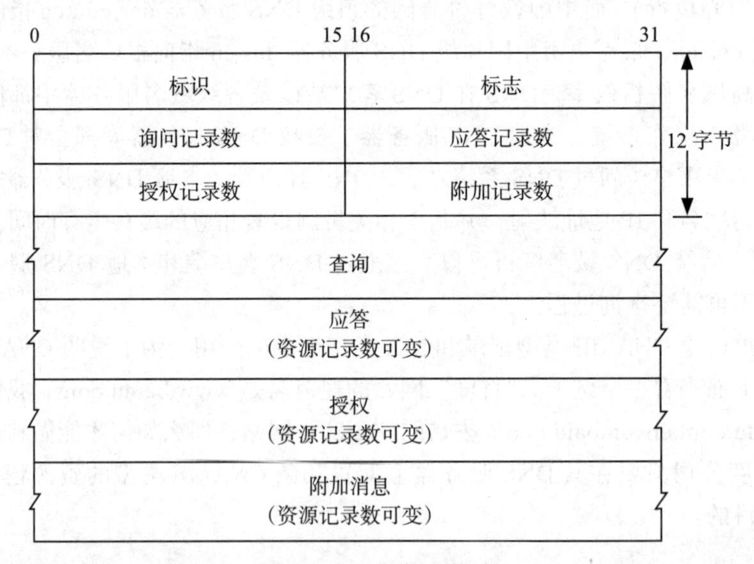

图 7-9 DNS 报文格式

查询报文和应答报文的头部格式相同，查询报文头部的某些字段设置为 0。头部为 12 字节。

DNS 用户使用标识字段来匹配查询报文和应答报文。标志字段用于定义报文的类型

（查询还是响应）、响应类型（授权还是非授权）以及解析类型（反复还是递归）等。

询问记录数是指查询报文中包含多少个询问记录。应答记录数是指应答报文中包含多少个应答记录。授权记录数是指应答报文中授权记录的数量。附加记录数是指应答报文中附加记录的数量。

查询报文和应答报文中的查询部分由一条或多条询问记录（question record）组成，询问记录包含 DNS 用户请求解析的域名。

应答报文中的应答部分由一条或多条资源记录组成，用于 DNS 服务器对查询请求的应答。

应答报文中的授权部分由一条或多条资源记录组成，主要提供用于查询某个域的一台或多台服务器的域名。

应答报文中的附加消息部分由一条或多条资源记录组成，主要用于提供解析指定域的授权 DNS 服务器的域名及其 IP 地址。

DNS 可以使用 UDP 或者 TCP。在这两种情况下，DNS 服务器都使用 53 号端口。如果应答报文长度小于 512 字节，则使用 UDP；如果应答报文的长度大于 512 字节，则必须使用 TCP 连接。

7.2.5　动态 DNS

在 DNS 中，当某台主机的名字或 IP 地址发生改变时，就必须相应修改主 DNS 服务器的区域文件，这涉及许多手工操作。但互联网这样大规模的系统不允许采用手工操作。为此，在 DNS 中引入了动态域名系统（Dynamic Domain Name System，DDNS）。

DDNS 的主要功能是实现固定域名到动态 IP 地址之间的解析。对于使用动态 IP 地址的用户，在每次上网得到新的 IP 地址后，安装在主机上的动态域名软件就会将该 IP 地址发送到由 DDNS 服务商提供的动态域名解析服务器，并更新域名解析数据库。当因特网上的其他用户需要访问这个域名的时候，动态域名解析服务器就会返回正确的 IP 地址。这样，大多数不使用固定 IP 地址的用户，也可以通过动态域名解析服务经济、高效地构建自身的网络系统。

在 DDNS 中，当名字和 IP 地址之间的绑定确定时，通常通过 DHCP 实现主服务器区域文件的更新，而主服务器会主动通知辅助服务器区域文件发生了变化。当辅助服务器得到通知时，它会向主服务器发送请求以更新区域文件。为了保证安全性以避免对 DNS 服务器文件的非授权修改，DDNS 使用了认证机制。

7.2.6　IPv6 DNS

互联网 DNS 为了支持将主机域名映射到 IPv6 地址，新的资源记录类型“A6”被定义为主机域名到 IPv6 地址的映射。

IPv6 地址的正向解析目前有两种资源记录，即“AAAA”和“A6”。其中，“AAAA”较早提出，它是对“A”资源记录的简单扩展，由于 IP 地址由 32 位扩展到 128 位，扩大了 4 倍，因此资源记录由“A”扩大成 4 个“A”。“AAAA”用来表示域名和 IPv6 地址的对应关系，并不支持地址的层次性。

“A6”在 RFC 2874 中提出，它是把一个 IPv6 地址与多个“A6”记录建立联系，每个“A6”资源记录都只包含 IPv6 地址的一部分，结合后拼装成一个完整的 IPv6 地址。“A6”资源记录支持一些“AAAA”所不具备的新特性，如地址聚合、地址更改（renumber）等。

首先，“A6”资源记录根据 TLA、NLA 和 SLA 的分配层次把 128 位的 IPv6 地址分解成为若干级的地址前缀和地址后缀，构成一个地址链。每个地址前缀和地址后缀都是地址链上的一环，一个完整的地址链就组成一个 IPv6 地址。这种思想符合 IPv6 地址的层次结构，支持地址聚合。

其次，用户在改变 ISP 时，要随 ISP 的改变而改变其拥有的 IPv6 地址。手工修改用户子网中所有在 DNS 中注册的地址是一件非常烦琐的事情，而在用“A6”记录表示的地址链中，只要改变地址前缀对应的 ISP 名字即可，可以大大减少 DNS 中资源记录的修改。并且在地址分配层次中越靠近底层，所需要的改动越少。

总之，以地址链形式表示的 IPv6 地址体现了地址的层次性，支持地址聚合和地址更改。但是，由于一次完整的地址解析分成多个步骤进行，因此需要按照地址的分配层次关系到不同的 DNS 服务器进行查询。所有的查询都成功才能得到完整的解析结果。这势必会延长解析时间，也增加出错的机会。因此，需要进一步改进 DNS 地址链功能，提高域名解析的速度才能为用户提供理想的服务。

IPv6 地址在域名系统中为执行正向解析表示为 AAAA 记录，即 4A 记录，类似地，IPv4 表示为 A 记录；反向解析在 ip6.arpa（原先 ip6.int）下进行，这里地址空间为半字节 16 进制数字格式。这种模式在 RFC 3596 中给出了定义。AAAA 模式是 IPv6 结构设计时的两种提议之一。另一种正向解析为 A6 记录并且有一些其他创新，像二进制串标签和 DNAME 记录等。RFC 2874 和它的一些引用中定义了这种模式。AAAA 模式只是 IPv6 域名系统的简单概括，A6 模式使域名系统中的检查更全面，因此也更复杂。

- A6 记录允许一个 IPv6 地址分散于多个记录中，或许在不同的区域，这就在原则上允许网络的快速重编号。
- 使用域名系统记录委派地址被 DNAME 记录（类似于现有的 CNAME，不过是重命名整棵树）所取代。
- 一种新的叫作比特标签的类型被引入，主要用于反向解析。RFC 3363 中对 AAAA 模式给予了有效的标准化（RFC 3364 中对于两种模式的优缺点有更深入的讨论）。

至此，我们介绍了用于命名主机的 3 个不同层次的标识符：域名、IP 地址以及物理地址（如以太网 MAC 地址）。这 3 个不同层次的标识符都指向同一台主机，但适用的场合不同。当用户访问主机时一般是给出主机的域名，然后由应用程序通过 DNS 将主机域名翻译成 IP 地址，最后，包含 IP 地址的 IP 报文在通过物理网络传输时，需要将 IP 地址翻译成物理地址。

7.3 远程登录协议

远程登录协议即 Telnet 协议是一种最老的互联网应用，也是当前互联网上最广泛的应用之一。Telnet 起源于 1969 年的 ARPANET。Telnet 是电信网络协议（Telecommunication network protocol）的缩写。使用远程登录协议，用户可以通过网络登录到一台主机，使用该主机上的资源（当然必须有登录账号）。终端使用者可以在 Telnet 程序中输入命令，这些命令会在服务器上运行，就像直接在服务器的控制台上输入命令一样。

Telnet 是标准的提供远程登录功能的应用，几乎每个 TCP/IP 的实现都提供这个功能。Telnet 能够运行在不同操作系统的主机之间。Telnet 通过客户进程和服务器进程之间的选项协商机制，确定通信双方可以提供的功能特性。

7.3.1　工作原理

Telnet 协议采用客户 – 服务器模式。图 7-10 显示了一个 Telnet 客户和 Telnet 服务器的典型连接图。

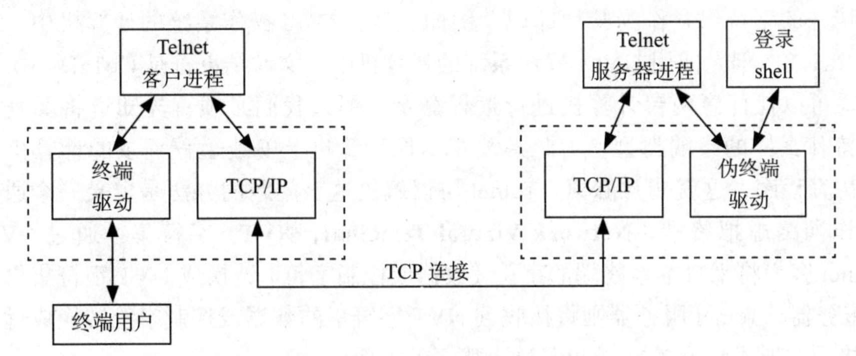

图 7-10　Telnet 工作原理图

对于图 7-10，需要注意以下几点。

- Telnet 客户进程同时与终端用户（通过终端驱动）和 TCP/IP 协议模块进行交互。通常终端用户所键入的任何信息都通过 TCP 连接传输到 Telnet 服务器端的，而 Telnet 服务器所返回的任何信息都通过 TCP 连接输出到终端用户的显示器上。Telnet 是标准的提供远程登录功能的应用，它能够运行在不同的操作系统的主机之间。Telnet 通过客户进程和服务器进程之间的选项协商机制，确定通信双方可以提供的功能特性。
- Telnet 服务器进程通常要和一种“伪终端设备”（pseudo-terminal device）打交道，至少在 UNIX 系统下是这样的。这就使得对于登录 shell 进程来说，它是被 Telnet 服务器进程直接调用，而且任何运行在登录外壳进程处的应用程序都感觉是直接和一个终端进行交互。对于像全屏幕编辑器这样的应用程序来说，它就好像直接与某个物理终端打交道。实际上，如何对 Telnet 服务器进程的登录 shell 进程进行处理，使它好像在直接与终端交互，往往是编写 Telnet 服务器程序过程中最困难的。
- Telnet 客户进程和 Telnet 服务器进程之间只使用了一条 TCP 连接，而 Telnet 客户进程和 Telnet 服务器进程之间要进行各种通信，这就必然需要某些方法来区分在 TCP 连接上传输的是命令还是数据。

- 需要注意的是，我们用虚线框把终端驱动和伪终端驱动以及 TCP/IP 都框了起来。在 TCP/IP 实现中，虚线框中的内容一般是操作系统内核的一部分。Telnet 客户进程和服务器进程一般只属于应用程序。
- 把 Telnet 服务器进程的登录 shell 进程画出来的目的是说明当 Telnet 客户进程想登录到 Telnet 服务器进程所在的机器时，必须要有一个账号。

现在，不断有新的 Telnet 选项被添加到 Telnet 中，这就使 Telnet 越来越复杂。

远程登录不是那种有大量数据传输的应用。据统计，客户进程发出的字节（用户在终端上键入的信息）数和服务器进程发出的字节数之比是 1∶20。这是因为用户在终端键入的一条短命令往往令服务器进程产生很多输出。

7.3.2 网络虚拟终端

使用远程计算机的过程是相当复杂的。这是因为每一台计算机及其操作系统都会使用一些特殊的字符组合作为某种标记，例如，运行 DOS 操作系统的计算机中，文件结束符是 Ctrl+Z，但是使用 UNIX 操作系统的计算机中，文件结束符是 Ctrl+D。

如果可以让任意两台计算机进行远程登录，那么我们必须首先知道将要登录的计算机支持什么样的终端类型，为此必须在本地计算机上安装远程登录的计算机所使用的终端仿真程序，这就非常麻烦。Telnet 协议解决这个问题的办法是定义一个通用字符集，叫作**网络虚拟终端**（**Network Virtual Terminal，NVT**）字符集。通过 NVT 字符集，Telnet 客户将来自本地终端的字符（数据或控制字符）转换成 NVT 字符集再发送给 Telnet 服务器，Telnet 服务器则将接收到 NVT 字符集的数据或控制字符转换成远程计算机可以接受的形式。图 7-11 给出了这一概念的说明。

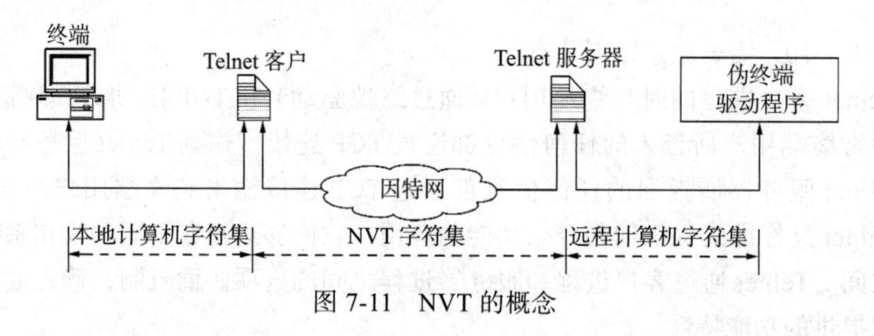

图 7-11 NVT 的概念

Telnet 客户进程和服务器进程都必须把它们所支持的终端和 NVT 字符集之间进行格式转换。也就是说，不管 Telnet 客户进程终端是什么类型，操作系统必须把它转换为 NVT 格式。同样，不管服务器进程的终端是什么类型，操作系统必须把 NVT 转换为服务器进程终端所能支持的格式。

7.3.3 Rlogin

另一个用于远程登录的应用程序是 Rlogin（Remote login），它是由 BSD UNIX 提供的用于 UNIX 系统之间的远程登录。在过去几年中，Rlogin 协议也派生出几种非 UNIX 环境的版本。

Rlogin 比 Telnet 简单。由于客户和服务器预先知道对方的操作系统类型，因此不需要选项协商机制，但服务器可以处理关于客户终端类型和终端速率的命令。

7.4 文件传输协议

文件传输协议（File Transfer Protocol，FTP）是另一个常见的网络应用，它主要用于文件传输。文件传输（file transfer）不同于文件访问（file access）。文件传输是指客户将文件从服务器下载下来或者客户将文件上载到服务器中去，而文件访问一般是指客户在线访问服务器上的文件，可以对服务器上的文件进行在线操作。要使用 FTP，用户就必须拥有 FTP 服务器的账号（用户名）和口令，或者 FTP 服务器支持匿名访问。

7.4.1 工作原理

与 Telnet 协议类似，FTP 最早的设计是支持在两台不同的主机之间进行文件传输，这两台主机可能运行不同的操作系统，使用不同的文件结构，并可能使用不同的字符集。与 Telnet 协议不同的是，FTP 采用支持种类有限的文件类型（比如 ASCII、二进制文件类型等）和文件结构（字节流、记录结构）。

FTP 应用需要建立两条 TCP 连接，一个为控制连接，另一个为数据连接。FTP 服务器被动地打开 21 号端口，并且等待客户的连接建立请求。客户则以主动方式与服务器建立控制连接。客户通过控制连接将命令传给服务器，而服务器则通过控制连接将应答传给客户，命令和应答都以 NVT ASCII 形式表示。

客户与服务器之间的文件传输则是通过数据连接来进行的，图 7-12 给出了 FTP 客户和服务器之间的连接情况。

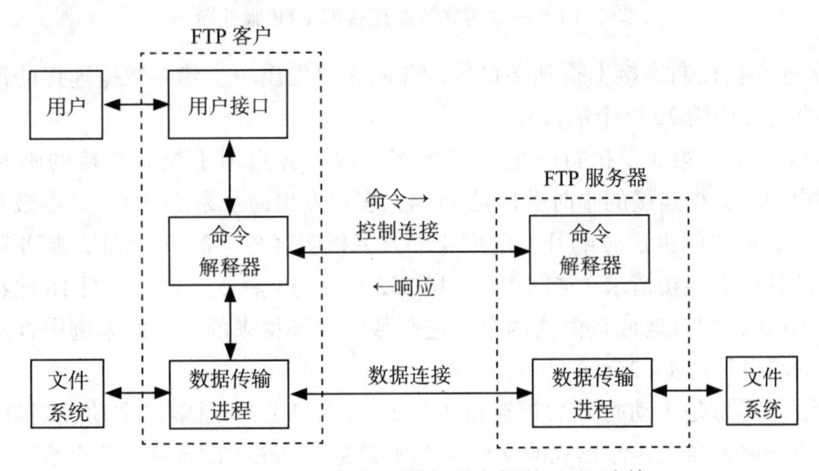

图 7-12　FTP 客户和服务器之间的 TCP 连接

从图 7-12 中可以看出，FTP 客户进程通过用户接口向用户提供各种交互界面，通过用户接口可以将用户键入的命令转换成相应的 FTP 命令。

7.4.2 数据连接建立

前面介绍过，FTP 控制连接一直保持到 FTP 客户 – 服务器连接的全过程，但是数据连接可以随时建立、随时撤销，那么客户或服务器如何为数据连接选择端口号呢？是客户还是服务器负责发起数据连接的建立过程？

首先，前面说过通用的文件传输方式（UNIX 环境下唯一的文件传送方式）是流方式，并且文件结尾以关闭数据连接为标志。这就意味着对每一个文件传送或者目录列表来说都要建立一条新的数据连接。数据连接建立的过程如下。

1）一般情况下，数据连接都是因为客户发出 FTP 命令而建立的，因此数据连接是在客户的控制下建立的。

2）客户通常在客户主机上为将要建立的数据连接选择一个临时端口号，并且被动打开该端口，等待 FTP 服务器的数据连接建立请求，如图 7-13 所示。

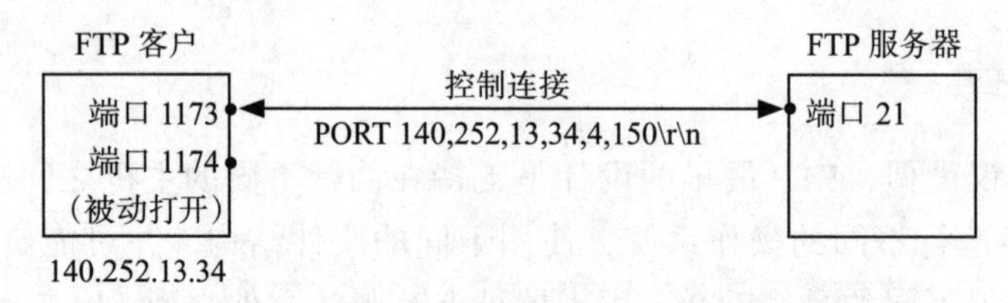

图 7-13　FTP 客户在控制连接上发送 PORT 命令

3）客户使用 PORT 命令从控制连接上把临时端口号发往服务器，如图 7-14 所示。

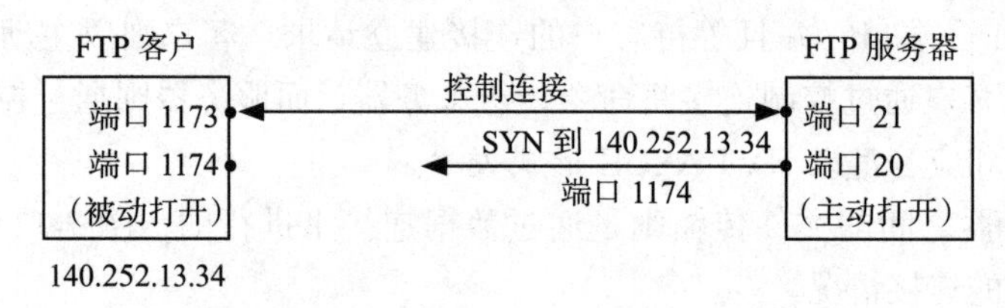

图 7-14　主动建立数据连接的 FTP 服务器

4）服务器在控制连接上得到端口号，并向客户发出一个建立数据连接的请求。服务器的数据连接使用 20 这个端口号。

图 7-14 给出了第 3 步执行时的连接状态。假设客户用于控制连接的临时端口是 1173，客户用户数据连接的临时端口是 1174，客户发出命令是 PORT，其参数是 6 个十进制数字，它们之间由逗号隔开。前面 4 个数字指明客户上的 IP 地址，服务器发出指向这个地址的建立连接请求（本例中是 140.252.13.34），后 2 个数字指明 16 比特端口地址。由于 16 比特端口地址是由这两个十进制数字推导得来的，因此本例中客户数据连接所使用的端口号是 $4 \times 256 + 150 = 1174$。

FTP 服务器总是主动打开数据连接（在 20 号端口上），通常也主动关闭数据连接，只有当客户向服务器发送流形式的文件时，才需要客户来关闭连接（客户给服务器发送完文件就结束命令）。

客户也有可能不发出 PORT 命令，而是由服务器向正被客户使用的同一端口发出主动打开数据连接的命令而结束控制连接。这种方式也是可行的，因为服务器面向这两个连接的端口号是不同的：一个是 20，另一个是 21。但这种方式现在不是很常用。服务器主动建立连接的是标准方式，采用 20 号端口，另外还有被动方式。前者非常普遍，如 CuteFTP 的工作过程。

7.4.3　匿名 FTP

一般情况下，要使用 FTP，用户就必须拥有 FTP 服务器账号（即用户名和口令）。实际上，匿名 FTP 服务器不需要用户拥有 FTP 服务器上的账号就可以访问，一般情况下用户使用 anonymous 作为用户名并使用 guest 或者用户的 E-mail 作为口令就可以访问匿名 FTP 服务器。

7.4.4　TFTP

简易文件传输协议（Trivial File Transfer Protocol，TFTP）是一种简化的文件传输协议。TFTP 只限于文件传输等简单操作，它不提供权限控制，也不支持客户与服务器之间复杂的交互过程，因此 TFTP 比 FTP 功能要简单许多。由于 TFTP 基于 UDP，因此文件传输的正确性由 TFTP 来保证。

1. 报文类型

TFTP 共有 5 种报文类型，分别是 RRQ、WRQ、DATA、ACK 和 ERROR。

- RRQ 是读请求报文，由 TFTP 客户发送给服务器，用于请求从服务器读取数据。
- WRQ 是写请求报文，由 TFTP 客户发送给服务器，用于请求将文件写入服务器。RRQ 和 WRQ 报文格式除了操作码不同外，其他部分都相同。
- DATA 是数据报文，用于传输数据。客户或服务器都可以发送数据报文。数据报文的长度是 512 字节，最后一个数据报文的长度可以是 0 ～ 511 字节，而且最后一个数据报文正好作为文件结束符。
- ACK 报文是确认报文，由客户和服务器使用，用来确认收到的数据块。
- ERROR 是差错报告报文，由客户和服务器使用，用于对 RRQ 或 WRQ 的否定应答。

2. 文件读写

TFTP 用于读文件的连接和用于写文件的连接的建立是不同的，如图 7-15 所示。

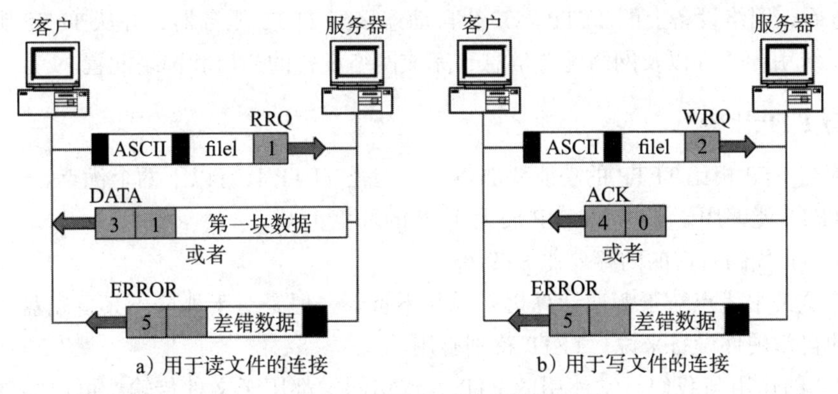

图 7-15　TFTP 读和写请求

读写文件的过程如下。

1）当客户要从服务器读取文件时，TFTP 客户首先发送 RRQ 报文，文件名和文件传送方式包含在RRQ报文中。如果TFTP服务器可以传送该文件，服务器就以数据报文响应，数据报文包含文件的第一个数据块。如果TFTP服务器不能打开文件，则服务器发送ERROR报文进行否定应答。

2）当客户要写文件到服务器时，TFTP客户首先发送WRQ报文，文件名和传送方式包含在WRQ报文中。如果TFTP服务器可以写入，服务器就以ACK报文予以响应，ACK报文的块编号为0。如果TFTP服务器不允许，则发送ERROR报文进行否定应答。

TFTP将文件划分为若干个数据块，除最后一块可以是0 ～ 511字节，其他数据块的长度都是512字节。TFTP通过发送小于512字节的数据块来表示文件传输的结束。若文件数据碰巧是512字节的整数倍，那么发送端必须再发送一个额外的0字节数据块作为文件结束指示符。TFTP可以传送NVT ASCII或二进制八位组（octet）数据。

3. 可靠传输

由于TFTP是基于UDP的，为了保证文件传送的正确性，TFTP必须进行差错控制，差错控制方法仍然是确认重传。

TFTP每读或写一个数据块都要求对该数据块进行确认，并且启动一个定时器，若在超时前收到ACK，它就发送下一个数据块。

对于TFTP客户从服务器读取文件的情况，TFTP客户首先发送RRQ报文，服务器以块号为0的ACK报文响应（服务器可以读取文件时），发送块号为1的数据报文；当TFTP客户收到ACK报文后，继续发送块号为2的数据报文，直到文件读取完毕。

对于客户要将文件写到服务器的情况，TFTP客户首先发送WRQ报文，服务器以数据报文响应（服务器可以进行写文件时），客户收到这个确认报文后，使用块号为1的数据报文发送第一个数据块，并等待ACK确认报文；当收到确认后，继续发送块号为2的数据块，直到文件发送完毕。

4. 应用

TFTP主要用于网络设备（如路由器）的初启和网络配置。由于TFTP使用UDP和IP，再加上TFTP比较简单，因此TFTP很容易被装入ROM中。当网络设备（如路由器）加电后，网络设备上的TFTP客户会自动连接到TFTP服务器，并从TFTP服务器下载操作系统引导文件以及网络配置信息，完成网络设备的初启和网络配置。

5. 与FTP比较

尽管与FTP相比TFTP的功能要弱得多，但是TFTP具有以下两个优点。

- TFTP能够用于那些有UDP而无TCP的环境。
- TFTP代码所占的内存要比FTP小。

尽管这两个优点对于普通计算机来说并不重要，但是对于那些不具备磁盘来存储系统软件的自举硬件设备来说，TFTP特别有用。

TFTP的作用与我们经常使用的FTP大致相同，都用于文件传输，可以实现网络中两台计算机之间文件的上传与下载。可以将TFTP看作FTP的简化版本。

TFTP与FTP有以下不同点。

- TFTP不需要验证客户端的权限，FTP需要进行客户端验证。

- TFTP 一般多用于局域网以及远程 UNIX 计算机中，而常见的 FTP 协议则多用于互联网中。
- FTP 客户与服务器间的通信使用 TCP，而 TFTP 客户与服务器间的通信使用 UDP。
- TFTP 只支持文件传输。也就是说，TFTP 不支持交互，而且没有一个庞大的命令集。最重要的是，TFTP 不允许用户列出目录内容或者与服务器协商来决定哪些是可得到的文件。

7.5 电子邮件

与文件传输应用一样，电子邮件（Electronic mail，E-mail）最早也出现在 ARPANET 中，是传统邮件的电子化。电子邮件具备最基本的网络通信功能，进入国际互联网的用户可以方便地使用电子邮件（交换信件，而且不用任何纸张，就可方便地写、寄、读、转发信件）。

电子邮件的优点是不管对方在哪个地区，只要在网内就可以，也不受时间的限制，而且不管是国家之间的通信还是国内通信都适用。利用电子邮件还可以传输文件、订阅电子杂志、参加学术讨论、举行电子会议或查获询信息。这是目前国际互联网内使用最普及、最方便的通信工具。电子邮件的优势还表现在传递迅速，比传统人工邮件快许多。另外，电子邮件还可以进行一对多的邮件传递，同一个邮件可以一次同时发给许多人。

7.5.1 组成结构

邮件系统在逻辑上可以分为两部分：用户代理（User Agent，UA）和报文传送代理（Message Transfer Agent，MTA）。UA 负责邮件的撰写、阅读和处理，MTA 就是“电子化邮局”，它主要负责邮件的传输，即电子邮件的传送是由 MTA 来完成的。图 7-16 给出了邮件系统的组成。

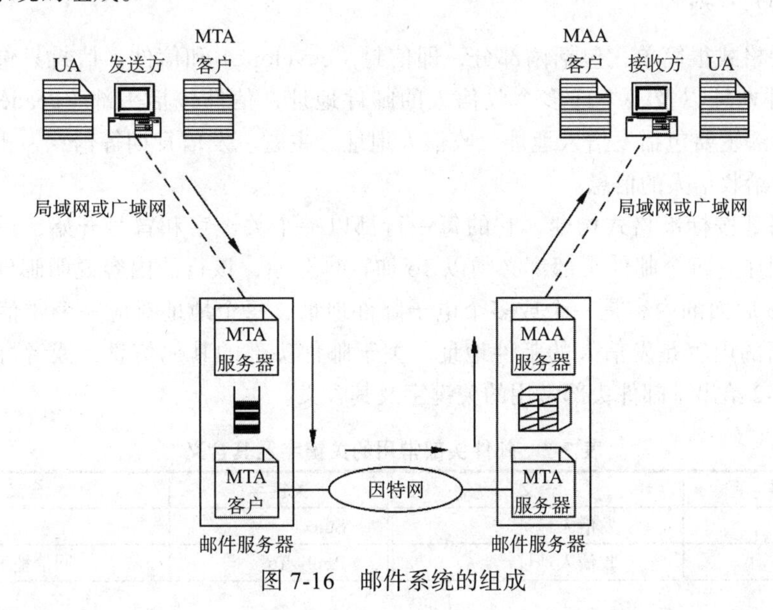

图 7-16 邮件系统的组成

发送端和接收端都通过局域网或广域网与各自的邮件服务器上相连。发送端先将邮件发送给自己所开设信箱的邮件服务器，然后该邮件服务器再通过互联网将邮件发送给接收端所开设信箱的邮件服务器。当邮件传送到接收端的邮件服务器后，接收端通过邮箱访问协议（如 POP3 或 IMAP4 协议）去读取邮件。

在图 7-16 中，接收端通过邮箱访问协议（如 POP3 或 IMAP4 协议）去读取邮件，为此分别在接收端邮件服务器引入报文访问代理（Message Access Agent，MAA）。

7.5.2 地址格式

与传统的邮政系统一样，互联网中要使用电子邮件的用户必须拥有电子邮箱存放电子邮件，且每个邮箱有一个地址。在互联网中，电子邮件地址的格式如下所示：

```
local-name@domain-name
```

其中 domain-name 是邮件服务器的域名，local-name 是用户在邮件服务器上的邮箱名，它可以是用户的姓名、注册名或其他代号，只要在邮件服务器内是唯一的即可。符号 @ 可以读作“at”。

例如，本书作者在国防科技大学邮件服务器上的邮件地址是：

```
kycai@nudt.edu.cn
```

邮件地址除了拥有一个规范名称外，还可以有一个或多个别名（alias）。引入别名后，极大地增强了邮件系统的方便性和功能。

如果用户要将一份邮件发送给多个不同的收信人，用户可以创建一个别名（实际上就是一个邮件列表），它能够映射到多个收信人的列表。每当发送邮件时，邮件系统就在别名数据库中进行比较，如果别名对应的是一个邮件列表，那么就为邮件列表中的每个收信人单独发送一份邮件，否则发送一份单独的邮件给别名对应的邮件地址。

7.5.3 邮件格式

邮件的格式很简单，包括两部分，即信封（envelope）和信件。信封只包括一个发信人的邮件地址以及一个或多个收信人的邮件地址；信件包括头部（header）和正文（body），头部主要包括发信人地址、收信人地址、主题、发信日期等信息，正文则包含发信人要发给收信人的信息。

邮件头部按标准格式构建，它的每一行都以一个关键字和冒号开始，后面是相关的内容。例如，每个邮件头部都必须以 To 加冒号开始，该行的内容说明邮件是发给哪个人的，To 后面的内容是一个或多个电子邮件地址，每个地址对应一个收信人。From 关键字后面的内容是发信人的邮件地址。关于邮件头部的其他信息，读者可参考 RFC 2822，表 7-2 给出了邮件头部常用的关键字及其含义。

表 7-2 邮件头部常用的关键字及其含义

关键字	含义	关键字	含义
From	发信人地址	Suject	主题
To	收信人地址	Reply-To	回信地址

（续）

关键字	含义	关键字	含义
Cc	抄送人地址	Keywords	关键词
Bcc	秘密抄送人地址	X-Charset	字符集
Date	日期	Message-ID	标识符

由于最初的SMTP只设计成用来传送ASCII字符，因此邮件头部和正文都只支持ASCII。现在的情况仍然如此，尽管邮件格式经过MIME扩充以支持各种类型数据的发送，但是这些数据最后仍然会被编码成ASCII字符进行传送。

无论是邮件头部还是正文都以CR（回车）和LF（换行）两个ASCII控制字符指示文本行的结束。消息头部和正文由一个空行隔开。

7.5.4 MIME

由于目前的邮件服务器假设所有的邮件使用ASCII字符，因此如果其中包含非ASCII字符将破坏邮件的正常传送。

为了方便通过邮件可以发送许多不同的数据类型，比如音频、视频或者Word以及PDF文档，人们对邮件格式进行了扩充，这就是多用途互联网邮件扩展（Multi purpose Internet Mail Extension，MIME）。

MIME定义了5个字段，用来添加在原始的邮件头部以定义参数的转换。

- MIME版本（MIME-Version）。
- 内容–类型（Content-Type）。
- 内容–传送–编码（Content-Transfer-Encoding）。
- 内容–标识符（Content-ID）。
- 内容–描述（Content-Description）。

MIME头部格式如图7-17所示。

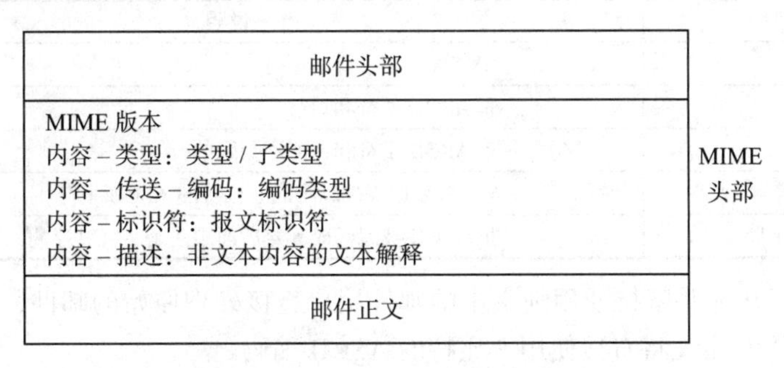

图7-17 MIME头部格式

MIME包括基本的三个部分。第一个部分是一个头部的集合，它扩充了由RFC 2822定义的原始集合。MIME头部以各种方式描述了放到邮件正文中的数据，它们包括MIME-Version（正在使用的MIME版本）、Content-Type（邮件正文中包含的数据类型）Content-Transfer-Encoding（邮件正文中数据是如何编码的）、Content-Description（邮件、正文中可以读懂的描述）等内容。

第二部分是关于MIME中的数据类型和子类型，表7-3给出了MIME中常见的数据类型和子类型。

表 7-3 MIME 中常见的数据类型和子类型

数据类型	子类型	说明
文本（text）	普通（plaintext）	无格式的文本
	格式文本（richtext）	格式化的文本
多部分（multipart）	混合（mixed）	正文中包含的按序排列的不同类型数据
	并行（parallel）	正文中包含的无序的不同类型数据
图像（image）	jpeg	JPEG 图像
	gif	GIF 图像
音频（audio）	基本	8kHz 的单声道话音编码
视频（video）	mpeg	MPEG 视频
应用（application）	postscript	Adobe PostScript 格式

例如，MIME 定义了两种不同的静态图像类型，表示为 image/gif 和 image/jpeg，它们都有特定的含义。另外，text/plain text 表示简单文本，text/richtext 表示邮件正文中包含格式化文本（如文本中使用特殊的字体、斜体等）。MIME 还定义了一个 application 类型，其中的子类型对应于不同应用程序的输出（如 application/postscript 和 application/msword 等）。

MIME 也定义了 multipart 类型，说明如何构造一个可以携带多种数据类型的邮件。这就像编程语言定义的基本数据类型（例如整型和浮点数）和组合类型（如结构和数组）。例如子类型 mixed 说明在邮件中包含了一个指定顺序的独立数据块集，每一个数据块包含描述本块类型的头部行。

MIME 的第三个部分涉及将各种非 ASCII 数据编码成 ASCII 的方法。表 7-4 给出了 MIME 的内容－传送－编码。

表 7-4 MIME 的内容－传送－编码

编码类型	说明
7 比特	NVT ASCII 字符和短行
8 比特	非 ASCII 字符和短行
二进制	非 ASCII 字符和长度不受限的行
Base64	6 比特数据块被编码成 8 比特的 ASCII 字符
引用可打印	非 ASCII 被编码成等号后面跟一个 ASCII 字符

当然，为了让那些坚持使用纯文本的邮件用户直接处理原始的邮件，一个常规的纯文本组成的 MIME 报文将直接使用 7 比特的 ASCII 编码。

另一种比较简单的编码方案也是 ASCII 文本，但它使用 8 位字符（即 0 ～ 255）。尽管该编码方案违反了原始的互联网电子邮件传输协议，但它可以被互联网上的某些邮件服务器所使用，因为这些邮件服务器实现了对原始邮件传输协议的扩充。

最糟糕的是采用二进制编码的邮件。这种二进制文件不仅使用 8 位编码，它还不受每行 1000 个字符的限制，可执行文件就属于这一类。为了让邮件服务器和邮件网关可以发送二进制文件，MIME 对二进制文件进行重新编码。MIME 使用 64 个基本字符（Base 64）编码方案。

Base 64 编码方案将邮件二进制数据中的每 3 个字节数据映射到 4 个 ASCII 字符。这通过将二进制数据以 24 比特为单位分组来完成，并且每个单位分成 4 个 6 比特块。每 6 比特映射成 64 个有效的 ASCII 字符之一，例如 0 映射到“A”、1 映射到“B”等。

我们还可以用一种称为引用的可打印编码（quoted-printable encoding）方案对原始的邮件数据进行编码。

总而言之，要发送的二进制邮件是采用 Base64 编码方案还是采用引用的可打印编码方案进行转换，必须在“内容 – 传送 – 编码”字段中说明，以便接收端进行相应的处理。当然，用户也可以自定义一种编码方式，同样必须在“内容 – 传送 – 编码”字段中说明。

MIME 的优点在于它的可扩展性。MIME 并没有规定发送端和接收端只能使用 MIME 规定的编码方式，相反，MIME 允许用户使用各种各样的编码方法。

7.5.5　SMTP

SMTP（Simple Mail Transfer Protocol，简单邮件传输协议）是定义邮件传输的协议，它是基于 TCP 服务的应用层协议，由 RFC 0821 定义。SMTP 规定的命令是以明文方式进行的。

SMTP 是一个基于 ASCII 的协议，每个 SMTP 会话涉及两个 MTA 之间的一次对话，其中一个 MTA 充当客户，另一个 MTA 充当服务器。SMTP 定义了客户与服务器之间交互的命令和响应格式。命令由客户发给服务器，而响应是由服务器发给客户的。响应是 3 位十进制数，后面可以跟着附加的文本信息。

邮件传送分为 3 个阶段，即 SMTP 连接建立阶段、邮件传送阶段和 SMTP 连接终止阶段。

在 SMTP 连接建立阶段，首先 SMTP 客户与 SMTP 服务器在 25 号端口上建立 TCP 连接，之后 SMTP 服务器发送 220 告诉 SMTP 客户已经就绪；然后 SMTP 客户发送 HELO 报文，带上自己的域名（如 nudt.edu.cn）通知服务器；最后服务器通过代码 250 OK 表示 SMTP 连接已经建立。

在邮件传送阶段，首先客户通过命令 MAIL FROM 和 RCPT 将信封内容发送给服务器，然后开始进行邮件的发送，包括邮件头部和正文。在邮件正文发送过程中，每一行都以回车和换行两个 ASCII 码控制字符结束，最后一行是一个“.”ASCII 字符，表示该邮件发送结束。

在邮件传送结束后，客户通过发送 QUIT 命令终止邮件传输，而服务器以 221 响应，结束这次 SMTP 会话。在连接终止后，TCP 连接被关闭。

图 7-18 是用 Wireshark 抓取的向 mail.nudt.edu.cn 发送邮件时 SMTP 的工作过程。其中“SMTP|IMF”是邮件格式（Internet Message Format），如图 7-19 所示。

7.5.6　邮箱访问协议

邮件服务提供商为每个用户申请的电子邮箱提供了专门的邮件存储空间，SMTP 服务器将接收到的电子邮件保存到相应用户的电子邮箱中。用户要从邮件服务提供商提供的电子邮箱中获取自己的电子邮件，需要通过邮件服务提供商的邮箱访问协议才能完成。

Source	Destination	Proto	Length	Info
202.197.9.11	192.168.3.24	SMTP	128	S: 220 nudt.edu.cn Anti-spam GT f
192.168.3.24	202.197.9.11	SMTP	66	C: EHLO kycai
202.197.9.11	192.168.3.24	SMTP	253	S: 250-mail | PIPELINING | AUTH L
192.168.3.24	202.197.9.11	SMTP	66	C: AUTH LOGIN
202.197.9.11	192.168.3.24	SMTP	72	S: 334 dXNlcm5hbWU6
192.168.3.24	202.197.9.11	SMTP	80	C: User: a3ljYWlAbnVkdC5lZHUuY24=
202.197.9.11	192.168.3.24	SMTP	72	S: 334 UGFzc3dvcmQ6
192.168.3.24	202.197.9.11	SMTP	68	C: Pass: Q2Fpa2FpeXU=
202.197.9.11	192.168.3.24	SMTP	85	S: 235 Authentication successful
192.168.3.24	202.197.9.11	SMTP	86	C: MAIL FROM: <kycai@nudt.edu.cn>
202.197.9.11	192.168.3.24	SMTP	67	S: 250 Mail OK
192.168.3.24	202.197.9.11	SMTP	84	C: RCPT TO: <kycai@nudt.edu.cn>
202.197.9.11	192.168.3.24	SMTP	67	S: 250 Mail OK
192.168.3.24	202.197.9.11	SMTP	60	C: DATA
202.197.9.11	192.168.3.24	SMTP	91	S: 354 End data with <CR><LF>.<C
192.168.3.24	202.197.9.11	SMTP	410	C: DATA fragment, 356 bytes
192.168.3.24	202.197.9.11	SMT…	1021	from: "kycai@nudt.edu.cn" <kycai
202.197.9.11	192.168.3.24	SMTP	110	S: 250 Mail OK queued as ZhYUCgA
192.168.3.24	202.197.9.11	SMTP	60	C: QUIT
202.197.9.11	192.168.3.24	SMTP	63	S: 221 Bye

图 7-18　SMTP 工作过程

```
Simple Mail Transfer Protocol
Internet Message Format
  Date: Sat, 13 Aug 2022 21:30:25 +0800
> From: "kycai@nudt.edu.cn" <kycai@nudt.edu.cn>, 1 item
> To: kycai <kycai@nudt.edu.cn>, 1 item
  Subject: test
> Unknown-Extension: X-Priority: 3 (Contact Wireshark developers i
> Unknown-Extension: X-GUID: 357167EF-2D0E-449B-A963-FCCBBA055390
> Unknown-Extension: X-Has-Attach: no (Contact Wireshark developer
  X-Mailer: Foxmail 7.2.9.156[cn]
  MIME-Version: 1.0
  Message-ID: <202208132130254609616@nudt.edu.cn>
> Content-Type: multipart/alternative;\r\n\tboundary="----=_001_Ne
> MIME Multipart Media Encapsulation, Type: multipart/alternative,
```

图 7-19　SMTP|IMF 邮件格式

1. POP3 协议

POP3（Post Office Protocol 3，邮局协议的第 3 个版本）协议很简单，但功能有限。POP3 协议具有用户登录、退出、读取邮件以及删除邮件的功能。POP3 协议在 RFC 1939 文档中定义，它使用 TCP 的 110 端口号。

POP 协议支持“离线”邮件处理，其具体过程是：将邮件发送到服务器上，电子邮件客户端调用邮件客户程序以连接服务器，并下载所有未阅读的电子邮件。这种离线访问模式是一种存储转发服务，将邮件从邮件服务器端送到个人终端机器上，一般是 PC。一旦邮件被下载到 PC，邮件服务器上的邮件将会被删除。

POP3 协议共定义了 12 条 POP3 命令，邮件客户端程序通过这些命令来检索和获取用户电子邮箱中的邮件信息。下面列举出了这 12 条 POP3 命令及其说明。

- user username：user 命令通常是 POP3 客户端程序与 POP3 邮件服务器建立连接后发送的第一条命令，参数 username 表示收件人的账户名称。
- pass password：pass 命令是在 user 命令成功通过后 POP3 客户端程序接着发送的命令，它用于传递账户的密码，参数 password 表示账户的密码。
- apop name, digest：apop 命令用于替代 user 和 pass 命令，它以 MD5 数字摘要的形式向 POP3 邮件服务器提交账户和密码。
- stat：stat 命令用于查询邮箱中的统计信息，例如邮箱中的邮件数量和邮件占用的字节大小等。
- uidl msg#：uidl 命令用于查询某封邮件的唯一标识符，参数 msg# 表示邮件的序号，是一个从 1 开始编号的数字。
- list [MSG#]：list 命令用于列出邮箱中的邮件信息，参数 msg# 是一个可选参数，表示邮件的序号。当不指定参数时，POP3 服务器列出邮箱中所有的邮件信息；当指定参数 msg# 时，POP3 服务器只返回序号对应的邮件信息。
- retr msg#：retr 命令用于获取某封邮件的内容，参数 msg# 表示邮件的序号。
- dele msg#：dele 命令用于在某封邮件上设置删除标记，参数 msg# 表示邮件的序号。POP3 服务器执行 dele 命令时，只是为邮件设置了删除标记，并没有真正把邮件删除掉，只有 POP3 客户端发出 quit 命令后，POP3 服务器才会真正删除所有设置了删除标记的邮件。
- rest：rest 命令用于清除所有邮件的删除标记。
- top msg# *n*：top 命令用于获取某封邮件的邮件头和邮件体中的前 *n* 行内容，参数 msg# 表示邮件的序号，参数 *n* 表示要返回邮件的前几行内容。使用这条命令以提高 Web Mail 系统（通过 Web 站点上收发邮件）中的邮件列表显示的处理效率，因为这种情况下不需要获取每封邮件的完整内容，而仅仅需要获取每封邮件的邮件头信息。
- noop：noop 命令用于检测 POP3 客户端与 POP3 服务器的连接情况。
- quit：quit 命令表示要结束邮件接收过程，POP3 服务器接收到此命令后，将删除所有设置了删除标记的邮件，并关闭与 POP3 客户端程序的网络连接。

对于 POP3 客户程序发送的每一条 POP3 命令，POP3 服务器都将回应一些响应信息。响应信息由一行或多行文本信息组成，其中的第一行始终以“+OK”或“-ERR”开头，它们分别表示当前命令执行成功或执行失败。

图 7-20 是 Wireshark 抓取的 POP3 协议的工作过程。

2. IMAP

IMAP（Internet Message Access Protocol，交互邮件访问协议）允许邮件客户端通过这种协议从邮件服务器上获取邮件的信息并处理和下载邮件等。IMAP 使用的端口是 143。

IMAP 在 RFC 2060 文档中定义，目前使用的是第 4 个版本，也称为 IMAP4。IMAP 相对于 POP3 协议而言，它定了更为强大的邮件接收功能，主要体现在以下方面。

Source	Destination	Proto	Length	Info
202.197.9.11	192.168.3.24	POP	146	S: +OK Welcome to coremail
192.168.3.24	202.197.9.11	POP	78	C: USER kycai@nudt.edu.cn
202.197.9.11	192.168.3.24	POP	69	S: +OK core mail
192.168.3.24	202.197.9.11	POP	69	C: PASS Caikaiyu
202.197.9.11	192.168.3.24	POP	91	S: +OK 18 message(s) [706
192.168.3.24	202.197.9.11	POP	60	C: STAT
202.197.9.11	192.168.3.24	POP	70	S: +OK 18 7067088
192.168.3.24	202.197.9.11	POP	60	C: LIST
202.197.9.11	192.168.3.24	POP	250	S: +OK 18 7067088
192.168.3.24	202.197.9.11	POP	60	C: UIDL
202.197.9.11	192.168.3.24	POP	550	S: +OK 18 7067088
192.168.3.24	202.197.9.11	POP	60	C: QUIT
202.197.9.11	192.168.3.24	POP	69	S: +OK core mail

图 7-20 POP3 协议的工作工程

- IMAP 具有摘要浏览功能，可以让用户在读完所有邮件的主题、发件人、大小等信息后，再由用户做出是否下载或直接在服务器上删除的决定。
- IMAP 可以让用户选择性地下载邮件附件。例如，一封邮件包含 3 个附件，如果用户确定其中只有 2 个附件对自己有用，可只下载这 2 个附件，不必下载整封邮件，从而节省了下载时间。
- IMAP 可以让用户在邮件服务器上创建自己的邮件夹，分类保存各个邮件。

3. 基于 Web 的电子邮件系统

基于 Web 的电子邮件系统，通俗地讲，就是通过浏览器来访问电子邮件服务器，通过用户认证来登录相应的电子邮箱，完成电子邮件系统的相关功能。现在很多邮件服务器都提供基于 Web 的电子邮件服务，比如 Google 和网易，用户只需要通过浏览器就能够完成邮件的发送和读取。

7.6 万维网

万维网（World Wide Web，WWW）是一种特殊的结构框架，其目的是能够方便地访问遍布在互联网上数以百万计的计算机上的信息。WWW 是一种基于互联网的分布式信息查询系统，它使用超文本标记语言（HyperText Markup Language，HTML）以及超文本传输协议（HyperText Transfer Protocol，HTTP）。

WWW 也是基于客户 - 服务器模式的。WWW 由遍布在世界各地的许多 WWW 服务器组成，用户通过一个被称为 Web 浏览器的交互式应用程序来查看 WWW 服务器上的信息。在 WWW 中，每个服务器上由许多文档组成，这些文档也被称为页面（page），又称网页。页面中除了包含基本的文档信息外，还包含指向其他文档的指针，用户可以沿着指针找到世界上任何地方的相关文档。我们把能够指向其他文档的指针称为超链（hyperlink）。如果文档仅含有文本信息，则称为超文本（hypertext）；如果文档含有多媒体信息，则称为超媒体（hypermedia）。

有了超文本和超媒体技术，一个服务器除了提供自身独特的信息服务之外，还可以通过连接找到存放在其他服务器上的信息，如此循环，便形成了“遍布世界的蜘蛛网”信息结构。一般的信息搜索采用的是树形结构，即从根开始，逐级向下延伸。WWW 却采用网状结构组织信息，用户可以非顺序地访问各种文档，可以从一个地方跳到另一个地方。

7.6.1 HTML

WWW 服务器上的页面是由 HTML 编写的。HTML 允许用户编写包含文本、图像以及各种超链的网页。在介绍 HTML 之前，我们先来看一下用户如何找到所要浏览的网页。

当用户启动浏览器时，必须指定一个初始页面，也就是我们经常讲的主页（homepage）。指定某个页面非常复杂，原因有多个方面。首先，在 WWW 中有数以万计的计算机，一个网页可以位于其中的任何一台计算机上；其次，一台给定的计算机可以容纳许多网页，为此我们必须为每个网页赋予一个唯一的名字；再次，Web 服务支持多种文档，所以浏览器必须知道网页使用哪一种文档格式（是 HTML 文档还是一个 JPEG 文件）；最后，由于 Web 应用可以与其他网络应用集成在一起，因此浏览器必须知道使用哪一种协议。为此，人们使用统一资源定位器（Uniform Resource Locator，URL）来唯一标识一个页面。URL 由 3 部分组成：传输协议、页面所在机器的域名、指定页面。例如，国防科技大学的 Web 主页为：

http://www.nudt.edu.cn/index.html

其中 http 表示使用 HTTP，www.nudt.edu.cn 是国防科技大学 Web 站点的域名，index.html 是主页文件名。

在讨论完 URL 后，我们再来讨论 HTML。HTML 是一种标注语言，用来描述如何将文本格式化。

每个 HTML 文档都由头部和主体两部分组成，头部包含文档的标题，大多数浏览器用标题作为页面的标签，而主体则包含页面的主要内容。

在语句构成上，每个 HTML 文档都以一个包含标记和其他信息的文本文件来表示。有些标记用于指定一个立即生效的动作，而有些标记用于说明其后文本的显示格式。HTML 标记成对出现，并且不分大小写。

一个 HTML 文档以 <HTML> 和 </HTML> 标注，<HEAD> 和 </HEAD> 标注头部，<TILTLE> 和 </TITLE> 标注页面标题，页面主体则由 <BODY> 和 </BODY> 标注。

值得一提的是，在 HTML 文档中如何嵌入非文本信息，如图像、声音等信息。通常，非文本信息并不直接被插入 HTML 文档中，而是以一个独立的文件保存在计算机中，但 HTML 文档中包含了对该文件的引用。当浏览器遇到这些引用时，首先从服务器取来该文件并将其插入所显示的文档中。例如，在 HTML 文档中用 IMG 标记来引用图像，标记 <IMG SRC=“nudt.gif”> 表明要将 nudt.gif 插入某页面中。

HTML 文档的最大特点是它可以包括超文本和超媒体引用，每个超文本或超媒体就是指向其他信息的一条超链。

HTML 允许以下任何一项被指定为超链引用：一个单词、一个短语、一小段文章或一幅图像。指定一个超链引用的 HTML 机制被称为锚（anchor）。为了使任意文本或图像能够被引用，HTML 用标记 <A> 和 </A> 来标注，两个标记之间的所有内容都当作锚的一部分，而标记 <A> 中则包含了指定 URL 信息。例如，如果在 HTML 文档中有下列语句：

```
< A HERF="www.nudt.edu.cn"> National University of Defence Technology </A>
is a famous university in China.
```

在浏览器中显示时，将得到下面的结果：

```
National University of Defence Technology is a famous university in China.
```

其中 National University of Defence Technology 就是一条指向国防科技大学 Web 主页的超链。

关于 HTML 语言更详细的介绍，读者可以参考 HTML 标准文本。

7.6.2 HTTP

HTTP 是用于从 WWW 服务器传输超文本到本地浏览器的传送协议。RFC 1945 定义了 HTTP 1.0 版本，RFC 2616 定义了普遍使用的 HTTP 1.1 版本。

HTTP 的主要特点如下。

- 支持客户 – 服务器模式。
- 简单：客户向服务器请求服务时，只需要传送请求方法和路径。常用的请求方法有 GET、HEAD、POST。每种方法规定了客户与服务器联系的类型。由于 HTTP 简单，因此 HTTP 服务器的程序规模小，通信速度很快。
- 灵活：HTTP 允许传输任意类型的数据对象，正在传输的类型由 Content-Type 加以标记。
- 无状态：HTTP 是无状态协议。无状态是指协议对于事务处理没有记忆能力，同一个客户端的两次请求之间没有任何关系。

1. HTTP 的工作原理

HTTP 定义 Web 客户端如何从 Web 服务器请求 Web 页面，以及服务器如何把 Web 页面传送给客户端。

HTTP 采用了请求 / 响应模型。客户端向服务器发送一个请求报文，请求报文包含请求的方法、URL、协议版本、请求头部和请求数据。服务器以一个状态行作为响应，响应的内容包括协议的版本、成功或错误代码、服务器信息、响应头部和响应数据。

HTTP 通过 URL 来访问 Web 页面。URL 的格式如下：http://host[“:” port][abs_path]。其中 http 表示要通过 HTTP 协议来定位网络资源；host 表示合法的 Internet 主机域名或者 IP 地址；port 指定一个端口号，为空则使用默认端口 80；abs_path 指定主机资源的具体地址，包括目录和文件名。

HTTP 既可以使用非持久连接（nonpersistent connection），也可以使用持久连接（persistent connection）。HTTP/1.0 使用非持久连接，HTTP/1.1 默认使用持久连接。

一个典型的非持久连接 HTTP 请求 / 响应的过程如下。

1）浏览器与 Web 服务器建立 TCP 连接。

2）浏览器向 Web 服务器发送 HTTP 请求报文。

3）Web 服务器向浏览器返回 HTTP 响应报文。

4）Web 服务器关闭 TCP 连接。

5）浏览器解析 HTTP 响应报文，并在浏览器中显示。

下面来看非持久连接情况下，浏览器从国防科技大学 Web 服务器获取国防科技大学主页的过程。假设国防科技大学主页由 1 个 HTML 文件和 10 个 JPEG 图像文件组成，这些图像文件都保存在同一台 HTTP 服务器上，再假设浏览器要访问的是国防科技大学的主页的 URL 地址为 www.nudt.edu.cn/index.html，那么浏览器从国防科技大学 Web 服务器获取主页的具体步骤如下。

1）浏览器与国防科技大学 Web 服务器建立 TCP 连接。

2）浏览器向国防科技大学 Web 服务器发出 HTTP 请求，请求 HTTP 服务器传回 index.html 文件。

3）国防科技大学 Web 服务器做出响应，给浏览器传回 index.html 文件。

4）国防科技大学 Web 服务器关闭与浏览器的 TCP 连接。

浏览器分析 index.html 文件，发现含有 10 个 JPEG 文件，于是浏览器重复步骤 1 ～ 4，分 10 次依次下载 10 个 JPEG 文件。

可以看出，非持久连接方式中，浏览器与 Web 服务器之间的每个 TCP 连接只用于传送一个请求报文和应答报文。就上述例子而言，浏览器为了得到 Web 页面，必须与 Web 服务器建立 11 次 TCP 连接。

用户点击 www.nudt.edu.cn/index.html 超链之后会导致浏览器与服务器建立 TCP 连接，而这涉及 TCP 连接建立“3 次握手”过程。3 次握手的前 2 次，需要花费 1 个 RTT。然后，浏览器把 HTTP 请求发送给 Web 服务器，Web 服务器把 index.html 传给浏览器，这也需要花费 1 个 RTT。因此浏览器用户从点击 www.nudt.edu.cn/index.html 超链后，到国防科技大学 Web 服务器把 index.html 传给浏览器，需要 2 个 RTT（不考虑关闭 TCP 连接所花费的时间），如图 7-21 所示。

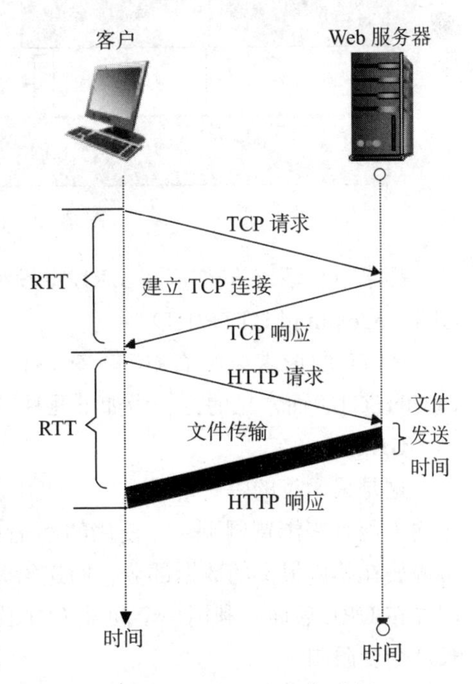

图 7-21　HTTP 工作过程

在上面的例子中，如果浏览器要通过非持久方式下载国防科技大学 Web 主页，必须先花费 2 个 RTT 下载 index.html 文件，然后花费 20 个 RTT 下载 10 个 JPEG 文件，总共必须花费 22 个 RTT 才能获得完整主页。

非持久连接有两个缺点。首先，浏览器需要为每个请求对象与 Web 服务器建立 TCP 连接；其次，浏览器每获取一个对象必须花费 2 个 RTT（其中 1 个 RTT 用于建立 TCP 连接，1 个 RTT 用于 HTTP 请求和响应）。

在持续连接方式下，整个国防科技大学主页（包括 1 个 HTML 文件和 10 个 JPEG 文件）

都只需要通过同一个 TCP 连接发送即可。持续连接分为非流水线和流水线两种方式。

在非流水线方式下，浏览器只能在收到前一个 HTTP 请求的应答报文后才能发送新的 HTTP 请求报文，浏览器每下载 Web 服务器上的一个对象都必须花费 1 个 RTT。对于上述例子，浏览器要完整获得国防科技大学主页，必须花费 12 个 RTT。

在流水线方式下，浏览器可以同时发送多个 HTTP 请求给 Web 服务器，而服务器也可以同时返回多个 HTTP 响应报文给浏览器。假如不考虑浏览器发送 HTTP 请求报文和 Web 服务器发送 HTTP 响应报文的时间，则浏览器可以在 1 个 RTT 时间内从 Web 服务器下载 10 个 JPEG 文件。因此对于上述例子，浏览器要完整获得国防科技大学主页，必须花费 3 个 RTT（1 个 RTT 用于建立 TCP 连接，1 个 RTT 用于下载 index.html 文件，1 个 RTT 用于下载 10 个 JPEG 文件）。

2. HTTP 报文格式

HTTP 一般都是客户端发起请求，服务器回送响应。HTTP 有两类报文：请求报文和响应报文。

（1）HTTP 请求报文

HTTP 请求报文主要由请求行、请求头部、请求数据 3 部分组成，如图 7-22 所示。

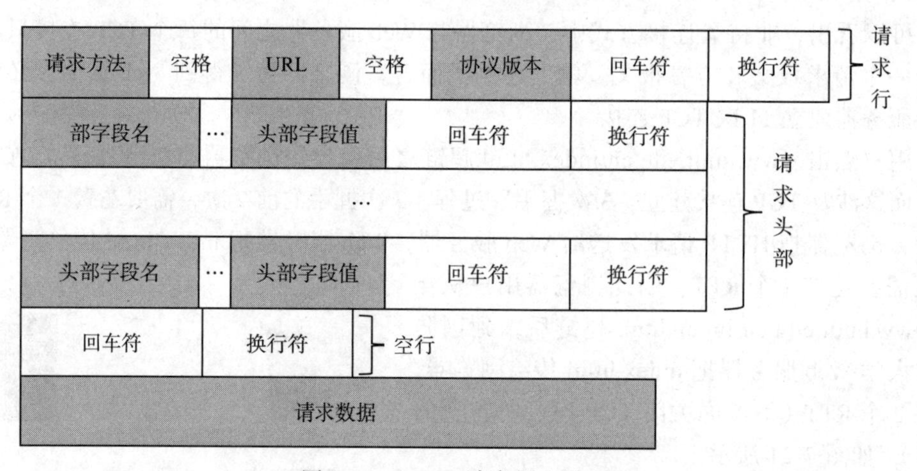

图 7-22 HTTP 请求报文格式

请求行由请求方法字段、URL 字段和 HTTP 版本字段组成，它们用空格分隔。例如，GET /index.html HTTP/1.1。

HTTP 的请求方法有 GET、POST、HEAD、PUT、DELETE、OPTIONS、TRACE、CONNECT，而常见的方法为如下几种。

GET

这是最常见的一种请求方法，当用户点击网页上的链接或者通过在浏览器的地址栏中输入网址来浏览网页时，使用的都是 GET 方式。GET 方法要求服务器将 URL 定位的资源放在响应报文的数据部分，回送给客户端。使用 GET 方法时，请求参数和对应的值附加在 URL 后面，利用一个问号（?）代表 URL 的结尾与请求参数的开始，传递参数的长度会受限制。

GET 请求方法一般不包含“请求数据”部分，请求数据以地址的形式表现在请求行。显然，这种方式不适合传送私密数据。另外，由于不同的浏览器对地址的字符限制有所不同，一般最多只能识别 1024 个字符，因此如果需要传送大量数据，也不适合使用 GET 方式。

POST

对于上面提到的不适合使用 GET 方式的情况，可以考虑使用 POST 方式，因为使用 POST 方式允许客户端给服务器提供较多信息。POST 方式将请求参数封装在 HTTP 请求数据中，以名称 / 值的形式出现，可以传输大量数据，这样 POST 方式对传送的数据大小没有限制，而且不会显示在 URL 中。

POST 方式请求行中不包含数据字符串，这些数据保存在“请求数据”部分，各数据之间也使用“ & ”符号隔开。POST 方式大多用于页面的表单中。因为 POST 也能完成 GET 的功能，所以多数人在设计表单的时候一律都使用 POST 方式，其实这是一个误区。GET 方式也有自己的特点和优势，我们应该根据不同的情况来选择是使用 GET 还是使用 POST。

HEAD

HEAD 就像 GET，只不过服务器接收到 HEAD 请求后只返回响应头，而不会发送响应内容。当只需要查看某个页面的状态的时候，使用 HEAD 是非常高效的，因为在传输的过程中省去了页面内容。

请求头部由关键字 / 值对组成，每行一对，关键字和值用英文冒号（ : ）分隔。请求头部通知服务器有关客户端请求的信息，典型的请求头包括：

- User-Agent：产生请求的浏览器类型。
- Host：请求的主机名。
- Connection：指定与连接相关的属性，如 Connection:Keep-Alive。
- Accept-Charset：通知服务器可以发送的字符集。
- Accept-Encoding：通知服务器可以发送的数据编码格式。
- Accept-Language：通知服务器可以发送的语言。

最后一个请求头之后是一个空行，发送回车符和换行符，通知服务器以下不再有请求头部。

请求数据不在 GET 方法中使用，而是在 POST 方法中使用。POST 方法适用于需要客户填写表单的场合。与请求数据相关的最常使用的请求头是 Content-Type 和 Content-Length。

GET 方式与 POST 方式有以下区别。

- 在客户端，GET 方式通过 URL 提交数据，数据在 URL 中可以看到；在 POST 方式下，数据放置在 HEADER 内提交。
- 在 GET 方式下提交的数据最多只能有 1024 字节，而 POST 则没有此限制。
- 安全性问题。因为使用 GET 方式的时候，参数会显示在地址栏上，而 Post 方式则不会，所以如果这些数据是中文数据而且是非敏感数据，那么使用 GET 方式，如果用户输入的数据不是中文字符而且包含敏感数据，那么使用 POST 方式为好。

图 7-23 是用 Wireshark 抓取的访问 http://www.nudt.edu.cn 的 HTTP GET 请求报文示例。

```
◢ Hypertext Transfer Protocol
  ◢ GET / HTTP/1.1\r\n
    ▷ [Expert Info (Chat/Sequence): GET / HTTP/1.1\r\n]
      Request Method: GET
      Request URI: /
      Request Version: HTTP/1.1
    Accept: text/html, application/xhtml+xml, */*\r\n
    Accept-Language: zh-CN\r\n
    User-Agent: Mozilla/5.0 (Windows NT 6.1; WOW64; Trident/7.0; rv:11.0) like Gecko\r\n
    Accept-Encoding: gzip, deflate\r\n
    Host: www.nudt.edu.cn\r\n
    DNT: 1\r\n
    Connection: Keep-Alive\r\n
  ◢ Cookie: ASPSESSIONIDSSSRCBTB=BJBPFANAKOBMNGNJKOHKBHMM\r\n
      Cookie pair: ASPSESSIONIDSSSRCBTB=BJBPFANAKOBMNGNJKOHKBHMM
    \r\n
```

图 7-23 HTTP GET 请求报文示例

（2）HTTP响应报文

HTTP 响应报文主要由状态行、响应头部、响应正文 3 部分组成，如图 7-24 所示。

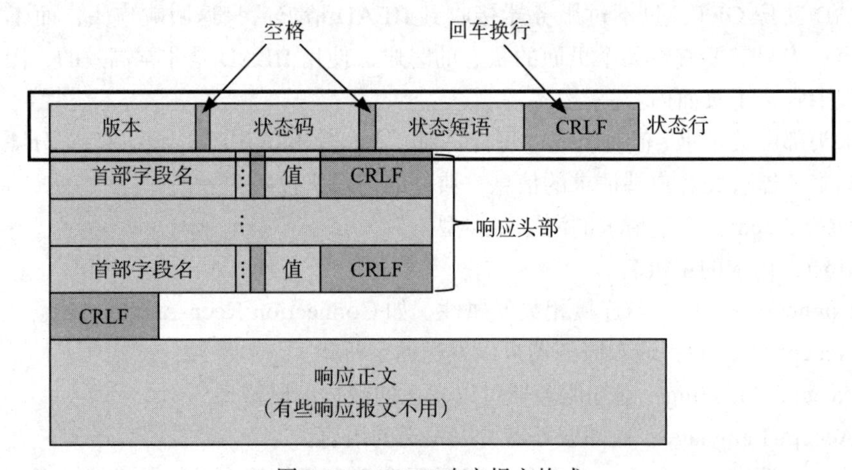

图 7-24 HTTP 响应报文格式

状态行由 3 部分组成，分别为版本、状态码、状态短语，中间由空格分隔。

状态码为 3 位数字，200 ～ 299 的状态码表示成功，300 ～ 399 的状态码表示资源重定向，400 ～ 499 的状态码表示客户端请求出错，500 ～ 599 的状态码表示服务器出错。

常见的状态码及状态描述如下。

- 200：请求成功。
- 301：永久转移，被请求的资源已永久重定向。
- 302：临时转移，被请求的资源临时重定向。
- 304：没有修改。
- 404：资源不存在。
- 500：服务器出错。
- 503：服务器当前无法处理请求。

响应头部与请求头部类似，为响应报文添加了一些附加信息。常见的响应头部如下。

- Server：服务器应用程序软件的名称和版本。
- Content-Type：响应正文的类型（是图片还是二进制字符串）。
- Content-Length：响应正文的长度。
- Content-Charset：响应正文使用的字符集。
- Content-Encoding：响应正文使用的编码格式。
- Content-Language：响应正文使用的语言。

图 7-25 是对应于图 7-23 的 HTTP GET 请求报文的响应报文示例。

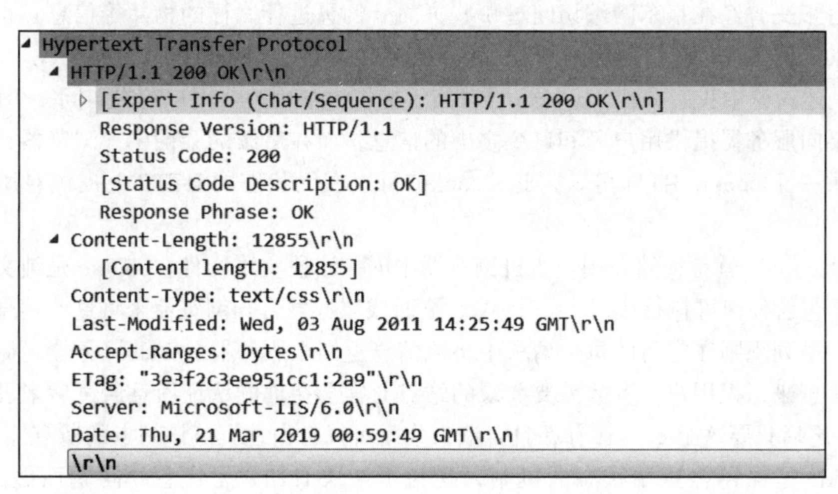

图 7-25　HTTP 响应报文示例

（3）cookie

cookie 的含义是“服务器送给浏览器的小甜点”，即服务器在响应请求时可以将一些数据以“键 – 值”对的形式通过响应信息保存在客户端。当浏览器再次访问相同的应用时，会将原先的 cookie 通过请求信息带到服务器端，如图 7-26 所示。

图 7-26　cookie 示例

在图 7-26 给出的示例中，假设顾客张三第 1 次访问京东网站，京东网站会为该顾客创建一个唯一识别码 1234，并且以此为索引在京东的后端数据库中创建一个表项。接下来京东网站服务器用一个包含 Set-cookie:1234 头部的 HTTP 响应报文对顾客张三的浏览器进行响应。

当张三的浏览器收到该 HTTP 响应报文后，该浏览器会在它管理的特定的 cookie 文中添加一行，该行包含京东服务器的主机名和HTTP响应报文中Set-cookie头部的识别码（该示例中的识别码是1234）。需要引起注意的是：张三访问京东浏览器中的cookie文件除了京东网站的cookie表项外，还有很多其他网站的cookie表项，因为张三通过该浏览器访问过很多其他网站。

如果一周后，张三又访问京东网站，张三的浏览器每请求一个Web页面，都会从该cookie文件中获取京东网站的识别码1234，并且将其放到HTTP请求报文的cookie头部行中。京东网站收到带有cookie:1234的HTTP请求报文后，通过查找后端数据库就可以知道张三曾经在京东网站访问过哪些页面、购买过什么样的物品等信息。京东也可以根据张三过去在京东访问过的网页、购买过的物品向他推荐产品。

从上述讨论中我们看到，cookie可以用于标识一个用户。用户首次访问一个网站时，可能需要向服务器提供用户名和口令之类的信息，而在后续的会话中，浏览器只需向服务器提供一个cookie ID即可。因此，cookie可以在无状态的HTTP上提供对用户会话的支持。

一个cookie就是存储在用户主机浏览器中的一小段文本文件。cookie是纯文本形式的，它不包含任何可执行代码。一个Web页面或服务器告知浏览器来将这些信息存储并且基于一系列规则在之后的每个请求中将该信息返回至服务器。Web服务器之后可以利用这些信息来标识用户。多数需要登录的站点通常会在你的认证信息通过后来设置一个cookie，之后只要这个cookie存在且合法，你就可以自由地浏览该站点的所有部分。

cookie是保存客户端状态的机制，是为了解决HTTP无状态的问题而做的努力。cookie最早在RFC 2109中进行了规范，后续RFC 2965对cookie做了增强。

与cookie相关的HTTP扩展头

- Set-cookie：服务器向客户端设置cookie。
- cookie：客户端将服务器设置的cookie返回到服务器。

服务器在响应消息中用Set-cookie头将cookie的内容回送给客户端，客户端在新的请求中将相同的内容携带在cookie头中发送给服务器，从而实现会话的保持。

尽管cookie可以简化用户访问网站等活动，但是对于是否使用cookie仍然存在较大争议，因为毕竟服务器通过cookie可以获取很多用户信息，而有些信息涉及客户的隐私。另外，如果网站管理者将cookie和用户提供的账户信息卖给第三方，将给客户带来非常大的安全隐患。

（4）Web缓存

Web缓存（Web cache）也叫代理服务器（proxy server），它是能够代表初始Web服务器来满足HTTP请求的网络实体。Web缓存有自己的磁盘存储空间，并在存储空间中保存最近请求的对象的副本。如图7-27所示，可以配置用户的浏览器，使用户浏览器中所有的HTTP请求都指向代理服务器（RFC 7234）。一旦配置好用户浏览器，对某个对象的浏览请求就首先被定位到该代理服务器。举例来说，假设浏览器正在请求对象http://www.university.edu.cn/campus.gif，将出现如下情况。

1）浏览器创建一个到Web代理服务器的TCP连接，并向Web代理服务器发送HTTP请求。

2）Web代理服务器进行检查，看本地是否存有该对象副本。如果有，则Web代理服务器就向客户浏览器返回包含该对象的响应报文。

3）如果 Web 代理服务器没有该对象，它就打开一个与该对象的初始服务器（即 www.university.edu.cn）的 TCP 连接。在 Web 代理服务器到初始服务器的 TCP 连接上发送一个该对象的 HTTP 请求。收到该请求后，初始服务器向 Web 代理服务器发送包含该对象的 HTTP 响应报文。

4）当 Web 代理服务器接收到该对象后，它在本地存储空间存储一份副本，并向客户的浏览器发送包含该对象的 HTTP 响应报文（通过客户浏览器和 Web 代理服务器之间的 TCP 连接）。

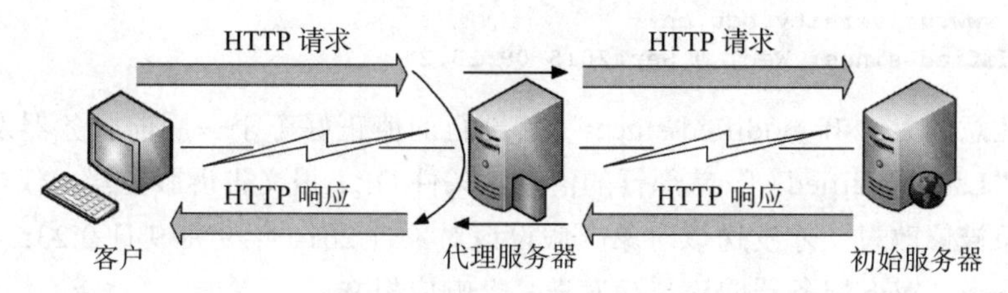

图 7-27 客户通过代理服务器访问初始服务器

值得注意的是，Web 代理既是服务器又是客户。当它接收浏览器的请求并返回响应报文时，它是一个服务器；当它向初始服务器发出请求并接收响应时，它是一个客户。

在因特网上部署 Web 缓存器有两个原因。首先，Web 缓存可以大大减少对客户请求的响应时间，当客户与初始服务器之间的瓶颈带宽远低于客户与 Web 缓存器之间的带宽时更是如此。如果在客户与 Web 缓存器之间有一个高速连接，并且如果用户所请求的对象正好在 Web 缓存器上，则 Web 缓存器可以迅速将该对象交给用户。其次，Web 缓存器能够大大减少一个机构的接入链路到因特网的通信量。通过减少通信量，机构就不必增加带宽，因此降低了费用。此外，Web 缓存器能从整体上大大减少因特网上的 Web 流量，从而改善所有应用的性能。

（5）条件 GET 方法

尽管高速缓存能减少用户感受到的响应时间，但也引入了一个新的问题，即存放在缓存器中的对象副本可能是陈旧的。幸运的是，HTTP 有一种机制，允许缓存器证实它的对象是最新的，这种机制就是条件 GET 方法（RFC 7232）。如果 HTTP 请求报文使用 GET 方法，并且请求报文中包含一个“If-Modified-Since：”首部行，那么该 HTTP 请求报文就是一个条件 GET 请求报文。

为了说明 GET 方法的操作方式，我们看一个例子。首先，一个代理缓存器（proxy cache）代表浏览器向某服务器发送一个 HTTP 请求报文：

```
GET /school/campus.gif HTTP/1.1
Host: www.university.edu.cn
```

其次，该 Web 服务器向缓存器返回具有被请求对象的响应报文：

```
HTTP/1.1 200 OK
Date: Sat, 3 Oct 2022 15:39:29
Server: Apache/1.3.0 (Unix)
Last-Modified: Wed, 9 Sep 2015 09:23:24
```

```
Content-Type: image/gif
(data data data data data …)
```

该缓存器在将该对象转发到请求的浏览器的同时，也在本地缓存该对象。重要的是：缓存器在存储该对象时也存储了最后修改日期。一周之后，另一个用户经过该缓存器请求同一个对象，该对象仍在这个缓存器中。由于过去的一周中位于Web服务器上的该对象可能已经被修改，该缓存器通过发送一个条件GET执行最新检查。具体来说，该缓存器发送：

```
GET /school/campus.gif HTTP/1.1
Host: www.university.edu.cn
If-modified-since: Wed, 9 Sep 2015 09:23:24
```

值得注意的是“If-modified-since:”首部行的值正好等于一周前服务器发送的响应报文中的“Last-Modified :”首部行的值。该条件GET报文告诉服务器，仅当指定日期之后该对象被修改过，才发送该对象。假设该对象自2015年9月9日9:23:24后没有被修改。接下来，Web服务器向该缓存发送一个响应报文：

```
HTTP/1.1 304 Not Modified
Date: Sat, 10 OCT 2015 15:39:29
Server: Apache/1.3.0 (Unix)
(empty entity body)
```

我们看到，作为对条件GET方法的响应，该Web服务器仍发送一个响应报文，但并没有在响应报文中包含所请求的对象。包含该对象只会浪费带宽，并增加用户感受到的响应时间，如果该对象很大更是如此。值得注意的是在最后的响应报文中，状态行中为304 Not Modified，它告诉缓存器可以使用该对象向请求的浏览器转发它缓存的对象副本。

关于HTTP协议，最后补充一点。一般来说，浏览器的URL只能使用英文字母、阿拉伯数字和某些标点符号（ASCII码范围），不能使用其他文字和符号。但是URL常常会包含ASCII码范围之外的字符，所以必须将URL转换为有效的ASCII格式才能正确使用它。URL使用“%”其后跟随两位的十六进制数来替换非ASCII字符。URL不能包含空格，URL编码通常使用“+”来替换空格。但是在“%”后面的十六进制数是多少，是由编码时使用的编码方式决定的。

例如，对于URL“www.baidu.com/s?wd=春节”，因为URL中有汉字，所以“春节”这两个中文在转换后才能作为正确的URL使用；但是在不同的字符集中，这两个字的编码不同，例如：如果“春”和“节”的UTF-8编码分别是“E6 98 A5”和“E8 8A 82”，那么URL应该编码成www.baidu.com/s?wd=%E6%98%A5%E8%8A%82；如果“春”和“节”的GB2312编码分别是“B4 BA”和“BD DA”，那么URL应该编码成www.baidu.com/s?wd=%B4%BA%BD%DA；问题是，RFC 1738（规定URL格式的标准）没有规定这种情况的具体的编码方法，而是由浏览器决定。

7.6.3 HTTP/2

2015年标准化的HTTP/2是自HTTP/1.1之后的首个新版本，而HTTP/1.1是1997

年标准化的。大多数浏览器（包括 Chrome、Edge、Safari、Opera 和 Firefox）都支持 HTTP/2。

HTTP/2 的主要目标是减小时延，其方法是经单一 TCP 连接使请求与响应多路复用，提供请求优先次序和服务器推技术，并提供首部字段的有效压缩。HTTP/2 不改变 HTTP 方法、状态码、URL 和首部字段，而是改变数据格式化方法以及客户和服务器之间的传输方式。

回想 HTTP/1.1，其使用持续 TCP 连接，允许经单一 TCP 连接将一个 Web 页面从服务器发送到客户。由于每个 Web 页面仅用一个 TCP 连接，服务器的套接字数量被压缩，并且所传送的每个 Web 页面平等地共享网络带宽。但 Web 浏览器的研发人员很快就发现经单一 TCP 连接发送一个 Web 页面的所有对象存在队首（HOL，Head of Line）阻塞问题。为了更好地理解 HOL 阻塞，考虑一个 Web 页面，它包括一个 HTML 基本页面、靠近 Web 页面顶部的一个大视频片段和该视频下面的许多小对象。进一步假定在服务器和客户之间的通路上有一条低速 / 中速的瓶颈链路。使用一条 TCP 连接，视频片段将花费很长的时间来通过该瓶颈链路，与此同时，那些小对象将被延迟。也就是说，前面的视频片段阻塞了后面的小对象。HTTP/1.1 浏览器解决该问题的典型方法是打开多个并行的 TCP 连接，从而让同一 Web 页面的多个对象并行地发送给浏览器。采用这种方法，小对象到达并呈现在浏览器上的速度要快得多，因此可以减小用户感知时延。

TCP 拥塞控制也使浏览器倾向于使用多条并行 TCP 连接而非单一持续连接。粗略来说，TCP 拥塞控制针对每条共享同一条瓶颈链路的 TCP 连接，给出一个平等共享该链路的可用带宽。如果有 n 条 TCP 连接运行在同一条瓶颈链路上，则每条连接大约得到 $1/n$ 带宽。通过打开多条并行 TCP 连接来传送一个 Web 页面，浏览器能够获得该链路的大部分带宽。许多 HTTP/1.1 打开多达 6 条并行 TCP 连接并非为了避免 HOL 阻塞，而是为了获得更多带宽。

HTTP/2 的基本目标之一是减少传送单一 Web 页面时的并行 TCP 连接。这不仅会减少服务器打开的套接字数量，而且允许 TCP 拥塞控制像设计的那样运行。

1. HTTP/2 成帧

用于 HOL 阻塞的 HTTP/2 解决方案是将每个报文分成帧，并且在同一 TCP 连接上交错发送请求和响应报文。为了理解这个问题，再次考虑由一个大视频片段和许多个（例如 8 个）小对象组成的 Web 页面的例子。此时，服务器将从希望查看该 Web 页面的浏览器处接收到 9 个并发请求。对于每个请求，服务器需要向浏览器发送 9 个相互竞争的报文。假定所有帧都具有固定长度，该视频片段由 1000 帧组成，并且每个较小的对象由 2 帧组成。使用帧交错技术，在视频片段发送第一帧后，发送每个小对象的第一帧，然后在视频片段发送第二帧后，发送每个小对象的第二帧。因此，在发送 18 帧后，所有小对象就发送完成。如果不采用交错技术，则发送完所有小对象共需要发送 1016 帧。因此，HTTP/2 成帧机制能够极大地减小用户感知时延。

将一个 HTTP 报文分成独立的帧、交错发送这些帧并在接收端将其装配起来的能力，是 HTTP/2 最为重要的改进。这一成帧过程是通过 HTTP/2 协议的成帧子层来完成的。当服务器要发送一个 HTTP 响应报文时，其响应报文由成帧子层来处理，即将响应报文划分为帧。响应报文的首部字段成为一帧，报文实体被划分为一帧以用于更多的附加帧。通过服务器中的成帧子层，该响应报文的帧与其他响应报文的帧交错地经单一持续 TCP 连接发送。当这些帧到达客户端时，它们先在成帧子层装配成初始的响应报文，然后像以往一样交由浏览器处理。类似地，客户的 HTTP 请求也被划分成帧并交错发送。

除了将 HTTP 报文划分为独立的帧外，成帧子层也对这些帧进行二进制编码。二进制编码协议解析更为高效，会得到略小一些的帧，并且不容易出错。

2. 响应报文的优先次序和服务器推

报文优先次序允许研发者根据用户的要求安排请求的相对优先权，从而更好地优化应用的性能。如前所述，成帧子层将报文组织为并行数据流发往相同的请求方。当某客户向服务器发送并发请求时，它能够为正在请求的响应确定优先次序，方法是为每个报文分配 1 ～ 256 的权重。较大的数字表明较高的优先权。通过这些权重，服务器能够为具有最高优先权的响应报文发送第一帧。此外，客户也可通过指明相关的报文段 ID，来说明每个报文段与其他报文段的相关性。

HTTP/2 的另一个特性是允许服务器为一个客户请求发送多个响应报文，即除了对初始请求的响应外，服务器能够向该客户推额外的对象，而无须客户再进行任何请求。因为 HTML 基本页指示了需要在页面呈现的全部对象，所以这一点是可以做到的。因此无须等待对这些对象的 HTTP 请求，服务器就能够分析该 HTML 页，识别出需要的对象，并在接收对这些对象的明确请求前将它们发送给客户。服务器推技术消除了因等待客户请求而产生的额外时延。

7.7 获取网页过程

下面通过学生张三用笔记本计算机访问某个网页（比如 www.baidu.com 主页）的例子，来解释我们学过的各种网络协议如何协同工作。

如图 7-28 所示，张三的笔记本计算机与学校的交换机相连，交换机与学校的路由器相连，学校的路由器与某个 ISP（比如中国电信或中国联通）的路由器相连。在本例中，ISP 为学校提供 DNS 服务，所以 DNS 服务器驻留在 ISP 网络中而不在校园网中。下面在学校的路由器上运行 DHCP 服务器，看一下从张三启动笔记本计算机，然后在笔记本计算机的浏览器上输入 www.baidu.com 到百度主页出现在该笔记本计算机上，整个过程中协议是如何工作的。

DHCP 过程

当张三的笔记本计算机启动后，该笔记本计算机会自动运行 DHCP，目的是从 DHCP 服务器获取 IP 地址等上网参数，DHCP 工作过程如下。

1）张三的笔记本计算机首先生成一个 DHCP 请求报文（这里忽略 DHCP Discovery 和 DHCP Offer 过程），然后将 DHCP 请求报文封装到目的端口为 67（DHCP 服务器）和源端口为 68（DHCP 客户）的 UDP 报文中；再将 UDP 报文封装到一个目的地址为有限广播地址（255.255.255.255）和源地址为 0.0.0.0 的 IP 报文中（因为张三的笔记本计算机还没有分配 IP 地址，因此源地址填全 0）。

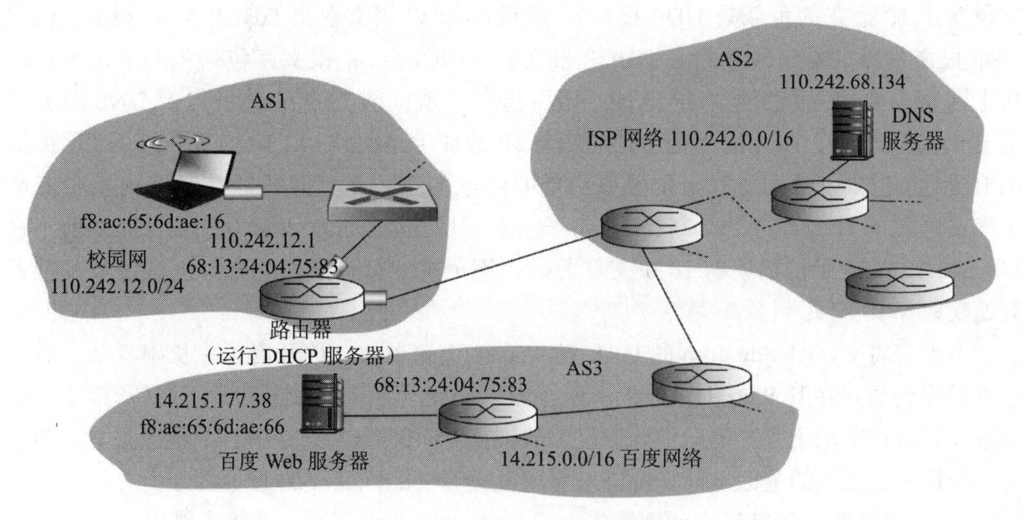

图 7-28　获取网页过程示例

2）包含 DHCP 请求报文的 IP 报文又被封装到以太网帧，以太网帧的目的地址是广播地址（FF:FF:FF:FF:FF:FF），源地址是笔记本计算机的以太网卡地址（f8:ac:65:6d:ae:16）。

3）包含 DHCP 请求报文的广播以太网帧被交换机接收，交换机在除接收端口外的所有端口广播该帧，包括连接路由器的端口。

4）路由器在它的 MAC 地址为 68:13:24:04:75:83 的端口接收包含 DHCP 报文的广播以太网帧，然后从以太网帧中取出 IP 报文；由于 IP 报文的目的地址为广播地址，因此路由器要接收这个 IP 报文；然后解封 IP 报文，得到 UDP；查看 UDP 目的端口号为 67，指示要将 UDP 数据即 DHCP 请求报文交给路由器上运行的 DHCP 服务器。

5）假设 DHCP 服务器能够以 CIDR 块 110.242.12.0/24 分配 IP 地址。所以本例中，学校内使用的所有 IP 地址都在 ISP 的地址块中。假设 DHCP 分配 IP 地址 110.242.12.101 给张三的笔记本计算机，于是 DHCP 服务器生成包含该 IP 地址、子网掩码（255.255.255.0）、默认网关 IP 地址（110.242.12.1）和 DNS 服务器的 IP 地址（110.242.68.134）的 DHCP ACK 报文。该 DHCP 报文首先被封装到 UDP（目的端口为 68，源端口为 67）；然后 UDP 报文又被封装到 IP 报文（目的地址为 255.255.255.255，源地址为 110.242.12.1）；最后 IP 报文被封装到以太网帧，以太网帧的源 MAC 地址是路由器连接到交换机端口的地址（68:13:24:04:75:83），目的地址是张三的笔记本计算机以太网网卡地址（f8:ac:65:6d:ae:16）。

6）包含 DHCP ACK 报文的以太网帧由路由器发送给交换机。因为交换机是自学习的，并且先前从张三的笔记本计算机收到（包含 DHCP 请求报文的）以太网帧，所以该交换机知道目的地址为 f8:ac:65:6d:ae:16 的帧仅从通向张三笔记本计算机的输出端口转发即可。

7）张三的笔记本计算机收到包含 DHCP ACK 报文的以太网帧，从该以太网帧中取出 IP 报文（根据以太网帧中的类型字段可以判断是 IP 报文），再从 IP 报文中取出 UDP 报文（根据目的广播地址知道必须接收并处理 IP 报文，再根据 IP 报文中的类型字段知道 IP 报文的负载是 UDP 报文），最后从 UDP 报文取出 DHCP ACK 报文（根据 UDP 报文的目的端口号判断是 DHCP 报文）。DHCP ACK 报文就包括张三笔记本计算机上网所需要的 4 个参数：IP 地址、子网掩码、默认网关的 IP 地址以及 DNS 服务器的 IP 地址。于是，张三的笔记本计算机将 IP 地址（110.242.12.101）以及 DNS 服务器的 IP 地址（110.242.68.134）配置好；同时张三的笔记本计算机还在其路由表中安装了默认网关的 IP 地址（110.242.12.1），笔记本计算机将向默认网关转发目的地址不在 110.242.12.0/24 子网的所有 IP 报文。此时，笔记本计算机已经配置好上网参数并准备开始获取 Web 网页。

当张三将 www.baidu.com 的 URL 键入 Web 浏览器时，他开启了一长串事情，百度主页最终会显示在其 Web 浏览器上。张三的 Web 浏览器通过生成一个 TCP 套接字开始该过程，套接字用于张三笔记本计算机上的浏览器向其 TCP 发送 HTTP 请求报文。为了生成套接字，张三的笔记本计算机首先要知道 www.baidu.com 的 IP 地址。

8）于是，张三的笔记本计算机先生成一个 DNS 查询报文，并将字符串 www.baidu.com 放入 DNS 报文的问题字段中；然后 DNS 查询报文封装在目的端口为 53 的 UDP 报文；该 UDP 报文又被封装到目的地址为 110.242.68.134（第 5 步中 DHCP ACK 返回的 DNS 服务器的 IP 地址）和源地址为 110.242.12.101 的 IP 报文中。

9）张三的笔记本计算机比较 IP 报文中的目的地址和源地址，发现目的地址与源地址不在同一个网段（按照前 24 位比较，因为校园网的前缀长度是 24 位），于是张三的笔记本计算机知道要先将该 IP 报文发给默认网关（通过笔记本计算机的路由表确定）；张三的笔记本计算机知道默认网关的 IP 地址（第 5 步中 DHCP ACK 返回的默认网关的 IP 地址），但是它不知道默认网关的 MAC 地址。为了获得默认网关的 MAC 地址，张三的笔记本计算机将需要使用 ARP 协议。

10）张三的笔记本计算机生成一个包含目的 IP 地址 110.242.12.1（默认网关）的 ARP 查询报文，然后将该 ARP 查询报文封装到一个目的地址为广播地址 FF:FF:FF:FF:FF:FF 的以太网帧中，并向交换机发送该以太网帧，交换机将该帧转发给所有连接的设备，包括默认网关（路由器）。

11）学校路由器（默认网关）在通往学校网络的接口上收到包含该 ARP 查询报文的帧，发现在 ARP 报文中目的 IP 地址 110.242.12.1 匹配该接口的 IP 地址，于是路由器给张三的笔记本计算机返回一个 ARP 应答报文，该 ARP 应答报文包含匹配于接口 IP 地址为 110.242.12.1 对应的 MAC 地址 68:13:24:04:75:83；该 ARP 应答报文被封装到目的地址为 f8:ac:65:6d:ae:16、源地址为 68:13:24:04:75:83 的以太网帧，并发给交换机，再由交换机交给张三的笔记本计算机。

12）张三的笔记本计算机收到包含 ARP 应答报文的以太网帧后，从 ARP 报文取出默认网关（学校路由器）的相应接口的 MAC 地址（68:13:24:04:75:83）。

13）张三的笔记本计算机终于能够将包含 DNS 查询报文封装到目的地址为 68:13:24:04:75:83 的以太网帧，然后发给交换机，交换机转发默认网关（学校路由器）。

14）学校路由器接收到包含 DNS 查询报文的以太网帧后，将帧解封后取出 IP 报文。学校路由器根据目的地址 110.242.68.134 查找路由表（学校路由器的路由表构造涉及域间路由，即校园网 AS1 和 ISP 网络 AS2），学校路由器首先将通过点 – 点链路（假设 AS1 与 AS2 之间的路由器是通过专线连接起来的）将包含 DNS 查询报文的 IP 报文发往 ISP 左边的路由器。

15）在 ISP 网络中，最左边的路由器接收到该 IP 报文，查找它的路由表以确定转发出口将该 IP 报文转发给下一个路由器。需要注意的是，ISP 网络中路由器的路由表是根据域内路由协议（比如 RIP 或 OSPF）以及域间路由协议（BGP）共同作用而得到的。

16）最终包含 DNS 查询报文的 IP 报文到达 DNS 服务器，DNS 服务器在它的数据库中查找 www.baidu.com 对应的 IP 地址（14.215.177.38）的资源记录。DNS 服务器将查询结果封装到 DNS 应答报文，DNS 应答报文又被封装到 UDP 报文，UDP 报文接着被封装到 IP 报文，IP 报文的目的地址指向张三的笔记本计算机 110.242.12.101，该 IP 报文按照反向路由被转发到学校路由器，最后学校路由器通过交换机转发给张三的笔记本计算机。

17）张三的笔记本计算机最终从 DNS 应答报文中取出网关路由器对应的 IP 地址（14.215.177.38）。

18）既然张三的笔记本计算机已经知道 www.baidu.com 的 IP 地址，它就能够生成 TCP 套接字。当张三的笔记本计算机生成套接字时，其中的 TCP 必须先与 www.baidu.com 服务器中的 TCP 进行三次握手，于是笔记本计算机生成一个目的端口为 80 的 TCP SYN 报文，然后将该 TCP 报文封装到目的 IP 地址为 14.215.177.38（www.baidu.com 的 IP 地址）的 IP 报文中，该 IP 报文最终被封装到目的 MAC 地址为 68:13:24:04:75:83 的以太网帧（读者想想为什么）。

19）学校路由器从网卡中收到以太网帧后，解封帧取出 IP 报文，然后在校园网、ISP 网络、百度网络中的路由器根据各自的路由表向 www.baidu.com 转发包含 TCP SYN 报文的 IP 报文（如前面的 14）～ 16）步那样）。同样，ISP 网络与百度网络之间的路由通过 BGP 协议确定，而 ISP 网络中的路由器通过域内路由协议（比如 RIP 或 OSPF）形成路由表。

20）最终，包含 TCP SYN 报文的 IP 报文到达 www.baidu.com 服务器，www.baidu.com 服务器从 IP 报文中取出 TCP SYN 报文，然后产生一个 TCP SYN+ACK 报文返回给张三的笔记本计算机。

21）封装了 TCP SYN+ACK 报文的 IP 报文（目的 IP 地址为 110.242.12.101，源 IP 地址为 14.215.177.38）经过百度网络、ISP 网络以及校园网到达张三的笔记本计算机，于是在张三的笔记本计算机和 www.baidu.com 服务器之间建立了一条 TCP 连接（这里省去了百度 Web 服务器还要向张三的笔记本计算机发送一个 TCP ACK 报文的第 3 次握手这一过程）。

22）借助于张三笔记本计算机上的套接字，现在终于可以向 www.baidu.com 发送 HTTP 请求了。笔记本计算机的 HTTP 客户端通过套接字接口将 HTTP GET 请求报文发给 TCP，并由 TCP 封装到 TCP 报文数据字段中，然后又将 TCP 报文封装到 IP 报文，该 IP 报文通过校园网、ISP 网络和百度网络最终被转发到 www.baidu.com 服务器上。

23）在 www.baidu.com 的 HTTP 服务器从 TCP 套接字上读取 HTTP GET 报文后，

根据 HTTP G 报文的要求生成一个 HTTP 响应报文，并将请求的 Web 网页内容放入 HTTP 响应报文的主体中；然后 www.baidu.com 服务器再将 HTTP 响应报文通过套接字交给 TCP，www.baidu.com 服务器上的 TCP 将 HTTP 响应报文封装到 TCP 报文中，将 TCP 报文封装到 IP 报文中（目的地址为 110.242.12.101，源地址为 14.215.177.38）

24）包含 HTTP 响应报文的 IP 报文经过百度网络、ISP 网络和校园网转发到张三的笔记本计算机上，笔记本计算机上的 Web 浏览器通过 TCP 套接字中读取 HTTP 响应报文，并从中取出 Web 网页的 html，最终将 www.baidu.com 的 Web 主页显示在笔记本计算机上。

上面的场景几乎覆盖了本书介绍的大部分协议，但是仍然忽略了一些可能的附加协议（比如运行在校园网路由器中的 NAT、无线接入校园网、网络安全协议和网络管理协议）以及人们在因特网中遇到的一些问题（Web 缓存、DNS 系统层次结构及缓存、ARP 缓存等）。如果把这些附加协议加上并考虑 DNS 系统层次以及各种缓存、安全机制（实际情况就是如此），那么获取某个网页的工作过程将更加复杂，要考虑的问题更多，协议之间的交互也更加频繁，但这就是真实的互联网。

7.8 P2P

P2P 技术属于覆盖层网络（overlay network）的范畴，是相对于客户–服务器模式来说的一种网络信息交换方式。

P2P 也叫对等网络（peer-to-peer network），是一种在对等者（peer）之间分配任务和工作负载的分布式应用架构，是对等计算模型在应用层形成的一种网络形式。在 P2P 网络环境中，彼此连接的多台计算机之间都处于对等的地位，各台计算机有相同的功能，无主从之分，每个节点既充当服务器，为其他节点提供服务，也能作为客户端，享用其他节点提供的服务。

在客户–服务器模式中，数据的分发采用专门的服务器，多个客户端都从此服务器获取数据。其优点是数据的一致性容易控制，系统容易管理。缺点包括：因为服务器的个数只有一个（即便有多个也非常有限），系统容易出现单一失效点，单一服务器面对众多的客户端；由于 CPU 能力、内存大小、网络带宽的限制，可同时服务的客户端非常有限，可扩展性差。

P2P 技术正是为了解决这些问题而提出的一种对等网络结构，在 P2P 网络中，每个节点既可以从其他节点得到服务，也可以向其他节点提供服务，庞大的终端资源被利用起来，解决了客户–服务器模式中的弊端。

P2P 系统具有如下特点。

- 规模大：为了实现资源共享，P2P 系统中往往会有大量的节点。
- 动态性：在 P2P 系统中，节点通常是自主的，因而节点可能会频繁加入和离开 P2P 网络，P2P 网络在不停的变化中，它的变化比 IP 网络大得多。
- 节点的异构性：加入 P2P 网络中的节点在物理特征（延迟、带宽、性能等）和行为上（共享文件数量、生命周期等）都具有非常大的差异。

7.8.1　P2P 的分类

P2P 系统有很多种分类方法，目前通常根据 P2P 系统拓扑结构的分散度和耦合度来进行分类。

分散度是指 P2P 系统的拓扑结构对中央服务器的依赖程度。根据分散度，P2P 系统可以分为以下 3 类。

- 集中式拓扑的 P2P 系统。在集中式拓扑的 P2P 系统中，存在着一个（或少数几个）中央服务器，它作为目录服务器来协调其他各个节点之间的交互，但节点之间的交互与资源共享等行为仍是直接以 P2P 模型进行的。典型的集中式拓扑 P2P 系统有 Napster 和 BitTorrent 等。集中式拓扑的 P2P 系统也称为是混合 P2P（hybrid P2P）模型的。
- 部分分布式拓扑的 P2P 系统。在部分分布式拓扑的 P2P 系统中，存在一些超级节点 (super-peer)。超级节点具有比普通节点更强的能力和更高的地位，通常充当其他节点目录服务器的角色。但这些超级节点都是由 P2P 系统动态选择和组织的，一般不会给 P2P 系统带来单点失效等问题。典型的部分分布式拓扑 P2P 系统有 FastTrack 和 Brocade 等。
- 全分布式拓扑的 P2P 系统。在全分布式拓扑的 P2P 系统中，所有节点都是完全平等的，每个节点既是服务器也是客户，系统中没有任何目录服务器。典型的全分布式拓扑 P2P 系统有 Gnutella、Freenet 和 Chord 等。全分布式拓扑的 P2P 系统也称为是纯 P2P（pure P2P）模型的。

耦合度用来衡量 P2P 系统的拓扑构造过程是受某种机制严格控制还是动态、非确定性的。根据耦合度，P2P 系统可分为以下两类。

- 非结构化拓扑的 P2P 系统。在非结构化拓扑的 P2P 系统中，节点间的逻辑拓扑关系通常较松散，具有较大的随意性。资源（或资源元信息）的放置通常与 P2P 系统的拓扑结构无关，一般只放置在本地。非结构化拓扑的实现和维护相对简单，可支持灵活的资源搜索条件，但高效的资源搜索通常较为困难（通常采用广播搜索、随机转发和选择性转发等方法），适用于由大量自治性强的节点组成、对服务质量没有严格要求的应用，如 P2P 文件共享应用等。非结构化拓扑可进一步按照分散度进行分类：Napster 和 BitTorrent 是集中式非结构化拓扑，Gnutella 和 Freenet 是全分布式非结构化拓扑，FastTrack 是部分分布式非结构化拓扑。
- 结构化拓扑的 P2P 系统。在结构化拓扑的 P2P 系统中，节点间的逻辑拓扑关系通常由确定性的算法严格控制，资源（或资源的元信息）的放置也是由确定性的算法精确发布到特定的节点上。结构化拓扑的 P2P 系统通常采用分布哈希表（Distributed Hash Table，DHT）技术构建。结构化拓扑的优点是资源定位准确并且可保证一定的效率，有着良好的可扩展性和性能，因而适用于对可用性要求高的系统。结构化拓扑的应用领域广泛，包括分布式存储、应用层组播和名字服务等。但结构化拓扑的维护相对复杂，通常只支持精确匹配资源搜索，对复杂搜索条件的支持较差。结构化拓扑的 P2P 系统大部分是全分布式的，如 Chord、Tapestry 和 CAN 等，也有少部分是部分分布式的，如 Brocade。

7.8.2　P2P 文件共享协议 BitTorrent

BitTorrent 是传输大文件时最常用协议之一。一般的下载服务器为每个发出下载请求的用户提供下载服务，而 BitTorrent 的工作方式与之不同：分配器或文件的持有者将文件发送给其中一名用户，再由这名用户转发给其他用户，用户之间相互转发自己所拥有的文件部分，直到每个用户的下载都全部完成。这种方法可以使下载服务器同时处理多个大体积文件的下载请求。

BitTorrent 是通过一个扩展名为 .torrent 的种子文件进行下载部署的，它由文件最初发布者创建，发布到互联网上，供感兴趣的用户下载。种子文件记录了负责管理该文件所在分发网络的 Tracker 服务器的地址、文件名、文件长度以及每个文件分块的 SHA-1 校验值。

Tracker 服务器负责跟踪系统中所有的参与节点，收集和统计节点状态，帮助参与节点互相发现，维护共享网络中文件的下载。一个 Tracker 服务器可以同时维护和管理多个文件共享网络。

在 BitTorrent 中，分发每个文件时会建立一个名为 Torrent 的覆盖网络，如图 7-29 所示。

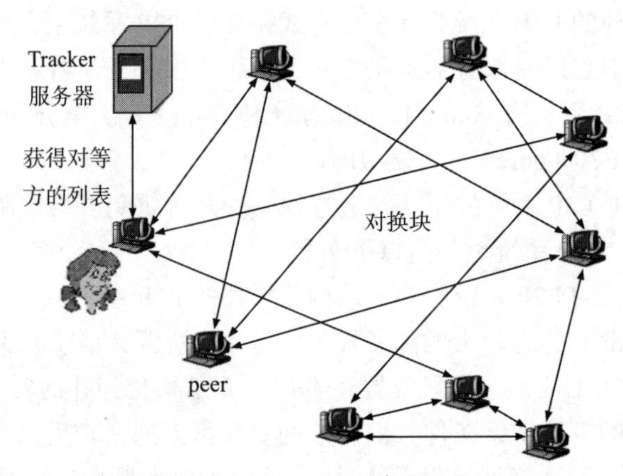

图 7-29　BitTorrent 分发文件

Torrent 由网络中的节点组成，Torrent 网络中的节点可以分为两种类型：seed 和 leecher。

seed 是具有文件完整副本的客户节点，leecher 是下载文件的客户节点。除 seed 和 leecher 之外，还需要 Web 服务器和跟踪器。如果一个节点想加入 Torrent，它可以从 Web 服务器获取 .torrent 文件。该文件包含文件的信息，包括名称、长度、哈希摘要和跟踪器的 URL。跟踪器是一个特殊的节点，它用来存储网络中其他活跃节点的元数据。一个节点可以与跟踪器进行交互，获得网络中其他节点的 ip 和 port 数对的信息，然后可以随机地选择列表中的 20 ～ 40 个节点作为其邻居。

BitTorrent 像其他文件共享软件一样对文件进行了分片（piece），piece 是最小的文件共享单位，每个 leecher 在下载完一个完整的分片后才会进行完整性校验，完整性校验成功后通知其他节点自己拥有这部分数据。为了加快文件传输的并行性，每个分片还会分成更小的分块（block），block 是最小的文件传输单位，数据请求者每次向数据提供者请求一个 block 的数据。

为了保证共享网络的健壮性、延长共享网络的生命周期，BitTorrent 通过局部最少块优先（rarest-first）策略在节点间交换数据。下载节点根据自己周围的邻居节点拥有的数据块信息，选择拥有节点最少的分块优先下载，从而维护局部的数据块相对平衡。

BT（BitTorrent）系统基于 Tit-for-Tat 的激励机制来抵御免费搭车（free-riding）行为，其中 Choking/Unchoking 算法最为关键。每个 BT 节点通过 Interest/Uninterest 消息来维护与多个节点的并发连接，但是只能为少数节点提供上传。服务提供节点在收到上传请求后会通过 Choking/Unchoking 机制决定是否对文件请求节点提供上传服务，可以拒绝服务（Choking）或者允许服务（Unchoking），该机制决定了两个相连的节点是否共享彼此的资源。为了防止部分节点只下载不上传的自私行为，Choking/Unchoking 算法优先选择曾经为自己提供上传数据并拥有高下载速率的节点，前者可以鼓励节点上传以获取下载，后者有助于最大化系统资源利用率。此外，Choking/Unchoking 算法每隔 30s 将随机选择一个节点进行上传，一方面有利于发现可能存在更高下载速率的节点，另一方面可以避免新节点因从未进行过上传而无法获得有效的下载连接。

7.9　网络管理

按照 ISO/OSI 的要求，网络管理的主要功能是对网络进行配置管理、故障管理、性能管理、安全管理和计费管理。

配置管理（configuration management）主要是为了网络服务的连续性而对管理对象进行的控制、鉴别，从中收集数据并向它提供数据。配置管理是网络管理的基本功能，有时也叫监控功能。

性能管理（performance management）主要以网络性能为目标，负责收集、分析和调整管理对象的状态，其目的是保证在使用最少的网络资源和最小延迟的前提下，网络提供可靠、连续的通信能力。性能管理分为性能监测和性能控制两部分，性能监测指网络工作状态信息的收集和整理，而性能控制则指为改善网络设备的性能而采取的动作和措施。

故障管理（fault management）就是对网络中的故障进行检测、诊断和恢复或排除，其目的是保证网络能够提供连续、可靠的服务。主要功能包括：维护、使用和检查差错日志；接受差错检测的通报并做出反应，在系统范围内跟踪差错：执行诊断测试序列；执行恢复动作纠正差错。

计费管理（accounting management）则是对用户使用的网络资源情况进行记录。

安全管理（security management）是对网络资源的访问提供保护，包括授权机制、存取控制、加密及密钥管理以及有关安全访问日志的维护。

7.9.1　SNMP

简单网络管理协议（Simple Network Management Protocol，SNMP）是使用 TCP/IP 协议对互联网上的设备进行管理的一个框架，它提供一组基本的操作来监控和维护互联网的运行。SNMP 已经得到数百家厂商的支持，在互联网上得到广泛应用，并且成为网络管理的事实标准。目前使用的是 SNMPv3，SNMPv3 提供认证、机密性与授权 3 个方面的安全机制。

SNMP 采用管理员 / 代理模型，另外，为了对被管理对象进行命名，引入了管理信息结构（Structure of Management Information，SMI）和管理信息库（Management Information Base，MIB）两个标准。其中 SMI 用于对被管理对象进行命名，而 MIB 用于保存被管理对象的变量值。下面分别讨论这部分内容。

7.9.2　管理员 / 代理模型

SNMP 是应用层协议，因此它能监控异构网络中不同厂商制造的交换机、路由器或主机设备。SNMP 使用管理员 / 代理模型，如图 7-30 所示。

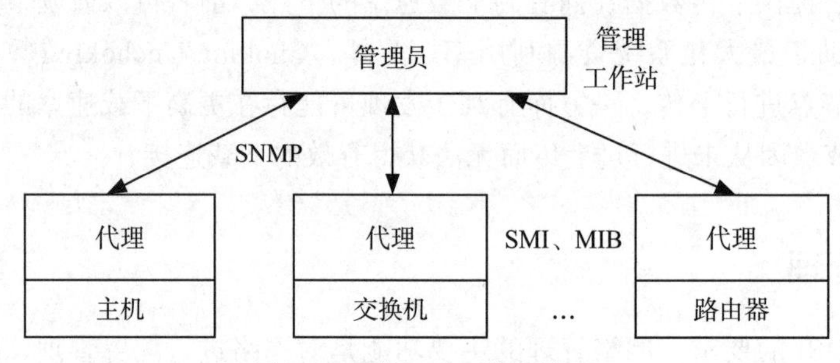

图 7-30　管理员 / 代理模型

所谓管理员是指在管理工作站上运行的 SNMP 客户程序，代理是指运行在各种被管网络设备上的 SNMP 服务器程序。而管理是指通过管理员和代理之间的 SNMP 报文交互来实现。

代理在管理信息库 (MIB) 中保存被管设备的信息，管理员使用 MIB 中的值。例如，路由器可以将接收和转发的 IP 报文数目用两个变量存储在路由器 MIB 库中，管理员通过读取并比较这两个变量以确定路由器是否拥塞。

管理员是指在管理工作站上运行的 SNMP 客户程序，代理是指运行各种被管网络设备的 SNMP 服务器程序。而管理则通过管理员和代理之间的 SNMP 协议交互来实现。

代理在 MIB 中保存被管设备的信息。例如，路由器可以将接收和转发的 IP 报文数目用两个变量分别存储在其 MIB 中，管理员通过读取并比较这两个变量的值来确定路由器是否拥塞。

管理员可以指示路由器完成某些动作。例如，可以将路由器设置成定期检查重启计数器的值，当计数器值为 0 时重启。于是，管理员就可以利用这个特性在任何时候通过发送报文来复位路由器的重启计数器，从而迫使该路由器重启。

当然，代理也可以主动参与到网络管理中。当代理发现被管设备出现异常时，它主动发送一个称为自陷 (trap) 的告警报文给管理员。

总而言之，SNMP 的管理思想可以简单归纳为：管理员通过发送报文给代理来获取被管设备的状态信息；管理员可以通过代理设置被管设备 MIB 中的变量让被管设备完成某些动作；被管设备中的代理也可以主动向管理员报告异常事件。

7.9.3 管理信息结构

管理信息结构的主要功能是：给对象命名，定义可在对象中存储的数据类型，给出对在网络上传输的数据进行编码的方法。

SMI 要求每一个被管对象（如路由器、路由器中的某个变量）具有唯一的名字。为了在全局范围内给对象命名，SMI 使用对象标识符（object identifier），它是基于树结构的分层标识符，如图 7-31 所示。

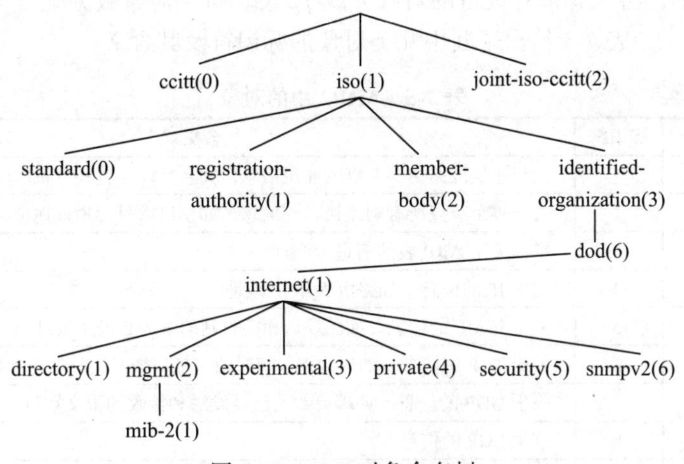

图 7-31 SMI 对象命名树

树结构从一个未命名的根开始，每一个对象可用一个由点分隔开的整数序列来定义，树结构也可以用一个由点分隔开的名字的文本序列来定义。整数 – 点的表示法是 SNMP 使用的一种方法，人们使用名字 – 点表示法。例如，下面是同一个对象的两种不同的表示法。名字 – 点表示法的 iso. identified-organizationdod. 互联网 .mgmt.mib-2 等价于整数 – 点表示法的 1.3.6.1.2.1。所有被 SNMP 管理的对象都有一个对象标识符，对象标识符都从 1.3.6.1.2.1 开始。

MIB 下面的对象命名树如图 7-32 所示。

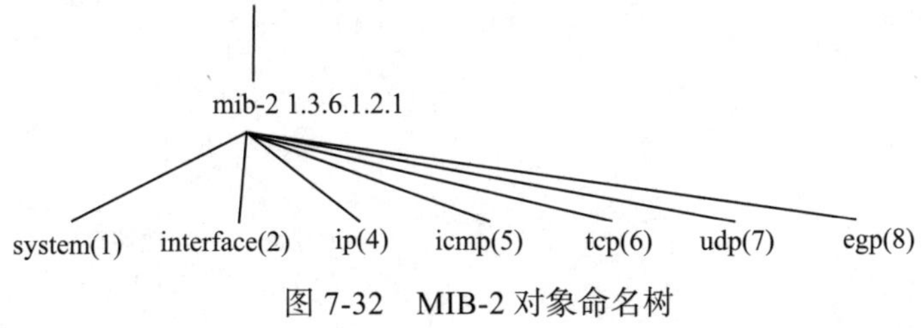

图 7-32 MIB-2 对象命名树

对象的第二个属性是这个对象中存储的数据类型。为了定义数据类型，SMI 使用抽象语法表示 1 号（Abstract Syntax Notation 1，ASN.1）的一些基本定义，但增加了几个新的定义。换言之，SMI 既是 ASN.1 的子集，又是 ASN.1 的超集。

SMI 为了解决对网络上传输的数据进行编码的问题，SMI 引入了基本编码规则（Basic Encoding Rule，BER），通过对数据进行 BER 编码后将其传送到网络上。

BER 规定每一块数据都要编码成三元组格式——TLV，即标签（Tag）、长度

（Length）和值（Value）。其中，标签字段用于定义数据类型，长度字段用于定义数据的字节长度，值字段给出了按照 BER 中定义的规则进行编码的数据值。

7.9.4 管理信息库

管理信息库（MIB）是 SNMP 网络管理中的第二个组件，每个被管设备都有一个 MIB，用于保存所有被管对象的信息（现在大部分用的是 MIB2）。

在 MIB2 中，将所有被管设备的对象分成 12 类，每类对象被分配一个标识符（实际上就是一个数字），表 7-5 给出了其中几类对象的标识符及其含义。

表 7-5 MIB2 中的对象

对象类型	标识符	含义
system	1	关于主机或路由器节点的通用信息，如名字、位置和开机时间
interfaces	2	关于整个节点所有网络接口的信息，如接口数目、物理地址、IP 地址等
address translation	3	定义关于 ARP 表的信息
IP	4	关于 IP 的信息，如路由表和 IP 地址
ICMP	5	关于 ICMP 的信息，如已发送和接收到的 ICMP 报文数目
TCP	6	关于 TCP 的信息，如连接表、超时值、端口数及已经发送和接收的报文数目
UDP	7	关于 UDP 的信息，如端口数及已经发送和接收的报文数目
EGP	8	有关 EGP 的信息
SNMP	12	定义了有关 SNMP 本身的信息

那么管理员如何通过代理访问被管设备 MIB 中的对象呢？我们用 MIB2 中的 UDP 对象作为例子，来看管理员如何通过代理访问被管设备 MIB 中的对象。

UDP 对象共有 4 个简单变量和 1 个表（结构变量），如图 7-33 所示。

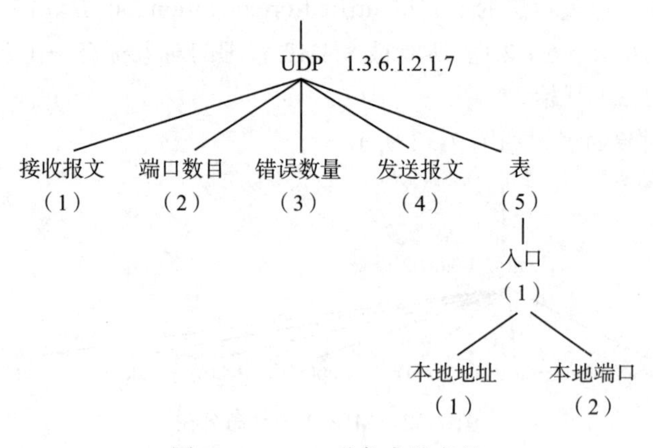

图 7-33 UDP 对象中的变量

要访问简单变量，我们用 UDP 对象标识符（1.3.6.1.2.1.7）后面跟不同变量的标识符，如下所示：

```
udpInDatagrams — >1.3.6.1.2.1.7.1
udpNoPorts — >1.3.6.1.2.1.7.2
udpInErrors — >1.3.6.1.2.1.7.3
udpOutDatagrams — >1.3.6.1.2.1.7.4
```

但是，上述对象标识符定义的是变量而不是实例（内容）。要定义每一个变量的实例或内容，还必须增加一个实例后缀。

一个简单变量的实例后缀是一个 0。换言之，要给出以上变量的实例，必须使用下列方法：

```
udpInDatagrams."0" — >1.3.6.1.2.1.7.1.0
udpNoPorts."0" — >1.3.6.1.2.1.7.2.0
udpInErrors."0" — >1.3.6.1.2.1.7.3.0
udpOutDatagrams."0" — >1.3.6.1.2.1.7.4.0
```

要访问 UDP 表，必须使用下面的标识符：

```
udpTable — >1.3.6.1.2.1.7.5
```

但是，这个表不是命名树的叶节点，不能直接访问，因此必须首先访问表中的项目 udpEntry，udpEntry 的标识符如下：

```
udpEntry — >1.3.6.1.2.1.7.5.1
```

但 udpEntry 也不是命名树的叶节点，不能直接访问，因此还需要定义 udpEntry 项目中的每一个实体。

```
udpLocalAddress — >1.3.6.1.2.1.7.5.1.1
udpLocalPort — >1.3.6.1.2.1.7.5.1.2
```

而这两个变量在树的叶子上。虽然此时可以访问它们的实例，但必须定义是哪一个实例。因为在任何时候，UDP 表中每一个本地地址 / 本地端口对可以有多个值。要访问表中的一个特定实例，应当给 udpLocalAddress 标识符和 udpLocalPort 标识符加上索引。这些索引基于在这些项目中的一个或多个字段的值。在我们的例子中，udpTable 的索引基于本地地址和本地端口号。

例如，要访问 UDP 表第一行中的 IP 地址项（181.23.45.14），必须使用标识符加上实例的索引：

```
udpLocalAddress. 181.23.45.14.23 — >1.3.6.1.2.1.7.5.1.1. 181.23.45.14.23
```

而要访问 UDP 表第一行中的端口号项（23），必须按照如下格式：

```
udpLocalPort. 181.23.45.14.23 — >1.3.6.1.2.1.7.5.1.2. 181.23.45.14.23
```

7.9.5　SNMP PDU

SNMP 是一个应用层协议，管理员通过 SNMP 可以读取被管设备 MIB 中某个对象的某个变量的值，也可以改变被管设备 MIB 中某个对象的某个变量的值（当然都是通过代理来完成的）；被管设备中的代理也可以主动将被管设备发生的异常事件报告给管理员。

SNMPv3 定义了 8 种协议数据单元（Protocol Data Unit，PDU），分别是 GetRequest、GetNextRequest、GetBulkRequest、SetRequest、Response、Trap、InformationRequest 和 Report，如图 7-34 所示。

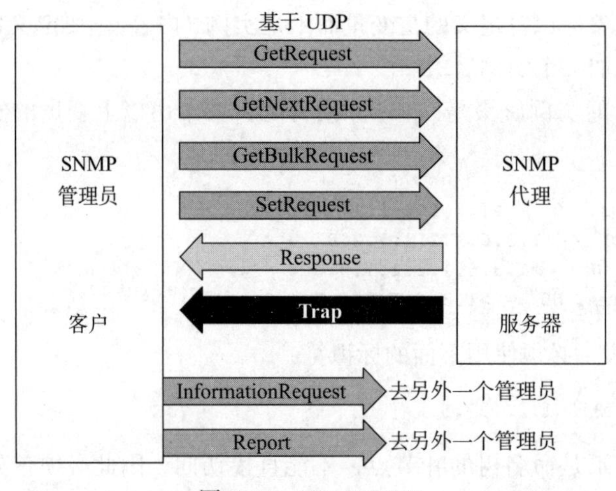

图 7-34 SNMP PDU

各种 PDU 说明如下。

- GetRequest——读取请求 PDU，由管理员发送给代理，用来读取一个变量或一组变量。
- GetNextRequest——读取下一个请求 PDU，由管理员发给代理，主要用来读取一个表中的项目的值。
- GetBulkRequest——读取大量请求 PDU，由管理员发送给代理，用来读取大量数据，它可取代多个 GetRequest 和 GetNextRequest PDU。
- SetRequest——设置请求 PDU，由管理员发送给代理，用来设置（存储）一个变量的值。
- Response——响应 PDU，由代理发送给管理元以响应 GetRequest 和 GetNextRequest，PDU 中包含管理员所请求的变量的值。
- Trap——自陷 PDU，由代理发送给管理员，用来报告异常事件。例如，如果被管设备重启，它上面的代理就会通知管理员。
- InformationRequest——信息请求 PDU，由管理员发送给其他管理员，用来获取其他管理员所管理的设备的信息。
- Report——报告 PDU，用来在管理员之间报告差错。

每种 PDU 类型的报文中都包含 PDU 类型（type）、请求标识（request ID）、错误状态（error status）、错误索引（error index）以及错误绑定列表（varBindList）等字段。其中 PDU 类型字段定义 PDU 类型，请求标识字段是**序号**，用于请求和响应之间的匹配。

需要注意的是，管理员和代理之间不是直接发送 PDU 的，而是将 PDU 嵌入 SNMP 报文中进行发送。SNMPv3 报文由四部分组成：版本、头部、安全参数和数据（报文含 PDU 格式）。对于 SNMP 报文的每一部分，SNMP 使用 BER 对报文中的每个字段元素进行编码。

最后需要指出的是，SNMP 使用 UDP 协议，其中代理使用 UDP 161 端口，管理员使用 UDP 162 端口。

7.10 小结

网络间的进程通信一般采用 C/S 模式和 socket 通信机制。一旦客户进程和服务器进程各自创建好 socket，就可以在上面进行数据传送了。

DNS 系统用于将域名翻译成 IP 地址。域名系统一般采用层次结构，这一方面体现在名字命名上，另一方面体现在 DNS 服务器的部署以及名字的解析过程上。为了将域名翻译成 IPv6 地址，必须对域名服务器的资源记录进行扩展。

远程登录服务使用户可通过互联网登录远程计算机上并使用远程计算机上的各种资源。其中 Telnet 允许客户向 Telnet 服务器传送命令和数据，它还允许客户与服务器协商许多选项。

文件传输协议（FTP）为用户提供文件传输的能力，FTP 在客户和服务器之间建立两条 TCP 连接，一条是控制连接，另一条是数据连接。TFTP 是一个简单的文件传输协议。

电子邮件是网络中使用最广泛的服务之一。电子邮件系统在逻辑上分为用户代理和报文传送代理（MTA）两部分。电子邮件协议包括邮件格式标准和邮件传送标准两部分。邮件格式标准分别规定了邮件头部和正文格式。而简单邮件传送协议（SMTP）规定了机器之间如何传送邮件。

多用途互联网邮件扩展（MIME）使得 SMTP 协议可以传送任意数据格式的邮件。MIME 在邮件头部增加一行，用于定义邮件正文的数据类型和使用的编码。而邮箱访问协议用于用户从邮件服务器中取邮件，比较常用的邮箱访问协议是 POP3 和 IMAP4。

WWW 是一种基于互联网的分布式信息查询和浏览系统，它使用超文本和超媒体技术，为用户提供了一种交叉、交互式查询和浏览信息的方式。Web 服务也是基于客户 – 服务器模式的。Web 服务器使用 HTML 语言编写 Web 页面，并且使用 HTTP 与浏览进行交互。HTTP 既可以使用非持久连接，也可以使用持久连接。

P2P 是一种分布式网络，网络的参与者共享他们所拥有的一部分硬件资源，这些共享资源需要由网络提供服务和内容，能被其他对等节点直接访问而无须经过服务器。此网络中的参与者既是资源提供者又是资源请求者。P2P 系统具有规模大、动态性和节点异构性等特点。根据 P2P 系统拓扑结构的分散度，P2P 系统可以分为集中式拓扑的 P2P 系统、部分分布式拓扑的 P2P 系统和全分布式拓扑的 P2P 系统 3 大类。BitTorrent 是一种集中式拓扑的支持文件共享的 P2P 系统。

SNMP 是使用 TCP/IP 协议族对互联网上的设备进行管理的协议。SNMP 采用管理员 / 代理模型，另外，为了对被管理对象进行命名，引入管理信息结构（SMI）和管理信息库（MIB）。SMI 定义了对被管理对象进行命名的规则，MIB 定义了用于保存被管对象变量的方法。SNMP 定义了 8 种协议数据单元（PDU），而 PDU 被封装在 SNMP 报文进行传送。

习题

1. 在互联网上如何标识相互通信的两个应用进程？
2. 简述每个 socket 系统调用的功能和调用格式。

3. 请画出面向连接客户－服务器流程图并简述客户和服务器之间的交互过程。
4. 请画出无连接客户－服务器流程图并简述客户和服务器之间的交互过程。
5. DNS 的作用是什么？
6. DNS 服务器中的资源记录的作用是什么？
7. 请根据书中的例子简述域名解析过程。
8. 比较重复解析和递归解析各自的特点，哪一种更好？
9. ARP 和 DNS 都提供缓存支持。ARP 缓存记录有效期一般是 10 分钟，而 DNS 缓存记录有效期一般是几天。请解释它们之间为什么会有这么大的差别。
10. 图 7-7 给出了 DNS 服务器的层次。如果一个 DNS 服务器服务于多个区域，如何表示这种层次？在这种情况下，如何将名字服务器的层次对应到区域的层次？
11. 请简述 Telnet 的工作原理。
12. 在 Telnet 中为什么要引入 NVT 协议？它的主要功能是什么？
13. 为什么在 FTP 协议中客户与服务器之间要建立两条 TCP 连接？有什么优点？
14. 简述 FTP 的数据连接的建立过程。
15. TFTP 的主要用途是什么？它与 FTP 相比有什么优缺点？
16. 简述电子邮件系统的基本组成。
17. 多用途互联网邮件扩展（MIME）的主要功能是什么？
18. 参考 MIME 的相关 RFC，说明 MIME 是如何处理新的特定文本格式或图像格式的。
19. 简述 SMTP 协议的工作过程。
20. 邮箱访问协议 POP3 的作用是什么？
21. 简述 HTML 语言的作用和特点。
22. 简述 HTTP 的功能和特点。
23. 在 HTTP 中，持续连接和非持久连接有什么不同？
24. 在 DNS 系统中，一个邮件服务器的别名也可由 CNAME 记录类型提供，为什么还要引入 MX 记录类型？ MX 记录类型除了提供邮件服务器的别名之外，还提供了哪些特性。一个类型的 Web 记录类型是否可用于支持 HTTP ？
25. 比较 P2P 和 C/S 的异同点。
26. 简述 P2P 系统的特点。
27. 根据 P2P 系统拓扑结构的分散度和耦合度，可以将 P2P 系统分为几类？
28. SNMP 管理模型是什么？
29. SMI 的主要功能是什么？
30. SMI 中如何保证对象命名的唯一性？
31. 请简述 MIB 的作用和组成。
32. SNMP 共有哪几种 PDU ？各种 PDU 的含义是什么？
33. 某高校校园网的拓扑结构如图 7-35 所示。在图 7-35 中，主机 1（在网络 1 上）上运行 IE 浏览器；主机 4（在网络 3 上）为某高校 Web 服务器，域名为 www.university.edu.cn, IP 地址为 202.197.12.6，MAC 地址为 E6 ；主机 5（在 FDDI 上）为该学校的 DNS 服务器，IP 地址为 202.197.11.4，MAC 地址为 F4。DNS 服务器上有 www. university edu.cn 的域名解析。

    路由器 R1 和路由器 R3 分别用于将两个以太网连接到 FDDI主干网上。R1 的以太网接口（a 接口）的 MAC 地址是 E3，IP 地址是 202.197.12.3 ；FDDI 接口（c 接口）的 MAC 地址是 F1，IP 地址是 202.197.10.3。R3 的以太网接口（b 接口）的 MAC 地址是 E4，IP 地址是 202.197.12.4；FDDI 接口（c 接口）的 MAC 地址是 F3，IP 地址是 202.197.11.3。R1 和 R3 的路由表如表 7-6 和表 7-7 所示（所有主机或路由器接口的子网掩码都是 255.255.255.0）。

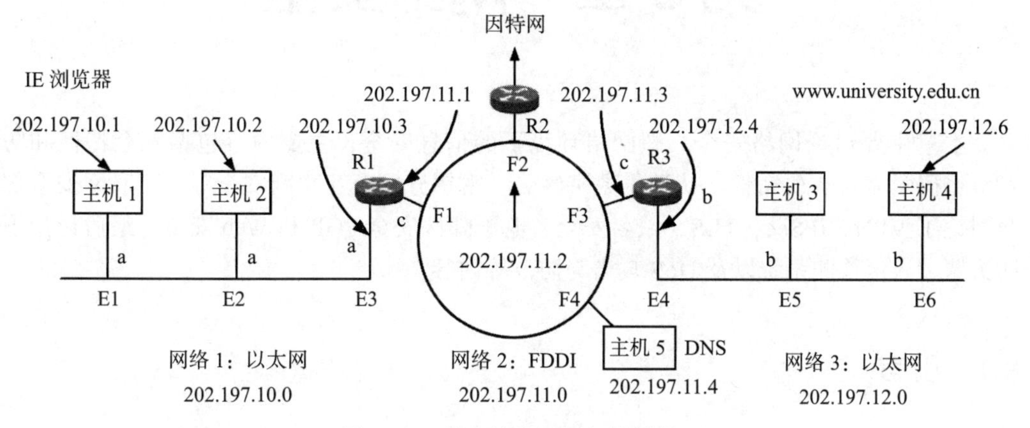

图 7-35　某高校校园网拓扑结构

表 7-6　路由器 R1 的路由表

目的地址 / 前缀长度	下一跳地址	接口
202.197.10.0/24	直接传送	a
202.197.11.0/24	直接传送	c
202.197.12.0/24	202.197.11.3	c
0.0.0.0/0	202.197.11.2	c

表 7-7　路由器 R3 的路由表

目的地址 / 前缀长度	下一跳地址	接口
202.197.12.0/24	直接传送	b
202.197.11.0/24	直接传送	c
202.197.10.0/24	202.197.11.1	c
0.0.0.0/0	202.197.11.2	c

请分别回答下列问题。

（1）为了使主机 1 能够以域名方式访问 www.university.edu.cn 服务器，主机 1 应该配置哪些 TCP/IP 参数？每个参数值是多少？

（2）假设主机 1 使用 1234 的 UDP 端口与 DNS 服务器通信，使用 5678 的 TCP 端口与 Web 服务器通信，请分别填写主机 1 发送给 DNS 服务器和 Web 服务器的 UDP 报文和 TCP 报文中的源端口和目的端口、IP 报文中的源 IP 地址和目的 IP 地址以及在三个物理网络中发送的 MAC 帧中的源 MAC 地址和目的 MAC 地址。

（3）主机 1 用户在 IE 浏览器中键入 www.university.edu.cn 地址后获得学校的主页。请详细叙述主机 1 是如何获取 www.university.edu.cn 主页的，即详细叙述主机 1 在获取主页过程中主机 1、路由器 R1、路由器 R3、DNS 服务器、Web 服务器是如何交换各种报文的、不同层次协议之间是如何互相互作用的以及路由器是如何进行 IP 报文转发的。整个过程涉及的协议和报文格式包括 DNS、HTTP、UDP、TCP、IP、ARP、以太网和 FDDI（重复的过程描述一次即可）。

第 8 章　网络安全

本章主要讨论网络安全，即网络环境下的信息安全，主要内容包括安全特性和防护、密码学基础、机密性、认证、数字签名、密钥分发、互联网安全等。互联网安全部分讨论了 VPN、IPSec、TLS、域名安全、电子邮件安全 PGP 和 Web 安全；最后讨论了防火墙、入侵检测系统以及 DoS 攻击与防范等内容。

8.1　引言

信息安全是指信息系统不因对手恶意破坏而能正常、连续、可靠地工作或者遭到破坏后能迅速恢复正常使用的安全过程。网络安全是指在网络环境下如何保证信息系统不因对手恶意破坏而能正常连续、可靠地工作或者遭到破坏后能迅速恢复正常使用的安全过程。在网络日益发达的今天，信息安全实质上主要体现为网络环境下的信息安全。

为保证网络环境下的信息安全，我们必须对信息输入、传输、处理、存储、使用等设备进行物理保护，包括：安全放置设备，使之远离水、火、电磁辐射等恶劣环境；物理上的访问控制，如使用指纹、口令或身份认证等控制一般用户对物理设备的接触等措施。

8.1.1　基本概念

在对各种网络安全机制进行深入讨论之前，先简单介绍关于病毒、蠕虫、木马、漏洞的基本概念及其防范措施。

1. 病毒

病毒（virus）是附着于程序或文件中的一段计算机代码，它可在计算机之间传播。它一边传播一边感染计算机。病毒可损坏软件、硬件和文件。与人体病毒按严重性分类一样，计算机病毒也有轻重之分，轻者仅产生一些干扰，重者彻底摧毁设备。

随着网络的普及和应用的推广，病毒的传播也越来越广泛。早期，计算机邮件得到普遍应用时，滋生了大量的邮件病毒；后来，以 QQ 为代表的即时通信软件得到大力发展，于是就出现了偷盗 QQ 号码和聊天信息的病毒；接着，网络游戏的兴起，极大地刺激了游戏盗号病毒的“繁荣”，并且出现了大量虚拟财产丢失的案件；现在，网上银行日益普及，于是出现了偷盗网上银行用户信息的网银病毒。

2. 蠕虫

与病毒相似，蠕虫（worm）也被设计为将自己从一台计算机复制到另一台计算机，但是它自动进行。首先，它控制计算机上可以传输文件或信息的功能。蠕虫的传播不必通过“宿主”程序或文件，因此可潜入你的系统并允许其他人远程控制你的计算机。最危险的是，蠕虫可大量复制。例如，蠕虫可向电子邮件地址簿中的所有联系人发送自己的副本，那些联系人的计算机也将执行同样的操作，结果造成多米诺效应（网络通信负担沉重），使网络的速度减慢。

1988 年，22 岁的康奈尔大学研究生 Robert Morris 通过网络发送了一种专为攻击 UNIX 系统缺陷的名为“蠕虫”的病毒。该蠕虫造成了 6000 个系统瘫痪。事后，DARPA 在卡内基 – 梅隆大学软件工程研究所专门成立了计算机紧急响应组 / 协调中心（Computer Emergency Response Team/Coordinate Central，CERT/CC）。

3. 木马

特洛伊木马是指表面上是有用的软件，实际却是危害计算机安全并导致严重破坏的计算机程序。特洛伊木马以电子邮件的形式出现，该电子邮件包含的附件声称是操作系统的安全更新程序，实际上却是一些试图禁用防病毒软件和防火墙软件的病毒。一旦用户禁不起诱惑打开了以为来源合法的程序，特洛伊木马便趁机传播。

4. 漏洞

漏洞是在硬件、软件、协议的具体实现或系统安全策略上存在的缺陷，使攻击者能够在未授权的情况下访问或破坏系统。比如 UNIX 系统管理员设置匿名 FTP 服务时配置不当的问题都可能被攻击者使用，威胁 FTP 服务器的安全。

对病毒、蠕虫、木马的防范措施主要是安装防病毒软件，并及时更新病毒库。常用的防病毒软件包括金山毒霸、瑞星杀毒软件以及卡巴斯基杀毒软件。目前大部分防病毒软件都提供漏洞扫描工具，用于扫描系统的漏洞，一旦发现系统有漏洞，就必须及时下载补丁程序，修复漏洞，以免遭到不必要的攻击。

8.1.2　安全特性

下面主要讨论密码学意义下的信息安全。信息安全包括 5 大特性，即机密性、完整性、可用性、不可否认性和可控性。

- 机密性 / 私密性（confidentiality/privacy）。机密性 / 私密性是指按给定要求不将信息泄露给非授权的个人、实体或过程，或提供其利用的特征。机密性 / 私密性强调有用信息只被授权对象使用的特性。
- 完整性（integrity）。完整性是指信息在传输、存储和处理过程中保持非修改、非破坏和非丢失的特性，即保持信息的原样性，这是最基本的安全特性。
- 可用性（availability）。可用性是指信息可被授权实体正确访问，并按要求能正常使用或在非正常情况下能恢复使用的特征。可用性用于衡量信息系统的安全性能。
- 不可否认性（nonrepudiation）。不可否认性是指接收端必须能够证明所收到的报文来自特定的发送端，而且发送端事后不能否认自己曾经发送过这个报文。
- 可控性（controllability）。可控性是指在网络上传输、存储和处理的信息能够得到有效控制。

8.1.3 网络攻击

由于网络技术的飞速发展，依赖计算机网络完成信息传送、存储和处理的现象日益增多，电子政务、电子商务、网上银行等层出不穷。网上信息流和资金流已成为当今网络世界不可缺少的部分，随之而来的网络信息安全问题也更加突出。常见的网络攻击方法主要有中断、窃听、篡改和伪造，如图 8-1 所示。

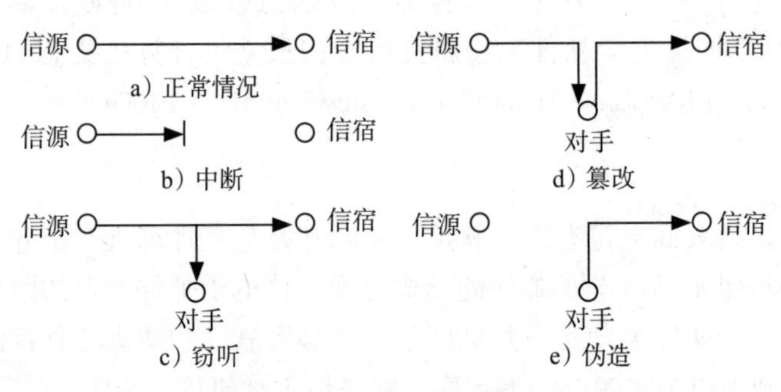

图 8-1 常见的网络攻击方法

其中，中断以可用性作为攻击目标，毁坏系统资源（如硬件资源）、切断通信线路或使文件系统变得不可用；窃听以机密性作为攻击目标，非授权用户通过某种手段（如搭线窃听、非法复制等）获取信息；篡改以完整性作为攻击目标，非授权用户不仅非法获取信息，而且对信息进行篡改；伪造以完整性作为攻击目标，非授权用户将伪造的数据插入正常系统中，如在网络上散布虚假信息等。

可以将网络攻击分为主动攻击和被动攻击。窃听属于被动攻击，它又可以进一步分为信息窃取和数据流分析。尽管可通过加密来保护信息，但对手仍可以观察数据流的模式、信息交换的频率和长度等，从而知道通信双方的方位和身份，甚至猜测出通信的本质内容。由于被动攻击不改变数据，因此它通常很难被检测出来。对于被动攻击通常采取预防手段而不是检测手段。

中断、篡改和伪造都属于主动攻击。对于主动攻击，要绝对预防是非常困难的，但是通常可以采取有效的检测手段进行保护。

8.1.4 安全防护

网络信息安全强调通过技术和管理手段，能够保护信息在传输、存储和处理过程中的完整性、机密性、可用性、不可否认性和可控性。当前采用的网络信息安全防护技术主要有两种：主动防护技术和被动防护技术。

主动防护技术包括加密、身份认证、访问控制等。其中，对数据最有效的保护方法就是加密，身份认证是认证参与通信的实体和数据的真实性，访问控制则规定了用户对数据的操作权限。

被动防护技术主要包括防火墙、入侵检测、漏洞扫描等。防火墙在两个或多个网络之间加强访问控制，以保护一个网络不受来自另一个网络的攻击。入侵检测是指通过从主机或网络系统的若干关键点收集信息，进行分析，从中发现违反安全策略的行为或遭到入侵的迹象，并依赖既定的策略采取一定的响应措施的技术。漏洞扫描是指通过扫描检测主机或网络系统的安全漏洞的技术。

8.2　密码学基础

密码学（cryptology）是研究密码系统或通信安全的一门科学。密码学的主要内容包括两个方面：密码编码学（cryptography）和密码分析学（cryptanalytics）。密码编码学研究如何对信息进行编码以保护机密性，密码分析学是研究如何破译密码或验证消息真伪的一门学问。

密码学有着悠久而灿烂的历史。随着人类社会通信发展的需要，产生了密码技术，它后来慢慢形成了一门独立的学科，并逐步成为计算机、通信和信息领域中具有生命力的学科。下面对密码学的有关概念进行初步介绍。

在一个密码系统中，伪装前的原始信息（或消息）称为明文 P（plaintext），伪装后的信息（或消息）称为密文 C（ciphertext），伪装过程称为加密（encryption），其逆过程，即由密文恢复出明文的过程称为解密（decryption）。实现消息加密的数学变换称为加密算法（encryption algorithm），对密文进行解密的数学反变换称为解密算法（decryption algorithm）。加密算法和解密算法通常在一组密钥（key）的控制下进行，分别称为加密密钥和解密密钥，加解密模型如图 8-2 所示。

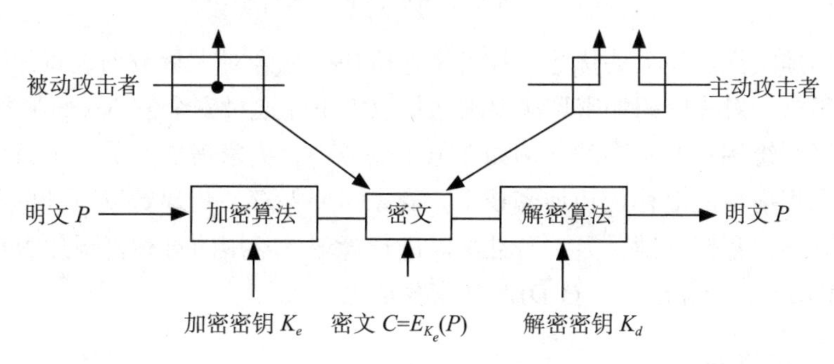

图 8-2　加解密模型

为了更好地说明图 8-2 所示的模型，我们用数学符号和表达式来表示相关的信息。$C=E_{K_e}(P)$ 表示对明文 P 使用密钥 K_e（加密密钥）进行加密，获得密文 C。类似地，$P=D_{K_d}(C)$ 表示对密文 C 解密（解密密钥为 K_d）得到明文 P。需要注意的是，E 和 D 是数学函数，也为加解密算法。

进一步分析密码体制可以发现，当 $K_e=K_d$ 时，习惯上称为单密钥密码体制或对称密码体制（one-key or symmetric cryptosystem），传统密码体制就属于这种类型，其特点是：加密密钥和解密密钥相同，由其中一个密钥很容易推导出另一个密钥。对称密码体制的特点是算法简单，但密钥管理困难。当 $K_e \neq K_d$ 时，通常称为双密钥密码体制或非对称密码体制（two-key or asymmetric cryptosystem），公开密钥密码体制就属于此类型。非对称密码体制的 K_e、K_d 不一样，即便知道其中的一个密钥，也很难推导出另一个密钥。非对称密码体制的特点是算法复杂，但密钥管理相对容易。

下面首先讨论各种加密算法，包括对称密钥体制和非对称密码体制。

8.2.1 对称密钥加密

对称密钥加密的特点是加密和解密使用相同的密钥（对称密钥加密）。在对称密钥加密算法中，明文用 P 表示，密文用 C 表示，密钥用参数 K 表示，加密函数 E 作用于 P 得到密文 C，可用数学公式表示为：

$$C = E_K(P)$$

反之，解密函数 D 作用于密文 C 产生明文 P，可用数学公式表示为：

$$P = D_K(C)$$

先加密再解密，原始的明文将恢复，故下面的等式成立：

$$P = D_K(E_K(P))$$

对称密钥加密和解密过程如图 8-3 所示。

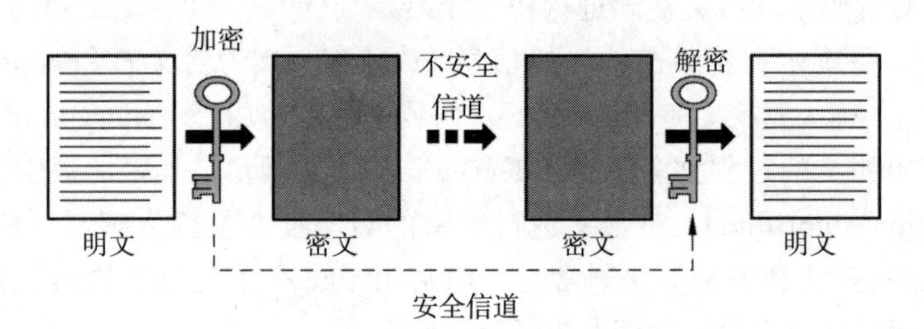

图 8-3 对称密钥加密和解密过程

对称密钥加密算法最大的优势是加解密速度快，适合对大量数据进行加密，但其密钥管理比较困难。对称密钥加密算法要求通信双方事先通过安全信道（如邮寄、电话等）交换密钥。当系统用户非常多时，例如在电子商务中，商家需要与成千上万的购物者进行交易，若采用简单的对称密钥加密技术，商家需要保存、传递数以万计的与不同对象通信的密钥，不仅存储开销巨大，而且难以进行管理。常用的对称密钥加密算法有 DES 加密算法、IDEA 加密算法、三重 DES 加密算法等。

1. DES 加密算法

1977 年 1 月，美国政府采纳了由 IBM 研制的作为非绝密信息的正式标准乘积密码。这激励了一大批生产厂家实现在保密产业中称为数据加密标准（Data Encryption Standard，DES）的加密算法。这种加密算法的最初版本不再起保密作用，但其修改过的版本仍然十分有用。图 8-4 给出了 DES 加密算法示意图。

DES 加密算法大致如图 8-4a 所示，明文按 64 比特块加密，生成 64 比特的密文。此算法有一个 56 比特的密钥作为参数，它有 19 个不同的站。第一站是在 64 比特明文上做与密钥无关的变换，最后一站对第一站的结果做逆变换，倒数第二站将左 32 位与右 32 位互换，余下的 16 站功能相同，但使用密钥不同的函数。值得注意的是，DES 加密算法中解密密钥与加密密钥相同，只是解密步骤与加密步骤正好相反。

这些中间站的工作情况如图 8-4b所示。各站获取两个 32 比特的输入，产生两个 32 比特的输出。左输出仅仅是右输入的复制。右输出是左输入与一个函数逐位异或的结果，此函数是右输入与本站密钥 k_i 的函数，所有的复杂之处均处于此函数之中。

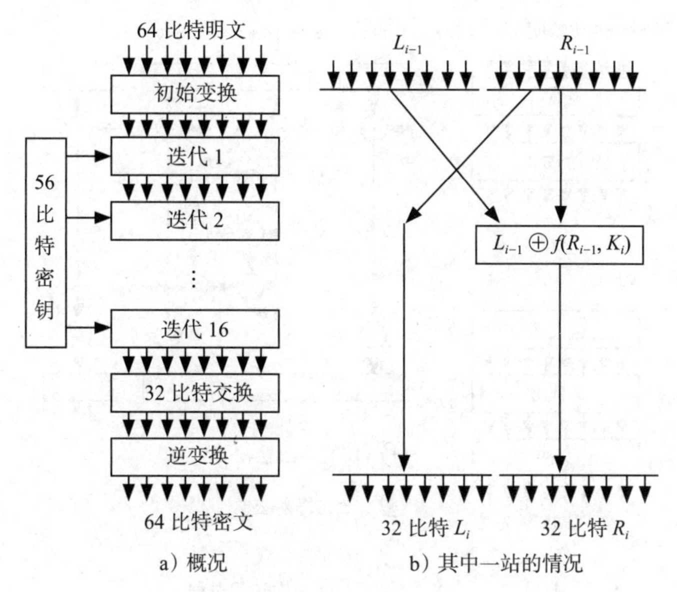

图 8-4　DES 加密算法

该函数由顺序执行的 4 个步骤组成。首先，根据一个固定的变位和复制规则扩展 32 比特 R_{i-1} 以构成一个 48 比特的数 E。然后，E 与 K_i 相异或，把结果分为 8 组，每组 6 比特，随后把这 8 组分别输入不同的置换盒（一个置换盒将 64 种输入映射为一个 4 比特输出）。最后，这些 8×4 比特通过一个变位盒进行变位处理。

图 8-4a 的 16 站中的每一站都使用不同的密钥，在执行算法之前，先对密钥做一次 56 比特变换。在每一站开始工作之前，将此密钥分成两个 28 比特单元，各单元循环左移本级编号数个比特，然后对其做 56 比特变换处理，最后导出 K_i。从 56 比特中抽取不同的 48 比特子集，并每次都做变换。

2. IDEA 加密算法

在 DES 加密算法之后，最重要的加密算法就是国际数据加密算法（International Data Encryption Algorithm，IDEA）。

IDEA 是 James Massey 和来学嘉等人提出的加密算法，在密码学中属于数据块加密算法（Block Cipher）类。IDEA 使用长度为 128 比特的密钥，数据块大小为 64 比特。

IDEA 的基本结构模仿 DES，它也是输入 64 比特的明文块，经过一系列迭代，生成 64 比特的加密块，如图 8-5a 所示。

图 8-5b 说明了一次迭代过程。在一次迭代过程中，需要对 16 位的无符号整数进行 3 种操作，即异或、模 2^{16} 加和模 $2^{16}+1$ 乘。

IDEA 是一种由 8 个相似圈（round）和一个输出变换（output transformation）组成的迭代算法。IDEA 的每个圈都由三种函数 [模（$2^{16}+1$）乘法、模 2^{16} 加法和按位 XOR] 组成。

在加密之前，IDEA 通过密钥扩展（key expansion）将 128 比特的密钥扩展为 52 字节的加密密钥（Encryption Key，EK），然后由 EK 计算出解密密钥（Decryption Key，DK）。EK 和 DK 分为 8 组半密钥，每组长度为 6 字节，前 8 组密钥用于 8 圈加密，最后半组密钥（4 字节）用于输出变换。

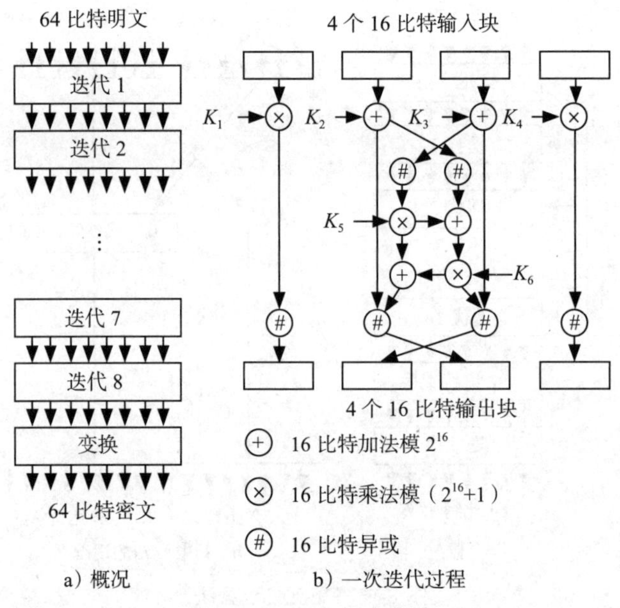

图 8-5　IDEA 加密算法

从理论上讲，IDEA 属于“强”加密算法，至今还没有出现针对该算法的有效攻击算法。

对称密钥加密算法的优点是算法加密速度快（与公开密钥加密算法相比），缺点是密钥数量大，而且分发比较困难。如果有 100 万人要通信，需要 5000 亿个对称密钥。

8.2.2　公开密钥加密

1975 年，Diffie 与 Hellman 提出了公开密钥加密算法的概念。公开密钥加密算法是密码学方面的巨大进步。与对称密钥加密算法不同的是，公开密钥加密算法使用一对密钥分别完成加密和解密操作。这两个密钥相互关联，但是知道其中的一个密钥并不能推导或计算出另一个密钥（已经证明在运算上是不可能的）。因此，可以将一个密钥（如公钥）公开，而另一个密钥（如私钥）由用户保存好。发送端使用接收端的公钥进行加密，而接收端则使用私钥进行解密。公开密钥加密算法解决了密钥的管理和分发问题，每个用户都可以把自己的公钥公开，如把它发布到一个公钥数据库中。采用公开密钥加密算法进行加密和解密的过程如图 8-6 所示。

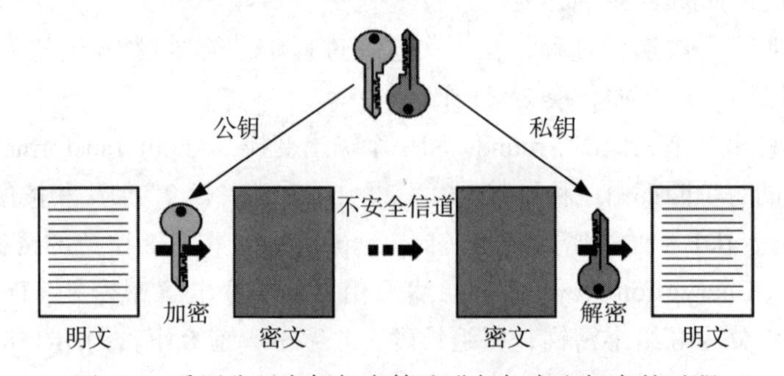

图 8-6　采用公开密钥加密算法进行加密和解密的过程

例如，A 要发送机密数据给 B，A 首先从公钥数据库中查询到 B 的公钥，利用 B 的公钥和公开密钥加密算法对数据进行加密，然后把加密后的数据传送给 B；B 在收到加密数据以后，用自己的私钥对加密数据进行解密运算，得到原始数据。

最有影响的公开密钥加密算法是 RSA（以其发明者 Rivest、Shamir 和 Adleman 的名字的首字母命名）。下面简单讨论 RSA 算法。

RSA 算法的步骤如下。

1）选择两个很大的素数 p 和 q（p 和 q 都大约为 256 比特或 512 比特）。

2）计算 $p \times q$ 得到 n（n 大约为 512比特或 1024 比特）以及（$p-1$）×（$q-1$），其中（$p-1$）×（$q-1$）称为 n 的欧拉函数为 $\varphi(n)$。

3）选择一个与 $\varphi(n)$ 互素的数 e。

4）计算数 d，使 d 满足 $e \times d \bmod \varphi(n) = 1$。

这样，<e，n> 构成了公开密钥，而 < d，n >构成了私有密钥。现在已经不再需要最初的素数 p 和 q 了。p 和 q 可以被丢掉，但是不能被公开。

有了上面的两对密钥，则 RSA 加密算法表示为：

$$C = P^e \bmod n$$

RSA 解密算法表示为：

$$P = C^d \bmod n$$

其中，P 为明文，C 为密文。需要注意的是，P 必须小于 n，意思就是一次加密的明文长度不能大于 512 比特或 1024 比特，也就是说 RSA 是对原始数据进行分块加密的。

为了更好地理解 RSA 算法的工作原理，下面举例介绍 RSA 算法。假定 p=7、q=11，那么：

$$n = 7 \times 11 = 77$$

且

$$\varphi(n) = (p-1) \times (q-1) = 60$$

现在选择 $e = 7$ 与 $\varphi(n) = 60$ 互为素数。下面计算 d，要求 d 满足：

$$7 \times d \bmod 60 = 1$$

结果得到 d=43，因为：

$$7 \times 43 = 301$$

$$301 \bmod 60 = 1$$

现在得到公开密钥 <e，n> = <7，77> 和私有密钥 <d，n>=<43，77>。注意，在这个例子中，一旦知道 n 就很容易求出 p 和 q，这样就可以由 e 计算出 d。但如果 n 是两个 256 比特或 512 比特长的素数的乘积，攻击者即便知道 n，也很难计算出 p 和 q 的值（在理论上可以对 n 进行因式分解，但在计算上几乎不可能）。显然，p 和 q 不能被泄露，一旦攻击者知道 p 和 q 的值，就很容易由公开密钥推导出私有密钥。

假定我们要对 9（$P = 9$）进行加密。按照上述加密算法：

$$\begin{aligned} C &= P^e \bmod n \\ &= 9^7 \bmod 77 \\ &= 37 \end{aligned}$$

所以 37 就是我们要发送的密文。在接收端，密文按照下列解密算法进行解密：

$$P = C^d \bmod n$$
$$= 37^{43} \bmod 77$$
$$= 9$$

这样，接收端就通过私有密钥恢复出原始数据 9，而攻击者由于不知道私有密钥，因此很难从密文中恢复出明文。

RSA 的安全性来自以下前提：对大数（512 比特或 1024 比特）进行因子分解的计算量巨大。如果可以很容易地分解 n 的因子，就能找到 p 和 q，这样就可以从公开密钥 $<e, n>$ 推导出私有密钥 $<d, n>$。目前，512 比特的数能够被快速分解，因此实际上，人们已经开始使用 768 比特和 1024 比特作为 RSA 算法的密钥。

在公开密钥加密中，使用两个不同的密钥对信息进行加密和解密。私钥是只有其所有者知道的密钥，而公钥是网络中其他实体也可以知道和使用的。

这两个密钥不同，但在功能上互补。例如，用户的公钥可以在文件夹的证书中发布，以便组织中的其他人员可以对其进行访问。消息的发送端可以从 Active Directory 域服务检索用户的证书，从证书中获取公钥，然后通过使用接收端的公钥对消息进行加密。用公钥加密的信息只能通过使用集中相应的私钥才能解密，私钥保留在其所有者（即消息的接收端）处。

公开密钥加密算法的密钥是密钥分发，相对来说比对称密钥加密算法容易一些，而且需要的密钥数量较少。如果有 100 万人要通信，需要 200 万个密钥。公开密钥加密算法的缺点是加密速度慢。

事实上，大家将会看到，对称密钥加密算法和公开密钥加密算法常常是配合使用的，公开密钥加密算法用于通信双方的身份认证，并同时用于通信双方建立会话密钥，而真正的机密性是通过对称密钥加密算法来实现的，这一方面克服了对称密钥加密算法中密钥分配困难的缺点，另一方面又克服了公开密钥加密算法加密速度慢的缺点。

8.3 机密性

所谓机密性 / 私密性，是指发送端发送的数据只有合法的接收端才能读懂，入侵者即便窃听到数据也无法读懂其内容。提供机密性的最基本方法就是加密，即对数据进行加密以提供机密性 / 私密性保护。

8.3.1 基于对称密钥加密的机密性保护

使用对称密钥加密算法可以提供机密性服务，如图 8-7 所示。

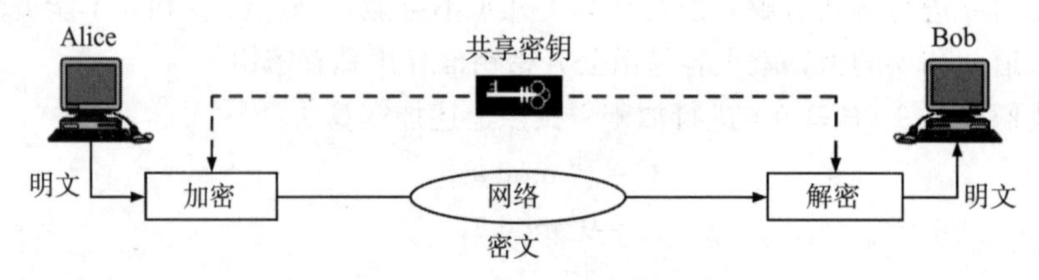

图 8-7　使用对称密钥加密的机密性

在图 8-7 中，Alice 和 Bob 共享一个对称密钥，因此基于对称密钥加密的机密性保护的前提是通信双方要安全地得到一个对称密钥，这就涉及密钥的管理与分发，其中最重要的就是密钥的分发，也叫作密钥协商。

8.3.2　基于公开密钥加密的机密性保护

使用公开密钥加密算法也能实现机密性保护的功能，如图 8-8 所示。

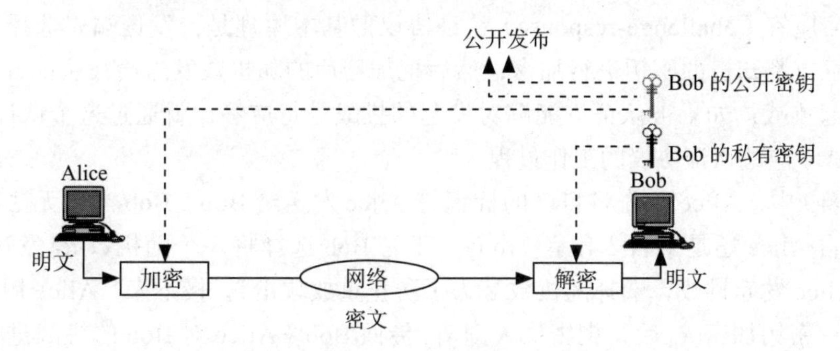

图 8-8　使用公开密钥加密的机密性

需要注意的是，当 Alice 和 Bob 使用公开密钥加密算法提供机密性时，Alice 和 Bob 都需要拥有一对密钥（公钥和私钥）。Alice 使用 Bob 的公钥加密其发送到 Bob 的数据，Bob 使用私钥解密这些数据。在图 8-8 中，Alice 必须首先得到 Bob 合法的公钥。

8.4　认证

认证（authentication）也叫作鉴别，分为身份认证和数据源认证。身份认证是指通信的一方向另一方表明身份。身份认证可以是单向认证，也可以是双向认证。数据源认证是指对报文的来源进行认证。与认证容易混淆的概念是授权（authorization）。事实上，认证关心的是是否在和某个特定的对象进行通信，而授权关心的是允许此对象做什么。例如，一个客户向某文件服务器发出请求"我是管理员，我要删除文件服务器中的 network.doc 文件"，从文件服务器的观点来看，必须确认两个问题之后才能允许管理员通过网络对文件服务器上的 network.doc 文件进行删除。

- 第一个问题是文件服务器必须确定该客户是否确实为管理员。这是认证问题，需要通过认证机制才能解决。
- 第二个问题是假设文件服务器已经通过认证协议确认该客户的身份，但是文件服务器还要确认该客户是否有权限删除文件服务器上的 network.doc 文件，这属于授权问题。

服务器只有确认了上述两个问题，客户的请求动作才会执行。而对于服务器来说，首先必须解决的是认证客户身份。

现在看一看认证协议使用的基本模型。某用户 Alice 想要和另一个用户 Bob 进行保密通信，Alice 如何确认她的通信对象是 Bob，而不是入侵者 Trudy 呢？当然，反过来，Bob 也要确认他的通信对象是 Alice。下面简单介绍两种认证协议，一种是基于对称密钥加密的认证协议，一种是基于公开密钥加密的认证协议。

8.4.1 基于对称密钥加密的认证协议

基于共享对称密钥的认证协议是假定 Alice 与 Bob 共享一个对称密钥 K_{AB}。Alice 和 Bob 共享的对称密钥可以通过电话或两人直接面谈商定。下面简单讨论挑战 – 应答认证协议。

挑战 – 应答（challenge-response）认证协议的基本原理是：发送端先选择一个随机数，通过双方都知道的密钥进行加密，然后把加密后的随机数发送给被认证方，这就是所谓的发起挑战；如果被认证方能够对发起的挑战进行应答，就通过这个认证。图 8-9 给出了挑战 – 应答认证协议的工作过程。

在图 8-9 中，Alice 首先将自己的标识符 Alice 发送给 Bob。Bob 当然无法确认这条信息是来自 Alice 还是来自入侵者 Trudy，于是 Bob 选择将一个随机数 R_B 发送给 Alice（Bob 向 Alice 发起挑战，选择随机数是为了防止重放攻击）。接下来，Alice 用她与 Bob 的共享对称密钥加密 R_B 后，把密文 $K_{AB}(R_B)$ 传回 Bob（Alice 对 Bob 的挑战进行应答）。Bob 收到密文 $K_{AB}(R_B)$ 后，用 K_{AB} 去解密这个报文，如果能够解密，Bob 就立即知道这是 Alice 发来的。

使用这种方法，Bob 知道他确实与 Alice 进行通信（即 Bob 对 Alice 进行了单向认证），但此时 Alice 还没有认证 Bob，即 Alice 还不能确定是否在与 Bob 进行通信。Alice 为了认证是否与 Bob 通信，Alice 选择将一个随机数 R_A 发送给 Bob（Alice 向 Bob 发起挑战）。当 Bob 以 $K_{AB}(R_A)$ 回答（Bob 对 Alice 的挑战进行应答）时而且 Alice 能够解密 $K_{AB}(R_A)$，Alice 就确认自己确实是与 Bob 通信。

尽管图 8-9 所示的协议能正常工作，但我们可以去掉一些多余报文以简化协议，如图 8-10 所示。

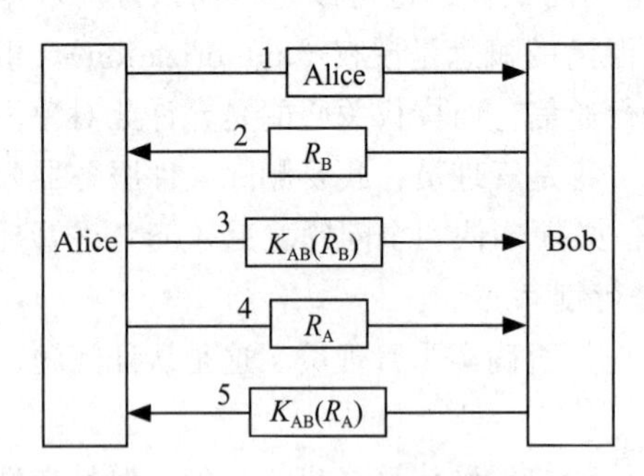

图 8-9 挑战 – 应答认证协议的工作过程

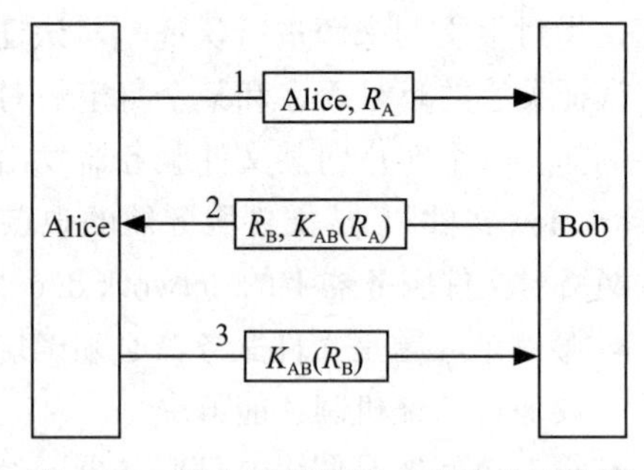

图 8-10 简化后的挑战 – 应答认证协议

在图 8-10 中，Alice 首先发送（Alice, R_A）给 Bob；然后 Bob 以（$R_B, K_{AB}(R_A)$）响应 Alice 的挑战，并同时对 Alice 发起挑战；最后 Alice 以 $K_{AB}(R_B)$ 响应 Bob 的挑战，从而完成 Alice 和 Bob 的双向认证。

8.4.2 基于公开密钥加密的认证协议

我们还可以基于公开密钥加密算法对通信实体进行认证。在图 8-10 中，让 Alice 用私钥加密报文，得到 $E_{A私钥}$(Alice，R_A)，同时让 Bob 用 Alice 的公钥对该报文进行解密来对 Alice 进行认证。

上述方法存在中间人攻击问题。假如入侵者 Trudy 将 Alice 的公钥替换成他的公钥，Trudy 就可以用他的私钥对随机数 R_T 进行加密，然后发给 Bob，Bob 用 Trudy 的公钥（Bob 以为是 Alice）进行解密，由于能够解密，因此 Bob 通过对 Alice 的认证（事实上，Bob 是被欺骗了）。这里，问题的关键是 Alice 需要采用更好的办法来通知 Bob 关于 Alice 的公钥。

8.4.3　802.1x 认证协议

1. 802.1x 体系结构

IEEE 802.1x 协议的体系结构主要包括三部分：客户机系统（Supplicant System）、认证系统（Authenticator System）、认证服务器系统（Authentication Server System）。

- 客户机系统：一般为一个用户终端系统，该终端系统通常要安装一个客户机软件，用户通过启动这个客户机软件发起 IEEE 802.1x 协议的认证过程。
- 认证系统：通常为支持 IEEE 802.1x 协议的网络设备。该设备对应于不同用户的端口，有两个逻辑端口，即受控（controlled Port）端口和非受控端口（uncontrolled Port）。第一个逻辑接入点（非受控端口），允许验证者和 LAN 上其他计算机之间交换数据，无须考虑计算机的身份验证状态。非受控端口始终处于双向连通状态（开放状态），主要用来传递 EAPOL 协议帧，可保证客户机始终可以发出或接受认证。第二个逻辑接入点（受控端口），允许经验证的 LAN 用户和验证者之间交换数据。受控端口平时处于关闭状态，只有在客户机认证通过时才打开，用于传递数据和提供服务。受控端口可配置为双向受控、仅输入受控两种方式，以适应不同的应用程序。如果用户未通过认证，受控端口处于未认证（关闭）状态，则用户无法访问认证系统提供的服务。
- 认证服务器系统：通常为 RADIUS服务器，该服务器可以存储有关用户的信息，比如用户名和口令、用户所属的 VLAN、优先级、用户的访问控制列表等。当用户通过认证后，认证服务器会把用户的相关信息传递给认证系统，由认证系统构建动态的访问控制列表，用户的后续数据流将接受上述参数的监管。

2. 802.1x 工作原理

802.1x 的工作原理如下。

- Supplicant 发出一个连接请求（EAPOL），该请求被 Authenticator（支持 802.1x 协议的交换机）转发到 Authentication Server（支持 EAP 验证的 RADIUS 服务器）上。
- Authentication Server 得到认证请求后会对照用户数据库，验证通过后返回相应的网络参数，如客户终端的 IP 地址、MTU 大小等。
- Authenticator 得到这些信息后，会打开原本被阻塞的端口，否则端口就始终处于阻塞状态，只允许 802.1x 的认证报文 EAPOL 通过。
- Supplicant 在得到这些参数后才能正常使用网络。

8.5 数字签名

在现实生活中，许多法律文件、财务文件的真实性、完整性和不可否认性是由签发者的亲笔签名来保证的。如果用报文代替纸质文件，就必须找到能够等同于亲笔签名效用的电子签名方法，这就是数字签名（digital signature）。事实上，数字签名的功能就是提供报文认证、完整性保护和不可否认。下面主要讨论基于公开密钥加密算法的数字签名方法。

数字签名的概念和纸质文件签名类似。当我们发送电子文档时，既可以对整个文档签名，也可以对文档的摘要（也称为报文摘要）签名。

8.5.1 对整个文档进行签名

公钥加密可以用来对文档进行数字签名。Alice 使用她的私钥对整个文档进行加密（签名），Bob 使用 Alice 的公钥对签名进行验证。

在数字签名中，公钥和私钥的作用是不同的，私钥用来签名，而公钥用来验证签名，这与机密性是相反的。需要注意的是，这样的运算在数学上是可行的。

图 8-11 给出了使用公钥加密对整个文档进行签名的过程。

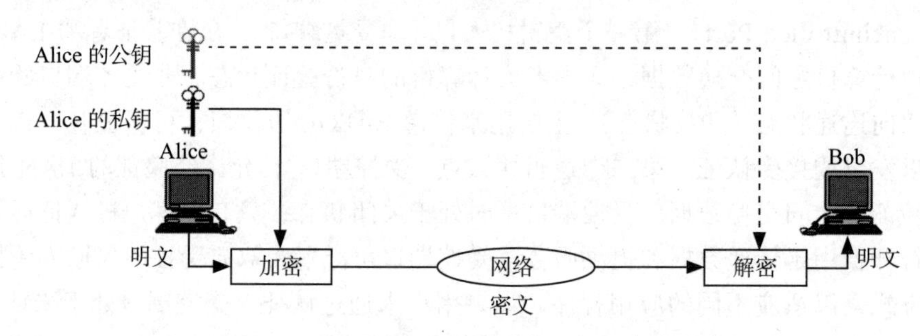

图 8-11 使用公钥加密对整个文档进行签名

基于公钥加密算法的数字签名提供报文完整性、认证和不可否认。如果中间人 Trudy 截获了 Alice 发送给 Bob 的签名报文，并部分地改变了报文，那么 Bob 用 Alice 的公钥进行解密后就会变得不可懂。数字签名提供身份认证功能，与 8.4.2 节的内容相同。

数字签名还提供不可否认功能。假设事后 Alice 否认她发送过数据给 Bob，Bob 可以将接收并保存的数据以及 Alice 的公钥一起交给可信的第三方进行处理，以证实 Bob 接收到的数据确实是 Alice 发送的，不可能是其他人甚至是 Bob 伪造的。

使用公开密钥加密算法对文档进行签名与使用公开密钥加密算法进行身份认证一样，都存在中间人攻击问题。

8.5.2 对文档摘要进行签名

由于公开密钥加密算法的速度比较慢，因此数字签名时不是对整个文档进行签名，而是对文档摘要进行签名，这样可以加快签名速度。计算文档摘要的算法称为散列（hash）算法。下面先介绍散列算法，然后介绍如何对文档摘要进行数字签名。

1. 散列算法

散列算法称为散列函数。散列算法的输入为一个长度可变的比特串 x，输出结果为一个长度固定的比特串（如 128 比特或 256 比特），该比特串被称为 x 的散列值，用 $H(x)$ 表示，它表示明文的“摘要”或“指纹”。为了避免对整个明文进行签名运算，人们事实上先通过散列算法对明文进行散列，得到明文的“摘要”$H(x)$，然后对摘要 $H(x)$ 进行签名。我们可以把对 $H(x)$ 的签名看作对明文 x 的签名，因此使用散列函数可以大大提高签名的速度。

应用于数字签名的散列函数必满足以下几个条件。

1）对任意长度的明文输入 x，输出固定长度的散列值 $H(x)$。

2）对任意的明文 x，通过软件或硬件实现很容易计算出散列值 $H(x)$。

3）对任意一个已知的散列值 m，要找到一个明文 x，使 x 的散列值 $H(x)$ 正好等于 m，在计算上是不可行的。

4）对一个已知明文 x_1，要找到另一个与 x_1 不同的明文 x_2，并且使 x_2 和 x_1 具有相同的散列值，即 $H(x_1)=H(x_2)$，在计算上是不可行的。

5）要找到任意一对不同的明文 (x_1, x_2)，并且使 x_2 和 x_1 具有相同的散列值，即 $H(x_1)=H(x_2)$，在计算上是不可行的。

条件 1）和 2）是散列函数的“单向”（One-Way）特性。条件 3）和 4）是对使用散列值的数字签名方法所做的安全性保障，否则攻击者可以由已知的明文及散列值来任意伪造签名。条件 5）的主要作用是防止“生日攻击”（birthday attack）。通常能满足条件 1）～4）的散列函数称为弱散列函数。同时能够满足条件 5）的散列函数称为强散列函数。由此可见，应用在数字签名上的散列函数必须是强散列函数。

散列值的长度由算法的类型决定，与被散列的明文大小无关，一般为 128 或者 160 比特。用同一个算法对某一明文进行散列运算只能获得唯一确定的散列值。即使两个明文的差别很小，如仅差别一两位，其散列运算的结果也会截然不同。常用的单向散列算法有 MD5、SHA-1 等。

2. 对文档摘要进行数字签名的工作过程

对文档摘要进行数字签名的工作过程如图 8-12 所示。

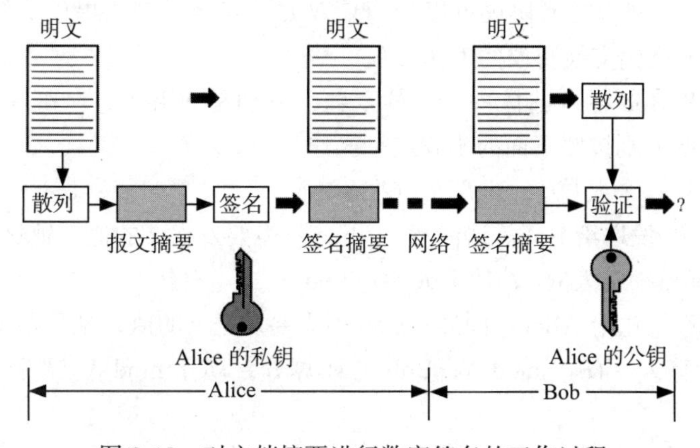

图 8-12　对文档摘要进行数字签名的工作过程

在图 8-12 中，Alice 首先计算明文的散列值，即摘要。然后，Alice 用她的私钥对摘要进行加密处理，完成签名。紧接着，Alice 将明文和签名摘要一起通过网络发送给 Bob。Bob 对明文进行散列运算得到报文摘要（之前 Bob已与 Alice 协商好，使用相同的散列算法），再用 Alice 的公钥对散列签名进行解密。如果解密后的摘要与 Bob 直接从明文计算出的摘要匹配，Bob 就能验证签名是 Alice 的。

8.6 密钥分发和公钥证书

密钥管理是密码学领域中最困难的部分。密钥管理包括密钥的产生、分发、使用、存储、更新、备份和销毁等，下面主要介绍密钥分发，包括共享密钥分发和公开密钥分发。

8.6.1 共享密钥分发

共享密钥分发包括以下 3 个基本问题。

- 如果 n 个人之间要相互通信，就需要 $n \times (n-1)$ 个密钥，但是对称密钥是两个通信人所共享的，因此真正的密钥数是 $n \times (n-1)/2$，这通常称为 n^2 问题。如果 n 很小，问题不大，例如，5 个人需要通信，只需要 10 个密钥。如果 n 很大，那么问题就会非常严重，例如，如果 n 是 100 万，那么几乎就需要 5000 亿个密钥。
- 在有 n 个人的组中，每个人要记住 $n-1$ 个密钥，这就表示，如果有 100 万人需要彼此通信，那么每个人的计算机需要保存（存储）约 100 万个密钥。
- 通信的双方怎样才能安全地得到共享密钥呢？

如果让通信双方动态地建立共享密钥，就可以有效解决上述问题：为每次会话产生一个对称密钥，而在会话结束时销毁它。这样通信双方不需要记住会话密钥，从而解决存储密钥的开销。

下面介绍几个协议，有些协议不仅用于会话密钥的动态产生，也提供身份认证的功能。

1. Diffie-Hellman 密钥交换协议

Diffie-Hellman 密钥交换协议可以为通信双方协商会话密钥提供支持。下面简单讨论 Diffie-Hellman 密钥交换协议的工作过程。

首先 Alice 和 Bob 各自选择一个大的素数，分别是 N 和 G，N 和 G 可以是公开的，然后 Alice 和 Bob 分别按照下面的步骤进行操作。

1）Alice 选择一个大数 x，计算 $R_1=G^x \bmod N$。

2）Alice 把 R_1 发送给 Bob。请注意，Alice 不需要发送 x 的值，她只要发送 R_1。

3）Bob 选择另一个大数 y，计算 $R_2=G^y \bmod N$。

4）Bob 把 R_2 发送给 Alice。同样，Bob 不需要发送 y 的值，她只要发送 R_2。

5）Alice 计算 $K = (R_2)^x \bmod N$，Bob 也计算 $K = (R_1)^y \bmod N$。K 就是 Alice 和 Bob 的会话密钥。

图 8-13给出了 Diffie-Hellman 密钥交换协议的工作过程。

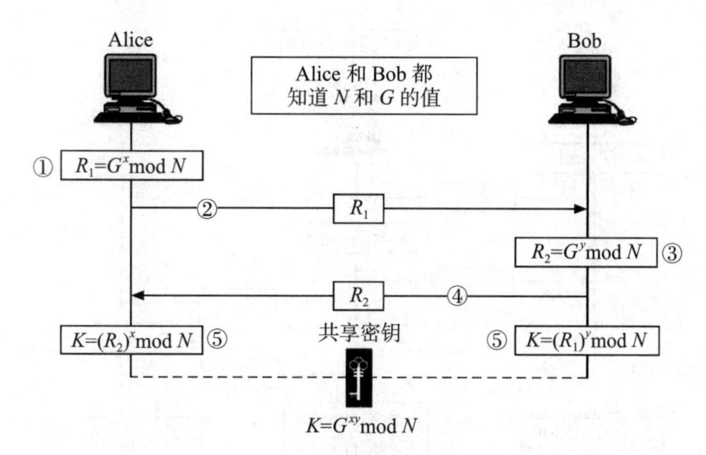

图 8-13　Diffie-Hellman 密钥交换协议

读者可能会怀疑，计算不同，为什么 K 的值是一样的？原因是在数论中得到证明的一个等式：$(G^x \bmod N)^y \bmod N = (G^y \bmod N)^x \bmod N = G^{xy} \bmod N$。

Bob 已经计算了 $K = (R_1)^y \bmod N = (G^x \bmod N)^y \bmod N = G^{xy} \bmod N$，Alice 已经计算了 $K = (R_2)^x \bmod N = (G^y \bmod N)^x \bmod N = G^{xy} \bmod N$，双方都得到同样的数值。Bob 不知道 x 的值，而 Alice 也不知道 y 的值。

下面给出一个例子来说明上述过程。此处的例子中使用的数较小，实际情况下这些数是很大的。我们假定 G=7 和 N=23，则 Diffie-Hellman 密钥交换协议的工作步骤如下。

1）Alice 选择 x=3，计算 $R_1=7^3 \bmod 23=21$。

2）Alice 把 21 发送给 Bob。

3）Bob 选择 y=6，$R_2=7^6 \bmod 23=4$。

4）Bob 把 4 发送给 Alice。

5）Alice 计算对称密钥 $K=4^3 \bmod 23=18$，Bob 也计算 $K = 21^6 \bmod 23=18$。

Alice 和 Bob 得出的 K 值是相同的：$G^{xy} \bmod N=7^{3\times 6} \bmod 23=7^{18} \bmod 23=18$。

Diffie-Hellman 密钥交换协议利用在离散域上计算离散对数比计算指数困难来保证其安全性。Diffie-Hellman 密钥交换协议是基于公开的信息计算私有信息，数学上已经证明，破解 Diffie-Hellman 密钥交换协议的计算复杂度非常高，因此在计算上是不可行的。所以，Diffie-Hellman 密钥交换协议可以保证双方能够安全地获得公有信息，即使第三方截获了双方用于计算密钥的所有交换数据，也不足以计算出真正的密钥。

因为如果 x 和 y 都是非常大的数，那么对于入侵者 Trudy 来说，在只知道 N 和 G 的情况下找出密钥是非常困难的。入侵者 Trudy 即便在截获 R_1 和 R_2 后需要确定 x 和 y，但是从 R_1 找出 x 和从 R_2 找出 y 在计算上都是非常困难的。

但是 Diffie-Hellman 密钥交换协议有一个缺陷，入侵者 Trudy 不一定要找出 x 和 y 的值就可以攻击它。入侵者 Trudy 可以生成两个密钥来欺骗 Alice 和 Bob：一个用于她和 Alice 之间，另一个用于她和 Bob 之间。这就是“中间人”攻击，如图 8-14 所示。

下面就是可能发生的事情。

1）Alice 选择 x，计算 $R_1=G^x \bmod N$，并把 R_1 发送给 Bob。

2）入侵者 Trudy 截获了 R_1。她选择了 z，计算 $R_2=G^z \bmod N$，并把 R_2 发送 Alice 和 Bob。

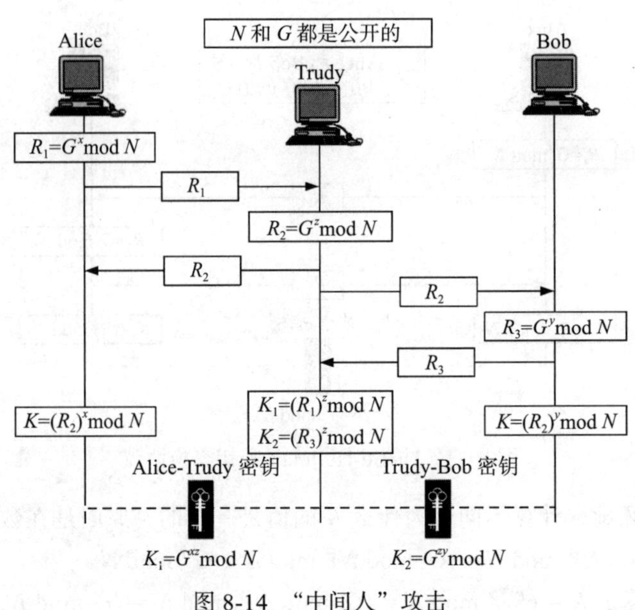

图 8-14 “中间人”攻击

3）Bob 选择了 y，计算 $R_3=G^y \bmod N$，并把 R_3 发送给 Alice。R_3 被 Trudy 截获了，永远到不了 Alice 那里。

4）Alice 和 Trudy 计算 $K_1 = G^{xz} \bmod N$，K_1 成为 Alice 和 Trudy 共享的密钥。但是，Alice 认为这是她和 Bob 之间共享的密钥。

5）Trudy 和 Bob 计算 $K_2 = G^{zy} \bmod N$，K_2 成为 Trudy 和 Bob 共享的密钥。但是，Bob 却认为这是他和 Alice 之间共享的密钥。

换言之，“中间人”攻击后，生成了两个密钥 K_1 和 K_2：K_1 用于 Alice 和中间人 Trudy 之间，K_2 用于中间人 Trudy 和 Bob 之间。当 Alice 向 Bob 发送加密数据时使用 K_1（Alice 和 Trudy 所共享的），Trudy 能够解密这个加密数据。然后 Trudy 使用 K_2（Trudy 和 Bob 所共享的）加密这个报文再把它发送给 Bob（Trudy 可以修改报文甚至发送一个新的报文给 Bob），而 Bob 却相信这个报文来自 Alice。同样的情况发生在 Alice 身上（在另一个方向上）。

这种情况叫作“中间人”攻击，因为 Trudy 在通信双方 Alice 和 Bob 中间，并且截获了 R_1（Alice 发送给 Bob 的）和 R_2（Bob 发送给 Alice 的）。

2. 密钥分发中心

Diffie-Hellman 密钥交换协议的缺点是 R_1 和 R_2 是用明文发送的，这样的明文可以被入侵者 Trudy 截获然后进行中间人攻击。解决这个问题的方法是引入可信的第三方，即 Alice 和 Bob 都信任的一方，这就是密钥分发中心（Key Distribute Center，KDC）的概念。

Alice 和 Bob 都是 KDC 的客户。Alice 使用一种安全方式（例如，Alice 亲自到这密钥分发中心）得到了她和 KDC 之间的对称密钥 K_A，Bob 也得到了他和 KDC 之间的对称密钥 K_B。

下面看一下 KDC 怎样生成 Alice 和 Bob 之间的会话密钥 K_{AB}。图 8-15 给出了使用 KDC 建立会话密钥的过程。

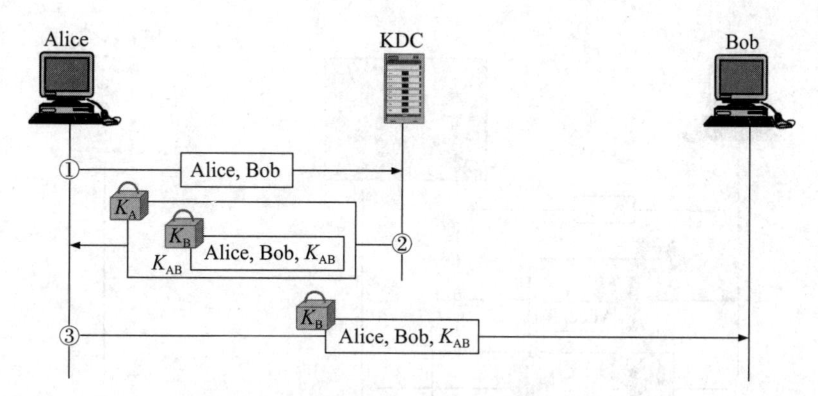

图 8-15　使用 KDC 建立会话密钥的过程

使用 KDC 建立会话密钥的工作过程如下。

1）Alice 发送一个明文报文给 KDC，告诉 KDC 想要建立与 Bob 的会话密钥。这个报文包含她在 KDC 中注册的身份和 Bob 的身份。

2）KDC 收到这个报文后就产生一个签条（ticket），该签条中包含 Alice 和 Bob 的身份以及会话密钥 K_{AB}。签条用 Bob 的密钥 K_B 加密后，连同会话密钥 K_{AB} 再用 Alice 的密钥 K_A 加密，然后发送给 Alice。Alice 收到这个报文后，将其解密，提取出会话密钥 K_{AB}。

3）Alice 再把该签条发送给 Bob，Bob 解密该签条，知道 Alice 要发送报文给他，并且使用 K_{AB} 作为会话密钥。

然后，Alice 和 Bob 就可以使用 K_{AB} 作为会话密钥来交换数据了。遗憾的是，中间人 Trudy 可以使用前面讨论的重放攻击，她可以在步骤 3）保留这个报文以及后面的数据报文，并在适当的时候重放它们。

3. Kerberos 协议

Kerberos 既是一个认证协议，也是一个密钥分发中心。Kerberos 现在已经很普及，Windows 操作系统中都使用 Kerberos。Kerberos 最初由 MIT 设计，经过了几个版本的改进，下面只讨论比较流的 Kerberos 版本 4。

Kerberos 的组成结构包括客户 Alice、Bob 服务器以及认证服务器和签条授予服务器。其中，认证服务器（Authentication Server，AS）用于认证客户 Alice 的身份，签条授予服务器（Ticket Grant Server，TGS）用于发放签条，Bob 服务器用于提供真实服务。

在 Kerberos 协议中，AS 就是 KDC。每一个实体（如客户 Alice）在 AS 注册，并被授予一个身份和口令。AS 有一个数据库，包含这些身份和相应的口令。AS 验证这些实体，发出 Alice 和 TGS 之间要使用的会话密钥，并发送 TGS 签条。而 TGS 负责发送真正提供服务的 Bob 服务器的签条，TGS 还提供 Alice 和 Bob 之间的会话密钥（K_{AB}）。Kerberos 把实体验证和签条发送分开了。用这种方法，Alice 只需要用 AS 验证她的 ID，但她可以多次联系 TGS 以便获得不同服务器的签条。

图 8-16 给出了 Alice 如何通过 Kerberos 协议获得 Bob 服务的例子。

上述例子的工作工程如下。

1）Alice 以明文（包括她的注册身份）向 AS 发送她的请求。

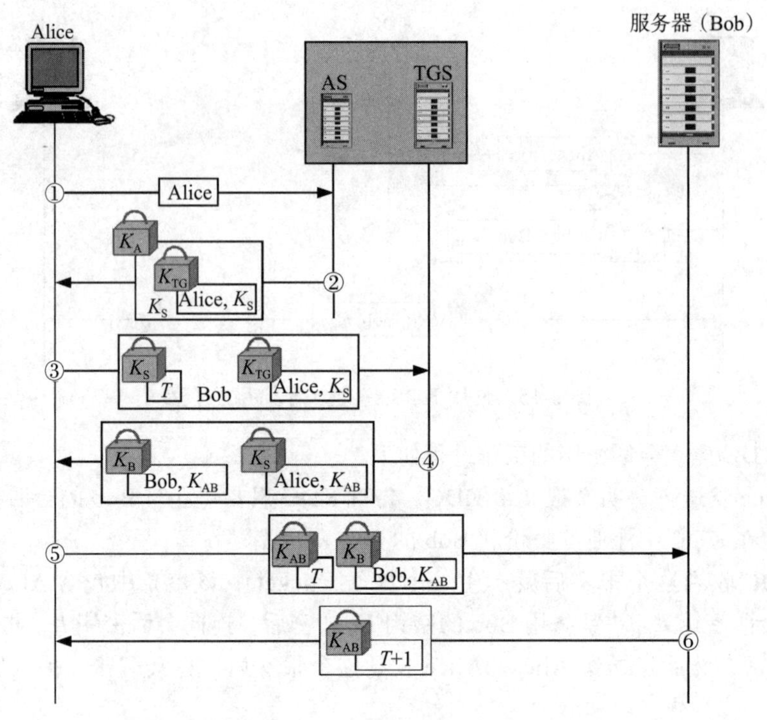

图 8-16　Kerberos 协议的例子

2）AS 发送一个报文，用 Alice 的对称密钥 K_A 加密。这个报文包含两个项目：一个是 Alice 用来联系 TGS 的会话密钥 K_S，另一个是用 TGS 的对称密钥 K_{TG} 加密的 TGS 签条。Alice 不知道 K_A，但当这个报文达到 Alice 时，她键入口令，如果口令正确，那么该口令通过适当的算法就能生成 K_A，然后 Alice 用 K_A 对接收到的报文进行解密，提取 K_S 和签条。

3）Alice 发送三样东西给 TGS：第一个是从 AS 收到的签条；第二个是提供真实服务的服务器（Bob）的名字；第三个是时间戳，它用 K_S 加密，以防止入侵者 Trudy 的重放攻击。

4）TGS 发送两个签条，每一个都包含 Alice 和 Bob 之间的会话密钥 K_{AB}。Alice 的签条用 K_B 加密，Bob 的签条用 K_S 加密。请注意，现在入侵者 Trudy 还不能提取 K_{AB}，因为她不知道 K_A 和 K_B。她也不能重放步骤 3），因为她不能把时间戳更换为新的（她不知道 K_S）。

5）Alice 发送自己的签条，携带了用 K_{AB} 加密的时间戳。

6）Bob 将时间戳加 1 来证实收到了这个签条。报文用 K_{AB} 加密，发送给 Alice，这样在 Alice 和 Bob 之间就可以用 K_{AB} 进行保密通信了。

请注意，如果 Alice 需要访问不同的服务器（比如 Alice 需要访问 John 服务器），那么她只需要重复最后的 4 个步骤，前两个步骤用于验证 Alice 的身份，不需要重复。Alice 可以请求 TGS 重复步骤 3）～ 6）来发出多个服务器的签条。

8.6.2　公开密钥分发

公开密钥加密算法对于保护机密性、身份认证以及数字签名都是非常有效的。公开密钥加密算法使密钥分发比较容易，而且会大大减少系统中密钥的数量。无论网络上有多少个要互相通信的实体，每个实体都只拥有一对密钥（公钥、私钥）。如果有 n 个实体要互相通信，那么整个系统拥有的密钥数目仅为 $2n$。公开密钥分发也存在问题，因为系统中的每个实体都可以把自己的公钥发布到一个公钥数据库中供对方实体查询使用，所以如果入侵者 Trudy 用自己的公钥替换掉某个实体的公钥，那么所有发往该实体的信息都会被 Trudy 截获并解密。因此，必须要有一种机制来确保公钥数据库中的公钥不会被替换，或者在某个实体的公钥被替换后，其他要与之通信的实体在使用该公钥时能够用某种方式检验出来。

假设 Alice 想通过公开密钥加密算法与 Bob 进行通信，她首先必须知道 Bob 的公钥，Bob 可以通过电子邮件将自己的公钥发送给 Alice 或在网上公告他的公钥，然后 Alice 就使用该公钥将数据加密发送给 Bob，Bob 则用自己的私钥解密数据。即便入侵者 Trudy 得到了这个用 Bob 的公钥加密的数据，但由于不知道 Bob 的私钥，Trudy 也不能解密该数据。但是，入侵者 Trudy 可以假冒 Bob，将 Bob 的公钥替换成她的公钥，并声称这是 Bob 的公钥，于是问题就产生了。

为了保证 Bob 公告的公钥是合法有效的，Bob 必须去一个值得信赖的地方——认证中心（Certificate Authority，CA）将他的公钥与他的其他身份证明信息绑在一起，并且由 CA签发一个证书 ——数字证书（digital certificate），证书上加盖了 CA 的签名（即用 CA 的私钥进行加密）。CA 有众所周知的公钥，CA 的公钥是不容易被伪造的（后面会提到，我们可以通过公钥基础设施对 CA 的公钥进行认证）。

8.6.3　公钥证书

公钥证书通常简称为证书，是一种数字签名的声明，它将公钥的值绑定到持有对应私钥的个人、设备或服务的标识。证书的主要好处之一是主机不必再为单个使用者维护一套密码，这些单个使用者进行访问的先决条件是需要通过身份验证。相反，主机只需要在证书颁发者中建立信任。

任何想发放自己公钥的用户都可以去认证中心申请自己的证书，认证中心在鉴定该人的真实身份后，颁发包含用户公钥的数字证书。其他用户只要能验证证书是真实的，并且信任颁发证书的认证中心，就可以确认用户的公钥。

认证中心是公钥基础设施的核心，有了权威的认证中心，用户才能放心、方便地使用公钥技术带来的安全服务。

颁发证书的具体过程是：CA 检查 Bob 的身份（通过照片以及其他可以证明 Bob 身份的证件等手段），然后将 Bob 的公钥写入数字证书中，为了避免这个数字证书本身被伪造，CA 为该证书创建一个摘要，然后用 CA 的私钥对这个摘要进行签名（创建证书摘要的 hash 算法和 CA 对证书摘要的签名算法都在证书中注明）。现在，Bob 就可以公布由 CA 签名的数字证书了，该证书包含了 Bob 的公钥。

假设 Alice 需要 Bob 的公钥，于是她从网上得到 Bob 的数字证书。为了验证 Bob 的公钥是否合法有效，Alice 首先通过数字证书中给出的 hash 算法计算出 Bob 数字证书的摘要，其次用 CA 的公钥（CA 的公钥是公开的）解密数字证书中由 CA 签名的证书摘要，最后比较这两个摘要。如果这两个摘要相同，则说明这个证书是有效的，没有冒充者假冒 Bob。

8.6.4 公钥证书的格式

虽然引入 CA 和数字证书可以解决伪造公钥的问题，但有可能带来一个副作用，即不同证书可能有不同的格式。

为了消除这种副作用，ITU 设计了一个叫作 X.509 的协议，它已经被互联网广泛接受。X.509 协议用结构化方法描述证书，而且它使用 ASN.1 的语法。表 8-1 给出了 X.509 中的一些字段及其含义。

表 8-1 X.509 中的一些字段及其含义

字段	含义
版本	X.509 版本
序号	CA 使用的唯一标识符
签名	证书签名
签发者	CA 的名字
有效期	证书有效的期限
主体名	公钥被认证的实体
公钥	主体的公钥和使用公钥的算法

目前 X.509 有不同的版本，X.509 v2 和 X.509 v3 是目前比较新的版本，都是在原有版本（X.509 v1）的基础上进行功能的扩充，其中每一个版本必须包含下列信息。

- 版本号：用来区分 X.509 的不同版本号。
- 序号：由 CA 给予每一个证书分配唯一的数字型编号，当证书被取消时，实际上是将此证书的序号放入由 CA 签发的 CRL 中；这也是序号唯一的原因。
- 签名算法标识符：用来指定用 CA 签发证书时所使用的签名算法。算法标识符用来指定 CA 签发证书时所使用的公开密钥算法和 hash 算法，须向国际指明标准组织（如 ISO）注册。
- 认证机构：发出该证书的机构唯一的 CA 的 x.500 名字。
- 有效期限：每个证书都包含“有效起始日期”和“有效终止日期”，用这两个值设置有效期限。一旦到了证书的有效期，到期证书的使用者就必须申请一个新的证书。
- 主题信息：证书持有人的姓名、服务处所等信息。
- 认证机构的数字签名：确保这个证书在发放之后没有被篡改过。
- 公钥信息：包括被证明有效的公钥值和加上使用这个公钥的方法名称。

至此，还有一个问题没有解决，即入侵者 Trudy 冒充 CA，并将 CA 的公钥替换成 Trudy 的公钥，同时 Trudy 用她的私钥签发合法用户的数字证书。这个问题的解决涉及公钥基础设施（PKI），即每个 CA 的公钥再由它的上一级 CA 签发，这就是层次结构的 PKI。图 8-17 是层次结构的 PKI 示意图。

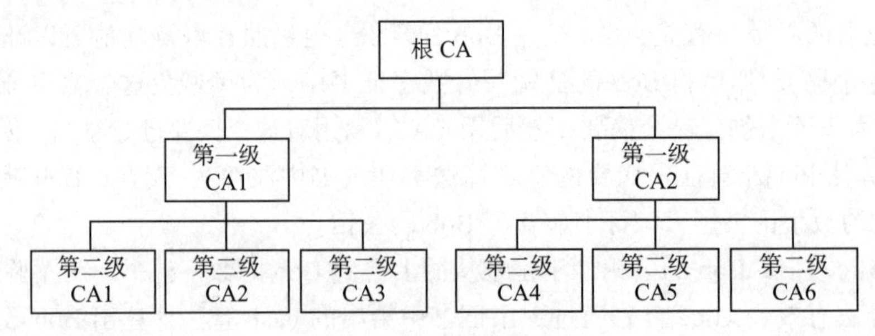

图 8-17 层次结构的 PKI

最高级是根 CA，它负责认证第一级的 CA，而第一级 CA 负责认证第二级 CA，依次类推。

在图 8-17 中，每一级都信任根 CA。如果 Alice 需要得到 Bob 的证书，她可以从图 8-18 中找到为 Bob 签发证书的 CA。但是 Alice 可能不信任这个 CA，于是她可以找到为这个 CA 签发证书的上一级 CA，这样一直追溯到根 CA。

8.6.5　公钥证书的用途

公钥证书具有下列用途。

- 身份验证，验证某人或某物的身份。
- 隐私，确保该信息仅可用于指定用户。
- 加密，伪装信息，使未授权的读者无法将其解密。
- 数字签名，提供非拒绝和消息完整性。

这些服务对于通信安全非常重要。此外，许多应用程序都使用证书，例如电子邮件应用程序和 Web 浏览器。

（1）身份验证

身份验证对于保证通信安全十分重要。用户必须可以向与其通信的人证明自己的身份，并且必须能够验证他人的身份。网络上的身份验证很复杂，因为通信各方在通信时物理上并不在一起。这会让不道德者有机会截获消息或者冒充他人或实体。

（2）隐私

在任何类型网络上的计算设备之间传输敏感信息时，用户通常应该使用某种加密方法来保证数据的隐秘性。

（3）加密

加密就好像将贵重物品锁在有钥匙的保险箱中。相反，可以将解密比喻为打开保险箱并取出贵重物品。在计算机上，以电子邮件、磁盘上的文件以及在网络上传输的文件等形式存在的敏感数据都可以用密钥进行加密。加密的数据和用于加密数据的密钥都是难以理解的。

有关加密和证书的详细信息，请参阅证书的相关资料。

（4）数字签名

数字签名是一种确保数据完整性和来源的方法。数字签名可以提供有力的证据，表明自从对数据进行签名以来数据尚未发生更改，并且它可以确认对数据进行签名的人或实体的身份。这实现了完整性和非拒绝这两个重要的安全特性，而这对于安全的电子商务交易来说必不可少。

当数据以明文（即未加密形式）分发时，通常使用数字签名。在这些情况下，虽然消息本身的敏感性无法保证加密，但对于要确保数据保持其原始格式且不是由冒名者发送有一个令人信服的原因，即在分布式计算环境中，网络上具有适当访问权的任何人无论授权与否都可以读取或改变明文文本。

8.7　互联网安全

前面讨论的关于网络信息安全的概念、原理和机制都可以用于互联网，以提供多方面的安全。下面主要讨论将上述安全措施用于链路层、IP 层、传输层和应用层的情形。

8.7.1 VPN

采用租用线路组建专用网的好处是安全性、可靠性高，而且在专用网内部可以使用私有地址，不需要向互联网管理机构申请 IP 地址；但是专用网的建设费用非常高。一种解决问题的方法是基于互联网组建专用网，这就是虚拟专用网（Virtual Private Network，VPN）。

在互联网上构建 VPN 的最主要技术是隧道。所谓“隧道”是指这样一种封装技术，即利用一种网络协议来传输另一种网络协议。隧道技术通过某种隧道封装协议，将其他协议产生的帧或报文封装在隧道协议的报文中在网络中传输，在隧道出口处将隧道报文解封装，取出其中的帧或报文。隧道技术涉及三种网络协议，即隧道（封装）协议、承载（传送、投递）协议和乘客协议。主要的隧道协议有二层隧道协议、三层隧道协议两种。

二层（链路层）隧道协议主要有三种，即点对点隧道协议（Point to Point Tunneling Protocol，PPTP）、二层转发协议（Layer 2 Forwarding，L2F）和二层隧道协议（Layer 2 Tunneling Protocol，L2TP）。其中 L2TP 结合了前两个协议的优点，具有更优越的特性，得到了越来越多的组织和公司的支持，是使用最广泛的 VPN 二层隧道协议。

1. L2TP

L2TP 主要用于通过拨号访问组织内部网络的 VPN 技术，应用 L2TP 构建的典型 VPN 服务的结构如图 8-18 所示。

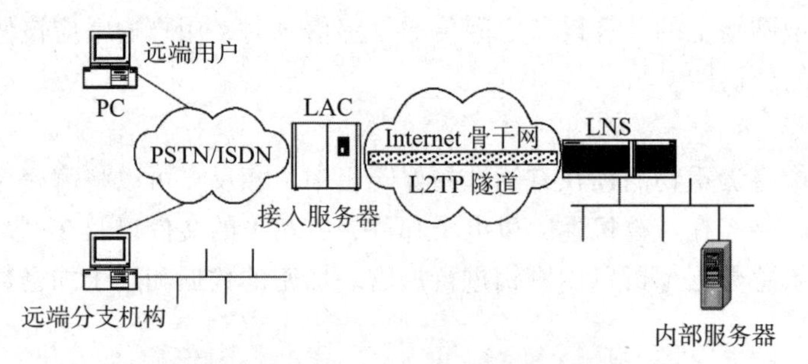

图 8-18　典型 VPN 服务的结构示意图

在图 8-18 中，LAC 表示 L2TP 访问集中器（L2TP access concentrator），是具有接入功能和 L2TP 处理能力的设备，LAC 通常是一个网络接入服务器（Network Access Server，NAS），它通过 PSTN/ISDN 为用户提供接入服务；LNS 表示 L2TP 网络服务器（L2TP network server），是用于处理 L2TP 服务器端部分的软件。

在一个 LNS 和 LAC 对之间存在两种类型的连接：一种是隧道（tunnel）连接，它定义了一个 LNS 和 LAC 对；另一种是会话（session）连接，它工作在隧道连接之上，用于承载在隧道连接中的每个 PPP 会话过程。在一个隧道连接上可以承载多个会话连接（复用）。L2TP 连接的维护以及 PPP 数据的传送都是通过 L2TP 报文交换来完成的，这些报文再通过 UDP 进行封装（端口号为 1701）。L2TP 报文可以分为控制报文和数据报文两种类型。控制报文用于隧道连接和会话连接的建立与维护，数据报文则用于封装 PPP 会话帧。

控制报文中的参数用属性值对（Attribute Value Pair，AVP）来表示，使 L2TP 具有很好的扩展性；在控制报文的传输过程中还应用了超时重传机制来保证 L2TP 控制报文传输的可靠性。L2TP 数据报文的传输不采用重传机制，所以它无法保证传输的可靠性，但这一点可以通过上层协议（如 TCP）等得到保证；数据报文的传输可以根据应用的需要灵活地决定是否采用流量控制机制，如 L2TP 可以在数据报文传输过程中动态地激活流量控制机制，而且 L2TP 对于失序的报文采用了缓存重排序的处理方法以提高数据传输的效率。

L2TP 还具有以下几个特性。

- 安全的身份认证机制：与 PPP 类似，L2TP 可以对隧道端点进行认证。不同的是 PPP 可以选择采用 PAP 方式以明文传输用户名及密码，而 L2TP 规定必须使用类似 PPP CHAP 的认证方式。
- 内部地址分配支持：LNS 被放置于单位内网的防火墙之后，可以对远端用户的地址进行动态分配和管理，还可以支持 DHCP 和私有地址。远端用户所分配的地址可以是单位内部的私有地址，方便了地址管理并可以提高安全性。
- 网络计费的灵活性：可以在 LAC（一般为 ISP）和 LNS（一般为单位）两处同时计费，前者用于产生账单，后者用于付费及审计。L2TP 能够提供数据传输的输入 / 输出 IP 报文数目、字节数以及连接的起始、结束时间等计费数据。
- 可靠性：L2TP 可以支持备份 LNS，当一个主 LNS 不可达之后，LAC 可以重新与备份 LNS 建立连接，以增加 VPN 服务的可靠性和容错性。
- 统一的网络管理：L2TP 已成为标准的 RFC 协议，有关 L2TP 的标准 MIB 也已制定，这样可以统一地采用 SNMP 网络管理方案进行方便的网络维护与管理。

2. IP 隧道

三层（网络层）隧道技术将组织内部使用的 IP 报文封装成另一个 IP 报文（IP in IP），即 IP 隧道，然后通过互联网发送。

图 8-19 给出了一个三层隧道的 VPN 例子。

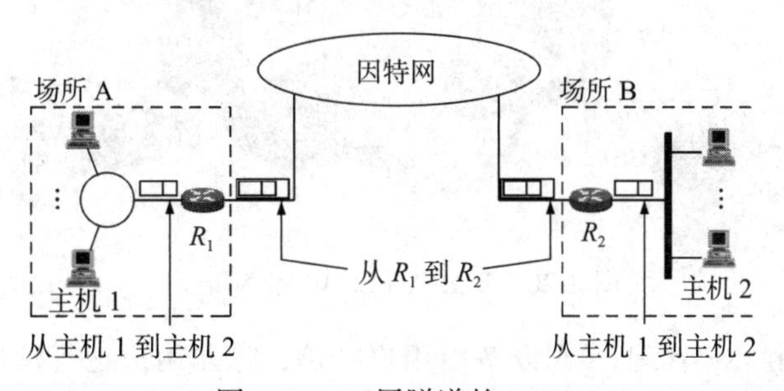

图 8-19 三层隧道的 VPN

在图 8-19 中，场所 A 的主机 1 要给场所 B 的主机 2 通过互联网发送 IP 报文。主机 1 先封装一个源地址是主机 1、目的地址是主机 2（可以都是私有地址）的 IP 报文，然后发送给路由器 R_1。路由器 R_1 将该报文再封装成另一个 IP 报文（IP in IP 或 IP 隧道），该报文的目的地址指向 R_2 的公网地址（连入互联网那个端口的地址），同时对封装后的 IP 报文添加 AH 或 ESP，以支持封装后 IP 报文的机密性、完整性和不可否认性等安全特性，然后通过互联网将封装后的 IP 报文发送到 R_2（正常路由）。当封装后的 IP 报文到达 R_2 后，R_2 首先进行相应的安全处理，保证收到的 IP 报文是完整的、正确的，然后取出第一个 IP 报文，并将其转交给主机 2。即便封装后的 IP 报文在互联网上被黑客截获也没有关系，也就是说，通过 IP in IP 以及加密技术，我们可以在互联网上获得专网的安全性和方便性。

3. MPLS VPN

MPLS VPN 是一种基于 MPLS 技术的 IP VPN，是在网络路由和交换设备上应用 MPLS 技术，简化核心路由器的路由选择方式，利用结合传统路由技术的标记交换实现的 IP 虚拟专用网络，可用来构造宽带的 Intranet、Extranet，满足多种灵活的业务需求。

MPLS IP VPN 是一种 L3 VPN（Layer 3 Virtual Private Network）。在服务提供商骨干网上使用 BGP（Border Gateway Protocol）发布 VPN 路由，利用 MPLS 在服务提供商骨干网上转发 VPN 报文。这里的 IP 是指 VPN 承载的是 IP 报文。

BGP/MPLS IP VPN 架构如图 8-20 所示。

- CE（Customer Edge），也就是用户边缘设备，直接与服务提供商网络相连。CE 端可以是路由器或交换机，甚至是一台 PC。通常情况下，CE“感知”不到 VPN 的存在，也不需要支持 MPLS。
- PE（Provider Edge），也就是 ISP 网络的边缘设备，与 CE 直接相连。在 MPLS 网络中，PE 处理了 VPN 的所有重要的事件，对设备性能要求较高。
- P（Provider），也就是 ISP 网络中的骨干设备，不与 CE 直接相连。P 设备只需要具备基本 MPLS 转发能力即可，不维护 VPN 信息。

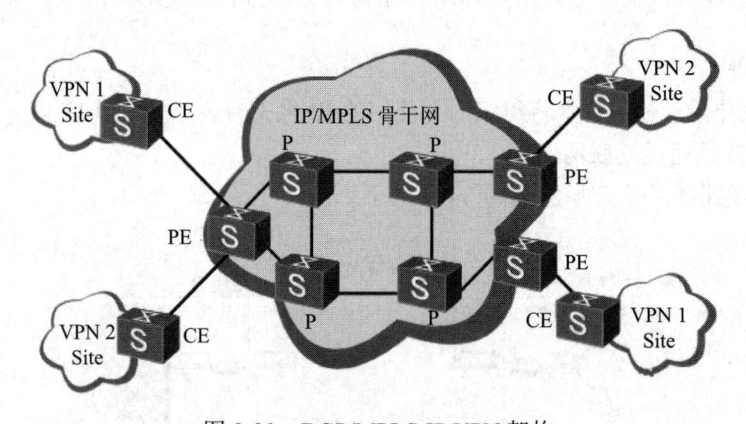

图 8-20 BGP/MPLS IP VPN 架构

PE 和 P 设备由 ISP 管理；CE 设备由用户维护，除非用户把管理权委托给服务提供商。一台 PE 设备可以接入多台 CE 设备，一台 CE 设备也可以连接属于相同或不同服务提供商的多台 PE 设备。

相比于传统的 VPN，MPLS IP VPN 更容易扩展和管理，使得服务提供商和用户可以交换路由，服务提供商转发用户站点间的数据而不需要用户的参与。新增一个站点时，只需要修改提供该站点业务的边缘节点的配置。

8.7.2 IP 层安全

IPSec（IP Security）是 IETF 设计的一组协议，用来对互联网上传送的 IP 报文提供安全服务。

IPSec 没有规定任何特定的加密算法或认证方法。相反，它只提供了安全框架、机制和一组协议，用于让实体自动选择加密、认证或散列算法。

IPSec 协议族主要包括认证头部（Authentication Header，AH）、封装安全负载（Encapsulating Security Payload，ESP）、互联网密钥交换（Internet Key Exchange，IKE）和互联网安全关联和密钥管理协议（Internet Security Association And Key Management Protocol，ISAKMP）以及各种加密算法等。下面首先介绍 IPSec 中的两个重要概念——安全联盟和工作模式，然后讨论 IPSec 的相关协议。

1. 安全联盟

安全联盟（Security Association，SA）是构成 IPSec 的基础。SA 是两个通信实体经协商建立起来的一种协定。它们决定了用来保护 IP 报文安全的 IPSec 协议、加密方式、密钥以及密钥的生存期等。任何 IPSec 实现方案都会构建一个 SA 数据库（SA DataBase，SADB），由它来维护 IPSec 协议用来保障 IP 报文安全的 SA 记录。

SA 是单向的，如果两个主机 A 和 B 正在通过 ESP 进行安全通信，那么主机 A 就需要一个 SA，即 SA（out），用来处理向外发送的 IP 报文；另外，主机 A 还需要一个 SA（in）用来处理接收的 IP 报文。主机 A 的 SA（out）和主机 B 的 SA（in）将共享相同的加密参数（如密钥）。类似地，主机 A 的 SA（in）和主机 B 的 SA（out）也会共享同样的加密参数。

另外，SA 还与协议相关，每种协议都有一个 SA。如果主机 A 和 B 同时通过 AH 和 ESP 进行安全通信，那么每个主机都会针对每一种协议来构建一个独立的 SA。

IPSec 体系中还定义了另一种组件——安全策略数据库（Security Policy Database，SPD）。SPD 是 IPSec 体系中非常重要的一个组件，安全策略决定了为一个报文提供的安全服务，比如安全策略可以规定两个实体之间的安全通信在不同模式下使用不同的协议。

2. 工作模式

IPSec 有两种工作模式，即传输模式和隧道模式。在不同的工作模式下，IPSec 头部加到 IP 报文的位置是不同的。

在传输模式下，IPSec 头部加到 IP 报文头部和数据区之间，如图 8-21 所示。

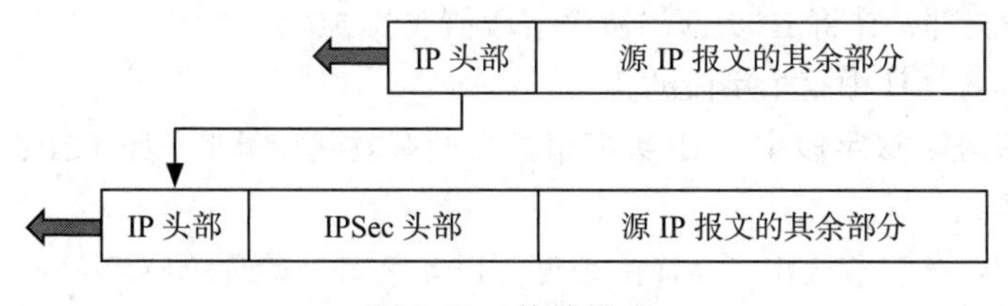

图 8-21　传输模式

在隧道模式下，IPSec 被放在原来 IP 头部的前面，然后再在 IPSec 前面加上一个新的 IP 头部。IPSec、源 IP 报文被看作新 IP 报文的有效载荷，如图 8-22 所示。

3. AH 和 ESP 协议

IPSec定义了两个安全协议：AH 协议和 ESP 协议。

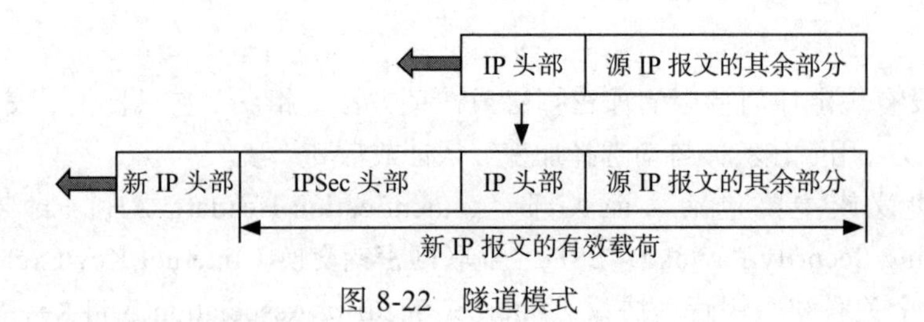

图 8-22 隧道模式

AH 协议用来提供数据完整性、数据源认证以及防重放攻击，但是不保护 IP 报文的机密性。图 8-23 给出了传输模式中 AH 的位置。

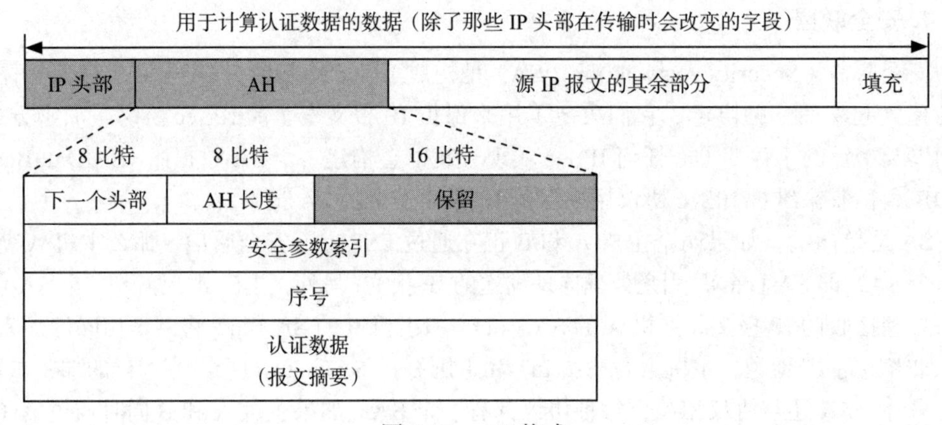

图 8-23 AH 格式

当 IP 报文携带 AH 时，在 IP 头部的协议字段改为 51，而将 IP 头部协议字段原始值填到 AH 中的下一个头部字段中。

在 IP 报文中增加 AH 的过程如下。

1）将 AH 加到 IP 报文的有效载荷部分。

2）进行相应的比特填充，以保证 IP 报文的总长度为 32 比特的倍数。

3）计算摘要，对于 IP 头部，只有在传输过程中不发生变化的那些字段才被计算在报文摘要当中。

4）报文摘要插入 AH 中。

5）加上 IP头部，并将 IP 头部的协议字段值改为 51。

下面简单讨论 AH 中每个字段的含义。

- 下一个头部：该字段定义 IP 数据报携带的有效载荷类型（如 TCP、UDP、ICMP、OSPF 等）。
- AH 长度：该字节给出了 AH 的长度，以 4 字节为计算单位。
- 安全参数索引：该字段具有虚电路标识符的作用。
- 序号：该字段可用于防止重放。
- 认证数据：该字段用于存放报文摘要。

ESP 协议属于 IPSec 的一种协议，用于提供 IP 报文的机密性、数据完整性以及对数据源的认证。此外，ESP 也能防止重放攻击。具体做法是在 IP 头部（包括选项字段）之后、要保护数据之前插入 ESP 头部，最后还要在整个 IP 报文后面加上一个 ESP 尾部，如图 8-24 所示。

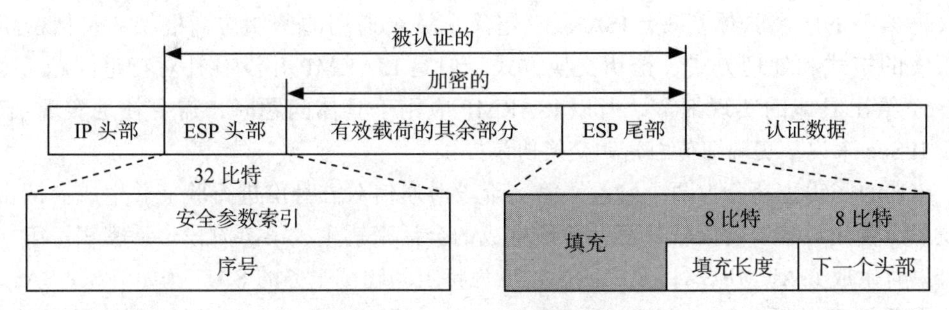

图 8-24　ESP 头部格式

当 IP 报文携带 ESP 头部时，应将 IP 报文中的协议字段值改为 50，而在 ESP 尾部中的下一个头部字段保留原来协议字段值。

在 IP 报文增加 ESP 头部的详细过程如下。

1）给有效载荷增加 ESP 尾部。

2）对有效载荷和 ESP 尾部进行加密。

3）增加 ESP 头部。

4）用 ESP 头部、有效载荷以及 ESP 尾部生成认证数据。

5）将认证数据加到 ESP 尾部后面。

6）加上 IP 头部，并将 IP 头部的协议字段值改为 50。

下面简单讨论 ESP 每个字段的含义。

- 安全参数索引：该字段和 AH 中的作用类似。
- 序号：该字段和 AH 中的作用类似。
- 填充：用作填充用，为 0，长度可变。
- 下一个头部：该字段和 AH 中的作用类似。
- 认证数据：该字段用于存放用 ESP 头部、有效载荷以及 ESP 尾部生成的认证数据。在 AH 中，IP 头部的一部分包含在认证数据中，但在 ESP 中则不是这样。

4. IKE 和 ISAKMP

IPSec 的 SA 可以手工配置，但是手工配置缺乏灵活性和安全性，只能适用于个别较为简单、较为固定的网络环境。通常 IPSec 与 IKE 结合起来使用，由 IKE 为 IPSec 自动生成 IPSec SA。

假设网络节点 A 上的 IPSec 在处理 IP 报文时，如果发现需要对 IP 报文进行加密或认证操作而相应的 SA 还未建立，它就通知该节点上的 IKE 实体，要求它与 SA 的另一端（假设是网络节点 B）进行协商，生成 SA。节点 A 上的 IKE 与节点 B 上的 IKE 根据各自的安全策略进行协商，如果协商成功，它们就通知各自节点上的 IPSec，SA 建立成功，可以进行安全通信。

IKE 用于通信双方协商和建立安全联盟，协商密钥。通过 IKE，通信双方可以就身份认证、加密算法以及会话密钥进行协商，通信双方既可以共享密钥，也可以达成一致的安全策略（如采用何种加密算法以及密钥）。IKE 的精髓在于它永远不在不安全的网络上直接传送密钥，而是通过一系列数据的交换，通信双方最终计算出共享的密钥。

IKE是利用前面介绍的Diffie-Hellman算法来进行密钥协商的。IKE是ISAKMP所定义框架下的一个具体实现。ISAKMP定义了一个通用的密钥协商框架，包括密钥交换报文的格式和处理方式、密钥交换方式。但是ISAKMP并没有针对特定问题（比如IPSec）给出具体的实现细节，所以ISAKMP应用于具体问题时，需要补足实现细节。对于IPSec来说，实现细节由密钥交换协议提供。

IKE的密钥协商分为两个阶段：第一阶段对通信双方身份进行验证并生成会话密钥以供后续使用；第二阶段依靠第一阶段生成的会话密钥生成第二阶段会话密钥。第一阶段结束时生成ISAKMP SA；第二阶段生成为特定问题域服务的SA，例如IPSec SA。

需要注意的是，IPv4和IPv6都支持IPSec，但是IPv4对IPSec的支持是可选的，而IPv6是强制的。在IPv6中，AH和ESP都是扩展头部的一部分。

另外，ESP协议的开发在AH后，而且ESP的功能比AH强，ESP除了能够提供AH所有的安全功能之外，还能够提供机密性保护。但由于很多网络设备已经实现了AH，因此AH和ESP将会并存一段时间。

8.7.3 传输层安全

传输层安全（Transport Layer Security，TLS）协议是从安全套接字层（Security Socket Layer，SSL）的安全协议派生而来的，SSL是Netscape公司设计的主要用于应用层（如HTTP、Telnet、SMTP和FTP等）的安全传输协议。SSL为TCP连接提供数据加密、服务器认证、消息完整性保护，也提供对客户进行认证（可选的）。IETF将SSL标准化，并将其称为TLS，有关详细描述，请读者参考RFC 2246。

TLS协议位于TCP/IP参考模型的传输层和应用层之间，如图8-25所示。

HTTP
TLS
TCP
IP

图8-25 TLS的位置

TLS使用TCP来提供一种可靠的端到端的安全服务，并用于保护客户–服务器应用之间通信的机密性，可以对服务器和客户分别进行认证。要达到上述目标，TLS需要：

- 客户和服务器协商3个协议：身份认证协议、报文认证协议和加密/解密协议。其中，身份认证协议用于认证服务器和客户，同时用于建立双方的会话密钥。
- 客户和服务器都使用预先定义好的函数生成会话协议以及用于报文认证协议和加密/加密协议的一些参数。
- 使用报文认证协议的相应的密钥/参数计算摘要，添加到要交换的报文上去。
- 用加密协议及相应的密钥和参数对报文和摘要进行加密。
- 双方提取出必要的密钥和参数，用于报文认证和解密。

TLS实际上由两层协议组成。TLS的上一层协议包括握手协议、改变加密规范协议、报警协议和下一层的记录协议，如图8-26所示。

- 握手协议用于会话的建立，主要完成服务器和客户之间的相互认证并协商散列算法、加密算法以及加密密钥。
- 改变加密规范协议用于通知客户和服务器临时改变加密算法和密钥。

- 报警协议用于报告异常情况。
- 记录协议从应用层或 TLS 的上一层协议接收报文并进行压缩（可选的），生成摘要，再对摘要进行加密，然后将其封装起来（添加记录协议的报头），交给 TCP 进行传输，如图 8-27 所示。

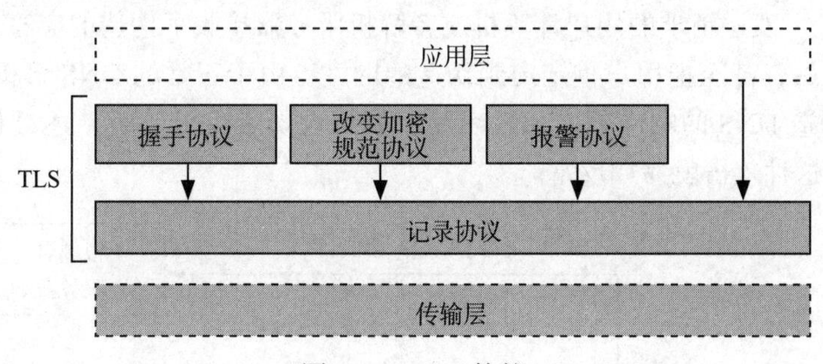

图 8-26 TLS 协议

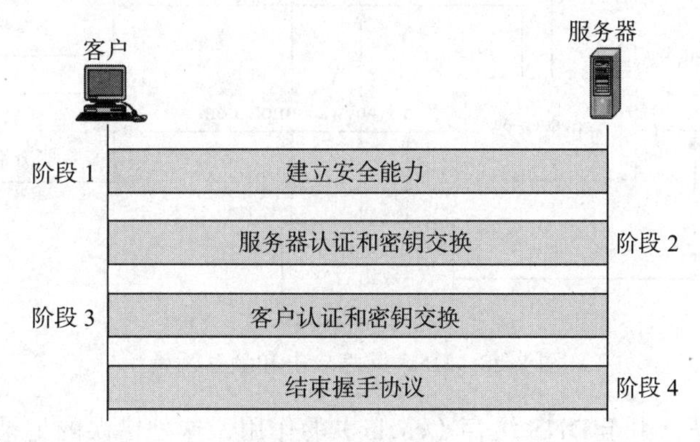

图 8-27 记录协议

8.7.4 域名安全

域名系统安全扩展（Domain Name System Security Extensions，DNSSEC）是由 IETF 提供的一系列 DNS 安全认证的机制。通过 DNSSEC 的部署，可以增强对 DNS 域名服务器的身份认证，进而帮助防止 DNS 欺骗和缓存污染等攻击。

DNS 是由互联网先驱者设计的，它像互联网的其他协议或系统一样，在一个可信的、纯净的环境里运行得很好。但是今天的互联网环境异常复杂，充斥着各种欺诈和攻击，DNS 协议的脆弱性因此浮出水面。对 DNS 的攻击可能导致互联网大面积瘫痪，这种事件在国内外都屡见不鲜。

尽管 DNS 的安全问题一直被互联网研究和工程领域广为关注，但是有一种普遍存在的攻击却始终没有被解决，即 DNS 的欺骗攻击和缓存污染问题。DNSSEC 主要是为了解决这一问题而提出的。因此，在介绍 DNSSEC 的原理之前，有必要简单介绍 DNS 欺骗攻击和缓存污染的原理。

1. DNS 欺骗攻击和缓存污染

用户在用域名（www.example.com）访问某一个网站时，用户的计算机一般会通过一个域名解析服务器（也称递归服务器）把域名转换成 IP 地址。解析服务器一般需要查询根域名服务器、顶级域名服务器、权威域名服务器，通过递归查询的方式最终获得目标服务器的 IP 地址，然后交给用户的计算机。

如图 8-28 所示，在此过程中，攻击者都可以假冒应答方（根域名服务器、顶级域名服务器、权威域名服务器或解析服务器）给请求方发送一个伪造的响应，其中包含一个错误的 IP 地址。发送请求的用户计算机或者解析服务器接收了伪造的应答，导致用户无法访问正常网站，甚至把用户重定向到伪造的网站。由于正常的 DNS 解析使用 UDP 而不是 TCP，伪造 DNS 的响应报文比较容易；如果攻击者可以监听上述过程中的任何一个通信链路，这种攻击就易如反掌。

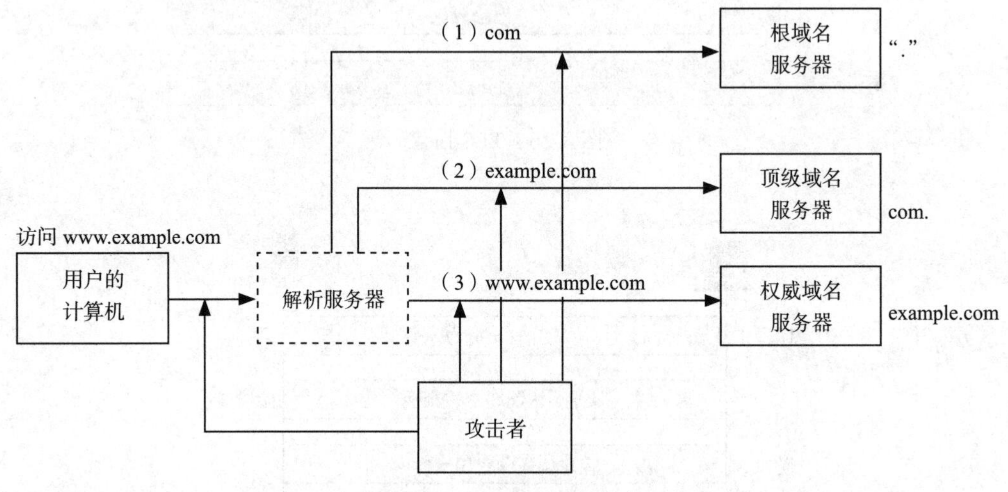

图 8-28 DNS 欺骗攻击和缓存污染

更加糟糕的是，由于 DNS 缓存（cache）的作用，这种错误的记录可以存在一段时间（比如几个小时甚至几天），所有使用该域名解析服务器的用户都无法访问真正的服务器。

2. DNSSEC 功能

上述攻击能够成功的原因是 DNS 解析的请求者无法验证它所收到的应答信息的真实性，而 DNSSEC 给解析服务器提供了防止上当受骗的武器，即一种可以验证应答信息真实性和完整性的机制。利用密码技术，域名解析服务器可以验证它所收到的应答（包括域名不存在的应答）是否来自真实的服务器，或者是否在传输过程中被篡改过。

尽管从原理上来说 DNSSEC 并不复杂，1997 年第一个有关 DNSSEC 的标准 RFC 2065 发布，直到 2005 年可用的 DNSSEC 标准（RFC 4033 ～ 4035）才被制定出来，目前主流域名服务软件（如 BIND ）实现的也是这个版本。2008 年，IETF 又发布了一个 NSEC3（RFC 5155）标准，以提高 DNSSEC 隐私保护能力。随着 DNSSEC 的推广，也许还会有一些新的问题和新的修订，DNSSEC 标准仍在发展过程中。我们要介绍的 DNSSEC 工作原理基于 RFC 4033 ～ 4035。

尽管 DNSSEC 的目标仅限于此（即不保护 DNS 信息的保密性和服务的可用性），但是，DNSSEC 的成功部署对互联网的安全还是有好处的，比如提高电子邮件系统的安全性，甚至把 DNS 作为一个公钥基础设施。

3. DNSSEC 工作原理

简单来说，DNSSEC 依靠数字签名保证 DNS 应答报文的真实性和完整性。权威域名服务器用自己的私有密钥对资源记录（Resource Record, RR）进行签名，解析服务器用权威服务器的公开密钥对收到的应答信息进行验证。如果验证失败，表明这一报文可能是假冒的或者在传输和缓存过程中被篡改了。RFC 4033 概要介绍了 DNSSEC 所提供的安全功能并详细介绍了相关的概念，下面通过一个简单的实例介绍 DNSSEC 的工作原理。

如图 8-29 所示，一个支持 DNSSEC 的解析服务器向支持 DNSSEC 的权威域名服务器请求域名 www.test.net 时，它除了得到一个标准的 A 记录（包含 IPv4 地址）以外，还收到一个同名的 RRSIG 记录，其中包含 test.net 这个权威域的数字签名，它是用 test.net 的私有密钥来签名的。为了验证这一签名的正确性，解析服务器可以再次向 test.net 的域名服务器查询相应的公开密钥，即名为 test.net 的 DNSKEY 类型的资源记录。然后解析服务器就可以用其中的公钥验证上述 www.test.net 记录的真实性与完整性了。

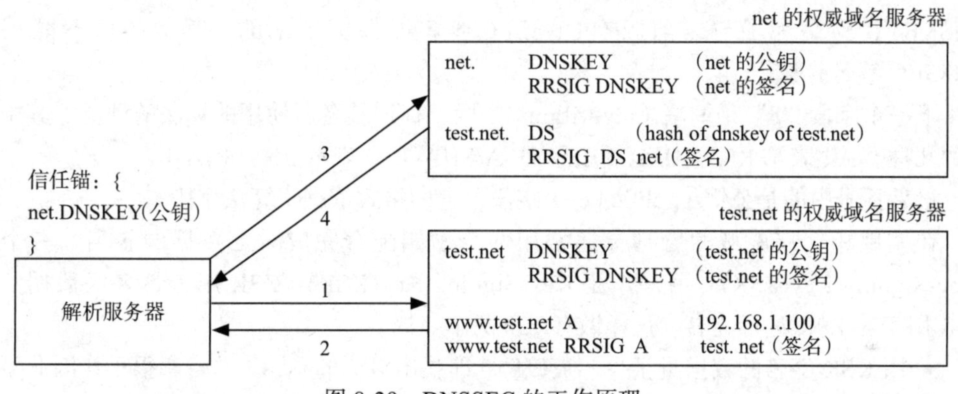

图 8-29　DNSSEC 的工作原理

但是，解析服务器如何保证它所获得的 test.net 返回的公钥（DNSKEY 记录）是真实的而不是假冒的呢？尽管 test.net 在返回 DNSKEY 记录的同时也返回对这个公钥的数字签名（名为 test.net 的 RRSIG 记录），但是，攻击者同样可以同时伪造公钥和数字签名两个记录而不被解析者发现。

像基于 X.509 的 PKI 体系一样，DNSSEC 也需要一个信任链，必须有一个或多个开始就信任的公钥（或公钥的散列值），在 RFC 4033 中称这些初始信任的公钥或散列值为信任锚（trust anchor）。信任链中的上一个节点为下一个节点的公钥散列值进行数字签名，从而保证信任链中的每一个公钥都是真实的。理想的情况下（DNSSEC 全部部署），每个解析服务器只需要保留根域名服务器的 DNSKEY 即可。

在上面的例子中，假设解析服务器开始并不信任 test.net 的公钥，它可以到 test.net 的上一级域名服务器 net 那里查询 test.net 的 DS（Delegation Signer）记录，即 DS RR，DS RR 中存储的是 test.net 公钥的散列值（比如用 SHA-1 算法计算得到的 160 比特数据的十六进制表示）。假设解析服务器由管理员手工配置了 .net 的公钥（即 trust anchor），它就可以验证 test.net 公钥（DNSKEY）是否正确。

4. DNSSEC 的资源记录

为了实现资源记录的签名和验证，DNSSEC 增加了 4 种类型的资源记录：DNSKEY（DNS Public Key）、RRSIG（Resource Record Signature）、DS（Delegation Signer）和 NSEC（Next Secure）。前 3 种记录已经在上面的实例中提到了，NSEC 记录是为响应某个资源记录不存在而设计的。

（1）DNSKEY 记录

DNSKEY 资源记录存储的是公钥，下面是一个 DNSKEY 资源记录的例子：

```
example.com. 86400  IN  DNSKEY  256  3  5  ( AQPSKmy… aNvv4w==  )
```

其中“256”是标志（flag）字段，它是一个 16 比特的数，如果第 7 位 [左起为第 0 位，这一位是区密钥（Zone Key）标志，记为 ZK] 为 1，则表明它是一个区密钥，该密钥可以用于签名数据的验证，而且资源记录的所有者（example.com）必须是区的名字。第 15 位称为安全入口点（Security Entry Point，SEP）标志。

下一个字段“3”是协议（protocol）字段，它的值必须是 3，表示这是一个 DNSKEY，这是为了与以前版本 DNSSEC 兼容而保留下来的。其他的值不能用于 DNSSEC 签名的验证。

下一个字段“5”是算法（algorithm）字段，标识签名所使用的算法的种类。其中常用的几种有：1 表示 RSA/MD5，3 表示 DSA/SHA-1，5 表示 RSA/SHA-1。

最后括号中的是公钥（public key）字段，它的格式依赖于算法字段。

在实践中，权威域的管理员通常用两个密钥配合完成对区数据的签名。一个是 Zone-Signing Key(ZSK)，另一个是 Key-Signing Key(KSK)。ZSK 用于签名区数据，而 KSK 用于对 ZSK 进行签名。这样做有以下两个好处。

- 用 KSK 签名的数据量很少，被破解（即找出对应的私钥）的概率很小，因此可以设置很长的生存期。这个密钥的散列值作为 DS 记录存储在上一级域名服务器中而且需要上级的数字签名，较长的生命周期可以减少密钥更新的工作量。
- ZSK 签名的数据量比较大，因而破解的概率较大，生存期应该小一些。因为有 KSK 的存在，可以不必将 ZSK 放到上一级的域名服务中，更新 ZSK 不会带来太大的管理开销（不涉及和上级域名服务器打交道）。

（2）RRSIG 记录

RRSIG 资源记录存储的是对资源记录集合的数字签名。

RRSIG 记录：

```
host.example.com. 86400 IN RRSIG  A  5  3  86400 20030322173103
 (20030220173103  2642  example.com.
oJB1W6WNGv+ldvQ3WDG0MQkg5IEhjRip8WTr
…
J5D6fwFm8nN+6pBzeDQfsS3Ap3o= )
```

从第 5 个字段（A）开始各字段的含义如下。

- 类型覆盖：表示这个签名覆盖什么类型的资源记录，本例中是 A。
- 算法：数字签名算法，同 DNSKEY 记录的算法字段；本例中的 5 表示 RSA/SHA-1。

- 标签数量：被签名的资源域名记录所有者（host.example.com.）中的标签数量，如本例中为 3，*.example.com. 为 2，“.”的标签数量为 0。

接下来的几个字段分别是被签名记录的 TTL、有效期结束时间、开始时间。

然后“2642”是密钥标签（key tag），它是用对应公钥数据简单叠加得到的一个 16 比特整数。如果一个域有多个密钥（如一个 KSK、一个 ZSK），密钥标签（key tag）可以和后面的签名者字段（example.com.）共同确定究竟使用哪个公钥来验证签名。

（3）DS 记录

DS 记录存储 DNSKEY 的散列值，用于验证 DNSKEY 的真实性，从而建立一个信任链。不过，不像 DNSKEY 存储在资源记录所有者所在的权威域的区文件中，DS 记录存储在上级域名服务器（delegation）中，比如 example.com 的 DS RR 存储在 .com 的区中。

下面是一个 DS 记录的实例：

```
dskey.example.com. 86400 IN DS 60485 5 1
( 2BB183AF5F22588179A53B0A98631FAD1A292118 )
```

DS 之后的字段依次是密钥标签（key tag）、算法和散列算法（1 代表 SHA-1）。后面括号中的内容是 dskey.example.com. 密钥 SHA-1 计算结果的 16 进制表示。example.com 必须为这个记录数字签名，以证实该 DNSKEY 的真实性。

（4）NSEC 记录

NSEC 记录是为了应答那些不存在的资源记录而设计的。为了保证私有密钥的安全性和服务器的性能，所有的签名记录都是事先（甚至离线）生成的。服务器显然不能为所有不存在的记录事先生成一个公共的“不存在”的签名记录，因为这一记录可以被重放；更不可能为每一个不存在的记录生成独立的签名，因为它不知道用户将会请求怎样的记录。

在区数据签名时，NSEC 记录会自动生成。比如在 vpn.test.net 和 xyz.test.net 之间会插入下面的两条记录：

```
vpn.test.net.   10800   IN A       192.168.1.100
172800  NSEC    xyz.test.net. A RRSIG NSEC
172800  RRSIG   NSEC 5 5 172800 20110611031416
(20110512031416 5271 test.net
Ujw/aq… 15dV5tF7XgWSR78= )
xyz.test.net  10800   IN A    192.168.1.200
```

其中 NSEC 记录包括两项内容：排序后的下一个资源记录的名称（xyz.test.net），以及 vpn.test.net 这一名称所有的资源记录类型（A、RRSIG、NSEC），后面的 RRSIG 记录是对这个 NSEC 记录的数字签名。

在用户请求的某个域名在 vpn 和 xyz 之间时，如 www.test.net，服务器会返回域名不存在，并同时包括 vpn.test.net 的 NSEC 记录。

5. DNSSEC 对现有 DNS 协议的修改

由于新增 DNS 资源记录的尺寸问题，支持 DNSSEC 的域名服务器必须支持 EDNS0

（RFC 2671），即允许DNS报文大小必须达到1220字节（而不是最初的512字节），甚至可以是4096字节。

DNSSEC在报文头中增加了以下3个标志位。

- DO（DNSSEC OK，参见RFC 3225）：支持DNSSEC的解析服务器在它的DNS查询报文中，必须把DO标志位置1，否则权威域名服务器认为解析器不支持DNSSEC就不会返回RRSIG等记录。
- AD（Authentic Data）：AD是认证数据标志，如果服务器验证了DNSSEC相关的数字签名，则置AD位为1，否则为0。这一标志位一般用于自己不做验证的解析器和它所信任的递归解析服务器之间，用户计算机上的解析器自己不去验证数字签名，递归服务器给它一个AD标志为1的响应，它就接受验证结果。这种场景只有在它们之间的通信链路比较安全的情况下才安全，比如使用了IPSec。
- CD（Checking Disabled）：关闭检查标志位用于支持DNSSEC验证功能的解析器和递归域名服务器之间，解析器在发送请求时把CD位置1，服务器就不再进行数字签名的验证而把递归查询得到的结果直接交给解析器，由解析器自己验证签名的合法性。

最后，支持验证的DNSSEC解析器对它所收到的资源记录的签名（RRSIG），必须能够区分以下4种结果。

- 安全的（secure）：解析器能够建立到达资源记录签名者的信任链，并且可以验证数字签名的结果是正确的。
- 不安全的（insecure）：解析器收到了一个资源记录和它的签名，但是它没有到达签名者的信任链，因而无法验证。
- 伪造的（bogus）：解析器有一个到资源记录签名者的信任链，但是签名验证是错的。可能是因为受到了攻击，也可能是管理员配置错误。
- 不确定（indeterminate）：解析器无法获得足够的DNSSEC资源记录，因而不能确定用户所请求的资源记录是否应该签名。

8.7.5 电子邮件安全

在应用层实现安全是更为可行和更加简单的，特别是当互联网的通信只涉及两方（例如电子邮件和Telnet）时。发送端和接收端可以同意使用同样的协议，并使用它们喜欢的同样类型的安全服务。本小节和下一小节讨论电子邮件安全协议——极好私密性协议和Web安全。

极好私密性（Pretty Good Privacy，PGP）是由Phil Zimmermann发明的。PGP对电子邮件提供4个方面的安全（机密性、完整性、认证和不可否认）。

PGP使用数字签名（报文摘要和公钥加密的组合）来提供完整性、认证和不可否认。同时，PGP使用对称密钥和公钥的组合进行加密来提供机密性。图8-30给出了发送端PGP的工作过程。

图8-30给出了发送端Alice是怎样产生PGP邮件的。Alice首先对邮件进行hash（散列）操作，得到邮件的报文摘要，然后用Alice的私钥进行签名，Alice将邮件和已签名

的摘要再使用 Alice 的一次性密钥加密，同时 Alice 将一次性密钥用 Bob 的公钥进行加密，最后将加密过的一次性密钥和已经用一次性密钥加密过的邮件与已签名的摘要组合在一起发送出去。

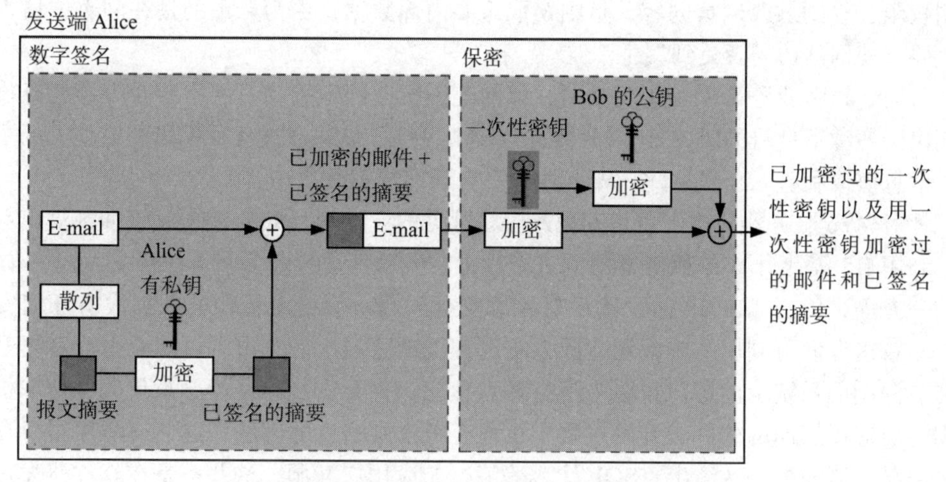

图 8-30　发送端 PGP 的工作过程

图 8-31 给出了接收端 Bob 是如何提取原始报文的。

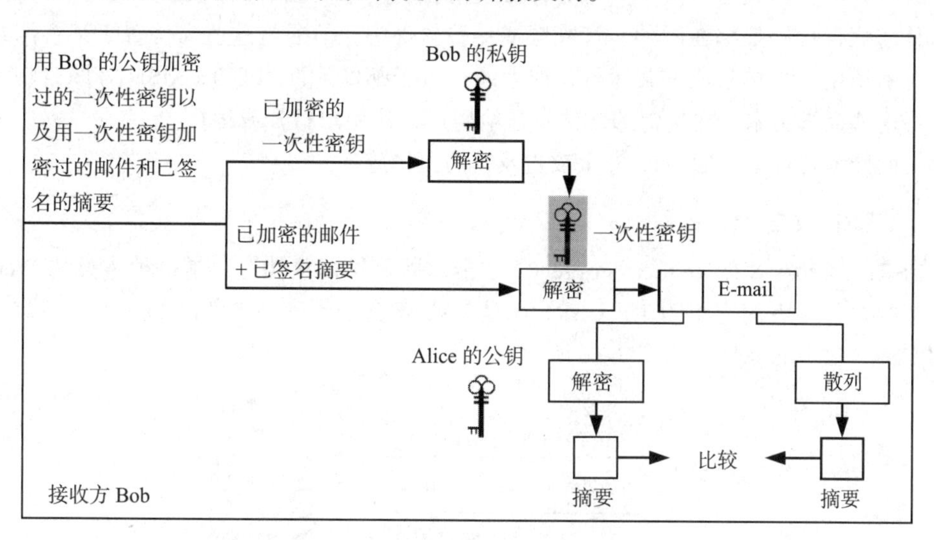

图 8-31　接收端 PGP 的工作过程

在图 8-31 中，接收端 Bob 接收到用他的公钥加密过的一次性密钥以及用一次性密钥加密过的邮件和已签名的摘要。Bob 首先用他的私钥对加密过的一次性密钥进行解密，得到 Alice 产生的一次性密钥；然后 Bob 用一次性密钥对邮件和已签名的摘要进行解密，用 Alice 的公钥对已签名的摘要进行验证，同时将收到的邮件再一次进行散列操作，比较这两个摘要，如果相同，则证明这个邮件未被修改，完整性是有保障的。

8.7.6　Web 安全

随着 Web 2.0、社交网络等一系列新型互联网产品的问世，基于 Web 环境的互联网应用越来越广泛，企业信息化过程中的各种应用都架设在 Web 平台上，Web 业务的迅速发展也引起黑客们的窥探，接踵而至的就是 Web 安全威胁的凸显。

黑客利用网站操作系统的漏洞和 Web 服务程序的 SQL 注入漏洞得到 Web 服务器的控制权限，轻则篡改网页内容，重则窃取重要内部数据，更为严重的是在网页中植入恶意代码，使网站访问者受到侵害。

目前，很多业务都依赖于互联网，如网上银行、网上购物、网络游戏等，恶意攻击者们出于各种不良目的对 Web 服务器进行攻击，想方设法通过各种手段获取他人的个人账户信息谋取利益。正因如此，Web 业务平台最容易遭受攻击。

针对 Web 服务器的攻击也是五花八门，常见的有挂马、SQL 注入、缓冲区溢出、嗅探、利用 IIS 等针对 Web 服务器漏洞进行攻击。

一方面，由于 TCP/IP 的设计没有考虑安全问题，网络上传输的数据没有任何安全防护。攻击者们可利用系统漏洞造成系统进程缓冲区溢出，攻击者可能获得或者提升自己在有漏洞的系统上的用户权限来运行任意程序，甚至安装和运行恶意代码，窃取机密数据。而应用层面的软件在开发过程中也没有考虑到安全的问题，这使得程序本身存在很多漏洞，诸如缓冲区溢出、SQL 注入等流行的应用层漏洞，这些都是在软件研发过程中疏忽了对安全的考虑所致。

另一方面，个人用户由于好奇心，被攻击者利用木马或病毒程序进行攻击，攻击者将木马或病毒程序捆绑在图片、音视频或免费软件中，然后将这些文件置于某些网站当中，再引诱用户去单击或下载运行，或者通过电子邮件附件和 QQ、MSN 等即时聊天软件，将这些捆绑了木马或病毒的文件发送给用户，让用户打开或运行。

下面介绍几种常见的 Web 安全攻击及其防范措施。

1. CSRF 攻击

CSRF（Cross Site Request Forgery）攻击，即跨站请求伪造，是一种常见的 Web 攻击，但很多开发者对它很陌生。CSRF 也是 Web 安全中最容易被忽略的一种攻击。下面介绍 CSRF 攻击的原理，如图 8-32 所示。

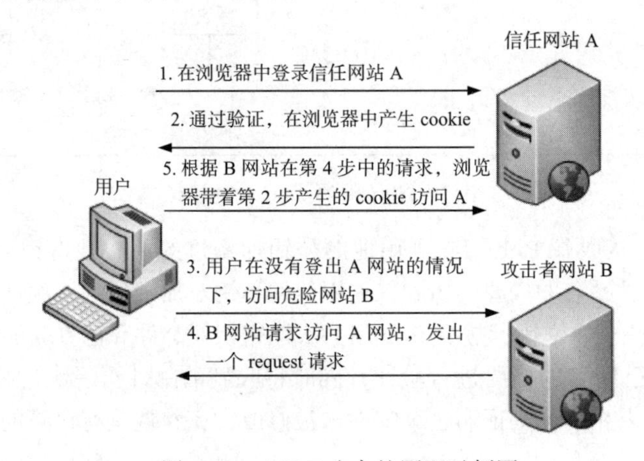

图 8-32 CSRF 攻击的原理示例图

受害者用户登录网站 A，输入个人信息，在本地保存服务器生成的 cookie。攻击者构建一条恶意链接，例如对受害者在网站 A 的信息及状态进行操作，典型的例子就是转账。受害者打开攻击者构建的网页 B，浏览器发出该恶意连接的请求，在浏览器发起会话的过程中发送本地保存的 cookie 到网址 A，A 网站收到 cookie，以为此链接是受害者发出的操作，导致受害者的身份被盗用，达到攻击者的目的。

下面用一个简单的例子来说明 CSRF 的危害。用户登录某银行网站，以 Get 请求的方式完成到另一个银行的转账，如 http://www.mybank.com/Transfer.php?toBankId=11&money=1000。攻击者可构造另一个危险链接 http://www.mybank.com/Transfer.php?toUserId=100&money=1000 并把该链接通过一定的方式发送给受害者用户。受害者用户若在浏览器打开此链接，会将之前登录后的 cookie 信息一起发送给银行网站，服务器在接收到该请求后，确认 cookie 信息无误，会完成该请求操作，造成攻击行为完成。攻击者可以构造 CGI 的每一个参数，伪造请求。这也是存在 CSRF 漏洞的最本质原因。

对于 CSRF 攻击，我们可以做出如下防范。

- 验证码。在应用程序和用户进行交互过程中，特别是账户交易这种核心步骤，强制用户输入验证码，才能完成最终请求。在通常情况下，验证码够很好地遏制 CSRF 攻击。但增加验证码降低了用户的体验，网站不能给所有的操作都加上验证码。因此，只能将验证码作为一种辅助手段，在关键业务点设置验证码。
- Referer Check。HTTP referer 是 header 的一部分，当浏览器向 Web 服务器发送请求时，一般会带上 referer 信息告诉服务器是从哪个页面链接过来的，服务器借此可以通过检查请求的来源来防御 CSRF 攻击。正常请求的 referer 具有一定规律，如提交表单的 referer 必定是在该页面上发起的请求。所以可以通过检查 http 包头 referer 的值是不是这个页面来判断是不是 CSRF 攻击。但在某些情况下，如从 https 跳转到 http，浏览器出于安全考虑，不会发送 referer，服务器就无法进行检查。若与该网站同域的其他网站有 XSS 漏洞，那么攻击者可以在其他网站注入恶意脚本，受害者进入此类同域的网址也会遭受攻击。出于以上原因，无法完全依赖 Referer Check 作为防御 CSRF 的主要手段，但是可以通过 Referer Check 来监控 CSRF 攻击的发生。
- Anti CSRF Token。目前比较完善的解决方案是加入 Anti CSRF Token，即发送请求时在 HTTP 请求中以参数的形式加入一个随机产生的 token，并在服务器上建立一个拦截器来验证该 token。服务器读取浏览器当前域 cookie 中的 token 值，会校验该请求中的 token 与 cookie 中的 token 值是否都存在且相等，如果两个 token 值都存在且相等才认为这是合法的请求。否则认为这次请求是违法的，拒绝这次服务。

这种方法相比 Referer Check 安全很多，token 可以在用户登录后产生并放于会话或 cookie 中，然后在每次请求时服务器把 token 从会话或 cookie 中拿出，与本次请求中的 token 进行比对。由于 token 的存在，攻击者无法再构造出一个完整的 URL 实施 CSRF 攻击。但在处理多个页面共存问题时，当某个页面消耗掉 token 后，其他页面的表单保存的还是被消耗掉的那个 token，其他页面的表单提交时会出现 token 错误。

2. XSS 攻击

XSS（Cross Site Scripting）攻击即跨站脚本攻击。为了和串联样式表（Cascading

Style Sheet，CSS）区分开，跨站脚本在安全领域叫作 XSS。恶意攻击者向 Web 页面注入恶意 Script 代码，当用户浏览这些网页时，就会执行其中的恶意代码，从而进行盗取 cookie 信息、会话劫持等各种攻击，如图 8-33 所示。XSS 是常见的 Web 攻击技术之一，由于跨站脚本漏洞易于出现且利用成本低，因此它被列为当前的头号 Web 安全威胁。

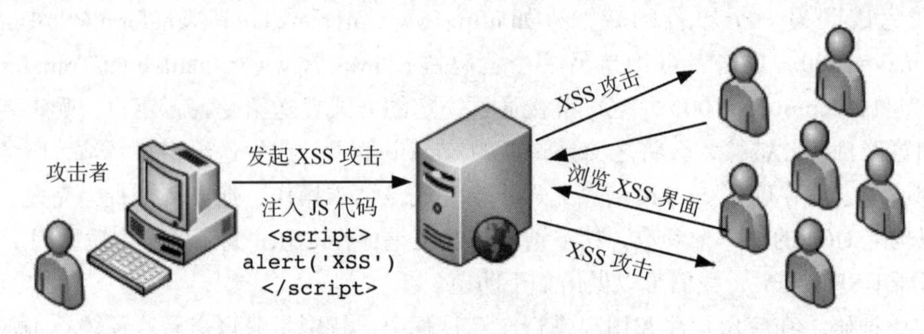

图 8-33　XSS 攻击过程的示例图

XSS 攻击本身对 Web 服务器没有直接的危害，它借助网站进行传播，使网站上的大量用户受到攻击。攻击者一般通过留言、电子邮件或其他途径向受害者发送一个精心构造的恶意 URL，当受害者在 Web 中打开该 URL 时，恶意脚本会在受害者的计算机上悄悄执行。

根据攻击的效果，可以将 XSS 攻击分为以下两类。

- 反射型 XSS（Reflected XSS）攻击又称为非持久性跨站点脚本攻击，它是最常见的 XSS 攻击。漏洞产生的原因是攻击者注入的数据反映在响应中。一个典型的非持久性 XSS 包含一个带 XSS 攻击向量的链接（即每次攻击需要用户的点击）。
- 存储型 XSS（Stored XSS）又称为持久型跨站点脚本，它一般在 XSS 攻击向量（一般指 XSS 攻击代码）存储在网站数据库中且当一个页面被用户打开的时候执行。每当用户打开浏览器时，脚本执行。持久型 XSS 相比非持久型 XSS 攻击危害性更大，因为每当用户打开页面查看内容时，脚本将自动执行，如图 8-34 所示。

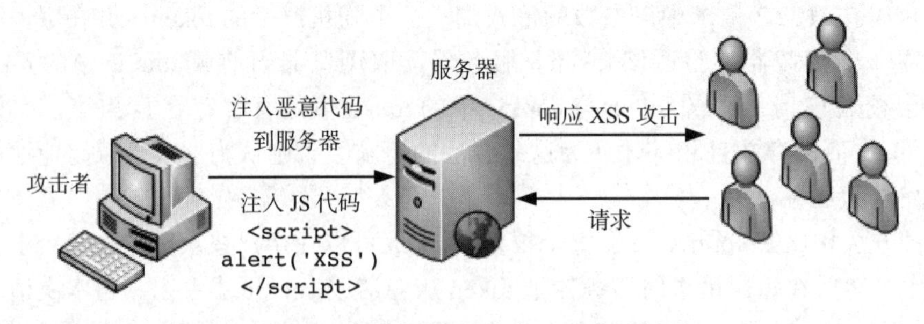

图 8-34　存储型 XSS 攻击过程的示例图

3. SQL 注入

SQL 注入（SQL injection）是指应用程序在向后台数据库传递 SQL（Structured Query Language，结构化查询语言）时，攻击者将 SQL 命令插入 Web 表单提交或输入域名或页面请求的查询字符串，最终达到欺骗服务器执行恶意的 SQL 命令。

在了解 SQL 注入前，我们先认识常用的 Web 四层架构的组成，如图 8-35 所示。

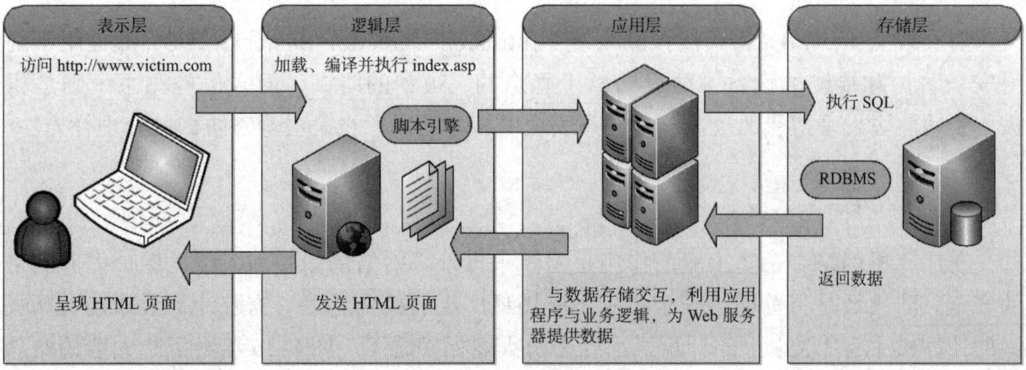

表示层
访问 http://www.victim.com
呈现 HTML 页面
逻辑层
加载、编译并执行 index.asp
脚本引擎
发送 HTML 页面
应用层
与数据存储交互，利用应用程序与业务逻辑，为 Web 服务器提供数据
存储层
执行 SQL
RDBMS
返回数据

图 8-35　Web 四层架构示例图

常见的产生 SQL 注入的原因有以下几个。

- 转义字符处理不当，特别是输入验证和单引号处理不当。用户简单地在 URL 页面输入一个单引号，就能快速识别 Web 站点是否容易受到 SQL 注入攻击。
- 后台查询语句处理不当。开发者完全信赖用户的输入，未对输入的字段进行判断和过滤处理，直接调用用户输入字段访问数据库。
- SQL 语句被拼接。攻击者构造精心设计拼接过的 SQL 语句来达到恶意的目的，如构造语句“ select * from users where userid=123; DROP TABLE users;”直接导致 user表被删除。

常见的 SQL注入方式有以下几种。

- 内联 SQL 注入。向查询注入一些 SQL 代码后，原来的查询仍然会全部执行。内联 SQL 注入包含字符串内联 SQL 注入和数字内联 SQL 注入。
- 终止式 SQL 注入。攻击者在注入 SQL 代码时，通过注释剩下的查询来成功结束该语句。

对于 SQL 注入攻击，我们可以做如下防范。

- 防止系统敏感信息泄露。设置 php.ini 选项 display_errors=off，防止 php 脚本出错之后，在 Web 页面输出敏感信息错误，让攻击者有机可乘。
- 数据转义。设置 php.ini 选项 magic_quotes_gpc=on，它会将提交的变量中所有的单引号（’）、双引号（”）、反斜杠（\）、空白字符等都在前面自动加上 \，或者采用 mysql_real_escape() 函数或 addslashes( ) 函数进行输入参数的转义。
- 增加黑名单或者白名单验证。白名单验证是指，检查用户输入是否符合预期的类型、长度、数值范围或者其他格式标准。黑名单验证是指，若在用户输入中包含明显的恶意内容则拒绝该条用户请求。在使用白名单验证时，一般会配合黑名单验证。

Web 安全是我们必须关注且无法逃避的话题，前面主要介绍了一些比较典型的安全问题和应对方案，例如对于 SQL、XSS 等注入式攻击，一定要对用户输入的内容进行严格的过滤和审查，这样可以避免绝大多数的注入式攻击。

8.8 防火墙和入侵检测系统

防火墙（firewall）和入侵检测系统（Intrusion Detection System，IDS）都是用于网络安全防护和检测的设备。防火墙属于静态的、被动的防御，而入侵检测系统则是积极、主动地去发现遭受的攻击，是动态安全的核心技术，也是对静态防御的合理补充。

8.8.1 防火墙

在计算机网络中，防火墙的作用是阻断来自外部网络的威胁和入侵，保护内部网络的安全。防火墙是目前网络安全技术中应用最广泛的技术之一。据统计，全球接入互联网的计算机中有 1/3 以上的计算机都处于防火墙保护之下。图 8-36 给出了防火墙的概念视图。

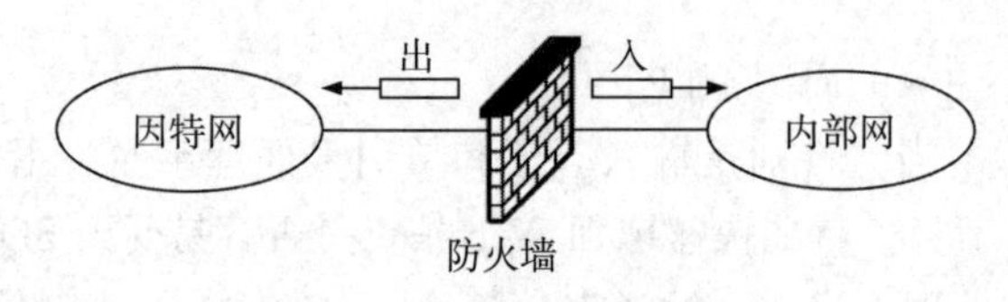

图 8-36 防火墙的概念视图

防火墙在实现上可以用一个或一组网络设备通过执行安全策略，在两个或多个网络间进行访问控制，以保护一个网络不受另一个网络威胁和入侵的安全技术。实现防火墙的主要技术有报文过滤、应用层网关和状态检测。

1. 报文过滤

报文过滤（packet filter）是指在网络中的适当位置对网络报文实施有选择的通过。报文过滤通常使用 IP 报文的源 IP 地址、目的 IP 地址和协议等字段；TCP 或 UDP 报文中的源端口号、目的端口号以及 TCP 标志位（如 SYN、ACK、FIN、RST）、报文的流向（in 或 out）等参数形成过滤规则，从而决定哪些报文能被转发，哪些报文要被丢弃。图 8-37 给出了报文过滤使用的部分参数。

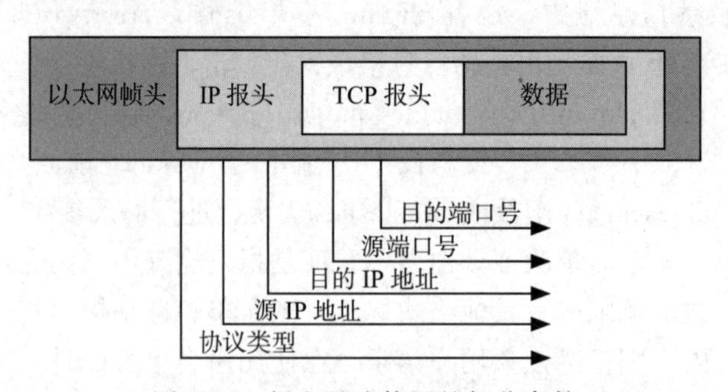

图 8-37 报文过滤使用的部分参数

通常，过滤规则以访问控制列表（Access Control List，ACL）的形式描述，其中包括以某种次序排列的条件和动作序列。当收到一个报文时，按照从前至后的顺序与 ACL 中的每项条件进行比较，直到匹配某一项条件，然后执行相应的动作（转发或丢弃）。报文过滤防火墙的关键在于过滤规则的设计，表 8-2 列出了某防火墙设计的针对 Telnet 应用的过滤规则。

表 8-2　针对 Telnet 应用的过滤规则

编号	方向	源 IP	目的 IP	协议	源端口	目的端口	ACK	动作
1	out	内部	任意	TCP	>1023	23	任意	通过
2	in	任意	内部	TCP	23	>1023	是	通过
3	dual	任意	任意	任意	任意	任意	任意	拒绝

表 8-2 中定义的过滤规则表示内部网可以通过 Telnet 访问互联网，除此之外，其他访问是被禁止的。

普通 IP 报文过滤

防火墙基于 ACL 对报文进行检查和过滤。防火墙检查报文的源 / 目的 IP 地址、源 / 目的端口号、协议类型号，根据访问控制列表允许符合条件的报文通过，拒绝不符合匹配条件的报文。防火墙所检查的信息来源于 IP、TCP 或 UDP 包头。

透明防火墙可以基于访问控制列表对二层报文进行检查和过滤。防火墙检查报文的源 / 目的 MAC、以太类型字段，根据访问控制列表允许符合条件的报文通过，拒绝不符合匹配条件的报文。防火墙所检查的信息来源于 MAC 头。

包过滤

包过滤提供了对分片报文进行检测过滤的支持。包过滤防火墙将识别报文类型，如非分片报文、首片分片报文、后续分片报文，对所有类型的报文都进行过滤。对于首片分片报文，设备根据报文的三层信息及四层信息，与 ACL 规则进行匹配，如果允许通过，则记录首片分片报文的状态信息，建立后续分片的匹配信息表。当后续分片报文到达时，防火墙不再进行 ACL 规则的匹配，而是根据首片分片报文的 ACL 匹配结果进行转发。另外，对于不匹配 ACL 规则的报文，防火墙还可以配置默认处理方式。

报文过滤防火墙的优点是成本低、速度快、易于安装和使用，网络性能和透明度好。其缺点是定义过滤规则复杂，配置困难，容易出现配置上的漏洞；同时由于访问控制粒度比较大，对应用层协议过滤的支持不够。

2. 应用层网关

应用层网关（application-level gateway）防火墙工作于应用层，应用层网关提供一种代理服务，它接受外来的应用连接请求，进行安全检查后，再与内部网络的应用服务器连接，使外部服务用户可以在受控制的前提下使用内部网络的服务。同样，内部网络到外部服务的连接也可以受到监控，如图 8-38 所示。

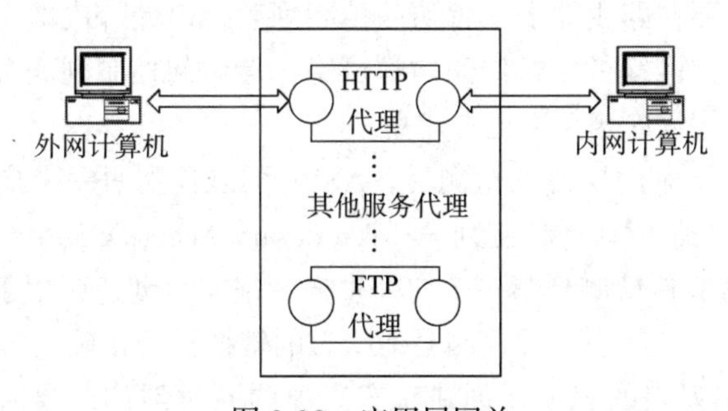

图 8-38　应用层网关

在应用层网关上安装各种应用代理软件，如 HTTP 代理或 FTP 代理。同时，应用层网关可以提供对客户的身份验证、授权以及访问日志等服务。

应用层网关防火墙的优点是可以针对每个特定的服务采用特定的安全策略；支持身份认证，以增强抗 IP 欺骗攻击的能力；提供详细的审计功能和方便的日志分析工具；可以对应用层协议进行过滤，访问控制粒度更细；相对于报文过滤防火墙来说更容易配置和测试。其缺点是影响端到端的吞吐量，对用户不透明，扩展性不好。

3. 状态检测

包过滤防火墙属于静态防火墙，目前存在如下问题：对于多通道的应用层协议（如 FTP、SIP 等），部分安全策略配置无法预知；无法检测某些来自传输层和应用层的攻击行为（如 TCP SYN、Java Applets 等）；无法识别来自网络中伪造的 ICMP 差错报文，从而无法避免 ICMP 的恶意攻击。

对于 TCP 连接均要求其首报文为 SYN 报文，非 SYN 报文的 TCP 首包将被丢弃。在这种处理方式下，当设备首次加入网络时，网络中原有 TCP 连接的非首包在经过新加入的防火墙设备时均被丢弃，这会中断已有的连接。

因此，状态检测防火墙——ASPF（Application Specific Packet Filter）的概念被提出。ASPF 能够实现的检测有：应用层协议检测，包括 FTP、HTTP、SMTP、RTSP、H.323（Q.931、H.245、RTP/RTCP）检测；传输层协议检测，包括 TCP 和 UDP 检测，即通用 TCP/UDP 检测。

ASPF 的主要功能包括：能够检查应用层协议信息，如报文的协议类型和端口号等信息，并且监控基于连接的应用层协议状态；对于所有连接，每一个连接状态信息都将被 ASPF 维护，并用于动态地决定数据包是否被允许通过防火墙进入内部网络，以阻止恶意的入侵；能够检测传输层协议信息（即通用 TCP/UDP 检测），能够根据源、目的地址及端口号决定 TCP 或 UDP 报文是否可以通过防火墙进入内部网络。

ASPF 不仅能够根据连接的状态对报文进行过滤，还能够对应用层报文的内容加以检测，提供对不可信站点的 Java Blocking 功能，用于保护网络不受有害的 Java Applets 的破坏；支持 TCP 连接首包检测。对 TCP 连接的首报文进行检测，查看是否为 SYN 报文，如果不是 SYN 报文则根据当前配置决定是否丢弃该报文；支持 ICMP 差错报文检测。正常 ICMP 差错报文中均携带有本报文对应连接的相关信息，根据这些信息可以匹配到相应的连接，如果匹配失败，则根据当前配置决定是否丢弃该 ICMP 报文。

应用层协议检测的基本原理

一般情况下，需要在路由器上配置访问控制列表，以允许内部网络中的主机访问外部网络，同时拒绝外部网络的主机访问内部网络，但访问控制列表会将用户发起连接后返回的报文过滤掉，导致连接无法正常建立。

当在设备上配置了应用层协议检测后，ASPF 可以检测每一个应用层的会话，并创建一个状态表项和一个临时访问控制列表（Temporary Access Control List，TACL）。

- 状态表项在 ASPF 检测到第一个向外发送的报文时创建，用于维护一次会话中某一时刻会话所处的状态，并检测会话状态的转换是否正确。
- 临时访问控制列表的表项在创建状态表项的同时创建，会话结束后被删除，它相当于一个扩展 ACL 的 permit 项。TACL 主要用于匹配一个会话中所有返回的报文，可以为某一应用返回的报文在防火墙的外部接口上建立一个临时的返回通道。

传输层协议检测的基本原理

这里的传输层协议检测是指通用 TCP/UDP 检测。通用 TCP/UDP 检测与应用层协议检测不同，是对报文的传输层信息进行的检测，如源地址、目的地址及端口号等。通用 TCP/UDP 检测要求返回到 ASPF 外部接口的报文要与前面从 ASPF 外部接口发出的报文完全匹配，即源地址、目的地址及端口号恰好对应，否则返回的报文将被阻塞。因此对于 FTP、H.323 这样的多通道应用层协议，在不配置应用层检测而直接配置 TCP 检测的情况下会导致数据连接无法建立。

在网络边界，ASPF 和包过滤防火墙协同工作，能够为企业内部网络提供更全面、更符合实际需求的安全策略。

8.8.2　入侵检测系统

入侵检测系统（Intrusion Detection System，IDS）主要用于检测网络的入侵行为。谈到网络安全，人们首先想到的是防火墙，但随着技术的发展，网络日趋复杂，传统防火墙所暴露出来的不足和弱点推动了人们对入侵检测系统技术的研究和开发。传统的防火墙在工作时会有两个方面的不足。首先，防火墙完全不能阻止来自内部的袭击；其次，由于性能的限制，防火墙通常不能提供实时的入侵检测能力，而这一点，对于现在层出不穷的攻击技术来说是至关重要的。入侵检测系统可以弥补防火墙的不足，为网络安全提供实时的入侵检测并采取相应的防护手段。

1. 入侵检测的定义

简单地说，入侵检测就是通过实时地分析数据来检测、记录和终止非法的活动或入侵的能力。在实际应用中，入侵检测比以上简单的定义复杂得多，一般是通过各种入侵检测系统来实现各种入侵检测的功能。入侵检测系统通过对入侵行为的过程与特征进行研究，使安全系统对入侵事件和入侵过程做出实时响应，包括切断网络连接、记录事件和报警等。

入侵检测系统主要执行如下任务。

- 监视、分析用户及系统活动。
- 系统构造和弱点的审计。
- 识别反映已知进攻的活动模式并向相关人士报警。
- 异常行为模式的统计分析。
- 评估重要系统和数据文件的完整性。
- 操作系统的审计跟踪管理，并识别用户违反安全策略的行为。

2. 入侵检测系统的分类

根据检测数据的采集来源，入侵检测系统可以分为基于主机的入侵检测系统（Host-based IDS，HIDS）和基于网络的入侵检测系统（Network-based IDS，NIDS）。

- 基于主机的入侵检测系统。HIDS 一般是基于代理的，即需要在被保护的系统上安装一个程序。HIDS 用于保护关键应用的服务器，实时监视可疑的连接、系统日志、非法访问的闯入等，并且提供对典型应用的监视，如 Web 服务器应用。
- 基于网络的入侵检测系统。NIDS 捕捉网络传输的各个数据包，并将其与某些已知的攻击模式或签名进行比较，从而捕获入侵者的入侵企图。NIDS 可以无源地安装，而不必对系统或网络进行较大的改动。

根据检测原理，入侵检测系统可以分为异常检测和误用检测，然后分别对其建立检测模型。

- 异常检测。在异常检测中，观察到的不是已知的入侵行为，而是所研究的通信过程中的异常现象，它通过检测系统的行为或使用情况的变化来完成。在建立该模型之前，首先必须建立统计概率模型，明确所观察对象的正常情况，然后决定在何种程度上将一个行为标为“异常”，并做出具体决策。例如，某个用户一般会在星期一到星期五登录，但现在发现他在周六早上登录，此时基于异常的入侵检测系统就会发出警告。从理论上说，这种系统通常只能检测系统有问题产生，而并不知道产生问题的原因所在。
- 误用检测。在误用检测中，入侵过程及它在被观察系统中留下的踪迹是决策的基础。所以，可事先定义某些特征的行为是非法的，然后将观察对象与之进行比较以做出判别。误用检测基于已知的系统缺陷和入侵模式，故又称特征检测。它能够准确地检测到某些特征的攻击，但却过度依赖事先定义好的安全策略，所以无法检测系统未知的攻击行为，从而产生漏警。据公安部计算机信息系统安全产品质量监督检验中心的报告，国内送检的入侵检测产品中 95% 是属于使用入侵模板进行模式匹配的特征检测产品，其他 5% 是采用其他检测方式的产品。国外的入侵检测产品也基本上都采用误用检测模型。

3. 入侵检测系统的组成特点

入侵检测系统一般由两部分组成：控制中心和探测引擎。控制中心为一台装有控制软件的主机，负责制定入侵监测的策略，收集来自多个探测引擎的上报事件，综合进行事件分析，以多种方式对入侵事件做出快速响应。探测引擎负责收集数据，进行处理后，上报控制中心。控制中心和探测引擎是通过网络进行通信的，这些通信的数据一般要经过数据加密。

HIDS 的探测引擎为安装在被监测主机上的代理，它会监控系统的基本事件日志，这些基本事件包括登录错误尝试、建立新账号、访问异常等；有些产品会监控某些具有敌意行为的核心消息；更高级的 HIDS 系统还会监视特洛伊木马代码和后门程序的安装，甚至中断一些不合理的进程。

HIDS 需要在所有的被监控系统上安装代理程序，这个代理程序会消耗 CPU 周期，对于那些每个 CPU 周期都很宝贵的机器来说，HIDS 可能会严重影响整个系统的效率。但 HIDS 也有一个特别突出的优点，即可以集中控制和解析系统日志，多数企业在没有事情发生的情况下一般不会查看系统日志，在这种情况下 HIDS 的优点就非常明显。典型的 HIDS 组网图如图 8-39 所示。

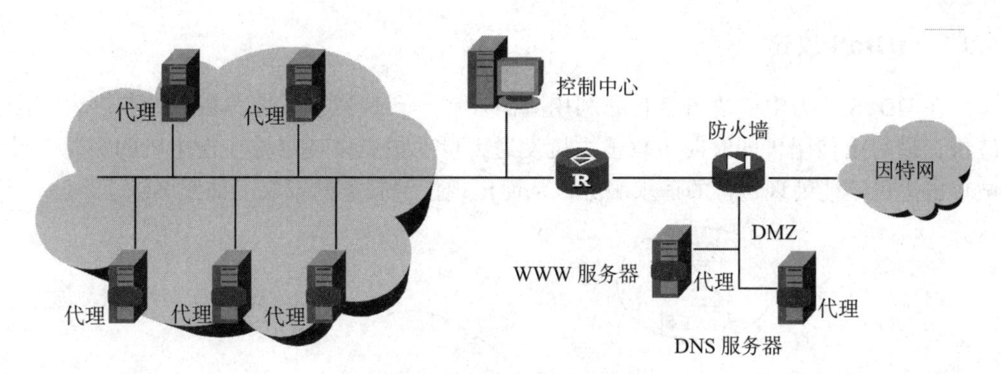

图 8-39　典型 HIDS 组网图

NIDS 的探测引擎为一个网络嗅探器。嗅探器有两个网卡，一个网卡用于与控制中心进行通信，另一个网络接口卡设置为“混合”模式，然后将通过这个网卡的每个数据帧捕获进来。网络嗅探器检查每个穿过被监控网段的数据，找出符合已知攻击模式或特征的数据包，看是否对被保护的网络构成威胁，然后按照预先定义的策略自动报警，阻断和记录日志等。NIDS 可以监测一个共享网络或交换机网络中 Span 过来的多个网段的流量。

NIDS 最突出的优点是 NIDS 设备是无源的。大多数情况下，系统的其他部分甚至不知道 NIDS 的存在；而且配置 NIDS 设备也不需要系统管理员的介入，这是 HIDS 做不到的。但 NIDS 设备对传输是非常敏感的，所以多数 NIDS 设备都不适合用于高带宽的网络环境中。典型的 NIDS 组网图如图 8-40 所示。

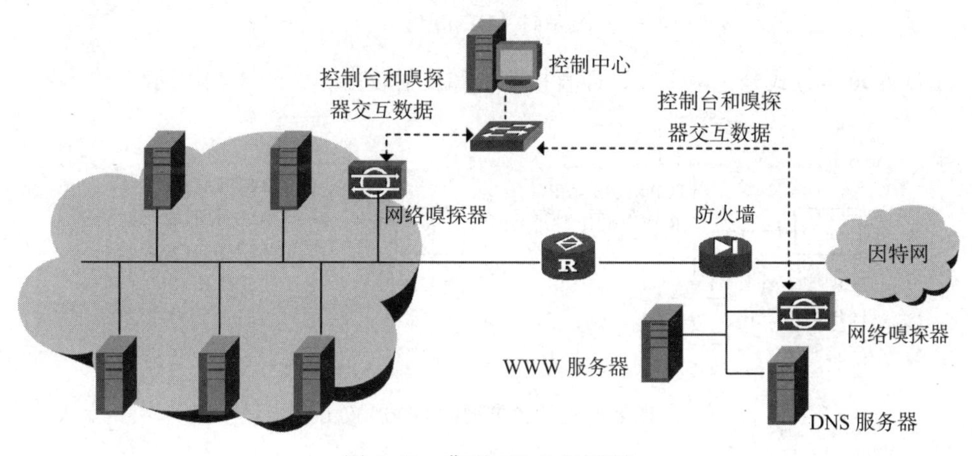

图 8-40　典型 NIDS 组网图

8.9　DDoS 攻击及其防范

DoS 是 Denial of Service 的缩写，即拒绝服务。DoS 攻击通过发送大流量无用数据，造成通往被攻击主机的网络拥塞，耗尽其服务资源，致使被攻击主机无法正常和外界通信。

DDoS（Distributed Denial of Service，分布式拒绝服务）攻击是一种特殊的 DoS 攻击。攻击者借助于客户－服务器技术，将成百上千台计算机组织起来作为攻击平台，对一个或多个目标发动攻击，从而快速达到消耗系统资源，造成系统瘫痪。

8.9.1 DDoS 攻击

在 DDoS 攻击中，攻击者首先利用漏洞控制一台傀儡机，傀儡机再控制多台攻击傀儡机，最后由傀儡机同时向被攻击主机发送大量的报文以耗尽被攻击主机的资源，导致被攻击主机不能处理正常的请求服务，从而出现拒绝服务的现象，如图 8-41 所示。

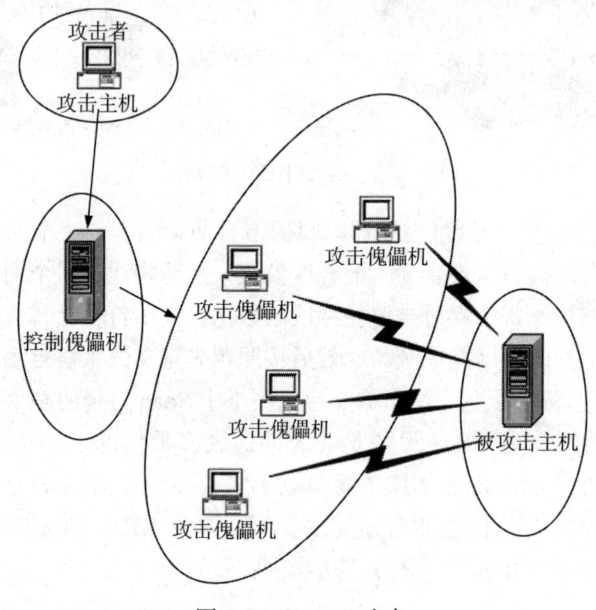

图 8-41 DDoS 攻击

DDoS 攻击方式分为两大类，即直接攻击和反射攻击，如图 8-42 所示。

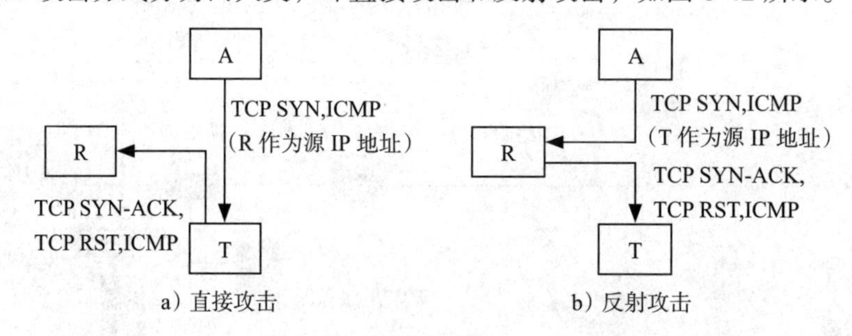

图 8-42 两种类型的 DDoS 攻击

1. 直接攻击

直接攻击是指攻击者直接向被攻击主机发送大量攻击报文。攻击报文可以是 TCP、UDP 或 ICMP 等。使用 TCP 作为攻击报文时，最常见的攻击方式是 TCP SYN 泛洪（SYN flooding），它利用了 TCP 的 3 次握手机制。使用这种攻击方式的攻击者（图 8-42a 中的 A）向被攻击主机（图 8-42a 中的 T）发送大量的 SYN 报文，被攻击主机将发送 SYN+ACK 报文。由于攻击者发送的 IP 报文的源地址是假冒的 IP 地址，因此被攻击主机发送的 SYN+ACK 报文没有主机接受，也就不可能建立 TCP 连接。在这种情况下，被攻击主机通过超时重传 SYN+ACK 报文，并等待一段时间后放弃这个未完成的连接。这段时间被称为 SYN 超时（SYN timeout），一般来说这个时间为 30 ～ 120s。如果被攻击主机维持数以万计的半打开连接（half-open connection），就会导致 CPU 资源或内存资源的耗尽，从而造成无法响应正常的客户请求，被攻击主机遭到拒绝服务攻击。

一种基于 TCP 报文的攻击是用大量报文消耗被攻击主机的链路带宽，从而造成被攻击主机发送 RST 报文，导致正常 TCP 连接被中断。一般来说，通过统计 SYN+ACK 报文数量的异常增加可以判断系统是否遭受了 SYN 攻击。

2. 反射攻击

反射攻击是一种间接攻击。在反射攻击中，攻击者利用中间节点（包括主机和路由器，又称反射节点）进行攻击。攻击者首先向反射节点发送大量报文，并将这些报文的源地址设置成被攻击主机的 IP 地址。由于反射节点并不知道这些攻击报文的源地址是假冒的，反射节点将把这些攻击报文的响应报文发往被攻击主机，如图 8-42b 所示。在图 8-42b 中，发往被攻击主机的攻击报文是经过反射节点反射的报文，如果反射节点数量足够多，那么反射报文将耗尽被攻击主机的链路带宽。

Smurf 攻击就是一种反射攻击。Smurf 攻击通过向被攻击主机所在的子网发送 ICMP echo request 报文，该 ICMP 报文的源 IP 地址被设置成被攻击主机的 IP 地址，目的 IP 地址为有限广播地址。这样，子网中的每台主机都会向被攻击主机返回 ICMP echo reply 报文，从而导致被攻击主机不停地处理 ICMP echo reply 报文。

上面提到，反射攻击是基于反射节点为了响应收到的报文而生成新报文的能力来进行的。因此，任何可以自动生成响应报文的协议都可以被用来进行反射攻击。这样的协议包括 TCP、UDP、ICMP 以及某些应用层协议。当使用 TCP 报文进行反射攻击时，反射节点将对 SYN 报文响应 SYN+ACK 或 RST 报文（当收到不正确的 TCP 报文时也响应 TCP RST 报文）。当反射节点发出大量的 SYN+ACK 报文时，它实际上也是一种 SYN 泛洪攻击的被攻击主机，因为反射节点也维护了大量的半打开连接。当然，反射节点的情况比直接攻击的被攻击主机要好一点，因为每个反射节点只对整个攻击发挥了一部分作用。另外，与采用 TCP SYN 泛洪的直接攻击相比，这种 TCP SYN+ACK 泛洪攻击并不会耗尽被攻击主机的资源。因为被攻击主机通过检查 ACK 标志位，可以很容易检测出 SYN+ACK 报文，从而将报文丢弃，所以反射攻击的主要目标是耗尽被攻击主机的链路带宽。

除 ICMP echo request 报文之外，其他的 ICMP 差错报告报文也可以被攻击者用来进行反射攻击。例如，攻击报文中可以包括当前没有使用的目的端口号，这就会触发主机发出 ICMP 端口不可达报文。攻击者还可以使用 TTL 非常小的攻击报文，这将触发路由器发出 ICMP 超时报文。与直接攻击不同的是，反射攻击很难通过分析被攻击主机的响应情况来发现，因为被攻击主机几乎不发送任何响应报文。

反射攻击和直接攻击非常类似，但是两者也存在重要的区别。其中最重要的一点是，发起反射攻击之前，必须有一组预先确定的反射节点。攻击报文的数量是由反射节点的数量和报文发送速率来决定的。而在直接攻击中，攻击报文的数量由攻击傀儡机的数量决定。在反射攻击中，反射节点的物理位置可能更加分散，因为攻击者并不需要在反射节点上运行傀儡程序。另外，在反射攻击中，攻击报文实际上是正常的 IP 报文，具有合法的 IP 源地址和报文类型，因此针对 IP 地址欺骗的报文过滤技术和针对路由的 DDoS 检测机制就很难发挥作用。

8.9.2 DDoS 攻击防范

针对不同的 DDoS 攻击方法有不同的防范手段，下面以 TCP SYN 泛洪攻击的防范为例来说明如何防范 DDoS 攻击。

由于 TCP SYN 泛洪攻击利用了 TCP 三次握手机制，攻击者通过伪造 IP 地址向被攻击主机发出 TCP 连接建立请求，而被攻击主机返回的响应报文将永远无法到达目的地，那么被攻击主机在等待关闭这个连接的过程中消耗了资源。如果有成千上万的这种连接，被攻击主机的资源将被耗尽，从而达到攻击的目的。TCP SYN 泛洪攻击的防范技术主要有以下两种。

1. 延缓 TCB 分配方法

从 SYN 泛洪攻击原理可以看到，消耗服务器资源的主要原因是当 SYN 数据报文一到达，系统就立即分配 TCB（TCP Control Block），从而占用了资源。而 SYN 泛洪攻击很难建立起正常连接，因此，当正常连接建立起来后再分配 TCB 则可以有效地减轻服务器资源的消耗。常见的方法是使用 SYN cache 和 Syn cookie 技术。

（1）SYN cache 技术

这种技术是指在收到 SYN 数据报文时不急于去分配 TCB，而是先回应一个 SYN ACK 报文，并在一个专用 hash 表（cache）中保存这种半开连接信息，直到收到正确的回应 ACK 报文再分配 TCB。在 FreeBSD 系统中这种 cache 每个半开连接只需使用 160 字节，远小于 TCB 所需的 736 个字节。在发送的 SYN+ACK 中需要使用一个己方的序列号（sequence number），这个数字不能被对方猜到，否则对于有些智能的 SYN 泛洪攻击程序来说，它们在发送 SYN 报文后会发送一个 ACK 报文，如果己方的序列号被对方猜测到，则会被其建立起真正的连接。因此一般采用一些加密算法生成难于预测的序列号。

（2）SYN cookie 技术

对于 SYN 攻击，SYN cache 技术虽然不分配 TCB，但是为了判断后续对方发来的 ACK 报文中的序列号的正确性，还是需要使用一些空间去保存己方生成的序列号等信息，也造成了一些资源的浪费。

Syn cookie 技术则完全不使用任何存储资源，这种方法比较巧妙，它使用一种特殊的算法生成序列号，这种算法考虑到了对方的 IP、端口、己方 IP、端口的固定信息，以及对方无法知道而己方比较固定的一些信息，如 MSS（Maximum Segment Size）、时间等，在收到对方的 ACK 报文后，重新计算一遍，看其是否与对方回应报文中的序号相同，从而决定是否分配 TCB 资源。

2. 使用 SYN Proxy 防火墙

SYN cache 和 SYN cookie 技术都是主机保护技术，需要系统的 TCP/IP 协议栈的支持，而目前并非所有的操作系统都支持这些技术。因此很多防火墙中都提供一种 SYN 代理的功能，其主要原理是对试图穿越的 SYN 请求进行验证后才放行。在这种方式中，防火墙在确认连接的有效性后，才向内部的服务器发起 SYN 连接建立请求。所有的无效连接请求都无法到达内部的服务器，而防火墙采用的验证连接有效性的方法可以是 SYN flooding 或 SYN cookie 等技术。

8.10　小结

信息安全是指信息系统不因对手恶意破坏而能正常连续、可靠地工作或者是遭到破坏后能迅速恢复正常使用的安全过程。

病毒、蠕虫、木马和漏洞是常见的安全问题，我们一般通过安装防病毒软件和漏洞扫描软件来解决上述问题。

安全特性主要包括完整性、机密性、可用性、不可否认性和可控性。常见的网络攻击包括中断、窃听、篡改和伪造。安全防护包括技术手段和管理手段，技术手段主要包括主动防护和被动防护。

密码学是信息安全的基础。加密算法分为对称密钥加密和公开密钥加密两种。对称密钥加密算法速度快，但是密钥分发比较困难。公开密钥加密算法速度慢，但是密钥分发相对来说容易一些。

基于密码学能够提供的安全服务主要是机密性、认证、完整性以及不可否认。机密性、认证既可以基于对称密钥加密算法，也可以基于公开密钥加密算法。但是，完整性和不可否认一般都是基于公开密钥加密算法通过数字签名来实现的。为了加快签名速度，一般是先用散列函数计算出文档摘要，然后对摘要进行签名。

VPN 是指基于互联网提供专用网服务，实现 VPN 的最主要技术是隧道，常用的隧道技术有二层隧道协议和三层隧道协议以及 MPLS 隧道。

实现 IP 层安全的手段是在 IP 报文中添加 AH 或 ESP 头部，以提供机密性、数据源认证、数据完整性等安全特性。IPSec 中的密钥协商通过 IKE 协议实现。TLS 能够保证 TCP 传输服务的安全。PGP 为电子邮件提供各种安全服务。

随着 Web 2.0、社交网络、微博等一系列新型互联网产品的诞生，基于 Web 环境的互联网应用越来越广泛，接踵而至的就是 Web 安全威胁的凸显。黑客利用网站操作系统的漏洞和 Web 服务程序的 SQL 注入漏洞等得到 Web 服务器的控制权限，轻则篡改网页内容，重则窃取重要内部数据，更为严重的是在网页中植入恶意代码，使网站访问者受到侵害。这也使得越来越多的用户关注应用层的安全问题，对 Web 应用安全的关注度也逐渐升温。

防火墙和 IDS 都是用于网络安全防护和检测的设备。防火墙属于静态的、被动的防御，而入侵检测系统则是积极、主动地去发现遭受的攻击，是动态安全的核心技术，也是对静态防御的合理补充。

DoS 攻击的目的是使计算机或网络无法提供正常的服务，而 DDoS 攻击将多个计算机联合起来发动 DoS 攻击，从而成倍地提高拒绝服务攻击的威力。DDoS 的攻击方式有直接攻击和反射攻击两种。

习题

1. 什么是病毒、蠕虫、木马和漏洞？
2. 简述信息安全包含哪几种特性。
3. 网络安全攻击主要有哪几种？每一种攻击主要破坏哪一种安全特性？
4. 对称密钥加密算法的特点是什么？

5. 公开密钥加密算法的特点是什么？
6. 已知 RSA 公开密钥密码体制的公开密钥 e=7、n=33、明文 M=5，试求其密文 C。通过求解 p、q 和 d 可破译这种密码体制。若截获的密文 C=13，试求经破译得到的明文 M。
7. 已知 RSA 公开密钥密码体制的公开密钥 e=7、n=33，通过求解 p、q 和 d 可破译这种密码体制。若截获的密文 C=14，试求经破译得到的明文 M。
8. 简述基于公开密钥加密算法的保密通信过程。
9. 简述挑战—应答认证协议的工作过程。
10. 用于数字签名的散列函数必须满足哪几个条件？
11. 简述对报文摘要进行签名的工作过程。
12. Alice 要通过网络向 Bob 发送明文 P，假设 Alice 的公钥和私钥分别为 A 公钥和 A 私钥，Bob 的公钥和私钥分别为 B 公钥和 B 私钥。如果希望 Alice 发送的明文带上她的签名，同时希望 Alice 和 Bob 之间是保密通信，请问 Alice 在发送明文 P 前应对其如何处理？而 Bob 在接收到报文后又如何处理？
13. 简述 Diffie-Hellman 密钥交换协议的工作过程。
14. 举例说明 Diffie-Hellman 密钥交换协议如何遭受中间人攻击。
15. 简述基于 KDC 建立会话密钥的工作过程。
16. Kerberos 有哪些基本组成部分？每部分的功能是什么？
17. 试举例说明 Kerberos 协议的工作过程。
18. 为什么要对公钥进行认证？如何对公钥进行认证？
19. 引入 X.509 标准的目的是什么？
20. 什么是 PKI？为什么要引入 PKI？
21. 有哪几种方式构建 VPN？
22. IPSec 的目的是什么？
23. AH 提供什么安全服务？在 IP 报文中如何插入 AH？
24. ESP 提供什么安全服务？在 IP 报文中如何插入 ESP？
25. TLS 的功能是什么？
26. TLS 包含哪些协议？每种协议的作用是什么？
27. DNSSEC 的功能是什么？
28. 简述 DNSSEC 工作原理。
29. 简述发送端 PGP 和接收端 PGP 的处理过程。
30. Web 安全攻击方式有哪几种？
31. 防火墙和 IDS 的作用分别是什么？
32. 比较报文过滤、应用层网关和状态检测防火墙各自的原理和特点。
33. 什么是入侵防御系统？
34. 简述 IDS 的基本组成以及每部分的作用。
35. 简述 IDS 的分类。
36. 什么是 DoS 和 DDoS 攻击？
37. DDoS 攻击有哪两种方式？这两种方式各有什么特点？

第9章　软件定义网络

传统网络体系结构已经不能适应企业、运营商和网络端用户的需求。ONF（Open Networking Foundation，开放网络基金会）提出的SDN（Software Defined Networking，软件定义网络）成为一种重要的新型网络体系结构。基于SDN体系结构，企业和运营商可以获得强大的可编程、自动化、网络管理和网络控制能力，从而设计和管理一个高可扩展、灵活高效的网络，满足不断变化的业务需求。

SDN作为一种新型网络体系结构，将网络的控制平面与数据平面分离，通过控制器中的软件平台来实现可编程化控制底层硬件，实现对网络资源的灵活按需配置。这种特性，使网络设备从与业务特性紧耦合的特定网络设备转换为一个计算设备。底层网络设施成为上层应用和网络服务的通用抽象，网络也成为一个逻辑或虚拟的实体。SDN已经在Google等大型互联网公司的数据中心网络中广泛使用，华为、锐捷等公司均提供了SDN产品和解决方案。

本章首先介绍软件定义网络技术出现的背景，然后分别介绍软件定义网络的数据平面、控制平面和应用平面。

9.1　SDN概述

9.1.1　SDN出现的背景

随着移动互联网、物联网等技术的发展和普及，网络中的流量在不断增加，这给网络基础设施带来很大的冲击和挑战。例如，云计算使大量的数据在客户端和云中心之间传递，数据中心的服务器之间也有大量的互联互通要求。视频等移动应用和泛在感知的物联网应用都会产生大量的网络流量，并且存在很大的复杂性和动态性。

传统的网络体系结构构建在TCP/IP协议的基础上，在分布式自治的架构上提供尽力而为的网络服务。互联网的快速发展给网络带来了不断增加且动态而复杂的网络负载。虽然高速Wi-Fi和4G/5G等通信技术提高了通信速率和网络处理能力，但是基于传统的网络体系结构，即使采用更高容量的传输机制和性能更好的网络设备，也无法满足严格的QoS和QoE需求。

开放网络基金会指出了传统网络体系结构存在以下4个方面的局限。

- **体系结构静态且复杂**。为了满足波动性强的高速流量在服务质量和安全性方面的需求，网络技术变得日趋复杂和难以管理，这就导致出现了许多相互独立的网络协议，但每种协议只能满足部分网络需求。一个例子就是设备的添加和移除，网络管理员必须使用管理工具来对交换机、路由器、防火墙等设备的配置参数进行修改和更新，这些操作包括对很多设备上的访问控制列表（ACL）、虚拟局域网设置和 QoS 设置进行修改，此外还有其他相关协议的调整；另一个例子是为适应用户需求和流量模式的变化来对 QoS 参数进行调整，这时需要进行大量的手工操作来对每台厂商设备的单个应用甚至单个会话进行配置。

- **策略管理复杂**。当需要实施对全网的安全管理和性能管理时，网络管理员需要对成百上千台设备进行配置。在大型网络中，当新的用户接入或虚拟机被激活时，需要花费几个小时甚至几天的时间来对整个网络的访问控制列表进行配置。这种全网的策略配置容易导致很多问题，如策略不一致和策略冲突等。
- **扩展性不足**。人们对网络容量和多样性方面的需求一直在快速增加，但是由于网络的复杂性和静态性，增加来自多个厂商的路由器、交换机等网络设备是非常困难的。以往可以根据预测出来的流量增长情况预定设备或者一次性超额定购，但是随着虚拟化技术的广泛应用和多媒体应用的日益多样化，流量模式变得越来越难以预测。
- **厂商依赖性**。流量的快速增长对网络带宽的需求日益加大，企业和运营商需要快速部署新的设施和服务来应对业务和用户需求的变化，但是网络功能缺少开放接口，使企业受到厂商设备更新周期的限制。

9.1.2 SDN 体系结构

网络的交换功能包括控制功能和数据功能，其中控制功能负责决定数据流的路由以及转发的优先级，数据功能负责根据控制功能的决策来转发数据。在传统网络中，控制功能和数据功能都集成在路由器、交换机等网络设备里，通过路由和网络控制协议来实施控制，但是这种模式不太灵活，而且要求所有网络节点都采用相同的协议。

SDN 将交换功能划分为数据平面和控制平面，两个平面分别运行在不同的设备上，如图 9-1 所示。数据平面只负责转发分组，而控制平面可以根据网络流量变化，“智能”地设置路由表、路由策略参数和优先级，以满足 QoS 和 QoE 需求。在 SDN 中，中央控制器完成所有复杂的功能，包括路由、命名、策略声明和安全性检查，构成了 SDN 的控制平面。交换机只需要对流表进行简单的管理，流表中的表项只能由控制器来修改。这些交换机构成了 SDN 的数据平面。控制器与交换机之间通过标准协议来通信。定义的开放接口使交换硬件可以采用统一的接口，从而无须考虑内部实现细节。定义的开放接口还使网络应用可以与 SDN 控制器通信。

具体来说，SDN 的数据平面由物理交换机和虚拟交换机组成。在这两种情况下，交换机都负责转发分组。缓存、优先级参数以及其他与转发相关的数据结构的内部实现都取决于厂商，但是每个交换机都必须完成统一和开放的分组转发模型，即控制平面和数据平面之间开放的应用程序编程接口（Application Programming Interface，API），也称为南向（south bound）接口。最有名的南向接口的例子是 OpenFlow，OpenFlow 规范定义了控制平面和数据平面之间的协议，以及控制平面调用 OpenFlow 协议的 API。

SDN 控制器可以直接在服务器或虚拟服务器上实现，利用 OpenFlow 或其他开放 API 对数据平面的交换机进行控制。SDN 控制器开放了北向 API，使开发者和网络管理员可以设计和部署大量定制的网络应用，而在传统网络中这些都是不可实现的。现在还没有标准的北向 API，很多厂商采用基于表述性状态转移（Representational State Transfer，REST）的 API 来提供 SDN 控制器的可编程接口。

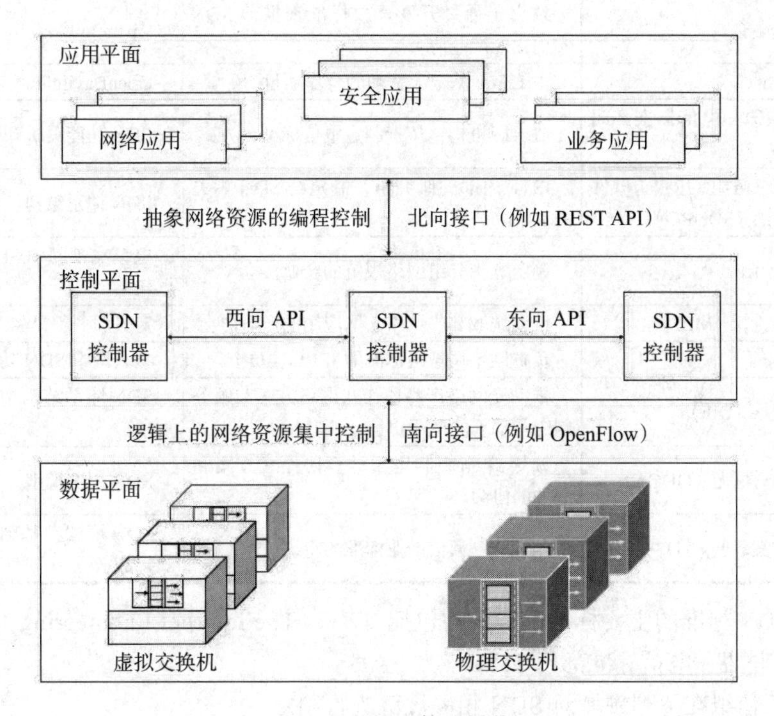

图 9-1　SDN 体系结构

标准的横向（东向 / 西向）API 接口同样缺乏，这类接口的目的是让控制器组或联盟之间完成通信和协作，从而同步状态以达到更高的性能和可用性。

应用平面有许多与 SDN 控制器相交互的应用。SDN 应用是可以利用网络抽象视图进行决策的程序，这些应用会通过北向 API 接口将它们的网络需求和所期望的网络行为传递给 SDN 控制器，具体的应用案例包括网络节能、安全监控、访问控制和网络管理。

总结来看，SDN 包含如下特征：

- 控制平面与数据平面分离；
- 数据平面设备只负责转发分组；
- 控制平面可以设置路由表、路由策略参数和优先级。控制平面在集中式的控制器或一组协作的控制器上实现。SDN 控制器拥有它所控制网络的全局视图，可编程，可移植。
- 控制平面设备和数据平面设备之间的开放接口已经定义。
- 网络可由运行在 SDN 控制器之上的应用进行编程，SDN 控制器向应用提供了网络资源的抽象视图。

9.1.3　SDN 相关标准

许多标准化组织、基金会、学术界和工业界参与建立了 SDN 相关标准，其中包括一些开放标准。表 9-1 列举了主要的参与组织机构、任务及其代表性成果。

表 9-1 参与制定 SDN 标准的组织和机构

组织机构	任务	代表性成果
开放网络基金会	致力于通过开发开放标准来推动 SDN 实用化的产业协会	OpenFlow
OpenDaylight	由 Linux 基金会赞助的合作项目	OpenDaylight
国际电信联盟—电信标准部门（ITU-T）	联合国机构，负责制定电信标准化方案	SDN 功能需求和体系结构
互联网研究任务组（IRTF）软件定义网络研究组（SDNRO）	IRTF 内部的研究组，制定与 SDN 相关的 RFC	SDN 体系结构
宽带论坛（BRF）	制定宽带分组网络规范的产业协会	电信宽带网中 SDN 的需求与框架
城域以太网论坛（MEF）	推动城域和广域以太网应用的产业协会	定义服务编排 API
IEEE 802	负责制定局域网标准的 IEEE 委员会	接入网中 SDN 功能的标准化
光互联网论坛（OIF）	推动光网络产品协作式网络方案和服务制定与部署的产业协会	SDN 体系结构中传输网络的需求
开放数据中心联盟（ODCA）	领导 IT 组织制定云计算协作式方案和服务的协会	SDN 用例模型
电信产业方案联盟 (ATIS)	制定统一通信产业标准的组织机构	SDN 可编程基础设施的机遇和挑战

参与 SDN 标准的主要标准制定机构包括 IETF（The Internet Engineering Task Force）和国际电信联盟 – 电信标准部门（ITU-T）。

IETF 工作组在下列领域对 SDN 相关规范进行制定。

- 与路由系统的接口：开发与路由器和路由协议相交互的功能，从而执行路由策略。
- 服务功能链：为控制器设计体系结构和功能，引导流量以特定方式穿越网络，使每个虚拟服务平台只能看到它需要处理的流量。

ITU-T 是联合国下属机构，负责发布电信领域标准或建议。ITU-T 成立了软件定义网络联合协作机构（JCA-SDN)，其中有 4 个 ITU-T 研究组（SG）开展 SDN 相关标准制定。

- SG 13（未来网络，包括云计算、移动和下一代网络）：ITU-T 在 SDN 方面的主要研究组，制定了 Y.3300 标准，并对下一代网络（NGN）中的 SDN 和虚拟化技术展开研究。
- SG 11（信令需求、协议和测试的规范）：该研究组研究 SDN 信令框架以及如何将 SDN 技术应用到 IPv6 中。
- SG 15（传输、接入和家庭）：该研究组关注光传输网络、接入网络和家庭网络，重点开展 SDN 传输方面的研究。
- SG 16（多媒体）：该研究组研究采用 OpenFlow 协议来控制多媒体报文流，包括 SDN 在内容分发网络中的应用。

从事 SDN 标准化工作最重要的**协会**（consortium）是 ONF。ONF 致力于制定开放标准来推动 SDN 的实用化，它最主要的贡献是 OpenFlow 协议和 API。OpenFlow 协议是第一个专为 SDN 设计的标准接口，并且已经在很多网络和网络产品上以软件和硬件的形式进行部署。该标准通过将逻辑上的集中控制软件应用到网络，使网络具备对网络设备行为进行修改的能力。

还有一些开发发展组织是由用户创立和推动的，其目标是制定开放标准或开源软件。

OpenDaylight、OpenStack 等一些著名的 SDN 项目就是由开放发展组织来推出和维护的。

OpenDaylight 是一个由 Linux 基金会资助的开源软件机构，它的成员提供了相关资源来为众多应用开发 SDN 控制器。虽然其核心成员由公司组成，但是单个开发者和用户也可以参与进去。OpenDaylight 还支持利用南向协议、可编程网络服务、北向 API 和各种应用进行网络编程。

OpenStack 是一个著名的云操作系统开源项目，它提供了多租户的基础设施即服务（IaaS），具有实现简单和高可扩展的特性，用于满足公有云和私有云的需求。它期望将 SDN 技术引入网络部分，从而使云操作系统更为高效、灵活和可靠。OpenStack 由多个项目组成，其中名为 Neutron 的项目专注于联网工作，为其他 OpenStack 服务提供网络即服务（NaaS）功能。几乎所有 SDN 控制器都为 Neutron 提供插件程序。通过这些插件程序，OpenStack 可以构建丰富多样的网络拓扑，也可以在云平台配置高级网络策略。

9.2　SDN 数据平面

本节将介绍 SDN 数据平面的基本原理和功能，并介绍当前使用最为广泛的 SDN 数据平面实现方案——OpenFlow。OpenFlow 既是数据平面功能的逻辑结构规范，也是 SDN 控制器和网络设备之间的通信协议。

9.2.1　SDN 数据平面体系结构

SDN 数据平面也称为基础设施层，它由经过资源抽象的网络设备组成，而这些网络设备仅实现简单的转发功能，不包含或仅包含有限的控制平面的功能。网络转发设备仅根据 SDN 控制平面的决策来执行数据传输和处理，无须自治决策。

1. SDN 数据平面的功能

SDN 数据平面网络设备（SDN 交换机）包含控制支撑和数据转发两部分功能，如图 9-2 所示。

- 控制支撑功能：与 SDN 控制平面进行交互，通过资源 – 控制接口支持可编程特性。交换机与控制器之间的通信以及控制器对交换机的管理都是通过 OpenFlow 协议进行的。
- 数据转发功能：从其他网络设备和端系统接收到达的数据流，并将它们沿着计算和建立好的数据转发路径转发出去，转发路径主要根据 SDN 应用定义的规则来决定。

SDN 网络设备根据转发规则来进行转发，其中转发规则由控制器生成、下发，并存储在转发表中。转发表中存储了特定类别分组的下一跳路由信息。除简单的转发功能之外，网络设备还可以对分组的首部进行修改或丢弃。与传统网络设备类似，到达的分组缓存在输入队列中，等待网络设备的处理。处理完成后会放置到输出队列，等待传输，如图 9-2 所示。

图 9-2 中的网络设备有 3 个输入 / 输出端口：一个南向的端口实现与 SDN 控制器之间的控制通信，另外两个是典型的输入 / 输出端口。实际上，网络设备可以有更多的端

口，例如，可以通过多个南向端口与多个 SDN 控制器通信，也可以有两个以上的输入/输出端口来处理分组的到达和离开。

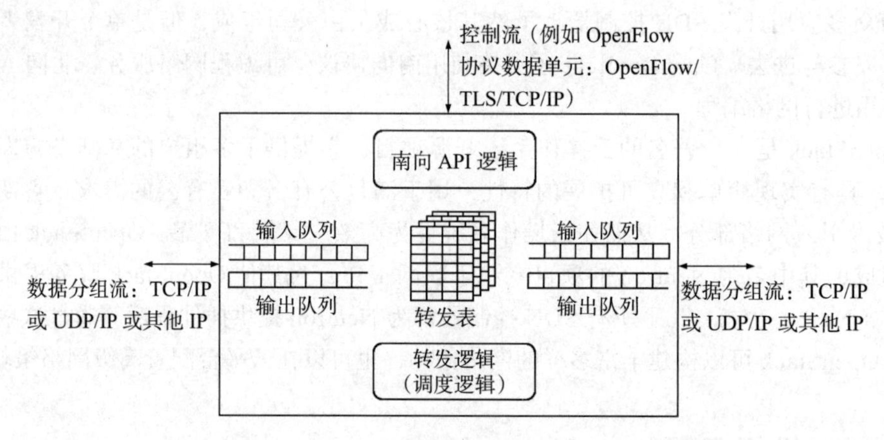

图 9-2　数据平面网络设备

2. SDN 数据平面协议

网络设备通常支持 TCP/IP 等通用协议、OpenFlow 等 SDN 协议和 TLS（Transport Layer Security）等传输层安全协议。数据流包括 TCP/IP、UDP/IP 或其他 IP 分组。转发表根据上层传输层或应用层协议来定义表项，网络设备检查 IP 报文头部，或加上其他头部信息来完成转发决策。

图 9-2 中还标识了另一个很重要的数据流，即南向应用程序编程接口（API），包括 OpenFlow 协议数据单元（PDU）或其他类似的南向 API 协议的数据流，它们完成与控制器的交互。

9.2.2　OpenFlow 网络设备

OpenFlow 协议既是 SDN 控制器与网络设备之间的协议，又定义了网络交换功能的逻辑规范（开放网络基金会在《OpenFlow 交换机规范》中进行了定义）。因此 OpenFlow 协议定义了通用的逻辑架构，使不同厂商的设备或不同类型的网络设备上只要支持 OpenFlow，即使用不同的方法实现，也能相互通信。

一个由 OpenFlow 支撑的 SDN 网络，由含有 OpenFlow 软件的 SDN 控制器、OpenFlow 交换机和端系统组成，如图 9-3 所示。图 9-4 展示了 OpenFlow 交换机的主要构成：SDN 控制器通过 OpenFlow 协议与支持 OpenFlow 的交换机通信，SDN 交换机之间可以相互连接。SDN 交换机也会与端用户设备相连，并发送和接收分组流。

OpenFlow 控制器与 OpenFlow 交换机之间的接口是 OpenFlow 信道（OpenFlow channel），用于控制器对交换机进行管理，值得注意的是控制器与交换机之间的 OpenFlow 协议运行在运输层安全协议（TLS）之上，通过 TLS 来保障协议安全。

OpenFlow 交换机中分组进入和离开 OpenFlow 流水线的地方是 OpenFlow 端口（OpenFlow port），分组可以从一个 OpenFlow 交换机的输出端口被转发到另一个 OpenFlow 交换机的输入端口。

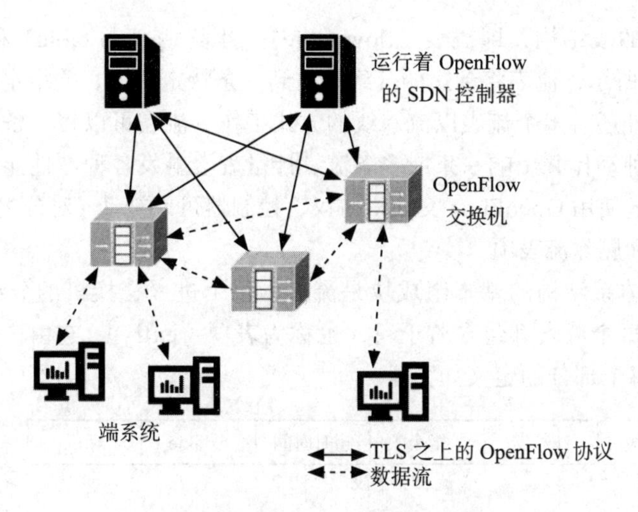

图 9-3　OpenFlow 交换机工作环境

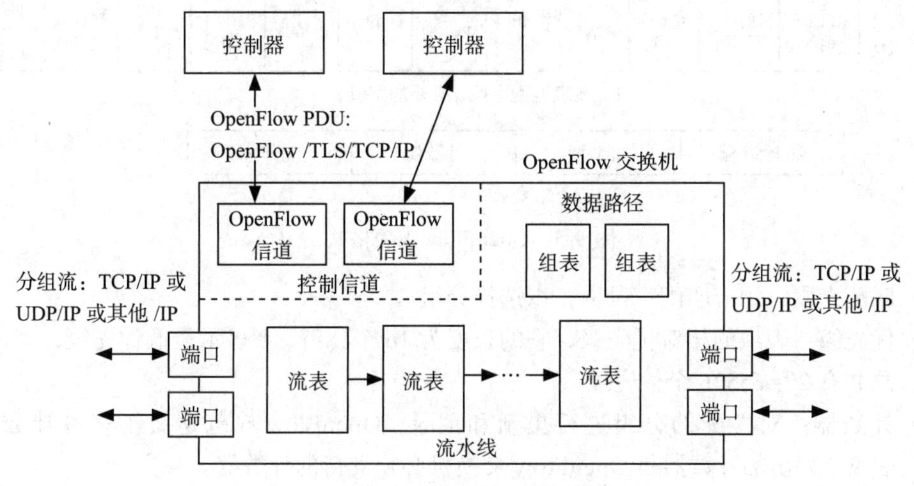

图 9-4　OpenFlow 交换机

OpenFlow 为 SDN 交换机定义了以下 3 种类型的端口。

- 物理端口：交换机的硬件接口，例如在以太网交换机上，物理端口与以太网接口一一对应。
- 逻辑端口：不直接与交换机的硬件接口相对应，逻辑端口是更高层的抽象，可以采用非 OpenFlow 方法在交换机上进行定义（例如链路聚合组、隧道或环回地址）。逻辑端口可以包括分组封装，也可以映射到不同物理端口上，在逻辑端口进行的处理与具体的实现相关，而且对 OpenFlow 处理必须是透明的，这些端口必须像物理端口那样与 OpenFlow 处理进行交互。
- 保留端口：由 OpenFlow 规范定义，它指定了通用的转发行为，例如发送给控制器和从控制器接收、洪泛，或使用非 OpenFlow 方法转发。

1. OpenFlow 交换机流表

OpenFlow 交换机内部有许多表，通过查询这些表来处理分组流。OpenFlow 规范定义了 3 种类型的表结构，即流表（flow table）、组表（group table）和计量表（meter table）。如图 9-4 所示，流表将到达的分组映射到一条特定的流，并指定这些分组应当执行什么操作。此外还有多个流表以流水线的方式工作。流表可以将一条流引导到某个组表，它会触发各种动作并影响一条或多条流。计量表会触发各种与性能相关的动作，并作用在流上。通过使用 OpenFlow 交换机协议，控制器可以被动（对分组进行响应）或主动地增加、更新和删除流表项。

逻辑交换机体系结构的基本组成块是流表，每个进入交换机的分组都会经过一个或多个流表，而每个流表都包含若干行，也称为表项（entry），它由 7 个部分组成（如图 9-5a 所示），每个部分的定义如下。

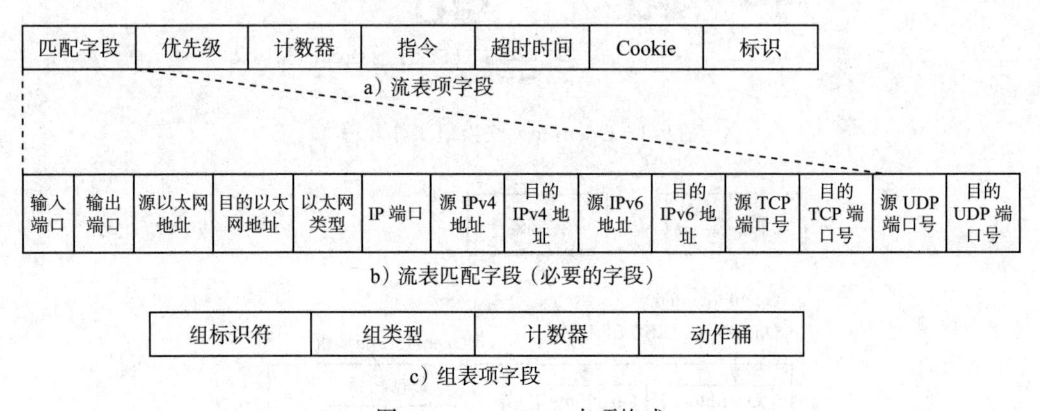

图 9-5 OpenFlow 表项格式

- 匹配字段：用于匹配字段值，以选择分组。
- 优先级：表项的相对优先级，它的长度为 16 个比特，0 表示最低优先级，理论上总共有 2^{16}=65536 个优先级。
- 计数器：对匹配的分组进行更新和记录，OpenFlow 规范定义了多种计数器，表 9-2 列出的计数器是 OpenFlow 交换机必须支持的计数器。
- 指令：如果分组匹配成功则需要执行的指令。
- 超时时间：交换机中流表项到期之前的最大有效时间。OpenFlow 协议通过超时机制来缓解交换机流表容量有限的问题，该机制让流表项只在一段时间内生效，并自动清理掉旧的、失效的流表项，腾出流表容量，以添加新的流表项。每个流表项都与一个空闲超时时间（idle_timeout）和一个硬超时时间（hard_timeout）相关联。硬超时时间的值非零时代表流表项从交换机移除的绝对时间，当该流表项的存在时间超过了预设置的硬超时时间时，流表项就会被交换机从流表中移除。空闲超时时间的值非零时代表流表项从交换机设备移除的相对时间，在空闲超时这段时间内，如果没有任何数据报匹配到该流表项，则交换机会主动将该流表项从流表中移除。
- Cookie：控制器设定的一个 64 位数值，可用于控制器对流统计、流修改和流删除时进行过滤，分组处理时不会用到它。
- 标识：标识可以用来指示流表被删除后是否发送相应消息、添加流表时是否检查流表重复项、添加的流表项是否为应急流表项等。OpenFlow v1.0 中包括 3 项：

OFPFF_SEND_FLOW_REM（流表失效时是否向控制器发送 Flow-removed 消息），OFPFF_CHECK_OVERLAP（交换机是否检测流表冲突），OFPFF_EMERG（该流表项将被存于 Emergency Flow Cache 中，仅在交换机处于紧急模式时生效）。

表 9-2 OpenFlow 交换机必须支持的计数器

计数器	用法	比特长度
参照计数器（活跃表项）	每个流表	32
持续时间（秒数）	每个流表项	32
接收分组数	每个端口	64
传输分组数	每个端口	64
持续时间（秒数）	每个端口	32
传输分组数	每个队列	64
持续时间（秒数）	每个队列	32
持续时间（秒数）	每个组	32
持续时间（秒数）	每个计量表	32

（1）匹配字段的构成

一个表项的匹配字段由下列必要的字段构成（如图 9-5b 所示）。

- 输入端口：分组到达的交换机端口标识符，可以是物理端口或者交换机定义的虚拟端口，它必须在入口表中。
- 输出端口：动作集的输出端口标识符，它必须在出口表中。
- 源和目的以太网地址：可以是精确的地址，也可以是带若干比特长度掩码的 IP 地址（只需检查若干比特）或者通配符（与所有值都匹配）。
- 以太网类型：表明以太网分组载荷的类型。
- IP 端口：版本 4 或版本 6。
- 源和目的 lPv4 或 IPv6 地址：可以是精确的地址、带子网掩码的地址块或通配符。
- 源和目的 TCP 端口号：精确匹配或者使用通配符。
- 源和目的 UDP 端口号：精确匹配或者使用通配符。
- 所有遵循 OpenFlow 的交换机都必须支持上述匹配字段，而下列字段则可以选择性地支持。
- 物理端口：当在逻辑端口上收到分组时，用于表明相应的底层物理端口。
- 元数据：在处理分组时，由一个表传递给另一个表的附加信息。
- VLAN ID 和 VLAN 用户优先级：IEEE 802.IQ 标准中的虚拟以太网首部字段。
- IPv4 或 IPv6 的 DS 和 ECN：区分服务和显式拥塞通告字段。
- SCTP 的源和目的端口号：对流传输控制协议进行精确匹配或使用通配符。
- ICMP 类型和代码字段：精确匹配或使用通配符。
- ARP 的 opcode：对以太网类型字段进行精确匹配。
- ARP 报文载荷中的源和目标 IPv4 地址：可以是精确的地址、带有掩码的网段或者通配符。
- IPv6 流标签：精确匹配或使用通配符。
- ICMPv6 类型和代码字段：精确匹配或使用通配符。

- IPv6 邻居发现目标地址：在 IPv6 邻居发现消息中。
- IPv6 邻居发现源和目标地址：IPv6 邻居发现消息中的链路层地址选项。
- MPLS 标签值、流类别和 BoS: MPLS 标签栈中最顶层的标签字段。
- 提供商桥接流量 ISID：服务实例标识符。
- 隧道 ID：与逻辑端口关联的元数据。
- TCP 标识：TCP 首部中的标识位，可用于检查 TCP 连接的开始或结束。
- IPv6 扩展：扩展首部。

所以，OpenFlow 可用于包含各种协议和网络服务的网络流量，注意在 MAC/ 链路层只支持以太网，因此 OpenFlow 还无法对无线网络的二层流量进行控制。

匹配字段构成中的每个字段要么是一个特定的值，要么是通配符，通配符与相应分组首部字段的任何值都匹配。流表可以包含默认流表项，该表项与所有匹配字段都是通配的，并且其优先级最低。

从流表的角度来看流，一条流就是与流表中某个特定表项相匹配的分组序列，该定义是面向分组的，它认为构成流的分组首部字段的值发挥了作用，而不是它们穿越网络所经过的路径发挥了作用。而在多个交换机上流表项的结合则将流的定义与一条特定的路径绑定起来。

（2）指令的构成

表项的指令构成包括一组指令集，该指令集在分组匹配表项时会被执行。动作描述分组转发、分组修改和组表处理操作，而动作集是与分组相关联的动作列表，它是在分组由各个表处理时累积和叠加起来的，在分组离开处理流水线时会被执行。

OpenFlow 规范中包含下列动作。

- 输出：将分组转发到特定的端口。该端口可以是通往另一个交换机的输出端口，也可以是通往控制器的端口。
- 设置队列：为分组设置队列 ID。当分组执行输出动作，将分组转发到端口时，该队列 ID 确定应当使用该端口的哪个队列来调度和转发分组。具体的转发行为由队列的配置来决定，它可用于提供基本的 QoS 保证。
- 组：通过特定组来对分组进行处理。
- 添加标签或删除标签：为一个 VLAN 或 MPLS 分组添加或删除标签字段。
- 设置字段：根据分组的字段类型来识别，然后修改各自分组首部字段的值。
- 修改 TTL ：对分组的 lPv4 生存时间（Time to Live，TTL）、IPv6 跳数限制或者 MPLS 的 TTL 进行修改。
- 丢弃：没有显式的动作表示丢弃，但是如果分组的动作集没有输出动作，就会被丢弃。

2. 流表流水线

交换机包含一个或多个流表，当超过一个流表时，它们可以组成流水线，这样可以给 SDN 控制器提供更大的灵活性。流水线的各个表可以采用从 0 开始的递增数字来标识。

流水线的处理总是从第一个流表的入口开始，这时分组必须首先与表 0 的流表项进行匹配，然后根据第一个流表的匹配结果来使用其他流表。如果入口处理结果是将分组转发到输出端口，则 OpenFlow 交换机就开始执行该输出端口场景下的出口处理。

当一个分组在某个流表中进行匹配时，具体的匹配输入包括分组、输入端口 ID、相关的元数据值以及相关的动作集。对于表 0 来说，元数据值和动作集都是空的。对于每个表，具体的处理过程如图 9-6 所示。

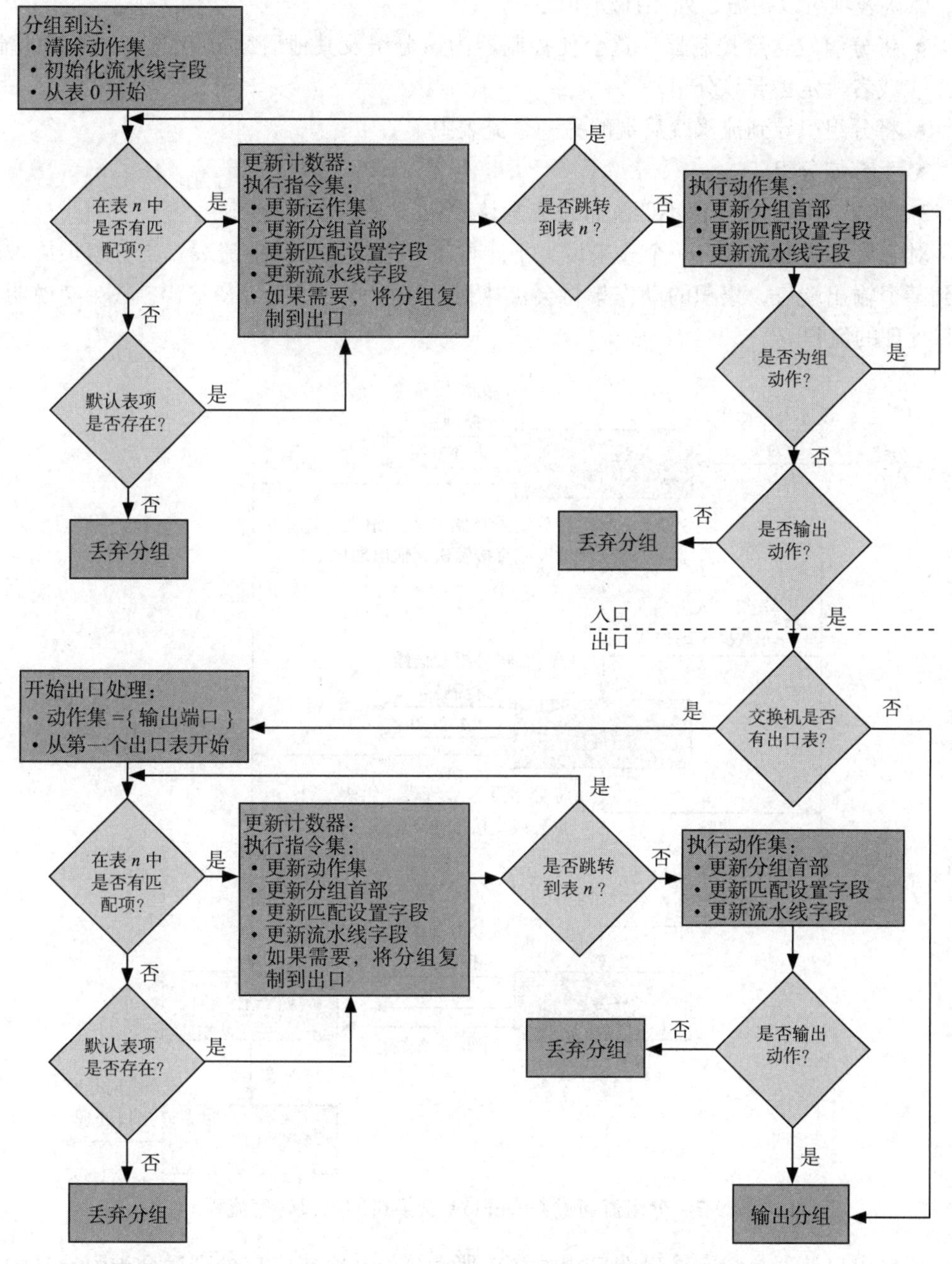

图 9-6　分组流通过 OpenFlow 交换机时的工作流程

1）如果与一个或多个表项匹配上，而不是只能与默认项匹配时，则最终匹配结果应当为优先级最高的匹配项。从图 9-5a 可以看出，表项中包含优先级，可以通过用户或应用调用 OpenFlow 来进行设置，随后可以执行下列步骤。

a）更新与该表项关联的计数器。

b）执行与该表项中对应的指令，可能是更新动作集、更新元数据值和执行动作等。

c）分组随后被转发给流水线后端的流表、组表、计量表或直接交给输出端口。

2）如果只与默认表项匹配，该表项也可以像其他表项一样包含指令。在实际操作中，默认表项可以指派下列三种动作之一。

- 将分组发送给控制器，这会使控制器为该分组及其他后续分组定义一条新的流，或者决定丢弃该分组。
- 将分组引导到流水线后端的另一个流表中。
- 丢弃该分组。

3）如果与所有表项都不匹配且没有默认表项，分组会被丢弃。

对于流水线上的最后一个表来说，不能再将分组转发给其他流表。当分组最终被转发到某个输出端口，累积的动作集将会被执行，然后分组排队等待输出。图 9-7 说明了入口处理的流程。

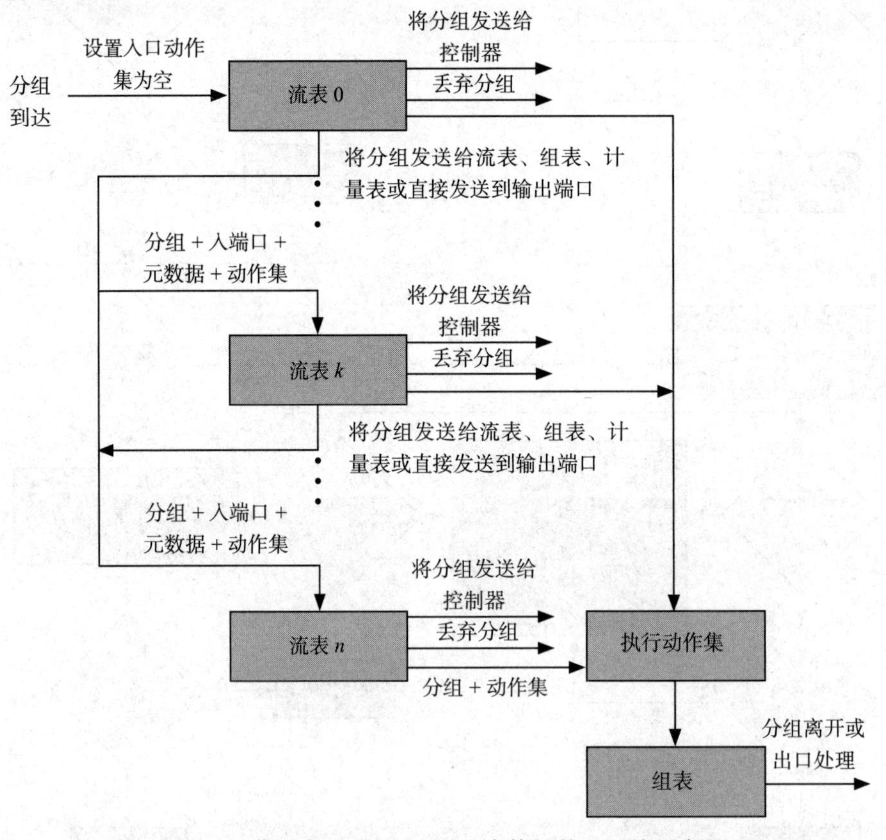

图 9-7 分组流通过 OpenFlow 交换机的入口处理流程

如果出口处理与特定输出端口相关联，那么分组在完成入口处理后会被引导到输出端口，之后转发到出口流水线的第一个流表处。出口处理流程与入口处理流程采用相同的方法，只是最后没有组表处理过程。具体的出口处理流程如图 9-8 所示。

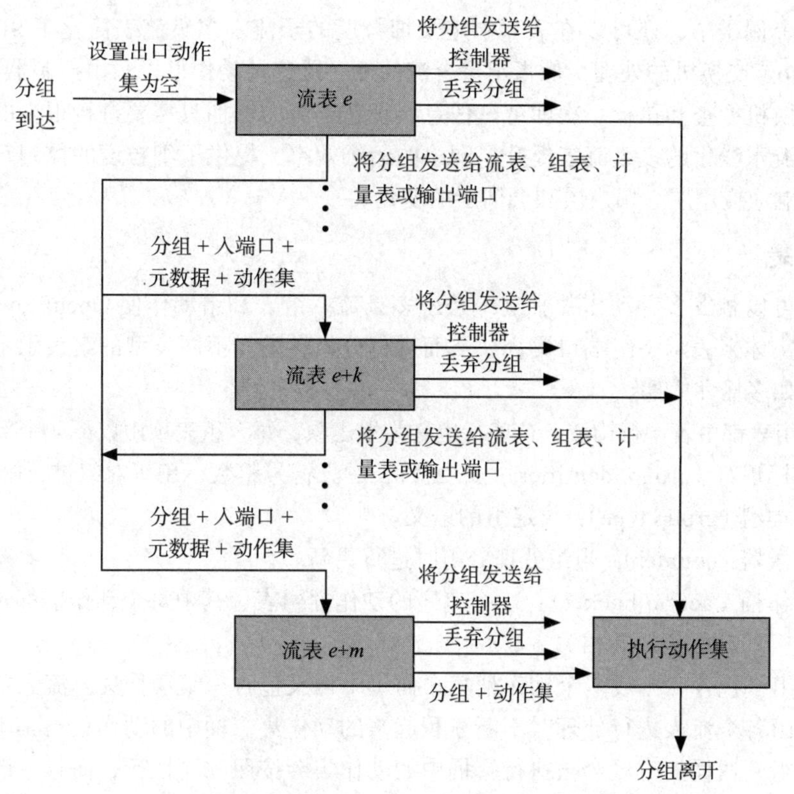

图 9-8　分组流通过 OpenFlow 交换机的出口处理流程

3. 多级流表的使用

使用多级流表可以实现流的嵌套或者将一条流拆分成多条并行的子流。图 9-9 显示了嵌套流的一个示例。在这个例子中，表 0 中的某个表项定义了一条从特定源端到特定目的端的分组流，一旦建立了这两个端点之间的最优路由路径，该路由的下一跳会被添加到交换机的表 0 中，那么两个端点之间的所有流量都可以沿着这条路径进行传输。在表 1 中，可以根据这条流的传输层协议（例如 TCP 或 UDP）定义不同的表项。对于这些子流来说，需要设定相同的输出端口，从而保证所有的子流都能沿着相同的路径转发。由于 TCP 采用了复杂的拥塞控制机制，而 UDP 没有，因此可以采用不同的 QoS 参数来分别对 TCP 和 UDP 子流进行处理。表 1 中的任意表项可以立即将各自的子流路由到输出端口，但其中的部分或全部表项可以激活表 2，从而对子流做进一步划分。图中根据运行在 TCP 之上的应用层协议 [例如简单邮件传输协议（SMTP）或文件传输协议（FTP）] 对 TCP 子流进行划分，图中还标识了表 1 和表 2 中用于其他目的的子流。

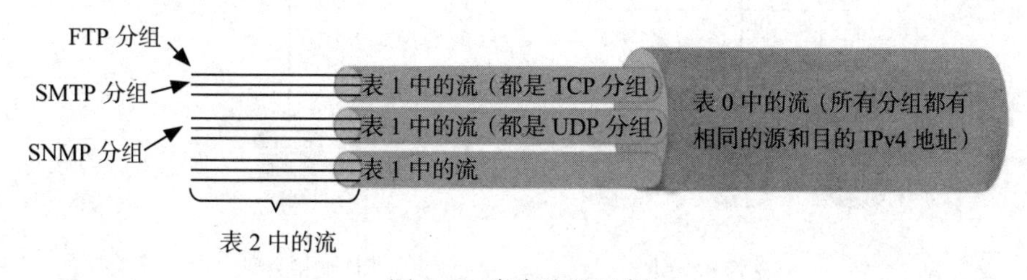

图 9-9　嵌套流的示例

在这个例子中，还可以在表 0 中定义细粒度的子流。多级流表简化了 SDN 控制器和 OpenFlow 交换机的处理，像指定聚合流的下一跳这种动作可以只由控制器设置一次，之后由交换机检查和执行一次即可。任意层级新子流的增加只需要进行很少的设置。因此，使用流水线化的多级流表提升了网络的运维效率，提供了细粒度的控制，还使网络可以实时响应应用层、用户层和会话层的变化。

4. 组表

组表可以触发多种动作并影响一条或多条流。组表和组动作使 OpenFlow 可以用一个单独的实体来表示一组端口集合，从而进行分组转发。不同类型的组表示不同的转发抽象，例如多播和广播。

每个组表都由若干行构成，这些行也称为组表项，每个组表项由以下 4 个部分构成。

- 组标识符（group identifier）：32 比特长的无符号整数，用于对组进行唯一标识。
- 组类型（group type）：决定组的语义。
- 计数器（counter）：当组处理分组时进行更新。
- 动作桶（action bucket）：一个有序的动作桶列表，其中每个动作桶都包含一组要执行的动作集及其相关参数。

每个组都包含一个或多个动作桶集，而每个桶又包含一组动作集。流表项中动作集是分组在由各个流表进行处理时不断累积起来的动作集。桶中的动作集与其不同，该动作集在分组到达桶的时候会被执行：桶中的动作集会按照顺序执行，而且一般最后一个动作是“输出”动作，它会把分组转发到某个特定的端口。最后一个动作也可以是“组”动作，它会将分组发送到另一个组，这样就可以实现更为复杂的组链处理。

如图 9-10 所示，组可以指定为如下任意一种类型：全部（all）类型、选择（select）类型、快速恢复（fast failover）类型和间接（indirect）类型。其中全部类型和间接类型是必须支持的，而选择类型和快速恢复类型是可选支持的。

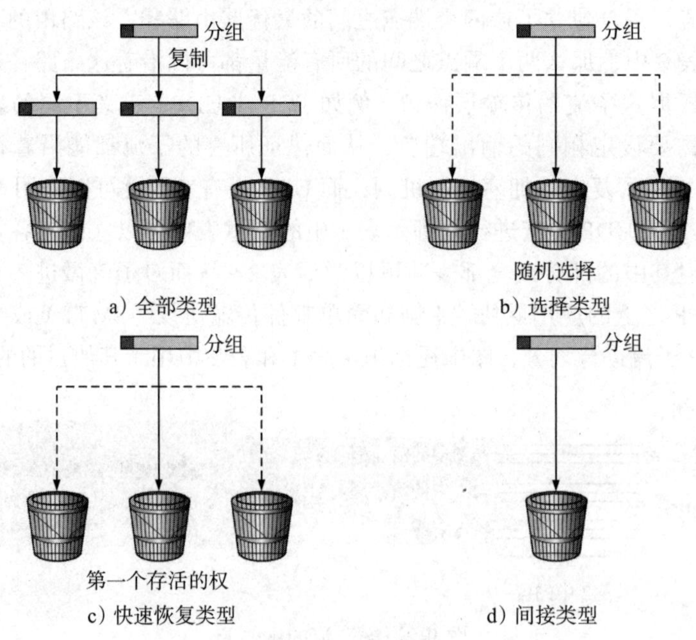

图 9-10　组类型

- 全部类型会执行组中的所有动作桶，因此，每个到达的分组都会被复制到所有桶中。通常来说，每个动作桶会指定不同的输出端口．因此每个输入分组会被发送到多个输出端口。这种类型常用于多播或广播。
- 选择类型会根据交换机的选择算法（例如基于某些用户配置元组的哈希或者简单的循环轮巡）的计算结果来执行组中的某个动作桶。选择算法可以采用平均负载或者根据 SDN 控制器指定的桶的权重来划分负载的方式实现。
- 快速恢复类型会指定第一个存活的动作桶。端口的存活性可以与路由算法或者拥塞控制机制相关，也可以由非 OpenFlow 的应用来管理。动作桶会按照顺序进行评估，并选中第一个存活的动作桶。这种类型使交换机无须向控制器发起请求就能直接修改转发路径，实现交换机的自我调整。

上述三种类型的动作桶都是作用于单条分组流，而间接类型则允许多条分组流（即多个流表项）指向一个相同的组标识符。控制器可以利用这种类型在特定条件下提供更为高效的管理。例如，假定 100 个流表项有相同的 IPv4 目的地址，但是其他的匹配字段不同，而所有这些流表项都会通过把动作“输出到 X”添加到动作列表中将分组转发到端口 X。这时可以用动作“组 GID”的方式来替换上述动作，其中 GID 是指间接组表项的 ID，该组表项会把分组转发到端口 X。如果 SDN 控制器需要将输出端口从 X 改为 Y，就不需要对所有 100 条流表项进行更新，而仅需要修改对应的组表项即可。

9.2.3　OpenFlow 协议

OpenFlow 协议描述了发生在 OpenFlow 控制器和 OpenFlow 交换机之间的报文交互。通常来说，该协议是在 TLS 之上实现的，它提供了安全的 OpenFlow 信道。OpenFlow 协议使控制器可以对流表中的流表项执行增加、修改和删除动作，它支持三类报文，如表 9-3 所示。

- 控制器到交换机报文：这些报文由控制器产生，在某些情况下需要交换机对其进行响应。这类报文使控制器可以对交换机的逻辑状态进行管理，包括流和组表项的配置等。例如 Packet-out 报文，当交换机将一个分组发送给控制器，而控制器决定不丢弃该分组，而是将分组转发到交换机的某个输出端口时，控制器就会发送 Packet-out 报文。
- 异步报文：这类报文不是由控制器引发的。这类报文包括发送给控制器的各种状态报文以及 Packet-in 报文，当交换机中没有某个分组匹配的流表项时，会使用 Packet-in 报文将分组转发给控制器。
- 对称报文：这类报文既不是控制器也不是交换机主动引发的。例如 Hello 报文通常用于控制器和交换机之间第一次建立连接时的交互，Echo 请求与响应报文可以让交换机或控制器对控制器到交换机之间的时延或带宽进行测量，或者仅用于测试设备是否开启和正在运行，Experimenter 报文则用于在 OpenFlow 未来版本中嵌入的新功能。

OpenFlow 协议为 SDN 控制器提供了以下三类信息，用于管理网络。

- 基于事件的报文：当一条链路或一个端口的状态发现改变时，交换机会发送报文给控制器。

表 9-3 OpenFlow 报文

报文	描述
控制器到交换机报文	
Features 报文	请求交换机的功能信息，交换机会将自身的功能信息反馈回来
Configuration 报文	设置和查询配置参数，交换机会对其响应参数进行设置
Modify-State 报文	增加、删除和修改流 / 组表项，设置交换机端口属性
Read-State 报文	从交换机收集信息，例如当前配置、统计信息和功能信息
Packet-out 报文	将分组引导到交换机的特定端口
Barrier 报文	屏障请求 / 响应报文用于控制器保证消息依赖性得到满足或者接收完整的操作通告
Role-Request 报文	设置或查询 OpenFlow 信道的角色，当交换机连接到多个控制器时可以使用该报文
Asynchronous-Configuration 报文	对异步报文设置过滤器或者查询过滤器信息，在交换机连接到多个控制器时可以使用该报文
异步报文	
Packet-in 报文	将分组发送给控制器
Flow-Removed 报文	将流表中流表项的删除信息通知给控制器
Port-Status 报文	将端口状态变化通知给控制器
Role-Status 报文	将交换机从主控制器改变为从控制器的角色变换信息通知给控制器
Controller-Status 报文	OpenFlow 信道状态改变时通知控制器，当控制器失去通信能力时会协助进行故障恢复处理
Flow-Monitor 报文	将流表的变化通知给控制器，它允许控制器实时监视其他控制器对流表中任意子集的改变
对称报文	
Hello 报文	交换机和控制器在连接启动时进行交互
Echo 报文	Echo 请求 / 响应报文可以由交换机或控制器发送，而且对方必须回复 echo 响应报文
Error 报文	交换机或控制器用于通知对方存在的问题和故障
Experimenter 报文	用于添加新功能

- 流统计信息：交换机根据流量情况产生统计信息，该信息可以让控制器对流量进行监视，并根据需要重新配置网络，调整网络参数以满足 QoS 需求。
- 封装的分组：由交换机发送给控制器，因为流表项中有显式的动作来发送该分组或者交换机需要相应的信息来建立一个新的流表项。

OpenFlow 协议使控制器可以对交换机的逻辑结构进行管理，并且不需要考虑交换机的实现细节。

9.3 SDN 控制平面

SDN 控制平面主要是指 SDN 控制器，SDN 控制器提供了基本的网络服务与通用的 API。网络管理员仅需制定策略来管理网络，而无须关注网络设备特征是否异构和动态等细节。因此，控制器在 SDN 中相当于网络操作系统（Network Operating System，NOS）。本节先描述 SDN 控制平面的体系结构，然后讨论典型的 SDN 控制平面实现的功能和接口能力，接下来概述 ITU-T 分层 SDN 模型，该模型提供了对控制平面更多的洞察。随后描述著名的开源 SDN 控制器 OpenDaylight，以及常见的 REST 北向接口，最后讨论多个 SDN 控制器之间的合作和协作相关的问题。

9.3.1　SDN 控制平面体系结构

SDN 控制层包含一个或多个控制器，负责管理和控制底层网络设备的分组转发。控制器将底层的网络资源抽象成可操作的信息模型，提供给应用层，根据应用程序的网络需求来控制网络工作状态，并发出操作指令。

1. 控制平面功能

SDN 控制器应当提供如下基本功能。

- 路由管理：根据交换机收集到的路由选择信息，创建并转发优化的最短路径信息。
- 通知管理：接收、处理和向服务事件转发报警、安全与状态变化信息。
- 安全管理：在应用程序与服务之间提供隔离和强化安全性。
- 拓扑管理：建立和维护交换机互联的拓扑结构的信息。
- 统计管理：收集通过交换机转发的数据量信息。
- 设备管理：配置交换机参数与属性，管理流表。

SDN 控制器提供的功能相当于网络操作系统（Network Operating System, NOS）。NOS 提供基本的服务、通用的应用编程接口（API）和对开发者的低层元素的抽象。SDN 控制器提供的功能使开发者能够定义网络策略和管理网络，而不必关注网络设备特征的细节，这些特征可能是异构的和动态的。应用程序开发者和网络管理员可以使用北向接口来访问 SDN 服务和执行网络管理任务。

目前有不少商业和开源的 SDN 控制器。

- OpenDaylight: OpenDaylight 由思科公司和 IBM 建立，其成员主要是网络厂商。该平台用 Java 实现，是一个网络可编程的开源平台。OpenDaylight 能够实现为一个单一集中式的控制器，其一个或多个实例也可以运行在网络中的一个或多个集群服务器中。
- 开放网络操作系统（ONOS）：2014 年 11 月，斯坦福大学和加州大学伯克利分校的 SDN 先驱们创立了非营利性组织 ON.Lab，并联合 AT&T、NTT、华为、爱立信、富士通、NEC、Ciena、Intel 等成立 ONOS。ONOS 是一个开源的、分布式的网络操作系统控制平台，可以满足运营商对网络业务的电信级需求。因此，开放网络基金会、开放网络论坛、ONRC 研究机构等多个组织都支持 ONOS。
- POX: 一种开源 OpenFlow 控制器。POX 具有编写良好的 API 和文档，提供了一个基于 Web 的图形用户接口（GUI），使用 Python 语言编写。与某些其他实现语言（如 C++）相比，Python 语言通常会缩短试验和研发周期。
- Beacon：一种基于 Java 语言开发实现的开源控制器，由斯坦福大学的 David Erickson 等人设计，以高效和稳定的特点应用于多个科研项目及实验环境中。除此之外，它还具有很好的跨平台性，并支持多线程，可以通过 UI 进行访问控制、使用和部署。
- Floodlight: Floodlight 是 Big Switch Networks 公司在 Beacon 基础上开发的企业

级开源 SDN 控制器，它基于 Java 开发，具有良好的架构和性能，是早期最流行的 SDN 控制器之一。Floodlight 的架构可以分为控制层和应用层，应用层通过北向 API 与控制层通信，控制层则通过南向接口控制数据平面。

- Ryu：一种基于 Python 语言的软件定义网络（SDN）控制器。它是由日本 NTT 实验室开发和维护的一个开源项目，被广泛应用于 SDN 应用程序的开发和部署。
- Onix: 由 Nicara、VMware、Google 和 NEC 等公司研发的一种分布式控制器框架。开发人员可以基于 Onix 提供的 API 开发自己的控制器逻辑并将其部署在服务器集群中。
- Orion: Orion 控制器是 Google 独立开发的第二代控制器。Google 在 2021 年公开 Orion 时，Orion 已经在现网中稳定运行了 4 年。相比第一代控制器 Onix，Orion 完全独立开发，采用微服务架构实现的分布式程序，具有更高的稳定性和更快的迭代速度。Orion 采用大规模分布式部署方案，可以实现大规模生产网络的控制与管理。

2. 南向接口

南向接口提供了 SDN 控制器与数据平面交换机（如图 9-11 所示）之间的逻辑连接。某些控制器产品和配置仅支持单一的南向接口协议。如果使用一个南向抽象层可以提供灵活的解决方案，这个抽象层对控制平面提供了一个公共的接口，可以支持多个南向 API。

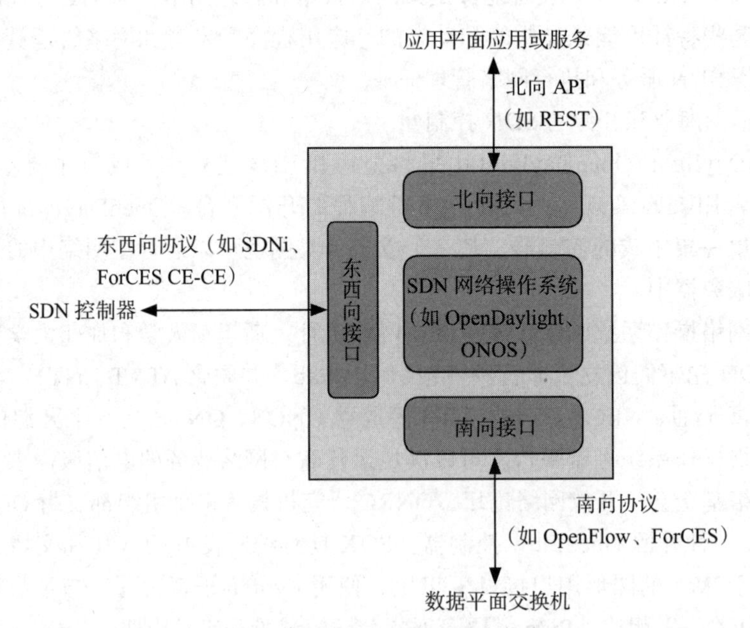

图 9-11 SDN 控制器接口

OpenFlow 是最通用的南向 API，除 OpenFlow 之外，其他南向接口包括：

- Open vSwitch 数据库（OVSDB）管理协议：Open vSwitch（OVS）是一个开放源码软件项目，该项目实现了虚拟交换，几乎能够与所有流行管理程序进行交互。OVS 在控制平面对虚拟和物理端口使用 OpenFlow 来转发报文。OVSDB 是一种用于管理和配置 OVS 实例的协议。

- 转发和控制元素分离（ForCES）：IETF 的一种工作成果，该成果标准化 IP 路由器的控制平面和数据平面之间的接口。
- 协议无关转发（Protocol Oblivious Forwarding，POF）：由华为提出的 SDN 南向协议，是一种 SDN 实现方式。与 OpenFlow 相似，在 POF 定义的架构中分为控制平面的 POF 控制器和数据平面 POF 转发元件（Forwarding Element）。在 POF 架构中，POF 交换机并没有协议的概念，它仅在 POF 控制器的指导下通过 {offset, length} 来定位数据、匹配并执行对应的操作，从而完成数据处理。此举使交换机可以在不关心协议的情况下完成数据的处理，因此在支持新协议时无须对交换机进行升级或购买新设备，仅需通过控制器下发对应流表项即可，大大加快了网络创新的进程。

3. 北向接口

SDN 北向接口是通过控制器向上层业务应用开放的接口，其目标是使业务应用能够便利地调用底层的网络资源和能力。应用层可以告诉网络它需要什么（数据、存储、带宽等），网络则可以传递这些资源给应用层，或者告之它所拥有的资源。通过北向接口，网络业务的开发者能够以软件编程的形式调用各种网络资源，同时上层的网络资源管理系统可以通过控制器的北向接口全局把控整个网络的资源状态，并对资源进行统一调度。北向接口是直接为业务应用服务的，因此其设计需要密切联系业务应用需求，具有多样化的特征。而北向接口的设计是否合理、便捷，以便能被业务应用广泛调用，会直接影响 SDN 控制器厂商的市场前景。

与南向接口和东向 / 西向接口不同，北向接口没有被广泛接受的标准，导致对不同的控制器研制了一些独特的 API，使研发 SDN 应用程序的工作变得复杂。为了处理这个问题，开放网络基金会于 2013 年成立了北向接口工作组（NBI-WG），其目标是定义和标准化一些通用的北向 API。

NBI-WG 认为，即使在同一个 SDN 控制器实例中，API 也需要位于不同的“纬度”。也就是说，某些 API 可能比其他“更北一些”，访问一个、几个或所有这些不同的 API 能够满足某个给定应用程序的需求。例如，为了管理一个网络域，一个应用可能需要直接显露控制器功能的一个或更多 API，并且调用位于该控制器中的分析或报告服务的 API。

图 9-12 显示了具有多层次北向 API 的体系结构的简化例子，其中包含如下层次。

- 基础控制器功能 API：这些 API 显露了控制器的基本功能并且由开发者用于提供网络服务。
- 网络服务 API：这些 API 对北向显露了网络服务。
- 北向接口应用程序 API：这些 API 显露了应用程序相关的服务，这些服务建立在网络服务的基础上。

用于定义北向 API 的体系结构风格是表述性状态转移，将在 9.3.3 节讨论。

4. 路由选择

与传统网络一样，SDN 网络也要具备路由选择功能。路由选择功能由拓扑信息收集、网络流量信息收集、路由选择算法等几个部分组成。5.7 节描述了两类路由选择协议：在自治系统（AS）中运行的内部网关协议（IGP）和在自治系统之间运行的外部网关协议（EGP）。

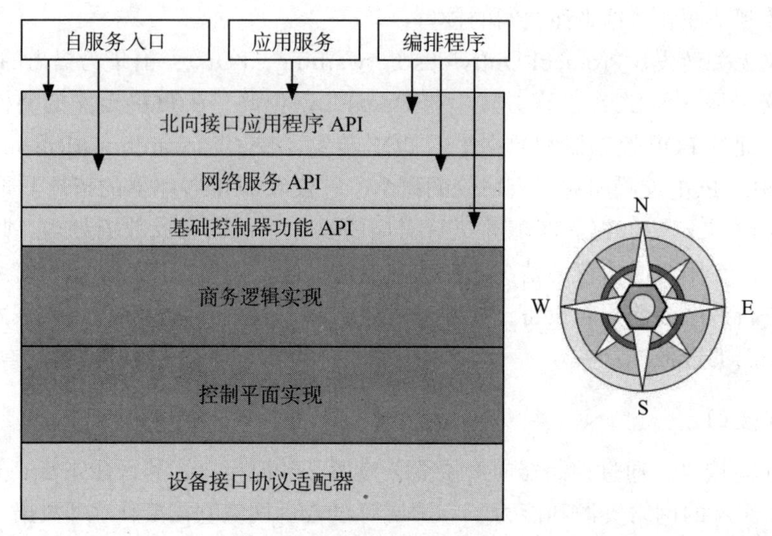

图 9-12　SDN 控制器 API

IGP 用于发现一个 AS 之中的路由器拓扑，并且基于不同的测度决定到每个目的地的最佳路径。两个广泛使用的 IGP 是开放最短路径优先（OSPF）协议和加强内部网关路由选择协议（EIGRP）。EGP 主要用于确定网络和 AS 外部端系统的可达性，它不必像 IGP 收集这样多的详细流量信息。因此，EGP 通常仅在连接一个 AS 与另一个 AS 的边界节点中运行。边界网关协议（BGP）通常用作 EGP。

在传统网络中，路由选择功能部署在各台路由器中，每台路由器负责建立网络拓扑的映像。对于内部路由选择，每台路由器对于每个 IP 目的地址，除了必须收集连通性和时延的信息外，还必须计算首选路径。然而，在 SDN 网络中，集中性地在 SDN 控制器中完成路由选择。SDN 控制器具有网络拓扑和网络状态的统一视图，可以计算最短路径，并能够实现路由选择策略。数据平面交换机无须再具备路由选择功能，从而减小了处理和存储的负担，改善了性能。

集中式路由选择要求具备两个明确的功能：链路发现和拓扑管理。对于链路发现，路由选择功能需要了解数据平面交换机之间的链路。需要注意的是，路由器之间的链路可能是由多条链路组成的逻辑链路，而对于以太网交换机这样的二层交换机，链路则是直接的物理链路。此外，链路发现必须在路由器和主机系统之间以及在这台控制器域中的路由器与在相邻域中的路由器之间执行。链路发现由进入控制器的网络域的未知流量所触发，该流量来自相连的主机或者来自相邻的路由器。

拓扑管理器维护着网络域的拓扑信息并计算本网络的最佳路径。路径计算包括确定两个数据平面节点之间或数据平面节点和主机之间的最短路径。

9.3.2 OpenDaylight

OpenDaylight 是一个由 Linux 基金会主持的开放源码项目，是一款使用 Java 开发的控制器，提供一套基于 SDN 开发的模块化、可扩展、可升级、虚拟化、支持多协议的控制器框架，目的是推动 SDN 技术的创新实施和透明化。OpenDaylight 是一套以开源社区为主导的开源框架，使厂商和研发人员协作研发核心开放源码模块，为平台增加价值。

OpenDaylight 的体系结构

图 9-13 提供了 OpenDaylight 体系结构的顶层视图，它由 5 个逻辑层次组成。

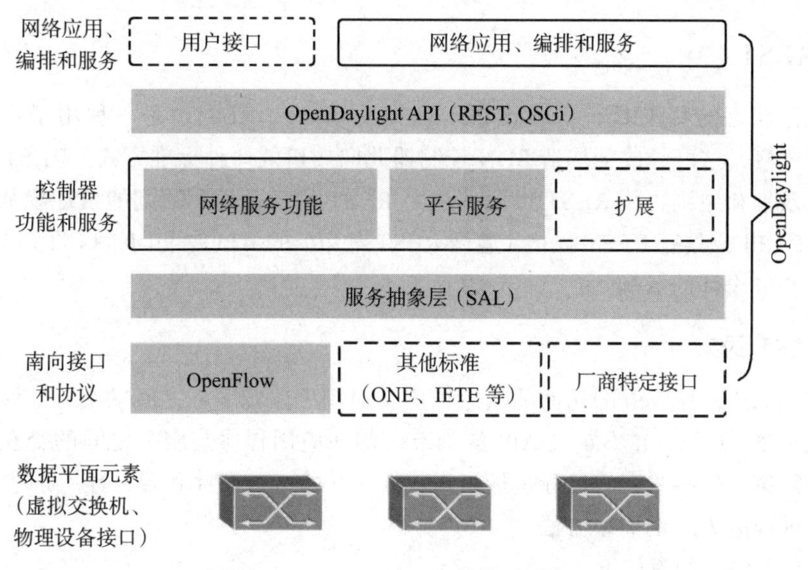

图 9-13　OpenDaylight 体系结构

- 网络应用、编排和服务：由商业和网络逻辑应用程序组成，其中后者控制和监控网络行为。这些应用程序使用控制器获取网络状态信息，运行算法以完成分析，进而使用控制器来编排整个网络的新规则。
- API：用于 OpenDaylight 控制器功能的公共接口集合。OpenDaylight 支持用于北向 API 的开放服务网关协议（Open Service Gateway Initiative, OSGi）框架和双向 REST。OSGi 定义动态组件系统的规范集合，这些规范提供一种模块化的体系结构，对于大规模分布式系统以及小型、嵌入式应用程序降低了软件复杂性。OSGi 用于部署在同一地址空间的控制器的应用程序，而 REST（基于 Web）API 则用于更灵活的控制器的应用程序，这些应用程序无须部署在相同的地址空间，甚至无须在同一台机器上。
- 控制器功能和服务：SDN 控制平面的功能与服务。
- 服务抽象层（SAL）：提供数据平面资源的统一视图，因此控制平面功能可以独立于特定的北向接口和协议来实现。
- 南向接口和协议：支持 OpenFlow、其他标准的南向协议和厂商特定接口。

对于 OpenDaylight 体系结构，有几点值得注意。首先，OpenDaylight 包括控制平面和应用平面的功能。因此，OpenDaylight 不仅是实现 SDN 控制器，还能使厂商和开发者在自己的服务器上使用开放源码软件来构造 SDN 配置，而厂商能够使用该软件来生成附加的应用平面增值功能和服务。其次，它没有约束 OpenFlow 或任何其他特定南向接口，这在构造 SDN 网络配置方面提供了更大的灵活性。OSGi 框架为可用的南向协议提供了动态链接插件。这些协议的能力被抽象为特色的集合，并能通过服务管理器被控制平面服务所调用。

OpenDaylight 项目的特点是软件套件具有模块化、可即插即用和灵活性等特色。所有代码都以 Java 实现并且包含在其自己的 Java 虚拟机（JVM）中。因此，它能够部署在支持 Java 的任何硬件和操作系统平台上。

9.3.3 REST

表述性状态转移（REpresentational State Transfer，REST）是一种用于定义 API 的体系结构风格，这已经成为构造 SDN 控制器北向接口的一种标准方式。REST 是指一组架构约束条件和原则，而 RESTful 是指满足 REST 约束条件和原则的设计规范或架构风格。REST API 或具有 REST 风格（遵循 REST 约束）的 API 是北向接口的主流方式，是遵循 RESTful 设计的 API。

1. REST 约束

REST 假定基于 Web 的访问的概念被用于应用程序和服务之间的交互，该服务位于 API 的任一侧。REST 并不定义 API 的细节，却在应用程序与服务之间的交互性质上施加了种种约束，这些约束的目标是最大化软件交互的可扩展性和独立性 / 协同工作能力，并提供一种构造 API 的简单方法。

这 6 个 REST 约束如下。

- 客户 – 服务器约束。这个简单的约束要求应用程序和服务器之间的交互具有客户端 – 服务器请求 / 响应风格。这个约束将用户接口相关部分与数据存储相关部分相分离。这种分离允许客户端和服务器组件独立演化，并支持服务器侧的功能可以迁移到多个平台。
- 无状态约束。无状态约束要求每个来自客户端到服务器的请求必须包括所有必需的信息，而不能依赖于任何存储在服务器上的上下文。类似地，每个来自服务器的响应必须包含所有对该请求所需的信息。这样做使事务的任何信息都维持在会话状态，而该会话状态完全保持在客户端。因为服务器无须保留客户的任何状态，所以 SDN 控制器更加高效。另外，如果客户和服务器部署在不同机器上，并且通过协议来通信，那么这个通信协议不需要是面向连接的。REST 通常运行在 HTTP 之上，而 HTTP 就是一种无状态协议。
- 高速缓存约束。该约束要求一个响应中的数据要隐式或显式地标记为可高速缓存或非高速缓存的。如果一个响应是高速缓存的，则客户高速缓存被赋予权利以便能够重用该响应数据，即赋予该客户来记忆这个数据的权利，因为服务器侧不会改变该数据。这种情况下，对相同数据的请求能够在客户本地进行处理，从而减少客户和服务器之间的通信开销，并减少服务器的处理负担。
- 一致接口。无论特定的客户端 – 服务器应用程序 API 是否使用 REST 实现，REST 强调组件之间使用一致的接口。这使得控制器服务可以独立进行演化，并且可以使用来自各类厂商的软件组件，以更好地实现控制器。对于 SDN 环境而言，这种约束的好处在于不同的应用程序（也许是用不同的语言编写的）能够通过一个 REST API 调用相同的控制器服务。为了获得一致接口，REST 定义了以下 4 个接口约束。

- 资源的身份：各个资源使用一个资源标识符（例如一个 URI）来识别。其中 URI 是一种标识抽象或物理资源的紧凑字符序列，URL 就是一种 URI，它指派了一种访问协议并且提供了一个特定的互联网地址。
- 通过描述操作资源：资源被描述为 JSON、XML 或 HTML 等格式。
- 自描述报文：每个报文都有足够的信息来描述该报文处理的方式。
- 超媒体作为应用程序状态的引擎：客户不需要与服务器进行交互的先验知识，因为 API 不是固定而是动态地由服务器提供。

REST 风格强调通过使用有限数量的操作来加强客户与服务器之间的交互。通过为资源分配它们自己唯一的统一资源标识符（URI）提供了灵活性。因为每个动作都具有特定的含义（GET、POST、PUT 和 DELETE），REST 避免了二义性。

- 系统分层约束。该约束要求给定的功能以层次方式来组织，其中每层只与上层和下层进行交互。对于协议体系结构、操作系统设计和系统服务设计而言，这是标准的体系结构方法。
- 按需代码约束。REST 允许通过下载和执行 Java 程序或脚本代码来扩展客户功能。这减少了必须预先实现的功能，并允许在部署后下载扩展程序，从而改善系统的可扩展性。

2. REST API 例子

下面，基于 SDN 网络操作系统 Ryu 来看一个北向接口的 REST API 的例子。Ryu 中设计了特殊的 API 交换机管理器功能，以提供对 OpenFlow 交换机的访问。

交换机管理员应用程序执行的每个功能是指派一个 URI。例如，考虑这样一个功能，即获取一台特定的交换机的组表中所有表项的描述。用于这台交换机的该功能的 URI 如下：

```
/stats/group/<dpid >
```

其中统计（stats）是指获取和更新交换机统计和参数的 API 集合，组（group）是该功能的名字，而 <*dpid* >（数据路径 ID）是该交换机的独特标识符。为了调用交换机 1 的这个功能，应用程序调用 REST API 向交换机管理器发出下列命令：

```
GET http://localhost:8080/stats/groupdesc/1
```

这个命令的 localhost 部分指示该应用程序正在本地服务器上作为 Ryu NOS 运行。如果远地运行应用程序，该 URI 将是一个 URL，它提供基于 HTTP 和 Web 服务的远地访问。该交换机管理器用一条报文响应这个命令，该报文的报文体包括 dpid 以及一系列值的块，每个块对应于定义在交换机 dpid 中的每个组。这些值如下所示。

- 类型：全部 / 可选 / 快速故障转移 / 间接。
- 组标识：在组表中的一个表项的标识符。
- 桶：由下列子字段构成的一个结构化的字段。
    - 权重：桶的相对权重（仅对于选择类型）。

■ 观察端口：其状态影响该桶是否活跃的端口（仅快速故障转移组需要）。

■ 观察组：其状态影响该桶是否活跃的组（仅快速故障转移组需要）。

■ 动作：动作列表，可能为空。

报文体的桶部分是重复的，每个组表的表项一次。

表 9-4 列出了用于检索交换机统计值和参数的所有 API 功能，这些统计值和参数使用了 GET 报文类型，也有几个使用 POST 报文类型的功能，其中请求报文体包括必须匹配的参数列表。

表 9-4 使用 GET 检索交换机统计值的 Ryu REST API

请求类型	响应报文体属性
获取所有交换机	数据路径 ID
获取交换机描述	数据路径 ID，制造商描述，硬件描述，软件描述，序列号，数据路径的人类可读的描述
获取交换机的所有流状态	数据路径 ID，该表项的长度，表 ID，活跃流时间（单位为秒），活跃流时间（单位为纳秒），优先级，超时前空闲秒数，标志位，cookie，分组计数，字节计数，匹配字段，动作
获取交换机的集合流状态	数据路径 ID，分组计数，字节计数，流数量
获取端口状态	收到分组计数，传输分组计数，接收字节计数，传输字节计数，丢弃接收分组计数，丢弃传输分组计数，接收差错计数，传输差错计数，帧同步差错计数，接收分组超越范围计数，CRC 差错计数，碰撞计数，端口活跃时间（单位为秒），端口活跃时间（单位为纳秒）
获取端口描述	数据路径 ID，端口号，以太网地址，端口名字，配置标志，状态标志，当前特色，通告的特色，支持的特色，对等方通告的特色，当前的比特速率，最大比特率
获取队列状态	数据路径 ID，端口号，队列 ID，传输字节计数，传输分组计数，分组超越范围计数，活跃队列时间（单位为秒），活跃队列时间（单位为纳秒）
获取组状态	数据路径 ID，该表项长度，组 ID，转发到本组的流或组的数量，分组计数，字节计数
获取组描述	数据路径 ID，组 ID，桶（权重，观察端口，观察组，动作）
获取组特色	数据路径 ID，类型，能力，组最大数量，支持的动作
获取计量器状态	数据路径 ID，计量器 ID，该表项的长度，流的数量，输入分组计数，输入字节计数，活跃计量器时间（单位为秒），活跃计量器时间（单位为纳秒），计量器段（分组计数，字节计数）
获取计量器配置	数据路径 ID，标志，计量器 ID，段（类型，速率，突发块长度）
获取计量器特色	数据路径 ID，计量器的最大数量，段类型，能力，每个计量器最大段，最大彩色值

这个交换机管理器 API 也提供更新交换机参数的功能。这些都使用了 POST 报文类型。在这种情况下，请求报文体包括参数和它们要被更新的值。表 9-5 列出了更新 API 的功能。

表 9-5 使用 POST 更新由字段过滤的交换机统计值的 Ryu REST API

请求类型	响应报文体属性
增加流表项	数据路径 ID，cookie，cookie 掩码，表 ID，空闲超时，硬超时，优先级，缓存 ID，标志，匹配字段，动作
修改匹配流表项	数据路径 ID，cookie，cookie 掩码，表 ID，空闲超时，硬超时，优先级，缓存 ID，标志，匹配字段，动作

（续）

请求类型	响应报文体属性
删除匹配流表项	数据路径 ID，cookie，cookie 掩码，表 ID，空闲超时，硬超时，优先级，缓存 ID，标志，匹配字段，动作
删除所有流表项	数据路径 ID
增加组表项	数据路径 ID，类型，组 ID，桶（权重，观察端口，观察组，动作）
修改组表项	数据路径 ID，类型，组 ID，桶（权重，观察端口，观察组，动作）
删除组表项	数据路径 ID，组 ID
增加计量表项	数据路径 ID，标志，计量 ID，段（类型，速率，突发块长度）
修改计量表项	数据路径 ID，标志，计量 ID，段（类型，速率，突发块长度）
删除计量表项	数据路径 ID，计量器 ID

9.3.4　控制器间的合作和协调

除北向接口和南向接口之外，典型的 SDN 控制器有一个东西向接口，该接口使它能够与其他 SDN 控制器和其他网络通信。目前依然没有东西向接口协议或接口方面还没有标准或通用的开源程序，本节讨论几种模式下的东西向接口。

1. 集中式与分布式控制器

集中式控制器是指用单台服务器来管理网络中的所有数据平面交换机。在大型企业网中，通过单台控制器来管理所有网络设备是非常困难和麻烦的。更好的做法是管理员把整个网络划分为若干不相重叠的 SDN 域，也称为 SDN 岛，并使用分布式控制器来管理，如图 9-14 所示。这样做有如下几个优点。

- 可扩展性：单台 SDN 控制器能管理的设备是有限的。因此，一个大的网络需要部署多台 SDN 控制器。
- 可靠性：使用多台 SDN 控制器能避免单点故障。
- 隐私：运营商在不同 SDN 域中可以选择实施不同的隐私策略。例如，一个特定用户的专有 SDN 域可以实现高度定制的隐私策略，使该域中的网络拓扑等网络信息不会暴露给外部实体。
- 增量部署：某运营商的网络可能由遗留部分和非遗留部分的网络基础设施组成。可以将网络划分为多个独自可管理的 SDN 域，允许灵活地增量部署。

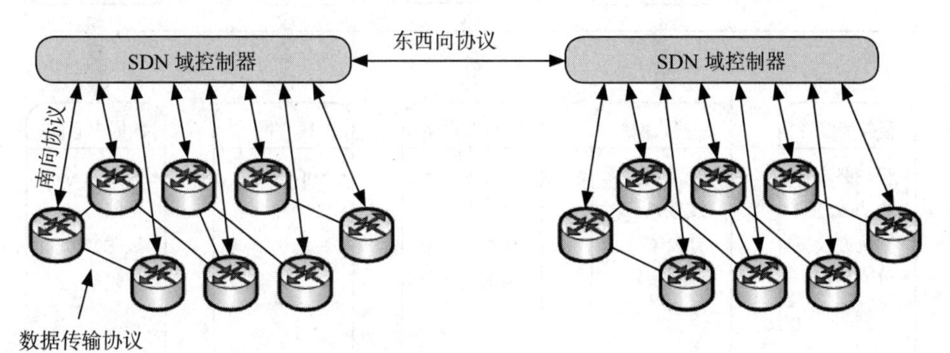

图 9-14　SDN 域结构

分布式控制器可以部署在一个小型区域，例如在数据中心紧密放置的多个控制器可提供高吞吐量。对于区域较大的网络，则可以把多个控制器分散部署。

控制器通常水平分布，即每个控制器管理数据平面交换机的一个不重叠的子集。控制器也能采用垂直体系结构，其中控制任务由不同层次的控制器来实施，这取决于网络视图和位置需求等因素。

在分布式体系结构中，与东西向接口关联的功能包括维护网络拓扑、获取和更新参数，以及监视/通告功能。监视/通告功能包括检查一个控制器是否活跃，并协调交换机在控制器之间的分配等。

2. 高可用性的控制器集群

在单一域中，控制器的功能能够在一个高可用性的集群上实现，从而支持双机热备份。通常有两个或更多共享一个 IP 地址的节点能被外部系统使用，这些外部系统通过北向接口或南向接口来访问该集群。一个例子是 IBM SDN 虚拟环境产品，它就使用了两个节点。为了数据复制和共享外部 IP 地址，每个节点被认为是集群中其他节点的对等方。当高可用性的集群运行时，主节点负责响应被发送到集群外部 IP 地址的所有流量并且保存配置数据的读/写拷贝。与此同时，第二个节点作为备份运行，具有一份配置数据的只读拷贝，它保持了当前主节点的拷贝。从节点监视外部 IP 的状态。如果从节点确定主节点不再响应外部 IP，它会触发失效备援，将其模式改为主节点模式。如果先前的主节点重新创建连接，自动还原过程触发器将旧的主节点转换为从状态，使得在故障备援期间改变的配置不会丢失。

3. 联邦的 SDN 网络

在前面讨论的分布式 SDN 体系结构采用了一个多 SDN 域的结构，这些域可能并置排列或部署在单独的站点上。这些 SDN 域都属于同一个企业或机构，因此可以采用同样的协议和接口，所有数据平面交换机都被同一类型的 SDN 控制器来管理和控制。

对于由不同的组织所拥有和管理的 SDN 网络，也可以使用东西向协议来实现协作。图 9-15 是一个 SDN 控制器之间协作的例子。

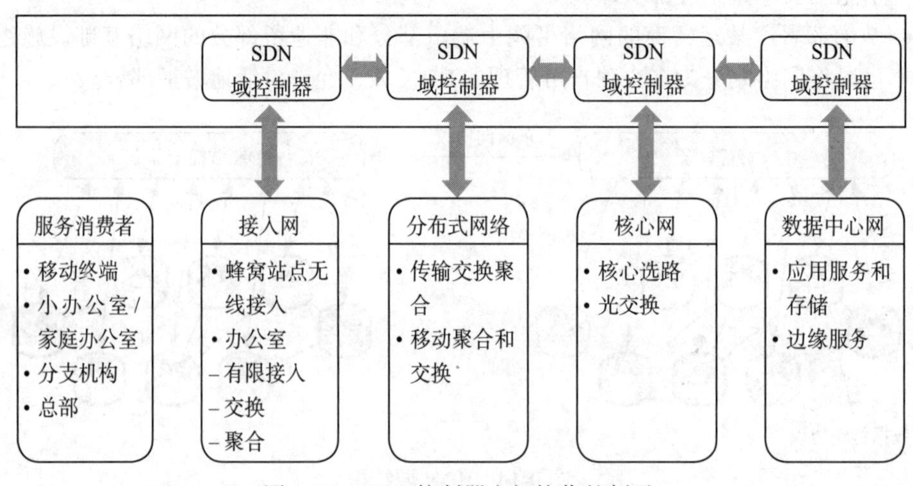

图 9-15　SDN 控制器之间协作的例子

在这个例子中，提供云服务的数据中心网络服务若干用户。通常，如图 9-15 所示，用户通过接入网、分布式网络和核心网的层次结构与服务网络相连。这些中间网络都可能通过数据中心网络来运行，或者它们属于其他企业或机构。在后一种情况下，如果所有网络都实现 SDN，则它们需要共同的规则以共享控制平面的参数，诸如服务质量（QoS）、策略信息和路由信息。

4.域间的路由选择和 QoS

对于控制器域以外的路由选择，该控制器域与每个相邻路由器创建一条 BGP 连接。图 9-16 显示了具有两个 SDN 域的一种配置，这两个 SDN 域仅通过一个非 SDN 自治系统链接。

在非 SDN 自治系统中，内部路由选择使用 OSPF。在 SDN 域中不需要 OSPF；相反，每个数据平面交换机使用南向接口协议（例如 OpenFlow）向集中式控制器报告必需的路由选择信息。在每个 SDN 域和 AS 之间，使用 BGP 来交换如下信息。

- 可达性更新：可达性信息的交换促进了 SDN 域间的路由选择。这允许单流流经多个 SDN 并且每个控制器都能够选择网络中最适当的路径。
- 流建立、拆除和更新请求：控制器协同流建立请求，这些请求包括路径要求、QoS 等信息，跨越多个 SDN 域。
- 能力更新：控制器交换网络相关能力的信息，如带宽、QoS 等，除系统和域内可用的软件能力外。

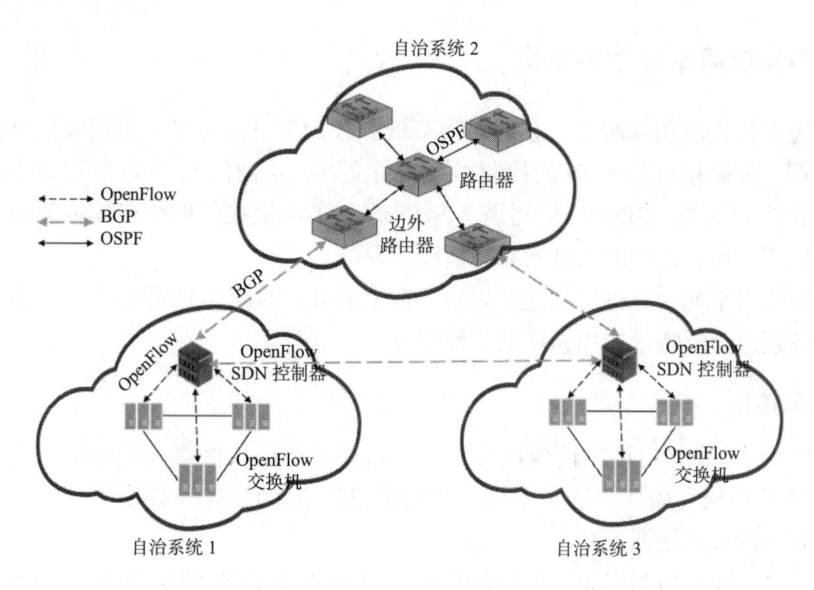

图 9-16　具有 OpenFlow 域和非 OpenFlow 域的异构自治系统

图 9-16 中还有其他几个值得关注的地方。

- 图中将 AS 描述为一个包括多台互联路由器的云，在 SDN 域的场合包括一台控制器。这个云表示一个互联网，因此任何两台路由器之间的连接是互联网中的一个网络。类似地，两个邻接自治系统之间的连接是一个网络，该网络可能是两个邻接自治系统中一个 AS 的一部分，或者是一个单独的网络。

- 对于一个 SDN 域，BGP 功能在 SDN 控制器中实现，而不是在数据平面路由器中实现。这是因为控制器负责管理拓扑和做出路由选择决定。
- 该图显示了自治系统 1 和自治系统 3 之间的一条 BGP 连接。这可能是不直接通过单一的网络连接的网络。然而，如果两个 SDN 域是一个单一 SDN 系统的一部分，或者它们结成联邦，则它们可能具有交换其他的 SDN 相关信息的需求。

9.4 SDN 应用平面

SDN 为网络应用提供了对网络行为进行监视和管理的技术支持，SDN 控制平面所提供的功能和服务则使网络应用能够方便地实现快速开发和部署。

虽然 SDN 对数据平面和控制平面进行了良好的定义，但是对应用平面的原则和范畴尚未完全达成一致。在最小范畴定义下，应用平面包含各种网络应用，这些应用专门用于对网络进行管理和控制。但是目前仍然没有公认的这类应用集合，甚至是这类应用的分类方法。此外，应用层还可以包括通用的网络抽象工具和服务，它们也可以被看作控制平面功能的一部分。

针对上述局限，本节对 SDN 应用平面进行了总体概述。首先介绍了 SDN 应用平面的体系结构，其次介绍了体系结构中的网络服务抽象层，最后介绍了 SDN 所支持的几个应用领域，还给出了一些相关的例子。

9.4.1 SDN 应用平面体系结构

应用平面包括应用和服务，它们对网络资源和行为进行定义、监视和控制。这些应用通过应用 – 控制接口与 SDN 的控制平面进行交互，从而使 SDN 控制层能自动调控网络资源的行为和性能。SDN 应用利用了 SDN 控制平面提供的网络资源抽象视图，该视图是通过应用 – 控制接口的信息和数据模型获取的。

本节对应用平面功能进行概述，以自下向上的方式对图 9-17 中的各个元素逐一进行分析，后续还会介绍特定应用领域的一些细节。

1. 北向接口

9.2 节介绍过，北向接口使应用可以在不需要了解底层网络交换机细节的情况下访问控制平面的功能和服务。通常来说，北向接口提供了由 SDN 控制平面上软件所能控制的网络资源的抽象视图。

图 9-17 表明北向接口可以是本地的，也可以是远端的。对于本地接口来说，SDN 应用与控制平面的软件（控制器网络操作系统）运行在相同的服务器上。应用也可以运行在远端的系统上，这时北向接口就成为应用访问位于中央服务器的控制器网络操作系统（NOS）的协议或应用程序编程接口（API）。这两种架构都可以实现实际的部署。

一个北向接口的例子是 REST 的 API，它用于与 Ryu 的 SDN 网络操作系统进行交互。

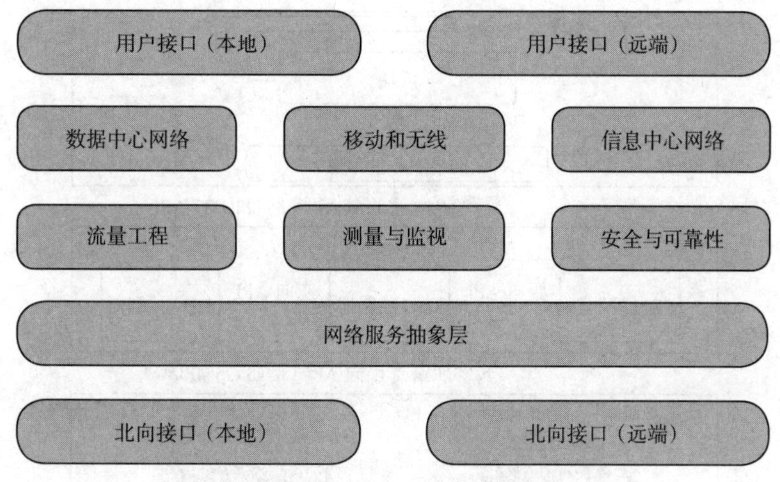

图 9-17　SDN 应用平面功能和接口

2. 网络服务抽象层

RFC 7426 对控制平面和应用平面之间的网络服务抽象层进行了定义，并将其描述为提供服务抽象的层次，应用和服务可以有效利用这些服务抽象。该层次还提出了以下几个功能概念。

- 该层可以提供网络资源的抽象视图，从而隐藏底层数据平面设备的具体细节。
- 该层可以提供控制平面功能的整体视图，这样应用可以在多种控制器网络操作系统上运行。
- 该层的功能与管理程序或虚拟机监视器功能非常类似，它将应用从底层操作系统和底层硬件中分离出来。
- 该层可以提供网络虚拟化功能，从而可以允许有不同的底层数据平面基础设施视图。

网络服务抽象层或许可以被认为是北向接口的一部分，因为它在功能上对控制平面和应用平面进行了整合。许多已经提出的机制可以归入这一层次，后续章节会给出几个具体的例子。

9.4.2　SDN 中的抽象

抽象（abstraction）是指与底层模型相关且对高层可见的细节量，更多的抽象意味着更少的细节，而更少的抽象表示更多的细节。抽象层（abstraction layer）是将高层要求转换为底层完成这些要求所需要的命令的机制。API 就是这样一种机制，它屏蔽了低层抽象的实现细节，使其不会被高层软件破坏。网络抽象表示网络实体（例如交换机、链路、端口和流）的基本属性或特征，它是一种让网络程序只需要关注想要的功能而不用编程实现具体动作的方法。

加州大学伯克利分校的 Scott Shenker 教授是开放网络基金会董事会成员和 OpenFlow 研究的先驱，他指出 SDN 可以由 3 个基本抽象来定义：转发抽象、分发抽象和规范抽象。具体如图 9-18 所示。

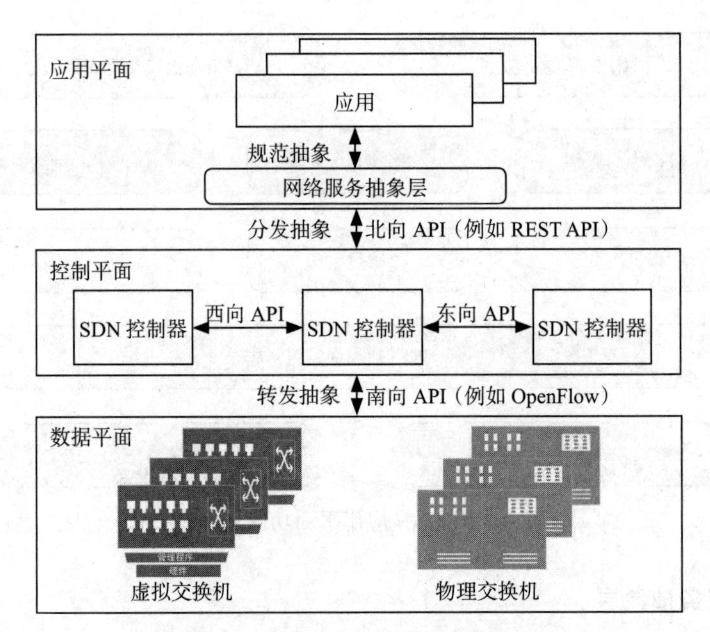

图 9-18　SDN 体系结构和抽象

- 转发抽象。转发抽象允许控制程序指定数据平面的转发行为，同时隐藏底层交换机硬件的细节。这种抽象支持数据平面转发功能，它通过转发硬件抽象出来从而提供灵活性和厂商独立性。OpenFlow 的 API 就是一个转发抽象的例子。
- 分发抽象。分发抽象源自分布式的控制器背景环境，相互协作的分布式控制器集合通过网络保存网络和路由的状态描述，这种全网分布式状态可能会导致分离的数据集或者数据集副本。控制器实例之间需要交换路由信息或者对数据集进行复制，因此控制器必须相互协作来维护全局网络的一致性视图。

  该抽象的目标是隐藏复杂的分布式机制，并将状态管理从协议设计和实现中分离出来。它可以采用有注释的网络图提供一个简单一致的全局网络视图，这些都通过 API 实现并用于进行网络控制。这样一种抽象的具体实现是网络操作系统，例如 OpenDaylight 和 Ryuo。
- 规范抽象。分发抽象提供了网络的全局视图，无论网络中有一个中央控制器还是有多个相互协作的控制器，而规范抽象则提供了全局网络的抽象视图，该视图只为应用提供足够的细节来指定目标，例如路由选择或者安全策略，而没有提供需要用来实现该目标的信息。

可以对这些抽象做如下总结。

- 转发接口：向高层屏蔽转发硬件的抽象转发模型。
- 分发接口：向高层屏蔽状态分发 / 采集的全局网络视图。
- 规范接口：向应用程序屏蔽物理网络细节的抽象网络视图。

图 9-19 是一个规范抽象的例子，其中物理网络是一组互联的 SDN 数据平面交换机，抽象视图是一个虚拟交换机，物理网络可以由一个 SDN 域构成，边缘交换机与其他域及主机相连的端口映射到虚拟交换机的端口上。在应用层可以运行相应模块来学习主机的 MAC 地址，当一个之前未知的主机发送了一个分组时，应用模块会将该地址与输入

端口关联起来，并将后续发送给该主机的流量引导到相应端口上。类似地，当一个分组到达虚拟交换机的端口且它的目的地址未知时，该模块会将分组洪泛到所有输出端口，抽象层会将这些动作转译为整个物理网络的动作，并在域内进行内部转发。

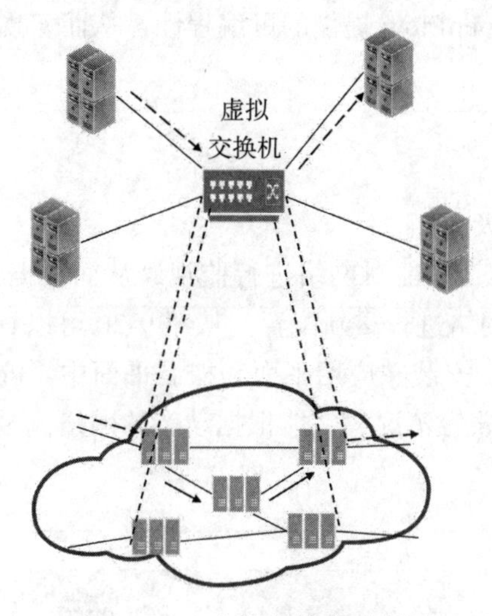

图 9-19 一个规范抽象的例子

9.4.3 SDN 典型应用

1. 流量工程

流量工程（traffic engineering）是一种对网络流行为进行动态分析、管控和预测的方法，目标是进行性能优化从而满足服务等级约定（SLA）。流量工程需要根据 QoS 需求来建立路由和转发策略等，以提高网络性能。利用 SDN 进行流量工程要比非 SDN 网络简单得多，因为 SDN 提供了异构设备的统一全局视图以及功能强大的工具来对交换机进行配置和管理。

SDN 应用的研究是一个非常热门的领域，可以作为 SDN 应用来实现的流量工程功能包括：

- 按需虚拟专用网。
- 负载均衡。
- 能耗感知路由。
- 宽带接入网 QoS。
- 调度 / 优化。
- 开销最低的流量工程。
- 多媒体应用的动态 QoS 路由。
- 通过快速故障切换组实现快速恢复。
- QoS 策略管理框架。
- QoS 保证。
- 异构网络的 QoS。
- 多分组调度器。

- 进行 QoS 保证的队列管理。
- 转发表的分割与传播。

一个流量工程 SDN 应用的典型案例是 PolicyCop，它是一个自动化的 QoS 策略实施框架，有效利用 SDN 和 OpenFlow 提供的可编程性，从而实现了如下功能。

- 动态流量管控。
- 灵活的流等级控制。
- 动态的流量分类。
- 可定制的流聚会等级。

PolicyCop 的主要特征是它能对网络进行监视，从而根据 QoS 服务等级约定检测出违法策略的行为，然后对网络进行重新配置。从图 9-20 可以看出，PolicyCop 由 11 个软件模块和 2 个数据库组成，安装在应用平面和控制平面中。PolicyCop 利用了 SDN 的控制平面来监视 QoS 策略的兼容情况，并能根据动态的网络流量统计信息自动调整控制平面的规则和数据平面的流表。

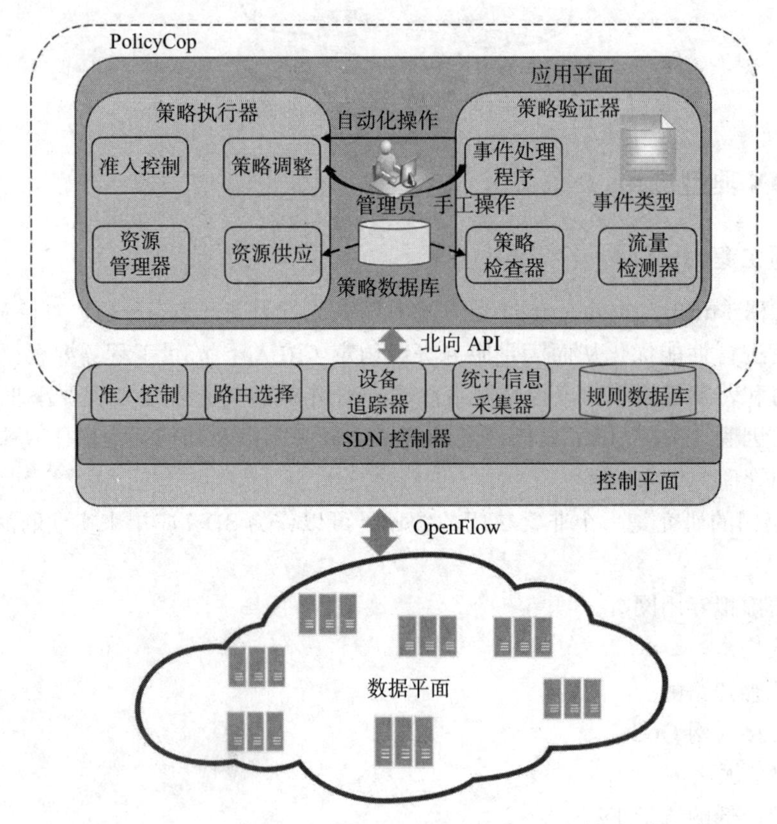

图 9-20 PolicyCop 的体系结构

在控制平面，PolicyCop 主要依靠准入控制、路由选择、设备追踪器和统计信息采集器这 4 个模块和 1 个存储控制规则的数据库。具有 REST 功能的北向接口将这些控制平面模块连接到应用平面模块上，这些模块可以分成两个部分：监视网络以检测违法策略行为的策略验证器和根据网络条件及高层策略调整控制平面规则的策略执行器。这两个模块都依赖于策略数据库，该数据库包含网络管理员输入的 QoS 策略规则。

2. 测量和监视

测量和监视应用领域可以大致分为两类：为其他网络服务提供新功能的应用和增加OpenFlow SDN价值的应用。

第一类应用的例子是宽带家庭连接领域，如果连接是基于SDN的网络，那么可以将新功能添加到家庭网络流量和需求测量中，从而允许系统对不断变化的情况进行响应。第二类应用通常包括使用不同的抽样和评估技术，以降低控制平面在收集数据平面统计信息时的负担。

3. 安全

SDN安全的研究主要解决以下两个方面的问题。

- SDN网络中的安全问题：SDN在设计之初，并没有考虑网络安全特性，因此传统网络中的安全隐患在SDN网络中依然存在，而SDN的新设计和新特性也有可能带来安全隐患。例如SDN采用了应用、控制、数据三层体系结构，并且采用新方法来进行分布式控制和数据封装，就可能导致新型攻击的出现。因此，需要设计和实现相应的SDN应用来保护SDN在使用时的安全。
- 利用SDN功能提高网络安全性：虽然SDN给网络管理员和网络用户带来了新的安全性挑战，但是它为网络提供了一个可编程平台来实现一致的、集中管理的安全策略和机制。SDN允许开发SDN安全控制器和SDN安全性应用，从而提供和编排安全服务及机制。

接下来介绍一个典型的SDN安全性应用的例子。2014年，虚拟和云数据中心的应用分发和应用安全解决方案提供商Radware发布了OpenDaylight项目中的工作Defense4All，它是一个开放的SDN安全应用，集成在OpenDaylight中。Defense4All为运营商和云服务提供商提供了检测和缓解DDoS的本地网络服务。DDoS攻击是一种用很多系统对服务器、网络设备或链路发送洪泛数据，从而耗尽它们的可用资源（如带宽、内存、处理能力等）的攻击，导致设备和链路无法对正常用户进行响应。Defense4All使用了统计分析和异常检测等方式来防御DDoS攻击，并将可疑流量从正常路径转移到攻击缓解系统（Attack Mitigation System, AMS）进行流量清洗、源筛选阻塞等，经过清洗后返回的流量被重新注入网络，并发往分组的初始目的地。

图9-21显示了Defense4All的总体应用背景，通过使用OpenDaylight的SDN控制器来对支持SDN的网络进行编程，使其成为DoS/DDoS防护服务的一部分。Defense4All使操作员可以为每个虚拟网段或用户提供DoS/DDoS防护服务。从图中可以看出，底层SDN网络包括一些数据平面的交换机，它们支持客户机和服务器设备之间的流量传输，Defense4All作为应用运行，并通过OpenDaylight控制器（ODC）北向API与控制器进行交互。Defense4All为网络管理员提供了用户接口，该接口可以是命令行接口或REST API。最后，Defense4All还有一个API与一个或多个AMS进行通信。

4. 数据中心网络

可以将前面介绍的流量工程、测量和监视、安全等SDN应用部署到不同类型的网络中。一些特定的网络，如数据中心网络、移动和无线、信息中心网络，也能应用SDN。

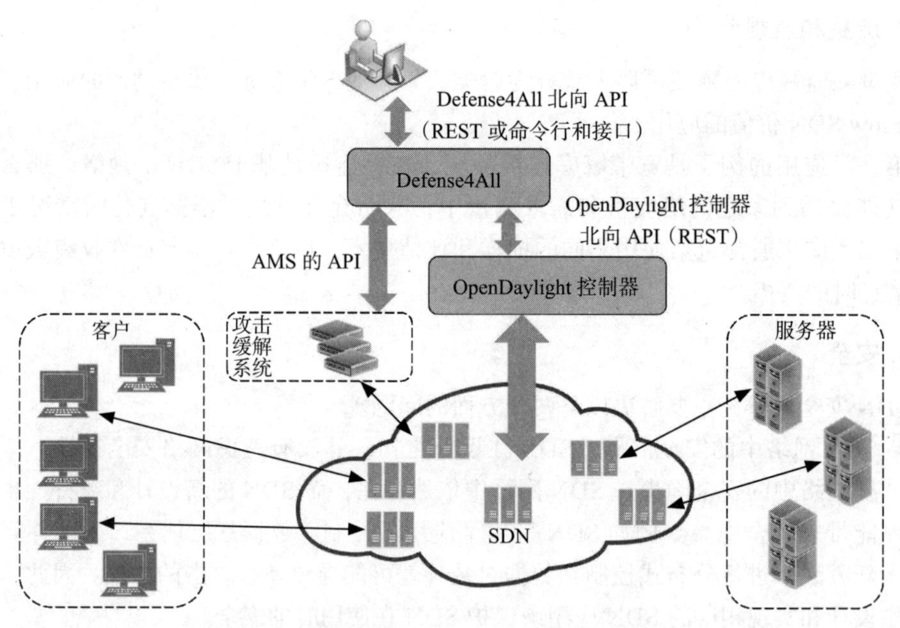

图 9-21 OpenDaylight DDoS 防御应用案例

云计算、大数据、大型企业网甚至小型企业网都极度依赖高效和扩展性强的数据中心。数据中心的主要性能需求包括：较高和灵活的横向带宽（cross-section bandwidth）以及低时延，基于应用需求的 QoS，高度的弹性，智能资源利用以降低能耗并改进总体效率，灵活的网络资源分配（例如对计算、存储和网络资源的虚拟化及编排）。其中横向带宽指的是将网络逻辑上划分为两个相等大小的部分时，这两部分之间最大的双向传输速率，也称为双向带宽。

在传统的网络体系结构下，由于网络的复杂性和僵化，很多需求都难以得到满足。SDN 能对数据中心网络进行改进优化，它具备快速修改数据中心网络配置的能力，从而灵活响应用户的需求，并保证高效的网络运维。下面介绍数据中心 SDN 应用的例子。

（1）基于 SDN 的大数据

一种利用 SDN 对数据中心网络的大数据应用进行优化的方法是利用 SDN 的功能来提供应用感知的网络，并充分结合结构化大数据应用的特征以及最近在动态可重配置光电路方面的技术。对于许多结构化的大数据应用，它们根据定义良好的计算模式来处理数据，此外集中管理结构使我们能够利用应用层信息对网络进行优化。在能预知大数据应用计算模式的情况下，就有可能将数据在大数据服务器中进行智能部署。更关键的是，利用 SDN 对网络中的流进行重配置还可以对不断变化的应用模式进行快速反应。

相对于电交换机来说，光交换机具有更高的数据传输速率，同时减少了布线复杂性以及能耗。收集网络级流量数据以及在端节点（例如机架交换机）之间智能分配光电路可以改进应用性能，但是电路利用率和应用性能仍然存在不足，除非对流量需求和依赖性有真实的应用级视图。将对大数据应用模式的理解与 SDN 的动态功能结合起来，就可以实现高效的数据中心网络配置，从而满足不断增长的大数据需求。

图 9-22 显示了一个简单的光电混合数据中心网络，其中支持 OpenFlow 的机架（Top-Of-Rack,TOR）交换机与两个汇聚交换机相连。这两个汇聚交换机一个是以太网交

换机，一个是光电路交换机（OCS），所有交换机都由 SDN 控制器控制。SDN 控制器还能通过配置光交换机对光电路机架交换机之间的物理连接进行管理，此外，还可以利用 OpenFlow 规则管理机架交换机的转发。

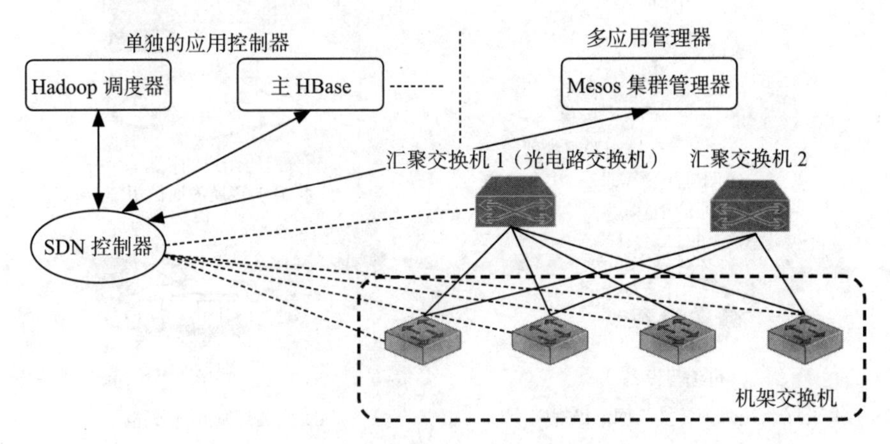

图 9-22　大数据应用的集中网络控制

SDN 控制器还与 Hadoop 调度器相连，该调度器对任务队列进行管理和调度，关系数据库的主 HBase 控制器则保存大数据应用的数据。此外，SDN 控制器还与 Mesos 集群管理器相连，其中 Mesos 是一个开源软件包，它提供了跨分布式应用的资源调度与分配服务。SDN 控制器为 Mesos 集群管理器提供了可用的网络拓扑和流量信息，SDN 控制器还会接收从 Mesos 管理器发送过来的流量需求请求。

在图 9-22 中，还可以增加利用大数据应用的流量需求对网络进行动态管理的机制，并利用 SDN 控制器来管理这个任务。

（2）基于 SDN 的云网络

云网络即服务（CloudNaaS）是一种云网络系统，它充分利用了 OpenFlow 的 SDN 功能来为云客户提供对云网络功能的高度控制。CloudNaaS 使用户可以部署包含各种网络功能的应用，这些网络功能可以是虚拟网络隔离、自定义寻址、服务区分、各种中间盒（middlebox）的灵活布置。CloudNaaS 原语利用高速可编程网络单元在云基础设施内部直接实现，从而使 CloudNaaS 高效可用。

图 9-23 说明了 CloudNaaS 运行中的主要事件序列，其具体描述如下。

1）云客户使用简洁的策略语言来描述客户应用所需的网络服务，这些策略描述被发送给由云服务提供商管控的云控制器服务器，如图 9-23a 所示。

2）云控制器将网络策略映射到通信矩阵，该矩阵定义了所期望的通信模式和网络服务。通信矩阵用于确定云服务器中最优的虚拟机（VM）部署位置，从而使云可以高效地满足最多的全局策略要求，这些工作都建立在掌握其他客户需求和当前活跃程度的基础上，如图 9-23b 所示。

3）逻辑通信矩阵被转换为网络级指令，并交给数据平面的转发单元，客户的 VM 实例通过创建和安排特定数量的 VM 来进行部署，如图 9-23c 所示。

4）网络级指令通过 OpenFlow 安装到网络设备中，如图 9-23d 所示。

客户所看到的抽象网络模型包括 VM 和连接 VM 的虚拟网段，策略语言则对 VM 集进行了关联，从而构成一个应用并定义了各种连接到虚拟网段的功能。

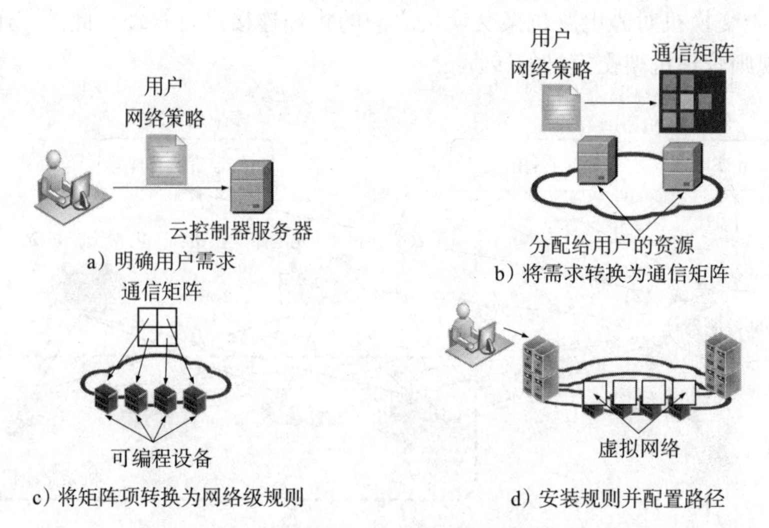

图 9-23　CloudNaaS 运行中的主要事件序列

图 9-24 给出了 CloudNaaS 的总体架构，它的两个主要组件分别为云控制器和网络控制器，其中云控制器提供了基础设施即服务（Infrastructure as a Service，IaaS）的基础服务对 VM 实例进行管理，用户可以传递标准的 IaaS 请求，例如设置 VM 和存储。此外，用户还可以通过网络策略集为 VM 定义虚拟网络功能，云控制器对云中部署在物理服务器上的软件可编程虚拟交换机进行管理，该交换机可以为租户应用提供网络服务，包括用户定义虚拟网段的管理。云控制器构建了通信矩阵，并将矩阵传递给网络控制器。

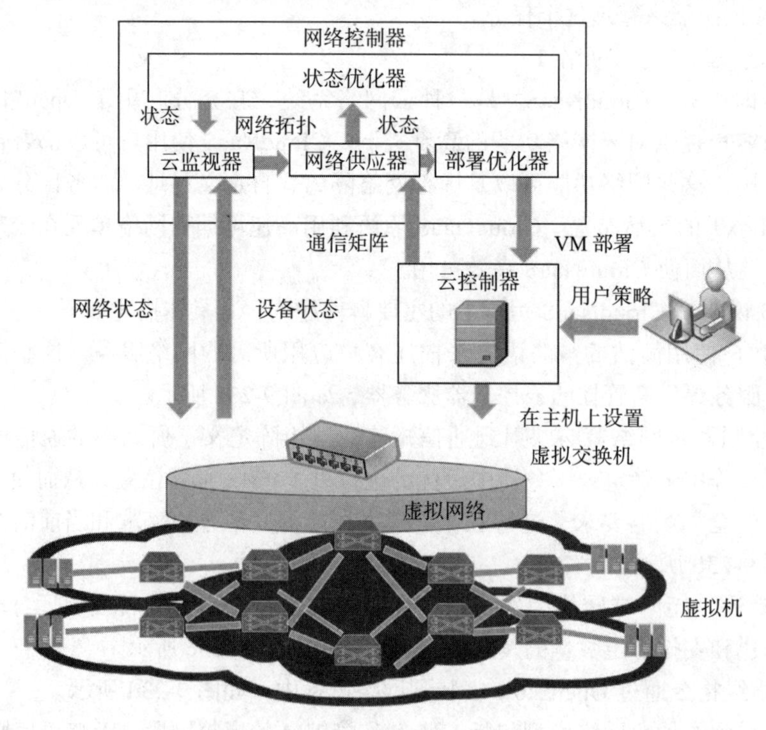

图 9-24　CloudNaaS 的总体架构

网络控制器利用通信矩阵对数据平面的物理和虚拟交换机进行配置，它会在 VM 之间生成虚拟网络，并向云控制器提供 VM 部署指令。网络控制器还会对云数据平面交换机的流量和性能进行监视，并在必要的时候对网络状态进行修改，从而优化资源的使用以满足租户需求。控制器会激活部署优化器以确定在云中部署 VM 的最佳位置（并将其上报给云控制器以申请该位置），控制器随后使用网络供应器模块为网络中的各个可编程设备生成配置命令集对其进行配置，并对租户的虚拟网段进行相应的实例化处理。

因此，CloudNaaS 为云客户提供的不仅是简单的处理和存储资源请求，还可以定义 VM 的虚拟网络，并对虚拟网络的服务和 QoS 需求进行管控。

5. 移动和无线

除了有线网络中传统的性能、安全、可靠性需求以外，无线网络还有很多新的需求及挑战。移动用户不断对新服务提出高质量和高效的内容传输要求，并且与地理位置无关。网络提供商必须处理与可用频谱管理、切换机制实现、高效负载均衡实施、QoS 和 QoE 需求响应、安全性保证等方面相关的问题。

SDN 可以为无线网络提供商提供很多必要的工具，而且设计出很多供无线网络提供商使用的 SDN 应用，具体包括：通过高效切换实现无缝的移动性、虚拟接入点的按需创建、负载均衡、下行链路调度、动态频谱使用、增强的小区间干扰协调、每用户 / 基站资源块分配、简化管理、异构网络技术管理、不同网络间的互操作性、共享的无线基础设施、QoS 和接入控制策略管理等。

6. 信息中心网络

信息中心网络（Information-Centric Networking，ICN）也被称为内容中心网络，近几年得到广泛关注，原因是当前互联网的主要功能是信息的分发和管控。传统的网络模式以主机为中心，信息的获取都是通过与特定名字的主机交互而得到的，而 ICN 与其不同，它的目标是通过直接对信息对象进行命名和操作，提供网络原语以实现高效的信息检索。

由于位置和身份之间存在区别，因此 ICN 需要将信息从它的源端分离出来。这种方法的本质是信息源可以在网络中的任意位置部署信息、用户可以找到位于网络任意位置中的信息，这是因为信息的命名、寻址、匹配都与位置无关。在 ICN 中，不再使用明确的源 – 目的主机对进行通信，每块信息都有自己的名字，在发送请求之后，网络负责找到最佳的信息源，该信息源可以提供想要的信息，因此，信息请求的路由是根据一个与位置无关的名字来找到最佳的信息源。

在传统网络中部署 ICN 具有较大的挑战性，因为需要用支持 ICN 的路由设备对现有设备进行升级或替换。此外，ICN 将分发模型从主机到用户转换为从内容到用户，这就需要对信息的需求与供应以及信息的转发这两项工作进行明确分离。SDN 具有为部署 ICN 提供必要技术的潜力，因为 SDN 提供了转发单元的可编程能力，还将控制平面与数据平面进行了分离。

一些项目提出利用 SDN 的功能来实现 ICN，但是在对 SDN 和 ICN 如何结合方面并没有达成一致意见。已经提出的方法包括：对 OpenFlow 协议进行加强和修改，使用哈希函数对名字和 IP 地址进行映射，使用 IP 选项首部作为名字字段，或使用 OpenFlow

交换机和ICN路由器之间的抽象层，从而将该层和OpenFlow交换机、ICN路由器整合在一起作为单个可编程的ICN路由器。

9.5 小结

SDN作为一种新型网络体系结构，将网络的控制平面与数据平面分离，实现网络流量的灵活控制，为核心网络及应用的创新提供了良好的平台。

SDN包括如下几个方面的特征。

- 控制平面与数据平面相互分离，数据平面设备成为只进行分组转发的设备。
- 控制平面在集中式的控制器或一组协作的控制器上实现，SDN控制器拥有网络或它所控制网络的全局视图。控制器是可移植的软件，可运行在商用服务器上，也可以根据网络的全局视图对转发设备进行编程。
- OpenFlow规范定了控制平面设备（控制器）和数据平面设备之间的协议。
- 网络可由运行在SDN控制器之上的应用进行编程，SDN控制器向应用提供了网络资源的抽象视图。

SDN数据平面也称为基础设施层，主要完成控制支撑和数据转发两方面的功能。OpenFlow交换机内部具有流表、组表和计量表三种类型的表结构，用于对经过交换机的分组流进行管理。流表由匹配字段、优先级、计数器、指令、超时时间、Cookie和标识组成。交换机可以通过流表流水线和多级流表来提高处理的灵活性和效率。当分组与一个或多个表项相匹配时，会更新表项中的计数器，并执行相关联的指令，随后转发给流水线后端的流表、组表、计量表或直接交给输出端口。

SDN控制平面将应用层服务请求映射为特定的命令和正式指令，并将其送达数据平面交换机。SDN控制器提供路由管理、通知管理、安全管理、拓扑管理、统计管理和设备管理等功能。SDN控制器通过南向接口与SDN交换机进行通信，并通过北向接口向应用平面提供数据平面拓扑和相关信息。表述性状态转移（REST）成为构造SDN控制器北向接口的一种标准方式，它包括客户–服务器约束、无状态约束、高速缓存约束、一致接口约束、系统分层约束和按需代码约束。

SDN应用平面包含各类网络应用，还可以包括通用的网络抽象工具和服务。应用平面对网络资源和行为进行定义、监视和控制。SDN应用通过应用–控制接口与SDN控制平面进行交互，从而使SDN控制层能自动调控网络资源的行为和性能。SDN的应用领域包括流量工程、测量监控和网络安全等，在数据中心网络、信息中心网络等特定网络中也能广泛应用。

习题

1. SDN的主要特征是什么？
2. SDN的主要协议和标准有哪些？
3. SDN的数据平面具有哪些主要功能？

4. 简述 OpenFlow 交换机的基本组成。
5. OpenFlow 交换机定义几种类型的表结构？它们的作用如何？
6. 简述 OpenFlow 交换机的流表项的格式。
7. 画出分组流通过 OpenFlow 交换机时的工作流程图，或给出流程的伪代码。
8. 多级流表的作用是什么？其处理流程如何？
9. 组表有几种类型？分别应用于什么场景？
10. OpenFlow 协议包含几类报文？交换机在什么情况下会发送这些报文？
11. SDN 的控制平面具有哪些主要功能？
12. 什么是北向接口和南向接口？它们分别具有什么功能？
13. REST 规定了哪些约束？
14. 分布式控制器的优点是什么？可以应用到哪些场景？
15. 什么情况下需要构建联邦的 SDN 网络？
16. 简述 SDN 应用平面的功能和接口。
17. 举例说明 3 个以上的 SDN 应用。

推荐阅读

数据通信原理

作者：毛羽刚 蔡开裕 陈颖文 编著 ISBN：978-7-111-69597-4 定价：69.00元

本书主要介绍数据通信系统的基本构成、工作原理和相关技术以及常见的现代通信系统。全书共11章，主要内容包括：通信系统的基本概念和组成、通信系统分析基础、模拟信号的数字传输、信道传输的有关理论和特性、数字信号的基带传输和频带传输、系统同步、多路复用、差错控制编码、标准接口及通信控制规程、现代电信交换的基本原理以及典型的现代通信系统等。

本书特点：

既注重数据通信的基础理论与基本概念的介绍，又强调核心知识与应用技术的讲解，同时涉及新的通信技术和系统。

内容上避免过多地介绍基础理论和大量定理，减少不必要的数学公式或中间推导，尽量将原理与实现技术或应用系统相联系。

叙述循序渐进、深入浅出，合理安排知识单元，使各章内容系统连贯，方便学生理解和掌握相关知识。

图文并茂，深入浅出，每章都包括知识论述、实例印证、问题思考三部分内容，并安排了精心设计的实践性习题。重要知识点之后安排了思考题，引导读者加深对知识点的理解，开拓视野，深入思考。

网络工程设计教程：系统集成方法 第4版

作者：陈鸣 李兵 雷磊 编著 ISBN：978-7-111-69479-3 定价：79.00元

本书源自作者多年的网络工程课程教学及工程实践经验，通过学习本书，读者应该能够掌握用系统集成的思想进行网络工程设计的一般步骤和方法，理解网络工程系统集成模型，并具备设计和实现小型、中型、大型网络的能力以及网络维护与测试的基本技能。

本书特点：

以TCP/IP协议为蓝本，围绕“系统集成”这一核心思想，总结了网络工程设计领域的规律，并以模型的形式表现出来。

遵循学以致用的原则，以设计和实现“具有几台PC的小型局域网”→“具有几十台到几百台PC的中型局域网”→“覆盖一个楼宇的网络”→“覆盖几个楼宇的网络”→“覆盖几个园区的网络”为主线组织教学内容。

按照基本网络工程设计原理、方法与网络工程实践技能协调并重的原则，设计了一系列极具实用性的网络工程案例，以便在进行理论教学时同步进行实验（实践）教学，有效解决教学中自主性和设计性实验难以实施的问题。

推荐阅读

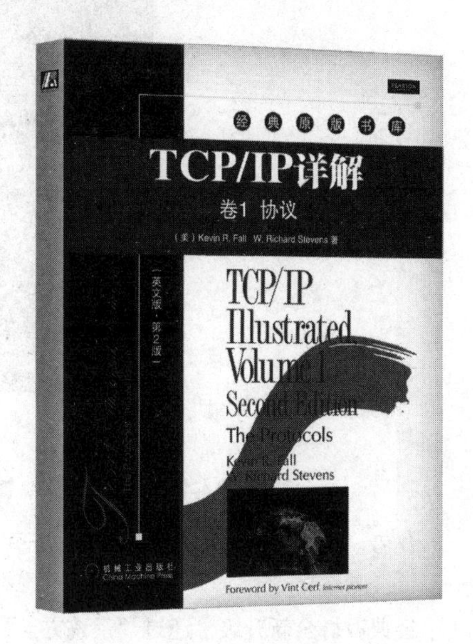

TCP/IP详解 卷1：协议（原书第2版）

作者：Kevin R. Fall 等 ISBN：978-7-111-45383-3 定价：129.00元

TCP/IP详解 卷1：协议（英文版·第2版）

作者：Kevin R. Fall, W. Richard Stevens ISBN：978-7-111-38228-7 定价：129.00元

推荐阅读

计算机网络：系统方法（原书第6版）

作者：Larry L. Peterson等 译者：王勇 等 ISBN：978-7-111-70567-3 定价：169.00元

经典教材全新升级，通过“系统方法”理解网络设计的重要原则！

第6版对云技术给予了极大的关注，并且讨论了与安全相关的信任、身份和区块链等问题。然而，如果回看第1版，你会发现其中的基本概念是相同的。本书正是网络这个故事的现代版本，包含众多与时俱进的新实例和新技术。

—— David D. Clark 麻省理工学院

无论是第一次向本科生介绍网络知识，还是为了扩大研究生的知识面，本书都是完美的选择。多年来，我一直信任第5版，现在很高兴将我的学生和他们即将创造的未来网络“托付”给第6版。

—— Christopher (Kit) Cischke 密歇根理工大学

本书不仅描述“怎么做”，而且解释“为什么”，以及同样重要的“为什么不”。这是一本能够帮助学生建立工程直觉的书，并且可以培养学生就设计或选择下一代系统做出正确决策的能力，在技术快速变革的时代，这一点至关重要。

—— Roch Guerin 宾夕法尼亚大学